《中国伦理学年鉴》2017卷得到中国人民大学2021年度“中央高校建设世界一流大学（学科）和特色发展引导专项资金”支持。

中国社会科学年鉴

教育部人文社会科学重点研究基地
中国人民大学伦理学与道德建设研究中心 主办

中国伦理学年鉴 2017

CHINESE ETHICS ALMANAC

郭清香 主编

中国社会科学出版社

图书在版编目（CIP）数据

中国伦理学年鉴．2017／郭清香主编．—北京：中国社会科学出版社，2022.3
ISBN 978－7－5203－9982－1

Ⅰ．①中…　Ⅱ．①郭…　Ⅲ．①伦理学—中国—2017—年鉴　Ⅳ．①B82－54

中国版本图书馆 CIP 数据核字(2022)第 050322 号

出 版 人　赵剑英
责任编辑　张靖晗
责任校对　李　惠
责任印制　张雪娇

出　　版　中国社会科学出版社
社　　址　北京鼓楼西大街甲 158 号
邮　　编　100720
网　　址　http://www.csspw.cn
发 行 部　010－84083685
门 市 部　010－84029450
经　　销　新华书店及其他书店

印刷装订　三河市东方印刷有限公司
版　　次　2022 年 3 月第 1 版
印　　次　2022 年 3 月第 1 次印刷

开　　本　787×1092　1/16
印　　张　31.5
插　　页　2
字　　数　674 千字
定　　价　268.00 元

《中国伦理学年鉴》2017 卷编写委员会

委员会主任 曹　刚

委员会成员 （按姓氏拼音排序）

曹　刚　龚　群　郭清香　焦国成

李茂森　刘　玮　王福玲　肖群忠

杨伟清　姚新中　张　霄

主　　编 郭清香

参与编写人员 （按姓氏拼音排序）

陈伟功　冯　刚　贾　谋　李茂森

刘甘霖　刘　玮　刘云裳　潘麒羽

杨　琳　杨茜茜　杨伟清　张伟东

张　雪　朱　雷

英文目录 李明明　郭清香

编辑说明

《中国伦理学年鉴》是由教育部重点研究基地“中国人民大学伦理学与道德建设研究中心”主办的大型文献资料性学术年刊。秉承学术性、权威性、客观性、前沿性的宗旨，反映中国伦理学学术研究和道德实践的年度总貌。

《中国伦理学年鉴》的编纂始于2011年，至今已出版6卷，其中前4卷由九州出版社出版，自2015卷起改由中国社会科学出版社出版。

《中国伦理学年鉴》2017卷的栏目及内容如下：

特载：对道德建设有重大影响的政府重要文件。

研究报告：对国内学者伦理学研究成果的综述。

道德实践：国家在社会道德建设方面的行动、举措与成就。

论文荟萃：精选优质的伦理学论文。

著作选介：精选并简介优质的伦理学著作。

学术动态：对伦理学会议、课题、博士学位论文的介绍。

伦理学人：对伦理学研究和道德建设作出卓越贡献的学者简介。

目　录

特　载

研究报告

道德实践

论文荟萃

著作选介

学术动态

伦理学人

Main Contents

Special Column

Research Reports

Moral Practice

Selected Digestions of Research Articles

Selected Introductions of New Books

Academic Activities

Chinese Ethicists

特　　载

中共中央办公厅　国务院办公厅印发《关于实施中华优秀传统文化传承发展工程的意见》*

《关于实施中华优秀传统文化传承发展工程的意见》全文如下。

文化是民族的血脉，是人民的精神家园。文化自信是更基本、更深层、更持久的力量。中华文化独一无二的理念、智慧、气度、神韵，增添了中国人民和中华民族内心深处的自信和自豪。为建设社会主义文化强国，增强国家文化软实力，实现中华民族伟大复兴的中国梦，现就实施中华优秀传统文化传承发展工程提出如下意见。

一、重要意义和总体要求

1. 重要意义。中华文化源远流长、灿烂辉煌。在5000多年文明发展中孕育的中华优秀传统文化，积淀着中华民族最深沉的精神追求，代表着中华民族独特的精神标识，是中华民族生生不息、发展壮大的丰厚滋养，是中国特色社会主义植根的文化沃土，是当代中国发展的突出优势，对延续和发展中华文明、促进人类文明进步，发挥着重要作用。

中国共产党在领导人民进行革命、建设、改革伟大实践中，自觉肩负起传承发展中华优秀传统文化的历史责任，是中华优秀传统文化的忠实继承者、弘扬者和建设者。党的十八大以来，在以习近平同志为核心的党中央领导下，各级党委和政府更加自觉、更加主动推动中华优秀传统文化的传承与发展，开展了一系列富有创新、富有成效的工作，有力增强了中华优秀传统文化的凝聚力、影响力、创造力。同时要看到，随着我国经济社会深刻变革、对外开放日益扩大、互联网技术和新媒体快速发展，各种思想文化交流交融交锋更加频繁，迫切需要深化对中华优秀传统文化重要性的认识，进一步增强文化自觉和文化自信；迫切需要深入挖掘中华优秀传统文化价值内涵，进一步激发中华优秀传统文化的生机与活力；迫切需要加强政策支持，着力构建中华优秀传统文化传承发展体系。实施中华优秀传统文化传承发展工程，是建设社

---

* 原载《人民日报》2017年1月26日，第006版。

会主义文化强国的重大战略任务，对于传承中华文脉、全面提升人民群众文化素养、维护国家文化安全、增强国家文化软实力、推进国家治理体系和治理能力现代化，具有重要意义。

2. 指导思想。高举中国特色社会主义伟大旗帜，全面贯彻党的十八大和十八届三中、四中、五中、六中全会精神，坚持以马克思列宁主义、毛泽东思想、邓小平理论、“三个代表”重要思想、科学发展观为指导，深入贯彻习近平总书记系列重要讲话精神和治国理政新理念新思想新战略，紧紧围绕实现中华民族伟大复兴的中国梦，深入贯彻新发展理念，坚持以人民为中心的工作导向，坚持以社会主义核心价值观为引领，坚持创造性转化、创新性发展，坚守中华文化立场、传承中华文化基因，不忘本来、吸收外来、面向未来，汲取中国智慧、弘扬中国精神、传播中国价值，不断增强中华优秀传统文化的生命力和影响力，创造中华文化新辉煌。

3. 基本原则

——牢牢把握社会主义先进文化前进方向。坚持中国特色社会主义文化发展道路，立足于巩固马克思主义在意识形态领域的指导地位、巩固全党全国人民团结奋斗的共同思想基础，弘扬社会主义核心价值观，培育民族精神和时代精神，解决现实问题、助推社会发展。

——坚持以人民为中心的工作导向。坚持为了人民、依靠人民、共建共享，注重文化熏陶和实践养成，把跨越时空的思想理念、价值标准、审美风范转化为人们的精神追求和行为习惯，不断增强人民群众的文化参与感、获得感和认同感，形成向上向善的社会风尚。

——坚持创造性转化和创新性发展。坚持辩证唯物主义和历史唯物主义，秉持客观、科学、礼敬的态度，取其精华、去其糟粕，扬弃继承、转化创新，不复古泥古，不简单否定，不断赋予新的时代内涵和现代表达形式，不断补充、拓展、完善，使中华民族最基本的文化基因与当代文化相适应、与现代社会相协调。

——坚持交流互鉴、开放包容。以我为主、为我所用，取长补短、择善而从，既不简单拿来，也不盲目排外，吸收借鉴国外优秀文明成果，积极参与世界文化的对话交流，不断丰富和发展中华文化。

——坚持统筹协调、形成合力。加强党的领导，充分发挥政府主导作用和市场积极作用，鼓励和引导社会力量广泛参与，推动形成有利于传承发展中华优秀传统文化的体制机制和社会环境。

4. 总体目标。到 2025 年，中华优秀传统文化传承发展体系基本形成，研究阐发、教育普及、保护传承、创新发展、传播交流等方面协同推进并取得重要成果，具有中国特色、中国风格、中国气派的文化产品更加丰富，文化自觉和文化自信显著增强，国家文化软实力的根基更为坚实，中华文化的国际影响力明显提升。

二、主要内容

5. 核心思想理念。中华民族和中国人民在修齐治平、尊时守位、知常达变、开物成务、建功立业过程中培育和形成的基本思想理念，如革故鼎新、与时俱进的思想，脚踏实地、实事求是的思想，惠民利民、安民富民的思想，道法自然、天人合一的思想等，可以为人们认识和改造世界提供有益启迪，可以为治国理政提供有益借鉴。传承发展中华优秀传统文化，就要大力弘扬讲仁爱、重民本、守诚信、崇正义、尚和合、求大同等核心思想理念。

6. 中华传统美德。中华优秀传统文化蕴含着丰富的道德理念和规范，如天下兴亡、匹夫有责的担当意识，精忠报国、振兴中华的爱国情怀，崇德向善、见贤思齐的社会风尚，孝悌忠信、礼义廉耻的荣辱观念，体现着评判是非曲直的价值标准，潜移默化地影响着中国人的行为方式。传承发展中华优秀传统文化，就要大力弘扬自强不息、敬业乐群、扶危济困、见义勇为、孝老爱亲等中华传统美德。

7. 中华人文精神。中华优秀传统文化积淀着多样、珍贵的精神财富，如求同存异、和而不同的处世方法，文以载道、以文化人的教化思想，形神兼备、情景交融的美学追求，俭约自守、中和泰和的生活理念等，是中国人民思想观念、风俗习惯、生活方式、情感样式的集中表达，滋养了独特丰富的文学艺术、科学技术、人文学术，至今仍然具有深刻影响。传承发展中华优秀传统文化，就要大力弘扬有利于促进社会和谐、鼓励人们向上向善的思想文化内容。

三、重点任务

8. 深入阐发文化精髓。加强中华文化研究阐释工作，深入研究阐释中华文化的历史渊源、发展脉络、基本走向，深刻阐明中华优秀传统文化是发展当代中国马克思主义的丰厚滋养，深刻阐明传承发展中华优秀传统文化是建设中国特色社会主义事业的实践之需，深刻阐明丰富多彩的多民族文化是中华文化的基本构成，深刻阐明中华文明是在与其他文明不断交流互鉴中丰富发展的，着力构建有中国底蕴、中国特色的思想体系、学术体系和话语体系。加强党史国史及相关档案编修，做好地方史志编纂工作，巩固中华文明探源成果，正确反映中华民族文明史，推出一批研究成果。实施中华文化资源普查工程，构建准确权威、开放共享的中华文化资源公共数据平台。建立国家文物登录制度。建设国家文献战略储备库、革命文物资源目录和大数据库。实施国家古籍保护工程，完善国家珍贵古籍名录和全国古籍重点保护单位评定制度，加强中华文化典籍整理编纂出版工作。完善非物质文化遗产、馆藏革命文物普查建档制度。

9. 贯穿国民教育始终。围绕立德树人根本任务，遵循学生认知规律和教育教学规律，按照一体化、分学段、有序推进的原则，把中华优秀传统文化全方位融入思想道德教育、文化知识教育、艺术体育教育、社会实践教育各环节，贯穿于启蒙教育、基础教育、职业教育、高等教育、继续教育各领域。以幼儿、小学、中学教材为重点，构建中华文化课程和教材体系。编写中华文化幼儿读物，开展“少年传承中华传统美德”系列教育活动，创作系列绘本、童谣、儿歌、动画等。修订中小学道德与法治、语文、历史等课程教材。推动高校开设中华优秀传统文化必修课，在哲学社会科学及相关学科专业和课程中增加中华优秀传统文化的内容。加强中华优秀传统文化相关学科建设，重视保护和发展具有重要文化价值和传承意义的“绝学”、冷门学科。推进职业院校民族文化传承与创新示范专业点建设。丰富拓展校园文化，推进戏曲、书法、高雅艺术、传统体育等进校园，实施中华经典诵读工程，开设中华文化公开课，抓好传统文化教育成果展示活动。研究制定国民语言教育大纲，开展好国民语言教育。加强面向全体教师的中华文化教育培训，全面提升师资队伍水平。

10. 保护传承文化遗产。坚持保护为主、抢救第一、合理利用、加强管理的方针，做好文物保护工作，抢救保护濒危文物，实施馆藏文物修复计划，加强新型城镇化和新农村建设中的文物保护。加强历史文化名城名镇名村、历史文化街区、名人故居保护和城市特色风貌管理，实施中国传统村落保护工程，做好传统民居、历史建筑、革命文化纪念地、农业遗产、工业遗产保护工作。规划建设一批国家文化公园，成为中华文化重要标识。推进地名文化遗产保护。实施非物质文化遗产传承发展工程，进一步完善非物质文化遗产保护制度。实施传统工艺振兴计划。大力推广和规范使用国家通用语言文字，保护传承方言文化。开展少数民族特色文化保护工作，加强少数民族语言文字和经典文献的保护和传播，做好少数民族经典文献和汉族经典文献互译出版工作。实施中华民族音乐传承出版工程、中国民间文学大系出版工程。推动民族传统体育项目的整理研究和保护传承。

11. 滋养文艺创作。善于从中华文化资源宝库中提炼题材、获取灵感、汲取养分，把中华优秀传统文化的有益思想、艺术价值与时代特点和要求相结合，运用丰富多样的艺术形式进行当代表达，推出一大批底蕴深厚、涵育人心的优秀文艺作品。科学编制重大革命和历史题材、现实题材、爱国主义题材、青少年题材等专项创作规划，提高创作生产组织化程度，彰显中华文化的精神内涵和审美风范。加强对中华诗词、音乐舞蹈、书法绘画、曲艺杂技和历史文化纪录片、动画片、出版物等的扶持。实施戏曲振兴工程，做好戏曲“像音像”工作，挖掘整理优秀传统剧目，推进数字化保存和传播。实施网络文艺创作传播计划，推动网络文学、网络音乐、网络剧、微电影等传承发展中华优秀传统文化。实施中国经典民间故事动漫创作工程、中华文化电视传播工程，组织创作生产一批传承中华文化基因、具有大众亲和力的动画片、纪录片和节目栏目。大力加强文艺评论，改革完善文艺评奖，建立有中国特色的文艺研究评论体系，倡导中华美学精神，推动美学、美德、美文相结合。

12. 融入生产生活。注重实践与养成、需求与供给、形式与内容相结合，把中华优秀传统文化内涵更好更多地融入生产生活各方面。深入挖掘城市历史文化价值，提炼精选一批凸显文化特色的经典性元素和标志性符号，纳入城镇化建设、城市规划设计，合理应用于城市雕塑、广场园林等公共空间，避免千篇一律、千城一面。挖掘整理传统建筑文化，鼓励建筑设计继承创新，推进城市修补、生态修复工作，延续城市文脉。加强“美丽乡村”文化建设，发掘和保护一批处处有历史、步步有文化的小镇和村庄。用中华优秀传统文化的精髓涵养企业精神，培育现代企业文化。实施中华老字号保护发展工程，支持一批文化特色浓、品牌信誉高、有市场竞争力的中华老字号做精做强。深入开展“我们的节日”主题活动，实施中国传统节日振兴工程，丰富春节、元宵、清明、端午、七夕、中秋、重阳等传统节日文化内涵，形成新的节日习俗。加强对传统历法、节气、生肖和饮食、医药等的研究阐释、活态利用，使其有益的文化价值深度嵌入百姓生活。实施中华节庆礼仪服装服饰计划，设计制作展现中华民族独特文化魅力的系列服装服饰。大力发展文化旅游，充分利用历史文化资源优势，规划设计推出一批专题研学旅游线路，引导游客在文化旅游中感知中华文化。推动休闲生活与传统文化融合发展，培育符合现代人需求的传统休闲文化。发展传统体育，抢救濒危传统体育项目，把传统体育项目纳入全民健身工程。

13. 加大宣传教育力度。综合运用报纸、书刊、电台、电视台、互联网站等各类载体，融通多媒体资源，统筹宣传、文化、文物等各方力量，创新表达方式，大力彰显中华文化魅力。实施中华文化新媒体传播工程。充分发挥图书馆、文化馆、博物馆、群艺馆、美术馆等公共文化机构在传承发展中华优秀传统文化中的作用。编纂出版系列文化经典。加强革命文物工作，实施革命文物保护利用工程，做好革命遗址、遗迹、烈士纪念设施的保护和利用。推动红色旅游持续健康发展。深入开展“爱我中华”主题教育活动，充分利用重大历史事件和中华历史名人纪念活动、国家公祭仪式、烈士纪念日，充分利用各类爱国主义教育基地、历史遗迹等，展示爱国主义深刻内涵，培育爱国主义精神。加强国民礼仪教育。加大对国家重要礼仪的普及教育与宣传力度，在国家重大节庆活动中体现仪式感、庄重感、荣誉感，彰显中华传统礼仪文化的时代价值，树立文明古国、礼仪之邦的良好形象。研究提出承接传统习俗、符合现代文明要求的社会礼仪、服装服饰、文明用语规范，建立健全各类公共场所和网络公共空间的礼仪、礼节、礼貌规范，推动形成良好的言行举止和礼让宽容的社会风尚。把优秀传统文化思想理念体现在社会规范中，与制定市民公约、乡规民约、学生守则、行业规章、团体章程相结合。弘扬孝敬文化、慈善文化、诚信文化等，开展节俭养德全民行动和学雷锋志愿服务。广泛开展文明家庭创建活动，挖掘和整理家训、家书文化，用优良的家风家教培育青少年。挖掘和保护乡土文化资源，建设新乡贤文化，培育和扶持乡村文化骨干，提升乡土文化内涵，形成良性乡村文化生态，让子孙后代记得住乡愁。加强港澳台中华文化普及和交流，积极举办以中华文化为主题的青少年夏令营、冬令营以及诵读和书写中华经典等交流活动，鼓励港澳台艺术家参与国家在海外举办的感知中国、中国文化年（节）、欢乐春节等品牌活动，增强国家认同、民族认同、文化认同。

14. 推动中外文化交流互鉴。加强对外文化交流合作，创新人文交流方式，丰富文化交流内容，不断提高文化交流水平。充分运用海外中国文化中心、孔子学院，文化节展、文物展览、博览会、书展、电影节、体育活动、旅游推介和各类品牌活动，助推中华优秀传统文化的国际传播。支持中华医药、中华烹饪、中华武术、中华典籍、中国文物、中国园林、中国节日等中华传统文化代表性项目走出去。积极宣传推介戏曲、民乐、书法、国画等我国优秀传统文化艺术，让国外民众在审美过程中获得愉悦、感受魅力。加强“一带一路”沿线国家文化交流合作。鼓励发展对外文化贸易，让更多体现中华文化特色、具有较强竞争力的文化产品走向国际市场。探索中华文化国际传播与交流新模式，综合运用大众传播、群体传播、人际传播等方式，构建全方位、多层次、宽领域的中华文化传播格局。推进国际汉学交流和中外智库合作，加强中国出版物国际推广与传播，扶持汉学家和海外出版机构翻译出版中国图书，通过华侨华人、文化体育名人、各方面出境人员，依托我国驻外机构、中资企业、与我友好合作机构和世界各地的中餐馆等，讲好中国故事、传播好中国声音、阐释好中国特色、展示好中国形象。

四、组织实施和保障措施

15. 加强组织领导。各级党委和政府要从坚定文化自信、坚持和发展中国特色社会主义、实现中华民族伟大复兴的高度，切实把中华优秀传统文化传承发展工作摆上重要日程，加强宏观指导，提高组织化程度，纳入经济社会发展总体规划，纳入考核评价体系，纳入各级党校、行政学院教学的重要内容。各级党委宣传部门要发挥综合协调作用，整合各类资源，调动各方力量，推动形成党委统一领导、党政群协同推进、有关部门各负其责、全社会共同参与的中华优秀传统文化传承发展工作新格局。各有关部门和群团组织要按照责任分工，制定实施方案，完善工作机制，把各项任务落到实处。

16. 加强政策保障。加强中华优秀传统文化传承发展相关扶持政策的制定与实施，注重政策措施的系统性协同性操作性。加大中央和地方各级财政支持力度，同时统筹整合现有相关资金，支持中华优秀传统文化传承发展重点项目。制定和完善惠及中华优秀传统文化传承发展工程项目的金融支持政策。加大对国家重要文化和自然遗产、国家级非物质文化遗产等珍贵遗产资源保护利用设施建设的支持力度。建立中华优秀传统文化传承发展相关领域和部门合作共建机制。制定文物保护和非物质文化遗产保护专项规划。制定和完善历史文化名城名镇名村和历史文化街区保护的相关政策。完善相关奖励、补贴政策，落实税收优惠政策，引导和鼓励企业、社会组织及个人捐赠或共建相关文化项目。建立健全中华优秀传统文化传承发展重大项目首席专家制度，培养造就一批人民喜爱、有国际影响的中华文化代表人物。完善中华优秀传统文化传承发展的激励表彰制度，对为中华优秀传统文化传承发展和传播交流作出贡献、建立功勋、享有声誉的杰出海内外人士按规定授予功勋荣誉或进行表彰奖励。有关部门要研究出台入学、住房保障等方面的倾斜政策和措施，用以倡导和鼓励自强不息、敬业乐群、扶正扬善、扶危济困、见义勇为、孝老爱亲等传统美德。

17. 加强文化法治环境建设。修订文物保护法。制定文化产业促进法、公共图书馆法等相关法律，对中华优秀传统文化传承发展有关工作作出制度性安排。在教育、科技、卫生、体育、城乡建设、互联网、交通、旅游、语言文字等领域相关法律法规的制定修订中，增加中华优秀传统文化传承发展内容。加大涉及保护传承弘扬中华优秀传统文化法律法规施行力度，加强对法律法规实施情况的监督检查。充分发挥各行政主管部门在传承发展中华优秀传统文化中的重要作用，建立完善联动机制，严厉打击违法经营行为。加强法治宣传教育，增强全社会依法传承发展中华优秀传统文化的自觉意识，形成礼敬守护和传承发展中华优秀传统文化的良好法治环境。各地要根据本地传统文化传承保护的现状，制定完善地方性法规和政府规章。

18. 充分调动全社会积极性创造性。传承发展中华优秀传统文化是全体中华儿女的共同责任。坚持全党动手、全社会参与，把中华优秀传统文化传承发展的各项任务落实到农村、企业、社区、机关、学校等城乡基层。各类文化单位机构、各级文化阵地平台，都要担负起守护、传播和弘扬中华优秀传统文化的职责。各类企业和社会组织要积极参与文化资源的开发、保护与利用，生产丰富多样、社会价值和市场价值相统一、人民喜闻乐见的优质文化产品，扩大中高端文化产品和服务的供给。充分尊重工人、农民、知识分子的主体地位，发挥领导干部的带头作用，发挥公众人物的示范作用，发挥青少年的生力军作用，发挥先进模范的表率作用，发挥非公有制经济组织和社会组织从业人员的积极作用，发挥文化志愿者、文化辅导员、文艺骨干、文化经营者的重作用，形成人人传承发展中华优秀传统文化的生动局面。

关于深化群众性精神文明创建活动的指导意见*

社会主义精神文明是中国特色社会主义的重要特征，是实现“两个一百年”奋斗目标、实现中华民族伟大复兴中国梦的重要内容和重要保证。群众性精神文明创建活动是人民群众群策群力、共建共享、改造社会、建设美好生活的创举，是提升国民素质和社会文明程度的有效途径，是把社会主义精神文明建设的任务要求落实到城乡基层的重要载体和有力抓手。为深化群众性精神文明创建活动，提出如下指导性意见。

一、牢固树立物质文明和精神文明协调发展的战略方针

1. 新时期社会主义精神文明建设取得历史性成就。改革开放以来，我们党创造性地提出了建设社会主义精神文明的战略任务，确立了物质文明建设和精神文明建设“两手抓、两手都要硬”的战略方针，把精神文明建设贯穿改革开放全过程，纳入社会主义现代化建设总体布局，全面展开精神文明建设各项工作，取得了重大成就，为社会主义物质文明建设提供了有力的思想指导、精神支撑和智力支持，为经济社会发展创造了良好的精神文化条件。

党的十八大以来，以习近平同志为核心的党中央高度重视精神文明建设，提出一系列新思想新观点新要求，作出一系列重要部署，为加强新形势下精神文明建设提供了重要指导和基本遵循，有力推动了两个文明协调发展。广泛开展中国特色社会主义和中国梦宣传教育，大力培育和践行社会主义核心价值观，扎实推进思想道德建设，积极弘扬以爱国主义为核心的民族精神和以改革创新为核心的时代精神，深入开展群众性精神文明创建活动，学习宣传各类先进典型，着力丰富群众精神文化生活，国民素质和社会文明程度明显提升，精神文明建设取得了新的伟大成就，为全面推进党和国家事业发展作出了重要贡献。改革开放以来特别是党的十八大以来的生动实践充分证明，只有物质文明建设和精神文明建设都搞好，国家物质力量和精神力量都增强，

---

* 原载《人民日报》2017 年 4 月 6 日，第 009 版。

全国各族人民物质生活和精神生活都改善，中国特色社会主义事业才能顺利推向前进。社会主义物质文明和社会主义精神文明两手抓、两手硬，始终是党和国家的战略目标、战略方针。

2. 精神文明建设面临新的形势。面对决胜全面建成小康社会，进而实现社会主义现代化和中华民族伟大复兴的历史使命，精神文明建设地位更加重要、任务更加繁重。改革开放以来我国经济实力、科技实力和综合国力显著提升，为精神文明建设奠定了雄厚物质基础；广大人民群众对美好生活的向往，为精神文明建设提供了强劲内生动力；互联网等新技术新媒介日新月异，为精神文明建设拓展了广阔发展空间，精神文明建设面临新的历史机遇。同时要清醒认识到，在国际国内形势发生重大而深刻变化的时代条件下，面对各种思想文化交流交融交锋的复杂局面，马克思主义指导思想面临多样化社会思潮的挑战，社会主义核心价值观面临市场逐利性的挑战，传统教育引导方式面临网络新媒体的挑战，精神文明建设面临新形势新课题。

当前，精神文明建设领域还存在一些不容忽视的问题。一些人包括少数党员干部信仰缺失、价值观扭曲，深受拜金主义、享乐主义、极端个人主义的侵蚀；一些领域和一些地方道德失范、诚信缺失，人际关系缺乏信任感，违背社会公德、职业道德、家庭美德、个人品德等现象时有发生；封建迷信、铺张浪费甚至黄赌毒等不良现象、不良风气、不良习俗还在一定范围禁而不绝；一些地方环境脏乱差，不遵守基本公共秩序、不遵守基本文明行为准则的现象还比较普遍；精神文化产品创作生产还存在着有数量缺质量的问题，公共文化服务体系还不完善；工作中适应时代要求、群众期待的创新还不够，吸引力感染力有待提高；一些地方和部门精神文明建设工作不力，存在薄弱环节，精神文明建设和物质文明建设发展明显不协调，等等。这些问题必须引起全党全社会高度重视。要以辩证的、全面的、协调的观点正确处理两个文明的关系，切实加强社会主义精神文明建设，深入开展群众性精神文明创建活动。

3. 指导思想。高举中国特色社会主义伟大旗帜，坚持以马克思列宁主义、毛泽东思想、邓小平理论、“三个代表”重要思想、科学发展观为指导，深入贯彻习近平总书记系列重要讲话精神和治国理政新理念新思想新战略，增强政治意识、大局意识、核心意识、看齐意识，紧紧围绕统筹推进“五位一体”总体布局和协调推进“四个全面”战略布局，牢固树立和贯彻新发展理念，坚持以人民为中心的发展思想，以培育和践行社会主义核心价值观为根本，加强思想道德建设，弘扬中华优秀传统文化和传统美德，弘扬革命文化和社会主义先进文化，深化群众性精神文明创建活动，培育社会文明新风，全面提高国民素质和社会文明程度，着力构筑中国精神、中国价值、中国力量，巩固马克思主义在意识形态领域的指导地位，巩固全党全国各族人民团结奋斗的共同思想基础，为实现“两个一百年”奋斗目标、实现中华民族伟大复兴的中国梦，提供坚强思想保证、强大精神动力、丰润道德滋养、良好文化条件。

4. 重要原则

——必须坚持以马克思主义为指导，深入贯彻落实习近平总书记系列重要讲话精神和治国理政新理念新思想新战略，坚持正确的政治方向，始终把培育和践行社会主义核心价值观作为群众性精神文明创建活动的灵魂工程和根本任务。

——必须坚持社会主义物质文明和社会主义精神文明两手抓、两手都要硬，促进物质文明与精神文明协调发展。

——必须坚持以人民为中心的发展思想，牢固树立依靠人民、为了人民的思想理念，增进人民福祉，促进人的全面发展，动员人人参与，实现共建共享。

——必须坚持依法治国与以德治国相结合，实现法律和道德相辅相成、法治和德治相得益彰。

——必须坚持重在建设、立破并举，强化问题导向，补齐工作短板，贵在坚持、久久为功、务求实效。

——必须坚持改革创新，不忘本来、吸收外来、面向未来，站在时代前沿、引领风气之先、充满生机活力。

5. 目标要求。实现“两个一百年”奋斗目标、实现中华民族伟大复兴的中国梦更加深入人心，道路自信、理论自信、制度自信、文化自信更加坚定；社会主义核心价值观日益成为全体人民的共同价值追求、百姓日用而不觉的行为准则；爱国主义、集体主义、社会主义思想广泛弘扬，中华民族的归属感、认同感和凝聚力、向心力不断增强；人民思想道德素质、科学文化素质和健康素质明显提高，为实现人的全面发展创造更好条件；以优良党风政风带动形成良好社风民风，向上向善、诚信互助的社会风尚更加浓厚；精神文化产品创作生产更加活跃繁荣，人民享有健康丰富的精神文化生活；城乡环境面貌、社会公共秩序、公共服务水平、居民生活质量明显改善，社会文明程度显著提高。

二、坚持用社会主义核心价值观引领群众性精神文明创建活动

6. 以培育和践行社会主义核心价值观为根本。核心价值观是最持久最深层的精神力量。要倡导富强民主文明和谐，倡导自由平等公正法治，倡导爱国敬业诚信友善，把培育和践行社会主义核心价值观作为群众性精神文明创建活动的根本任务，在贯穿结合融入上下功夫，在落细落小落实上下功夫，把核心价值观融入经济社会发展实践，渗透到人们日常生产生活，通过教育引导、舆论宣传、文化熏陶、实践养成、制度保障等，使社会主义核心价值观内化为人们的坚定信念、外化为人们的自觉行动。

7. 加强理想信念教育。人民有信仰，民族有希望，国家有力量。要把理想信念教育作为群众性精神文明创建活动的中心环节，让理想信念的明灯永远在全国各族人

民心中闪亮。习近平总书记系列重要讲话是中国特色社会主义理论体系最新成果，是指导具有许多新的历史特点伟大斗争的最鲜活的马克思主义，彰显了马克思主义强大的真理力量和实践力量，是坚定理想信念的鲜活教材。要引导广大干部群众坚持读原著、学原文、悟原理，把握讲话的鲜明主题和思想体系，把握贯穿其中的治国理政新理念新思想新战略，把握讲话体现的马克思主义立场观点方法，做到学而信、学而用、学而行，用讲话精神统一思想、凝聚共识。共产主义远大理想和中国特色社会主义共同理想，是中国共产党人的精神支柱和政治灵魂。全党同志必须把对马克思主义的信仰、对社会主义和共产主义的信念作为毕生追求，在改造客观世界的同时不断改造主观世界，解决好世界观、人生观、价值观这个“总开关”问题，不断增强政治定力，坚定中国特色社会主义道路自信、理论自信、制度自信、文化自信，自觉成为共产主义远大理想和中国特色社会主义共同理想的坚定信仰者和忠实实践者，自觉在思想上政治上行动上同以习近平同志为核心的党中央保持高度一致。领导干部特别是高级干部要发挥示范引领作用，坚守真理、坚守正道、坚守原则、坚守规矩，明大德、严公德、守私德，重品行、正操守、养心性，做到以信念、人格、实干立身，以实际行动让党员和群众感受到理想信念的强大力量。在全体人民中深入开展中国特色社会主义和中国梦宣传教育，开展正确世界观、人生观、价值观和道德观教育，开展近现代史、党史、国情、改革开放成就和形势政策教育，加强和改进思想政治工作，用中国特色社会主义的共同理想凝聚起团结奋斗的强大精神力量。

8. 加强爱国主义教育。爱国主义是中华民族精神的核心，爱国主义精神是中华民族的精神基因，实现中华民族伟大复兴的中国梦是当代中国爱国主义的鲜明主题。要大力弘扬爱国主义精神，把爱国主义教育作为永恒主题，坚持爱国主义和社会主义相统一，维护祖国统一和民族团结，尊重和传承中华民族历史和文化，坚持立足民族又面向世界。要把爱国主义教育贯穿国民教育和精神文明建设全过程，充分利用我国改革发展的伟大成就、重大历史事件纪念活动、爱国主义教育基地、中华民族传统节庆、国家公祭仪式等来增强人民的爱国情怀和国家意识。要健全和规范必要的礼仪制度，组织开展形式多样的纪念庆典活动，增强人们对国家和民族的认同感和归属感。要运用艺术形式和新媒体，生动传播爱国主义精神，唱响爱国主义主旋律，让爱国主义成为每一个中国人的坚定信念和精神依靠。

9. 加强公民道德建设。实施公民道德建设工程，持续深化社会公德、职业道德、家庭美德、个人品德建设，弘扬真善美，贬斥假恶丑，激发人们形成善良的道德意愿和道德情感，培育正确的道德判断和道德责任，提高道德实践能力尤其是自觉践行能力，向往和追求讲道德、尊道德、守道德的生活。大力倡导文明礼貌、助人为乐、爱护公物、保护环境、遵纪守法的社会公德，大力倡导爱岗敬业、诚实守信、办事公道、服务群众、奉献社会的职业道德，大力倡导尊老爱幼、男女平等、夫妻和睦、勤俭持家、邻里团结的家庭美德，大力倡导爱国奉献、明礼守法、厚德仁爱、正直善良、勤劳勇敢的个人品德，鼓励人们在社会上做一个好公民，在岗位上做一个好员工，在家庭里做一个好成员。

10. 弘扬中华优秀传统文化。优秀传统文化是我们民族的“根”和“魂”。要深入挖掘和阐发讲仁爱、重民本、守诚信、崇正义、尚和合、求大同的时代价值。实施好中华优秀传统文化传承发展工程，做好中华典籍整理、文化遗产保护等工作，实现中华优秀传统文化的创造性转化和创新性发展，增强做中国人的骨气和底气。以“我们的节日”为主题，利用春节、元宵、清明、端午、中秋、重阳等重要传统节日以及其他少数民族传统节日，开展丰富多彩、积极健康的民俗文化活动，引导人们在辞旧迎新、慎终追远、缅怀先贤、阖家团圆、孝老敬老中弘扬文明新风。要继承我们党带领人民进行革命和建设形成的革命精神，发扬革命传统，传承红色基因，不忘初心，继续前进。

11. 加强诚信建设。诚信是核心价值观和道德建设的重要内容，也是发展完善社会主义市场经济的重要基石。加快推进政务诚信、商务诚信、社会诚信和司法公信建设，提高全社会诚信水平。大力弘扬中华民族重信守诺的传统美德，大力普及与市场经济和现代治理相适应的诚信理念、规则意识、契约精神，培育现代诚信文化。加快建立覆盖全社会的征信体系，健全信用信息管理制度，推动各个部门信用信息的共建共享。健全多部门、跨地区、跨行业的守信联合激励和失信联合惩戒的联动机制，增加守信红利、提高失信代价。注重发挥行业、单位、街区、市场等各类主体的作用，开展诚信行业、诚信单位、诚信示范街区、诚信经营示范店等主题实践活动，制定诚信公约，加强行业自律，推动形成不愿失信、不能失信、不敢失信的社会环境。

12. 建设社会主义法治文化。贯彻落实全面依法治国战略举措，深入开展全民普法教育，弘扬社会主义法治精神，把社会主义核心价值观融入社会主义法治建设全过程，引导全民自觉守法、遇事找法、解决问题靠法，自觉履行法定义务，依法维护自身权益，增强全社会学法尊法守法用法意识，使全体人民成为社会主义法治的忠实崇尚者、自觉遵守者、坚定捍卫者。把法治教育纳入精神文明创建内容，广泛开展群众性法治文化活动，在全社会形成良好法治氛围和法治习惯，树立守法光荣、违法可耻的社会风尚。

13. 发挥先进典型的示范引领作用。榜样的力量是无穷的。重视发挥先进典型对践行核心价值观、弘扬时代新风尚的示范引领作用。在发动基层群众分层推选道德模范、时代楷模、最美人物、身边好人，广泛推出各行各业先进人物的基础上，突出表彰宣传作出重大贡献、群众认可度高、社会影响力大的先进典型，形成群星灿烂与七星共明的先进群体格局。广泛开展形式多样的学习宣传活动，激发人们的思想认同、情感共鸣和效仿意愿。关心关爱先进模范人物，旗帜鲜明捍卫英雄模范，营造崇德向善、见贤思齐、德行天下的浓厚氛围。

三、推动群众性精神文明创建活动向纵深发展

14. 深入开展创建文明城市、文明村镇、文明单位、文明家庭、文明校园活动。各类创建活动都要突出思想道德内涵，坚持创建为民惠民，不断扩大覆盖面，增强实效性，有力推动社会文明进步，提升城乡居民的获得感和幸福感。要推动人们在为家庭谋幸福、为他人送温暖、为社会作贡献的过程中提高精神境界、培育文明风尚。

文明城市创建要贯彻落实以人为核心的新型城镇化战略，加强市民文明素质教育引导，着力提高城市规划建设管理水平，保护城市历史文化和特色风貌，打造美丽整洁的生活环境、规范有序的社会秩序、便捷高效的公共服务，提升市民综合素质、城市文明程度和群众生活质量，推进建设宜居宜业、富有活力、各具特色、文明和谐的现代化城市。全国文明城市要巩固创建成果，保持创建常态，切实发挥示范带动作用。创建工作要从省会城市、地级城市、直辖市城区向县级市和县延伸，努力构建全面覆盖大中小城市的创建格局。积极发挥文明城市测评体系的导向作用，改进测评方法，完善测评程序，确保测评结果的公正性公信力。

文明村镇创建要以美丽乡村建设为主题，突出抓好乡风民风、人居环境和文化生活建设。着力提高农民素质，培养有文化、懂技术、善经营、会管理、适应现代农业发展的新型农民。发挥农村优秀基层干部、乡村教师、退伍军人、文化能人、返乡创业人士等新乡贤作用，传播文明理念，涵育文明乡风。大力开展移风易俗，倡导科学文明卫生的生活方式，破除陈规陋习。加强村容村貌整治和农村环境保护，全面推进农村垃圾污水治理工作，守护绿水青山。大力发展休闲农业和乡村旅游，拓展农业多种功能，促进农民就业增收。顺应农村群众的新期待，以农村群众的获得感为标准，力争到“十三五”期末，全国县级及县级以上文明村和文明乡镇占比达到50%左右。

文明单位创建要着力提高员工素质，涵养职业操守，培育职业精神，完善规章制度，树立行业新风。重点推动与群众生活关系密切的窗口行业的文明创建工作，开展具有行业特色、职业特点、工作特性的创建活动，自觉承担社会责任，着力树立良好形象，确保提供文明优质服务。要顺应经济结构、社会组织、就业方式的深刻变动，推动文明单位创建覆盖到新经济组织和社会组织。

文明家庭创建要更加注重家庭、注重家教、注重家风，促进家庭和睦，促进亲人相亲相爱，孝老爱幼，少有所教，老有所养，使千千万万个家庭成为国家发展、民族进步、社会和谐的重要基点，成为人们梦想启航的地方。以“家和万事兴”为主题传承良好家风和家训，重视做好家庭教育。要推动形成爱国爱家、相亲相爱、向上向善、共建共享的社会主义家庭文明新风尚，以良好家风支撑起好的社会风气。

文明校园创建要全面贯彻党的教育方针，坚持立德树人，以社会主义核心价值观引领知识教育，强化教书育人、管理育人、环境育人，培养德智体美全面发展的社会

主义事业建设者和接班人。加强大学生思想政治教育和未成年人思想道德建设，改进高等学校思想政治工作和中小学校思想品德教育，构建符合青少年成长特点和规律的德育体系，提升思想政治教育亲和力和针对性。加强师德师风建设，引导广大教师学为人师、行为世范，做学生锤炼品格、学习知识、创新思维、奉献祖国的引路人。开展形式多样、健康向上、格调高雅的校园文化活动，弘扬良好校训校风，开展文明班级、文明宿舍创建，形成良好育人氛围。

15. 深化学雷锋志愿服务。大力倡导雷锋精神，弘扬奉献、友爱、互助、进步的志愿精神，进一步推动学雷锋志愿服务活动持续深入发展，引导激励人们把积极参与学雷锋志愿服务作为一种生活方式和生活习惯，使“我为人人、人人为我”蔚为风气。以关爱他人、奉献社会为重点，广泛开展重大活动、扶贫救灾、敬老救孤、恤病助残、文化支教、环境保护、健身指导等志愿服务活动。支持和发展各类志愿服务组织尤其是专业性强的志愿服务组织，健全完善褒奖激励等制度，以制度化促进经常化持久化。

16. 推进文明社会风尚行动。围绕讲文明、有公德、守秩序、树新风，广泛开展文明社会风尚行动，大力普及工作生活、社会交往、人际关系、公共场所等方面的文明礼仪规范，引导人们自觉遵守公共秩序和规则，建立和谐清新人际关系，抵制不良庸俗习气，倡导文明礼仪新风，养成良好行为习惯。在全社会大力倡导尊重劳动、尊重创造，使勤奋劳动、勇于创造、艰苦奋斗成为人们的生活追求。强化质量第一意识，培育“工匠精神”。广泛倡导“绿水青山就是金山银山”，着力培养人们的生态文明、绿色环保、节俭节约、社会责任意识。要在全社会倡导合理消费，力戒奢侈浪费，制止奢靡之风。大力开展文明交通行动，普及文明交通常识，增强文明交通意识，克服各种交通陋习。大力开展文明旅游行动，加强宣传教育、规范约束和社会监督，强化文明出游意识，有效治理旅游不文明行为，提升公民旅游文明素质。加强对文艺观演、体育观赛等的文明引导，制止不文明言行。在推进新型城镇化进程中，要加强对新市民和进城务工人员的服务管理与教育引导，使他们学习掌握适应现代城市生活的必要行为规范。

17. 开展各类精神文明共建活动。开展城乡共建活动，加大以城带乡、城乡统筹力度，推动公共服务设施向农村延伸，公共服务产品向农村覆盖，城市现代文明向农村辐射，促进城乡发展一体化。开展区域共建活动，以国家区域发展整体战略为基础，打造一批沿海沿江沿交通干线的“文明走廊”“文明交通线”“文明示范带”。开展文明单位结对帮扶活动，动员文明单位履行社会责任，支援贫困乡村，助力脱贫攻坚。开展军民共建精神文明活动，巩固发展军政军民团结。

四、提升全民科学教育文化素质和健康素质

18. 提高全民科学素质。扎实推进全民科学素质行动计划，实施《中国公民科学素质基准》，普及科学知识、弘扬科学精神、传播科学思想、倡导科学方法。着力提高青少年的科学兴趣、创新意识、学习实践能力，提高领导干部和公务员的科学意识和决策水平，提高城镇劳动者和广大农民的科学生产生活能力，以重点人群科学素质的提高带动全民科学素质整体水平跨越提升，推动形成崇尚科学的社会氛围和健康文明的生活方式。加强科技馆、科技活动中心、青少年科技活动站等阵地和设施建设，推动优质科普资源开发开放。开展科学世界观和无神论教育，反对封建迷信和邪教，抵制愚昧落后。

19. 提升国民教育水平。全面实施素质教育，深化教育领域综合改革，着力提高教育质量，培养学生社会责任感、创新精神、实践能力。办好学前教育，均衡发展九年义务教育，基本普及高中阶段教育，加快发展现代职业教育，推动高等教育内涵式发展，积极发展继续教育，完善终身教育体系，建设学习型社会。大力促进教育公平，合理配置教育资源，重点向农村、边远、贫困、民族地区倾斜，让每个孩子都能成为有用之才。积极推动全民阅读，引导人们养成阅读习惯。

20. 丰富群众文化生活。坚持为人民服务、为社会主义服务的方向，坚持百花齐放、百家争鸣的方针，实施文艺创作精品工程，扶持优秀文化作品创作生产，推出更多思想精深、艺术精湛、制作精良的优秀文化产品，繁荣发展文学艺术、新闻出版、广播影视事业。推进基本公共文化服务标准化、均等化，建立完善覆盖城乡、便捷高效、保基本促公平的现代公共文化服务体系。坚持把社会效益放在首位、社会效益和经济效益相统一，积极培育新型文化业态，扩大和引导文化消费，推动文化产业成为国民经济支柱性产业。广泛开展群众文化活动，维护好实现好群众文化权益，不断满足人民群众日益增长的精神文化需求，丰富人民精神世界，增强人民精神力量。深入开展“扫黄打非”，加强文化市场监管，提高文化综合执法能力。

21. 促进人民身心健康。健康是促进人的全面发展的必然要求，是社会文明进步的基础。大力推进健康中国建设，加强全民健康教育，普及公共卫生知识和健康科学知识，提倡健康生活，优化健康服务，完善健康保障，建设健康环境，发展健康产业，着力提高人民群众健康水平。加强人文关怀和心理疏导，培育自尊自信、理性平和、积极向上的社会心态。深入实施全民健身国家战略，推进全民健身活动，发展体育运动，增强人民体质。

五、营造精神文明建设的良好社会环境

22. 丰富精神文明建设载体。加强新闻传播能力建设，推进传统媒体与新兴媒体深度融合，牢牢把握正确舆论导向，弘扬主旋律，传播正能量，大力宣传精神文明建设先进经验和有效做法，加强对社会普遍关注的道德热点问题的引导，有力抨击背离主流价值的错误言行和丑恶现象，切实发挥新闻舆论团结人民、鼓舞士气，成风化人、凝心聚力的作用。重视运用文学戏剧、影视音乐、戏曲曲艺等文艺形式启迪思想、温润心灵、陶冶人生，用社会主义核心价值观引领精神文化产品创作生产，潜移默化向社会传递主流价值，感染影响人们的价值选择和价值判断。公益广告是传播核心价值观、倡导文明新风的有效载体，要突出主题，注重创意，健全机制，加大刊播展示力度。

23. 加强网上精神文明建设。坚持正能量是总要求、管得住是硬道理，依法加强网络空间治理，加强网络内容建设，做强网上正面宣传，发展积极向上的网络文化。实施网德工程，深入开展争做中国好网民活动，倡导文明办网、文明上网，强化网络运营主体的社会责任，引导人们提升网络文明素养，净化网络环境，让网络空间清朗起来。适应信息传播方式和人们接受习惯的深刻变化，积极运用微博、微信、手机客户端等新媒体传播文明理念、推进实际工作。开展网络公益活动，让公益精神弥漫网络空间。

24. 拓展精神文明建设阵地。与经济社会发展水平相适应，加快图书馆、博物馆、科技馆、文化馆、美术馆、革命历史纪念馆等文化设施建设，继续推动公共文化设施向社会免费开放，切实提高使用效率。以综合性、适用性为原则，大力推进城乡基层宣传文化阵地建设，完善村（社区）公共文化服务中心，推进乡村学校少年宫建设。加快公共数字文化建设，用互联网等新技术手段满足基层文化需要和群众文化需求。

25. 用法治思维和法治方式推进精神文明创建。把精神文明建设要求融入法律法规、政策制度和社会治理、行业管理之中，把社会主义核心价值观贯穿立法司法执法各个环节，发挥法律法规对维护良好社会秩序、树立文明社会风尚、培育和谐人际关系的保障作用。认真总结工作经验，把那些符合实际、成效明显、群众认可并被实践证明的规律性做法上升为法律法规。建立法律法规和重大公共政策的道德风险评估机制，防止具体法规政策与社会主义核心价值观相背离。加强司法机关、行政执法机关的文明创建和执法规范化建设，提高司法公信力，进一步规范行政执法，努力让人民群众在每一项执法活动、每一起案件办理中都能感受到社会公平正义。发挥法治在解决道德领域突出问题中的作用，依法惩处严重突破道德底线的失德失信行为和社会丑恶现象，避免极端个别事件对社会公序良俗带来负面冲击。发挥市民公约、乡规民

约、学生守则、行业规范、职业规则、团体章程等社会规范在社会治理中的积极作用。

26. 对外展示文明中国良好形象。国民素质和社会文明程度是国家文化软实力与综合国力的重要标志。要结合国家重大外交战略、“一带一路”建设，加强国际传播能力建设，讲好中国故事，阐释好中国价值，积极推进中华文化走出去，树立中国文明进步、开放自信、亲切友善、负责任的大国形象，增进国际社会对中华文明的认识和理解，增强中华文明和中华民族的国际影响力。在赴境外留学、经商、从业、旅游人员中开展争当“文明使者”活动。

六、加强党对群众性精神文明创建活动的领导

27. 强化党委主体责任。各级党委要切实承担起精神文明建设的主体责任，党委主要负责同志是第一责任人。要坚持“两手抓、两手都要硬”的战略方针，把精神文明建设纳入经济社会发展总体规划，列为各级领导班子和领导干部政绩考核的重要内容。进一步完善党委统一领导、党政齐抓共管、文明委组织协调、有关部门各负其责、全社会积极参与的领导体制和工作机制。发挥文明委及其办事机构的重要作用，加强对精神文明建设和群众性创建活动、学雷锋志愿服务活动的规划指导、协调督促。发挥基层党组织的战斗堡垒作用，加强对群众的教育引导，在服务群众中凝聚群众，勇于同各种歪风邪气作斗争。广大共产党员要在精神文明建设中发挥模范表率作用。党员干部尤其是高级干部必须带头践行社会主义核心价值观，继承和发扬党的优良传统和作风，弘扬中华民族传统美德，讲修养、讲道德、讲诚信、讲廉耻，自觉远离低级趣味，养成共产党员的高风亮节，形成良好的政治文化。按照政治坚定、业务精湛、心系人民、作风过硬的要求，建设高素质、接地气的精神文明建设工作队伍。精神文明建设重心在基层、困难在基层。要加强基层队伍建设，充实工作力量，为更好开展工作创造条件、提供保障。

28. 动员社会力量广泛参与。工会、共青团、妇联、残联、关工委和文联、作协、科协等人民团体，要发挥各自优势，组织动员所联系群众积极参与精神文明创建活动。发挥民主党派、工商联、无党派人士、社会公众人物的作用，发挥行业协会、社会团体、基金会等各种社会组织的作用，共同参与精神文明建设。

29. 加大经费投入。完善和落实文化经济政策，形成对精神文明建设多渠道投入的体制，为精神文明建设提供强有力的物质保障。中央财政加大对中西部欠发达地区、少数民族地区和革命老区的精神文明建设重大设施、重点项目的支持力度。运用财政、税收、金融等经济手段支持精神文明建设事业。鼓励社会力量对精神文明建设提供财力物力支持。

30. 加强工作创新。加强对群众性精神文明创建活动的理论研究和实践总结，积

极借鉴人类文明有益成果，深化对工作特点和规律的认识，尊重人民群众的主体地位和首创精神，推动内容形式、方法手段、渠道载体、体制机制创新，防止和克服形式主义，更好地体现时代性、把握规律性、富于创造性，不断增强群众性精神文明创建活动的针对性有效性和吸引力感染力。

中共中央国务院印发
《中长期青年发展规划(2016—2025年)》*

新华社北京4月13日电 近日，中共中央、国务院印发了《中长期青年发展规划(2016—2025年)》，并发出通知，要求各地区各部门结合实际认真贯彻落实。

《中长期青年发展规划（2016—2025年)》全文如下。

青年是国家的未来、民族的希望。青年兴则民族兴，青年强则国家强。促进青年更好成长、更快发展，是国家的基础性、战略性工程。依据党和国家有关政策法规，按照经济社会发展的总体目标和要求，结合我国青年发展的实际情况，制定本规划。

本规划所指的青年，年龄范围是14—35周岁（规划中涉及婚姻、就业、未成年人保护等领域时，年龄界限依据有关法律法规的规定)。

序 言

党和国家历来高度重视青年、关怀青年、信任青年，始终坚持把青年作为党和人民事业发展的生力军，为青年在革命、建设、改革中施展才华创造条件、提供舞台；尊重青年敢想敢干、富有梦想的特质，注重激发青年的参与热情和创新活力，引领青年勇开风气之先、走在时代前列；关心、解决青年的现实问题和迫切需求，支持青年在人民的伟大奋斗中实现自己的人生理想。党的十八大以来，以习近平同志为核心的党中央高度重视青年发展事业，反复强调青年一代有理想、有担当，国家就有前途，民族就有希望，实现中华民族伟大复兴就有源源不断的强大力量；进一步明确中国特色社会主义青年运动方向，全面加强对青年的思想政治引领和成长成才服务，制定实施一系列促进青年发展的政策措施，激励引导青年与民族同命运、与祖国共奋进、与时代齐发展，为广大青年指明了正确成长道路，创造了良好成长环境。

在党和国家的关心、支持和推动下，我国青年发展事业取得巨大进步和历史性成就。青年的思想政治面貌总体健康向上，拥护中国共产党的领导，对中国特色社会主

---

* 原载《人民日报》2017年4月14日，第001版。

义事业充满信心；青年的基本生活条件不断改善，物质生活水平显著提高，精神文化生活日益丰富，青年群体文明程度不断提升；教育事业长足发展，青壮年人口文盲基本消除，新增劳动力平均受教育年限达到13.3年，处于我国历史上最好水平，与发达国家之间的差距显著缩小；社会保障制度更加健全、水平不断提升，法治国家建设不断推进，青年发展权益得到更好维护；青年的创新能力、创业活力不断增强，青年人才队伍不断壮大，在报效祖国、服务人民、奉献社会的过程中实现着自身的成长发展。

未来10年，是实现“两个一百年”奋斗目标、实现中华民族伟大复兴中国梦的关键时期。面对复杂多变的国际环境和国内艰巨繁重的改革发展任务，统筹推进“五位一体”总体布局和协调推进“四个全面”战略布局，适应和引领经济发展新常态，牢固树立和贯彻落实创新、协调、绿色、开放、共享的发展理念，需要青年一代充分发挥作用，在改革发展稳定第一线建功立业、接续奋斗。

青年是国家经济社会发展的生力军和中坚力量。党和国家事业要发展，青年首先要发展。必须清醒认识到，青年发展事业与社会主义现代化建设的新要求、经济社会发展的新形势、广大青年的新期待相比，还存在不少亟待解决的突出问题。主要是：青年思想教育的时代性、实效性有待增强，用共产主义和中国特色社会主义引领青年，用中国梦和社会主义核心价值观凝聚共识、汇聚力量的任务尤为紧迫；青年体质健康水平亟待提高，部分青年心理健康问题日益凸显；青年社会教育和实践教育需要加强，提高教育质量的任务仍十分艰巨；青年就业的结构性矛盾比较突出，影响就业公平的障碍有待进一步破除；青年创业创新的热情有待进一步激发，鼓励青年创业创新的政策和社会环境需要不断优化；人口结构的新特点新变化使得青年一代的工作和生活压力不断增大，在婚恋、社会保障等方面需要获得更多关心和帮助；统筹协调青年发展工作的体制机制还不完善，各方面共同推进青年发展的合力有待进一步形成。

赢得青年才能赢得未来，塑造青年才能塑造未来。要站在党和国家事业后继有人、兴旺发达的高度，把青年发展摆在党和国家工作全局中更加重要的战略位置，整体思考、科学规划、全面推进，努力形成青年人人都能成才、人人皆可出彩的生动局面，为实现“两个一百年”奋斗目标、实现中华民族伟大复兴的中国梦注入强劲、持久的青春动力。

一、指导思想、根本遵循、总体目标

1. 指导思想。高举中国特色社会主义伟大旗帜，全面贯彻党的十八大和十八届三中、四中、五中、六中全会精神，坚持以马克思列宁主义、毛泽东思想、邓小平理论、“三个代表”重要思想、科学发展观为指导，深入学习贯彻习近平总书记系列重要讲话精神和治国理政新理念新思想新战略，坚持党管青年原则，牢牢把握为实现中华民族伟大复兴中国梦而奋斗的时代主题，充分照顾青年的特点和利益，优化青年成长环境，服务青年紧迫需求，维护青年发展权益，促进青年全面发展，引导青年树立共产主义远大理想和中国特色社会主义共同理想，坚定中国特色社会主义道路自信、理论自信、制度自信、文化自信，自觉团结凝聚在党的周围，更好成长为中国特色社会主义事业的合格建设者和可靠接班人。

2. 根本遵循。坚持马克思主义青年观和中国特色社会主义青年运动方向，全面贯彻落实以习近平同志为核心的党中央关于青年工作的决策部署，引导广大青年坚定不移听党话、跟党走；坚持以青年为本，尊重青年主体地位，把服务与成才紧密结合，让青年有更多获得感，促进青年在投身实现中华民族伟大复兴中国梦的实践中放飞青春梦想、实现全面发展；坚持全局视野，从战略高度看待青年发展事业，党委加强领导，政府、群团组织、社会等各方面协同施策，共同营造有利于青年发展的良好环境。

3. 总体目标。到 2020 年，具有中国特色的青年发展政策体系和工作机制初步形成，广大青年思想政治素养和全面发展水平进一步提升，在决胜全面建成小康社会伟大实践中的生力军和突击队作用得到充分发挥。到 2025 年，具有中国特色的青年发展政策体系和工作机制更加完善，广大青年思想政治素养和全面发展水平明显提升，不断成长为志存高远、德才并重、情理兼修、勇于开拓，堪当实现中华民族伟大复兴中国梦历史重任的有生力量。

二、发展领域、发展目标、发展措施

（一）青年思想道德

发展目标：广大青年积极践行社会主义核心价值观，中国特色社会主义道路自信、理论自信、制度自信、文化自信进一步增强，思想道德水平和文明素质进一步提高，为实现中国梦而奋斗的共同思想道德基础更加巩固。

发展措施：

1. 加强青年理想信念教育。深入开展共产主义、中国特色社会主义和中国梦学习宣传教育，开展习近平总书记系列重要讲话精神和治国理政新理念新思想新战略学习教育，使中国梦成为青年共同追求的奋斗目标，使中国特色社会主义成为青年衷心拥护的发展道路，使共产主义成为青年矢志追求的远大理想，增进青年对党的信赖、信念、信心。注重引导青年学习马克思主义基本原理，树立辩证唯物主义和历史唯物主义的世界观、方法论。注重加强宣传教育、示范引领和实践养成，引导广大青年增强使命意识和责任意识，自觉把人生追求融入党和国家事业。深入实施青年马克思主义者培养工程。充分发挥思想政治理论课在青年学生思想政治教育中的主渠道作用。实施高校思想政治理论课建设体系创新计划，建设学生真心喜爱、终身受益的高校思想政治理论课。

2. 在青年中培育和践行社会主义核心价值观。引导青年勤学、修德、明辨、笃实，使社会主义核心价值观内化为青年的坚定信念，外化为青年的自觉行动。大力弘扬以爱国主义为核心的民族精神和以改革创新为核心的时代精神，把爱国主义教育贯穿国民教育和精神文明建设全过程，引导青年学习了解党史国史、近现代史和改革开放史，继承五四运动以来的革命文化传统，坚持爱国、爱党、爱社会主义相统一，自觉培养爱国之情、砥砺强国之志、实践报国之行。引导青年传承弘扬中华优秀传统文化，增强文化自信和价值观自信。深入开展形式多样的青年群众性精神文明创建活动，引导青年大力弘扬社会公德、职业道德、家庭美德，培养良好个人品德，积极倡导和培育诚信品格，争当“向上向善好青年”，在引领社会文明风尚中发挥积极作用。加强民族团结宣传教育，推动各族青年交往交流交融，树立正确的国家观、民族观、历史观、文化观、宗教观，自觉抵制宗教极端思想，共同维护祖国统一和各民族繁荣发展。开展青年国防教育，推动军地青年共建共育，教育适龄青年自觉履行兵役义务。

3. 分类开展青年思想教育和引导。面向中学中职学生，广泛开展“与人生对话”主题活动，引导他们从小确立人生奋斗的远大志向，培养爱国、爱党、爱社会主义的感情。面向大学生，广泛开展“与信仰对话”主题活动，引导他们认识马克思主义的真理性，坚定走中国特色社会主义道路的信念。面向企业青年，广泛开展岗位建功活动，引导他们正确看待个人、企业、社会、国家的关系，以积极、务实、理性的态度面对职业生涯中遇到的具体问题。面向进城务工青年，注重把解决思想问题与解决实际问题相结合，在排忧解难、传递关怀中引导他们心向党和政府、矢志拼搏奋斗。面向农村青年，广泛宣传党和政府的支农惠农政策，引导他们树立“农村天地广阔、青年大有可为”的思想认识。

4. 强化网上思想引领。把互联网作为开展青年思想教育的重要阵地，团结、带动和壮大网上积极力量，大力开展正面宣传，实施“青年好声音”系列网络文化行动，增强网络正能量，消解网络负能量。提升网络舆情分析和引导能力，疏导青年情绪，澄清误解和谣言，引导青年形成正确认知。在青年群体中广泛开展网络素养教育，引导青年科学、依法、文明、理性用网。广泛开展青年网络文明志愿者行动，组织动员广大青年注册成为网络文明志愿者，参与监督和遏止网上各种违法和不良信息传播，为构建清朗网络空间作贡献。

（二）青年教育

发展目标：青年受教育权利得到更好保障，基本公共教育服务均等化逐步实现，教育公平程度明显提升。新增劳动力平均受教育年限达到13.5年以上，高等教育毛入学率达到50%以上。

发展措施：

1. 提高学校育人质量。坚持立德树人，深化教育改革，把增强学生社会责任感、法治意识、创新精神、实践能力作为重点任务贯彻到学校教育全过程。改善课堂教学，调动青年学生自主学习的积极性，完善知识结构，培养创新兴趣和科学素养。科学设计开展实践育人活动，通过探索实施高校共青团“第二课堂成绩单”制度等途径，帮助学生开阔视野、了解社会、提升综合素质。丰富学生创新实践平台，深入开展“挑战杯”竞赛和中国青少年科技创新奖评选，支持培育学生科技创新社团，营造校园科技创新氛围，为学生开展科技创新探索提供必要条件。将中小学共青团、少先队工作纳入教育督导。完善现代职业教育体系，推进产教融合、校企合作，办好全国职业院校技能大赛。深化考试招生制度改革，把促进学生健康成长成才作为改革的出发点和落脚点，扭转片面应试教育倾向。加强教师队伍建设，严格教师准入制度，突出教师职业道德教育和业务能力培训，深化教师评价管理体系改革。深入开展文明校园、绿色校园创建，创造和谐优美校园环境。在社会科学研究机构、高等学校加强青年学研究。

2. 科学配置教育资源。加大公共教育投入向中西部和民族边远贫困地区的倾斜力度，逐步缩小地区间教育资源差距。普及高中阶段教育，逐步分类实现中等职业教育全部免除学杂费，率先从建档立卡的家庭经济困难学生实施普通高中免除学杂费。实施国家贫困地区定向招生专项计划。完善贫困家庭学生、进城务工青年、少数民族青年和残疾青年等特殊青年群体帮扶救助机制，健全资助体系、完善资助方式，实现家庭经济困难学生资助全覆盖。进一步完善和落实进城务工人员随迁子女接受义务教育后在当地参加升学考试政策。

3. 强化社会实践教育。完善扶持政策，加大经费投入，加强青年社会实践基地建设，鼓励机关、军队、企事业单位、社会组织为有组织的青年社会实践提供帮助和便利。在青年中广泛开展科普教育和群众性科技创新活动，引导广大青年讲科学、爱科学、学科学、用科学。广泛开展大中专学生“三下乡”、志愿服务等社会实践活动，鼓励青年参与社会公共服务和社会公益事业。推进青年信用体系建设，逐步应用到青年入学、就业、创业等领域，引导青年践行诚信理念。

4. 促进青年终身学习。强化家庭教育基础作用，全面宣传普及家庭教育科学理念、知识和方法，实现家庭教育对优秀传统文化、爱国主义、社会责任、生活技能、勤俭美德、自律能力的基础性培养。大力发展继续教育，建立个人学习账号和学分累计制度，开展师生互动式、同伴共享式技能学习培训。加大青年社会教育投入，建立多渠道筹措资金投入机制。创造社会教育良好环境，规划青年成长成才各个环节的教育需求，统筹协调文化、出版、影视、网络等资源，实现对青年教育空间的全覆盖。构建并推行终身职业技能培训制度。推动各类学习资源开放共享，鼓励社会力量和民间资本提供多样化教育服务，推进教育信息化，发展在线教育和远程教育，扩大优质教育资源覆盖面，构建灵活开放的终身教育培训体系。

5. 培育青年人才队伍。实施青年英才开发计划，在重点学科领域培养扶持一批青年拔尖人才；在高水平研究型大学和科研院所优势基础学科建设一批国家青年英才培养基地。统筹推进党政人才、企业经营管理人才、专业技术人才、高技能人才、农村实用人才、社会工作人才等领域青年人才队伍建设。建立健全对青年人才普惠性支持措施。加大教育、科技和其他各类人才工程项目对青年人才培养支持力度，在国家重大人才工程项目中设立青年专项。改革完善青年人才管理体制，创新青年人才培养开发、评价发现、选拔任用、流动配置、激励保障机制，善于发现、重点支持、放手使用青年优秀人才。加强知识产权保护，鼓励青年人才创新创造。鼓励和支持青年人才参与战略前沿领域研究，着力培养一批青年科技创新领军人才。坚持自主培养开发与海外引进并举，用好国内优秀人才，吸引海外高层次青年人才和急需紧缺青年专门人才。

（三）青年健康

发展目标：持续提升青年营养健康水平和体质健康水平，青年体质达标率不低于90%；有效控制青年心理健康问题发生率，青年心理健康辅导和服务水平得到较大提升；引领青年积极投身健康中国建设。

发展措施：

1. 提高青年体质健康水平。实施全民健身计划，严格执行《国家体育锻炼标准》和《国家学生体质健康标准》，在学校教育中强化体质健康指标的硬约束。加强学校体育工作，完善国家体育与健康课程标准，发挥学校体育考核评价体系的导向作用，保证体育课时和课外锻炼时间得到落实。组织青年广泛参与全民健身运动，培养体育运动爱好，提升身体素质，掌握运动技能，养成终身锻炼的习惯。在城乡社区建设更多适应青年特点的体育设施和场所，配备充足的体育器材，方便青年就近就便开展健身运动。鼓励和支持青年体育类社会组织发展，带动更多青年培养体育兴趣和爱好。

2. 加强青年心理健康教育和服务。注重加强对青年的人文关怀和心理疏导，引导青年自尊自信、理性平和、积极向上，培养良好心理素质和意志品质。促进青年身心和谐发展，指导青年正确处理个人与他人、个人与集体、个人与社会的关系。加强对不同青年群体社会心态和群体情绪的研究、管控和疏导，引导青年形成合理预期，主动防范和化解群体性社会风险。加强青年心理健康知识宣传普及，提高心理卫生知晓率。支持各级各类青年专业心理辅导机构和社会组织建设，大力培养青年心理辅导专业人才。重点抓好学校心理健康教育，在高校、中学和职业学校普遍设置心理健康辅导咨询室，有条件的学校配备专职心理健康教育师资队伍。构建和完善青年心理问题高危人群预警及干预机制。加强源头预防，注重对青年心理健康问题成因的研究分析，及时识别青年心理问题高危人群，采取有效措施解决或缓解青年在学业、职业、生活和情感等方面的压力。

3. 提高各类青年群体健康水平。重视服务残疾青年的专业康复训练，落实器材、场所等配套保障。解决农村地区、贫困地区、西部地区青年学生的营养健康问题。引导高校学生“走下网络、走出宿舍、走向操场”，养成健康文明的生活习惯。做好青年职业病的预防和治疗工作，大幅度降低在职青年职业病发生率。关注进城务工青年健康状况，开展健康监测。动员社会力量，通过志愿服务、慈善捐助等形式为青年群体提供有针对性的健康服务。

4. 加强青年健康促进工作。编撰和出版有关生命教育的读物，引导青年尊重生命、热爱生活。定期组织青年参与公共场所安全演练，开展灾害逃生、伤害自护、防恐自救、互助互救等体验教育，增强青年在应对突发性事件中的自我保护意识和防灾避险能力。在青年中倡导健康生活方式，加强健康教育，提升青年健康素养水平。广泛开展禁烟宣传，让青年成为支持禁烟、自觉禁烟的主体人群。完善艾滋病和性病的防治工作机制，针对重点青年群体加强宣传教育，推广有效的干预措施，切实降低艾滋病和性病发生率。做好禁毒宣传教育工作，提高青年群体尤其是青年学生群体对毒品及其危害性的认识。强化对娱乐场所的监管，严厉打击吸毒贩毒、卖淫嫖娼等违法犯罪行为。

（四）青年婚恋

发展目标：青年婚恋观念更加文明、健康、理性；青年婚姻家庭和生殖健康服务水平进一步提升；青年的相关法定权利得到更好保障。

发展措施：

1. 加强青年婚恋观、家庭观教育和引导。将婚恋教育纳入高校教育体系，强化青年对情感生活的尊重意识、诚信意识和责任意识，引导青年树立文明、健康、理性的婚恋观。发挥大众传媒的社会影响力，广泛传播正面的婚恋观念，鲜明抵制负面的婚恋观念，形成积极健康的舆论导向。倡导结婚登记颁证、集体婚礼等文明节俭的婚庆礼仪。引导青年树立正确的家庭观念，倡导尊老爱幼、男女平等、夫妻和睦、勤俭持家、邻里团结，传承优良家教家风，培育家庭文明。加强青年敬老、养老、助老道德建设，大力弘扬孝敬老人的传统美德。

2. 切实服务青年婚恋交友。支持开展健康的青年交友交流活动，重点做好大龄未婚青年等群体的婚姻服务工作。规范已有的社会化青年交友信息平台，打造一批诚信度较高的青年交友信息平台。依法整顿婚介服务市场，严厉打击婚托、婚骗等违法婚介行为。充分发挥工会、共青团、妇联等群团组织和社会组织的作用，为青年婚恋交友提供必要的基础保障和适合青年特点的便利条件。

3. 开展青年性健康教育和优生优育宣传教育。在青年中加强对国家人口发展战略和政策的宣传教育，促进人口均衡发展。加大对性知识的普及力度，在有条件的学校推广性健康课程，加强专兼职性健康教育师资队伍建设。预防和减少不当性行为对青年造成的伤害，大幅度降低意外妊娠的发生率。大力弘扬以“婚育文明、性别平等；计划生育、优生优育；生殖健康、家庭幸福”为核心的婚育文化，坚决抵制非医学需要的胎儿性别鉴定和选择性别人工终止妊娠行为。加大对适龄青年的婚育辅导力度，加大适龄青年婚前检查、孕前检查和产前检查的普及力度。

4. 保障青年在孕期、产假、哺乳期期间享有的法定权益。全面落实女性青年在怀孕、生育和哺乳期间依法享有的各项权利。鼓励条件成熟的地方探索在物质、假期等方面给予青年更多支持。

（五）青年就业创业

发展目标：青年就业比较充分，高校毕业生就业保持在较高水平；青年就业权利保障更加完善，青年的薪资待遇、劳动保护、社会保险等合法权益得到充分保护；青年创业服务体系更加完善，创业活力明显提升。

发展措施：

1. 推动完善促进青年就业创业政策体系。根据就业形势和就业工作重点变化，加强就业政策与产业、贸易、财税、金融等政策的协调，进一步完善积极就业政策。发挥公共财政促进青年就业作用，完善落实财政金融扶持政策，扶持发展现代服务业、战略性新兴产业、劳动密集型企业和小微企业，吸纳青年就业。加强对灵活就业、新就业形态的支持，促进青年自主就业，鼓励多渠道多形式就业。进一步完善青年创业就业配套政策及法律法规。加强就业统计工作，健全青年就业统计指标体系。

2. 加强青年就业服务。实施青年就业见习计划。健全城乡均等的公共就业创业服务体系，完善服务功能，把有就业意愿的青年全部纳入服务范围，全面落实免费公共就业服务，对就业困难青年提供就业援助，帮助长期失业青年就业。创新就业信息服务方式方法，注重运用互联网技术打造适合青年特点的就业服务模式。加强青年职业培训，健全面向青年的劳动预备制培训计划，落实职业培训补贴政策。实施离校未就业高校毕业生就业促进计划，为毕业生提供职业指导、就业信息、就业见习、就业帮扶等服务。开展青年农民工职业技能培训，通过订单、定向和定岗式培训，对农村未升学初高中毕业生等新生代农民工开展就业技能培训，为有创业意愿的青年农民工提供创业培训。开展青年重点群体职业培训，加大贫困家庭子女、青年失业人员和转岗职工、退役青年军人和残疾青年等劳动者职业技能和创业培训力度，按规定提供培训补贴，对农村贫困家庭学员和城市居民最低生活保障家庭学员给予生活补贴。

3. 推动青年投身创业实践。建立青年创业人才汇聚平台，建设青年创业导师团队，开展普及性培训和“一对一”辅导相结合的创业培训活动，帮助青年增强创业意识、增进创业本领。推动青年创业第三方综合服务体系建设，搭建各类青年创业孵化平台，完善政策咨询、融资服务、跟踪扶持、公益场地等孵化功能。加大青年创业金融服务落地力度，优化银行贷款等间接融资方式，支持创业担保贷款发展，拓宽股权投资等直接融资渠道。支持青年创业基金发展，发挥好国家新兴产业创业投资引导基金和中小企业发展基金等政府引导基金的作用，带动社会资本投入，解决青年创业融资难题。落实结构性减税和普遍性降费政策。建设青年创业项目展示和资源对接平台，搭建青年创业信息公共服务网络，办好青年创新创业大赛、展交会、博览会等创业品牌活动。着力培育服务青年创业的社会组织，建设专业化的服务队伍和服务实体。深入实施大学生创业引领计划，建立健全教学与实践相融合的高校创新创业教育体系，显著提升青年创新型人才培养质量；整合发展国家和省级高校毕业生就业创业基金。深入开展农村青年创业致富带头人培养，支持青年返乡创业。完善互联网创新创业政策，实施青年电商培育工程。加强对留学回国创业青年的服务，帮助他们了解国内信息、熟悉创业环境、交流创业经验、获得政策扶持。推动形成鼓励创新、宽容失败的体制机制和社会环境，更好激发青年创新潜能和创业活力。

4. 加强青年就业权益保障。完善青年就业、劳动保障权益保护机制，加大劳动保障监察执法、劳动人事争议调解仲裁诉讼、安全生产监管监察工作力度。加强人力资源市场监管，规范招人用人制度，营造公平就业环境。完善失业保险、社会救助与就业的联动机制。

（六）青年文化

发展目标：更好引导青年传承中华优秀传统文化、弘扬社会主义先进文化。青年文化活动更加丰富，文化精品不断增多，传播能力大幅提升，人才队伍发展壮大，服务设施、机构和体制更加健全。青年对提升国家文化软实力贡献率显著提高。

发展措施：

1. 加强文化精品创作生产。发挥精神文明建设“五个一工程”、国家舞台艺术精品创作工程、中国艺术节、中国文化艺术政府奖、中国新闻奖、中国出版政府奖等国家级重大工程项目、评奖的引导带动作用，鼓励文化机构、文艺工作者特别是青年文化人才，创作生产展现当代青年奋发向上、崇德向善、传承中华文明的文化精品。引领网络文化，保护网络文化知识产权，扶持高质量网络文化产品生产，加强微电影、动漫、游戏等内容创作创新，提升优秀网络文化产品供给能力和传播能力。国家艺术基金、国家出版基金等文化发展基金要加强对青年题材重点选题项目的扶持，鼓励优秀青年文化人才参与创作，支持青年题材优秀图书、影视、音乐、舞蹈、戏剧、曲艺、美术等生产、发行和推广。

2. 丰富青年文化活动。广泛开展优秀文化作品全国性巡展巡演。深入挖掘中华优秀传统文化的时代价值，开展优秀传统文化艺术展示交流，引导青年积极参与文化遗产保护、传统工艺振兴、民间文艺传承。以校园文化、企业文化、军营文化、乡村文化、社区文化、社团文化、网络文化为载体，加强基层特色文化品牌建设，推动青年人均年度图书阅读量和艺术鉴赏、科普水平逐年提高。加强中国青年与各国青年人文交流，学习、吸收、借鉴世界优秀文化成果，讲好中国故事、传播好中国声音，不断提升文化自信。

3. 造就青年文化人才。通过全国文化名家暨“四个一批”人才培养工程、文化产业人才培养工程、非物质文化遗产传承人、新闻出版广播影视领军人才和互联网创新人才培养等项目，实施青年文化人才培养计划，资助具备文化创新能力、掌握现代传媒技术、熟悉国际人文交流、善于经营管理的青年文化人才主持重大课题研究、领衔重点文化项目。加强后备文化人才队伍建设，面向青年文化工作者开展文化创意服务、文化生产实践、文化经营管理、媒体融合发展、国际合作规则等方面培训，凝聚文化研究、创作、表演、传播、经营、管理、志愿服务等青年人才。

4. 优化青年文化环境。鼓励和支持有条件的报刊、电台、电视台、新闻网站设立青年栏目、节目，制作和传播有益于青年健康成长的内容，增加青年题材报道内容和播出时间，大力宣传青年在推动经济社会发展中的积极作用。在报刊和网络重点栏目、电视和院线黄金时段，增加优秀青年文化精品的宣传内容、频次，引导青年树立高尚精神追求、文明生活方式和正确消费观念。推进公共文化设施免费开放，增强针对青年群体的服务功能。

5. 积极支持青年文化建设。加强文化理论研究，及时掌握青年文化需求、文化观念、文化潮流的动态变化，引领和指导青年文化实践。扶持以服务青年为主要功能的报纸、刊物、新闻出版、网站等文化企事业单位发展。完善公益性演出补贴制度，通过票价补贴、剧场运营补贴等方式，支持青年艺术表演团体公益演出。促进企业和民间资本增加对青年文化事业的投入。鼓励国家投资、资助或拥有版权的文化产品无偿用于公益性青年文化活动和服务。鼓励和支持各类文化单位在五四青年节面向青年免费或低收费开展文化活动、提供文化服务。采取政府购买、项目补贴、定向资助等方式，鼓励青年文化阵地、青年文化团体等社会力量承接青年文化服务。

（七）青年社会融入与社会参与

发展目标：青年更加主动、自信地适应社会、融入社会。青年社会参与的渠道和方式进一步丰富和畅通，实现积极有序、理性合法参与。共青团、青联、学联组织在促进青年社会融入和社会参与中的主导作用充分发挥，带动各类青年组织在促进青年有序社会参与中发挥积极作用。青年参与社会主义现代化建设的积极性主动性进一步增强，青年志愿服务水平进一步提高。不同青年群体相互理解尊重。青年对外交流合作不断拓展。

发展措施：

1. 健全党领导下的以共青团为主导的青年组织体系。积极推进共青团改革，着力构建凝聚青年、服务大局、当好桥梁、从严治团的工作格局，充分发挥共青团作为党的助手的作用。加强共青团自身建设，适应青年发展的新情况新特点，不断创新组织设置，更多更广地覆盖新兴领域青年和流动青年；尊重青年主体地位，调动广大青年参与的积极性和主动性，活跃基层团组织，完善青年社会参与的基本组织依托。教育广大共青团员切实增强先进性光荣感，自觉做共产主义远大理想和中国特色社会主义共同理想的坚定信仰者和忠实实践者，充分发挥在青年中的模范作用和对青年的凝聚作用。充分发挥青联在爱国主义、社会主义旗帜下广泛团结各族各界青年的功能，强化共青团在青联组织中的引领作用，推动青联组织带领各族各界青年在大团结大联合中实现共同发展。加强共青团对学联组织的指导，推动学联组织引导学生追求进步、维护学生合法权益。发展培育青年社团，加强对各行各业青年的凝聚和服务。更好联系、服务和引导青年社会组织，促进青年有序社会参与。支持共青团、青联、学联依法承接政府职能转移，更好参与青年社会事务管理和服务；支持各类青年社会组织立足自身优势，以合适方式参与政府购买服务。

2. 着力促进青年更好实现社会融入。鼓励和支持青年参与社会实践和公益服务，推动理论学习与劳动实践相结合，突出个人实践与社会公益有机统一，学会自我教育、自我管理、自我提升，在为家庭谋幸福、为他人送温暖、为社会作贡献的过程中增加人生历练，强化社会交往能力和社会责任感。充分发挥家庭在青少年社会融入中的重要作用，鼓励青少年自强自立，为青少年接触社会、开展社会交往创造更多机会、提供有效指导。学校教育要支持青年学生开展各种课外和校外活动，加强对青年学生社会融入的针对性指导，促进青年学生学会生存生活，学会做人做事，主动了解社会、适应社会。积极促进在内地就学、就业少数民族青年和进城务工青年及其子女的社会融入，帮助他们更快适应当地习俗、更好融入所在社区。充分发挥青年社会组织等社会力量的独特作用，吸引和带动青年广泛参与各类社会服务，不断培养和提升社会化技能。引导青年正确认识网络空间与现实社会的关系，多到社会实践中长见识、练本领，防止沉迷网络。要在全社会推动形成鼓励青年多样化参与、支持青年个性发展、宽容青年失误的氛围，为青年更好融入社会营造良好环境。

3. 引领青年有序参与政治生活和社会公共事务。支持共青团、青联代表和带领青年积极参与人大、政府、政协、司法机关、社会有关方面各类协商，就涉及青年成长发展的重大问题协商探讨、提出意见、凝聚共识，充分发挥政治参与职能。探索建立有关人大代表、政协委员青少年事务联系机制，为青年参与畅通渠道、搭建平台。鼓励青年参与城乡基层群众自治，推动完善民主恳谈、民主议事制度，在实践中提高青年政治参与能力。推荐优秀青年代表担任人民陪审员、人民监督员、人民调解员等，依法履行相关职责。

4. 鼓励青年在经济社会发展中充分发挥生力军和突击队作用。围绕国家整体发展战略需要，深化各类建功活动，树立先进典型，激励青年在各行各业积极创新，拓展工作领域和空间，形成发展新动力。鼓励青年积极参与生态环境保护，带头践行绿色生产生活方式，共建生态文明，共创美丽中国。组织动员广大青年积极投身脱贫攻坚，充分发挥青年企业家、青年科技工作者、青年致富带头人、青年志愿者等群体作用，为贫困地区改善区域发展环境、促进经济社会发展提供资金、人才、技术、管理等支持。摸清底数、精准施策，充分发挥教育和就业创业在青年脱贫中的重要作用，促进贫困青年早日脱贫。坚持围绕大局、服务社会需求、突出青年特色，深化青年志愿服务工作，组织引导广大青年大力弘扬“奉献、友爱、互助、进步”的志愿精神。

5. 引导青年社会组织健康有序发展。加强对青年社会组织的政治引领，完善党委和政府与青年社会组织沟通交流机制，把对青年社会组织的管理和引导纳入法治化轨道。改进对青年社会组织的联系服务，充分发挥共青团和青联组织作用，通过资金支持、提供阵地场所、培训骨干人员等方式扶持青年社会组织健康发展。重点支持行为规范、运作有序、公信力强、适应经济社会发展要求的青年社会组织，重点发展科技类、公益慈善类、城乡社区服务类青年社会组织，积极发挥重点青年社会组织的示范带动作用。改善对青年社会组织的监督管理，建立完善民政部门和共青团、青联等群团组织及有关职能部门协同发挥作用的管理机制。

6. 增进不同青年群体的交流融合。整合各方资源，帮助解决重点、新兴领域青年群体的实际困难，增进新生代农民工、青年企业家、青年社会组织骨干、青年新媒体从业人员、高校青年教师、归国留学青年等群体的政治认同和社会参与。发挥共青团组织优势，主动联系新的社会阶层青年群体，吸纳他们中的优秀分子进入组织体系。创造条件推动不同阶层、不同领域青年群体进行经常性对话交流，增进理解、认同和包容，舒缓社会压力，融洽社会关系。

7. 增强港澳台青年的国家认同、民族认同和文化认同。实施港澳台青少年交流计划，以中华文化为纽带，不断探索创新工作方式，提高交流实效，实现在多元文化背景下包容差异、消除隔阂、增进认同。积极创造条件，搭建港澳台青年来内地创新创业平台，支持港澳台青年在国家发展及海峡两岸暨港澳经贸融合中寻找发展机会，为港澳台青年就业创业提供便利服务。帮助港澳台青年形成对“一国两制”的正确认知、对祖国文化的认同。

8. 支持青年参与国际交往。拓宽青年参与国际交往的渠道，为青年开展国际交流与合作搭建更广阔的平台。完善选拔方式、丰富选拔手段，让更多的青年群体代表参与国际交流。培养推荐青年优秀人才到国际组织任职。加大宣传力度，提升青年国际交流活动的影响力和辐射面。

（八）维护青少年合法权益

发展目标：青少年权益维护的法律法规和政策体系更加完善，得到全面贯彻实施。青少年权益保护的工作体系和工作机制更加健全，合法权益得到切实维护。侵害青少年合法权益的行为受到有效打击和遏制。

发展措施：

1. 全面贯彻实施有关青少年发展的法律法规。加强《中华人民共和国未成年人保护法》、《中华人民共和国预防未成年人犯罪法》以及教育、卫生、就业创业、社会保障等领域涉及青少年权益的法律法规贯彻实施，切实保障青年合法权益。共青团等群团组织要及时了解和研判青年发展状况，监督涉及青年发展权益的法律法规和政策执行，代表青年向有关部门反映问题、提出建议，推动及时有效解决青年实现发展权益面临的现实困难和突出问题。

2. 完善青少年权益维护法律法规和政策。针对青年权益保障中的突出问题，制定修改相关法律法规和政策，在现有法律法规和政策体系中增加有利于维护青年普遍性权益的内容。以《中华人民共和国未成年人保护法》、《中华人民共和国预防未成年人犯罪法》和《中华人民共和国刑事诉讼法》中的“未成年人刑事案件诉讼程序”专章为基础，建立健全涵盖福利、保护、司法等内容的未成年人法律制度。加快制定电子商务、个人信息保护、互联网信息服务管理等法律法规，出台《未成年人网络保护条例》，严格落实互联网服务提供者的主体责任，有效防范暴力、色情、赌博、毒品、迷信、邪教等腐朽没落文化和丑化党和国家形象及革命先烈的信息传播。

3. 健全青少年权益保护机制。尊重青年主体地位，拓展青年权益表达渠道，充分发挥共青团、青联组织代表和反映青年普遍性利益诉求的作用。建立青年权益状况舆情监测体系和舆论引导机制。支持共青团建设青少年维权工作网络平台和12355青少年服务台，把法治宣传教育与法律服务结合起来，带动青年社会组织、青少年事务社会工作者积极参与维护青少年权益。深化“青少年维权岗”创建活动，建立健全基层青少年维权工作机制。加强对困难青年群体、进城务工青年及其未成年子女等群体的关爱和权益维护工作。完善法律援助工作网络，鼓励和支持法律服务机构、社会组织、事业单位等依法为未成年人提供公益性法律服务和援助。健全未成年人行政保护与司法保护衔接机制，加强监护缺失、受到监护侵害的未成年人权益保护工作。

4. 依法打击侵害青少年合法权益的行为。贯彻落实涉及青少年权益保护的法律法规，严厉打击拐卖、性侵害、遗弃、虐待等侵害未成年人合法权益的违法犯罪行为。大力开展青少年禁毒工作，依法惩处涉及青少年的毒品违法犯罪活动。严厉打击涉校违法犯罪活动。加强网络领域综合执法，严厉打击各类涉青少年网络违法犯罪。

（九）预防青少年违法犯罪

发展目标：青少年法治宣传教育常态化、全覆盖，青少年法治观念和法治意识不断增强，成长环境进一步净化。形成比较完善的重点青少年群体服务管理和预防犯罪工作格局，建立针对有严重不良行为和涉罪青少年进行教育矫治的有效机制，青少年涉案涉罪数据逐步下降。

发展措施：

1. 加强法治宣传教育。在青少年中广泛开展法治宣传教育，使青少年明确基本的法律底线和行为边界，自觉尊法学法守法用法。把法治教育纳入国民教育体系，坚持课堂教学主渠道，积极开拓第二课堂，配齐配强中小学校兼职法治副校长、辅导员。落实国家机关“谁执法谁普法”普法责任制，建立法官、检察官、行政执法人员、律师在法律实施过程中面向青少年开展法治教育的制度规范。把法治教育纳入精神文明创建和平安建设内容，健全媒体公益普法制度，注重运用网络新媒体扩大宣传教育覆盖面，统筹青少年法治教育实践基地建设，发展壮大青少年普法工作队伍和志愿者队伍。

2. 优化青少年成长环境。清理和整治社会文化环境，加大“扫黄打非”工作力度，打击各类侵权盗版行为，加强对影视节目的审查，强化以未成年人为题材和主要销售对象的出版物市场监管。加强校园周边环境治理和安全防范工作，严格落实禁止在中小学校园周边开办上网服务营业场所、娱乐场所、彩票专营场所等相关规定。依法采取必要惩戒措施，有效遏制校园欺凌、校园暴力等案（事）件发生。净化网络空间，完善网络文化、网络出版、网络视听节目审查制度和市场监管，定期开展专项整治行动，持续整治网络涉毒、淫秽色情及低俗信息。推动互联网上网服务行业健康发展，进一步规范上网服务营业场所服务管理，依法查处违规接纳未成年人的行为，依法取缔无照场所。

3. 做好重点青少年群体服务管理工作。大力推进“为了明天”预防青少年违法犯罪工程，推动预防青少年违法犯罪工作列入各地工作规划和财政预算，不断健全组织机构和工作体系。在全国县级地区全面推开并不断深化重点青少年群体服务管理工作，明确各类群体工作重点，建立覆盖完整、切实有效、主责清晰、协调联动的工作机制。强化家庭监护和学校教育职责，防止青少年脱离与家庭、学校的联系，出现不良行为时能够及时采取有针对性的预防措施。加强专门学校建设和专门教育工作，畅通有严重不良行为未成年人进入专门学校接受教育矫治的渠道，研究建立符合条件的涉案未成年人进入专门学校接受教育矫治的程序。完善专门学校管理体制和运行机制，加强教师队伍建设，不断提高教育矫治水平。充分发挥青少年事务社会工作专业人才和社会工作服务机构作用，对重点青少年群体提供困难帮扶、法治教育、法律援助、心理疏导、行为矫治等专业服务。

4. 完善未成年人司法保护制度。深化未成年人司法改革，公安机关、人民检察院、人民法院、司法行政机关要加强专门机制建设，明确专门机构或者指定专人办理未成年人违法犯罪案件。改革完善未成年人收容教养制度。在侦查、起诉、审判、刑事执行涉及未成年人案件中，落实社会调查、心理疏导与测评、分押分管、严格限制适用逮捕措施、强制辩护、合适成年人参与、当事人和解、附条件不起诉、分案起诉、法庭教育、回访帮教、犯罪记录封存、分类矫治等特殊保护制度。有条件的地区建立未成年人帮教基地。妥善安置附条件不起诉、适用非监禁刑、特赦的未成年人以及解除收容教养和其他刑满释放的青少年。

（十）青年社会保障

发展目标：社会保障体系充分覆盖青年急需的保障需求，并在各类青年群体之间逐步实现均等化。

发展措施：

1. 加强对残疾青年的关心关爱和扶持保障。健全完善残疾青年教育、医疗、就业等方面的服务保障政策，进一步提高保障水平和服务能力。推动残疾青年平等参与社会生活、共享经济社会发展成果，依法保障残疾青年政治、经济、社会、文化教育权利。大力开展面向残疾青年的专业社会工作和志愿服务，鼓励和引导社会各界参与、支持残疾青年权益维护，培育理解、尊重、关心、帮助残疾青年的社会风尚。

2. 加强青年社会救助工作。完善社会救助制度，健全救助服务管理工作机制。加大对流浪未成年人的救助力度，促使其回归家庭，有针对性地解决流浪未成年人在心理、健康、技能等方面存在的问题。为家庭困难的失学、失业、失管青年提供就业、就学、就医、生活等方面的帮助。加大临时救助政策的落实力度，解决包括进城务工青年在内的困难群众突发性、紧迫性、临时性生活困难。切实解决部分农村留守儿童中存在的学业失教、生活失助、亲情失落、心理失衡、安全失保问题。大力推进城镇基本公共服务向常住人口全覆盖，为进城务工青年与其未成年子女共同生活提供生活居住、日间照料、义务教育、医疗卫生等方面的帮助。

三、重点项目

1. 青年马克思主义者培养工程。着重在青年学生骨干、团干部、青年知识分子等青年群体中选拔一批骨干作为培养对象，以理想信念教育为核心，开设党性教育、理论学习、实践锻炼、工作锤炼、对外交流等方面的课程，进行阶段性集中教育培训，着力培养一批对党忠诚、信仰坚定、素质优良、作风过硬的中国特色社会主义事业合格建设者和可靠接班人。注重后续跟踪培养，动态调整培养方式，充分发挥骨干力量对各行业的示范带动作用。青年马克思主义者培养工程分全国、省级、省级以下三级实施，每年培养不少于20万人。

2. 青年社会主义核心价值观培养工程。坚持不懈用党的科学理论武装青年，推动邓小平理论、“三个代表”重要思想、科学发展观特别是习近平总书记系列重要讲话精神和治国理政新理念新思想新战略进课堂、进教材、进头脑，引导青年深入理解党的理论和路线方针政策。把社会主义核心价值观融入青年教育全过程，搭建课堂教学、社会实践、文化熏陶等多位一体的育人平台；开展革命传统教育和公民道德宣传，宣传先进青年典型，开展社会道德实践，引导青年形成修身律己、崇德向善、诚信互助、礼让宽容的道德风尚。引导青年传承弘扬中华优秀传统文化，深刻挖掘重要节庆日、纪念日蕴藏的丰富教育资源，引导青年汲取中华优秀传统文化的思想精华和道德精髓，增强做中国人的骨气和底气。

3. 青年体质健康提升工程。深化学校体育改革，强化体育课和课外锻炼，以足球为突破口，集中打造青年群众性体育活动载体，大力开展阳光体育系列活动和大学生“走下网络、走出宿舍、走向操场”主题课外体育锻炼活动，使坚持体育锻炼成为青年的生活方式和时尚。培养青年体育运动爱好，经常性参加足球、篮球、排球、田径、游泳、乒乓球、羽毛球、网球等体育运动项目和健身操（舞）、健步走、传统武术、太极拳、骑车、登山、跳绳、踢毽等健身活动，力争使每个青年具备 1 项以上体育运动爱好，养成终身锻炼的习惯。引导青年树立健康促进理念，在健康促进事业中发挥积极作用。完善青年体质健康监测体系，实现定期抽样监测和公开发布监测结果，倡导青年形成良好的饮食、用眼和睡眠习惯，控制肥胖、近视、龋齿等常见病的发生率。改进普通高校高水平运动队招生工作，激励青年学生参与体育锻炼。

4. 青年就业见习计划。按照“项目化运作、社会化动员、规范化管理”思路，在企业、社区、科研院所建设一批见习、实习基地，开发一批具有职业发展空间、技能训练机会的见习、实习岗位。把大学生实习纳入高校实践学分管理。把未就业大中专毕业生、各类社会青年纳入就业见习范围。加强青年就业见习培训和管理，提高见习实效。充分汇聚政府、企业、社会的力量，为青年参与就业见习提供补贴与支持。

5. 青年文化精品工程。支持青年文化精品创作推广，支持青年文化创意赛事及文化体验，支持青年文化创意人才培养。每年创作生产一批思想性、艺术性、观赏性俱佳的涵盖各文化类别的青年题材文艺精品。打造一批有影响力的青年网络新媒体产品展播平台，开展全国性青年互联网创新创意活动。在国家级文化、出版类评奖推荐活动中，每年向青年推荐优秀影视、网络、动漫文化作品不少于 100 小时，图书、报刊文字量不少于 200 万字，应用类网络游戏不少于 3 部、网络音乐不少于 10 首。

6. 青年网络文明发展工程。深入推进“阳光跟帖”行动，引导广大青年依法上网、文明上网、理性上网，争当“中国好网民”。发展壮大青年网络文明志愿者队伍，持续广泛、强有力、有针对性地发出青年好声音。鼓励支持互联网企业、社会组织、文化机构制作推广符合社会主义核心价值观和青年喜欢的网络新媒体文化产品。加大对中国青年网、未来网、中青在线等青年门户网站、青年公益组织专属网站以及“两微一端”平台的建设扶持力度；加大对青少年新媒体领域社会组织的引导和支持力度，举办网络安全、网络技能、网络文化产品等方面竞赛，发掘、吸引、培养各方面的青年网络人才；加大网络文明队伍指挥协调系统建设力度，开发运行平台，形成管理机制，提升组织效能。倡导网络公益活动，使互联网空间成为青年成长的温馨家园。

7. 中国青年志愿者行动。全面推行青年志愿者实名注册制度，发挥共青团员示范作用，到2025年实现实名注册的青年志愿者总数突破1亿人。稳步培育青年志愿服务骨干队伍，构建分层分类志愿服务项目库，扩大基层志愿服务组织覆盖，加强激励评价、保险保障等机制建设，形成规模宏大、来源广泛、门类齐全、管理规范的全国青年志愿服务队伍、项目和组织体系，推动青年志愿服务制度化、日常化、便利化开展。坚持以社区为主阵地，广泛开展青年学雷锋志愿服务活动。深入开展大学生志愿服务西部计划，每年选派2万名应届大学毕业生到中西部地区开展志愿服务。坚持立德树人，建立健全学生志愿服务工作体系。深化关爱农民工子女志愿服务专项行动和中国青年志愿者助残"阳光行动"。积极参与并做好重大赛事和会议的志愿服务工作。大力实施中国青年志愿者海外服务计划。

8. 青年民族团结进步促进工程。实施青年民族团结交流万人计划，每年组织边疆民族地区青年与内地各族青年开展互访、联谊活动，鼓励不同民族青年之间结对子、互帮互助。开展高校"中华文化进校园"活动，每年在200所高校举办图片、影视展和歌舞活动，宣传中华民族形成发展历史，增进中华文化认同，宣传各民族为祖国作出的贡献，增强各族青年学生的中华民族共同体意识。在广大青年中开展民族常识和民族法律法规政策知识大赛。在少数民族流动人口较多的沿海地区和大中城市开展"中华一家亲，可爱城市共同建"活动，为外来少数民族青年融入城市提供帮助。

9. 港澳台青少年交流工程。进一步扩大内地与港澳青少年之间的交流规模，提升交流质量。继续办好港澳青少年实习实践、体验营、训练营和形式多样的交流考察活动，支持内地与港澳青年组织举办青年论坛，组织青少年开展常态化的结对交流和项目合作，促进相互了解。举办海峡青年论坛、两岸青年社团负责人圆桌会议、两岸青年联欢节等活动。

10. 青少年事务社会工作专业人才队伍建设工程。到2020年建成20万人、到2025年建成30万人的青少年事务社会工作专业人才队伍，全面参与基层社区社会工作，重点在青少年成长发展、权益维护、犯罪预防等领域发挥作用。在青少年事务社会工作专业教育培训领域，重点扶持发展10家高等教育机构，建立30家具有继续教育资质的培训机构、50家重点实训基地、100家标准化示范单位。制定青少年社会工作服务标准，推动各级团组织以及青少年服务组织和机构设置社会工作岗位，培育青少年事务社会工作服务机构，逐步实现每个"青年之家"综合服务平台至少配备1名青少年事务社会工作专业人才。把青少年社会工作服务纳入政府购买服务指导性目录，组织实施涵盖重点群体、重点领域、重点环节的青少年事务社会工作项目。依法成立青少年事务社会工作领域的社会组织，建设人才队伍管理信息系统平台。建立健全青少年事务领域社区、社会组织、专业社会工作联动机制和社会工作专业人才、志愿者协作机制。完善青少年事务社会工作专业人才培养、评价、使用、激励相关政策配套体系。

四、组织实施

1. 加强对规划实施工作的组织领导。在党中央统一领导下，设立推动规划落实的部际联席会议机制，共青团中央具体承担协调、督促职责。各地区各部门要高度重视青年工作，关心、支持青年事业的发展，形成工作合力。县级以上党委和政府建立青年工作联席会议机制，负责推动本规划在本地区的落实，协调解决规划落实中的问题，县级以上团委具体承担协调、督促职责。在规划实施中，要积极回应和解决青年关心的问题，多为青年办实事。

2. 建立健全青年发展规划体系。各地要以本规划为指导，根据实际编制本地区青年发展规划。注重加强青年发展规划与各地经济社会发展规划及相关专项规划的衔接，更加重视青年发展工作。

3. 充分发挥共青团维护青年发展权益重要作用。共青团要按照《中共中央关于加强和改进党的群团工作的意见》和中央党的群团工作会议精神，全面推进自身改革，保持和增强政治性、先进性、群众性，始终紧跟党走在时代前列、走在青年前列，切实代表和维护青年发展权益。同时，要引导青年识大体、顾大局，依法理性表达诉求，自觉维护社会和谐稳定。

4. 加强服务青年发展阵地建设。大力推进“青年之声”网络互动社交平台建设，依托城乡社区综合服务设施建设“青年之家”综合服务平台，加强网上网下深度融合对接，使其成为服务青年发展的重要阵地。

5. 保障青年发展经费投入。各级政府将本规划实施所需经费纳入财政预算。动员社会力量，多渠道筹集资金，支持青年发展。

6. 营造规划实施良好社会环境。大力宣传党和国家关于青年工作的重大战略思想和方针政策，宣传关心青年就是关心未来的理念，宣传青年先进典型和成功经验，形成全社会关心、支持青年发展的良好社会氛围，形成推动本规划实施的强大合力。

7. 建立规划实施情况监测评估机制。对本规划实施情况进行年度监测、中期评估和终期评估，制定和调整促进青年发展政策措施，推动本规划实现。规范和完善与青年发展有关的统计指标体系，收集、整理、分析相关数据和信息，建立和完善中央、省（自治区、直辖市）两级青年发展监测数据库。

研 究 报 告

2017年伦理学专题研究报告

陈伟功

2017年伦理学研究在众多议题上取得了丰硕的成果，学者们不仅在传统的问题上提出了创新的见解，还对伴随着社会变革而不断涌现的新问题作出了回答。笔者梳理了2017年学者们出版和发表的学术成果，将从伦理学理论形态、伦理学基本问题、道德范畴研究、社会道德问题四个方面对这些成果进行介绍。

一 伦理学理论形态

2017年学者们对伦理学理论的研究主要集中在两个方面，一是在对社会现实的深刻认识的基础上，汲取国内外优秀的伦理思想资源，试图建构具有中国特色的理论体系；二是在美德伦理学、功利主义等传统的伦理学理论领域中进一步深耕，提出新的创见。

（一）理论体系

面对世界与国内现实发展中所表现出来的百年未有之大变局，中国伦理学界从学科发展角度和专业研究方向对伦理学体系问题进行了广泛的探讨，发表了许多以发展伦理学理论体系来回应和解释时代问题的学术成果。其主要表现在三个方面：在宏观的层面上进行综合研究，彰显中国传统伦理思想的独特贡献；在马克思主义伦理学的视域中重构伦理学的理论体系形态，突出马克思主义理论的整合功能；对西方传统的伦理学体系问题进行深入细致的研究，推进对规范伦理学与美德伦理学的比较研究。

首先，学者们对伦理学体系建设中要深度纳入并明确突出中国传统伦理思想的问题进行了研究。有学者指出，伦理学作为“实践哲学”在当代受到越来越多的关注，以至于有人将其称为“第一哲学”。究其原因，大约是传统形而上学的领地正在被自然科学占领，关于世界“是”什么的问题哲学已经不能给出满意的回答，而实践层面遇到的种种困惑，则迫切要求哲学提供一种如何去“做”的实践智慧。由此，当前伦理学研究一方面呈现欣欣向荣的局面，另一方面也面临前所未有的挑战与困境。传统西方伦理学中的几大流派：义务论、功利论、契约论、美德论，也在相互争论中共同进步，其对话与沟通的趋势愈发明显，与此同时，中国传统思想中以“伦理”为核心的特色正逐渐受到世人关注。人们已经认识到，靠任何一种单一的理论都无法解决实践中的问题，时代要求人们携起手来，当代伦理学研究必须在更加开放、多元、包容的环境中才能取得真正的进展。① 有学者进而认为，哲学形态的“一与多”“古与今”“中与西”，是人们理解比较哲学及其方法时绕不过去的元问题。主张以抽象模型为指引，分析儒家伦理与现代性的比较哲学论题中的普遍性理论预设，敞开道德形态学方法的问题意识。该问题意识包括形态学的视角，开放总体性的理念，以及“比较性思维与伦理思维”相契合的思维方式。反思比较哲学论题中开出道德形态学方法的意义，要回应启蒙视角上的三问：人们如何定义“普遍性”；人们如何避免视角之误置；人们如何敞开一种形态学的远见。由此得出结论：道德形态学方法作为比较哲学方法引入道德哲学，将拓展启蒙视野的广度。当前中国道德探究急需在文化政治和观念史批判中开启道德形态学的远见。②

有学者认为，中国正面临着全方位整体性变革，尤其是全社会“良治”与“善治”的吁求正在转化为（天下）治理现代化的全面行动，也即传统秦汉以降的帝国理念与家国情怀开始向现代民族国家建构理想全面转型。尽管根据中国传统以及历史和现实情势，人们很难采用康德－罗尔斯的理性人预设建构中国的整体性秩序，也无法直接采用休谟－哈耶克理路的人性预设重建正义规则论，但是不能据此以为传统秦汉政制以及孔孟之道仍能建构出现代中国的主体性乃至中国道德的根基。人们必须对包括中国传统在内的正义渊源重新做出审慎的思考，并在现当代条件下进行必要的创造性转换。道德哲学的重构，便成为重中之重。③ 也有学者明确指出，当代中国伦理学的最重要使命是为实现中华民族伟大复兴创造伦理和道德上的条件。为了实现中华民族伟大复兴的中国梦，在道德观念上，必须坚持社会主义本质要求，必须汲取人类文明有益成果，必须立足中华优秀传统文化，这也决定了发展当代中国伦理学必须综合这三个路径。④

其次，学者们也讨论了马克思主义伦理学在伦理学体系建设中的重要意义。有学者指出，马克思主义思想是经过实践检验过的科学的世界观和方法论。在坚持以全人类解放为己任的战略价值导向下，马克思主义不仅“解释”世界，更积极地“改变世界”。马克思主义进入中国，中国共产党人运用马克思主义的立场、观点、方法研究解决各种重大理论问题和实践问题，运用马克思主义的战略价值取向，进行战略决

① 路强、赵宁：《伦理学的当代格局与现实应用——甘绍平研究员访谈录》，《晋阳学刊》2017 年第 5 期。
② 田海平：《比较哲学的元问题及道德形态学方法再思考》，《江海学刊》2017 年第 1 期。
③ 吴励生、林骁：《道理与正义：转型中国的第一哲学（上）》，《社会科学论坛》2017 年第 3 期。
④ 陈泽环、谢伏华：《道德哲学成果与伦理学的发展路径》，《中州学刊》2017 年第 2 期。

策，驾驭了纷繁复杂的局面，指导党和人民取得了一个又一个的伟大成就。因此，坚持马克思主义指导，建构马克思主义战略伦理学既是必要的事项，也是必然的选择，具有重要的现实意义与理论意义。建构原则主要包括四个方面：以人为本、公平正义、注重效率、合作共赢。以能够进行自我筹划并为之负责的“战略人”为研究对象，以梳理中国战略伦理思想史为突破点。① 有学者讨论了考茨基对马克思主义伦理学的建构，当时，为回应新康德主义者试图用康德伦理学“补充”历史唯物主义的做法，考茨基在批判传统伦理学尤其是康德伦理学的基础上初次论证了马克思主义伦理学产生的必要性及可能性。以此为基础，考茨基尝试性地在历史唯物主义视域中从理论基础、现实依据和价值旨向等几个方面建构马克思主义伦理学。考茨基对马克思主义伦理学的建构不仅确证了马克思主义伦理学在西方伦理思想史上的重要地位，也厘定了后来的马克思主义者阐释它的基本路向。②

学者们还讨论了马克思道德哲学的具体内涵，如何证成马克思存有道德哲学是深入探讨马克思道德哲学的前提性和基础性的问题。有学者认为，面对众多的质疑与批判，有必要从概念层面对“道德就是意识形态”进行概念分析与背景挖掘，从逻辑层面揭示“事实与价值”分离给马克思道德哲学带来的“隐秘危机”，从实质内容层面批判对历史唯物主义的机械理解。这三个维度不仅是由表及里、由“形式”到“内容”的病理探究，而且也有利于在应对当代道德哲学对马克思的发难的同时，丰富和拓展阐释马克思道德哲学的视域。③ 有学者认为，在马克思看来，劳动作为人的本源性的活动，它体现了人的自由。在此，马克思确立了一种全新的自由本体论。马克思从“实践哲学”的范式去阐释自由，从而在唯物史观的地基上，揭示了道德与利益之间的辩证张力关系：指明了规范性的道德原则不是立基于超验实体，而是根源于现实，这在很大程度上使马克思的道德哲学与其他道德哲学区分开来。马克思揭示了道德的根源、本质及功能，破除了西方伦理学史上长期存在的“道德幻象”，从而使道德的本来面目得以呈现。马克思通过批判资本主义的道德彰显了一种“真正的人的道德”——人的生存正义。道德不再是利益冲突的麻醉剂，而是人的存在方式，在真正的共同体之中，人与他人之间实现了内在有机的统一与和谐。④

最后，有三种伦理学理论体系为学者们所公认，它们分别系统阐述道德行为本质、行为效果、行为者，其代表性学术主张为道义论、功利主义、美德伦理。有学者认为，它们各自坚守自己的观点，对其他的理论体系多有批评甚至排斥。各伦理学理论体系之间的辨析，对于探求学术真理是必不可少的。然而，伦理学理论一定要有助

① 任俊华：《马克思主义战略伦理学的建构》，《伦理学研究》2017 年第 6 期。

② 陈爱萍：《马克思主义伦理学何以可能——论考茨基对马克思主义伦理学的建构及其意义》，《伦理学研究》2017 年第 6 期。

③ 杨荣：《马克思道德哲学的三维证成》，《道德与文明》2017 年第 1 期。

④ 彭文刚：《理解马克思道德哲学的三个维度》，《理论探索》2017 年第 6 期。

于丰富社会的道德实践，各种理论体系各执一词，容易使道德实践者莫衷一是。事实上，诸伦理学理论体系存在叠合共识，它们一致认为，道德的核心价值取向是正义和善，道德的特质为利他、自主与理想，只是在解读时有广义或狭义、宽容或严苛之分。因此，在分析社会现象时诸伦理学理论体系可以形成协同与互补，唯有这样才能充分展现伦理的力量，促成全社会在道德问题上形成最大共识。① 也有学者指出，当人们对伦理学理论进行分类或加以对比时，通常是以一种相对零散的方式或仅仅将其局限于两两对比中进行的，缺乏整体性、系统性的分类研究，因而无法得到一个统摄所有观念流派的类别。对不同的伦理学理论谱系进行系统性分类或元哲学分析，并探讨它们之间的联动关系，可以使规范伦理学呈现更丰富的类别和区位，而不再局限于任何一种二元模型框架。② 有学者认为，德性伦理学在当代以“反叛”形式开始复兴的背景决定了其更多地通过寻找与功利主义和义务论相异乃至相反的特征来展现自身。这两大阵营之间演绎着一场持久而激烈的论战，彼此都试图找到对方的致命弱点，以将对方归约到自身的理论范畴内。这场至今犹烈的旷世之争对于有效地促进德性研究的再度兴盛有着重要意义。由于当代德性问题和规范问题都是相当突出的理论问题和现实问题，而且鉴于双方各自理论的限度和人类生活的本质及其复杂性，德性伦理学与规范伦理学两大阵营之间的论争还将一直持续下去，其未来景观也将更加丰富多彩。20 世纪 90 年代以来，中国伦理学界的学理探讨一直围绕当代中国的“道德危机”和“道德重建”等内容展开，而客观分析西方伦理学界的这一学术论争，准确把握当代西方伦理学的“问题意识”，深刻了解当代西方德性思想的特征、贡献和局限，在“德性”的引领下践行“规则”，并实现“规则”与“德性”的双向融合，对于中国社会的道德理论研究与道德建设将发挥切实有效的作用。③

（二）美德伦理学

美德伦理一直是近年来学界关注的热点论题，专家学者们对此进行了进一步的研究。有学者指出，美德伦理指生活在某一特殊道德文化共同体中的个人，在承诺并实践其独特的“特性角色”过程中所获得的卓越成就及其展示的优异品质。至于传统美德伦理，它在当代遭遇的挑战，主要表现为：（1）现代社会的结构化转型所带来的日趋公共化趋势，动摇了传统美德伦理赖以存在的社会根基；（2）现代社会普遍平等的价值导向冲击甚至否定了美德伦理自身所内含的价值等级秩序与精英主义美德价值理想；（3）现代社会日趋强烈的平面化、格式化、标准化需求，对传统美德伦理追求卓越的价值导向提出的挑战；（4）日趋强劲的社会分层流动、结构开放和文

---

① 彭怀祖：《诸伦理学理论体系协同与互补的研究》，《道德与文明》2017 年第 1 期。

② ［美］迈克尔·斯洛特、郦平、付长珍、李家莲：《伦理学理论谱系》，《华东师范大学学报（哲学社会科学版）》2017 年第 4 期。

③ 方熹、江畅：《德性伦理学与规范伦理学之争及其影响》，《哲学动态》2017 年第 3 期。

化反传统趋势，使传统美德伦理的根基大大削弱；（5）社会发展的日趋技术化导致现代社会对技术的依赖越来越大，对文化的、隐性的软实力越来越缺少信赖。然而，传统美德伦理在当代的境遇并不意味着人们必定会因此对其失去信心。传统美德伦理在现代社会中依然有生机：（1）结构性转型导致现代社会缺乏足够的中层和基层的生活发展空间，必然需要大力建构中层和基层的生活世界，传统美德伦理会因此而重获生机；（2）传统美德伦理有其不可替代的特性，只要人之为人并保持人性和人道，传统美德伦理的作用就不可替代；（3）现代社会的道德平面化呼唤道德精英和道德理想主义的引领。[①] 有学者研究了儒家的美德，认为它的最高境界不是行善，而是乐于行善。这样一种观点对于当代美德伦理学具有多重的贡献。第一，它对西方哲学自柏拉图开始就困扰着大家的“为什么要有道德”的问题作出了一个恰当的回答：通过有道德才能成为一个健康而没有缺陷的人。第二，它对认为具有美德的人根本上是自我中心主义者的观点作了有力回应：虽然具有美德的人是为了自己成为一个健康而没有缺陷的人，一个人之所以健康而没有缺陷恰恰是因为他关心他人的利益。第三，它对所谓美德的悖论（美德之所以值得赞扬是因为它要求我们做的是困难的事情，但具有美德的人做这些事情时却轻而易举）提供了一个很好的说明：要成为一个具有美德的人，即成为一个能够轻而易举地做美德的事情的人，需要做长期而艰苦的自我修养功夫，而一个人之所以在做这样的美德的事情时非常困难，恰恰是因为他没有下功夫成为一个具有美德的人，因此美德和具有美德的人是最值得赞扬的。[②]

儒家文化是伦理本位的德性文化，在儒家伦理道德体系中，孝德居于基础和核心地位，是个人德性修炼的重要指标。学者们对此德目进行了讨论。有学者认为，儒家孝德是精神维度和实践维度的双向结合，其中透溢出的以“仁”为根、以“敬”为本、以“顺”为贵的精神特质，所倡导的“孝”之方、“孝”之规、“孝”之度等实践要求，对构建现代家庭孝德具有突出的价值和意义。[③] 有学者强调孝道起着维护家庭与家族的生存与发展的作用，认为孝道是后辈对长辈的尊敬与赡养，孝道是在父母对子女的呵护中，为子女内心自然生发的情感。传统社会把孝道作为政治道德的基础与前提，失去孝道则被认为丧失了做人起码的道德。在现代社会，家庭仍然是社会的基本单位，孝道也应当发挥其功能，同时，现代社会随着人的平均寿命的延长，也已经进入老年化的社会，孝道承担着比传统社会更多的社会功能。[④] 也有学者对孝道泛化问题进行了研究，认为中国传统文化中的孝道泛化将孝的精神理念运用到亲子之外

---

① 万俊人：《传统美德伦理的当代境遇与意义》，《南京大学学报（哲学·人文科学·社会科学）》2017 年第 3 期。

② 黄勇、陈乔见：《“好德如好色”：孔子对当代美德伦理学的贡献》，《杭州师范大学学报（社会科学版）》2017 年第 4 期。

③ 王天民、巩瑞贤：《儒家孝德及时代价值略论》，《吉林师范大学学报（人文社会科学版）》2017 年第 2 期。

④ 龚群：《传统孝文化的当代意义》，《上饶师范学院学报》2017 年第 1 期。

的领域，这不仅从理论上为儒家伦理规范的外扩开辟了新路径，而且通过移孝作忠使其成为治家理国的有效方法。孝道泛化的内在原理是拟血缘关系，它使非血缘性的个体之间通过情感转移来模拟真实的血缘关系。现代化进程中社会结构的转型与西学影响使得孝道泛化的合法性与合理性受到严厉挑战，然而，其依然可以发生于儒家文明影响下的稳定组织之中。针对当今以科层制为代表的主流管理模式对成员感情与彼此关系的普遍忽视，孝道泛化的创造性运用可以重建成员间的情感互助与伦理团结，使成员表现出组织家人行为，具有积极的管理伦理意义。① 有学者同样认为，孝作为中华传统美德，在历史上有一个演变的过程，有祭祖祈福、传宗接代、善事父母、敬老忠君乃至全德等多重含义，形成了具有中国特色的孝文化。孝因为过分泛化在近代受到众多批判，但在今天仍有重要的价值，它有助美德养成、保障家庭稳定和幸福、促进社会友善与和谐、培育家国情怀和责任意识。今天传承和发展孝文化，需要从孝德教育、理论建构、礼俗塑成、制度保障等多个方面入手。②

“仁”是孔子儒学的核心概念，正是因为“仁”代表中国道德哲学的渊源，从而使中国哲学表现出与西方哲学非常不同的特点。有学者认为，孔门“问仁”关注的不是“仁”的普遍定义，而是“仁”的表现及实践方法问题。这一点与以苏格拉底、柏拉图为代表的古希腊哲学追求事物普遍定义的特点形成鲜明对比。轴心时期，中西方哲学突破的不同方式造成了这一根本差别：以苏格拉底、柏拉图为代表的古希腊哲学的突破更多采取了破旧立新的方式，而中国哲学的突破则采取了温和、渐进、连续的方式。受此影响，古希腊哲学家倾向于用理性怀疑传统，进而追求世界的本原和事物的普遍定义，以期重建伦理规范和价值原则，而中国哲学家则认为传统的伦理规范与价值原则总体而言仍具有自明性与有效性，因此他们更加关注如何将它们在现实中实践出来。③ 基于个体之“仁”德，必然表现为人际关系的社会之“和”德，其中应当具有直接的因果关系。有学者指出，“和”或者“致中和”是中国文化和儒家学说的核心价值观，在儒学发展史上，董仲舒提出了“德莫大于和”的思想，即“和”作为一种价值观先于“德”，“德”生于“和”，同时，“和”也是一种大德。德的最终目标和落脚点是“和”，即追求和谐的价值理想是道德建设的目标。“和”不仅是天道人道的根本，是社会治理的理想状态，还是人的自我修养、心身和谐、养生长寿的根本，因而“和”是一种大德。从理论思维的角度看，这种思想塑造了中国人天人合德的思考方式，厘清了价值观与道德观的关系，使“和”的价值观有“德”的行为观支撑，使道德建设和修养明确了“和”的价值目标，这对于人们认识和处理道德建设与建设和谐社会、协和万邦的关系，提供了宝贵的思想资源与启发。④

---

① 王润稼：《孝道泛化的传统理路与现代组织实践论析》，《广东社会科学》2017 年第 3 期。
② 郭清香：《孝文化的现代价值及其实践探析》，《中国特色社会主义研究》2017 年第 2 期。
③ 高海波：《论孔子仁学的实践特性》，《道德与文明》2017 年第 1 期。
④ 肖群忠、霍艳云：《董仲舒“德莫大于和”思想探析》，《伦理学研究》2017 年第 4 期。

有学者则从“知识”的角度来分析美德伦理学的特征，认为以“自由意志”为基础的“归责伦理学”的首要工作是确立起个体之间那些相互性的普遍法则，从而为构建现代社会确立基本原则，以“知识”为基础的“美德伦理学”的核心工作则是给出关于善的知识与成就以此知识为前提的美德。正是在追问关于善的无视角的知识与如何成就美德的努力中，美德伦理学确立了目的论原则，从而确立起了构成古代社会秩序基础的一系列基本原则。古代社会与现代社会之别在根本上乃在于人们据此建构社会秩序的那些基本原则的不同，而这些基本原则的差异则植根于人类对自身的理解与深化。① 有学者对美德伦理学的纵深发展提出独到的见解，认为美德伦理学具有自觉而鲜明的道德心理学诉求，提出并建构一种合理的道德心理观念，日益成为美德伦理学必须认真对待的迫切问题。为此，美德伦理学不得不考虑：需要并且能够从现有的心理知识体系中汲取哪些有益的内容？由于现代心理知识的讨论和研究已经拓展到心理科学、心灵哲学和道德哲学等多个领域和层面，因此，这不仅需要人们顾及和借助经验心理科学的主要成果，而且需要人们理解并引入现代心灵哲学的可能资源，更需要人们在道德哲学内部挖掘潜力，谋求共识。② 有学者侧重从“美”或“美学”的视角来阐述伦理学，借用富勒将道德区分为愿望道德与义务道德的观点，并用美学与法学来区别两者。一是高低之别：前者是自我实现的最高境界，后者是有序社会的基本要求。二是内外之别：前者是内在于自我的超越指向，后者是主体间的处世之道。三是软硬之别：前者是自律的，后者是他律的。这种区别说明前者趋向于无目的的合目的性，是内含于伦理学中的美学维度，而后者是道德与法律所共同指向的社会基本要求，是接近于法学的。这说明伦理学内含着美学和法学两个维度，但在当代的伦理学研究中，寻求普遍适用的道德规范成为规范伦理学的主要使命，底线伦理、程序正义、重叠共识等成了伦理学的主题词。与此对应，美德、牺牲、榜样等道德概念却被谨慎地对待，甚至是被边缘化了。伦理学仿佛成了政治哲学和法哲学。显然，伦理学的法学维度被强化了，美学维度则失落了。③

（三）功利主义

如何在功利原则中容纳平等主义要素，是当代功利主义面临的重要问题，学者们回到密尔那里寻找答案。有学者指出，当代功利主义提出了三种方案：目的论功利主义、还原论功利主义和义务论功利主义。义务论功利主义在其中占据了主流地位，它否定了目的论这一古典功利主义的核心原则，认为目的论的论证框架不能从原则高度证明人的平等的道德价值，无法提出相应的道德义务。然而，该学者通过对密尔

① 黄裕生：《“美德伦理学”与古代社会的基本原则》，《江苏行政学院学报》2017 年第 1 期。

② 李义天：《美德伦理研究的心理学资源与走向》，《天津社会科学》2017 年第 6 期。

③ 曹刚：《美的伦理学——曾钊新伦理思想的审美维度》，《伦理学研究》2017 年第 5 期。

《功利主义》的考察，认为古典目的论式的功利主义不仅能够容纳平等原则，还把平等上升到了另外一种原则高度。其主要理由在于，密尔功利平等观的核心是“平等待幸福”而非“平等待人”，它是以人的幸福为尺度的，是以人如何看待幸福为起点的，是以幸福的实现为归宿的。密尔的功利平等观为当前构建平等主义的功利主义敞开了可能性。① 此外，最大快乐原则能否公平，这是功利主义理论完备性的一个关键问题。有学者指出，罗尔斯曲线的数量分析模型对功利主义公平问题的考察存在偏差，认为密尔功利主义主张最大快乐是人能够过幸福生活，公平是每个人都能够幸福生活。从功利与公平的义理、社会基本的公平正义制度的性质、幸福的源泉等视角看，密尔认为人的最大快乐不存在相互排斥，世界能够为每个人都提供幸福的源泉。社会通过政治改良与共同努力，消除不平等和灾难，最终每个人都获得幸福生活，从而实现公平。②

关于马克思主义与功利主义之间的关系，也是学者们关注的一个重要问题。德里克·艾伦认为，马克思主义者对资产阶级和无产阶级利益持有一种不偏不倚的立场，并且致力于人类利益的最大化，因此他们的伦理观是一种功利主义。布伦克特则认为马克思主义者之所以赞成无产阶级革命和批判资本主义社会，是因为这会导向未来人类的“高级活动”，而这种“高级活动”本身就是道德上正当的，与“功利”并无关系。并且，马克思还批判了功利主义的自利性和保守性，因此他的伦理观不是功利主义。有学者基于上述分析认为，实际上，基于历史唯物主义的基本观点，马克思主义者在前共产主义阶段是存在功利主义倾向的，但是其最终目标是消除功利主义所处的历史阶段，最后实现对这种道德理论的超越。③ 关于这个问题，有学者从思想史的发展形态的角度进行考察，认为从德性伦理实践哲学到功利伦理实践哲学以至马克思的实践哲学，展示了实践哲学不断充实、丰富和发展的生动画卷。但是，社会发展程度的时代局限决定了德性伦理实践哲学的局限，功利主义实践观矫正了德性伦理实践哲学的思辨和片面，强调人们对现实物质利益的追求，强调以“最大多数人的最大幸福”为旨归，但是它的理论立足点和资本逻辑使其带有严重的负面效应。马克思的实践哲学通过政治经济学批判的范式，通过深入批判资本主义的市民社会，才使德性伦理的实践观获得现实基础，并使功利主义的实践观得到矫正和批判。政治经济学批判不是单纯的经济学批判，而是包含了马克思哲学世界化和世界哲学化的理想。④

在中国传统伦理思想史中，也有一些功利主义思想，学者们对此进行了研究。

---

① 马妮、贺春艳、张荣华：《目的论式的功利平等观是否可能——以密尔〈功利主义〉为中心》，《湖北民族学院学报（哲学社会科学版）》2017 年第 5 期。

② 程有保：《最大快乐原则能否公平——以密尔功利主义为例》，《道德与文明》2017 年第 2 期。

③ 杨松、韦庭学：《马克思主义伦理观是功利主义吗？——德里克·艾伦与布伦克特的争论评析》，《马克思主义与现实》2017 年第 6 期。

④ 袁凌新：《德性与功利的批判——马克思实践哲学范式探析》，《北京师范大学学报（社会科学版）》2017 年第 3 期。

“Utilitarianism”即汉语表达中的“功利主义”，有学者指出，近代学者梁启超、胡适等将这一概念引入墨家思想的研究和阐释之初，始以“实利主义”或“乐利主义”的形式出现。直到严复、吴虞试图打破“功利”在中国传统文化语境中的“贬义”色彩，以及冯友兰的系统性的学术研究和学术影响，“功利主义”这一提法在墨家的思想研究中才被正式确立，而对墨家“功利主义”思想的研究也在学术界中成为习惯，鲜有异见。[①] 在明中后期，由于商品经济的发展以及资本主义的萌芽，出现了形形色色的功利主义思潮，这其中包括了何心隐的“聚合育欲说”、陈确的“治生为本说”、顾炎武的“百姓自为说”以及顾宪成的“以利佐义说”。有学者指出，这些功利主义学说包含着不同的理论内容：何心隐的“聚合育欲说”强调普通百姓的基本物质欲求的合理性，陈确的“治生为本说”要求读书人关注个人生计，顾炎武的“百姓自为说”认为普通百姓的利益追求能够推进社会公正，而顾宪成的“以利佐义说”认为商人的谋利行为有助于他们成就道德行为。这些学说或多或少地突破了儒家的传统，反映了当时人们的思想观念已经产生了深刻的嬗变。[②] 还有学者指出，以永康学派、永嘉学派为代表的南宋“事功之学”将功利主义思想推上了一个新的高峰。自此，古代中国的功利主义才具备了比较完整的理论形态。南宋事功思想给人们的启示在于，作为一种政治道德，它的生命力在于对政治的“善”的解释。首先，功利主义对“善”的理解完全基于一种现实的实际感受，政治的“善”得以成立的前提就在于现实世界中的现实的人的现实感受。这里的“善”，就等于是幸福感和福利上的实际获得，不再是空洞的许诺或者是枯燥的道德说教与虚无缥缈的宗教情感，这种“善”是个人可以在生活中追求到的现实的物事，故而，基于现实感意义的对某一种行为的“善”的选择与去取以及对某一种制度的“善”的选择与去取，具有重要的意义。事功思想可以被看作以某种方式确立与维护对政治的“善”的理解和合法性意义的解释或辩护。其次，事功思想体现的功利主义学说对“善”的解读具有效果论关切，也就是说，事功思想着重论证政治的“善”的量化（当然不排除质的定位）标准。它反对缺乏证据的道德义务论和假定的动机论，它始终要求对政治的相关行为或涉及公众的各项政策进行可测的检验，以确定或排除这类政治行为与政治政策是否能够给公众带来确定的好处。这不仅为判定个人或某一政治集团的道德层次提供了可测的标准，而且也能够使一个特定历史阶段内的政治的“善”获得清晰的判定。[③]

---

① 聂韬、吴满意：《功利主义与近代墨学重构》，《四川大学学报（哲学社会科学版）》2017 年第 5 期。

② 代训锋、王引兰：《晚明的功利主义思潮》，《伦理学研究》2017 年第 4 期。

③ 范立舟：《南宋“浙学”中的事功思想要素及其现代价值》，《浙江社会科学》2017 年第 9 期。

二 伦理学基本问题

历史地看，伦理学研究的基本问题具有普遍性和永恒性，但是不同时期不同地区的学者对同一问题的回答又具有一定的差异性。2017 年，学者们主要对道德义务、道德规范、道德动机、道德情感、道德价值、德福问题等基本问题进行了讨论，在以往的研究成果的基础上，结合社会现实，作出了具有时代特征的回答。

（一）道德义务

道德在一定意义上就是要表现为一种义务，它要求人们不计目的、不计功利地去实现或不实现某种行为。学者们对此概念进行了研究。有学者认为，由于对“义务”存在不同的理解，所以对道德义务能否做一种“完全义务”与“不完全义务”的区分在伦理学家之间存有分歧。道德上的完全义务与不完全义务的区分虽不像法律义务与道德义务的区分那样明确，但其间的差别还是显而易见的。正确认识这种差别，避免两者之间的混淆，把握道德义务的层次性，对于充分发挥道德的规范和引导功能具有重要意义。[①] 也有学者把道德义务分为社会对个人以及个人对社会的双向义务，指出蔡元培先生的社会核心价值观和主体责任观的主要内涵：社会应极力维护人的基本权利即生命、财产、名誉，个人对社会应该尽的基本义务是“博爱与公益”“礼让与威仪”，概括精准、分析透彻、科学合理，具有很高的思想、学术价值，并认为这对于当下培育社会主义核心价值观、形成普遍认同的社会价值共识和道德观具有重要启迪。第一，文明社会必须坚持维护生命、财产、名誉等人的基本权利。第二，社会成员必须积极履行博爱与礼让的基本社会道德义务。第三，社会核心价值观建设必须体现真正的价值共识和主体实践性。[②] 物极必反，道德义务也不可以无限地扩大。有学者通过对“道德绑架”这一概念的分析，给人们提供了对道德义务进行反思的路径。“道德绑架”是以道德的名义，通过精神上的“绑架”，改变客体的自由意志以使其按照道德绑架施加者的道德标准而行为。道德绑架的发生既是由道德本身的性质决定的，也与一定时期内道德共识的缺乏和法治观念的不成熟等社会人为因素有关。道德绑架是一种道德异化现象，既损害了社会个体的意志自由，也损害了道德作为社会整合方式的权威性和合法性。避免和防范道德绑架的途径在于，审视道德本身的合理性，厘清道德与法律的相互错位，区分真正的道德绑架，避免对“道德绑架”一词的误用，等等。[③]

---

① 余涌：《论道德上的完全义务与不完全义务》，《哲学动态》2017 年第 8 期。
② 肖群忠：《蔡元培社会核心价值与主体责任观述论》，《船山学刊》2017 年第 3 期。
③ 杨建强：《“道德绑架”的伦理反思》，《科学经济社会》2017 年第 1 期。

（二）道德规范

规范性问题是当代哲学特别是元伦理学研究的重要问题，学者们对此进行了研究。有学者讨论了新亚里士多德主义，认为它吸收了亚里士多德的目的论思想和现代生物学中的功能解释理论，在规范性的解释上具有开创性。该理论认为人们之所以能作出“事物是好的或坏的”的评价判断以及“某物应该如何”的指令判断，是由事物本身的特定功能或属性决定的；人们之所以有“某人应该做某事”这样的指令判断，也是因为人具有类似的“功能”或“规范类型”。如果人或者物不执行相应的指令，就意味着他们是有缺陷的，因而缺陷是理解规范判断的核心概念。① 不过，对于理解规范判断的明确性问题，有学者反思了启蒙理性，认为现代哲学家提出的人类道德与政治生活（以及相应的规范）应该能够经受人类理性的检测，即需要满足一种“透明性条件”。这一要求本身承诺了一种理性主义的启蒙价值，该承诺将实践规范的形成与“理性而自主的个人”联系到了一起。但威廉姆斯提出的“启蒙的理智不可逆性”及“实践的优先性”命题在理智层面上将一个“无需理由的世界”展露在了人们面前。所以，人类的道德与政治无法完全满足“透明性”要求，部分地接受“非透明性”并不荒谬。② 因此，道德规范本身具有如何解释的问题，随着时代的发展，理解必须与时俱进，如，“仁义礼智信”等道德规范是中国传统文化中的核心价值观念，在塑造中国文化的总体特征、锤炼民族品格及培育民族精神方面起到了重要的历史作用，是中国传统道德思想文化的宝贵遗产。有学者认为它们具有两面性，既有积极、革新、进步的一面，又有消极、保守、落后的一面。因此，对“仁义礼智信”各个德目进行内涵分析、价值评估及现代转换，乃是发掘传统文化中的有益价值，为社会主义道德建设提供借鉴的题中应有之义。③ 有学者对道德规范的思考很有新意，认为社会总体上说是由常人组成的，平常之人所理解的道德就是一种合宜恰适的尺度，其行为基准既不应低于这一尺度也无须高于这一尺度。这便是一种平淡常态的生活，对于当事人而言，这种生活由于不必向圣人看齐而过得了，由于不会堕落成小人而值得一过。④

（三）道德动机

道德动机是伦理学研究中的一个非常重要的问题，它直接关系到对行为的道德评价，学者们从不同路径对此进行了讨论。康德对道德动机展开过著名的论述，有学者认为，在康德这里，道德行为的动机指客观的道德法则和主观上对其敬重的道德感。

---

① 刘松青、韩东晖：《新亚里士多德主义论规范性的本质》，《道德与文明》2017 年第 3 期。

② 陈德中：《启蒙方案、透明性与道德生活》，《哲学研究》2017 年第 5 期。

③ 龙倩：《“仁义礼智信”的现代转换》，《理论导刊》2017 年第 2 期。

④ 甘绍平：《常人道德的尺度》，《道德与文明》2017 年第 3 期。

人们敬重道德法则，才能把它作为自己的准则。人类有两种自然偏好：自爱和自大。道德法则通过作用于人们的心灵，限制自爱，克服自大，显示出它的权威性和优越性，从而使人们对它产生敬重的情感。这也是道德法则对人的心灵产生的主观有效性。敬重的道德感与义务有着密切的关系，既是义务概念形成的主观根据，也是人们被赋予义务的主观根据。① 有学者具体讨论了理性的情感在康德哲学中的作用，认为共通感是对于形式的追求的一种质料性情感。审美愉悦感产生于想象力与知性在理性形式之内的自由和谐。崇高感的消极性方面体现在知性下的想象力综合活动无力把握对象；积极性体现在理性通过理念统摄了质料，想象力的失败也就是理性的成功。这是一个先抑后扬的过程，抑的是知性，扬的是理性。道德感与崇高感都是在排斥质料干扰后对于理性的敬重感。敬重感作为一种理性的情感成为道德动机，引发起道德行为。美感和崇高感作为面对具体事物自然而然生发出的对于理性形式的认同感，证明了道德感触发的道德行为自上而下施行的合法性。② 有学者从认知科学的角度分析康德关于道德自治性的断言，认为如果这种断言是正确的，人们就应当可以发现人类大脑具有一个同时满足如下所有特征的“道德模块”或“道德算法”：（1）它负责社会交往活动而不负责其他任务（如对于物理对象的知觉或思考纯理论问题）；（2）其运作特征必须被划归为“理性”而不是“感性”或者“直觉”；（3）其道德输出具有明显的“利他性”而不包含“工具性”或者“自利性”。然而，通过对于康德伦理学与认知科学研究中的几大主流思潮（如“通用问题求解器”假设、“大规模模块论”假设）的比对却发现：上述这种对于“道德模块”或“道德算法”的假设，很难得到认知科学的各种主流见解的支持。③ 总之，可以说，康德的意图在于通过证明道德原则的主观有效性，进而证明道德的实在性。与此路径相似，有学者从人在主观上对自然伟力的尊崇而讨论道德动机产生的根源，基于怀特海的哲学，要把人作为自然界、世界的一部分，研究这种高级机体的价值感受机制，融合科学、道德、美学和宗教等各种经验直觉，建构、形成人们的世界观。道德责任的根据在于对自由的感受，道德动机则以世界观为基础。因此，怀特海的哲学可以为道德实在论提供辩护，能为道德动机提供根据，从而为解决现代道德理论危机提供了一种可能性。④

（四）道德情感

情感在伦理学中具有基础性地位，学者们对此进行了探讨。德国哲学家马克斯·舍勒在这方面的研究非常深刻，影响很大，有学者指出，舍勒划分了三种本原情感的

---

① 姚云、龚群：《论康德伦理学中的道德动机》，《华中科技大学学报（社会科学版）》2017 年第 6 期。

② 车辕：《理性的情感——论共通感在康德哲学中的证明和作用》，《北京社会科学》2017 第 8 期。

③ 徐英瑾、刘晓力：《认知科学视域中的康德伦理学》，《中国社会科学》2017 年第 12 期。

④ 陈伟功、陈灼灼：《论道德动机——过程哲学如何为道德动机提供根据》，《上饶师范学院学报》2017 年第 1 期。

类型—阶段：意向性感受、偏好—偏恶、爱—恨。它们分别在以下三个方面具有革命性：第一，指出有一个以情感把握的“价值事实”领域，批判了所谓“客观中立事实”的先在性的哲学教条；第二，提出并论证情感能够成为一门先天的、绝对的伦理学的基础，打破了康德以来以理性为尊的伦理学传统；第三，通过论证“爱”这一情感的创造性和可能性，开辟出了一条开放的伦理学路径，既不同于黑格尔式的封闭体系，又避免了康德伦理学中包含着的空洞的、形式主义的风险。① 有学者研究了明儒湛若水的思想，认为他将情感问题有机地融入其道德哲学的整体，为当下伦理重建与道德实践提供了有益借鉴。湛若水提出“天下之道皆原于爱敬焉发之”，以爱敬等自然情感为道德实践的基础。通过对爱亲敬兄这类正面道德情感的培育与扩充，同时辅之以“随处体认天理”、“执事敬”与“存心于勿忘勿助之间”等工夫对负面情感引导与纠偏，使具体情感逐渐与道德理性相结合，进而激发道德需要，催生和指导道德行为，成就德性人格，并最终导向伦理秩序的建立，为社会的整体和谐奠基。② 有学者专门研究了情感中的“羞”感，认为从人类“羞”现象的起源来看，存在着惩罚论、先天论、立法论等不同看法，对于“羞”的起源看法不同，人们对“羞”的认识与判断就会截然不同。人类“羞”的情绪或情感并不总具有道德意涵，不同学说对“羞”的界定不同，因而“羞”的意义就不同。“羞”的面相与类型比较丰富，不具伦理价值的“羞”有时具有其他价值。“羞”的丰富性与多样性值得肯定，但人类并非所有的“羞”都具有积极价值，对人类尊严与权利的贬损而导致的负面之“羞”则需要杜绝。从起源论上讨论“羞”是为了打破“羞”仅与伦理相关的刻板印象，进而为真正具有伦理价值的“羞”提供合理的阐述。③

（五）道德价值

探索道德价值实现的途径具有重大现实意义。有学者认为，道德选择、道德评价、道德规范和道德教育是道德价值实现的基本途径；道德选择是道德价值实现的起点，道德评价是道德价值实现的标准，道德规范是道德价值转化的媒介，道德教育是道德价值实现的方法。探索道德价值实现的途径在理论上有助于深刻理解社会道德价值观构成的基本要素，在道德实践上有助于为价值实现搭建桥梁。④ 学者们介绍并研究了国外学者的道德价值思想。比如，有学者对 20 世纪中后期现象学价值伦理学的代表人物汉斯·莱纳的思想进行了研究，认为他在结合康德与舍勒伦理学的基础上构建了独特的现象学价值伦理学，莱纳这种伦理学新体系继承了舍勒的价值概念并对价值种类进行重新区分，类似康德的结构形式在此基础上对道德价值进行的重新规定。

① 李超：《事实、秩序与可能性——论舍勒的情感伦理学》，《浙江学刊》2017 年第 2 期。

② 王文娟：《湛若水道德哲学中的情感之维》，《道德与文明》2017 年第 3 期。

③ 雷爱民：《起源论视域下“羞”的道德意涵之衡定》，《伦理学研究》2017 年第 3 期。

④ 武卉昕：《道德价值的实现途径》，《齐鲁学刊》2017 年第 3 期。

莱纳不仅区分了道德善恶，而且区分了道德正确和道德错误，并且为了确保道德正确提出了十一条价值优选原则。对莱纳而言，舍勒所说的价值高度原则和尼古拉·哈特曼所说的价值强度原则是其中尤为重要的两个原则。这两个原则在很多情况下能作出道德决定，其他原则在不同情况下各自发挥着重要作用。在日常道德生活的实践中，人们的决定不是只考虑其中一个价值优选原则，而是要考虑多个原则，毋宁说是多个价值优选原则的横向加总，莱纳认为价值优选原则不局限于这里所列举的十一个原则，除此之外还有待发掘新的价值优选原则。①

学者们对现实当中的道德价值问题也展开了研究。有学者认为，当前中国道德价值共识的困境主要表现在价值信仰的缺失、价值理想的失落、价值标准的模糊、价值取向的多元和价值选择的悖论上。导致道德价值共识困境的原因很复杂，基本原因是经济基础的变革、利益格局的多元、社会结构的转型、新旧道德的冲突和道德败坏行为的冲击。道德价值共识建设是一项系统工程，夯实社会道德价值共识需要以利益共享打造道德价值共识的物质前提，以民主法治构建道德价值共识的协商平台，以先进文化增进道德价值共识的社会认同，以社会公正凝聚道德价值共识的内核，以个体德性夯实道德价值共识的基础。② 有学者指出，社会结构和伦理制度的现代性亏欠，异化了人的自身发展价值，滋生了个体主义，鼓胀了功利价值，消解了主流价值，侵蚀着青少年的精神家园。道德价值共识的重构需要在社会主义核心价值观的正确引领下，坚持正确的利益导向，健全利益共享机制，增进价值共识；坚持制度导向，规范价值共识，保障公平正义；坚持正确的文化导向，提升大众文化的价值内涵和精神品位，增强文化自信；坚持正确的舆论导向，掌握网络话语权，唱响网上主旋律；坚持正确的实践导向，贴近实际“接地气”，立地生根厚基础。③

（六）德福问题

中国伦理思想由于强调道德的实践理性，所以德并不远离福，而应当说德福是一致的。在孟子的思想中，生命的价值基础在于人的“不忍人之心”，但这并不是生命的最高价值。生命的价值提升集中体现在“舍生取义”的过程，可见“义”是生命的高级价值。有学者基于这一论断指出，孟子生命价值的思想启发人们：生命中的各种价值有高低之分，须认真权衡；舍生取义固然高尚，“不立危墙之下”同样重要；对待生命的紧要问题上，自我与他人要适当区别对待。④ 有学者研究戴震的道德哲学，认为它主要讨论人的感性欲求与人类的社会伦理规范——仁义礼智的不矛盾性关

---

① 陈水长：《道德善恶与道德正误——关于汉斯·莱纳的现象学价值伦理学的研究》，《现代哲学》2017年第2期。

② 韩桥生：《当代中国道德价值共识的困境与建设路径》，《江西社会科学》2017年第4期。

③ 吴云、朱宗友：《道德价值共识的重构》，《科学社会主义》2017年第4期。

④ 郭清香：《生与义：略论孟子生命价值思想》，《伦理学研究》2017年第3期。

系，并且将每个人的情感与欲望的充分实现看作理想社会的主要标志。戴震批评了宋明儒学中“存理灭欲”一系的理欲观，以“圣人之道，无私而非欲”的新伦理学命题扭转了宋明以降“理欲对立”的伦理学问题意识。其“德性”论在原则上与中国传统的“德福一致论”思想相一致，他希望下层民众的个人福祉在整体上与其他人的福祉是统一的，虽然带有一定的幻想性，但却以道德哲学的形式表达了一种社会理想。戴震思想中的“美德”一词有三层意思：一是“生生不息”的天道在人性中的具体化，二是人类生活中坚守诚信的恒德品质，三是敢于坚持美德与正义的勇敢德性。[①]

三 道德范畴研究

道德范畴是进行伦理学讨论的基础，新的道德范畴的提出、对同一道德范畴的不同理解、道德范畴内容的变迁等都需要经过深入全面的讨论。2017 年学者们主要关注的是事实与价值、善与应当、自由、正义等最为重要的道德范畴。

（一）事实与价值

“事实”与“价值”二分法作为现代道德哲学与伦理学的基本前提，其产生具有深刻的社会历史背景。这种二分法是人类伦理思想史步入现代阶段的重要里程碑，同时又割裂了事实与价值之间、理性与伦理之间，甚至个人与社会之间的内在联系，是导致现代社会道德危机的重要根源。有学者认为，马克思在政治经济学的框架内，展开了对现代社会人与人之间的社会关系的现实批判；从一个侧面揭示了“事实”与“价值”之间的“缠绕”关系，实现了其唯物主义道德批判对“事实”与“价值”二分法的超越。[②] 也有学者从二分法的角度理解马克思的正义观念，认为如果人们把“事实判断”理解为一种描述性判断，把“价值判断”理解为一种规范性判断，那历史唯物主义就是一种具有“事实判断”特征的描述性理论，因为它涉及的只是人类社会发展的一般规律“是什么”的问题；与此相应，“马克思的正义观念”则是具有“价值判断”特征的规范性见解，因为它涉及的只是资本主义剥削和社会主义按劳分配的弊病是否“应当”的问题。[③] 有学者则认为，段忠桥先生认为马克思的正义观与历史唯物主义是互不相干的论断，不论是在立论的文本依据上，还是在论证上都难以成立。马克思的正义观充分地体现在他依据历史唯物主义对正义所作的剖析与批判之中。马克思对正义的批判与马克思对宗教的批判存在着一致性，透过马克思对宗教的

---

① 吴根友：《戴震“德”论与人的福祉论初探》，《道德与文明》2017 年第 2 期。

② 白刚、曾俊：《超越“二分法”——论马克思对“事实”与“价值”二分法的超越》，《广州大学学报（社会科学版）》2017 年第 10 期。

③ 段忠桥：《再谈“历史唯物主义与马克思的正义观念”》，《马克思主义与现实》2017 年第 6 期。

批判，人们能够更好地理解马克思对正义的批判。①

（二）善与应当

“善”是伦理学的核心概念，由“善”到“美德”与“应当”之间的关系，代表着伦理学从古代到传统再到现代的转变。有学者对卢梭基于善和美德的区分指出，学界对《论人类不平等的起源和基础》的研究，往往从自然状态和社会状态二分法的角度分析人类不平等的起源。这种二分法解读表面上合理，实则存在问题。自然状态与善的关系以及社会状态与美德的关系并没有得到学界的重视及正确的解读。事实上，自然状态与社会状态的区分本质上是善与美德的区分，人类从自然状态过渡到社会状态本质上是人类内心情感从善到美德的转变。卢梭基于善和美德的区分提出了道德的起源观：道德起源于这一转变过程中人类善观念的消失以及美德观念的出现。②有学者对康德的有关思想进行了研究，认为康德在法国大革命前后写的一系列后期论述中，为了克服人性中根本恶为目标、造就遵循道德准则的新人，提出了思想革命的主张。他的启蒙观和历史观把道德的思想革命推向社会历史领域，形成了以维护人的尊严和自由的道德要求为主要内容的政治哲学，为“人可以希望什么”的批判哲学问题，描绘了朝向更善目标的历史进步的政治蓝图。③ 还有学者研究了西季威克提出的关于“善”的自然主义定义和规范主义定义，指出它们的共同之处在于两者都是从欲望的角度来理解“善”的内涵，而区别则在于后者相较于前者还包含了一种由“应当”概念所标示的规范性要素。西季威克对“善”的定义实际上反映了现代道德哲学相比于古代道德哲学的一个新特点：“应当”成了一种独立于“善”的理性绝对命令。④

（三）自由

自由与道德自由既有联系又有区别，学者们对作为道德价值的自由进行了研究。有学者认为，自由是人摆脱内外限制、压迫、奴役而挣得解放的一种特定价值目标和自在自为的存在状态。道德自由是道德主体在道德实践中根据自身意志或愿望作出道德选择的自由，是“从心所欲不逾矩”的意志觉解和境界、人类永恒追求的一种价值精神。它是主体自律与他律的统一、道德实践的前提和条件，更是道德人格的特殊象征、主体克服道德恐惧的表现和结果。人只有提升道德认知，锤炼自由意志，明确

① 林进平：《从宗教批判的视角看马克思对正义的批判——兼与段忠桥先生商榷》，《中国人民大学学报》2017 年第 3 期。

② 孔德猛、朱晓佳：《卢梭伦理学的道德起源路径研究——以善和美德的区分为视角》，《华中科技大学学报（社会科学版）》2017 年第 4 期。

③ 赵敦华：《康德道德—政治哲学的革命意义》，《伦理学研究》2017 年第 4 期。

④ 余建滨：《论西季威克对“善”的界定》，《道德与文明》2017 年第 4 期。

并勇担道德责任，勇敢实践、创造，才能克服道德恐惧，实现道德自由。[①] 也有学者从作为社会主义核心价值观的角度对自由进行了研究，认为自由既是全人类的共同价值，又是社会主义核心价值观的重要组成部分。创造性幸福，是具有创造性的或有所创造的生活的幸福，也就是取得了创造性成就的幸福。实现创造性幸福，一方面需要人们最大限度地追求自由，激发和提高自身的创造性潜能；另一方面，国家要通过建设民主法治社会给人们提供最大限度的自由空间。当社会和个人对自由价值的追求形成共鸣、共振和共生之时，创造性幸福才能得以完满实现。[②]

自由与平等这两个理念在现代政治哲学中始终处于核心地位，人们认为这两者似乎是内在一致的。有学者研究洛克、卢梭、罗尔斯以及诺齐克等政治哲学家的理论后指出，自由与平等两者之间存在不一致或冲突。洛克提出人的生命权、自由权和财产权都是人生而具有的平等权利，然而，这些权利是形式平等却内在包含着实质性的对不平等财产拥有的权利。卢梭则从人类不平等的起源意义上强调，私有制的出现和财产占有上的不平等导致了政治不自由，因此，要实现政治自由，关键在于无私有制或有限私产前提下的政治共同体的确立。罗尔斯的正义论把政治自由与经济平等同社会平等相对区分，将政治自由平等置于优先地位，并以此规范财富占有，从而使其趋向于平等。诺齐克则认为罗尔斯的趋于平等的分配模式是对自由的侵犯。[③] 有学者也认为，诺奇克的国家学说和分配正义的资格理论都是基于其对“自由”概念的推崇，然而，在具体的论证中诺奇克不是以“自愿”曲解“自由”，就是用“自由”曲解“自愿”，从根本上混淆了“自由”与“自愿”两个概念。这些混淆揭示了诺奇克最小国家理论和持有正义理论存在重大漏洞，有必要对其进行澄清。[④]

（四）正义

自罗尔斯《正义论》问世以来，正义研究持续升温为显学，涌动的现代性正义浪潮方兴未艾。有学者认为，如果深入历史的深处追踪正义的踪迹，就会发现现代性正义浪潮只是正义的第三大浪潮，另外两大浪潮在柏拉图的理想国和基督教的上帝之城中分别出现过，依次涌起于奴隶社会、封建社会和资本主义社会之中，渐次接续为正义的三次浪潮。其实质是三种生产方式下正义的主流思想潮流，试图在总体的不义现实中吁求正义良序的构建和相对正义的实现，以安人心。[⑤] 正义感是正义理论体系中的核心概念，是引领和规范社会道德建设的重要范畴。有学者认为，罗尔斯从道德心理学的角度总结概括了正义感的形成过程，提出正义感是正义观念、正义情感和正

① 周维功、周宁：《道德自由何以可能?》，《江淮论坛》2017 年第 4 期。
② 孙英：《论自由价值观与实现人的创造性幸福》，《齐鲁学刊》2017 年第 3 期。
③ 龚群：《自由与平等的内在一致与冲突》，《中国人民大学学报》2017 年第 2 期。
④ 李石：《论诺奇克对“自由”与“自愿”的混淆》，《哲学动态》2017 年第 8 期。
⑤ 陈雷：《正义思想的三次浪潮》，《浙江社会科学》2017 年第 1 期。

义行为的整合和统一。正义感的特点在于其以共识为基础，并最终指向公众领域以规范社会及其成员的观念和行为。因而，在对社会个体的道德人格的完善和社会正义制度的构建方面，正义感起着重要的作用，并且对于中国当前社会道德建设中处理好正义感与社会主义核心价值观建构之道、正义感与当代中国的社会善治的关系具有重要的意义。[①] 也有学者指出了罗尔斯理论的不足之处。有学者撰文指出，纳斯鲍姆认为，罗尔斯的正义论没有考虑到残障者、国际领域以及非人类动物的正义问题，这主要是受限于他的正义理论和社会契约论传统对正义主体的理解和设定。因此，纳斯鲍姆提出了一种亚里士多德式的个人观，试图重新界定和拓展正义主体，并将尊严与能力联系起来；以此成为能力进路的基点，从而试图解决以上三个领域即残障者、国际领域以及非人类动物的正义问题。然而，纳斯鲍姆对于正义主体的界定与拓展存在诸多模糊和自相矛盾之处，她的能力进路亦并非对罗尔斯正义理论和契约论传统的成功超越。[②]

帕菲特是当代最重要的伦理学家、政治哲学家之一，他的思想成为学者们研究的一个热点。有学者就帕菲特对斯坎伦的批判进行了研究。斯坎伦是当代著名的契约主义伦理学家和政治哲学家，他以个人的行为作为出发点，用微观的视角来考察个人道德的本质性问题。斯坎伦试图论证人们的行为何以是正当的，人们行动的过程中是不是有着行为正当性的一般原则，并提出了契约论思想。帕菲特对其思想进行概括，总结出了“斯坎伦准则”，并对“斯坎伦准则”内容中的“个人主义限定”进行了批判。帕菲特认为斯坎伦的“个人主义限定”本质上是对“分配正义的原则”认识上出现了错误。[③] 在帕菲特看来，向下拉平异议是平等主义无法克服的难题，有学者通过研究当代西方平等主义者对向下拉平异议的回应与反驳发现，向下拉平异议并非平等主义无法克服的理论困境，理由如下：（1）向下拉平异议的前提是不成立的；（2）向下拉平异议的核心观点是错误的；（3）向下拉平不是平等主义的内在诉求。因此，向下拉平异议并不构成对平等主义的致命一击，平等主义仍能得到合理辩护。[④] 帕菲特提出了分配正义的优先主义原则：在分配的问题上应该优先考虑社会中那些最穷困的人。有学者对帕菲特的优先原则与罗尔斯的平等原则进行了比较研究。帕菲特认为，相比于罗尔斯正义理论中所提出的平等原则，优先原则是更优的分配正义原则。因为，平等原则可能会遭遇“拉平反驳”和“分割的世界”两个理论困境。帕菲特的优先原则与罗尔斯的平等原则之间的理论分歧是深刻而长远的，其根源在于罗尔斯

---

① 夏文斌、凌加英：《罗尔斯的“正义感”概念及当代启示》，《教学与研究》2017 年第 3 期。

② 朱慧玲：《论纳斯鲍姆及其能力进路对正义主体的拓展》，《道德与文明》2017 年第 3 期。

③ 宗民：《帕菲特对斯坎伦准则中个人主义限定的批判》，《内蒙古大学学报（哲学社会科学版）》2017 年第 6 期。

④ 李文：《“向下拉平异议”并非平等主义无法克服的困境》，《广州大学学报（社会科学版）》2017 年第 10 期。

的正义理论与功利主义之间的根本分歧。[①]

学者们对国外马克思主义伦理思想中的正义问题也表现出高度关注的学术热情。有学者分析了佩弗的思想，认为他在解析马克思主义原著和剖析现实社会制度基础上，试图建构马克思主义“道德社会论”，展现马克思主义正义思想。佩弗深受罗尔斯正义理论的影响，试图以马克思主义道德社会论为基础，将罗尔斯正义两原则发展为正义四原则，并根据变化了的社会现实不断完善为五原则和五原则的升级版。佩弗对马克思主义道德社会论和正义思想的建构，一定程度上深化了罗尔斯正义思想，丰富了马克思主义。但是，佩弗的理论高估了社会道德的反作用，消解了马克思的唯物史观、革命理论和阶级斗争学说，损害了马克思主义的权威。[②] 有学者研究了东欧新马克思主义学者、匈牙利哲学家阿格妮丝·赫勒对正义观念演变的考察，认为她是在尝试通过建构一种能够被人们所共同接受的良善生活来解决正义与道德生活相分离的问题。赫勒所要超越的正义是完备的静态正义和变动不居的动态正义。她将正义置于政治哲学、社会哲学与道德哲学的连接点上，提出了不完备的伦理—政治正义概念，并试图将不同文化背景下的多元社会通过“彼此互惠的纽带”连接起来，致力于探究一种适应个体化发展的良善生活。正义的终极目标是实现良善生活，而良善生活以生命与自由为最高价值，以价值对话和伦理商谈为正义程序，以感情为人际交往的纽带，以团结为共同体的道德目标。因超越了传统的正义理论，良善生活的建构成为可能，又因良善生活的建构，深化了当代正义理论的伦理意义。[③]

四 社会道德问题

在进行理论研究和体系建构的同时，伦理学者们还深刻认识到伦理学作为道德科学，要与社会现实密切相关，要直面社会发展提出的新问题，并提出区别于其他学科的解决办法。对社会道德问题的思考是伦理学研究的重要组成部分之一，2017 年，学者们就社会主义核心价值观、文化自信、道德教育、法治与德治、生态文明、生命伦理、技术伦理等问题进行了深入的研究。

（一）社会主义核心价值观

社会主义核心价值观植根于深厚的中华民族传统道德文化土壤，集中表达了马克思主义道德原则和人类普遍的道德观念，是构建道德规范体系的根本导向。有学者认为，社会主义道德规范体系是马克思主义道德思想的具体化，为社会主义核心价值观

① 李石：《“差别原则”与优先主义——在罗尔斯与帕菲特之间》，《道德与文明》2017 年第 2 期。
② 吴兴德：《佩弗的正义思想及其价值与局限》，《国外社会科学》2017 年第 1 期。
③ 王曦璐：《超越正义的良善生活何以可能》，《中州学刊》2017 年第 12 期。

提供了道德合理性。一方面，社会主义道德规范体系内含着社会主义核心价值观的道德要求；另一方面，社会主义道德规范体系为核心价值观认同铺筑了基础。在社会主义核心价值观的引领下，为了适应新的社会历史条件，道德规范体系也必定要作出相应的调整，应以“人道主义”和“集体主义”为根本原则，以“发展、公正、共享、和谐”为核心理念，以“爱国、敬业、诚信、友善”为基本规范，以“职业道德、社会公德、家庭美德、个人品德”为特殊道德要求。① 在社会变革的际遇下，各种价值利益诉求导致伦理道德观念剧烈碰撞，成为国家文化软实力提升的现实考量。有学者认为，社会主义核心价值观对国家文化软实力塑造的关键在于使其实化、细化为人们的伦理道德自觉，在增强国民的伦理价值认知和道德素质水平的过程中，彰显国家文化软实力。从国家伦理、社会伦理、个体伦理三个层面把握核心价值观塑造国家文化软实力的伦理价值内在契合；从道德理性、集体主义、以人为本三个维度认识核心价值观与国家文化软实力的伦理价值共识，有助于强化领导干部的责任伦理意识、建构动态平衡的社会伦理秩序、提升公民的主体性伦理精神，以伦理道德的垂范力、感召力、聚合力凝魂聚气、强基固本，塑造国家文化软实力。② 当代中国大众文化商品化、世俗化、生活化和符号化的表象之下，蕴含着资本逻辑悖论、物化逻辑悖论、快感逻辑悖论和消费逻辑悖论的深层本质。面对我国大众文化的种种逻辑悖论和价值失范，必须加强对大众文化的政治价值、科学价值、道德价值、审美价值、生态价值的全方位引领。其引领的具体路径：一是高位吸引，提升文化品位；二是底线阻击，阻塞下滑通道；三是化人诉求，彰显教化功能；四是“情感”疏导，开辟认同新径：五是“立体”渗透，确保落地生根。③

（二）文化自信

党的十八大以来，习近平总书记发表系列讲话，深刻地诠释了文化自信思想，形成了系统的文化自信观。有学者从马克思主义哲学的视域考察，认为在特性上，习近平总书记的文化自信观凸显了文化自信的基本性、深沉性、持久性；在内容上，习近平总书记文化自信观从基础、动力、主体和核心四个方面体现了深层次的哲学意蕴；在当代启示上，中国要探寻近代文化不自信的根本原因，实事求是地认识文化自信的本质和探讨文化自信的真正目的。④ 也有学者认为，中国的道路自信、理论自信、制度自信，都植根于文化自信。传承中华优秀传统文化、宣传革命文化、建设社会主义先进文化，是继续巩固和完善道路、理论和制度自信的必由之路。坚定的文化

---

① 李建华：《社会主义核心价值观与道德规范体系之关系》，《道德与文明》2017 年第 2 期。

② 孙绍勇：《社会主义核心价值观塑造国家文化软实力的伦理价值意蕴》，《湖湘论坛》2017 年第 6 期。

③ 姜正君、邹智贤：《当代中国大众文化的逻辑悖论与价值引领》，《伦理学研究》2017 年第 4 期。

④ 周银珍：《习近平总书记文化自信及其当代意义研究——基于马克思主义哲学视角》，《江汉大学学报（社会科学版）》2017 年第 6 期。

自信是中国共产党人不忘初心、领导中国人民克服任何艰难险阻奋勇前进的精神支柱。中国共产党人必须毫不动摇地坚持文化自信。① 还有学者认为，文化自信是更基础、更广泛、更深厚的自信。文化自信归根结底在于对以人为本的人文主义精神、以价值理性和实践理性为核心的道德规范系统，以及对看待世界与事物的独特思维方式等的自信，在于对中华文化所展现出来的独特的核心理念和独特的精神气度的自信。这种文化自信，对人类、民族和国民的价值和可能贡献在于：在人类命运共同体的构建中，引领人类的共同价值，贡献中国智慧；凝聚价值共识，培育民族精神；赓续礼仪之邦的传统，塑造现代公民和君子人格。②

还有学者专门研究了道德自信，认为道德自信是人们在其社会行为中表现出的一种价值肯定、价值决断并准备身体力行的行为状态，是信仰层面的坚定、判断层面的坚持、行为层面的坚守。道德自信是文化自信之根，决定着文化的发展走向，是一种文化的根本性标志，是文化的内核。道德自信的心理障碍、认识障碍、制度性障碍是当前提高道德自信必须扫除的关键因素。③ 有学者指出，道德自信是文化自信题中应有之义，是文化自信的有力支撑。对中国传统美德的准确认识、革命道德的尊崇、时代道德的坚守及对道德自我的自觉自律是道德自信的时代要求。新时代增强道德自信，推动道德进步，要通过弘扬社会主义核心价值观凝聚价值共识、树立社会道德榜样引领社会风尚、批判抵制错误道德观念扶持社会正气、加强个体道德修养培育道德自律等方面的工作逐步推进。④

（三）道德教育

道德教育是促进社会道德建设的最重要的途径，学者们对传统道德教育进行了探讨。有学者比较孟子的道德成熟论与科尔伯格的道德发展论之间的异同，从而探究在道德成熟论中有哪些部分仍然与当今世界的道德教育有着密切的关联。立足于科尔伯格的视角向孟子的道德成熟论提出挑战，并尝试着以某种创新性解释来帮助孟子作出合理的回应。其认为尽管孟子和科尔伯格在理论倾向、对道德进步的界定以及在道德观上有着明显的差异，但二者之间依然能够进行富有创造性的对话，从而使人们可以汲取儒家的思想资源以重新审视当代中国以及东亚其他国家和地区的道德教育。⑤ 有学者也认为，传统家训是古代德育的重要载体，既蕴含着修身观、治家观、处世观等德育内容，也包含着日常训诫、家训制定、仪式规训、家风熏陶等德育方法。继承传统家训，挖掘与社会主义核心价值观相契合的德育内容，有利于促进当今社会主义核

① 陈先达：《论中国共产党人的文化自信》，《党建》2017 年第 5 期。
② 肖群忠、杨建强：《价值观与伦理自信是文化自信的核心》，《中国特色社会主义研究》2017 年第 1 期。
③ 任建东、张永超：《道德自信及其三重阻碍》，《伦理学研究》2017 年第 5 期。
④ 沈永福：《增强新时代道德自信的路径探析》，《思想理论教育导刊》2017 年第 12 期。
⑤ 陆宽宽、姚新中：《道德成熟论与道德发展论的比较研究》，《伦理学研究》2017 年第 1 期。

心价值观的培育；借鉴家训经验，挖掘与落实社会主义核心价值观相契合的德育方法，有利于促进社会主义核心价值观的践行。① 有学者认为，道德教育回归现实生活使其拥有了真正的生命活力，道德教育回归现实生活既是连接道德教育与浪漫理想的重要桥梁，又是学生体验道德教育真谛的手段和达成生活理想愿景的主要途径。当前，中国道德教育与现实生活相分离，对这一现象进行深刻剖析，有利于认清道德教育存在的问题。道德教育与现实生活是辩证发展的，道德教育回归现实生活的目的在于引导现实生活和创造“可能性”的生活，道德教育的生活性体现了人们对受教育个体的尊重。因此，要深刻分析道德教育与生活的内在的必然联系，引导道德教育回归现实生活，并在此基础上超越现实生活。②

（四）法治与德治

法治与德治相结合，是建设中国社会主义法治国家所坚持的重要原则，但在学界，对法治与德治相结合的正当性仍有不同程度的分歧与存疑。法治与德治相结合正当性的证成，是推进中国法治社会建设、促进社会全面转型亟须深化研究的一个重要的理论与实践问题。有学者从法律与道德价值的同源性与交叉性、法律与道德规范的同宗性与交叠性、法律与道德功能的独特性与互补性等角度，讨论法治与德治相结合原则正当性的理论基础。③ 有学者认为，德治与法治两者缘起人类社会价值规范的同一性诉求，以物质生产和物质交往为前提，以人类主体为共同活动对象。德治与法治的关系始终交叉存在于人类社会发展的全过程。德治与法治，其在不同时代所表现出的具体交叉形式，既是对人类社会存在的现实回应，也是对人类社会价值关系的抽象表征。从人类主体发展的最终价值目标来讲，两者本质上共同内含着人类主体“德性与理性”的双重价值确证，即一方面是主体何以存在的德性追问，另一方面是主体如何存在的理性判断，两者共同构建并推动人类社会不断发展。④ 有学者对习近平总书记对于德治与法治关系的多次论述进行了研究，认为其基本思路是强调德治与法治相结合的德法并举。一方面，中国传统社会主张礼法合治、德主刑辅，习近平总书记德法并举思想是对传统社会这一思想的继承与超越；另一方面，习近平总书记德法并举思想也是道德与法律关系原理的灵活运用。⑤

在国家和社会范围内要获得良好的治理效应，道德能力的培养显然是最为根本的途径，学者们对道德治理进行了广泛的讨论。有学者认为，现代社会因受技术理性以

---

① 王易、安丽梅：《传统家训在培育和践行社会主义核心价值观中的作用探析》，《思想教育研究》2017年第8期。

② 李社亮：《回归现实生活：道德教育的理想路径——一个关于道德价值取向的话题》，《河南大学学报（社会科学版）》2017年第2期。

③ 王淑芹、武林杰：《法治与德治相结合的正当性证成》，《伦理学研究》2017年第3期。

④ 任学鹏：《德治与法治：主体发展的双重确证》，《北方工业大学学报》2017年第4期。

⑤ 吕本修：《习近平德法并举思想探析》，《理论学刊》2017年第6期。

及持续膨胀的资本逻辑的强力钳制与支配，充满着风险与不确定性。致力于国家治理体系和治理能力现代化实践的当代中国转型社会，包括政治伦理在内的伦理生活重建与道德治理的立足点和基本目标，在于以政治合法性的名义，切实保障当代道德生活主体合法地谋求、享受幸福生活的生态权利与权益，致力于良好的生态社会的整体性的制度筹划，形成一种生态理性自觉基础上的生态型政府的理念与实践自觉。此一目的的达成，有赖于现代社会生态正义理想以及相应的伦理文化和价值目标的共识性理解，以及在此基础上依托现代生态政治理念，对一种生态公民之责任和义务的实践担当和集体践行。① 也有学者认为，合作治理要求多元治理主体具有与治理复杂公共事务相应的治理能力，而道德能力则是治理能力的重要构成要素。后工业社会复杂性的日益增长以及服务关系在社会中占据主导地位，内在地要求唤醒原本处于休眠状态的公共管理者的道德能力。这就需要公共管理者在处理日益复杂的公共事务时，要有相应的道德认知能力、道德判断能力、道德选择能力及道德行动能力。公共管理者的道德能力必须通过制度重构来实现，即通过道德的制度设置使得公共管理者的道德能力及道德感得以唤醒，并成为其普遍的行动范式，这就要通过制度安排从根本上改变其生活秩序与心灵秩序，而制度重构对公共管理者来说是一个生活秩序与心灵秩序同构的过程。② 有学者则对道德治理的主客体之间的关系进行了研究，认为作为形成道德问题或不道德现象的不道德者，理应是道德治理客体。但如果不道德者是道德治理客体，就与其在道德治理中以主体身份而自由行动的事实不符，并且会导致道德治理僵化。事实上，不道德者在道德治理中具有主客体二重性。从马克思的交往实践观看，不道德者与道德治理者之间存在着主体间性关系。主体间通过提出在道德治理中人与人之间进行平等交往、相互理解、达成共识，使道德治理重新回归到其本真上来，从而为道德治理提供了一种新的哲学范式和方法。因此，主体间性是道德治理的根本要求。对于道德治理来说，主体间性具有本体意义。③

（五）生态文明

社会主义生态文明新时代是一个超越工业文明时代的大时代，这个时代的基本特征将是绿色发展，而工业文明时代的基本特征是“黑色发展”。有学者指出，工业文明时代的时代精神以现代性哲学为其精华，生态文明新时代的时代精神则以生态哲学为其精华。生态哲学的基本内容包括生机论的自然观、谦逊理性主义的知识论、整体主义的方法论、自然主义的价值论和超越物质主义的价值观。生态智慧是人在这个世界上做永久性好事的德性和能力，是伦理的、灵感性的实践能力。熟读生态哲学未必

---

① 董辉：《生态正义的实践智慧与政治伦理的价值自觉》，《南开学报（哲学社会科学版）》2017 年第 4 期。

② 王锋：《合作治理中的道德能力》，《学海》2017 年第 1 期。

③ 冯国锋：《论不道德者在道德治理中的角色及其主体间性》，《学术交流》2017 年第 7 期。

有生态智慧，但不懂生态哲学必然没有生态智慧。生态哲学将通过指引人们追求生态智慧而成为生态文明新时代的时代精神的精华。① 也有学者强调生态哲学的批判功能，认为当代环境哲学已经发展成为一种具有强烈的改变现实和重构未来的理论意涵与实践指向的生态文化（理论），还需要平衡对待或强调其大众文化支撑与理性阐释论证功能，现实批判和未来建构功能，同时需要面向一个更为宽阔的视野或论域来思考。环境哲学不仅需要成为一门更加标准化的哲学，还需要成为一门更加激进的哲学。② 也有学者提出，环境道德既成为优化和保护环境生态的创新思维，又成为环境性补救手段，还成为法治保障环境生态的道德法则，更成为创新道德保护生态环境的法治思维；既为法律保护生态环境提供共同手段，又为创新机制提供学理根基，还为生态环境与其他要素的协调共生发展夯实道德基础。价值要素奠定价值基础；自然法价值源于自然界环境遵循自然规律；道德价值源于道德社会成为本源性价值标准；法治价值源于法治社会创新开辟新天地；孝文化价值源于中国传统社会成为创新发展的新引擎。③

（六）生命伦理

在市场经济社会，人的生命被异化的怪象屡屡出现，引发了学者们对生命伦理的探讨。有学者认为，“人是目的”的命题固然具有强有力的影响，但它在生命伦理学中的运用是有限度的。该命题越是被广泛地运用，越容易流于表面。因此，厘清“人是目的”的内涵是正确运用该命题的前提。“人是目的”源自康德的“目的公式”，其核心思想是尊重理性主体的道德能力。器官买卖破坏了生命的完整性，损害人格的载体，进而贬低理性主体的道德能力，因而违背了“人是目的”的命题。商业化代孕之所以违背“人是目的”的命题，不是因为它破坏了生命的完整性，而是因为这种活动强化了女性被工具化的倾向。④ 有学者认为，个体生命的身体营养善衡及身心善衡可以拓展到民族国家之间的善衡与每个民族的命运善恒。当代大自然境界的生死智慧观是时空立体耦合观，是生命善衡与生命善恒的大通融。当代中国弱式生存论的死亡伦理智慧以生死相依思辨情怀对大自然充满了敬畏之心，对生灵生态充满了爱惜感恩之心。有伦理底线的人生不会私欲膨胀无度而不顾生命健康甚至安危铤而走险。⑤ 正是在这个意义上，有学者强调要让生命伦理学说“中国话”的基本价值诉求，即中华卫生文明的“道—德”价值图式，其可表述为：传承中华文明之“道”，

---

① 卢风：《时代精神、生态哲学与生态智慧》，《贵州省党校学报》2017 年第 4 期。

② 郇庆治、徐越：《绿色变革视角下的环境哲学理论》，《武汉大学学报（人文科学版）》2017 年第 2 期。

③ 胡利明：《论环境道德的价值内涵》，《华北电力大学学报（社会科学版）》2017 年第 1 期。

④ 王福玲：《“人是目的”的限度——生命伦理学视域的考察》，《中国人民大学学报》2017 年第 6 期。

⑤ 姚站军：《当代死亡伦理智慧融环境伦理的健康中国人道使命——以生命长寿及身心健康为起点》，《南京林业大学学报（人文社会科学版）》2017 年第 3 期。

彰显中华卫生之“德”。让生命伦理学说“中国话”，在话语体系构建上，需要以两个重要的突破为前提：一是推进中国生命伦理学的“认知旨趣拓展”；二是展开中国生命伦理学的“问题域还原”。这反映在当今中国生命伦理学的话语体系构建及其研究进路上，也表现为破解“应用论—建构论”对峙的难题。让生命伦理学说“中国话”，必须瞩目于“应用论—建构论”之间隐含的关联性方面而非分歧性方面，在相对宽广的历史视域中界定中国生命伦理学话语体系构建的方向。①

（七）技术伦理

技术是现代社会中最强大的力量，它与伦理的关系引起学者们持续的研究兴趣。对“技术伦理学何以可能”的追问关系到技术伦理学的学科合法性，是技术伦理学必须回答的首要问题。有学者认为，虽然以往的研究对“技术具有价值负载性”的命题进行了论证，但在进一步论证“技术为何负载伦理价值”这一命题时还不够充分，进而从自由、信息和中介三个角度，把技术的价值负载性的论证推进到技术的伦理价值负载性的层面，从而为技术伦理学这门学科的合法性寻找深层的理据。② 也有学者对民用无人驾驶技术进行了讨论，认为这使得原应借助个体本能加以解决的问题具有更多的伦理意味，使得以往的理论争议在实践中更直观、更真实地呈现出来。相较于其他科学技术，与之相关的伦理难题在问题实质、抉择性质和行为属性等方面都有着自身的独特性。在评价过程中，理应充分考虑情感等因素的重要作用。就其影响而言，被程序化的价值抉择不仅有可能使伦理判断和生活理念趋于同质化和平整化，而且会对现行的道德体系产生颠覆性影响。③ 还有学者介绍了一种积极的技术伦理观。指出消极的伦理观通常认为伦理和技术是互相独立的，伦理仅在技术之外对其进行规范和管理，进而沦为纯粹的审查清单。而积极的伦理观则认为，技术的本质决定了其内在具有伦理需要，伦理本身塑成了技术行为。因此，技术伦理学考察的重心和思路，从审查技术的危害转移到了从工程设计阶段塑成符合自身本质的技术，进而防止技术异化的慎思上来。④

---

① 田海平：《让生命伦理学说“中国话”再议》，《华中科技大学学报（社会科学版）》2017 年第 2 期。

② 张卫：《技术伦理学何以可能?》，《伦理学研究》2017 年第 2 期。

③ 谢惠媛：《民用无人驾驶技术的伦理反思——以无人驾驶汽车为例》，《自然辩证法研究》2017 年第 9 期。

④ 王小伟：《回归积极的技术伦理学》，《科学与社会》2017 年第 1 期。

2017年马克思主义伦理学研究报告

冯　刚

作为学科分类的马克思主义伦理学，既有区别于中国传统伦理学和西方伦理学的学术特质与研究路径，又在研究问题、思想资源、现实关切等层面与中国传统伦理学和西方伦理学不可避免地存在一些重叠的部分。本报告梳理了2017年我国伦理学界数十位代表性学者在马克思主义伦理学领域的研究成果，发现学者们的研究问题主要集中在马克思主义伦理学的一般性研究、人的价值与自由问题、正义观与分配理论、中国化的马克思主义伦理道德建设、当代中国道德建设的具体性研究等方面。此外，还有一些具有影响力的著作出版和重要的学术会议举办。总而言之，2017年对于中国马克思主义伦理学界来说是一个硕果累累的年份，本报告仅仅选取了其中一部分学者的研究论述，所呈现出来的问题视角与研究方法已经是蔚为大观，值得进行充分的学习和讨论。

一　马克思主义伦理学的一般性研究

在马克思主义伦理学的一般性研究方面，学者们主要探讨了马克思主义伦理学何以可能、马克思主义伦理学与亚里士多德德性论的比较、马克思主义道德哲学的建构及其对“非道德主义”“相对主义”等质疑的回应、马克思主义的意识形态理论和反抗逻辑等问题。

关于马克思主义伦理学如何可能这一问题，在不同的历史时期学者们有不同的回应。陈爱萍指出，在第二国际时期，为了回应新康德主义者用康德伦理学对历史唯物主义进行的“补充”，考茨基在批判传统伦理学尤其是康德伦理学的基础上，初次论证了马克思主义伦理学的必要性以及可能性，进而尝试在历史唯物主义视域中从理论基础、现实依据和价值旨向等方面建构马克思主义的伦理学。考茨基对马克思主义伦理学的建构不仅确证了马克思主义伦理学在西方伦理思想史上的重要地位，也厘定了后来的马克思主义者对它进行阐释的基本路向。①

许多西方学者倾向于把马克思的道德理论解读为亚里士多德德性论式的，张彦、顾青青把这些论述总体上概括为三个问题：一是马克思哲学的基本道德立场在何种意义上追问“应该成为一个什么样的人”这一德性论的核心问题；二是马克思哲学中的道德概念是否奠基于亚里士多德式的“功能论证”以实现人性向道德的过渡；三是历史唯物主义以何种不同于亚里士多德德性论的方式来解决个体与共同体之间的矛盾冲突。然而，通过有效辨析亚里士多德德性论与马克思道德理论之间的内在关联，可以发现马克思历史唯物主义与政治经济学视域中的道德理论蕴含着区别于亚里士多德德性论的独特的实质内容，即以制度批判和革命实践的方式消除私有财产，实现真正的自由人的联合体。②

基于对马克思主义道德哲学的理解、阐释和建构，回应“非道德主义”“相对主义”等质疑是学者们研究的重点之一。谭培文对马克思是“非道德主义”的立场进行回应，认为马克思不是非道德论者，马克思的黄金律是经济金律与道德金律的统一，经济金律在“帕累托最佳”里被应用了，而道德金律却被悬置了。马克思道德金律是：每个人的自由发展是一切人自由发展的善的价值，而不是恶的障碍。它是对儒家与《圣经》、功利主义、康德金律等伦理原则的扬弃。马克思道德金律既有普遍必然性，也具有规范性，应当成为“人类命运共同体”的践行原则。③

魏传光指出，马克思主义经典文本中对道德的否定性论述与消极性评价，是部分西方学者判定马克思主义是“非道德主义”的主要依据。但马克思反对的是具有规范的超验性和意识的终极确定性的“理念式道德”，这种道德折射的是德意志意识形态乃至整个西方哲学的传统，与马克思主义从现实的个人生存与发展出发去理解道德、志向与改变世界、重视革命意识、反对道德说教的思想之间存在着巨大的差别。马克思主义“跳出道德同情的羁绊”，建构了一种用实践的、历史的观点理解的非模式化、非实体化的“实践式道德”。④

针对将马克思主义看作道德相对主义的观点，杨松指出，道德相对主义可以分为描述的相对主义、规范的相对主义和元伦理的相对主义。马克思主义伦理观对这三种道德相对主义的判断是不同的。马克思主义伦理观中包含了道德相对性或多样性的描述，因此是一种描述的相对主义。它否认个人或者社群的意志能够决定什么是道德上的“正确”或者“错误”，因此不是一种规范的相对主义。它又认为道德分歧可以通

---

① 陈爱萍：《马克思主义伦理学何以可能——论考茨基对马克思主义伦理学的建构及其意义》，《伦理学研究》2017 年第 6 期。

② 张彦、顾青青：《马克思道德理论在何种意义上是亚里士多德德性论式的》，《道德与文明》2017 年第 5 期。

③ 谭培文：《论马克思的道德黄金律》，《伦理学研究》2017 年第 6 期。

④ 魏传光：《从“理念式道德”到“实践式道德”——对马克思主义是“非道德主义”的驳斥》，《道德与文明》2017 年第 5 期。

过物质手段得以解决，同时还承认一种“道德进步”的观念，因此也不是元伦理的相对主义。①

针对马克思哲学中的意识形态理论，学者们也有进一步的研究。杨荣主张从概念层面对“道德就是意识形态”进行概念分析与背景挖掘，从逻辑层面揭示事实与价值分离给马克思道德哲学带来的“隐秘危机”，从实质内容层面批判对历史唯物主义的机械理解。这三个维度不仅是由表及里、由“形式”到“内容”的病理性探究，而且也有助于在应对当代道德哲学对马克思的诘难的同时，丰富和拓展阐释马克思道德哲学的视域。②

王健分析了伊格尔顿对意识形态的观点，伊格尔顿指出意识形态所蕴含的不仅有人对世界的想象关系，也包括了人与人之间的秩序建构。这些想象关系不仅是为了满足阶级统治的需要自上而下地建立的，还为了满足人的伦理关系的需要。在后一层面，个体总会有一定的自由空间。据此，伊格尔顿批判了意识形态是“欺骗”、“治理术”和“永恒的”等说法，指出它同样包含承诺性、复杂性和解放的维度，有助于开启一个解放性的未来。③

汪行福介绍了左翼理论家柄谷行人的反抗逻辑，指出其试图通过对康德哲学和《资本论》的重新解读，重铸反资本主义的抵抗逻辑。然而，柄谷行人对批判概念的理解依赖于康德的视差概念，否定马克思的劳动价值论，因而是有缺陷的。在资本主义社会，资产阶级与工人阶级的关系主要是由他们在资本和权力占有中的非对称地位，而不是由他们的抽象市场地位决定的，《资本论》不可能提供一种消费者抵抗的政治逻辑，离开了生产方式的变革也不可能真正地消灭资本主义体系。在这个意义上，柄谷行人的理论是一种选择性的视差。④

二　人的价值与自由问题

在人的价值与自由问题方面，学者们主要围绕“人的全面发展”与“劳动与自由”这两个核心问题展开。在前一个维度讨论了哲学超越宗教的“自我异化”、人道主义的道德基本原则、历史唯物主义的人论、政治美学与人学重构等问题；在后一个维度讨论了现代自由的困境与出路、劳动是自我实现还是自我束缚，以及马克思的休闲理论等问题。

关于哲学和宗教的关系，孙正聿指出，宗教的本质是人在“神圣形象”中的

---

① 杨松：《马克思主义伦理观是相对主义吗?》，《哲学研究》2017 年第 3 期。

② 杨荣：《马克思道德哲学的三维证成》，《道德与文明》2017 年第 1 期。

③ 王健：《伊格尔顿：意识形态的伦理维度》，《道德与文明》2017 年第 1 期。

④ 汪行福：《视差之下的批判与政治——对柄谷行人另类反抗逻辑的解释与批评》，《哲学研究》2017 年第 6 期。

“自我异化”。宗教的“神圣形象”是规范人的思想和行为的“本体”，对宗教的“虔诚信仰”是通过确立、信仰和内化“神圣形象”而实现的。人创造宗教，是为了从宗教的“神圣形象”中获得存在的神圣意义；然而，只有从“神圣形象”中才能获得的存在的意义，只能是人在宗教中的“自我异化”。在此基础上，揭露人在“非神圣形象”中的“自我异化”，以新的哲学理念引领人类文明形态的变革，是哲学作为“文明的活的灵魂”的生命力之所在。①

人的价值与自由作为一个永恒的论题，在不同时期的讨论都形成重要的理论成果。学者们试图通过分析这些时代性的成果，为新时代回应这一重要问题提供借鉴。周谨平认为，人道主义作为一种道德原则，是关于人类主体性的认识，它倡导对人性的尊重与弘扬，强调人的独立自主，是现代道德与传统道德的分野。对现世的关怀成为现代道德文明的核心价值与基本向度。人道主义与集体主义都把人的存在与发展作为自己的核心话语，拥有相似的价值理念，两者之间建立了紧密的内在关联。人道主义是“以人为本”治国理政理念的全面体现和价值导向，阐释了“以人为本”的价值内涵与价值坐标。②

赵锦英、刘森林指出，浪漫主义对功利主义、享乐主义、原子主义和异化现象的批判，对抽象、逻辑世界的拒斥，以及对自由个性和全面发展的推崇与追求，虽然提出了自己的批评，但没有找到根本的解决之道。而历史唯物主义吸收了浪漫主义现代性批评的积极方面，在理论上超越了浪漫主义，并找到了解决问题的历史道路。从浪漫主义到历史唯物主义，现代性批判的人类学视角发生了一个根本性的转变。③

张盾认为，未来美学的重大转向是从文艺美学转向政治美学，从而实现更深层的美学反思。柏拉图的政治哲学通过最美人性去反思“存在本身的完美性”，并以此将政治哲学变成了政治美学。马克思把“在自由联合中全面发展的自由个性”当作人的更高存在的概念，把现代政治哲学重新带入了对最美人性的思考。但马克思对人的思考采取了与柏拉图不同的路线，即不是悬搁现实的人去直接呈现人性之美的概念，而是通过对现实的人的反思性规定去超越现实性。④

林福山提出，在近代以来盛行主客二分的哲学体系当中，主体性的规范通常被认为是实现自由的障碍。黑格尔的客观唯心主义体系打破了这一传统，他的绝对精神融主客于一体，人不能脱离社会整体去获得个体的自由。马克思发扬了黑格尔的主体性因素，但他的主客体统一不是在精神层面实现的，而是在劳动实践中实现的。马克思将黑格尔的精神实体改造为实践主体，生产者是现实社会价值的创造者，同时也应该成为价值的享用者，社会制度的设计应该有利于超验的自由照进现实世界。马克思认

① 孙正聿：《超越人在宗教中的“自我异化”》，《哲学研究》2017 年第 9 期。
② 周谨平：《论人道主义作为道德基本原则的合理性》，《道德与文明》2017 年第 2 期。
③ 赵锦英、刘森林：《现代性批判：从浪漫主义人论到历史唯物主义人论》，《现代哲学》2017 年第 2 期。
④ 张盾：《政治美学与马克思的人学重构》，《哲学研究》2017 年第 2 期。

为发挥人的主体意志改造客观世界能够获得自由，但反对用施蒂纳式的主观个体化的眼光来看待现实性的自由。①

任劭婷指出，“贱民”这一概念不仅是理解黑格尔政治思想的关键，而且还是连接黑格尔与马克思的重要理论桥梁。黑格尔通过“贱民”概念揭示出现代社会中的个体处境：不考虑财产因素的自由只不过是空洞的抽象，被绝对地排除在财产之外也就意味着失去了自由的根基。而这种处境正是后来马克思着力阐明的“无产阶级”的社会境况。由此作为切入点，马克思和黑格尔的对话才真正具有了内在的有效性，即反映了处于现代社会政治与经济深刻勾连的共同背景下，马克思和黑格尔对于社会平等与自由状况的不同诊断。②

王晓升、黄继红认为，马克思的劳动包含人的自我实现的维度和满足人的需求的维度。资本主义私有制导致了劳动的异化，使劳动变成了只是满足人的需求的劳动。只有消除私有制、消除异化劳动，劳动才有可能成为人的自我实现的活动。鲍德里亚认为，在发达资本主义社会，虽然资本不再剥削劳动，人甚至在一定程度上自觉自愿地劳动，但是这种劳动仍然不是自我实现的劳动，因为劳动是按照结构价值规律来进行的。资本系统利用结构价值控制了人，劳动甚至变成束缚人的一种手段。③

宁全荣指出，马克思休闲理论以自由时间的合理利用为基础，阐明了休闲的两种功能，即娱乐与休息、自由活动与人的发展，其终极旨归是实现人的自由而全面的发展。马克思主义反对将休闲与劳动对立起来，将自由时间视为非劳动时间，将休闲等同于享乐；而是主张休闲是对自由时间的合理运用，打破分工对于人的固化限制，探索人的发展之全面的可能性。④

三　正义观与分配理论

在正义观与分配理论方面，学者们讨论的焦点仍然是关于马克思是否赞成正义的“塔克尔—伍德命题”，但更多的学者已经发现原来那种非此即彼的争论模式只能归结于自说自话的喧闹，开始寻求更高意义上的融通与统摄。如刘琼豪的《马克思双重正义理论的互补性分析》就从马克思的双重历史任务和双重理论构建出发，把数十年来争论不休的“塔克尔—伍德命题”统归入历史唯物主义旗下；马拥军的《历史唯物主义的“实证”性质与马克思的正义观念》同样认为马克思的“正义”首先

① 林福山：《马克思实践思想对主观自由和客观自由的扬弃》，《现代哲学》2017 年第 2 期。

② 任劭婷：《从黑格尔“贱民”到马克思“无产阶级”的逻辑变革——现代自由的困境与出路》，《哲学动态》2017 年第 3 期。

③ 王晓升、黄继红：《劳动：人的自我实现还是自我束缚？——兼评鲍德里亚对劳动概念的理解》，《现代哲学》2017 年第 3 期。

④ 宁全荣：《马克思休闲理论及其当代价值》，《哲学动态》2017 年第 6 期。

是某种事实，然后才是某种观念，只有在当时符合历史情境的正义，而没有永远不变的正义；其他学者也从法权、自我所有权、民生正义等不同的视角对正义与分配的问题展开了讨论。

徐斌、巩永丹反思了“马克思是否赞成正义”这一经典问题。他们认为马克思一方面对资本主义剥削发起冷嘲热讽的正义批判，另一方面又不可避免地对资本主义的历史正当性给予肯定。在历史唯物主义的视域中，正义在历史的旋流中不断开显与实现，资本主义是暂时的历史正当性和剥削事实既定的非正义性的统一。①

刘琼豪认为，在马克思正义思想中可以得出马克思认为“资本主义是非正义的”和“资本主义是正义的”双重结论，这看起来是个“悖论”，但如果从马克思的双重历史任务和双重理论构建出发，即立足于人类解放问题的人类学哲学构建和立足于劳动者生存解放问题的经济学哲学构建，则前者是对人和人类世界的宏观整体发展要求的把握，是广义正义理论；后者则是对资本主义社会内部微观的经济利益机制的把握，是狭义正义理论。马克思互根互张的双重正义理论不仅对当今世界历史的宏—微发展有着规范性的意义，而且对正确处理按劳动效能分配与按劳动力度分配也有着借鉴意义。②

马拥军指出，事实（判断）与价值（判断）或实证与规范的分歧对马克思来说是一个假问题，因为这种分歧本来就不是凝固不变的而是历史的分析，二者统一于现实、实在或真实。对马克思来说，正义作为一种历史现象，首先是某种“事实”，其次才是某种“观念”。把马克思的正义观念视为超历史的价值判断，必然会陷入“自然主义的历史观”。正义与非正义的划分标准是历史地形成的从而也必然被历史地超越，事实与价值的二元对立统一于特定的历史情境，这正是历史唯物主义的具体表现形式。③

在讨论正义与分配的问题时，学者们还十分重视用比较的视野来把握马克思正义理论的历史定位和独特价值。倪寿鹏认为，马克思和罗尔斯都致力于消除现代资本主义社会的病状，但在具体方案上各有不同。从历史唯物主义的视角看，罗尔斯的正义论注重发挥政治和法律上层建筑的能动作用，马克思的社会发展理论则有助于明确其经济基础方面的条件和限度。建设中国特色社会主义应充分汲取从马克思到罗尔斯的理论资源，一手抓民主法治，一手抓市场经济，实现国家和市民社会之间的良性互动，才能建成自由平等的社会主义社会。④

牛绍娜认为，诺奇克与罗尔斯正义观争论的焦点在于如何看待平等，具体表现在

① 徐斌、巩永丹：《从马克思的正义批判看资本主义的二重性——基于对“塔克尔—伍德命题”的反思》，《现代哲学》2017 年第 1 期。

② 刘琼豪：《马克思双重正义理论的互补性分析》，《道德与文明》2017 年第 4 期。

③ 马拥军：《历史唯物主义的“实证”性质与马克思的正义观念》，《哲学研究》2017 年第 6 期。

④ 倪寿鹏：《正义的多面孔：马克思与罗尔斯》，《哲学研究》2017 年第 8 期。

正义基石（权利 VS 公正）、政府角色（最低限度国家 VS 多功能国家）、分配正义（资格理论 VS 背景制度）三个方面。结合中国传统的群体价值取向和大同理想以及马克思主义平等观等思想渊源，人们可以借鉴“最大最小值”原则，从尊重公民基本权利，平等优先于善；合理把握市场机制与国家调控之张力，发挥政府职能；正确处理效率与公平之关系，缩小贫富差距；建立健全社会扶贫体系，增进百姓福祉等路径，构建中国特色社会主义正义观，真正实现社会主义的公平正义。①

由田注意到，艾伦·布坎南在《马克思与正义》一书中认为，黑格尔的正义观是以市民社会为基础的法权意义上的正义观，其前提是私有制，因而马克思设想的共产主义社会不存在“正义”问题。而实际上，共产主义社会虽然不包含法权意义上的正义观，却并非没有正义问题。在非法权的意义上，“符合社会性的人”是马克思正义观的基本规定。②

林进平指出，柯亨认为马克思主义者必须拒斥自我所有权原则，乃至拒斥自我所有权观念，但马克思主义对剥削的批判却隐含了对自我所有权的认可，马克思构想的共产主义也依然未能告别自我所有权。而事实上，这是柯亨对马克思主义的误判和理论失察。他的误判和失察与其自我所有权（self-ownership）概念存在事实与法权的混用、论证上存在循环论证和“先入为主”的理论缺陷有关。柯亨这种拒斥自我所有权的正义并不适用于社会主义，特别是不适用于当下中国。③

还有部分学者对民生正义这一概念进行了探究。王强认为，民生正义的现代生发始于贫困成为社会普遍问题而进入政治法权与社会治理领域，使得民生从“前政治”的纯粹经济问题转变为政治正义问题。民生的“正义性”从社会、国家、民众的自然需要转变为政治需要，民生正义的基础也从自我所有权转变为公民的社会应得。民生正义源于市民社会但不能局限于经济领域，民生福利的私人化、利益化成为社会正义问题的症结。民生正义的“再政治化”并不意味着对分配正义的摒弃，民生正义要终结的是以个体化需要为基础的分配，分配正义要回溯到生产劳动的正义以及共同性需要（共享）的基础上来。④

四　中国化的马克思主义伦理道德建设

在中国化的马克思主义伦理道德建设方面，学者们从毛泽东、李达的伦理道德思想，到中国社会的性质与变迁，生动描绘了马克思主义伦理学中国化的发展历程，并

① 牛绍娜：《什么是真正的社会正义——从诺奇克与罗尔斯之争谈起》，《伦理学研究》2017 年第 3 期。

② 由田：《马克思的共产主义非法权正义观——兼评艾伦·布坎南对马克思正义思想的误解》，《道德与文明》2017 年第 6 期。

③ 林进平：《柯亨在指证马克思主义持有自我所有权观上的理论失察》，《哲学研究》2017 年第 1 期。

④ 王强：《民生正义论——对现代社会正义逻辑的反思》，《哲学研究》2017 年第 12 期。

深刻剖析了新时代中国社会的伦理形态与道德范式、中国特色伦理学话语体系建构、社会主义核心价值观与道德规范体系、精神文明建设的基本理路、“共同价值”与“中国价值”等问题。

在马克思主义伦理学中国化的过程中，产生了众多具有鲜明的时代特色的伦理思想。钱广荣认为，毛泽东伦理思想在中国革命进程中形成和发展，具备体现中国道德国情、传承中国传统伦理共同体精神、反对各种“中国式”旧道德和培育革命新道德的中国特色，同时展现了独特的阐述方法。认识和把握毛泽东伦理思想的中国特色与方法选择的内在品质，有助于在新的历史条件下继续推进马克思主义伦理思想中国化，创新和发展中国特色社会主义的道德哲学和伦理思想，培育中国道德文化自信。①

任向阳、李斯指出，李达在深刻剖析社会现实的基础上致力于探索“道德革命”的历史问题。首先是对国际国内道德现状的考察，其次是对马克思主义道德思想的借鉴，再次是对传统道德思想的批判与继承，最后是批判地继承西方各派道德思想。李达不仅运用马克思主义基本原理分析了道德的来源、特点、本质以及道德与法律的关系，而且用自己的实践推动了马克思主义道德思想中国化，为当前中国特色社会主义道德建设、实现中华民族伟大复兴提供了有益的借鉴。②

针对中国目前处于社会转型时期的复杂情况，伦理学人着重思考如何建立当代中国特色伦理学，为这一时期的政治、经济、文化发展提供价值目标和根本原则。吴晓明指出，为正确理解当代中国诸上层建筑领域——法、政治、道德——建设的任务和目标，必须首先从社会现实的观点去把握中国社会的特定性质和时代变迁。近代西方“市民社会”以原子式的个人（由1000多年的基督教统治所造成）为前提；与此不同，迄今为止的中国社会乃是区别于“市民社会”的“伦理社会”，而且其现代变迁并不趋向于造就原子式的个人一途，因而并不归结为与政治国家相分离的市民社会。因此，“原子个人是理解中国社会的钥匙”的说法是不正确的，中国社会转型的可能性正在于它成为市民社会的不可能性。唯有立足于社会现实的观点，才能真正把握中国社会的实质与变迁，才能正确揭示其上层领域建设的现实基础与客观定向。③

邹平林认为，家庭、家族、自然村落等传统伦理实体分化或瓦解，不同社会阶层和社会群体存在较大差异且处于进一步分化之中，是当前中国社会转型时期总体的伦理状况。在当下，传统道德、革命道德、社会主义道德以及现代规则主义道德等不同的道德范式并存，彼此冲突而又相互融合。从总体上把握当前中国社会的伦理形态，从不同的道德范式的冲突与融合中，寻绎出伦理道德未来演进的主导性方向，是当前

① 钱广荣：《毛泽东伦理思想的中国特色与方法选择——基于马克思主义伦理思想中国化逻辑起点与进程》，《伦理学研究》2017年第5期。

② 任向阳、李斯：《道德革命：李达与马克思主义道德思想中国化》，《伦理学研究》2017年第2期。

③ 吴晓明：《从社会现实的观点把握中国社会的性质与变迁》，《哲学研究》2017年第10期。

道德治理和道德建设的前提性工作。①

陈泽环、谢伏华提出，当代中国特色伦理学的使命是建设有利于实现中华民族伟大复兴中国梦的伦理秩序。按照习近平总书记在哲学社会科学工作座谈会上的重要讲话精神，一个重要方面就是要坚持以马克思主义为指导，融通马克思主义伦理学、中华优秀传统伦理学和国外伦理学积极成果三种资源，构建当代中国特色伦理学的话语体系。在充分提高其影响力和话语权的过程中，当代中国伦理学工作者本身必须有自觉和强烈的“文化自信”与“道德自信”。②

学者们还分析了建立社会主义道德规范体系和进行社会主义精神文明建设的必要性。李建华指出，社会主义道德规范体系是马克思主义道德思想的具体化，为社会主义核心价值观提供了道德合理性。一方面，社会主义道德规范体系内含着社会主义核心价值观的道德要求；另一方面，社会主义道德规范体系为核心价值观认同铺筑了基础。在当下，道德规范体系的调整应以“人道主义”和“集体主义”为根本原则，以“发展、公正、共享、和谐”为核心理念，以“爱国、敬业、诚信、友善”为基本规范，以“职业道德、社会公德、家庭美德、个人品德”为特殊道德要求。③

王岩认为，在全面建成小康社会阶段，公民素养是精神文明的逻辑前提，伦理道德是其核心内涵，法治精神是其实践诉求，意识形态是其政治保证，日常生活理念是其基础层次，红色文化是其动力支持，家风家训是其主要载体，语言文明是其直接表现。社会主义精神文明若要发挥更大的威力，增强实效性，需要坚持以下原则：坚持以人为本，实现好、维护好、发展好最广大人民的根本利益；实现物质文明与精神文明更高水平的辩证统一和动态平衡；弘扬时代精神，创新内容方法，增强社会主义精神文明建设的活力；传承中华文脉，弘扬中国精神，推动中华文化走向现代化。④

关于如何理解中国特色的伦理价值与人类普遍价值的关系，叶险明认为，“共同价值”是“人类命运共同体”的价值，具有“文化规范”和“文化取向”的双重规定，它超越了意识形态的对立以及普遍主义与特殊主义的对立。与之相对应的“中国价值”，是中华民族在价值认同方面的最大公约数，是趋向于世界文明发展的价值。一方面，“共同价值”规定了“中国价值”总的发展空间，并在整体上决定了“中国价值”的建设方式。另一方面，“中国价值”又会作用和影响“共同价值”。⑤

---

① 邹平林：《论当前中国社会转型时期的伦理形态与道德范式》，《伦理学研究》2017 年第 4 期。
② 陈泽环、谢伏华：《论中国特色伦理学话语体系的构建》，《伦理学研究》2017 年第 1 期。
③ 李建华：《社会主义核心价值观与道德规范体系之关系》，《道德与文明》2017 年第 2 期。
④ 王岩：《新时代我国精神文明建设的基本理路研究》，《道德与文明》2017 年第 6 期。
⑤ 叶险明：《“共同价值”与“中国价值”关系辨析》，《哲学研究》2017 年第 6 期。

五　当代中国道德建设具体性研究

在当代中国道德建设具体性研究方面，学者们讨论的问题可谓精彩纷呈、包罗万象，有生态伦理观、公民伦理、为政之德思想、乡村家庭伦理、文化艺术伦理、共享伦理，等等，充分体现了伦理学根植于现实生活需要的特征，也展示了伦理学人对现实问题的关怀。

彭继红、刘涵发掘了马克思伦理思想中对于解决当下生态问题具有借鉴意义的资源。有机马克思主义的生态伦理观发轫于对现实生态问题的回应和对传统生态理论的反思。其主要内容有为了共同福祉，肯定人与自然的整体价值，人对自然负有道德义务；有机的生态思维，关注人与自然的相互作用；关注阶级问题，呼吁解决阶级不平等问题，促使优势阶级担负解决生态问题的责任；长远的整体视野，着眼人与自然的发展走向。它的价值在于超越人类中心主义和非人类中心主义，倡导人与人之间以及人与自然之间建立生命共同体，为破解当前生态问题提供了新的方法，为正确处理人与自然关系提供了新的生态道德伦理范式。①

在公民道德建设方面，学者们有许多丰富的论述。章忠民、王树人认为，从黑格尔的“道德—伦理”思想中反观当前中国公民道德建设中的阙如，可以提醒人们警惕主观与客观、个人与集体、伦理与法律之间的三重断裂，特别是从道德与伦理的既现实区分又有机统一之中，找准市场经济条件下推进公民道德建设的逻辑理路与现实路径。当前存在几种集中的道德文化乱象：一是道德水准的“滑坡”，二是道德意识与道德实践的背离，三是道德教育与社会现实之间的矛盾冲突。要想解决这些道德问题，既要注重继承发扬中国优秀的伦理道德传统，又要善于学习吸收国外先进的伦理道德建设理念；还应注重公民道德品格培育中自律与他律、私德与公德的结合统一；应以家庭教育为出发点、学校教育为基础、国家伦理建设为主导，家庭、学校与国家既各司其职又三位一体，最终统一于国家。道德乱象既是危机，也是转机，要抓住中国道德转型这一历史机遇，推进公民道德整体性建构，保障经济健康有序发展，提升全社会的精神文明水平。②

李安增分析了领导干部的从政道德。领导干部为政之德思想主要来源于马克思主义的政德思想、中国传统文化中的为政之德思想以及世界发达国家的为政之德思想，并在实践中形成了具有中国特色的为政之德思想。在新的历史时期，加强领导干部为政之德建设要建立统一的政德规范体系，加强领导干部自身修养，完善干部政德考核

① 彭继红、刘涵：《论有机马克思主义的生态伦理观》，《伦理学研究》2017 年第 4 期。

② 章忠民、王树人：《从黑格尔法哲学视角看当代市场经济条件下公民道德建设》，《伦理学研究》2017 年第 1 期。

制度，明确德才兼备的选拔标准。①

学者们还十分关注社会转型期间，伦理道德如何适应变化的社会现实的问题。周小毛、何绍辉指出，从传统熟人社会向现代陌生人社会的转型是社会发展的必然趋势，当下中国社会中的许多道德困境从某种程度上而言是陌生人社会发展不足，尤其是生人伦理建构不足的客观表现。传统社会的交往基础是熟人伦理，儒家“五伦”中唯独没有生人伦理，而恰恰生人伦理是陌生人社会良性运行的现实基础。生人伦理与熟人伦理的区别首先体现在主体身份的差别，其次是二者的规范要求不同，生人之间的要求比较低，只要求“勿损他人”就是有德之人，而熟人之间则往往要求“帮助他人”。生人伦理与熟人伦理并非完全相悖、不可共存，构建生人伦理也可以借助熟人伦理的力量。以奉献为核心的雷锋精神，是重塑陌生人社会信任的正能量，更是陌生人社会道德建设的起点和选择。加强陌生人社会道德建设，要大力宣传和弘扬雷锋精神，以匡正道德失范、修复社会断裂、弥合社会裂痕、平衡社会心理与促进社会和谐。②

高永强认为，社会主义核心价值观的大众认同受到内在因素和外在因素的双重制约，需要实现两个转化：一是认同客体的抽象性向大众性、通俗性转化；二是认同主体的自发性、被动性向自觉性、主动性转化。家训家风因其与核心价值观的同源共生性和相融性，同时因其传承方式和教化功能的日常化和潜默性，其在核心价值观大众认同实现过程中能够发挥转化器和推进器的作用。③

学者们也讨论了伦理道德转型的现实过程和具体推行实践。高汝伟、殷有敢强调，精神文明建设在基本目标、核心价值、根本原则等理想导向方面与红色文化旗帜精神一脉相承。传承和弘扬红色文化旗帜精神，有利于精神文明建设坚持正确方向和道路，强化意识形态标识，坚定道德理想信念，增进政治认同，培植精神家园等。精神文明建设应立足于意识形态战略高度，发挥红色文化基地的功能，注重创建活动的规律性、群众性和过程性，促进文明创建活动层次和水平的整体提升。④

在乡村家庭伦理和道德建设方面，学者们也提出了众多新的论述。李桂梅、郑自立认为，当代中国乡村社会无论是在政治、经济还是在文化、教育等方面都发生了一系列持续深刻的变化，引发了乡村家庭伦理的诸多变迁，包括家庭伦理观念由“简单化一”向“多元共存”转变，家庭伦理关系由“政治本位”向“经济本位”转变，家庭伦理责任由“严格责任”向“宽容责任”转变，家庭道德调控由“行政调控”向“德法兼控”转变，等等。该文对中国乡村家庭伦理变迁的轨迹和其中的问

① 李安增：《领导干部为政之德思想探析》，《道德与文明》2017 年第 2 期。
② 周小毛、何绍辉：《陌生人社会中的道德建设：兼论雷锋精神》，《伦理学研究》2017 年第 4 期。
③ 高永强：《论家训家风在社会主义核心价值观大众认同机制中的作用》，《道德与文明》2017 年第 5 期。
④ 高汝伟、殷有敢：《红色文化旗帜精神与精神文明建设》，《道德与文明》2017 年第 6 期。

题进行了梳理和深入剖析，探究了引发这种变迁的深层社会原因。①

基于对乡村伦理的深入研究，王露璐总结道，在改革开放以来的中国乡村城市化进程中，一方面，追求自我增殖最大化的资本逻辑成为推动乡村经济社会发展的强大力量，并日渐获得其在现代乡村社会的宰制性地位；另一方面，资本逻辑不断实现对传统乡村生产与生活空间的“资本化”扩张，并由此加速了村落“终结”的进程。村落终结并不单纯是一种地理意义上的村落减少，而在于村落所体现的生产方式、生活方式、伦理共识、文化心理和行为模式的“终结”。在乡村工业化、市场化和城市化的进程中，应当通过对资本逻辑有效的伦理规约，既维持其在乡村经济社会发展中的动力作用，又为资本的空间扩张框定必要的伦理边界，从而实现村落的“重生”。②

张静分析了当下中国农村养老保障问题的道德权利现状，指出存在的两个突出问题：一是农村老人享受权利与机会的非均等化，二是养老保障机制存在显著区别。该文从确立农村养老保险的核心道德理念以及凸显以人为本的孝道原则建设两个方面探讨中国农村养老保障问题的道德解决路径。前者归纳为老有所养、老有所乐、老有所为的老年人道德权利，后者则应从建立健全和社会主义荣辱观对应的道德调控与建立和社会主义法制相匹配的道德权利评估两点入手。当然，要想真正化解中国农村养老保障的道德权利问题，不仅需要理论上的论证，更应从实践层面去探索与践行。③

学者们还对作为伦理道德变革的现实基础和根本依据的经济生活进行了深入的剖析。傅鹤鸣指出，当代中国社会主义道德文化建设的现实根据不是道德观念的革新，而是道德生活世界的建造。没有个人在市场意义上的经济解放，就不可能有个人在道德意义上的自我解放。而个人的经济解放必须获得具有中国特色的、确定的、明晰的现代产权，这是为当代中国社会主义道德文化的经济向度进行伦理辩护的逻辑起点。产权是一个复合概念，涉及政治学、经济学、法学等许多领域，在私有产权保护方面，西方国家经历了“从绝对保护到相对保护”的发展历程，中国走的则是“从绝对不保护到相对保护”的道路。最后，“效率优先，兼顾公平”应属现阶段当代中国社会主义道德文化经济向度中的分配正义。④

姜正君、邹智贤指出，当代中国大众文化商品化、世俗化、生活化和符号化的表象之下，蕴含着文化商品化的资本逻辑悖论、精神世俗化的物化逻辑悖论、审美生活化的快感逻辑悖论和消费符号化的消费逻辑悖论的深层本质。必须加强对大众文化的政治价值、科学价值、道德价值、审美价值、生态价值的全方位引领。具体路径包括：一是高位吸引，提升文化品位；二是底线阻击，阻塞下滑通道；三是化人诉求，

---

① 李桂梅、郑自立：《当代中国乡村家庭伦理的变迁》，《伦理学研究》2017 年第 6 期。

② 王露璐：《资本的扩张与村落的“终结”——中国乡村城市化进程中的资本逻辑及其伦理反思》，《道德与文明》2017 年第 5 期。

③ 张静：《道德权利与中国农村养老保障问题研究》，《伦理学研究》2017 年第 1 期。

④ 傅鹤鸣：《当代中国社会主义道德文化经济向度的伦理辩护》，《伦理学研究》2017 年第 3 期。

彰显教化功能；四是“情感”疏导，开辟认同新径；五是“立体”渗透，确保落地生根。①

彭柏林指出，共享伦理是建立在社会主义经济基础之上的、突出人民主体地位的伦理价值体系，是以为人民服务为核心的社会主义伦理价值体系的一种更为清晰、更富有时代内涵和更具有可操作性的表达。共享伦理的基本要求有三个：一是人民利益至上，这是最根本的要求；二是尊重人民的主体性；三是维护社会公平正义。在志愿服务领域，人民利益至上体现为社会公益至上；尊重人民主体性体现在尊重人们参与志愿服务的自觉自愿和维护志愿服务对象的尊严这两个方面；维护社会公平正义体现在对弱势群体的慈善救助和伦理关怀上。②

还有部分学者关注教育和文化领域的重要伦理议题。赵保全、罗承选认为，大学精神是以至善为特征的伦理精神，是伦理实体与道德主体的统一，是大学道德理想和道德现实的综合体，不仅反映着大学的伦理关系和伦理秩序，而且规定着大学人的道德信念和道德行为。发挥大学精神的能动作用，一方面能够推动大学参与塑造社会伦理实体，形成更加民主自由的社会伦理关系和稳定和谐的社会伦理秩序；另一方面能够更好地发挥大学的道德教育功能，践行社会主义核心价值观，进一步提升公民的道德素养和道德行为，培育社会道德主体。③

顾超、梁江歌指出，动画片作为人类艺术活动的重要组成部分，应当承载一定的伦理价值观念，但现实中确实存在大量的动画片伦理的缺失。研究动画片伦理评价的基本准则，提出建构当代中国动画片伦理评价的基本路径，有助于引领和约束动画片市场理性而和谐地发展，启发、教育和引导受众群体践行社会主义核心价值观，增强中国文化软实力和国际竞争力。动画片伦理评价的基本依据有两个方面：一是整个社会的发展对动画片提出的时代要求，二是广大人民群众或者说受众群体对动画片的精神需要。因此，动画片伦理评价应该有三个标准，一是生动活泼与道德性的统一，二是艺术性与思想性的统一，三是民族性与世界性（现代性）的统一。从实践路径上，可以提出对动画产业价值牵引的伦理标准；加强动画片创作的内容素质与道德自律；制定合理的动画法律、制度、政策，加强动画片立体化的监督治理体系。④

六　书籍出版、评论与学术会议

在书籍出版、评论与学术会议方面，2017 年出版的两本伦理学著作和另外两篇

① 姜正君、邹智贤：《当代中国大众文化的逻辑悖论与价值引领》，《伦理学研究》2017 年第 4 期。

② 彭柏林：《共享伦理的基本要求及其在志愿服务领域的体现》，《伦理学研究》2017 年第 4 期。

③ 赵保全、罗承选：《大学精神的伦理形态及其参与社会道德治理路径研究》，《伦理学研究》2017 年第 1 期。

④ 顾超、梁江歌：《论当代动画片的伦理评价》，《伦理学研究》2017 年第 6 期。

书评，以及4场学术会议（其中2场举办于2016年末，但成果发表于2017年），这些都是伦理学界的年度盛事。

唐凯麟教授主编的《伦理学》（安徽文艺出版社2017年版）是在他主编的《伦理学》（高等教育出版社2000年版）基础上修订而成的。该书是唐凯麟教授对自己从事伦理学教学、科研工作50多年来的一个重要总结，凝聚了唐凯麟教授对伦理学学科架构、知识体系和对当代现实生活中一些重大伦理学理论问题和实践问题的深度思考和回应。该书以马克思主义理论为指导原则，从社会道德论、个体道德论、道德规范论、道德建设论四个方面，诠释了具有中国特色、中国风格、中国气派的现代伦理学理论。①

唐凯麟教授与王泽应教授合著的《中国现当代伦理思潮》（安徽文艺出版社2017年版）是在《20世纪中国伦理思潮》（高等教育出版社1996年版）基础上修订而成的。该书以马克思主义理论为指导，从宏观总体与微观具体相结合的角度出发，采用史论结合、史思并重的方法，对现当代中国自由主义西化派、现代新儒家与马克思主义三大伦理思潮的历史演变、核心思想进行了系统阐释和深刻反思，并在修订版中，对当代中国马克思伦理思想的最新发展状态作出了较为全面的介绍与阐释，历史性地展现了现当代中国伦理思潮的整体风貌。该书丰富并拓展了现当代中国伦理思想的研究，为构建中国特色现代伦理学体系进行了有意义的探索。②

田海舰评论了河北大学黄云明教授的《马克思劳动伦理思想的哲学研究》（人民出版社2015年版）一书，认为该书从哲学高度特别是劳动哲学视角对马克思劳动伦理思想进行了深入探索和系统阐释，其创新之处主要体现在三个方面。其一，该著认为，马克思的哲学不同于或超越传统哲学的地方在于以劳动为核心范畴。其二，内容的系统性。其三，价值的现实性。③

赵剑英评论了《思语迹：李铁映自选集》，认为该书反映了李铁映同志在不同的工作岗位上，对中国特色社会主义实践和理论进行探索的思想历程。文章认为，李铁映同志的思考紧扣中国共产党领导的中国特色社会主义实践和实现中华民族伟大复兴的主题，具有强烈的民族自主意识、时代意识、问题意识。作为党和国家重要领导人，其实践和理论的双重探索成果已汇聚到中国共产党发展21世纪马克思主义的创新洪流之中。④

2016年11月5—6日，《哲学动态》编辑部与中国人民大学哲学院联合主办了第

---

① 《当代学术名家精品典藏系列之〈中国现当代伦理思潮〉》，《伦理学研究》2017年第4期。

② 《当代学术名家精品典藏系列之〈中国现当代伦理思潮〉》，《伦理学研究》2017年第4期。

③ 田海舰：《马克思劳动伦理思想研究的哲学视角新探——读〈马克思劳动伦理思想的哲学研究〉》，《道德与文明》2017年第3期。

④ 赵剑英：《在实践与理论的双重探索中推进理论创新——读〈思语迹：李铁映自选集〉》，《哲学动态》2017年第9期。

三届全国青年哲学对话会，20 余位青年学者围绕“马克思与启蒙问题”，就“马克思对启蒙思潮的继承和创造性转换”“启蒙思潮的三条路径及其对马克思的影响”“启蒙对当代中国发展的思想和现实意义”等话题展开了一场思想对话。与会学者基于不同视角切入问题，或正面阐释，或反面论辩；或凝神深思，或慷慨陈词。现场气氛热烈，思想碰撞频频。尤为可贵的是，讨论始终贯穿着对中国问题和中国未来的深度关切。透过这一关切，展现出新一代学者的思想自觉和对国家民族命运的使命担当。探析马克思如何在变化了的时代开辟出反思启蒙的新路径，从而构建一种唯物史观视域下的启蒙范式，这对于推进中国哲学的未来发展，具有重要意义。①

2016 年 12 月 3—4 日，中国伦理学大会在山西运城召开。此次大会以“伦理学与当代社会核心价值”为主题，由中国伦理学会，运城市委、市政府，山西师范大学主办，600 多名专家学者共赴盛会。此次大会提交论文数量之多、涉及话题范围之广为历届伦理学大会之最。大会围绕以弘扬传统文化与重塑文化自信、凝聚价值共识、践行社会主义核心价值观、中国伦理学体系建构等问题为主线进行。②

2017 年 5 月 26—27 日，由湖南、江苏、广东和山东四省伦理学会共同主办，湖南师范大学道德文化研究中心、中国特色社会主义道德文化协同创新中心、社会主义核心价值观研究院、共享思想研究中心承办的“人类命运共同体与道德责任”学术研讨会暨湘苏粤鲁伦理学年会在湖南长沙召开。来自四省的 140 余位伦理学专家学者和研究生参加会议。与会人员围绕“人类命运共同体与道德责任”这一主题展开了热烈而深入的研讨，认为树立人类命运共同体意识和强化维护人类命运共同体的道德责任感是当代人类应该高度重视的重大伦理问题，也是中国伦理学界应该重点研究的一个重要领域。③

2017 年 7 月 14—17 日，“文化发展、正义与责任”国际学术研讨会在湖南长沙举行。此次会议由美国价值与哲学研究理事会（Council for Research in Values and Philosophy，RVP）、教育部人文社会科学重点研究基地湖南师范大学道德文化研究中心、湖南师范大学社会主义核心价值观研究院、湖南师范大学共享思想研究中心、湖南师范大学道德文化研究院联合主办，来自美国、澳大利亚、加拿大、荷兰、罗马尼亚、泰国、印度尼西亚等国的 10 位外宾及湖南师范大学、中国社会科学院、浙江大学、华中科技大学、华南师范大学、南京师范大学、湖北大学、中南财经政法大学等高校和科研机构的 60 余位专家学者、青年才俊齐聚一堂，围绕“文化发展、正义与

① 青年哲学对话会部分成员：《马克思与启蒙问题：当代视野与中国语境》，《哲学动态》2017 年第 1 期。

② 王晓路、柴艳萍：《伦理学与当代社会价值——2016 中国伦理学大会综述》，《道德与文明》2017 年第 2 期。

③ 朱平：《“人类命运共同体与道德责任”学术研讨会暨湘苏粤鲁伦理学年会》，《伦理学研究》2017 年第 4 期。

责任”展开了友好、深入的交流。[1]

七 其他具有新意的研究

王南湜对康德、黑格尔和马克思哲学进行了深刻的比较分析，提出在思想对客观性的态度问题上，最为实质性地显示出了康德、黑格尔和马克思哲学的根本性差异，亦由之显示出了三种哲学在如何切中现实或切中何种现实问题上的根本性差异。就现代世界之科学、自律性道德生活与民族历史传统三项基本现实来说，康德哲学较好地说明了近代科学与自律性道德生活之现实，但它非历史地将这种存在着严重内在冲突的社会视作“自然”性的存在，而没有看到超越这一社会的可能性；黑格尔哲学虽然较好地切中了民族历史传统之现实，但也把普鲁士主导的“日耳曼世界”当作其“绝对精神”发展的终极目标；而马克思哲学综合了两者，全面地切中了这三项基本现实。正是由于这一全面切中，马克思哲学才能够不仅合理地说明了现代社会的发生发展，而且更重要的是针对其根本问题提出了超越这一社会生活方式的合理的解决方案，并对现代世界历史产生了决定性的影响。[2]

安启念针对特瑞尔·卡弗和其他一些西方学者对《德意志意识形态》的“费尔巴哈章”的误解，进行了文本内在逻辑的梳理，并认为“费尔巴哈章”已经构成了一种完整的历史观。它把物质生活资料的生产视为历史的前提与基础，用人与环境的相互作用解释自然、社会和人的协同发展。这是一种“大唯物史观”，是马克思、恩格斯真正的唯物主义历史观。[3]

李瑞艳指出，英国新左派以唯物史观为理论视域，以实现社会主义为目的诉求，以不同方法和视角对社会主义的主体建设、策略模式和实现路径等问题，进行了较为集中的探讨，形成了一种独具特色的英国社会主义思想文化，呈现一定的总体趋势和特征：一是从个体的社会主义走向集体的社会主义；二是从道德的社会主义走向科学的社会主义；三是从民族的社会主义走向国际的社会主义。他们的社会主义思想对于中国的社会主义理论与实践具有一定的参考价值和借鉴意义，对理解马克思主义哲学的当代发展有积极的意义。[4]

张秀华提出了工程存在论这一富有特色的概念，人类借助工程行动创造了自己的文化世界、属我的意义世界，并成就了人自身。然而，自为的现代工程以异化的形式

---

① 《“文化发展、正义与责任”国际学术研讨会在湖南长沙举行》，《伦理学研究》2017 年第 5 期。

② 王南湜：《思想对客观性的三种态度：康德、黑格尔与马克思——关于哲学如何切中现实的一个考察》，《哲学研究》2017 年第 7 期。

③ 安启念：《〈德意志意识形态〉“费尔巴哈章”思想的逻辑结构与马克思恩格斯的唯物史观》，《哲学动态》2017 年第 2 期。

④ 李瑞艳：《英国新左派的社会主义思想走向》，《哲学动态》2017 年第 11 期。

导致了工程人文本性的迷失。必须把“工程之问”进展到“人之问”，从效率效益优先的“工程3.0”转向伦理优先的“工程4.0”，重新让工程化生存的精神性出场，通过负责任的工程行动，去实现按照美的规律来建造的工程之“做”的理想，既成物又成人。①

① 张秀华：《“做”以成人：人之存在论问题中的工程存在论意蕴》，《哲学研究》2017年第11期。

2017年中国伦理思想史基础理论研究报告

刘甘霖

2017年，学者对中国伦理思想史这一领域的研究，成果蔚为大观。在基本问题与范畴研究方面，包括传统伦理的总论性研究、传统伦理范畴的阐释与研究、人性论问题、道德修养和实践问题、传统伦理在近现代的转化、传统伦理的当代价值和启示、中西方伦理学比较研究，以及其他富有新意的研究。

一　传统伦理的总论性研究

所谓传统伦理的总论性研究，指针对中国传统伦理思想的总体结构、时代特征、发展变化和建构等宏大命题所作的研究。

万俊人对传统美德伦理的当代境遇和意义作出了论述。在他看来，传统美德伦理在当代遭遇的挑战有五大表现：第一，现代社会的结构化转型带来的公共化趋势，动摇了传统美德伦理赖以存在的社会根基；第二，现代社会普遍平等的价值导向冲击甚至否定了美德伦理自身内含的价值等级秩序与精英主义美德理想；第三，现代社会日趋强烈的平面化、格式化、标准化需求，对传统美德伦理追求卓越的价值导向提出了挑战；第四，日趋强劲的社会分层流动、结构开放和文化反传统等趋势，使传统美德伦理的根基大大削弱；第五，社会发展的技术化伴随着对技术的依赖性越来越小，相应地，对文化的、隐性的软实力的信赖也越来越少。但是，他坚信传统美德伦理在现代社会中依然具有重要的价值，理由有三：其一，结构性转型导致现代社会缺乏足够的中层和基层的生活发展空间，因此必然要大力建构中层和基层的生活世界，在此过程中，传统美德伦理可以重获生机；其二，传统美德伦理有其不可替代的特性，只要人之为人并保持人性和人道，传统美德伦理的作用就不可替代；其三，现代社会的道德平面化呼唤道德精英和道德理想主义的引领。①

① 万俊人：《传统美德伦理的当代境遇与意义》，《南京大学学报（哲学·人文科学·社会科学）》2017年第3期。

就中国传统伦理的变迁而言，韩冬雪等基于政治统治史，认为中国传统伦理文化体系是“天人合一”的世界观、以仁为宗的价值观和成圣成贤的人生观三者的“三位一体”，它具有封闭性、循环性和稳定性的特点。但鸦片战争后，随着西方文明的传入，中国社会的超稳定结构被破坏，传统伦理文化体系走向瓦解。虽然马克思主义和自由主义对传统伦理文化的现代转向具有重要的积极作用，但二者自身异质性的因素也为新的文化体系的形成带来了挑战。① 陈乔见、王兴尚则分别就春秋时代的伦理道德结构和周秦国家伦理的变迁与重构进行了讨论。陈乔见认为，春秋时代的伦理道德结构可从三个方面来理解：其一，从天下体系看，尊礼重信是此时诸侯交往的基本伦理规范；其二，从家国的结构看，孝、忠、义是此时家国公私的核心伦理道德，具体言之即孝是宗法制的核心伦理、忠是封建制的核心伦理、义则是对两者的必要补充，体现了更多的开放性和公共性；其三，从个体美德看，智、仁、勇等是此时贵族最为推崇的道德品质，体现了道德主体的优秀和卓越。② 王兴尚从周秦的更替中发掘出不同时代的国家伦理，呈现了伦理选择对国家的重要意义。西周建立一个以天命信念、德性伦理、礼乐文明为基础的“天下体系”，但德性伦理不足以长治久安，时代需要的是适应残酷生存竞争和自然选择的霸王之国。故秦国历经古国、方国、帝国三个阶段，并辅以德性伦理、生存伦理、责任伦理的伦理选择，最终靠责任伦理致胜而称霸。③

此外，就如何建构现代中国伦理，庞俊来指出，中国传统伦理以仁爱价值观为主导，相信人性本善，形成德、得相通的社会机制，坚信善恶报应的信念，辅以“不孝有三、无后为大”的代际伦理，形成了具有中国人气质的伦理精神结构。但近代以来，在西方物质文明与道德理性的双重冲击下，这一传统伦理精神结构受到了质疑和解构，使得当下中国伦理道德事件频发。因此，要将以类人与人类学方法为核心要素的类伦理学作为中国伦理精神建构的思想路径与理论基石，重构出具有世界元素、具有普遍意义的“中国特色”的中国伦理精神。④ 与庞俊来的着眼点不同，陈继红注重“儒家德行伦理”对中国伦理形态的现代建构的重要性。她指出，儒家“德行伦理”蕴含着内外两个向度：就内在向度而言，是“在心为德”，强调行为者的道德心理是“德”之实现的内在根据，并赋予其人之为人的目的性价值；就外在向度而言，是“施之为行”，即同时强调行为规则在“德”之实现中的价值。在这个意义上，儒家德行伦理虽然兼及了西方美德伦理和规则伦理，但又是一种不同的伦理形态。因

① 韩冬雪、李浩、姜国梁：《中国传统伦理文化体系的现代转向——基于政治统治史的分析》，《东北师大学报（哲学社会科学版）》2017 年第 6 期。

② 陈乔见：《春秋时代的伦理道德结构》，《社会科学》2017 年第 5 期。

③ 王兴尚：《从“天下伦理”到“责任伦理”：周秦国家伦理变迁与重构》，《深圳大学学报（人文社会科学版）》2017 年第 3 期。

④ 庞俊来：《中国伦理精神的结构、解构与重构》，《云南社会科学》2017 年第 4 期。

此，儒家德行伦理作为一种“会通型”伦理形态的地方性资源，应积极参与创建新时代条件下的全球伦理。[①]

二 传统伦理范畴的阐释与研究

对传统伦理范畴进行阐释是中国伦理思想史研究的基本方式之一。2017 年，国内学者对公私观、义利观、德福关系进行了较多的探讨，对仁、义、忠、信、诚等德目亦有阐发，还对荣辱观、信任观、羞耻观等有所发掘。

对公私观的研究。皮迷迷对先秦时期“公”“私”内涵的转变作出了考察，他认为，先秦的“公”与“私”从最初的具体身份指称，转变为表示“公正”与“偏私”的抽象道德概念，这在先秦文献中有迹可循，日本学者沟口雄安将“公”“私”的伦理色彩归因于先秦道家“天”的观念并不准确。[②] 曹融、王俊博通过探究明末清初是否具有现代意义上的公私观念，为如何建设现代社会的公私观提供了方案，即在中国传统的“仁”德的基础上，强调尊重，使个人与他人、个人与社会有机统一起来，从而建立起区别于传统社会的人我界限分明的现代社会公私观。[③] 于建东探讨了传统儒家公私观在公权和私权方面的体现。他指出，儒家“重公抑私”的公、私权观强调公权的至上性与优先性，导致私人权利的萎缩。这种公、私权观虽然维持了传统政治生活的和谐，但其内在的逻辑矛盾阻碍了传统社会的现代化。随着市场经济与市民社会的兴起，私权崛起，法治凸显，传统儒家的公、私权观必然走向分化。[④] 王学峰则发掘了王船山义利之辨中的公私取向，认为船山“尚公崇私”论蕴含将公共利益与个人利益有机统一起来的因素，是对理学“贵义贱利”以及否定个人正当利益的批判性超越，而其公私论与义利论的结合则彰显超越道义论与功利论的对立而朝向义利并重、公私兼顾的价值目标。[⑤]

对义利观的研究。张俊将“君子喻于义，小人喻于利”视为儒家伦理体系的纲领，他认为，儒家伦理从孔子道德学说的源头起即兼顾了道德理想主义与道德现实主义两个思想维度。孟学传统无视孔子兼顾义、利的德性伦理主张，将义与利、理与欲视作善与恶的对立，否定逐利伦理的正当性，从而滑向道德理想主义的极端；相比之下，荀子从自然人性出发，主张“义利两有”“以义制利”，才是真正继承孔子伦理

---

① 陈继红：《儒家“德行伦理”与中国伦理形态的现代建构》，《哲学研究》2017 年第 9 期。

② 皮迷迷：《“公”与“私”的道德化——对先秦时期“公”“私”内涵转变的考察》，《现代哲学》2017 年第 3 期。

③ 曹融、王俊博：《论明末清初的公私观念及其现代启示》，《社会科学家》2017 年第 2 期。

④ 于建东：《传统儒家的公、私权观及其现代分化》，《理论学刊》2017 年第 1 期。

⑤ 王学峰：《王船山义利之辨中的公私取向》，《伦理学研究》2017 年第 6 期。

精神者。[①] 朱贻庭从治国价值方针选择的角度探讨了“义利之辨”重要的社会价值导向作用，他指出，义利之辨或义利观可通过制度、政策和执政者自身行为而体现为两种不同的治国价值方针和社会价值导向，由此造成两种不同的社会效果：治世或者乱世、利民或者殃民。[②]

在德福关系上，既有较为宏观的讨论，也有对某位学者的具体研究。就宏观而言，张彭松从“孔颜之乐”入手，对中国伦理文化之中的德福之道进行了反思。他认为“孔颜之乐”在一定程度上修正了中国伦理文化中重德轻福的倾向，甚至开启了宋明理学以正统儒家为主、释道为辅的德福之辨，指明了中国伦理文化内在发展逻辑本身所特有的可能的德福之道。[③] 李祥俊则指出，儒家的德福统一论为中国传统社会提供了基本的价值信念系统。现代新儒家虽然在融合中西文化的基础上对德福统一论有新的阐发，但其渊源于传统儒学的基本信念系统仍有待于在变化的社会生活中重新奠基。[④] 在对某位学者的具体研究上，吴根友探讨了戴震道德哲学中的“德论”和人的福祉论，认为戴震的“德论”在原则上与中国传统的“德福一致论”思想相一致，其福祉论则关注社会群体的整体幸福。[⑤] 姜含琪对王夫之的“德福一致论”进行了较为细致的分析，认为王夫之于“以人造命”的天命观基础上，把命二分为德命与福命，通过与知能、阴阳、虚实等概念的类比和互相诠释，明晰了德福相资相因的关系，并通过“德肖于知，福有其能”的命题，给德与福的内涵增加新的规定，丰富了“德福一致”的命题。[⑥]

涂可国和郭清香各自从不同角度对“义”进行了解读。涂可国讨论了儒家之“义”的责任伦理意涵，他认为，儒家之“义”是由发自人内在仁心而遵循外在社会礼法的适宜行为，是由个人自身的仁爱道德情感和社会礼仪规范共同作用产生的道德义务和伦理责任，而以往的研究没有注意挖掘儒家之“义”所具有的义务、责任意蕴。所以，他号召应引进责任伦理学的思维范式来揭示儒家之“义”所蕴含的责任精义，为丰富完善儒家义学思想、构建儒家责任伦理论提供学理支撑。[⑦] 郭清香则从生命价值的角度讨论了“生”与“义”，她指出，在孟子的生命价值思想中，生命的价值提升集中体现在“舍生取义”的过程，故“义”是生命的最高价值。[⑧] 另外，

---

① 张俊：《儒家伦理的二维结构体系——从“君子喻于义，小人喻于利”谈起》，《文史哲》2017 年第 4 期。

② 朱贻庭：《义利价值权重与治国价值方针选择——论儒家“重义”“由义”的执政治国义利观》，《道德与文明》2017 年第 3 期。

③ 张彭松：《从“孔颜之乐”看中国伦理文化的德福之道》，《吉首大学学报（社会科学版）》2017 年第 3 期。

④ 李祥俊：《儒家德福统一之实现路径析论》，《河北学刊》2018 年第 4 期。

⑤ 吴根友：《戴震“德”论与人的福祉论初探》，《道德与文明》2017 年第 2 期。

⑥ 姜含琪：《王夫之德福一致论——以〈周易〉内、外传为中心》，《道德与文明》2017 年第 2 期。

⑦ 涂可国：《儒家之“义”的责任伦理意蕴》，《孔子研究》2017 年第 5 期。

⑧ 郭清香：《生与义：略论孟子生命价值思想》，《伦理学研究》2017 年第 3 期。

孔祥安以《论语》为考察中心，从教人忠、修身忠、与人忠、忠于职守、爱国（事君）以忠、忠恕为仁六个层面对孔子的忠伦理进行阐发，认为忠恕之道乃孔子伦理思想中最基本、最普遍的伦理准则。① 高瑞泉从“信德”缺失的现状出发，考察了“信德”的观念史，提出了重建“信德”的可能路径。② 陈锐探寻孟子仁义概念的生成过程，肯定了孟子将仁义并称的做法，认为孟子的仁义概念适应了从春秋小国到统一国家、从封建制到郡县制的变迁中对道德的需要的变化，但也是儒家关于亲亲相隐争论的主要原因所在。③ 夏静则基于对“诚”在子学、经学、理学解释传统中的不同内涵的考察，发现“诚”既与经验层面的伦理规范相联系，也与天地人的整体意义世界和人的存在本体相联系，还与精神生活所向往的审美境界相联系，故她认为，应该结合“诚”在不同解释传统中的话语谱系中的意义，重新审视和构建“诚”的衍生范畴和意义脉络。④

此外，多位学者分别述及荣辱观、信任观、敬畏观与羞耻观。张炜炜、张平探究了荀子的荣辱观，认为荀子界定了“荣辱”的内涵，将荣辱划分为“义荣”“义辱”“势荣”“势辱”，并指出“先义后利”是区分荣辱的重要道德标准，接着提出了正确荣辱观的养成路径，并强调了正确荣辱观的价值。⑤ 张晓瑾、桂胜研究了先秦儒家的信任观，她认为，先秦儒家强调“信”在个人道德中的重要地位，提出了一套综合的个体信用观，也提出了对国家信用的重视，同时还提出了谨慎地赋予信任的要求。⑥ 郭淑新探讨了儒家的敬畏观，认为儒家敬畏观由孔子“畏天命，畏大人，畏圣人之言”的“三畏”观开其端倪，其创生有深厚的心理基础和道德根基，包括了“万物有灵”的启示、“天人合德”的训诫、“允执厥中”的忠告和“系于苞桑”的忧患。⑦ 刘佳宝援引了亚里士多德对美德的界定和对羞耻的分析，指出孟子并不仅将“耻”理解为做错事之后的情感反应，而且还认为能经由“羞恶之心”的扩充而达至一种美德，特别是不如圣人之“耻”，能激励着人们日新其德，以圣人为理想进行持续一生的自我转化。⑧

三 人性论问题

2017 年，学者们对人性论问题的理论研究热情较高，研究对象以先秦诸子的人

① 孔祥安：《孔子忠伦理的多层意蕴——以〈论语〉为考察中心》，《广东社会科学》2017 年第 5 期。
② 高瑞泉：《重建“信德”：从“信”的观念史出发的考察》，《学术月刊》2017 年第 7 期。
③ 陈锐：《论孟子的仁义概念及亲亲相隐问题》，《杭州师范大学学报（社会科学版）》2017 年第 2 期。
④ 夏静：《“诚”的话语谱系与意义生成》，《中国社会科学院研究生院学报》2017 年第 1 期。
⑤ 张玮玮、张平：《辨乎荣辱之间——荀子荣辱观新探》，《中共南京市委党校学报》2017 年第 5 期。
⑥ 张晓瑾、桂胜：《先秦儒家信任观研究》，《华侨大学学报（哲学社会科学版）》2017 年第 2 期。
⑦ 郭淑新：《儒家“敬畏”观之创生》，《齐鲁学刊》2017 年第 4 期。
⑧ 刘佳宝：《孟子的羞耻观念》，《道德与文明》2018 年第 6 期。

性论思想为主。其中，荀子研究作为近年来的学术热点，学者对其人性论思想的讨论最多。

产量最丰富者当为梁涛，他从2016年底发文一篇到2017年连续著文三篇，试图为人们呈现荀子人性论思想的历时性发展及其不同侧面。梁涛指出，荀子一生可分为居赵、游齐、退居兰陵三个阶段，其人性论思想经历了一个发展变化的过程，故《荀子》各篇观点不尽一致，甚至存在一定的矛盾和冲突，这是十分自然的。根据内容及成书时间的不同，人们可将荀子讨论人性论的文字分为四组。第一，《富国》《荣辱》为荀子居赵时作品，反映了其前期的人性论思想，其特点是提出了“情性—知性”说。一方面认为顺从情性会导致争夺、混乱，另一方面又认为人可以通过知性作出抉择判断。前期作品奠定了荀子人性论的基本方向，但在“性”概念的使用上还有含混模糊的地方。① 第二，《礼论》《正名》《性恶》属于荀子中期的作品，提出了“伪”概念，将知性（包括能知和所知）归为伪，从性、伪的角度对人性问题展开讨论，克服了前期人性论中的问题。② 第三，《王制》《非相》则属于另一组，它们不像前两组文献是从知性（“材性知能”）或伪来说明人的道德主体，而是提出了“辨”和“义”以表达心或者知性的实质功能，以情性为人的生理属性，以辨或义为人的本质规定或人之为人者，实际是提出了新的“情性—义/辨”说。《王制》《非相》在时间上与《礼论》等第二组文献可能同时或比后者略晚，在思想上则是对前两组文献中有关知性、伪讨论的深化。③ 第四，《修身》《解蔽》《不苟》虽不是完成于同一时期，但都是讨论养心、治心问题，其中《解蔽》提出“思仁”、《不苟》提出“养心莫善于诚”，皆受到思孟之学的影响，说明荀子后期自觉地向思孟回归。④ 除梁涛外，其他学者也从不同角度对荀子的人性论思想进行了解读。陆建华认为，荀子人性论有性朴、情欲与性恶三个层面，从人性本质的层面看可以说是“性朴论”，从人性内涵的层面看则是情欲论，从道德层面看才是性恶论，由于儒家将人性问题看作道德问题，故荀子人性论中的“性恶”之说尤为受到重视。⑤ 陈林否认了荀子的人性论隐含性善思想的观点，并提供了两点理由：其一，在荀子看来，人生而具有的能力并不能自然而然地促使人为善，人之行善只能通过后天学习与努力；其二，在荀子

---

① 梁涛：《荀子人性论的历时性发展——论〈富国〉〈荣辱〉的情性—知性说》，《哲学研究》2016年第11期。

② 梁涛：《荀子人性论的中期发展——论〈礼论〉〈正名〉〈性恶〉的性—伪说》，《学术月刊》2017年第4期。

③ 梁涛：《荀子人性论的历时性发展——论〈王制〉〈非相〉的情性—义/辨说》，《中国哲学史》2017年第1期。

④ 梁涛：《荀子人性论的历时性发展——论〈修身〉、〈解蔽〉、〈不苟〉的治心、养心说》，《哲学动态》2017年第1期。

⑤ 陆建华：《性朴、情欲与性恶：荀子人性论的三个层面——兼及先秦儒家人性论》，《学术界》2017年第10期。

的思想体系中，人生而本有之心本身不具正面价值，其在自然状态下并不能自觉发挥促使人为善的作用，反而易使人流于为恶。① 申云同将目光聚焦于《劝学》和《性恶》两篇中的多个比喻，他发现，《劝学》论述所用的青蓝之喻、冰水之喻、木金之喻、蓬沙之喻、芷之喻等都不显示人性恶，而《性恶》后半篇以良弓、良剑、良马比喻人性与前半篇以曲木、钝金比喻人性是不一致的，据此他认为，《性恶》不是荀子本人所作的论说文，而是荀子后学关于人性之杂言杂语的汇集，体现了荀子后学对人性的看法的分歧。② 此外，路德斌批判了孟、荀之争乃人性善恶之争的传统观点，认为孟、荀人性论之争的实质乃是一场基于当时语境的名实、概念之争，亦即“性”概念如何使用、“人之所以为人者”如何命名之争。③ 佐藤将之探讨了《荀子》人“性”论和《韩非子》“人”观的关系，他指出，过去支配荀子和韩非之间关系的论述是由“韩非为荀子弟子”和“韩非的人观渊源于荀子的性恶论”两项主张所构成的“循环论证”，而事实上，《韩非子》的“人”应该继承自《商君书》以及慎到和田骈等齐国稷下学者，故《荀子》的人“性”论与《韩非子》“人”观之间的思想关系并不大，这一点在《史记》中也可以得到证明。④ 刘旻娇则比较了当代港台学界与大陆学界对荀子“性恶”论研究的代表性成果，对这些研究成果作出了较好的梳理。⑤

在对荀子的研究之外，学者们也对孟庄商韩等其他先秦诸子的人性论思想有所关注。陈来提出，孟子的人性论具有本体和工夫二重视角：就前者而言，孟子以性善论人性，强调“四心”是人性善的内在根源，主张通过“存心”的方式来保有四心；就后者而言，孟子以性命论人性，认为人性中存在感官欲望的部分，这一部分既会受到外在必然性的制约，也需要人在道德意识与感官欲望之间确认价值的合理性以作为人的本质，从而达到生命的充分实现与完成。二重视角的结合，才是孟子对待人性的完整态度。⑥ 王玉彬对《庄子》内篇不言“性”的问题进行了解读，他认为，庄子的人性论思想之所以体现出对“性”的拒绝和对“德”的自觉承纳，是因为“德”“性”之于庄子乃是泾渭分明的两个概念。第一，在内涵上，“性”指向的是“善恶”之道德思考与伦理界定，“德”则试图超越“善恶之性”所导致的虚伪之弊与是非之争，而以“真伪”分辨存在方式的本真与非本真；第二，在性质上，“性”意味

① 陈林：《荀子的人性论是否隐含性善思想?》，《现代哲学》2017 年第 6 期。

② 申云同：《从〈劝学〉〈性恶〉的多个比喻看荀子及其后学的人性论》，《现代哲学》2017 年第 6 期。

③ 路德斌：《孟、荀人性观及论争之实质——基于“名实之辩”而作的考察及诠释》，《河北学刊》2017 年第 6 期。

④ ［日］佐藤将之：《〈荀子〉的人“性”论是否为〈韩非子〉“人”观的基础?》，《陕西师范大学学报（哲学社会科学版）》2017 年第 4 期。

⑤ 刘旻娇：《荀子论“性恶”——当代港台与大陆研究的一个比较总结》，《江南大学学报（人文社会科学版）》2017 年第 2 期。

⑥ 陈来：《孟子论性善与性命》，《现代哲学》2017 年第 6 期。

着人之“同然”与“实理”，指向着对群体道德的肯认，“德”则意味着独与、虚灵、自适的存在原则，呈现为对个体之殊异存在方式的追求；第三，在政治视域之中，同然之“性”构成了圣王展开“仁政”或“礼治”的现实基础与价值归宿，多元之“德”则是统治者应该尊重并蕴含的生命本质，而非被教化或同化的对象。① 李锐通过对新近学界就《商君书》《韩非子》的研究成果中有关人性论的篇章的历时性分析，发现人性恶只是商鞅、韩非子学派在一段时期、一定条件下的说法，并不是其主要的观点，只是被后人选择性地释读了。商鞅学派主要的人性论其实是“古之民朴以厚，今之民巧以伪”，韩非子学派的人性论则存在早晚期的不同，据此他主张，应重视历时性地分析先秦诸子思想。②

另外，周炽成梳理了性朴论从先秦至西汉的思想谱系，认为孔子所谓“性相近，习相远”已显示出性朴论的取向，性朴论至荀子而大成，但却因荀子后学所作之《性恶》而遭到误解；性朴论传承至汉代，贾谊、韩婴乃至董仲舒，都持性朴论的观点。③ 丁为祥从发生学的角度对儒家的性善论进行了分析，为人们呈现了从周公到孟子的性善论历史发生过程：首先是周公的“以德配天”并以制礼作乐的方式实现对殷商以来之传统天命观的人伦落实；继起的孔子，又以个体之士的身份深叩礼乐之源，通过视听言动之内在性的统一，将德性文化与礼乐文明凝结成一种君子人格及人生信仰；到了子思与孟子，则一方面以“天命谓之性”明确肯定了人性的天命根源，同时又通过实践生活中的“大体”与“小体”之辨，将“天之所予”的道德善性直接落实于君子的日用常行之中。④ 欧阳辉纯从儒家忠德的视域对朱子人性论进行了解读，并概括了三个维度：一是自然之性，它是人性本能，无所谓善与恶；二是纯善的天命之性；三是有善有恶的气质之性。三者共同构成朱熹完整的人性论体系。⑤

也有学者研究了近现代历史人物的人性论思想。干春松注意到了康有为对人性论问题的重视，他发现，康有为在《孟子微》中提出了自己的人性论思想，并由此展开对政治秩序的构想。具体而言，康有为认为人生来无善恶之分，但却有着向善的趋势，这种人性论观点具有某种程度的制度决定人性之倾向，虽有一定现实意义，却并非康有为关注之重点。⑥ 张克政发掘了冯友兰在人性论上的贡献，他指出，冯友兰以逻辑分析方法论证人性先天性，在中国伦理思想史上首次提出人性正性、辅性和无干性三分法，认为人性彻头彻尾善，主张人性的善源自人之正性，人性的恶来自人之辅

① 王玉彬：《“德”“性”之辨——〈庄子〉内篇不言“性”释义》，《哲学研究》2017 年第 12 期。

② 李锐：《再论商韩的人性论》，《江淮论坛》2017 年第 3 期。

③ 周炽成：《儒家性朴论思想史发微：从先秦到西汉》，《文史哲》2017 年第 6 期。

④ 丁为祥：《历史危机、人生信念与实践抉择——儒家性善论的发生学分析》，《哲学研究》2017 年第 5 期。

⑤ 欧阳辉纯：《自然之性、天命之性与气质之性——儒家忠德视域下朱熹人性论的三个维度与表征》，《宁夏社会科学》2017 年第 2 期。

⑥ 干春松：《康有为政治哲学的人性论基础——以〈孟子微〉为中心》，《人文杂志》2017 年第 4 期。

性，将人性本质规定为可兼道德的理性，这不仅丰富了我国人性论思想，更在方法论上为后人讨论人性问题提供了借鉴。① 吴冬梅则将目光投向了晚清著名教育家吴汝纶，她通过研读《读荀子一》等文章，疏理其人性论思想的主要内容，揭示了人性论思想在其教育思想中的根基地位。她分析认为，吴汝纶尊崇程朱理学心性论，继承孟子“性善论”，兼用荀子“性恶论”，凸显“学”、“礼”与“行”，众人从以“礼”为主体的“下学”起步，循序渐进、积累贯通，最终“上达”圣贤境界的旨趣与归宿。②

四 道德修养和实践问题

道德修养和实践问题，讨论的是道德主体如何进行道德提升以达至理想人格的问题。2017 年，学界主要从四个方面进行讨论：其一，对道德主体的理解；其二，如何提升道德修养；其三，道德实践问题；其四，理想人格问题。

论及道德修养和实践，首先就有怎样理解道德主体的问题。对此，陈中研究了儒家道德修养论，认为儒家道德修养的突出特点在强调道德的主体性建立，其核心在觉醒与发扬天生人成的性德本体，并表现出操存舍亡求之在我的主动特性，其追求的至高境界是合于天道本体生生之德，因此进德修业之道透现出活灵活现的自强不息精神。③ 鲁飞则指出了“心”在先秦儒家道德主体生成中的关键作用：孔子以“心”确立了人的道德本质的内在向度以及道德实践的主体地位；孟子和荀子分别从两个面向诠释了“心”的理论，“心”既有道德内涵，又具有认知功能，进而成就了人作为道德主体的存在方式；正是通过“心”的作用，人的道德主体才不断生成。④

其次是如何提高道德修养的问题。杨辉从宏观上对儒家的“修身”论进行了总结，他指出，儒家“修身”论的目标是提升境界、完善人格、成德成仁、成圣成贤，并为此提出了反己论、慎独论、重微论、改过论等一系列“修身”的方法，儒家“修身”论对现代人的人格修养具有重要的启发意义，应为人们积极地继承、弘扬和创造性转化发展。⑤ 对具体学人的研究上，以对宋明理学家的研究为主。张瑞元细致地探寻了张载“知礼成性”与“变化气质”的道德修养工夫的伦理意涵：“知礼成性”指通过对道德知识的学习以及对人伦礼仪的践履，成就君子的德性人格；“变化气质”指通过道德修养去除气质中浊的、恶的一面，发扬和培养气质中粹美的一面，

---

① 张克政：《冯友兰人性论浅议》，《东北农业大学学报（社会科学版）》2017 年第 6 期。

② 吴冬梅：《从〈读荀子一〉等四篇看吴汝纶的人性论思想》，《河北师范大学学报（哲学社会科学版）》2017 年第 5 期。

③ 陈中：《儒家道德修养的主体性建立——以“四书”为中心》，《贵州社会科学》2017 年第 4 期。

④ 鲁飞：《心：先秦儒家道德主体的生成》，《通化师范学院学报》2017 年第 3 期。

⑤ 杨辉：《儒家的“修身”论及其内生现代性转化》，《河南师范大学学报（哲学社会科学版）》2017 年第 2 期。

让人成为道德的人。[①] 丁静将“敬”工夫论视为二程修身养性的根本方法，具体到二程的伦理实践，则程颢注重内心体验，程颐则严肃恭敬、专注于对天理的体认。[②] 连凡比较了朱陆修养工夫论的思想渊源及其异同：朱熹在继承程颐理一分殊与居敬穷理思想的基础上，通过对《中庸》、《易传》、《大学》、《孟子》及周敦颐、张载思想的阐发，从理事并进、知行互发的立场出发，确立了尊德性与道问学并行的修养论；而陆九渊远承孟子大体说，近承程颢识仁说，从心即理的立场出发，确立了以发明本心的尊德性统摄道问学的修养论。[③]

再次是道德实践的问题。牛磊对阳明后学王时槐的道德实践论进行了探索，他用“以身践道”总括其道德实践论，并从“即心即事”“即本体即工夫”“即悟即修”三个方面对其思想进行了阐述。[④] 余树苹以“四书”为中心，考察了孔子处理人我关系的实践。她指出，以“己所不欲，勿施于人”来表达的“恕”，是所有人我关系中都可以用到的态度和方式，有着比“忠”更为普遍的伦理意义。因此，要回到“四书”中，通过“恕”与“诚”、“仁”之间的逻辑关联来解决“恕”的实践难题：“恕”与“诚”在“推己及人”方面达成一致，不同的是，“恕”重生活实践中的“推”，而“诚”重“己”；“诚”由天道下贯为人道，其“真实不欺”有本体论的意义；“恕”或“诚”推己及人的最后都指向、统一于“仁”——成己成人，是更高的道德理想。故她认为，“恕—诚—仁”的进路，才是孔子一以贯之之道的可行且完整的人我关系实践模式。[⑤]

最后是理想人格的问题。祖国华认为，儒家通过诗、礼、乐三种不同但又互相融合的方式来教化、塑造理想人格：经由“诗”之人性情感的启发、“礼”之伦理理性的规束、“乐”之仁德情境的养成，从对人性中自然情感的抒发、节制到道德情感的自由生成，儒家理想人格经历了否定之否定的辩证实现过程。[⑥] 任丑对《中庸》以“德”“位”为依据划分君子和小人的做法并不认同（君子划分为有德有位的圣人与有德无位的普通君子；小人是无德者或反中庸者），指责《中庸》混淆君子与圣人之别，固守君子与小人之界限，致使人与人陷入互为敌对的自然状态；批评《中庸》把人仅仅看作互不关联、机械对立的孤立主体，其依据的伦理标准不过是弱肉强食的丛林法则。在他看来，要摆脱这种困境，必须摆脱圣人、君子、小人这种已含褒贬对立的标签或符号，重建一套“新君子”的伦理标准：新君子把每个人都看作相互联

---

① 张瑞元：《张载“知礼成性”与“变化气质”工夫的伦理意蕴初探》，《理论月刊》2017 年第 3 期。

② 丁静：《二程“敬”之修养工夫论研究》，《河北师范大学学报（哲学社会科学版）》2017 年第 5 期。

③ 连凡：《朱陆修养工夫论的思想渊源及其异同——以“尊德性”与“道问学”为宗旨》，《道德与文明》2017 年第 6 期。

④ 牛磊：《明儒王时槐道德实践论浅析》，《中共宁波市委党校学报》2017 年第 4 期。

⑤ 余树苹：《“四书”中人我关系的范畴构成与实践向度》，《深圳大学学报（人文社会科学版）》2017 年第 4 期。

⑥ 祖国华：《诗·礼·乐：论儒家理想人格的辩证生成》，《复旦学报（社会科学版）》2017 年第 6 期。

系的人类有机整体中的独立个体，他们主张人格平等，尊重主体差异，遵循自由法则。[①]

五 传统伦理在近现代的转化

鸦片战争以降，中国进入了从传统社会到现代社会的转型期。在这一历史进程中，中国与西方国家的时代落差、中国自身几千年的文化传统以及西方国家在发展理念、发展方式上的渗透和影响等诸多因素，使得近代以来中国的社会转型极具复杂性。其中，传统伦理观念的转型最为复杂，至今仍在持续。2017 年，学界对相关问题的研究路径主要有两条：一是以近代学人为研究对象，探寻其伦理观念相较于传统的新变化；二是探讨传统伦理的现代转化及可能的发展方向。

就第一条路径而言如下。陈来研究了梁启超和冯友兰道德思想的转变。他注意到梁启超的道德思想在辛亥革命以后的变化——不再使用“公德—私德”的分析而专重于从养成人格、人格修养来理解道德的根本，并在养成人格这一点上重新理解孔孟之教的普适意义。[②] 对于冯友兰，他关注其新理学时期道德思想的发展，并将其道德思想的中心问题总结为“道德的常与变”，认为冯友兰对这一问题的重视体现了该时期道德思想的总特点：既以强调传统道德概念的普遍性意涵为主，也顾及了社会转型时代旧道德向新道德的转化。[③] 钱广荣分别研究了毛泽东和陶行知。对于毛泽东，他将其伦理思想的中国特色与方法选择概括为三点：一是基于中国道德国情抒发救国救民的伦理情怀，二是传承中国传统道德中推崇伦理共同体的精神，三是在批判“中国式”旧道德中倡导和培育新道德。[④] 对于陶行知，他也将其“人中人”思想概括成三点，即为大众谋利益的奉公观念、自立而不自私的自我观念和“摇不动”的“国人气节”，并认为其中富含伦理共同体意蕴。[⑤] 乔爱丽发掘了蔡元培道德观中西兼容的特色：在道德思想上，他致力于融合东方的传统道德与西方的伦理思想，提出“德”源于义务的论说；在道德实践中，他继承传统，接受新知，在融合东西文明的基础上，发生一种新义，使得天然道德之“纲常名教”与人为道德之“自由、平等、博爱”达到完美结合。另外，在道德培育上，蔡元培提倡公德与私德兼修，消极道

---

① 任丑：《谁之中庸？——追寻人类伦理视域的新君子》，《湖北大学学报（哲学社会科学版）》2017 年第 5 期。

② 陈来：《梁启超的道德思想——以其孔孟立教论为中心》，《清华大学学报（哲学社会科学版）》2017 年第 2 期。

③ 陈来：《冯友兰新理学时期的道德思想》，《复旦学报（社会科学版）》2017 年第 2 期。

④ 钱广荣：《毛泽东伦理思想的中国特色与方法选择——基于马克思主义伦理思想中国化逻辑起点与进程》，《伦理学研究》2017 年第 5 期。

⑤ 钱广荣：《陶行知“人中人”思想及其伦理共同体意蕴》，《安徽师范大学学报（人文社会科学版）》2017 年第 5 期。

德和积极道德并养，致力于培养人们遵循良知，行善去恶，以塑造国民完全之人格。① 夏天静和孙长虹都对梁漱溟进行了解读。夏天静对梁漱溟乡村建设运动中的新乡村组织展开伦理探析，批判了新乡村组织“伦理本位”主义的无力：将“伦理情谊”融入团体组织，依新礼俗为规范，从义务本位出发确立“团体—个人”中的新关系，按照相对论的伦理主义原则培育“团体—个人”中的新观念，以“人生向上”为目标建设中国乡村的团体生活。这虽不失为构建新社会伦理精神的一次有益尝试，但因过度倚重传统伦理道德的力量而忽视其在经济社会变迁中应有的现代转换，故最后只落得“乡村不动”的局面。② 孙长虹则认为，梁漱溟所强调的伦理本位具有自我救赎的能力，具体路径是通过职业分途来激发个人进取心，通过扩充法把道德由家庭推向社会，这为当代集体主义思想建设提供了有益的借鉴。③ 而杨文婷比较了吴宓、陈独秀的婚恋历程及二人道德观之异同，将二人之差异视为二人所代表学派之差异，研究视角十分新奇。④ 王生云考察了梁启超、费孝通、梁漱溟对中国人缺乏公德现象的原因分析和解决方案。就原因而言：梁启超认为是作为中国文化源头的儒家经典中私德有余而公德不足，梁漱溟认为是在传统社会中缺乏集团生活，费孝通认为是中国文化中的消极的差序格局下形成的以自我为中心的“私的毛病”。就解决之方来说：梁启超主张由私德拓展延伸为公德；梁漱溟主张引固有伦理入团体生活；费孝通主张挖掘社区文化培养共同感，由自我中心的消极差序格局变为推己及人的积极差序格局。⑤

以第二条路径观之如下。徐嘉总结了儒家伦理现代转型的四种主要理论形态，即义理上的心性之学、制度伦理上的纲纪之道、社会生活中的人伦之理、精神信仰上的内在超越。在他看来，心性之学不可能生发出民主和科学之花，纲纪之道已失去了其赖以生存的制度根基。与此二者相比，儒家的人伦之理与现代伦理观念相结合，在社会中还在广泛地发挥作用；“内在超越”理论则揭示了儒家伦理价值系统的特质，因其超越性而产生的伦理信仰塑造了中国人的伦理意识、道德思维与精神追求，彰显了非宗教式信仰的意义。因此他认为，儒家伦理未来的发展依托于对儒家的“人伦之理”与“内在超越”理论的重新诠释与建构性重塑。⑥ 寇磊认为，儒家伦理的自觉创新构建在于：依据变化的境遇重新审视先哲建立的伦理信念和道德观念，在和中国传

---

① 乔爱丽：《论蔡元培中西兼容的道德观》，《学术交流》2017 年第 7 期。

② 夏天静：《梁漱溟新乡村组织的伦理探析》，《伦理学研究》2017 年第 5 期。

③ 孙长虹：《伦理本位的自我救赎——梁漱溟的群己观研究》，《闽江学院学报》2017 年第 6 期。

④ 杨文婷：《从吴宓、陈独秀之婚恋历程看其道德观之异同》，《重庆师范大学学报（社会科学版）》2017 年第 5 期。

⑤ 王生云：《中国人缺乏公德现象及其解决之方——基于梁启超、费孝通、梁漱溟论述的考察》，《山西高等学校社会科学学报》2017 年第 7 期。

⑥ 徐嘉：《儒家伦理的发展方向：人伦之理与内在超越》，《南京师大学报（社会科学版）》2017 年第 6 期。

统道佛文化的交流互通中确立自信，同时要在中西方文化的比较和发展中反思融通、相互借鉴、共存发展。[①] 张师伟也探讨了传统儒家思想资源的现代转化问题。他指出，转化要立足中国，面向世界，取新复古，别立新宗，也就是坚持批判继承与转换创新相统一，并在方法上借鉴马克思主义中国化的成功经验。[②] 另外，李明建梳理了礼义廉耻思想的历史源流及其在近代伦理转型中的发展：礼义廉耻本为管子所提出的“国之四维”，民国时期，国民政府推行“新生活运动”，试图以培育民众日常生活中的礼义廉耻观念来探索近代中国社会的道德重建。但这时礼义廉耻的内涵已发生转变。[③]

六　传统伦理的当代价值和启示

中国的传统伦理思想要保持其长久的生命力，必须与时代相连，并对最新的时代问题作出回应。从这个意义上来说，传统伦理思想当代诠释的成功与否，深刻影响着传统伦理思想在当今社会的价值和地位。2017 年，相关讨论以儒家伦理为主。

郑志伟、李勇基于近年来学界借鉴马克斯·韦伯的责任伦理来阐释儒家伦理观念的尝试，深入思考了儒家思想中的责任伦理观，并试图结合当下中国社会的乱象，说明儒家责任伦理思想的重要性。他认为，从源起来看，我国古代的宇宙观思想为儒家的责任理论思想提供了本体论的根源；从内容来看，“五伦”之间的伦理关系是儒家责任伦理的主要探讨对象；从践行的角度看，儒家责任伦理的践行有利于提升个人能力和修养；最后从现实意义上来说，重塑儒家责任伦理观对“失信”的普遍社会现实有着重要意义。[④] 孙旭、蔡春燕则将眼光投向东亚国家，试图阐释儒家伦理对东亚国家的经济现代化的价值。他认为，对于东亚国家而言，经济制度仅仅是经济现代化的“他律性”手段，伦理目标和伦理形态才是经济现代化的“自律性”形塑。随着东亚地区经济现代化不断深入，儒家伦理对确立经济现代化的内生价值、目标价值和劳动价值尤为重要。[⑤] 包雅玮聚焦了儒家伦理文化的现代阐释及其对青年价值认同的意义。她认为，儒家文化所蕴含的“仁”“义”“礼”“智”“信”体现了当代主流价值观中人本主义、公平法治和诚信友善三个层面的价值思想。因此，对儒家文化的现代阐释，有利于构建青年价值观教育话语体系，推进青年的价值认同。[⑥] 赵卫东认为，中国传统儒家的诚信观从两个方面为社会主义核心价值观提供了现代启示：首

---

① 寇征：《儒家德性伦理的反思和现代转化》，《广东社会科学》2017 年第 5 期。

② 张师伟：《批判继承与转换创新：传统儒家思想资源的现代转换》，《天府新论》2017 年第 1 期。

③ 李明建：《近代伦理转型中礼义廉耻思想的发展》，《管子学刊》2017 年第 1 期。

④ 郑志伟、李勇：《儒家的责任伦理观及其当代价值探析》，《知与行》2017 年第 7 期。

⑤ 孙旭、蔡春燕：《儒家伦理对东亚国家经济现代化的价值研究综述》，《社会科学动态》2017 年第 12 期。

⑥ 包雅玮：《儒家伦理文化的现代阐释及其对青年价值认同的意义》，《中国青年研究》2017 年第 1 期。

先，个体安身立命和修己的内在要求，从人的生存法则方面为社会主义核心价值观的践行提供了借鉴资源；其次，道德价值原则向关系准则转化的趋向，从人的伦理原则角度为德性的回归提供了道德目的论和理性启示。因此，赵卫东认为，在社会主义核心价值观统领的前提下，有必要将儒家诚信观念提升到本体论的高度，并以此为基点探索如何建设当代中国的生态诚信社会。① 吴雅思高度认同只有文化自信才能为国家治理提供持久助力的观点。她认为，随着中国国际影响力的提升，实现传统儒家伦理的现代阐释，有利于转变以西方话语体系为主的现状，有利于提升我国的文化自信，并为文化治理提供支撑。② 刘桂荣试图探索荀子的道德治理思想，并为现代道德建设提供可资借鉴的理论资源。他认为，人性恶是荀子的道德治理的逻辑起点，以礼养欲是道德治理的现实基石，隆礼重法是道德治理的两条进路，培养君子是道德治理的价值目标，这四个方面呈现了荀子完整的道德治理体系。③ 此外，陈延斌、张琳通过对《了凡四训》的解读，深入分析了袁黄教导儿子袁天启的四篇家训，提炼了其中明理向善、改过迁善、积善累德和谦德之效四方面的伦理思想。在他们看来，《了凡四训》中的伦理思想为当代家庭道德建设以及社会主义核心价值观的培育提供了宝贵的资源。当代社会应批判性地继承其中所包含的家庭伦理道德的精华，这不但有利于弘扬社会主义核心价值观中"友善"的理念，增强当前家风家规建设的意识，也有利于提高个人道德修养的自觉性。④

七　中西方伦理学比较研究

中西方伦理学比较研究，即采用比较方法研究中国传统伦理思想和西方伦理思想在某个问题上的同与异。2017 年，学界主要从观念和学说体系两方面进行了比较。

在学说体系的对比上，学者们成果颇丰。靳浩辉将视野投向儒家与基督教，比较了两者的伦理文化并阐发了相关伦理思考。他认为，中国传统社会中以"四书五经"为核心的儒家伦理文化，对塑造中国传统社会意识形态和伦理文化产生了奠基性作用。与之相对，以《圣经》为核心的西方基督教文化吸收了两希文明，融合成的伦理文化体系，塑造了西方人的价值观念、道德品质和行为规范。通过对两者的分析，可以看到二者都形成了以本原论为根基、以价值论为内核、以体制论为外化、以理想论为归宿的"四位一体"的逻辑体系。⑤ 连凡从四因说出发，也认为儒家与耶教在思

---

① 赵卫东：《试论儒家诚信观对于践行社会主义核心价值观的现代启示》，《山西师大学报（社会科学版）》2017 年第 5 期。

② 吴雅思：《文化自信与文化治理：传统儒家伦理的当代功用》，《学习与实践》2017 年第 5 期。

③ 刘桂荣：《荀子的道德治理思想及其现实启示》，《伦理学研究》2017 年第 1 期。

④ 陈延斌、张琳：《简论〈了凡四训〉的伦理思想及其当代价值》，《船山学刊》2017 年第 2 期。

⑤ 靳浩辉：《儒家与基督教伦理文化比较的逻辑体系——中西文化对勘视阈下的伦理之思》，《社会科学家》2017 年第 11 期。

想结构上有着某种共通性。他创造性地提出，理学中的天理道体相当于动力因，性相当于形式因，气对应质料因，天人合一则对照目的因。不仅如此，连凡还通过剖析儒家与耶教思想间的交涉发现：在动力因上，耶教把儒家的天理降格为依附于实体的属性；在形式因上，耶教基于天主赋性说反驳儒家的“性即理”与“魂属气”说；在质料因上，耶教采纳汉唐儒学的太极元气说，把太极视为无灵觉无生机的元质；在目的因上，耶教基于天主赋性说与灵魂救赎论驳斥儒家的万物一体、天人合一。① 高海波对比了孔子仁学与古希腊哲学的研究特点。他认为，孔子“问仁”关注的是“仁”的表现及实现方法，而以苏格拉底、柏拉图为代表的古希腊哲学家则追求事物普遍的定义。中国哲学倾向于温和渐进的方式，批判继承传统的伦理规范与价值原则的同时关注现实的实践；西方哲学则倾向于以较为激进的方式破旧立新，更加关注利用理性追求事物的普遍定义，以期重建伦理规范和价值原则。② 陈新华则比较了福柯晚期提出的修身哲学与中国以儒学为代表的古典哲学的修身学说，二者虽然都与政治相关联，但是儒家的修身是作为“正人”的政治的一环，而福柯的修身则是一种政治反抗。陈新华开展中西之间关于修身话题的对话的尝试，为中西思想的沟通提供了新的视角，有助于探寻修身现代化的答案。③

在观念的研究上，学界也多有建树。赵杰着眼于中西人性论的不同，以孟子与保罗为例，阐释了二者人性论的不同特质及其意义。他认为，孟子与保罗生存在迥异的文化系统之中，因此二者思考问题的出发点与思考进路都不相同。以比较研究的方式去探究二者的人性论，更能透过分歧发现双方各自独特的洞见与智慧，有利于加深对人性论的全面认识，促进基督教与儒学二者之间的交流和沟通。④ 迈克尔·斯洛特将中国的阴阳观与西方情感主义、儒家情感主义以及新儒家情感主义相结合，认为前者能为后者提供基础。他提出，阴阳观在情感主义伦理学中可以分解为代表阴的接受能力和代表阳的定向的理性目标。对阴阳观的融合，可以逐渐转变为对阴阳规范意义的信仰，从而使情感主义进一步转变为规范情感主义。⑤ 林建武则另辟蹊径，通过对照列维纳斯与儒家的礼物观念，比较了中西物性与理性的异同。他认为，二者都将礼、礼物描述得兼具“理性”和“物性”，并且礼在双方的伦理主题确立过程中都占据重要地位。但是，列维纳斯的礼近乎神学意义上的无限责任，而儒家的礼则是一种更生活化的伦理问题的表达。⑥

---

① 连凡：《儒家与耶教性论思想之会通与交涉——基于四因说的考察》，《湖北大学学报（哲学社会科学版）》2017 年第 5 期。

② 高海波：《论孔子仁学的实践特性》，《道德与文明》2017 年第 1 期。

③ 陈新华：《皆以修身为本——福柯与中国修身哲学沟通的可能性》，《湖北社会科学》2017 年第 7 期。

④ 赵杰：《从比较研究的立场看孟子与保罗人性论的特质及意义》，《周易研究》2017 年第 3 期。

⑤ ［美］迈克尔·斯洛特：《阴阳与道德情感主义》，李家莲译，《湖北大学学报（哲学社会科学版）》2017 年第 1 期。

⑥ 林建武：《物性与礼性：列维纳斯与儒家的礼物观念对照》，《兰州学刊》2017 年第 1 期。

八 其他富有新意的研究

学术研究的进步，要求人们不断挖掘新材料，采用新视角对旧材料和传统伦理思想进行检视，以拓宽原有的研究领域，提升学界研究水平。2017 年，学者们从两个方面交出了答卷：其一，采用新视角或新方法对传统伦理思想进行审视；其二，对传统伦理命题或材料给予富有创见的解读。

从第一个方面来看，成果如下。祝东在儒家礼乐文化中发掘了中国传统文化的伦理符号学进路——礼自外作，乐由中出，礼乐交相为用。礼作为一套系统，礼容只有置于礼的系统之中，其特有意义才能得到解释；礼容分节清晰，且能够全域覆盖，才能将人以“群”分，礼容的解释项尊卑等级即礼义。古乐在于娱神敬祖，其节奏容止即音乐符号的符形学，舞乐音声之节影响到人伦实践，推广开来即乐节百事，由乐之节生发出的是政治伦理之“节”。[①] 基于中国古代先哲伦理思想中丰富的伦理符号学主张，祝东、王小英建议应在伦理符号学的视域下对中国传统伦理思想进行梳理和总结，他们指出，这一工作的价值不仅在于促进中西学术对话交流、丰富伦理符号学思想，更在于发挥其在中国当代社会中的制动作用，构建健康的社会发展方式。[②] 刘九勇、江荣海将古礼仪式视为先秦儒家道德的一种形态，他们认为，儒家所坚持的三代古礼或周礼的固定内容在逻辑上并不能和儒家的抽象伦理或德目完全契合，这意味着儒家礼仪形式本身就具有某种独立的道德意义，可称为仪式道德。此仪式道德的依据是对固定的几位古圣王的崇拜，在先秦儒家的道德结构中，儒家仪式与抽象的伦理或德目既相互独立、并列又相互绑定、融合。[③] 李玮等从情绪与认知两个视角，考察了儒家文化中的共情观，他们发现，“恻隐之心”“一体之仁”“忠恕之道”“絜矩之道”等作为人们日常生活中接物待人的道德伦理观念，在社会交往、理解他人等方面与共情具有相同的心理机制以及心理学原理。[④] 王文娟论述了情感问题在湛若水道德哲学中的分量。其研究表明，湛若水以爱敬等自然情感作为道德实践的基础，通过对爱亲敬兄这类正面道德情感的培育与扩充，同时辅之以“随处体认天理”、“执事敬”与“存心于勿忘勿助之间”等工夫对负面情感的引导与纠偏，使具体情感逐渐与道德理性相结合，进而激发道德需要，催生和指导道德行为，成就德性人格，并最终导向伦理秩序的建立。[⑤] 刘旻娇探讨了荀子对欲望与道德失败的关系的看法，在她

---

① 祝东：《礼与乐：儒家符号思想的伦理进路》，《贵州社会科学》2017 年第 8 期。

② 祝东、王小英：《中国符号学传统与社会伦理重建——中国古代伦理符号学思想研究的进路》，《山东社会科学》2017 年第 8 期。

③ 刘九勇、江荣海：《论古礼仪式本身作为先秦儒家道德的一种形态》，《河南师范大学学报（哲学社会科学版）》2017 年第 1 期。

④ 李玮等：《儒家文化中的共情观》，《心理学探新》2017 年第 6 期。

⑤ 王文娟：《湛若水道德哲学中的情感之维》，《道德与文明》2017 年第 3 期。

看来，道德失败的发生与欲望密切相关，然而欲望本身并不必然致使道德失败。人之情欲倘若受“礼义”的指导，亦可与理不悖，相反，不识“礼义”者，无论欲多欲少，都不可避免会违理而行。因此，治乱之关键在“心”而不在“欲”。① 臧政则阐述了儒家“差等”思想所包含的“差异性”和“平等性”的统一关系：“差等”思想中的“平等性”主要蕴含于“忠恕之道”和儒家对普遍人性和道德人格的探寻中，并通过“差异性”来启发；在“差等”中，人与人虽有不同，但都允许实现自我，在某种意义上，所谓“差等”，实质是一种包含差异的平等；“平等性”是“差异性”的旨归，“差异性”是“平等性”实现的途径，“平等性”与“差异性”一同构成了儒家的“至平”理想。②

从第二个方面看，学界也颇有收获。李佩桦、徐孙铭鉴于学界对《易传》伦理道德思想的阐述不足，从三个层面对《易传》的道德哲学思想进行了新的系统的分析：一、依据儒家天人合一的思维架构，阐述《易传》中阴阳相反相成而为“易”（即“变”）、“生生之谓易”的生命本体论，人道本于天道，故人要成就自己，就必须“继善成性”，而人之所以能够“继善成性”的依据是“天地设位，圣人成能”；二、“继善成性”的具体实现路径是“修业进德”，即内修其身与开物成务，其原则是自强不息与厚德载物，具体方法是“拟之而后言，议之而后动，拟议以成其变化”；三、“修业进德”的最高境界是“圣人气象”，即“与天地合其德，与日月合其明，与四时合其序，与鬼神合其吉凶”的圣人境界。③ 韩伟从形而上世界与形而下世界两个维度对《太平经》的道德谱系进行了划分：就形而上世界而言，《太平经》以“五德”“三纲六纪”为代表，将传统儒家道德与阴阳家思想加以融合，实现了儒家道德伦理的哲学化和宗教化；就形而下世界来说，《太平经》将“善”与长寿、养身相统一，从而对儒家的抽象道德进行了世俗化处理。④ 胡芮以《齐物论》为考察对象，从“吾—我”关系角度讨论了庄子对整全性伦理价值的关注：首先以“吾丧我”为背景，“吾”与“我”的考察既涉及语言形式与意涵的关系，也指向个别与整体的伦理关系；其次，吾我之辨要求通过对小我的破除回归到“万物与我为一”的境界，其道德哲学意涵是在扬弃个体性“我”的前提下，追求精神境界与道德境界的崇高；最后，基于以上的进路，庄子提出在破除仁义道德之后以“齐物”为手段建立一个超伦理世界，实现真实的自由。⑤ 张盈盈从道德行为的自愿特质出发，对“名教本于自然”这一著名哲学命题作出了伦理解析。她指出，以名教为代表的道德规范强调政治功效，认为人应该抑制个性而自觉地遵守道德规范，实际上忽略了道德行为的自

① 刘旻娇：《荀子论欲望与道德失败问题》，《临沂大学学报》2017 年第 2 期。
② 臧政：《论儒家伦理的差等与平等之统一》，《齐鲁学刊》2017 年第 1 期。
③ 李佩桦、徐孙铭：《〈易传〉道德哲学新探》，《伦理学研究》2017 年第 5 期。
④ 韩伟：《〈太平经〉的道德谱系刍论》，《华侨大学学报（哲学社会科学版）》2017 年第 3 期。
⑤ 胡芮：《从“吾—我”关系看〈齐物论〉的伦理境界》，《江苏社会科学》2017 年第 6 期。

愿品格。而王弼的“名教本于自然”思想，则注意到了道德行为是自觉与自愿的统一，一定程度上解决了汉代儒家伦理将道德规范的政治价值置于伦理价值之上的困境。① 金紫微则从两方面概括了方孝孺人生哲学的立德特征：一是在价值论上通过构建“德福等价”的幸福论与“立德致福”的报应论消除德福不统一的矛盾；二是在生死观上通过阐发“生有德、死无愧”的死亡观和“立德为要、精神永存”的不朽论化解生死问题。② 徐玲英高度肯定了戴震伦理学对乾嘉新义理学的引领作用，认为其引领作用主要表现为三个方面：第一，在戴震由实而虚的伦理学研究理路的引领下，乾嘉时期涌现出大量的义理学专著；第二，戴震循着“人道本于性，而性源于天道”的哲学思路，认为“理”指事物的条理，而社会中的“理”存在于礼仪制度之中，这一思想直接启迪凌廷堪“以礼代理”思想的提出；第三，戴震以“血气心知”言性，坚持人性一元论，并认为人之情欲是人性的基本内容，可以节，不可灭。其对情欲的重视，得到程瑶田、焦循、凌廷堪、阮元等的认同和发挥，最终形成了一个有别于宋明理学的乾嘉新义理学派。③

---

① 张盈盈：《“名教本于自然”伦理内涵新探》，《安徽师范大学学报（人文社会科学版）》2017 年第 1 期。

② 金紫微：《方孝孺人生哲学的立德特征》，《道德与文明》2017 年第 6 期。

③ 徐玲英：《论戴震伦理学对乾嘉新义理学的引领》，《伦理学研究》2017 年第 1 期。

2017年中国伦理思想与现实问题研究报告

贾　谋

处理现实的道德困境和社会问题是伦理学的基本任务之一。中国传统伦理思想为古代中国社会的稳定和发展作出了重大贡献。在经济全球化和东西方文化交流日益频繁的今天，研究中国传统伦理思想，挖掘中华民族精神以及完成传统伦理思想的现代化转型对于稳定和促进社会的发展、满足人民群众精神需求以及实现中华民族的伟大复兴都具有重要意义。2017年，学者们较充分地挖掘和分析了中国传统伦理思想对于现代社会问题的资源意义，研究重点主要集中于道德教育和道德修养、政治伦理思想、生命伦理及生态伦理等问题。

一　道德教育和道德修养研究

道德教育和道德修养是伦理学理论最直接的应用领域，也是中国伦理学的基本问题和基本目的之一。

（一）道德教育

道德教育是中国传统伦理思想的核心之一。传统道德教育的主要内容是儒家的纲常名教以及仁、义、礼、智、信等德目，主要方式是礼乐仪式和施教者的言传身教，其目的在于培养受教育者积极入世的人生观和士大夫的担当精神。通过培养受教育者的德性，传统道德教育还担负有维持社会和谐有序的职责。2017年学者们对传统道德教育展开了较为全面的研究，其中既有对传统教育整体内涵的详细阐释，也有对特定人物教育思想的具体分析。除此以外，学者们对传统道德教育的教育形式也有一定程度的研究。通过上述研究，学者们深入探讨了传统道德教育对于现代社会的启示意义。

儒家历来有礼乐教化的传统，其思想中有着极其丰富的以道德教育为主题的论述。因此，儒家的教育思想是学者们关注的重点。学者们通过发掘和归纳儒家教育思想的精华，反思了当代道德教育的内容。祖国华分析了儒家教育体系中诗、礼、乐三者的辩证关系。首先，由诗生发出来的情感，应该注入理性因素，由礼来加以约束和规范，才能使之成为一种合理的情感表达和具有积极意义的道德情感。礼虽因情而生，却因为对“情”的文饰而成为绝对的规范，具有了强制性的特点。其次，因为情异于礼，守礼者会感受到自我本性的限制与压抑，故需要一种与礼相补充且可以调和其强制性的感化人心的力量，这便是“乐”。“乐”诉诸情感，遵循美的规律，承载美的内容，将纯真情感、道德精神和审美愉悦融为一体，通过“乐”的形式实现对本真世界的认识以及道德境界和审美境界的整体提升，从而达到真、善、美和谐统一的精神境界。① 田作明、彭林则考察了儒家礼乐文化中内在的对德育的重视。“文化”一词包含了“人文”与“化成天下”之意。文化重在教化，与自然相对，即自然的人化。而“乐”的精神是天地自然的和谐，“礼”则代表天地自然秩序，孔子倡导的礼乐文化以圣贤为理想人格和人生追求目标，激励人们加强自身道德修养，提高人生境界。② 至于教化的具体内容，魏冰娥认为儒家德育方法通过“以文化人”“仁之实”“仁之方”等内涵表现出浓厚的人文特性，倡导一种集人、文、教、养、爱、理、知、行于一体的寓教于养、寓养于教、有教有养、教养合一的人格养成观。③ 崔振成着重从儒家“克己”的角度揭示道德教化的本质。他指出，“克己”的诞生脉络是由伦理层面的“礼”到教化层面的“克己”再归到道德主体的“仁”。儒家克己文化提出“克己”有耻的道德命题、内在超越的运思路向，在知行合一的德育范式内乐见德育效果。无论是其作为自我意识觉解、作为“美德伦理”，还是其本体意义上的普遍性规范伦理诉求，均可获得当代合理性辩护。④ 在梳理阐释儒家传统道德教育思想的同时，学者们指出了当今道德教育的缺陷，呼吁复兴中国传统道德教育。

有学者对特殊时代和具体人物的教育思想进行了阐述分析。张琼认为，王安石的“养之有道”思想建立在“性无善无恶，情有善有恶”的人性论基础上，包含了“饶之以财，约之以礼，裁之以法”三个方面。在综合自我约束和他者约束的基础上，从人的自然情欲、道德礼仪和社会法律入手，展开“止恶为善”的教育，从而形成了一套符合人的成长规律和学习规律的有效教育模式。⑤ 李太平、黄洪霖认为宋明理学的“天地之性与气质之性”的人性论，为儒家道德教育阐明了必要性和可能性；其“体用一源，显微无间”之说，论证了以“三纲五常”为核心的道德伦理体系的合理性和永恒性；其“心统性情”理论，张扬了道德主体的能动性。⑥ 史婷婷认为老

---

① 祖国华：《诗·礼·乐：论儒家理想人格的辩证生成》，《复旦学报（社会科学版）》2017 年第 6 期。

② 田作明、彭林：《礼乐文化呼唤学校德育回归》，《中学政治教学参考》2017 年第 20 期。

③ 魏冰娥：《论儒家德育的人文特性及其对人格养成教育的有效性》，《理论与现代化》2017 年第 2 期。

④ 崔振成：《儒家“克己”文化的当代德育价值阐解与内嵌》，《南京社会科学》2017 年第 10 期。

⑤ 张琼：《“养之有道”教育伦理思想探析》，《惠州学院学报》2017 年第 4 期。

⑥ 李太平、黄洪霖：《方法论的思考：宋明理学道德教育论及其启示》，《湖北大学学报（哲学社会科学版）》2017 年第 3 期。

庄道家从“道”的特性引申出了一系列德育方法和措施，分别为“行不言之教”的潜移默化法、“静观玄览”“心斋坐忘”的自省修炼法和“图难于易”“美成在久”的循序渐进法。这些研究对于今天全面认识和挖掘中国传统伦理资源的精华，加强现代德育建设有着积极的借鉴意义。①

除道德教育的内容以外，还有学者从道德教育的对象、载体和方法的角度进行了研究。蔺蕴宇从儿童教育角度重点探讨了《弟子规》体现的伦理观念，他认为《弟子规》中虽然有传统的尊卑、长幼的现实等级，但更多的是在阐释如何以“真情”对待周围社会关系。它不仅是一部道德教育作品，还是一部儿童的日常行为规范。尤其是以“情”为核心的教育观念，可以塑造儿童启蒙阶段的人格和情感。② 邓红华、邓名瑛通过分析汉语谚语的历史形成和类型种属，发掘了伦理型谚语的内涵：“立教”、“明伦”和“敬身”。他们的研究认为，伦理型谚语具有促进民众使用文明用语、构建社会伦理规范、启迪当下各类社会关系和谐发展等重要作用。谚语作为传统文化载体之一，为传统文化的保留和传承作出了自己的贡献。③ 延瑞芳分析了冠礼，她认为这一传统仪式既体现了对青年外在仪容举止的要求，也注重对其道德品行的训示，具有文明传承、伦理教化和人格养成等教育功能。冠礼仪式流程设计合理、严谨、周密，有利于因时制宜地进行创造性继承和转化。其象征性符号和言语动作所体现的成熟的生命意识、个体与群体意识，也有助于人们树立正确的世界观、人生观和价值观。④

（二）道德修养

道德修养是中国传统伦理思想的另一个重要主题。与道德教育相比，道德修养更侧重当事人的自律工夫，在儒家语境下道德修养还被称为“修身”。杨辉在他的研究中对此作了概述。他认为儒家“修身”论的目标是提升境界，完善人格，成德成仁，成圣成贤。为此，儒家提出了一系列具体的“修身”方法，其中比较重要的有反己论、慎独论、重微论、改过论等。⑤ 2017 年学者们探讨道德修养的问题较多地集中于宋明儒家的修养理论，从宋代张载、二程和朱熹到明代王阳明、王夫之等思想家的道德修养理论都得到了充分探讨。此外，学者们对于个人修养和政治的关联，以及传统修养理论的现代意义也有较为深入的分析。

学者们对传统道德修养理论的研究主要聚焦于宋明时期的儒家学者。曾长秋通过

---

① 史婷婷：《老庄道家德育方法的现代意蕴》，《社科纵横》2017 年第 10 期。

② 蔺蕴宇：《〈弟子规〉的礼学思想及其对儿童教育的启示》，《文教资料》2017 年第 31 期。

③ 邓红华、邓名瑛：《汉语伦理型谚语的道德教化功能及其现代价值》，《伦理学研究》2017 年第 6 期。

④ 延瑞芳：《成人之道——冠礼的教育功能及现代价值探析》，《湖南大学学报（社会科学版）》2017 年第 6 期。

⑤ 杨辉：《儒家的“修身”论及其内生现代性转化》，《河南师范大学学报（哲学社会科学版）》2017 年第 2 期。

梳理周敦颐的生平及其主要思想，深入探讨了周敦颐的“主静”思想。他指出，周敦颐一贯“主静”，提出从“主静”进入道德修养境界。“主静”是一种至德，其关键是寡欲，要放下一颗躁动的心，回归无私无欲，才能成为至圣。圣人能够“与天地合其德，与日月合其明，与四时合其序，与鬼神合其吉凶”。人生的意义就在于追求至善至高至美的道德境界，成为圣人。① 张瑞元分析了张载的“知礼成性”与“变化气质”的道德修养工夫。他认为张载的“知礼成性”是指通过对道德知识的学习和对人伦礼仪的践履，成就君子的德性人格；“变化气质”则指通过道德修养去除气质中浊的、恶的一面，发扬和培养气质中纯粹美好的一面，使人成为道德的人；两者都包含着对人性幽暗意识的重视，对现实中人性恶的警惕。天赋人性的本善，让道德修养和成圣成贤变为可能。现实人性的恶，使得“知礼成性”与“变化气质”成为必要。张载就这样从两种道德修养工夫的角度，揭示了现实中的人所具有的神圣性和世俗性两重伦理存在维度。② 欧阳辉纯具体分析了宋代理学家朱熹忠德修养的主要方法与实践路径，即格物、致知、居敬和穷理。格物和致知主要体现为朱熹的忠德认识论，属于“道问学”的修养进路。居敬和穷理主要体现为道德实践论，属于“尊德性”的修养进路。格物和致知是“外在超越”的范畴，强调外在的“客观知识范畴”。居敬和穷理则属于“内向超越”的范畴，强调的是“主体价值范畴”。四者一脉相承、互相转化、相辅相成，共同促进朱熹忠德修养思想的形成。③

至明代，儒家的修身思想发生了很大变化。这一转折具体体现于王阳明的“致良知”学说。郭敏科认为，王阳明把良知作为道德判断的标准，通过“知”加强对道德理论的认识，道德践履时遵循知行合一的方法就是“致良知”，其实质就是从个人内心“立法”的层面，依据道德认知对人的道德践履提出更高的要求，从而使人成为能够自律的有道德的人。④ 王夫之在对儒家安身立命之道进行全面总结与批判的基础上，深刻阐述了安身立命的本质内涵及其价值，发展起了自己颇具启蒙特色的安身立命学说。王泽应认为，王夫之的安身立命学说同“依人建极”的人本主义伦理思想密切相关，充满着对身心关系、性命关系的特别关注，包含着对必然与自由、合规律性与合目的性的深刻洞见。⑤ 史少博、叶晓丽则通过对顾宪成“修、悟并重”的德育思想的分析，阐述了修在悟先的修身途径、修为知本的修身方式和工夫小心的修身内容。⑥

除上述研究外，还有学者从比较角度对儒家修身思想进行了富有创造性的论述。

---

① 曾长秋：《周敦颐的道德精神及当代价值》，《船山学刊》2017 年第 4 期。

② 张瑞元：《张载“知礼成性”与“变化气质”工夫的伦理意蕴初探》，《理论月刊》2017 年第 3 期。

③ 欧阳辉纯：《格物、致知与居敬、穷理——政治伦理视野下朱熹忠德修养的主要方法与实践路径》，《贵州师范大学学报（社会科学版）》2017 年第 4 期。

④ 郭敏科：《王阳明“知行合一”学说的伦理意蕴》，《新乡学院学报》2017 年第 5 期。

⑤ 王泽应：《船山对安身立命之道的求索与建构》，《黄河科技大学学报》2017 年第 4 期。

⑥ 史少博、叶晓丽：《顾宪成“修、悟并重”的道德修养论及其启示》，《学术交流》2017 年第 1 期。

王孝哲就比较了孟子、荀子、告子的人性论思想。他指出，上述几派思想家虽人性论基础各不同，但落脚点却是相同的，那就是都强调要重视人在后天的道德教育和道德修养，由此可见注重修养是儒家的本质特征。① 陈新华则从福柯社会学角度探讨了儒家个人修身和公共政治之间的关联。他指出儒家并不认为政治权力天然是负面的，反抗不会因反抗本身而具有价值。修身与反抗，最后都会意识到自己的局限性，自觉地将自己限定在天的范围内。修身在古典中国那里是政治的根本所在，修齐治平互为连属并呈递进关系，政治与修身都是响应天命的方式。②

二　政治伦理思想研究

在中国传统社会，政治与伦理的关联极其密切。制定一套相应的政治制度和社会治理机制是保证伦理观念得以运行和实现的主要方式。2017 年，学者们对中国传统社会的政治伦理思想进行了深入的探究。研究内容较多地集中于儒家的政治伦理思想，根据研究主题可将学者们的研究成果分为政治制度伦理、社会治理思想和行政伦理三部分。

（一）政治制度伦理

政治制度伦理是指一个理想的社会所应当实现的目标和这个社会的政治制度所应遵守的基本伦理准则。在这一主题上，儒家传统蕴含着大量宝贵的思想资源。2017 年学者们对此领域的问题最为关注。向世陵指出，“天下一家”观可以说是古代中国人的世界观。但“大道既隐”后，社会的现实是“天下为家”之为“各家”而非“一家”，并以仁义的教化引导和礼制的作用来维持此天下的稳定。要突破各自小家而走向天下一体的“大家”，不但需要道德的劝善和关爱，更需要形而上的理论支撑，即当从一气、一理或一心出发去看天下。天下一家不仅是情感和德性的调适舒展，也是为引向王道政治的贯彻和圆满。③ 朱贻庭由儒家的义利观入手，深刻剖析了传统义利观在执政者的治国价值方针和社会价值导向方面的重要作用。他指出，“上重义”中包括“上好信”、“不与民争利”、不加重“民任”等主张，是关乎“民之生死，国之祸福”的“古今之通义”，体现了儒家的“民本”思想，是一条值得所有“权为民所用”的执政者应遵循的“古今通理”。④ 范立舟则分析了张载《西铭》中的大同思想。他认为，张载试图将社会政治秩序与伦理道德规范内置于宗法网络之

---

① 王孝哲：《强调道德修养：中国历史上各种人性论的共同落脚点》，《唐都学刊》2017 年第 6 期。

② 陈新华：《皆以修身为本——福柯与中国修身哲学沟通的可能性》，《湖北社会科学》2017 年第 7 期。

③ 向世陵：《儒家视域中的“天下一家”观》，《中国人民大学学报》2017 年第 3 期。

④ 朱贻庭：《义利价值权重与治国价值方针选择——论儒家“重义”“由义”的执政治国义利观》，《道德与文明》2017 年第 3 期。

中，以宗法思想为基点生发出伦理政治的学说，从而找到“性与天道”和现实政治的结合点，为宗法伦理寻求到本体论的依据；其目的是把全社会纳入等级有序的宗法组织之中，政治组织与血缘组织相结合，家国同构，君父合一，社会便如同一个以宗子为核心组成的大家族。①

除上述研究外，亦有学者由经济学角度阐释了传统宗族制度和伦理关系的合理性。刘梦岳认为，儒家文化不仅是一套伦理价值体系，还通过宗族组织、亲属制度缔造了一套协调经济行为的机制。人们往往是通过这些文化与社会制度来确定彼此之间的权利义务关系。因此，即便在交易过程中缺少法律保护，市场的基本秩序也可以得到保障。在某些情况下，甚至由于略去了讨价还价、签订协定等环节，这种中国式的“关系经济”使中国人在缺失正式制度的前提下，亦能通过非正式的社会规范来建立一个高效的市场秩序。这并不是由于“儒家伦理”比“西方伦理”更优越，而是由于中国传统的社会文化制度被创造性地应用到市场经济当中，所以比西方的市场经济更有效率。② 还有学者在深入研究的基础上，批判性地反思了儒家政治伦理思想的弊端。沈顺福指出，在孟子、荀子等眼里，庶人、民众类似于牲畜（“安职则畜”）。在儒家制度中，民众始终是被管理、被统治者。只有极少数的平民可能会通过自己的努力上升至统治阶层，成为统治者，但是绝大多数人终生是平民。进一步说，在儒家政治哲学体系中，制度既不是以广大的民众为目的，也不是以少数统治者为目的。究其本质，其目的可能是政体自身，即政体的稳定和持久存在。尽管人们承认制度对于任何一个社会与团体的重要性，也相信团体对于人类的价值，但是团体、政体和制度终究是为人服务的，人才是目的。任何一种制度和政体建设，都应该以此为基础。传统儒家制度伦理的最大不足便是忽略了这一基础。③

（二）社会治理思想

社会治理思想是实现理想政治制度的手段，包括德治、礼治和法治等。任恒熠将传统德治思想的主要特征归纳为重视道德教化、坚持德主刑辅德法并用和“以吏为师”“立身为正”三点。④ 吕庙军重点分析了荀子的礼法合治、王霸兼用的社会治理思想。他认为荀子的“人治”思想，强调的是“人”在法律实践中的主导作用。荀子的“人治”更多的是对人的道德品格和精神境界的要求，为统治者在制定法律和执行法律时重视其道德素养和司法实践能力提供了有价值的借鉴，对当代中国法治社

① 范立舟：《张载对宗法制度的构思及其“民胞物与”的大同理想》，《杭州师范大学学报（社会科学版）》2017 年第 5 期。

② 刘梦岳：《从“经济伦理”到“制度主义”——“儒家文化与现代经济”的研究转向及其启示》，《山西大学学报（哲学社会科学版）》2017 年第 2 期。

③ 沈顺福：《试论传统儒家制度的伦理基础》，《道德与文明》2017 年第 4 期。

④ 任恒熠：《中国古代德治思想与我国行政伦理困境分析》，《新西部》2017 年第 24 期。

会建设和完善具有一定启示意义。[①] 岳精柱则剖析了古代政治制度中“孝”和“忠”的关系。他认为中国传统社会家国同构，以孝为基础建立了家庭伦理，以忠为基础建立了政治伦理。“孝”是家、国共同的思想基础，为百姓和统治者所共同推崇。家规家训具有道德和法的双重内涵。国家的统治者经常颁发“圣谕”，将百姓家规家训的内容以国家意志的形式确定下来；百姓也自觉地以圣谕为家规家训。这就形成了家规家训与国家意志的相互表达，家族、国家共同构建社会价值观，有利于社会和谐稳定和政权稳固。[②]

（三）行政伦理

行政伦理是政治活动的主体，即君主和官员所需遵守的伦理规范，也就是为君之德和为官之德。2017 年学者们对官德主题有着相当丰富的讨论。历代的“牧令书”和“官箴书”中就直接记载了官德内容，单纯将其中的行政伦理思想总结为“勤政爱民”“视民如伤”“视民如子”“清、慎、勤”四点。[③] 傅琳凯认为儒家倡导的“清正廉明”是官吏职业道德的内在要求，“为民谋利”是官吏角色道德的核心内容，“勤勉公正”是官吏行政伦理的价值追求。[④] 李昌娟从公私义利之辨入手，认为儒家对官员提出的道德要求为公重于私、“义以为上”，倡导“以义统利”。官员的道德修养可以影响整个社会的风气，官员清廉便能吏治清明，社会稳定。[⑤] 谭剑波、张益民从儒家修养工夫中提取了诚、忠信、慎独、知耻、改过作为官德要义。这些内容说明，传统官德思想仍然可以给当前官员道德建设提供具有参考价值和启示意义的历史资源。它丰富的内容阐释，既包括对普通人提出的一般性道德理念，也包括由此基础上升为官员职业伦理的特殊道德理念，而贯彻于从做人到做官过程的是一系列动态的品性修身工夫。[⑥] 吴磊、梁洋生重点探讨了孟子的廉洁自律思想。它要求在上的统治者只能适度享乐、与民同乐，尽量约束权力，清心寡欲；应尽心尽责、守仁、守诚；培养高尚的道德以自愿施行仁政，最终成为廉洁自律之圣人。孟子思想堪称儒家廉洁自律之理想派，激励着后世执政者清廉奉公、严于律己、培育道德、施仁成圣。[⑦]

三　生命伦理及生态伦理研究

生命伦理学和生态伦理学是现代应用伦理学中的两门新兴学科。而中国传统思想

---

① 吕庙军：《论荀子礼治、法治、人治关系及其当代价值》，《邯郸学院学报》2017 年第 2 期。

② 岳精柱：《“家国同构”下家规家训与“圣谕”的相互表达》，《长江师范学院学报》2017 年第 3 期。

③ 单纯：《论中国牧令书中的行政伦理》，《杭州学刊》2017 年第 1 期。

④ 傅琳凯：《儒家官德思想探析》，《社会科学战线》2017 年第 2 期。

⑤ 李昌娟：《儒家官德传统对当代廉政建设的启示》，《清江论坛》2017 年第 2 期。

⑥ 谭剑波、张益民：《传统官德思想的主题及启示》，《当代中国价值观研究》2017 年第 4 期。

⑦ 吴磊、梁洋生：《孟子的廉洁自律思想探究》，《赣南师范大学学报》2017 年第 4 期。

中也蕴含着相关的思想资源，如儒家“以天地万物为一体”和“民胞物与”的思想，道家乌托邦的社会图景、“自然无为”和“齐物”思想，等等。2017 年学者们深入发掘了儒家和道家的思想资源，对当代的生命及生态问题进行了回应。

生命伦理学方面，如何定义生命以及什么是生命的意义是该学科中最首要的问题。对此，学者们予以了较多的关注。陶新宏认为生命不仅限于个人，儒家把宇宙视为一个大生命系统，是一个和谐统一的整体，而“生生”是宇宙万物的演进过程。儒家“生生”思想蕴含了创生与续生、共生与养生、贵生与护生等深刻而丰富的内容，其形成的前提是儒家主张的人与天地万物一体互动的生命系统模式。儒家“生生”思想生发之机制，是以阴阳互动为“生生”之内在动力，异质多样的统一则是“生生”之外在形式，由此展现了儒家生命伦理的精神内核和丰富的生命情怀。① 西方现代生命伦理学研究提出的生命缘何具有神圣性是生命伦理学中的首要问题。李瑞全、金美华回应了这个问题，他们指出，儒家可以为这个问题提供辩护。一方面，人的生命之所以具有价值是由于人与人之间有一种不由自主地对他人的痛苦的同情共感，此即孔子所谓“仁”或“仁心”，或孟子所谓“不忍人之心”。另一方面，儒家主张人性善，亦在于肯定人的价值，而此价值是生而有的，故人皆有一本有的价值，不是任何人可以随意予夺的。儒家的这一理论可以为生命伦理学中生命的尊严建立基础。②

学者们不仅通过梳理中国思想史为当代生命伦理学提供不同于西方功利主义和义务论思想传统的宝贵思路，还从中国传统的生命观和生态观出发，为今天面临的生态问题提出极富创造力的建设性意见。白奚剖析了儒家“万物一体”的思想传统，指出，“以天地万物为一体”是儒家仁爱思想的最终目标，是“仁者”的最高境界，也是儒家道德关怀的最高体现。“万物一体之仁”中包含着深刻的生态伦理思想，是中国儒学对人类思想的独特贡献，可以为人们超越西方传统的人类中心主义、有效解决生态危机、实现人类社会的可持续发展提供重要的思想资源。③ 李少波则更关注“外物”在生态伦理学中作为手段和目的的双重身份。他援引了儒家的“理一分殊”来解答。他认为“理一分殊”从理论上说明了人利用自然资源的必然性与合理性，提出了人处理与万物关系的基本准则，即，在承认“天地之性人为贵”的基础上成人成物，与自然和谐相处。④ 吴凡明阐述了张载的“民胞物与”生态伦理思想，他认为，张载的“为天地立心”强调了人的主体性与道德责任，“大其心以体天下之物”

---

① 陶新宏：《“生生”：儒家对生命的诠释》，《广西社会科学》2017 年第 5 期。

② 李瑞全、金美华：《生命神圣、敬畏生命与尊重生命：中、西生命伦理学共论》，《科学与社会》2017 年第 4 期。

③ 白奚：《“万物一体之仁”：王阳明的仁学思想及其生态学意义》，《孔子研究》2017 年第 1 期。

④ 李少波：《论“理一分殊”的生态伦理意义》，《青海师范大学学报（哲学社会科学版）》2017 年第 5 期。

阐释了生态伦理的实践问题，“与天为一”则是生态伦理的最高目的与终极价值追求。张载的生态伦理思想不仅可以消解人类中心主义与人类独尊主义的桎梏，消除人与自然之间的情感壁垒，而且高扬了人的主体性，强化了人的生态伦理责任与道德义务。①

道家的生态伦理思想方面，学界多有建树。曹立中、余洋将老子《道德经》中的生态伦理思想总结为“道法自然”（无为）、“人居其一”（协同）和“物极必反”（慈弱）。② 胡志红从语言学角度纠正了西方生态批评运动中对老子的无为思想产生的误解，并将《道德经》中“甘其食，美其服，安其居，乐其俗。邻国相望，鸡犬之声相闻，民至老死，不相往来”阐释为一种以农业为基础，兼顾自然生态原则和人的需求的乌托邦社会图景。她认为这种道家式的乌托邦社会与西方生态思想界流行的按照生物区域主义原则重构社会的思想理路存在诸多契合之处，老子的《道德经》实际上是试图引导人们通过道法自然，达到人性或曰人性自然与生态自然之间的和谐合一、生态公正与社会公正之间的并行不悖，从而实现人类经济体系与自然经济体系之间的和谐共生。③ 王国亮则就人类与动物的关系这一主题对庄子的“齐物论”展开了分析。他认为庄子动物观的哲学根基是齐物平等和万物一体，庄子动物观的实践要求是尊重天性和自然无为。庄子动物观中蕴含着深刻的伦理关怀，对于重估人与自然的相处方式，培育人们热爱生命的情怀以及保护生态的理念，都有着重要的借鉴意义。④

---

① 吴凡明：《张载“民胞物与”生态伦理思想及其当代价值》，《湖州师范学院学报》2017 年第 9 期。

② 曹立中、余洋：《〈道德经〉中的生态观与当代中国的生态文明建设》，《喀什大学学报》2017 年第 5 期。

③ 胡志红：《〈道德经〉的西方生态旅行：得与失——比较文学视野》，《外语与外语教学》2017 年第 2 期。

④ 王国亮：《庄子动物观及其生态伦理意义》，《学术界》2017 年第 12 期。

2017年家庭伦理研究报告

张　雪

家庭伦理是中国传统文化中的核心内容，与家庭相关的基本问题与范畴一直是中国伦理思想史研究的重点。同时，现代家庭结构转变带来的新型家庭建设的需求迫使人们从传统文化中寻求借鉴。2017年，学界在家庭伦理学方面的研究形成了丰硕的成果，其内容主要围绕中国古代家庭观念、家庭规范、亲子伦理、夫妻伦理以及在传统中国家国同构特殊结构下产生的家国问题，这些研究成果体现出学界对家庭伦理及其引发的现实问题的思考与探究。

一　传统家庭观念与现实价值

学界对"家"的文化内涵进行了挖掘，并以"儒式家庭理念"的概念构建出中国传统文化中的"家庭"面貌。安启杰、夏均宁对传统家庭的功能进行了全面的阐发，并指出，中国的儒式家庭有完整详备的儒学理论支撑，有各种伦理、道德规范，有家风、家训、家规等道德约束和祠堂、家庙等宗族纪念建筑，并形成了家国一体的社会情怀。[①] 罗安宪对这一特点进行了更深刻的表述。在他看来，中国文化中的家虽以房舍为基础，以血亲为纽带，但重点在于家庭成员间的真感情。"家"重视家庭成员，以有亲、有序、有别作为基本家庭规范，以家教、家训作为维延家风的重要手段，对人的人格养成起着决定性的作用，因而这样一个同时具备生活、学习、工作、宗教四个方面的功能的"家"能够起到良好的情感维系作用。[②] 学界无论是从文化学上对"家"进行阐述，还是提倡用"儒式家庭理念"对现代家庭进行提升和改造，都是希望回归传统，重新审视家庭应有的功能和地位，注重儒学在家庭中的传播、传承、实践，这也是当前精神文明建设的重要环节。

---

① 安启杰、夏均宁：《中国儒式家庭是家庭建设和发展的方向》，载王中江、李存山主编《中国儒学》第12辑，中国社会科学出版社2017年版。

② 罗安宪：《论中国文化学意义上的"家"》，《中国人民大学学报》2017年第3期。

不少学者针对传统家庭观中的合理内涵，思考了其对现代人际关系的有益启示。刘光明认为儒家家庭观具有强调等级性、封闭性，强调忠诚和责任的特点。在此家庭观下，自我的培养实际上是“家庭的自我”不断重新创造的过程。儒家家庭观下个体以“家庭的自我”界定自身，这种通过家庭关系网络界定的自我建构，模糊了集体与个体间的区分。在家庭自我的不断构建中，互惠、仁德、同情、尊重、利他等道德心理概念在“关系”基础上衍生，成为维持社会的有利因素。① 张闰洙也认为儒家的全部实践伦理都是从家族出发的，儒家非常重视家族成员所具有的“关系”意识，并将这种意识扩大到社会乃至国家。儒家家族观的后现代意义在于克服人际关系的疏远化，并为形成积极的“关系性”人性提供可能。② 杨威、刘宇从布尔迪厄“场域—惯习”论的分析视角出发，试图探究中国当代家风的新范式。他们在审视和扬弃传统家庭伦理规范的基础上，认为当代家风新范式应当强调社会与家庭的场域联系，从而使得个人惯习在道德的教育与践行之间达成一致。新范式促进了社会与个人之间的关系性双向互动，进而达到完善家庭乃至社会的伦理规范与道德教育的目的。③

不少学者根据传统家庭观中的合理内涵，思考其对社会主义核心价值观建设的涵养作用。韩小谦、姚佳彤认为，优良家风文化能起到维护家族秩序、保证社会稳定、营造社会风气的作用。传承优良家风可以通过确立家规家训、规范言行举止、树立道德榜样等方式，使社会主义核心价值观理念转化为个体的道德追求。④ 牛绍娜、陈延斌探讨了优秀家风与社会主义核心价值观之间具有的文化和伦理的内在契合性。他们认为时代家风与社会主义核心价值观具有文化同根性和同质性，皆源于中国传统优秀文化与伦理资源，且中华民族素来重视家庭建设，为优秀家风涵育社会主义核心价值观提供了原始场域。因此，通过发掘、发挥地方家风资源，重视传统家风的现代转换，注重家庭在青少年价值观养成中的积极作用，整合学校、社会、国家、媒体等多方资源等有效途径，可以实现优秀家风向社会主义核心价值观建设的推进。⑤

当然，也有学者看到了伴随着社会发展而来的家庭模式的改变，并积极从传统文化出发探讨家庭家风的现代性转化问题。张妍妍从传统家风的功能（即教化、调解、保护、规范四个方面）出发分析了其现代化转变：教化功能从原先以父母权威为主的单向性发展为趋向平等关爱的双向传递；调节功能则由“礼制”结构下的家族长老“执法”转向以亲情凝聚力为主的内部调节引导；保护功能从树立宗族权威转向提供精神慰藉；其规范功能也由原先单一的家庭倡导转变为国家、社会、个人共同培

① 刘光明：《古典儒家伦理的家庭观和关系概念的解析》，《广东石油化工学院学报》2017 年第 5 期。

② 张闰洙：《儒教的家族观与后现代意义》，《湖南大学学报（社会科学版）》2017 年第 4 期。

③ 杨威、刘宇：《中国当代家风构建的新范式探究——基于“场域—惯习”论的架构分析》，《观察与思考》2017 年第 1 期。

④ 韩小谦、姚佳彤：《论优良家风涵养社会主义核心价值观》，《广西社会科学》2017 年第 12 期。

⑤ 牛绍娜、陈延斌：《优秀家风培育与社会主义核心价值观建设》，《湖南大学学报（社会科学版）》2017 年第 1 期。

育。对家风功能转变的深入探究有助于更好地立足于家风建设，真正把社会主义核心价值观根植于家庭的日常生活中。①

二　家庭规范

“家”之所以能够承担如此深厚的文化内涵及重要功用，与中国重视家世传承和家庭教育的传统有必然联系。为了塑造和培养族人的品性和人格，中国古人尤其注重家族文化的培养和传承。家风、家训、家规正是中国传统家庭富有传承价值的核心理念的凝练，其核心内容均围绕治家教子、修身做人、齐家传家而展开。家风、家训、家规一方面作为价值指导规制着家的传承方向，另一方面也促进了社会道德风气的形成。石栋凌指出，中华家风家训是中国特色的传统文化价值观的呈现形态，它反映了中国人民的人文价值与精神价值。传承中华家风家训，不仅有利于培养伦理道德素养，进而领悟中华传统文化的深刻内涵，还有利于社会和谐发展。②

有不少学者专注于中国家风整体特点的考察。王常柱在前人的研究基础上，试图对中国传统家风的本质内涵、历史传承和现代境遇进行探讨，从多角度较为全面地对家风文化作出了阐明。他认为，以往对家风本质的研究形成了教育说、家规说、价值观说、习性说四种观点，但上述本质主义的定义方式很难全面、完整地概括家风的本质内涵。因此，他提出从概念、结构、生活、价值、信仰等多个途径审视中国家风：从概念上看，“家风”可理解为一个家庭或家族所拥有的并且为其成员所普遍认同、践行的爱好和习惯；从结构上看，家是有男女而夫妇再至亲子所结成的血缘结构和伦理结构，家风是在此结构下成员所认同的爱好和习惯；在生活上，家风是一个家庭基于生存温情所形成的生活理想以及围绕这一理想展开的沟通和教育；在价值上，家风是中国慎终追远和绵延永存的价值观念；在信仰上，对家风的顺从和倚赖是家庭成员的生命归宿与精神坚守。③ 陈荟芳全面梳理了中国古代家训中蕴含的现代伦理价值。她认为中国传统家训广泛宣扬的“忠孝仁爱”“修身养性”“乐其名分”“存心尽公”中饱含报效国家、忠于国家的政治伦理价值；倡导“扶危济困、乐善好施、和待乡邻、与人为善”等社会伦理价值；重视家业治理，重视家庭的和谐安宁，倡导家庭和睦、兄友弟恭、父慈子孝等家庭伦理价值。④ 谢青松、赵娟对中国传统家风家教文本在家庭伦理、社会风气、国家治理中发挥的作用进行了系统整理，并将其核心思想概括为立德、勉学、孝亲、择友、戒贪等。⑤ 可见，家风文化作为一种潜移默化的教

① 张妍妍：《社会主义核心价值观视阈中家风功能的现代化转变》，《道德与文明》2017 年第 5 期。
② 石栋凌：《中华家风家训的传承价值及实现途径探析》，《戏剧之家》2017 年第 10 期。
③ 王常柱：《中国家风的多维本质、历史本原与现代境遇》，《河北学刊》2017 年第 6 期。
④ 陈荟芳：《中国古代家训文化的现代伦理价值及其启示》，《理论观察》2017 年第 9 期。
⑤ 谢青松、赵娟：《中国传统家风家教的传承与核心思想》，《学术探索》2017 年第 6 期。

育手段和强有力的道德力量，可在塑造健全人格、营造清廉家风、涵养淳朴民风方面发挥其积极作用。也有不少学者认识到了传统文化中家训资源对个人成长成才、构建和谐美满家庭、维护社会秩序的重要意义。

与上述学者从中国家风文化的整体分析不同，有部分学者限定了不同的时间区间与问题维度进行了专门的研究。麻翠娟发掘了周文化中所倡导的“孝笃仁爱”“孝老尊亲”“自力更生”“惟德是辅”“崇德向善”等优良家风。① 易宁、吴磊将汉魏时期家训伦理思想分为“修身、治家、处世、为政”四个论域，修身方面主要强调“仁、义、礼”，治家伦理则强调“慈、爱、孝、顺”，在处世方面强调“谨、慎、谦、让、诚、信”，为政方面则要恪守“明、贤、清、廉”的伦理准则。他们综合汉魏时期家训伦理思想，将其核心价值追求归纳为“和”这一范畴。② 王法周探讨了明末清初儒者家庭伦理观念及其困境。他指出明清时期家庭伦理观念与礼仪实践日益教条化、僵硬化，并不利于人伦之道的真正落实，甚至会造成家庭伦理观念与伦理行为之间的内在紧张。故而黄宗羲、陈确等开始意识到并极力强调情感在家庭中的作用，希望在经典与时变、教条与活力之间寻求平衡。③ 这种对家庭伦理困境的反思体现出明末清初儒者在人性观念上更趋向宽容。张燕认为“和”是家庭建设的核心要素，是中国传统家规家训中倡导的一种价值取向与核心内容，因此她重点发掘历代名人家规家训中的“和合思想”。传统家训在教导后辈如何处理人与自身、人与人、人与自然的关系时融入了“和合”思想：首先，人自身的和谐是家庭和合的基础，因此家训多劝诫子孙强于自修；其次，人际和谐是家庭和合的环境保障，因此家训多倡导宽和谦让之德；最后，人与自然的和谐是家庭和合的生存条件，因此家训中涉及敬畏万物、天人合一的思想。这些都是传统家训在处理家庭成员、周邻、人际、人物之间关系方面的有益启示。④

有许多学者着力于提炼、整合具体家训著作中体现出的家庭伦理道德规范并挖掘其现代意义。汪先平、耿宁以塔山《刘氏家训》为文本，总结了其中父母之道、婆媳之道、夫妻之道、子女之道、兄弟之道等以“家和万事兴”为核心的家庭内部伦理规范及由君臣之道、师生之道、朋友之道构成的家庭外部伦理规范。其中，内部伦理要求做到孝敬父母、夫妻恩爱、代际平等；外部伦理规范则对和谐邻里、尊师重道作出规定。⑤ 邬迪、袁伟以《郑氏规范》为例，认为家训作为传统宗法制度的产物，在思想内容方面具有与儒家思想的一致性、宗法性、归束性、和谐性等特点。郑氏家

---

① 麻翠娟：《浅议周文化中的好家风》，《大陆桥视野》2017 年第 20 期。

② 易宁、吴磊：《汉魏时期家训伦理思想及其对家庭教育的启示》，《大学教育科学》2017 年第 2 期。

③ 王法周：《明末清初儒者家庭伦理观念及其困境——以父子伦理为中心》，《北京教育学院学报》2017 年第 5 期。

④ 张燕：《我国历代名人家规家训中的和合思想探析》，《台州学院学报》2017 年第 2 期。

⑤ 汪先平、耿宁：《塔山〈刘氏家训〉的家庭伦理规范及其现代意义》，《安阳工学院学报》2017 年第 5 期。

训内容涉及教子、处事、治家、为官等人生的各个方面，极富实践性、形象性、生动性、哲理性、针对性，显示出家训对现代家庭伦理道德教育具有深远的意义。① 尹超凡以《郑氏家规》为主考察了义门郑氏的家族管理模式及其对族人的伦理教化。郑氏家规中集中体现了“孝”“义”“俭”“廉”的伦理教化内容，在家族内部形成了重孝敬、厚人伦的集体心理认同，对家族成员道德修养及行为的养成产生积极影响。在稳固家庭关系、促进核心凝聚力形成的同时，保障了家族的绵延和兴旺。② 罗琼把《朱子家训》分为个人道德修身、家庭日常伦理、社会和谐关系三个主要方面，指出了朱子家训注重提升个人的道德修养、强化家庭意识和责任意识以及解决人际纠纷、化解社会矛盾的可借鉴之处。③ 李新蕊深入将《颜氏家训》中的家庭教育思想归纳为“人伦为重，不可不笃”的家庭伦理教育内容、“礼为教本”“朋友有道”“经世治学”的家庭道德教育内容以及教子婴稚、身正率下、惩爱有度的家庭教育方法。④ 葛敏、缪建东对《颜氏家训》也有针对不同侧重点的研究。他们认为，颜之推重视子女早期教育以及环境的熏陶塑造作用，秉承守道崇德的教育理念，积极倡导仁爱、守礼、忠顺、慎名的道德品质，强调以身作则的教育方法，坚持严慈相继、爱教结合的情感教育，更确立了勤学立品、终身学习的学风。⑤ 任鹏程将《任子遗书》所言的成人之道划分成为学、忠孝、言行、交友、礼乐五个方面，先贤的这些修身教诲对于目前促进现实道德增益、弘扬家族文化繁荣和推动儒学深入研究仍然具有深远的理论意义和现实价值。⑥ 李育民则考察了曾国藩的治家思想，认为曾国藩以儒家经籍为本，充分吸收、借鉴传统家训，总结曾氏家族的家风，形成了自己的治家思想和理念。曾国藩将曾氏家风总结为以“考、宝、早、扫、书、蔬、鱼、猪”八字为本的治家之法，以进德修业为树人之道，以勤俭美德与由各种具体的规范和方法构成的养生之道作为持家之规，十分鲜明地体现了农耕社会的治家特点。⑦

从以上研究成果对家风、家规、家训文本的分析可以看出，中国古代家庭教育基本是在儒家以道德立身、以伦理处事的圣贤典范教育下完成的。但也有个别传承的是祖辈独特的人生经验，具有其独特伦理价值。袁黄所著的《了凡四训》就是其教导儿子的四篇家训，其中包含了明理向善、改过迁善、积善累德和谦德之效四个方面的伦理思想，他以自身经历告诫家人“祸福自己求”，体现出自强不息、劝人为善的特

---

① 邬迪、袁伟：《浅析中国传统文化中家训关于家庭伦理教育的作用——以〈郑氏规范〉为例》，《山东青年》2017 年第 2 期。

② 尹超凡：《郑氏家规的伦理价值探析》，《文教资料》2017 年第 18 期。

③ 罗琼：《〈朱子家训〉对现代家庭教育的启示》，《中国民族博览》2017 年第 4 期。

④ 李新蕊：《〈颜氏家训〉家庭道德教育思想及其当代新境遇》，《福建省社会主义学院学报》2017 年第 6 期。

⑤ 葛敏、缪建东：《颜之推家庭教育思想述略》，《中国成人教育》2017 年第 11 期。

⑥ 任鹏程：《试论〈任子遗书〉的家族修身哲学》，《聊城大学学报（社会科学版）》2017 年第 5 期。

⑦ 李育民：《曾国藩的治家思想论析》，《暨南学报（哲学社会科学版）》2017 年第 9 期。

质，在家训中独具一格。[①]

除了对传统家训文化中家庭伦理思想的发掘，还有不少学者从典故、制度、特定群体角度进行了研究。樊智宁否定了传统学界在“郑伯克段于鄢”这一历史典故中非难郑庄公姑息养奸的观点，认为这一伦理悲剧的关键在于“兄友弟恭”这一基本家庭伦理准则的失落。郑庄公之误在于过分溺爱亲弟而导致的“失教”，共叔段之误在于对兄长不“恭”不“悌”，两人都未能实现各自身份下的伦理责任，因而导致了这出兄弟阋墙、犯上作乱的悲剧。[②] 孙健从宋代封赠制度切入探讨了其中体现的家庭伦理及家庭秩序的构建问题。他从夫妻关系、父子关系、父母关系、嫡母与所生母关系四个角度表明宋朝统治者对夫权、父权、嫡庶名分的严格维护，阐述了宋朝封赠制度中体现出的对上下有伦、尊卑有序的家庭伦理秩序的捍卫。封赠制度的各项规定从严明个体家庭内部关系入手，规范了家庭乃至社会的基本道德伦理秩序。[③] 焦秀萍、赵唐洁剖析了晋商这一群体的家庭伦理观，将其概括为崇儒尊礼的孝亲观、夫义妇德的夫妇观和儒商并重的育子观，并指出其家庭伦理思想是支撑晋商作为明清时期最大商帮之辉煌的精神支柱。[④]

部分学者着手阐释了当代知名哲学家的家庭观，也有学者在前人研究基础上尝试对家庭伦理给出新的解读。王水龙、陈支那指出唐君毅从文化意识、生命意识和道德意识出发，构建出形而上的家庭哲学理论，即“道德家庭观”。唐君毅“立本成末”思想认为家庭的形式（“末”）是由人的道德理性（“本”）自身开出的价值领域，用以规范人的原始本能，并实现人的精神活动、道德活动。“立本成末”使人能自觉地“依理而行”，将内化的道德理性发用为外在的家庭活动实践，在肯定家庭形式价值的同时主张人在自觉的家庭道德实践中逐步实现道德自我、超越自我、精神自我，从而成就自我完美的人格。这为提升人的道德精神境界、挽救或缓和当代家庭危机乃至构建和谐社会提供了独有的理论方法。[⑤] 周良发概述了梁漱溟对中国传统家庭作用的相关论述。梁漱溟认为家庭对个人的作用有四点：作为个人生活的场所、情感培育的场所、自我实现的场所、代际关系的学习场所。同时梁漱溟提出中国是“伦理本位”的社会，但是极力否认儒家是“家庭本位者”，因为儒家仁爱是私人性与公共性的统一，在重视家人之间情感的同时，还能将这种情感扩及社会全体成员，体现出集体主

① 陈延斌、张琳：《简论〈了凡四训〉的伦理思想及其当代价值》，《船山学刊》2017 年第 2 期。

② 樊智宁：《“郑伯克段于鄢”的家庭伦理责任续考》，《西安文理学院学报（社会科学版）》2017 年第 4 期。

③ 孙健：《宋代封赠制度对家庭伦理和家内秩序的构建》，《北京师范大学学报（社会科学版）》2017 年第 1 期。

④ 焦秀萍、赵唐洁：《浅谈晋商家庭伦理及其现代价值》，《山西高等学校社会科学学报》2017 年第 2 期。

⑤ 王水龙、陈支那：《唐君毅道德家庭观之用思方式及其现实意义》，《中华文化论坛》2017 年第 6 期。

义的大爱情怀。① 涂可国将孝、悌并举，梳理了历代儒家对家庭伦理的五个方面的阐述：父慈子孝的双向的责任、游必有方的感情责任、不亏其体的重生责任、劳而无怨的代际责任、兄友弟恭的同辈责任。同时，他澄清了现有的一些对孝悌责任伦理的误读，反对将其视为压抑个性的单向强制义务。②

三 亲子伦理

父子之间的伦理关系是构成家庭伦理的核心。张敏梳理了中国传统文化中父子之间的伦理关系，认为虽然“父慈子孝”是传统父子伦理的基本内容，但在以往文化中，对“子孝”的诉求远远强于“父慈”的规定。“父为子纲”伦理式道德是古人效法自然，以长幼等级保障社会生产顺利进行的必然产物，虽有其合理内核，但却随着“孝”的绝对化产生了“以孝杀人”的负面影响。由此，他主张在现代新型父子伦理关系建构中发扬“幼者本位”思想，并建设平等的父子沟通途径，变传统家庭本位为个体本位。③ 张敏鲜明地指出了传统文化在“亲子伦理”方面的侧重点，即对“子孝”的要求极大地强于“父慈”。基于这一特点，传统家庭伦理学方面，有非常丰富的“孝”理论资源，2017 年涉及亲子伦理方面的研究也基本集中于对“孝”理论的考察。

有不少学者论述了“孝”的文化价值。樊浩认为孝是人类生命进程的第一次也是最重要的一次重大觉悟，是对人的动物性本能的具有根本意义的超越。“孝”在中国文化与传统文明的顶层设计中，承载着终极关怀的重托，其中蕴含的“子嗣文化”在根本上是对永恒不朽的承认和希冀。将“孝”仅仅理解为“德”，会严重消解其文明意义和道德境界，故而他主张在文化高度上审视孝的价值，从“孝德”走向“孝道”。④ 王晓文也从文化高度上审视“孝”，认为孝文化是中国传统文化尤其是儒家文化的核心思想，它不仅塑造了中国传统文化的基本样式，而且也构建了中国传统文化的道德伦理体系，影响且不断深化着中国人内在的道德伦理认知，并外化为中国人的行为方式。⑤ 雷永强认为中国传统文化中人们本于血缘亲情而“追孝”先人代表着精神的“回归”与文化的寻根意识。“追孝”通过祭祀等礼乐形式将孝亲的本能情感表达与对先祖的感念追思延伸为一种对族群的历史意识。因此，“孝”是一种“报本返始，不忘其所自出”的文化始源意识，反映了先民重根、寻根的文化趋向。这种民

① 周良发：《梁漱溟伦理集体主义理论及其实践》，《青海师范大学学报（哲学社会科学版）》2017 年第 4 期。

② 涂可国：《儒家孝悌责任伦理论辩》，《周易研究》2017 年第 4 期。

③ 张敏：《浅议中国传统文化中的父子伦理关系》，《鄂州大学学报》2017 年第 4 期。

④ 樊浩：《孝道的文化之重》，《江苏行政学院学报》2017 年第 6 期。

⑤ 王晓文：《孝文化的历史透视及其现代反思》，《理论学刊》2017 年第 1 期。

族心理根植于相对稳定的农业、宗法社会土壤之中，增进了华夏生民重文化传承的坚韧性与延续力。①

有不少学者希望揭示出孝的起源与流变过程。杨建海全面分析了“孝”的起源与演变。“孝”自殷商祖先崇拜产生，经周代为利于宗法统治而将祖先崇拜向人伦秩序转化，到孔子把“孝”与“敬”“养”“礼”结合起来，完成了孝道的伦理构建。后经汉代“移孝作忠”的发展，“孝”由调整自然亲情的伦理秩序转变为具有政治教化和宗教信仰等多种功能的普遍道德，此后一直为历代统治者所推崇。面临如今的时代变迁，曾经在历史上发挥巨大作用的“孝”，应当由原来适应家族主义的传统孝道转变为适应个人主义社会的现代孝道，回归“善养其身”的孝道本源。② 刘义、邝良锋也认为代际承继和世代绵延是孝的初源维护，由祭祀转变为孝养在世亲人，孝衍生出慈、友、恭、良、悌等一系列的修身德目，并上升为一套伦理道德规范。儒家建立起的以孝为基石的社会关系成为治国平天下的根本：为了维护宗法血缘关系的承继绵延，传统家、国、天下一体的等级社会结构，通过由家及国的人伦扩展把宗族血缘关系泛化到社会结构的各个领域，形成以家族为基础，以孝忠为灵魂，以“天地君亲师”为尊的宗法伦理体系。③

学界对“孝”理论格外重视，是希望重拾中国人对孝的认知，借鉴儒家孝德的思想精髓，解决当前家庭关系紧张、道德功利化、亲情意识淡薄等社会问题，实现现代家庭伦理秩序的重构，彰显传统孝德的时代价值。孝不仅作用于个体与家庭，同时对传统中国的社会制度建构也发挥着十分重要的作用。不少学者就“孝”的理论价值和现实功用进行了阐发。王健崭对儒家“孝”伦理的逻辑运行路径进行了研究，为人们清晰地梳理了儒家“孝”伦理如何从现实的亲子血缘关系出发，最后回归到现实生活的过程：首先，儒家以“人伦本于天伦”的基本原理完成了以孝为本的伦理实体的建构；其次，儒家从对性善认同的“人道”法则出发构建了“德”的价值规范体系，在此基础上形成了以孝为本的道德自我建构；最后通过“德”与“得”有机结合促进了孝伦理的现实外化，使得儒家“孝”伦理能够更有效地干预现实社会生活。④ 徐新意认为“孝”是中国人的传统信仰，是对天、地、祖宗的敬畏。中国人孝信仰的重要意义在于能够带给人安全感、稳定中国人的家庭，也有利于社会稳定和社会秩序的建立。⑤ 王天民、巩瑞贤从儒家孝德中提炼出以“仁”为根、以“敬”

① 雷永强：《“追孝”与文化寻根意识的发端》，《哲学动态》2017 年第 7 期。

② 杨建海：《论“孝”的起源、演变及其当代转化》，《华中农业大学学报（社会科学版）》2017 年第 1 期。

③ 刘义、邝良锋：《孝的初源载体、衍生及现代转向》，《孔子研究》2017 年第 1 期。

④ 王健崭：《儒家“孝”伦理的逻辑运行路径研究》，《学海》2017 年第 3 期。

⑤ 徐新意：《中国人传统的孝信仰及其重构》，载侯欣一主编《法律与伦理》第 1 期/2017/No. 1，社会科学文献出版社 2017 年版。

为本、以“顺”为贵的精神特质与爱身修道、重敬尊礼、顺谏相宜的实践要求。[①] 董卫国探讨了孝道作为基础政治伦理原则的合理性。他认为孝道是传统儒家政治哲学在个体生命与政治共同体之间找到的核心价值。孝道并非一种外在的社会伦理规范，而是本源于人的生命意识之自觉。孝道向内激发一种生命责任感，要求修身立德；向外，作为一种具有兴发性和创造性的道德情感，亦可以作为一切社会伦理教化的道德基础。并且，孝道通过礼乐的文化系统，以丧葬之礼的形式寄托慎终追远的情思，这一世俗性的伦理由此获得了超越性的伦理价值。[②] 谭明冉对于孝的超越性伦理价值有更深入的研究，他指出，儒家孝道具有“宗教性”。孝基于亲子间的自然情感，强调养亲、敬祖、事天，使个体通过子孙繁衍和“立德”“立功”“立言”达到对生死的超越。其养生送死、使人安生乐死之功能，使个人的生命被深远地根植于过去，并通向未来，使个人通过基因的延续和对人类的贡献达到永生。孝架起了神与人、宗教与伦理之间的桥梁，既解决了社会中的道德教化问题，又实现了宗教上的终极关怀。[③] 潘雁飞从“孝”的字形出发，分别论述了“孝”在祭祀层面、社会生活层面、哲学伦理层面的特性与规定性。在祭祀意义阶段，“孝”具有沟通祖先神灵，祈愿庇佑后人福泽的神性意蕴；在社会生活层面，“孝”表现为现实人生的“善事父母”的人性特点；在哲学伦理层面，儒家学者对“孝”由家而国作了全面的伦理规定，完成了对“孝”的理论概括。[④]

部分学者以人物、典籍、朝代为划分依据，致力于研究中国伦理思想史中对“孝”思想的具体发挥。周海生认为荀子与孔孟孝论强调“亲亲”不同，更凸显礼义对孝道的引导和矫正功能。荀子认为孝亲之情并非人之善性的自然生发，而是外在道德规范制约和内化的结果，并由此主张“从义不从父”的“谏亲观”，把持义谏亲的社群价值置于诚敬顺亲的族群价值之上。荀子孝道思想彰显出荀子关注社会政治需要的现实主义精神。[⑤] 王麦巧认为司马迁在《史记》中借助历史人物、事件诠释了其对孝道的理解，将孝道视为调整家庭关系的伦理规范、协调社会关系的原则及治理国家的政治思想。司马迁的孝道思想对家庭和睦、社会安定、民族团结具有重大的现实意义。[⑥] 章丽琼以《左传》为文本，分析了“孝”在《左传》叙事中参与礼制建构以及维系和实施“礼”时发挥的作用：其中“郑伯克段于鄢”之典故突出了对“孝”的重视；同时在其叙事中将祭祀祖先、孝顺父母的“孝”扩大到事君主以“忠”，使

① 王天民、巩瑞贤：《儒家孝德及时代价值略论》，《吉林师范大学学报（人文社会科学版）》2017年第2期。

② 董卫国：《修身、孝道与明明德于天下——孝道作为基础政治伦理原则的合理性》，载王中江、李存山主编《中国儒学》第12辑，中国社会科学出版社2017年版。

③ 谭明冉：《孝的普适性与宗教性》，《文史哲》2017年第2期。

④ 潘雁飞：《论“孝”的神性、人性与伦理规定性》，《船山学刊》2017年第5期。

⑤ 周海生：《亲情与恩义：论荀子孝道观的价值维度》，《孔子研究》2017年第4期。

⑥ 王麦巧：《论司马迁的孝道思想及其现代意义》，《渭南师范学院学报》2017年第17期。

得“孝”具有了血亲与政治的双重特色；《左传》中还明显表露出“孝”在维系家国稳定与个人发展中的重要功用，是国际交往与个人价值选择中的重要标准。《左传》将“孝”作为维持礼制的最重要的组成部分，以强调“孝”的道德导向作用来维系变动局势下社会秩序的稳定。[①] 林静静也以《左传》为文本论证了“孝”在春秋社会中发挥的举足轻重的作用：“孝”首先作为人的道德修养、行事主导，是“礼之始”“仁之本”；其次作为伦理观念，以“事亲”维护血缘亲情，由“亲之孝”推及“宗祀之孝”；最后作为一种统治工具，具有鲜明的政治性。[②] 贾淑荣、常宁分析了孝文化对金代政治的影响。金代统治者通过大力推广《孝经》、对孝子进行物质及官职奖赏、以法律维护道德、在婚姻习俗中推崇孝文化等方式，促进了金代社会讲孝行孝的社会风气，达到了巩固政权、维护社会治安的作用。[③] 闫慈则分析了宋代崇尚孝道的原因，揭示出孝在儒家文化中的重要地位及在政治统治中的重要作用。宋代崇孝之风源于现实的社会危机，唐代社会道德风气败坏、安史之乱后民众信仰危机泛滥、唐宋之际佛道兴盛儒学式微、宋王朝社会秩序紊乱等原因，使宋代统治者希望以“孝治”之国策，将“孝悌”之道融入国家治理之中，挽救宋代信仰危机和社会乱序，由此推动了宋代政治、经济、文化等全方位的发展，且再次赋予儒学主流正统地位；宋代统治者借助孝道完成了“教孝求忠”“忠孝一体”的转化，实现了“移孝作忠”的政治理想，在提高宋人道德水准、维系家庭和谐的同时，达成政治统治中“忠君”的施政要求。[④]

部分学者从中西比较的独特视角研究、阐发孝理论。邹平林从黑格尔精神哲学角度分析中国传统孝文化，他认为孝文化观念的起源与维持，与传统中国人所持有的实体性的世界观、生命体验和自我理解方式有着内在的本质性关联。中国人并非将自我的生命和意识看作一种不可理解的孤立现象，而是通过向祖先这一共同根源的回溯来达至对自我生命和意识的理解与定位。对父母先祖的感恩意识是一种内在于个体的基本生命情态，是内在于个体生命的必然使命。由此形成的“报本返始”的感恩意识为传统孝意识提供了坚实的形上基础和寻求生命价值安顿的精神性动机，从而能够起到促进家庭和睦、社会稳定等外在功用。[⑤] 赵世锋以孝文化中“不辱之孝”为核心，在“不伤身”与“不辱亲”两个方面阐发了其中所包含的珍惜生命的人本精神、建功立业的奋斗精神及修身养性的道德自律精神。“不辱之孝”高度重视人的生命价值和名誉尊严的思想，对正确人生观的确立和珍视现世人生的积极态度的养成及中国人

---

① 章丽琼：《〈左传〉重孝的道德导向刍论》，《人文天下》2017 年第 2 期。

② 林静静：《〈左传〉“孝文化”析论》，《清远职业技术学院学报》2017 年第 2 期。

③ 贾淑荣、常宁：《试论金代政治与孝文化》，《内蒙古民族大学学报（社会科学版）》2017 年第 5 期。

④ 闫慈：《宋代崇孝之风归因探析》，《中原文化研究》2017 年第 6 期。

⑤ 邹平林：《精神哲学视域中的孝文化及其当代价值更新》，《井冈山大学学报（社会科学版）》2017 年第 3 期。

人性发展具有重要意义。①

部分学者从传统孝道入手，探寻孝道文化在当今精神文明建设中的现实价值。谢永鑫认为中国文化传统中很多优秀的价值观念都是通过“家”这一载体与“孝”这一观念培育起来的，脱离了对家庭和孝道的研究，社会主义核心价值观将会失去自己的民族文化根基，甚至会成为西方价值观的附庸。孝道虽然产生、发展于传统社会，但其意义并不限于中国传统社会，而是在对其进行现代性重构的基础上依然适用于现代中国，并且具有超出地域的普适性意义。② 龙静云阐述了当代语境下的孝，即社会主义孝德的履践问题。她指出，社会主义孝德是在对传统孝德进行传承、改造和创新的基础上形成的调节现实社会关系的一种具体德目。它在日常生活中的普遍践履，对于融洽血缘亲情、维系家庭和谐、建设良序社会具有重要意义。社会主义孝德以社会主义核心价值观中的文明、和谐、民主、自由、公正、法治、诚信、友善等理念为内在本质与基本底色，是孝心、孝情与孝行的有机统一，把个体的孝德转化成一种普遍的社会风尚，是社会主义核心价值观落细落小落实所追求的目标之一。③ 粟丹认为传统孝道体现了爱的自然情感、孝悌的家庭伦理和法律道德化的特点，由此希望汲取传统孝道的积极价值，以家庭伦理为底色，在完善我国养老立法时关注情感、家庭以及道德等非制度因素。④ 毕天云从“孝”与中国传统养老保障网的构建出发，分析了“孝”的社会福利意义。在传统孝文化的涵养下，实际上形成了由家庭养老、宗族养老、国家养老三层保障机制构成的中国传统养老保障网：“以孝事亲”确立子女赡养父母的道德律令，奠定了基础性的家庭养老保障网；“以孝睦族”延伸家庭孝道于同宗族人，促进了互助性的宗族养老保障网；“以孝治国”转换家庭孝道伦理为国家政治伦理，推动建立了补充性的国家养老保障网，这对当代中国养老保障体系建设具有重要的启迪意义。⑤

学界对父子伦理中“亲亲相隐”的重要命题进行了深入研究。部分学者看到了“亲亲相隐”中伦理与法律的冲突，试图论证“亲亲相隐”对律法的补充效应。韩晓濛指出，“亲亲相隐”制度是儒家亲情伦理的重要内容，它顺应了人性的要求，维护了亲情的本原，一定程度上保障了中国封建社会道德的昌明和社会秩序的稳定。现行法律应当给予血缘亲情一定宽松的空间，不仅有利于维护社会的稳定和谐，而且可以软化国家法律的残酷性。⑥ 郭于会也认为“亲亲相隐”为了家庭和睦，是人的本性要求；“法不容情”为了社会正义，是社会稳定发展的需要。因此，在构筑法治社会

① 赵世锋：《论人生哲学视域中的儒家“不辱之孝”》，《河南机电高等专科学校学报》2017 年第 6 期。

② 谢永鑫：《孝道应该成为涵养社会主义核心价值观的重要源泉》，《汉江师范学院学报》2017 年第 1 期。

③ 龙静云：《日常生活中孝德的践履与核心价值观的落实》，《中州学刊》2017 年第 1 期。

④ 粟丹：《“孝道”视角下我国养老立法的要求及完善路径——以“精神赡养”条款为中心》，《浙江学刊》2017 年第 2 期。

⑤ 毕天云：《论“孝”与中国传统养老保障网的构建》，《山东社会科学》2017 年第 5 期。

⑥ 韩晓濛：《“亲亲相隐”制度探析》，《长江丛刊》2017 年第 6 期。

时，要高度重视伦理道德的应有地位，处理好“亲亲相隐”与“法不容情”的关系，使“硬性的法”内化为“软性的情”。[①]

还有不少学者从儒家传统文本出发对“亲亲相隐”作出了合理而新颖的阐发。黄启祥整理了过去10年间学术界围绕“父子相隐”问题展开的论战，发现无论是认为父子相隐合乎天理人情的正方，还是认为父子相隐违法悖德的反方，都是基于对“父子相隐”的误读，即认为父子相隐是互隐其恶。他指出，孔子提出父子相隐的命题，并非隐其恶而不报，父子相隐，是隐父（子）而非隐罪，在这一过程中家庭内部的正义审判及主动的道义担当才是重点。无论是家庭协作尽量弥补过失，还是为父（子）抵罪维护亲情与法律，抑或是在这一过程中以父子亲情感动犯罪者，促使其悔过自新，主动承担罪责，都体现了孔子真正想要倡导的“直”的价值。父子相隐并非为了徇情枉法，而是试图探索一条破解“孝（慈）两难”问题的德性之路。[②] 黄玉顺在讨论“父子相隐”问题时提出了中国正义论的两条原则：其一为出自仁爱情感的正当性原则，其二为顺应时代生活方式的适宜性原则。他指出，“隐”是“直”的情感反应，而非伦理、道德范畴之事。“隐”源于对亲人的爱，属于儒家所说的“仁爱”，但仁爱又有适用于私人领域的“差等之爱”与适用于公共领域的“一体之仁”。基于中国正义论的第一条原则——正当性原则（即社会规范建构及其制度安排必须超越差等之爱，追求一体之仁）与中国正义论的第二条原则——适宜性原则（即社会规范建构及其制度安排必须适应特定历史时代的共同生活方式），“容隐制度”作为宗族时代和家族时代的立法，有其时代生活方式的适宜性。[③] 陈锐则以战国前后的历史变迁为视角对这一问题作出了解释。他认为，在当时从家族、小国到大国，从封建制到郡县制的过渡中，存在不同的道德冲突。儒家关于亲亲相隐的争论也是建立在这样的基础上，表现了过渡阶段不同道德行为的冲突。亲亲相隐所诉求的仁恩是在较小的社会群体中发生的，而义表现了更大的国家和社会中的普遍正义和秩序。在先秦儒家道德的变迁中，孟子发展孔子“仁”的思想并将义与仁并称，使仁义成为战国到秦汉间儒家道德的主要内容，正是适应了从春秋小国到统一国家、从封建制到郡县制的变迁中道德的需要。[④]

四　夫妻伦理

古代伦理思想认为夫妇乃人伦之要，《关雎》作为国风之始，被寄予“风天下而

① 郭于会：《中国情法之辨——再谈“亲亲相隐”与“法不容情”》，《山东青年》2017年第2期。

② 黄启祥：《论“父为子隐，子为父隐，直在其中”》，《文史哲》2017年第3期。

③ 黄玉顺：《“直”与“法”：情感与正义——与王庆节教授商榷“父子相隐”问题》，《社会科学研究》2017年第6期。

④ 陈锐：《论孟子的仁义概念及亲亲相隐问题》，《杭州师范大学学报（社会科学版）》2017年第2期。

正夫妇”的厚望，可见家庭和谐乃是社会结构稳定的基本要素，而夫妻关系在其中占据重要地位。2017 年学界对夫妻伦理的研究可大致分为婚姻制度研究与女性伦理研究两个方面。

伦理和礼法对中国婚姻有极大影响，“出礼而入法”的模式与法律高度统一，共同对中国婚姻进行引导和限制。王锡琴简要介绍了三书六礼、婚礼不举乐等中国传统婚姻中的礼仪习俗，以及“七出”“三不去”等中国传统婚姻中在律法上对女子的限制。传统婚姻中的礼法规定表明，婚姻目的以扩大家族为主，嫁娶只为利用男女双方家族的结合而壮大财富力、权力，夫妻关系并非主要因素，因此在婚姻缔结中强调“门当户对”，且强调“劝和不劝离”，实质上是将夫妻双方的意愿放在次位的体现。① 许泽荣同样从中国古代民事、刑事、伦理等礼法制度中再现了古代妇女不平等的法律地位。她认为中国古代妇女的法律地位具有等差性、轻视性、被动性的特点，皆体现出女性对男性地位的依附。② 冯曙霞以中国古代婚姻关系中的礼法量刑原则为依据，说明了中国古代婚姻最根本的追求是生儿育女、传宗接代，以此为目的形成的婚姻制度不可避免地忽视个体感情与基本权利，更加关注父母之命、媒妁之言。同时，在量刑标准中，同等罪行下皆出现处罚男轻女重的倾向，更是反映出古代礼法对女性权利的剥夺及女性在婚姻生活中受到的压迫。③ 马宁以西周家庭制度规范为切入点，阐述了西周婚姻、家庭制度中体现的根本原则及具体内容：西周婚姻制度秉承同姓不婚、一夫一妻多妾、嫡长子继承等原则。他还介绍了婚姻关系缔结时由纳采、问名、纳吉、纳征、请期、亲迎构成的“六礼”程序及聘娶、媵妾陪嫁、烝、报、赘婿等多种婚姻关系形态。西周婚姻家庭制度以维护父权家长制为主要伦理思想，夫妻关系直接表现为男尊女卑。④

基于宗法制的古代婚姻制度体系在婚姻缔结、进行、终止中体现的礼法层面的不平等现象充分证明了夫妻关系间的不对等性。《诗经》是对当时整个社会风俗的生动记载，王培勤通过对《诗经》诸篇章的分析，表明当时男女关系已经形成了有地位差别、有主导附从的不平等状态，“男尊女卑”现象已成常态。男性在社会活动中处于绝对的主导地位，女性的价值依据男性的需要与评价标准获得。对女性的期待多在于繁衍宗室、政治联姻、顺从美丽等男性认可的特质。⑤ 基于不对等的夫妻关系而形成的婚姻必然导致压迫与矛盾。焦杰进一步讨论了中国古代家庭暴力与夫妻权利关系之间的联系。周代“君臣、父子、夫妇”为核心的礼乐文明，在中国古代社会建立了上下有等、礼仪有差、尊卑贵贱、男女有别的社会秩序。汉代“罢黜百家，独尊

① 王锡琴：《中国古代婚姻之礼与法》，《山东工会论坛》2017 年第 1 期。
② 许泽荣：《中国古代妇女法律地位探究》，《青年时代》2017 年第 20 期。
③ 冯曙霞：《中国古代婚姻关系成立中的伦理量刑》，《文化创新比较研究》2017 年第 12 期。
④ 马宁：《论西周的婚姻家庭制度》，《学园》2017 年第 28 期。
⑤ 王培勤：《论〈诗经〉中的男尊女卑思想》，《小品文选刊》（下）2017 年第 12 期。

儒术”的实施，使得男尊女卑和男主女从的家庭伦理成为主流思想，男子被赋予管教妻子的权力。在引礼入法的文化传统下，封建政府在制定夫妻之间、妻子与夫家亲属之间的互相侵犯的法律条文时，往往采取同罪异罚、女重男轻的态度，从法律上保障了男子管教妻子的权力，使得男子针对妻子的家庭暴力更为严重。可见，围绕着父权家庭所建构的政治经济制度、意识形态、社会伦理造就了夫妻关系中权力的不对等，这正是中国传统社会中家暴产生的原因，且不断强化着家庭暴力的必然性。①

不平等的婚姻制度反映出中国古代女性在家庭中的附属地位。马兰认为，在儒家文化中，母亲在政治、经济等方面倚赖于父亲，母亲被要求和期待成为辅助父亲的附属性的社会角色，处于低于父亲的“第二性”的附属地位和边缘状态。同时，儒家文化对母亲赋予了繁衍后代、操劳家务、教养子女的职能期望，将母权限制在父权文化的许可范围内。②

但也有不少学者试图重新审视传统儒家基于男女两性自然分工与社会责任分配所规定的人伦关系。《周易》作为“群经之首”蕴含着许多关于古代女性的思想遗存。桑东辉从两性关系、婚姻关系、生育观念、家庭观念等方面阐述了《周易》中的女性伦理观：在两性观上，强调阴阳和谐、两性互补；在婚姻观上，强调婚姻恒定、从一而终；在生育观上，强调生生不息、繁衍后代；在家庭观上，强调严君慈母、内主中馈。③ 很多后世关于女性伦理的思想都肇端于《易经》，但《易经》中其实并未表达出强烈的男性对女性的宰制、压迫意涵，相反更加注重和谐。这一点在其他学者的研究中也有体现。王雅、杨慧认为，孔子“男女有别”思想只是客观的性别差异，并非明显的男尊女卑之意。他们从对电视剧中明朝时期的女性角色的现实原型的研究出发，认为儒家纲常礼教虽然在一定程度上形成了对女性发展的负面影响，但儒家自强不息、厚德载物等积极有为的人生观和价值观对女性同样具有正向激励，其中仁爱、道义、礼让等伦理观念和伦理原则在调适人际关系和个体身心关系中也发挥着积极作用。有史料可查，明代统治者十分注重女性教育，逐步实现了将儒家仁义礼智信观念内化为道德信念，并外化为日常生活的道德实践，以此达到家庭和谐、社会稳定的目的。④ 王堃认为儒家的女性伦理历来是以三纲五常为主体、以坤德为中心而展开的。朱熹以知行相须、博文约礼、下学上达一系列具有坤德特点的工夫论作为基础，说明女性可以同样通过知行工夫论，通过日用人伦的践行察明天理，使天理落实化为

① 焦杰：《中国古代夫妻权力关系与家庭暴力——兼论清代妇女的以暴制暴犯罪》，《陕西师范大学学报（哲学社会科学版）》2017 年第 4 期。

② 马兰：《儒家伦理文化下母亲角色的地位和职责》，《牡丹江大学学报》2017 年第 4 期。

③ 桑东辉：《论〈周易〉的女性伦理观》，《山东女子学院学报》2017 年第 1 期。

④ 王雅、杨慧：《从〈女医明妃传〉〈大长今〉看儒家伦理对中韩女性的影响》，载复旦大学韩国研究中心编《韩国研究论丛》2017 年第 1 辑总第 33 辑，社会科学文献出版社 2017 年版。

自身的明德。由此，女性伦理获得与男性伦理平等的形而上学地位。[①] 王堃在其另一篇文章中进一步探讨了儒家女性人格的养成及其效应。朱熹认为女性人格的养成，是通过诚敬地履行坤道而实现坤德。在传统“男外女内”的分别下，女性没有明察、立教的责任，涵养坤德也无需外求，只要诚敬地遵从内心归于仁爱的本真意向。故朱熹对女性人格养成的要求并非刻板地因循外在的礼法，反而是真诚恻怛地体贴内在感受。[②]

可以看出，中国伦理思想史中对女性的伦理规定总体以“顺服”为主，认为男性或整个家庭的价值高于女性自身价值，但其中不乏对女性自身伦理价值的反思。这种探索到近现代有了很大的进展，这一时期女性伦理思想的发展对于唤起女性的觉醒、独立、自由意识有深远影响，也为中国女性的人格解放和发展奠定了基础。邵焕举指出，民国时期是女性伦理思想发展的巅峰时期。这一时期伦理思想的发展主要表现为：肯定女性作用，批判封建伦理中压迫女性的三纲五常；正视女性贞操，倡导以爱情为基础的女性自由婚恋观；重视女性教育，主张对女性进行高等教育、实现女性思想解放；等等。[③] 康立坤从康有为如何解决“尊道统”与“兴女权”之间矛盾这一问题出发，阐释了康有为的女权思想。面对女权观念与儒家传统价值之间的张力，康有为从公羊三世说、人性论和平等观三个方面予以克服：其一，提出儒家传统中并非没有男女平等之思想，而是因为中国处于“据乱世”，而女子自立到“太平世”之时便会实现；其二，提倡“去苦求乐”的自然人性观，从而反对压抑女性的本性，并以此作为妇女解放的人性诉求；其三，从“己所不欲，勿施于人”入手，说明这样的道德准则实质上说明了人与人之间的对等关系，不存在男尊女卑。康有为的女权观虽然具有一定的空想性，且其部分女权实践也伴随着戊戌变法的失败而宣告破产，但它影响了众多开明学者和先进知识分子，并促进了中国女性的自我觉醒意识。[④]

与民国时期在女权伦理上强调“破旧立新”不同，如今不少学者积极倡导汲取传统女德教育中的合理内涵进入女性教育的思想。彭芳发掘了传统女教在“德”“言”“容”方面的伦理道德思想精华，其中要求女子德才兼备、行为有度、言而有德、身容整洁的规范同样符合现代社会的标准。她指出，虽然其中存在一些对妇女贞操观念的严苛要求使众多不幸女子沦为封建宗法伦理道德的牺牲品，但其树立的洁身自好、珍惜名誉的思想依旧有利于女性的个人幸福。不能对传统女德以偏概全，忽视男女生理、心理结构差异，只提倡片面的男女平等，却漠视个体所应具备的德行修养。[⑤]

---

① 王堃：《月映万川：朱熹女性伦理的工夫论诠释》，载孙聚友主编《国际儒学论丛》2017 年第 1 期总第 3 期，社会科学文献出版社 2017 年版。

② 王堃：《坤德：儒家女性人格的养成与效应——以朱熹女性伦理为例》，《社会科学家》2017 年第 7 期。

③ 邵焕举：《民国时期女性伦理思想的发展》，《文存阅刊》2017 年第 20 期。

④ 康立坤：《“尊道统”与“兴女权”——康有为女权思想探析》，《开封教育学院学报》2017 年第 8 期。

⑤ 彭芳：《论加强当代女大学生传统伦理道德建设的途径——以〈女四书〉〈女儿经〉中女教思想为例》，《学周刊》2017 年第 9 期。

五　家国问题

在传统儒家文化中，家庭既是孕育公共规则与政治理想的发源地，又是创造人类文明与实践良知的终极场所。因此，“家国同构”一直是中国文化中的独特现象，而由此塑造的“家国情怀”作为中国传统文化的重要组成部分，也通过精神理念、生活方式、国家制度等形式对中国人产生巨大影响。在当代社会转型时期，传承与重构“家国一体”思想，一定程度上有利于弘扬中国精神，凝聚中国力量，为社会主义和谐社会建设提供理论依据。

彭卫民认为，中国古代的“家”所蕴含的礼法秩序，是个人、社会、国家存在的前提。他指出，中国古典礼法体系中的“泛家性”表明中国礼法元秩序的建构同时蕴含在家庭与作为“拟制的家”的国家制度安排之中，且家庭的理想型正是用来建构国家的政治信念。故而中国传统“先家”“重家”的家庭价值观，家庭所承载的浓郁的情感、人文、礼法底蕴，以及传统家庭所具有的“正家而天下定”的积极法理效益，是当代社会建设中应当凸显的。① 黄卫星、张玉能分析了中国传统家庭制度设计的合理性。他们认为，夏王国自建立起就形成了中国古代社会和文化的“家国一体”的特点，形成了中国以宗法制度为表征的家国体制。在传统中国家庭中，提倡用人伦道德来组织和管理人群，以家庭和家族的亲情来维系和调节人们之间的利益关系，这种更具“人情味”的社会管理方式要比西方“以法治国”更优越。② 王娟指出，“家国同构”思想是中国古代国家治理方式的重要源泉，是宗法等级制度的外化表现。它强调从个人修身开始，到家庭伦理关系的协调，最终到国家的秩序规范与和谐，具有强大的社会整合力。③ 张倩从家国情怀角度讨论了中国传统“家国同构”体系下的国家认同问题。在中国文化的生态和脉络下，“家国情怀”本质上是一种归属感，是一种情感认同、价值观认同、文化认同，其根植于对血缘和亲情的尊重与热爱，在中国社会的发展与转变中，能够发挥凝聚人心的功能，并自然地转变为国家认同，能够自然生发出对现代国家强大、民族振兴的真诚向往。④

部分学者以自身的研究视域，对“家—国”问题进行了新的探索。岳精柱以家训与“圣谕”间的交互作用，印证了中国传统社会家国一体的文化特质。岳精柱指出，家庭伦理以家规家训作为承载，政治伦理多体现在“圣谕”之中。国家统治者经常颁发“圣谕”，将百姓家规家训的内容规范于国家意志之中，百姓也自觉地以圣谕为家规家训。这就形成了家规家训与“圣谕”的相互表达，家族、国家共同构建

---

① 彭卫民：《“家”的法哲学建构何以可能?》，《天府新论》2017 年第 2 期。

② 黄卫星、张玉能：《“家”字的文化阐释》，《青岛科技大学学报（社会科学版）》2017 年第 3 期。

③ 王娟：《“家国同构”思想的当代价值探究》，《学园》2017 年第 9 期。

④ 张倩：《从家国情怀解读国家认同的中国特色》，《江淮论坛》2017 年第 3 期。

了社会价值观。如此，既巩固了家国同构的社会秩序，又增添了政治伦理的亲和力，缩短了政府与百姓之间的距离，有利于社会和谐、政权稳固。[①] 谈火生则以亚里士多德与先秦儒家为中心，考察了中西政治思想中的家国关系。亚里士多德坚持家国殊途，没有将家庭伦理转化为政治伦理，而是以朋友之间完善的友爱作为原型提出公民概念，从而发展出崇尚自由、平等的政治理论；而先秦儒家在家国同构的前提下，把家庭伦理中的孝扩展到社会和政治领域，将强调等差与服从的忠孝作为君臣间的规范。[②]

① 岳精柱：《“家国同构”下家规家训与“圣谕”的相互表达》，《长江师范学院学报》2017 年第 3 期。

② 谈火生：《中西政治思想中的家国观比较——以亚里士多德和先秦儒家为中心的考察》，《政治学研究》2017 年第 6 期。

2017 年古希腊至文艺复兴时期伦理政治思想研究综述

刘　玮

2017 年古希腊至文艺复兴时期伦理和政治思想的研究中出现了一些新的亮点。首先是三卷本《西方政治哲学史》成为这一年西方伦理政治思想研究中最突出的成果；第二，关于早期希腊诗歌和散文作品的研究愈发繁荣；第三，文艺复兴研究在一批学者的带动下有了长足的进展。本文按照时间顺序梳理了这一年中一些有代表性的成果。

一　古代伦理政治思想总论

由中国人民大学哲学院牵头，前后经历六年时间编写完成的三卷本《西方政治哲学史》在 2017 年出版。三卷分别讨论了从古希腊到宗教改革、从霍布斯到黑格尔和 20 世纪的西方政治哲学。每一章均邀请国内在该领域的顶尖学者撰写，既照顾到了人物和主题的覆盖面，又突出了研究性和前沿性。其中与本篇综述相关的第一卷由晏绍祥、张新刚、刘玮、章雪富、吴飞、周伟驰、韩潮和何涛合作撰写，讨论了柏拉图之前古希腊丰富的政治思想资源、柏拉图《理想国》与《礼法》的延续性和差别、亚里士多德不同层次的最佳政体理论、西塞罗吸收希腊化时期的各家思想和罗马实践之后形成的独特的法权国家思想、奥古斯丁在政治哲学与世界历史之间的互动与著名的“上帝之城”与“地上之城”的区分、阿奎那的自然法与政体理论、马基雅维利对西方政治哲学的革命和文艺复兴时期“国家理性”学说的兴起，以及路德和加尔文的神学政治思想，代表了国内学界对这些主题研究的前沿水平。①

沈瑞英、杨彦璟的专著《古希腊罗马公民社会与法治理念》从历史、政治、社会、哲学等多个角度讨论了古希腊古典时期与古罗马共和国时期公民社会的基本形态

---

①　刘玮、韩东晖、周濂主编：《西方政治哲学史》（三卷本），中国人民大学出版社 2017 年版。

和法治的思想与实践，试图探讨西方法治文化的历史源头和逻辑起点。① 肖有志的专著《悲剧与礼法——索福克勒斯、柏拉图与莎士比亚》尝试将悲剧诗人（索福克勒斯和莎士比亚）与哲人（柏拉图）进行对照，讨论礼法的基础是政治神学（悲剧诗人）还是对存在的发现（哲人），进而讨论礼法如何使人成为人、城邦成为城邦。② 该书所讨论的主题非常重要，但是材料的选择却不免令人困惑，作者在自己的读书和授课笔记的基础上，挑选了索福克勒斯的《埃阿斯》和《俄狄浦斯在克罗诺斯》、柏拉图的伪作《米诺斯》及莎士比亚的《雅典人泰门》和《麦克白》，作为讨论悲剧与礼法问题的文本，更接近读书札记的汇编而非严格意义上的专著。

在论文方面，万俊人的论文《传统美德伦理的当代境遇与意义》全面讨论了传统德性伦理学在当代遇到的新挑战，比如社会生活公共化的趋势，平等的价值导向，平面化、格式化、标准化的需求，社会分层流动、结构开放和文化反传统的趋势，以及对技术的强调；同时强调，虽然面临这些挑战，但传统德性伦理依然有独特的生机，特别体现在对人性与人道的诉求、建构中层和基层生活世界和对道德精英和道德理想主义的呼唤上。③ 陈治国在论文《盲视、赞同抑或拒绝：古典德性论与社会正义的契约论进路》中首先讨论了以苏格拉底、柏拉图和儒家为代表的古典德性论对契约论政治思想的拒斥，随后对这种拒斥态度提出了挑战：古典德性论追求“活得好”的理想在今天不得不诉诸“社会正义”的语境下是否依然有可能实现。④ 于江霞的论文《论古希腊的“工匠精神”》讨论了柏拉图、亚里士多德和斯多亚学派对于“技艺”的论述，强调了哲学家与工匠德性之间的复杂关系，这里面既有漠视和贬低，又有用技艺来帮助阐明德性和知识。作者认为，斯多亚学派最终将“工作”道德化，从而真正开出了某种“工匠精神”。⑤

二　早期希腊思想中的伦理政治问题

2017 年，我们看到了一些对早期希腊诗歌、史学和修辞学研究的喜人成果，有四本与这些主题相关的专著问世。上官剑的专著《希腊古风时代的诗教研究》讨论了荷马、赫西俄德、梭伦、品达等早期诗人的诗歌作品，从诗教的权威性从何而来入手，分析诗教为何以及如何承担古风时代的教化任务。作者认为诗歌之所以能够教化

---

① 沈瑞英、杨彦璟：《古希腊罗马公民社会与法治理念》，中国政法大学出版社 2017 年版。

② 肖有志：《悲剧与礼法——索福克勒斯、柏拉图与莎士比亚》，上海大学出版社 2017 年版；肖有志：《政治与生命感觉——索福克勒斯悲剧主题研究》，《海南大学学报（人文社会科学版）》2017 年第 1 期。

③ 万俊人：《传统美德伦理的当代境遇与意义》，《南京大学学报（哲学 · 人文科学 · 社会科学）》2017 年第 3 期。

④ 陈治国：《盲视、赞同抑或拒绝：古典德性论与社会正义的契约论进路》，《武汉大学学报（人文科学版）》2017 年第 4 期。

⑤ 于江霞：《论古希腊的“工匠精神”》，《自然辩证法研究》2017 年第 5 期。

人，是因为古风时代人们认为诗人受到神的启示，可以代表真理，并成为法律和伦理习俗的依据；而诗歌通过宗教活动、公共展示、戏剧演出、私人会饮等实现自己的教化作用。最终是智者运动的兴起导致了诗教传统的衰落。① 樊杰的专著《古希腊体育的教化意义》从身体与体育的角度切入希腊早期的伦理、社会和政治思想，讨论了希腊体育赛会的宗教起源与生死主题，由此展开了对生命的关切。希腊盛行的体育竞赛体现了贵族德性的传统、宗教教化的目的与城邦公共生活的需要。该书最终落脚在苏格拉底、色诺芬、柏拉图和亚里士多德对体育教化思想的理论化工作上。② 胡传胜的专著《争吵的政治：古希腊政治辩论研究》从一个有趣的切口——争吵——处理了希腊早期的政治论辩文化，详细讨论了荷马在《伊利亚特》中塑造的几组著名的争论（希腊人与特洛伊人、阿伽门农与阿基里斯、特洛伊人内部以及诸神之间）、埃斯库罗斯与索福克勒斯悲剧中的争吵、阿里斯托芬喜剧作品中的争执，以及希罗多德的《历史》和修昔底德的《伯罗奔尼撒战争》中的政治论辩，对扩展政治思想史研究的视野很有帮助。③ 任军锋的专著《帝国的兴衰：修昔底德的政治世界》以点带面地讨论了修昔底德《伯罗奔尼撒战争》中的政治世界。作者从修昔底德与希罗多德的对比和修昔底德独特的“悲剧诗”与“政治史”结合的笔法入手，讨论了雅典民主与雅典帝国、雅典与斯巴达政治制度的对比、雅典帝国转型中的关键人物，最后延伸到雅典帝国的兴衰对如今中国应对大国崛起的挑战具有什么样的借鉴意义。④

在论文方面，郝春鹏的论文《命运与礼法——从意志向正义的转向》主要讨论了荷马、赫西俄德的史诗（还涉及西蒙尼德、柏拉图和维吉尔）中从克罗诺斯统治到宙斯统治的转变，认为这代表着希腊人对人间政治的认识从神的单纯意志走向了正义。⑤ 孙磊的论文《论修昔底德政治史学的意旨》从荷马与修昔底德之间的“古今之争”的角度讨论了修昔底德作为史家的春秋笔法，认为修昔底德追求的是人类生活的真实品性而非历史意义上的客观真实。⑥ 罗峰的论文《欧里庇得斯笔下的自然与礼法》讨论了《酒神的伴侣》中酒神狄奥尼索斯让妇女们摆脱城邦礼法的约束，看似会给人带来无限的和平、欢乐和自由，但实际却让人们脱离政治生活、推翻传统礼法，最终使人类陷入普遍征伐的残酷自然状态。这表明欧里庇得斯对人类事务的理解更接近智者秉持的强者统治弱者的“自然法则”。⑦ 古希腊罗马医学文本中有非常丰富的哲学和伦理思想，而国内学者对这方面关注较少。于江霞的论文《身体与“关

---

① 上官剑：《希腊古风时代的诗教研究》，中国社会科学出版社 2017 年版。

② 樊杰：《古希腊体育的教化意义》，中国社会科学出版社 2017 年版。

③ 胡传胜：《争吵的政治：古希腊政治辩论研究》，上海三联书店 2017 年版。

④ 任军锋：《帝国的兴衰：修昔底德的政治世界》，生活·读书·新知三联书店 2017 年版。

⑤ 郝春鹏：《命运与礼法——从意志向正义的转向》，《海南大学学报（人文社会科学版）》2017 年第 4 期。

⑥ 孙磊：《论修昔底德政治史学的意旨》，《思想政治史》2017 年第 3 期。

⑦ 罗峰：《欧里庇得斯笔下的自然与礼法》，《江汉论坛》2017 年第 11 期。

心伦理”——论早期希腊医学观念的哲学遗产》作了一些有益的探索，指出《希波克拉底文集》中希腊早期医学对人身体的哲学观察与伦理关切影响了哲学家对灵魂和人类生活的伦理思考，促进了“关心伦理”及其特定的实践，而这成为“关心灵魂”这一希腊经典哲学话语所参照的基本模型。①

三　苏格拉底与柏拉图的伦理政治思想

关于柏拉图“早期对话”和“苏格拉底”的研究在2017年没有产生很多重要的成果。程志敏、郑兴凤的专著《克力同章句》参照了多个中外文译本和注疏，翻译并逐句疏解了苏格拉底与老友克力同关于“是否应该越狱”的经典作品《克力同》，是截至2017年国内学界对这一对话最详细的注疏。② 先刚的论文《苏格拉底的“无知”与明智》讨论了柏拉图“早期对话”中常见的苏格拉底的无知，作者认为这种“无知”是一种同时以“知识”和“无知”为对象的“明智”，它作为一种整全性的、总是把对立双方包揽在自身之内的辩证知识，也是勇敢、节制、公正等德性的基础，这是苏格拉底或柏拉图知识至上主义的体现。③ 黄裕生的论文《论“美德伦理学”的“知识”基础——兼论科学思维的真正确立》讨论了类似的主题，认为苏格拉底—柏拉图试图用一种“全视角”或“无视角”的“知识”来为伦理学奠基，这种奠基工作虽然失败了，但是却从中确立了科学的研究道路。④

田洁的论文《告父与虔诚：游叙弗伦的德性之路》讨论了《游叙弗伦》中的虔诚问题。不过该文没有关注苏格拉底对虔诚的看法，而是侧重状告父亲的游叙弗伦的观点，作者将游叙弗伦状告父亲杀人的起诉区分为律法和德性两个层面，认为他从任一层面都没有充分的理由状告父亲，但是对这件事的反思不管是对游叙弗伦还是他父亲来说都具有伦理意义。⑤ 刘莉的论文《苏格拉底如何做教师——〈普罗塔戈拉〉开篇释义》分析了柏拉图的《普罗塔戈拉》开篇苏格拉底与希珀克拉底之间的对话和戏剧场景，试图确立苏格拉底式教育的三个起点：一是对个体自我心性与限度的反思，以及师生之间精神联结的建立；二是教育的具体路径在于通过辩证式对话实现个体的自我认识；三是闲暇这个教育的客观条件。⑥ 张爽的论文《真理尺度与政治术：苏格拉底与普罗塔哥拉之争》将柏拉图的《普罗塔哥拉》与《泰阿泰德》联系起来

---

① 于江霞：《身体与“关心伦理”——论早期希腊医学观念的哲学遗产》，《道德与文明》2017年第4期。

② 程志敏、郑兴凤撰：《克力同章句》，华夏出版社2017年版。

③ 先刚：《苏格拉底的“无知”与明智》，《哲学研究》2017年第8期。

④ 黄裕生：《论“美德伦理学”的“知识”基础——兼论科学思维的真正确立》，《学海》2017年第5期。

⑤ 田洁：《告父与虔敬：游叙弗伦的德性之路》，《道德与文明》2017年第5期。

⑥ 刘莉：《苏格拉底如何做教师——〈普罗塔戈拉〉开篇释义》，《华东师范大学学报（教育科学版）》2017年第6期。

进行解读，用后者中的认识论为前者中的伦理—政治学奠基，由此解释了智者普罗塔戈拉政治筹划的必然失败。①

关于柏拉图伦理政治思想的研究关注最多的依然集中在《理想国》这部“哲学经典中的经典”上。谢文郁的论文《正义与真理——柏拉图〈理想国〉的问题、方法和思路》从赫西俄德《工作与时日》探索正义问题的困境（即如何确定正义）入手，讨论柏拉图如何利用辩证法解决正义问题，由此将正义与真理联系在一起，从而解决了探索正义中的困境。② 潘斌在其论文《〈理想国〉中劝导性的幸福概念》中指出，柏拉图认为《理想国》中的理想城邦不可能依靠强制建立，为此苏格拉底需要一个带有劝导性的幸福概念让每一个普通人都可以接受，把人们从缺乏反思的满足或失落中拉拽出来，因此它部分是反常识的，但又部分依赖于常识，希望借助人们内心固有的一些正确信念来帮助他们脱离谬误。③ 张新刚的论文《重思哲人王难题》讨论了《理想国》里的核心悖论：走出洞穴的哲人有什么理由回到洞穴进行统治。作者梳理了西方学界对这个问题的讨论，认为哲人不可能“自愿”，而只能是“被迫”回到洞穴中进行统治，这种被迫性导致“美丽城”中的政治计划确实具有悖论色彩，因此《理想国》首先关注的是灵魂中的秩序。④ 沈夏珠的论文《柏拉图政治价值理论：一个正义观念体系》讨论了《理想国》中的灵魂正义、身体正义、个体正义、政治正义、社会正义、国家正义等具体的正义观念，主张它们之间有紧密的逻辑关联，并最终抽象为一般正义的概念：正义就是指事物内在结构要素的本性与其功能相适配。⑤ 张文涛的论文《柏拉图笔下的“自然状态”问题》讨论了柏拉图在《理想国》中发展出来的类似霍布斯的“自然状态”学说和自然人性假设，认为这些基本预设为政治哲学提供了理论建构的起点。此外，张文涛在另一篇论文《苏格拉底反特拉绪马科斯》里讨论了苏格拉底对特拉绪马科斯的反驳，主张特拉绪马科斯王者为王的立场代表了一种撕裂城邦的力量，而苏格拉底对他的反驳的核心意图就是要表明，“统一”才是城邦实现幸福的关键。⑥ 娄林的论文《柏拉图引品达考——以〈王制〉为例》讨论了《理想国》里四次对品达的提及，柏拉图认为传统诗歌的追求虽然不及哲学成熟，但是在诗歌的教化意义上，柏拉图又分享了品达的观念。娄林的另一篇论文《克法洛斯：解读〈王制〉的一个新入口》讨论了《理想国》中的克法洛斯，作者认为苏格拉底与克法洛斯的简短对话对于理解《理想国》非常重要，因为

---

① 张爽：《真理尺度与政治术：苏格拉底与普罗塔哥拉之争》，《江西社会科学》2017 年第 8 期。

② 谢文郁：《正义与真理——柏拉图〈理想国〉的问题、方法和思路》，《中山大学学报（社会科学版）》2017 年第 2 期。

③ 潘斌：《〈理想国〉中劝导性的幸福概念》，《道德与文明》2017 年第 6 期。

④ 张新刚：《重思哲人王难题》，载徐松岩主编《古典学评论》第 3 辑，上海三联书店 2017 年版。

⑤ 沈夏珠：《柏拉图政治价值理论：一个正义观念体系》，《南京社会科学》2017 年第 3 期。

⑥ 张文涛：《柏拉图笔下的“自然状态”问题》，《海南大学学报（人文社会科学版）》2017 年第 5 期；张文涛：《苏格拉底反特拉绪马科斯》，《江西社会科学》2017 年第 2 期。

克法洛斯的价值观代表了雅典当时的政治氛围以及受到智者影响的教育氛围，他们之间的对话预示了接下来要讨论的诸多问题，如爱欲与灵魂的关系、诗歌与哲学的关系、财富与正义的关系，以及个人与城邦的关系。① 朱林方的论文《何以“扶友损敌”不是正义——苏格拉底与珀勒马科斯》讨论了苏格拉底与珀勒马科斯关于“扶友损敌”是不是正义定义的对话，表明这是一种支离破碎而非整全的正义，因为它的出发点不是“善”，苏格拉底最终要确立善对于正义的优先性。②

除《理想国》外，《会饮》《斐德若》和《礼法》（又译《法律篇》《法义》等）也得到了相对较多的关注。王柯平的论文《爱美欲求与善好生活——柏拉图“阶梯喻说”新解》讨论了《会饮》中“爱的阶梯”，认为这是柏拉图的“精神型爱欲现象学”，意在引导人们通过爱美益智养德，趋向人性完满实现的理想，上达善好生活及真正福祉的终极目的。③ 田书峰的论文《柏拉图〈会饮〉中的爱欲与理念学说》也讨论了爱欲与理念的关系，认为爱欲对于智慧和美的理念的欲求既是以符合德性的伦理生活为条件，也是以能够看见美与善的理念本体为旨趣，因此柏拉图的伦理学与形而上学最终达到了合一。④ 林志猛的论文《柏拉图〈会饮〉论喜剧诗人的爱欲观》讨论了《会饮》中喜剧诗人阿里斯托芬通过神话表达的爱欲观，认为阿里斯托芬让爱神从属于宇宙诸神，将爱欲理解为自然的运动，从而把自然与礼法对立起来，其敬神的背后实则渎神。而且在阿里斯托芬爱欲的自然等级中，男子气（勇敢）及其带来的政治成就是最高的爱欲，这是喜剧诗人的局限性。⑤ 但是林志猛的这个分析让人很难认同，因为阿里斯托芬的讲辞显然没有强调勇敢、政治性、渎神这些主题，恰恰相反，他主张的是个体回归自我与敬神。

崔嵬的论文《苏格拉底的哲学修辞术——柏拉图〈斐德若〉开场（227a1－230e5）绎读》讨论了《斐德若》的开篇苏格拉底与斐德若的相遇和交谈，在这段交谈中苏格拉底把握了城邦与公共言辞之间的关系，巧妙地使用严肃戏剧诗术和双重修辞的技艺，既保护常人免受吕西阿斯言辞的危害，又恰当地为真正的哲人生活辩护。⑥ 樊黎的论文《发现自然的视野——〈斐德若〉论美》讨论了《斐德若》中通过“回忆”达到美，从而让灵魂回到堕落之前的状态，即哲学的状态。而回到这一

---

① 娄林：《柏拉图引品达考——以〈王制〉为例》，《江汉论坛》2017 年第 11 期；娄林：《克法洛斯：解读〈王制〉的一个新入口》，《江西社会科学》2017 年第 8 期。

② 朱林方：《何以“扶友损敌”不是正义——苏格拉底与珀勒马科斯》，《西南政法大学学报》2017 年第 1 期。

③ 王柯平：《爱美欲求与善好生活——柏拉图“阶梯喻说”新解》，《哲学研究》2017 年第 8 期。

④ 田书峰：《柏拉图〈会饮〉中的爱欲与理念学说》，《当代中国价值观研究》2017 年第 3 期。

⑤ 林志猛：《柏拉图〈会饮〉论喜剧诗人的爱欲观》，《海南大学学报（人文社会科学版）》2017 年第 3 期。

⑥ 崔嵬：《苏格拉底的哲学修辞术——柏拉图〈斐德若〉开场（227a1－230e5）绎读》，《安徽大学学报（哲学社会科学版）》2017 年第 1 期。

状态的最大障碍在于城邦的公共意见，因此回复灵魂的原初视野就要超越城邦的习俗，从城邦这个“洞穴”中解放出来，发现或找回自然的视野。在这个过程中“美”发挥着至关重要的引导作用。①

曹义孙、娄曲亢的论文《柏拉图〈法律篇〉的良法思想研究》讨论了《礼法》中的“良法思想”，认为良法是人而非神制定的成文法，遵循良法的生活是人类幸福生活的基本方式，良法由法律序言与法律条款构成，具有劝服与强制的双重功能。良法的制定以德性为目标，遵循以理性为最高宗旨的诸善之间的自然秩序。② 林志猛的论文《柏拉图〈法义〉中的法律与正义》讨论了《礼法》中的法律与正义问题。柏拉图认为，法律应着眼于“自然正义”，关注灵魂的自然本性和完善；法官要实现城邦的正义，不能仅凭暴力强迫，而应实行恰当的教育、劝谕和分配，以让好人统领坏人，不义者自愿服从正义者。而这种法官，需要哲人式的德性和智慧，以使政治生活和谐有序。③

除了这些对专门对话的讨论之外，肖瑛在其论文《家国之间：柏拉图与亚里士多德的家邦关系论述及其启示》中认为，在柏拉图、亚里士多德关于家国关系的思想中，血缘被视为“友爱”这一人类普遍自然情感的基础，但这种自然情感会妨碍在城邦中构建普遍化的友爱关系，是德性和欲望、公和私、城邦和家对立的源头。因此，两人试图在制度层面消除或限制其作用领域，防止其对城邦目标和运行的破坏。④ 但是，作者对柏拉图和亚里士多德的理解与他们的思想几乎背道而驰，柏拉图和亚里士多德都不认为血缘应该成为友爱的基础，而是要用德性和教育代替血缘。

四　亚里士多德与晚期希腊罗马的伦理和政治思想

关于亚里士多德伦理学的讨论，学者们关注的核心问题依然是幸福和德性。在有关幸福的讨论中，黄裕生的论文《理性“理论活动”高于“实践活动”——论亚里士多德伦理学的“幸福观”》讨论了亚里士多德基于灵魂划分在伦理德性与理智德性之间的划分，以及由此而来的幸福的排序，即纯粹理论活动高于实践活动，作者主张合乎理智的最高的幸福既是合乎神性的生活，又是成就每个人真正自己的生活。⑤ 田洁的论文《亚里士多德幸福概念再阐释——再议包容论与支配论之争》审视了“包

---

① 樊黎：《发现自然的视野——〈斐德若〉论美》，《海南大学学报（人文社会科学版）》2017 年第 1 期。

② 曹义孙、娄曲亢：《柏拉图〈法律篇〉的良法思想研究》，《首都师范大学学报（社会科学版）》2017 年第 6 期。

③ 林志猛：《柏拉图〈法义〉中的法律与正义》，《江西社会科学》2017 年第 2 期。

④ 肖瑛：《家国之间：柏拉图与亚里士多德的家邦关系论述及其启示》，《中国社会科学》2017 年第 10 期。

⑤ 黄裕生：《理性“理论活动”高于“实践活动”——论亚里士多德伦理学的“幸福观”》，《云南大学学报（社会科学版）》2017 年第 5 期。

容论”与“支配论”之间的经典争论，尝试通过亚里士多德幸福定义中的“生活”概念提出一种新的解释路径，从而为包容论的解释提供新的支持。① 陈庆超的论文《亚里士多德幸福观的论争与反思——基于“哲学—政治”张力的视角》也讨论了亚里士多德伦理学中“沉思生活”与“政治生活”之间的张力，他基于亚里士多德的功能论证，主张沉思生活与政治生活呈现为兼容的等级关系。② 刘玮的论文《功能论证：从柏拉图到亚里士多德》讨论了亚里士多德赖以确定幸福“实质定义”的“功能论证”。作者以柏拉图在《理想国》第一卷中提出的功能论证为基础，比较了亚里士多德在《欧德谟伦理学》和《尼各马可伦理学》中两个不同的功能论证，展示了亚里士多德对柏拉图观点的发展，也显示了亚里士多德的自我反思和修正。③ 该文最后一节简短地回应了有关亚里士多德功能论证的一系列质疑。马杏苗的论文《论至善目的与生命实现——亚里士多德功能性概念蕴含的伦理空间》也讨论了亚里士多德的“功能”概念蕴含的伦理空间，认为这个概念不仅是修复近现代事实与价值断裂的道德良方，也为涣散、抽空的现代自我的重构打开了一个现实的道德境域，即每个人作为一种独特性的存在，可以在其“身份”“角色”的合德性的生命活动中实现属己的幸福和本质力量。④

在关于德性的讨论中，明智（或者实践智慧）这种理智德性，以及明智与伦理德性的关系，始终是学界讨论的热点问题。田田洁的论文《手段抑或目的——关于亚里士多德思虑之对象》首先考察了休谟主义和理智主义这两种理解方式之间的争论，之后从实践智慧的产生过程，即道德养成的角度试图调和这两种看似对立的立场，即理智德性如何在欲望的引导下产生，并且在道德德性设定的目的范围内寻找手段，由此论证道德德性与实践理性的发展相辅相成。⑤ 李义天的论文《实践智慧无需考虑行动目的？——亚里士多德主义美德伦理学的困难与回应》也讨论了实践智慧是否要考虑目的的问题。作者认为，亚里士多德说实践智慧关注“促成目的实现的东西”并不是简单的“手段”，而可能是目的的一部分。此外，一个实践推理可能由不止一个目的构成，一个推理的结论可以成为下一个推理的目的，在这个意义上，实践智慧也可以确定目的。⑥ 田洁的另一篇论文《思虑与实践三段论》讨论了实践理性

---

① 田洁：《亚里士多德幸福概念再阐释——再议包容论与支配论之争》，《山东大学学报（哲学社会科学版）》2017 年第 2 期。

② 陈庆超：《亚里士多德幸福观的论争与反思——基于“哲学—政治”张力的视角》，《哲学动态》2017 年第 10 期。

③ 刘玮：《功能论证：从柏拉图到亚里士多德》，《道德与文明》2017 年第 3 期。

④ 马杏苗：《论至善目的与生命实现——亚里士多德功能性概念蕴含的伦理空间》，《南京航空航天大学学报（社会科学版）》2017 年第 3 期。

⑤ 田洁：《手段抑或目的——关于亚里士多德思虑之对象》，《伦理学研究》2017 年第 3 期。

⑥ 李义天：《实践智慧无需考虑行动目的？——亚里士多德主义美德伦理学的困难与回应》，《云南师范大学学报（哲学社会科学版）》2017 年第 1 期。

如何得出结论（即“促成目的实现的东西”）的问题。作者认为思虑与实践三段论之间存在差别，思虑发挥的是理智探索功能，而实践三段论则是用来解释和激发行动的。在某些情况下，思虑与实践三段论的功能会紧密结合在一起，这时候就容易产生混淆。① 叶云的论文《伦理德性、明智与共通感——论亚里士多德伦理学中的共通感意蕴》借助经伽达默尔阐释的“共通感”概念来理解亚里士多德的伦理德性，认为在亚里士多德那里，“共通感”就是苦乐感，这种苦乐感是伦理德性的基础，而伦理德性是明智的前提和目的，在实践中明智又会深化、发展、修正伦理德性赖以存在的共通感，这样在共通感、伦理德性和明智之间就形成了一种诠释上的循环。② 马万东的论文《实践与逻各斯之关系探源》从发生学的角度讨论了目的—逻各斯—实现的模式，主张原本作为实践内在构成的逻各斯，意义从“同一性”演变为多样化的求真方式，即理智德性，进而又演变为三段论，导致逻各斯转变为逻辑学，实践逻各斯的优先性逐渐被理论逻各斯取代并遭到遗忘。③

在关于亚里士多德具体德性的讨论中，刘玮的论文《亚里士多德论勇敢》中讨论了勇敢这种非常复杂也很有争议的德性，如亚里士多德为什么给勇敢设置了两种不同的情感——恐惧和信心；亚里士多德为何将最严格意义上的勇敢限定在为城邦而战；人为什么要冒着牺牲生命的危险去实践勇敢；勇敢者的快乐又从何而来；勇敢者会不会害怕，会不会感到痛苦，如果有痛苦那么勇敢是不是更接近“自制”而非“德性”。④ 吴迪的论文《亚里士多德的分配正义：整体主义还是平等主义》讨论了亚里士多德的分配正义应该用整体主义（以麦克利为代表）还是平等主义（以努斯鲍姆为代表）的方式来理解，作者试图从公民的理性和自由选择，以及原初平等的预设角度为平等主义解读辩护。⑤ 何为的论文《亚里士多德论政治正义与绝对正义》讨论了《尼各马可伦理学》V.6 开篇提到的“绝对正义”带来的解释上的困难，作者主张，虽然正义问题主要是在政治共同体的语境下展开的，但是也需要一个基于自然的绝对标准为讨论设定参照系。⑥

也有一些论文关注了亚里士多德伦理学的其他问题。夏天成、王振林的论文《医学在〈尼各马可伦理学〉中的类比作用》讨论了医学在《尼各马可伦理学》中的作用，作者认为亚里士多德以医学介于纯粹理论与纯粹应用之间的特征，来阐释他与柏拉图的不同伦理观念，即伦理学关注实践性，不可能达到绝对的确定性。作者还

---

① 田洁：《思虑与实践三段论》，《世界哲学》2017 年第 1 期。

② 叶云：《伦理德性、明智与共通感——论亚里士多德伦理学中的共通感意蕴》，《道德与文明》2017 年第 6 期。

③ 马万东：《实践与逻各斯之关系探源》，《马克思主义与现实》2017 年第 2 期。

④ 刘玮：《亚里士多德论勇敢》，载刘东主编《中国学术》第 38 辑，商务印书馆 2017 年版。

⑤ 吴迪：《亚里士多德的分配正义：整体主义还是平等主义》，《华中科技大学学报（社会科学版）》2017 年第 6 期。

⑥ 何为：《亚里士多德论政治正义与绝对正义》，《贵州社会科学》2017 年第 2 期。

认为亚里士多德大量使用医学作为例子讨论伦理学，开启了希腊化时代的“治疗哲学”传统。① 黄裕生的论文《论亚里士多德的“自愿理论”及其困境——康德哲学视野下的一个审视》讨论了亚里士多德有关“自愿”的学说，认为这是朝向“意志”问题的重要一步，作者站在康德哲学的角度主张，由于亚里士多德并未真正发现“自由意志”问题，导致亚里士多德有关自愿行为的讨论最终陷入了诸多困境，而未能为伦理行为的可评价性找到真正的根据。② 但是作者明显低估了亚里士多德理论的深度和解释力。刘宇的论文《论亚里士多德式实践推理的三重结构——制作推理、伦理推理到叙事推理》讨论了技艺之中的制作推理和实践智慧中的伦理推理。作者认为，这两种推理只能表达主体单一视角的行动筹划，而不能客观地展示实践的复杂性和过程性，因此必须过渡到展现在悲剧中的叙事推理，叙事推理涵盖了行动者、旁观者和潜在行动者三个视角。③ 这个观点显然忽视了实践智慧包括城邦和个人幸福的整全视角。郝亿春的论文《完满友爱：“自我关切”还是“非自我关切”——对亚里士多德“友爱论”中一个老问题的新解答》讨论了亚里士多德的“完满的友爱”是“利己”的还是“利他”的，作者认为这种完满友爱为非自我关切的，其中“让”的维度满足了共同体的德性之需。④ 周海荣、李宏的论文《论亚里士多德的休闲观》探讨了亚里士多德的“休闲观”（甚至称亚里士多德为“休闲学之父”），指出在亚里士多德那里休闲不是娱乐消遣，而是严肃的实现活动、人的本质活动、实现幸福的必要条件和人理想的存在状态。⑤ 但是这篇文章完全混淆了亚里士多德的“闲暇”（scholê）与“娱乐”（paidia），后者才更接近今天所说的“休闲”，而前者是严肃的政治和哲学活动的条件，而非活动本身。

在关于亚里士多德政治学的研究中，田道敏的专著《自然主义的政治：亚里士多德政治哲学研究》概述了亚里士多德政治哲学产生的时代背景，之后重点讨论了三个“自然主义原则”：即城邦的自然性、人本性上是政治的动物、城邦在本性上先于个人，之后讨论了亚里士多德的政体理论，以及亚里士多德的理论对当代政治哲学和政治实践的意义。⑥ 全书核心部分的讨论几乎完全依赖大卫·凯特（David Keyt）和弗雷德·米勒（Fred Miller）两位学者的研究，因此全书缺少真正的学术贡献。程志敏的论文《政治本质论》也从整体上讨论了亚里士多德的政治学，他认为政治的

---

① 夏天成、王振林：《医学在〈尼各马可伦理学〉中的类比作用》，《道德与文明》2017年第2期。

② 黄裕生：《论亚里士多德的“自愿理论”及其困境——康德哲学视野下的一个审视》，《浙江学刊》2017年第6期。

③ 刘宇：《论亚里士多德式实践推理的三重结构——制作推理、伦理推理到叙事推理》，《云南师范大学学报（哲学社会科学版）》2017年第5期。

④ 郝亿春：《完满友爱：“自我关切”还是“非自我关切”——对亚里士多德“友爱论”中一个老问题的新解答》，《世界哲学》2017年第4期。

⑤ 周海荣、李宏：《论亚里士多德的休闲观》，《武汉理工大学学报（社会科学版）》2017年第6期。

⑥ 田道敏：《自然主义的政治：亚里士多德政治哲学研究》，中国社会科学出版社2017年版。

必要性在于理论的有限性和人性的弱点，人类趋乐避苦的本性以及理性、法律和教化的局限，使得人们不足以自足地获得美好的生活。政治学关注大多数人的幸福，因此可以为城邦掌舵。在这个意义上，古典政治哲学综合了理论与实践，集“格物、致知、诚心、正意、修身、齐家、治国、平天下”于一身，这就是政治的本质。①

陈斯一的论文《亚里士多德论家庭与城邦》讨论了亚里士多德为何认为城邦优先于家庭的问题。作者认为，亚里士多德这一看法的形而上学基础是他经典的形式质料理论，尤其是形式之于质料的优先性。在亚里士多德看来，家庭提供人性的质料，政体提供生活的形式，二者相结合所构成的城邦才是能够实现美好生活的人类共同体。② 张新刚的《亚里士多德论政治友爱》处理了政治性的友爱是基于利益还是基于德性的问题。作者认为最符合亚里士多德政治友爱范型的是“同心”，而根据《政治学》所构建的理想政体，这种同心包括了同一代人之间的关系以及代际关系，为实现最终的高贵和幸福生活提供了基础。③ 黄梦晓的论文《亚里士多德是公民共和主义的奠基者吗？——基于波考克的亚里士多德解释范式》讨论了波考克在《马基雅维里时刻》中对亚里士多德所做的“公民共和主义解读”，作者认为波考克的解读至少在三个方面存在问题：忽视了哲学沉思作为最高幸福的地位，忽视了政治参与之外“个人维度”的伦理德性，误读了政制（混合政体）在亚里士多德政体理论中的地位和目的。④

董波在2017年发表了一组关于亚里士多德《政治学》的论文。《亚里士多德〈政治学〉的结构》一文反驳耶格尔用“发展论”的方式理解《政治学》的结构，作者认为现有的章节安排是符合亚里士多德政治哲学的整体意图的组织。这种观点早已是过去三十多年来亚里士多德《政治学》研究中的主流观点（只有 Peter Simpson 等极少数的例外），作者并未提出任何新颖的看法和证据。董波的另一篇论文《德性与平等——论亚里士多德最佳政体的性质》讨论了《政治学》第七、第八卷中的“最佳政体”问题，作者认为它不是政体六分中的任何一种政体，而是坚持德性与平等原则的特殊政体，在其中城邦的自然倾向得以实现，统治者与被统治者之间的差别得以消除。第三篇论文《亚里士多德与权利概念》探究了由弗雷德·米勒挑起的亚里士多德的政治思想中是否有近代意义上的“权利”概念的争论。作者主张亚里士多德最佳政体所要求的德性原则并非权利，而有关正义的讨论也不需要借助权利的概

---

① 程志敏：《政治本质论》，《贵州社会科学》2017年第2期。

② 陈斯一：《亚里士多德论家庭与城邦》，《北京大学学报（哲学社会科学版）》2017年第3期。

③ 张新刚：《亚里士多德论政治友爱》，《云南大学学报（社会科学版）》2017年第2期。

④ 黄梦晓：《亚里士多德是公民共和主义的奠基者吗？——基于波考克的亚里士多德解释范式》，《政治思想史》2017年第1期。

念。因此米勒的尝试并不成功。[①] 罗晓颖的论文《“中庸的”无神论——亚里士多德〈伦理学〉和〈政治学〉关于神及神事的论述初探》探究了亚里士多德《尼各马可伦理学》和《政治学》中关于神的零星讨论，作者主张亚里士多德在形而上学和自然哲学中讨论的那个所谓的“第一推动者”其实更接近无神论，但是在伦理和政治层面却在维护甚至构建对传统诸神的理解，这也体现了亚里士多德在实践哲学中坚持的“中道”思想。[②]

除上面这些专门研究亚里士多德的作品外，还有一些从比较视野看待亚里士多德伦理政治思想的研究值得关注。廖申白的论文《儒家的“知（智）”与“良知”——以亚里士多德的实践理智与明智为对照》细致比较了中国儒家的“知（智）”和“良知”与亚里士多德的“实践理智”和“明智”，借助亚里士多德提供的概念框架，更好地澄清孔子和孟子的“知（智）”和“良知”概念的特点和意义。[③] 谈火生的论文《中西政治思想中的家国观比较——以亚里士多德和先秦儒家为中心的考察》比较了亚里士多德与先秦儒家在家国关系上的观点的异同。作者认为在《政治学》中，亚里士多德强调国与家的差异，在家国殊途的基本预设下发展出一套完整的政体理论，用朋友之间的友爱思考公民关系；而先秦儒家在家国同构的基本预设下以君主制为唯一的政体选项，将孝扩展到社会和政治领域，将忠作为政治规范。[④] 陈勇的论文《生存、知识与本真性——论亚里士多德与海德格尔的实践哲学》比较了亚里士多德与海德格尔对伦理学的理解。作者指出海德格尔的基础存在论最重要的思想来源之一是亚里士多德的《尼各马可伦理学》，两位哲学家都认为人的存在是目的性的，并且本质上还是真理性的。但在亚里士多德伦理学奠基于目的论形而上学的基础之上，实践以及实践性知识最终扬弃了自身；而海德格尔始终坚持实践性知识的优先地位，在这个意义上基础存在论甚至是比亚里士多德伦理学更彻底的实践哲学。[⑤]

晚期希腊和罗马的伦理政治思想一直是我国学界关注较少的问题，2017 年这方面的成果尤其稀少（所以本文只能将这一时期放在亚里士多德之后简单提及），而且研究性明显不足，论文以哲学史性质的简单论述为主。付粉鸽的论文《合乎自然而

---

① 董波：《亚里士多德〈政治学〉的结构问题》，《现代哲学》2017 年第 3 期；董波：《德性与平等——论亚里士多德最佳政体的性质》，《世界哲学》2017 年第 4 期；董波：《亚里士多德与权利概念》，《海南大学学报（人文社会科学版）》2017 年第 1 期。

② 罗晓颖：《“中庸的”无神论——亚里士多德〈伦理学〉和〈政治学〉关于神及神事的论述初探》，《现代哲学》2017 年第 1 期。

③ 廖申白：《儒家的“知（智）”与“良知”——以亚里士多德的实践理智与明智为对照》，《云梦学刊》2017 年第 1 期。

④ 谈火生：《中西政治思想中的家国观比较——以亚里士多德和先秦儒家为中心的考察》，《政治学研究》2017 年第 6 期。

⑤ 陈勇：《生存、知识与本真性——论亚里士多德与海德格尔的实践哲学》，《哲学研究》2017 年第 4 期。

内心宁静：斯多葛学派的哲学治疗智慧》讨论了斯多葛学派伦理学关注的两个要点“合乎自然”和“内心宁静”。[①] 扈志东的论文《伊壁鸠鲁的幸福论及其当代启示》讨论了伊壁鸠鲁主义中将幸福、快乐和德性等同处理的倾向。[②] 2017年讨论希腊化时期伦理思想唯一有一定研究性的论文是田书峰的《斯多亚伦理学受到亚里士多德伦理学的影响吗？——从二者对 ευδαιμονία（幸福）的界定来看》，文章试图从亚里士多德与芝诺的“幸福”概念入手，进入朗和桑德巴赫对两个学派之间关系的争论，作者通过分析更倾向于朗的结论，即认为斯多亚伦理学在某种程度上是对亚里士多德伦理学内部所蕴含着的未解矛盾的回应，但朗的理由并不足以穷尽二者之间的关系。[③]

五　基督教和中世纪伦理政治思想

关于基督教和中世纪伦理政治思想的研究依然集中在奥古斯丁和托马斯·阿奎那上面，有两本专著和为数不多的论文值得关注。徐琪的专著《论奥古斯丁的友爱与共同体》在柏拉图、亚里士多德和西塞罗构成的古典友爱观的语境下，讨论了奥古斯丁对友爱的创造性发展，奥古斯丁批评古典的（完善）友爱对德性的诉求是自私之爱，转而从人的原罪和根本恶出发理解友爱，主张人们要警惕世俗意义上的友爱，因为它包含了对肉体或外在事物的欲求；人应该将自己的爱转向上帝，从而实现自爱、友爱和圣爱的统一，在此基础上结成“上帝之城”这个真正的友爱共同体。[④] 众所周知，阿奎那关于法律的思想，特别是关于自然法的思想，既总结了他之前1600年的自然法传统，又开辟了新的方向，从而启发了近代的自然法思想，因此充分理解阿奎那的法律和自然法思想对理解西方政治思想史的发展变化至关重要。陈庆的专著《托马斯·阿奎那〈论法的本质〉章句疏证》对照阿奎那的拉丁文本，参考英语、法语和德语学界的研究成果，以近60万字的篇幅逐句疏解了《神学大全》第二集第一部分的第90个问题“论法的本质”（仅有约3000字的拉丁文文本），是到2017年为止汉语学界对这一文本最深入的研究，书中的长篇导论（170页）对于系统理解阿奎那的法学思想有重要的指导意义。[⑤]

在论文方面，张荣的论文《奥古斯丁对古希腊自由观的终结及其效应：兼谈近代西方政治哲学的奠基之路》讨论了奥古斯丁对希腊自由观的批判，认为奥古斯丁

① 付粉鸽：《合乎自然而内心宁静：斯多葛学派的哲学治疗智慧》，《西北大学学报（哲学社会科学版）》2017年第1期。

② 扈志东：《伊壁鸠鲁的幸福论及其当代启示》，《西南林业大学学报（社会科学版）》2017年第5期。

③ 田书峰：《斯多亚伦理学受到亚里士多德伦理学的影响吗？——从二者对 ευδαιμονία（幸福）的界定来看》，《伦理学研究》2017年第6期。

④ 徐琪：《论奥古斯丁的友爱与共同体》，中国社会科学出版社2017年版。

⑤ 陈庆：《托马斯·阿奎那〈论法的本质〉章句疏证》，人民出版社2017年版。

从原罪论出发，让肇始于自发、自愿的选择与意志的自由决断发生本源关联，终结了古希腊不关心人的外在境遇的内在自由观，完成了将内在自由外化为绝对命令的中世纪转向。这一变化也对西方政治哲学的现代转向（特别是法权学说）意义重大。[①] 朱蔷薇的论文《阿伦特早期对奥古斯丁爱的观念的阐释及其意蕴》讨论了阿伦特在其博士学位论文《爱与圣奥古斯丁》中对奥古斯丁之“爱”的阐发，认为在奥古斯丁的著作中蕴含着深切的世间性关怀。邻人之爱就是“他人朝向我自身的意志”，就是社会性的爱，它是共同体或社会中的人与人之间的黏合剂。[②] 梁卫霞的论文《阿奎那对德性本质的追问及其当代价值》讨论了阿奎那如何综合基督教奥古斯丁主义与古希腊的亚里士多德的德性理论，认为理解阿奎那的德性论对于重构德性概念的价值、突出德性对规范的优先性有所帮助。[③] 曾静明的论文《托马斯·阿奎那的良心观》讨论了《神学大全》中与良心这种伦理判断的机制有关的内容，涉及人的理智、自然法、良心和良知、服从良心的义务等。[④] 惠慧的论文《偷盗与友爱——托马斯·阿奎那的财产观念》就偷盗和友爱的问题，讨论了阿奎那的财产观。在贫富分化的背景下，阿奎那捍卫穷人在极端情况下偷盗的合法性，依据正义与平等原则，严格限制私有财产权；希望源自内心友爱情感的慈善行为能够成为改善人与人之间财产关系的开始。[⑤] 李筠的论文《索尔兹伯里的约翰论德性、国家与暴君》讨论了 12 世纪政治思想家索尔兹伯里的约翰在《论政府原理》中的思想。约翰在基督教框架内有力地重提了古典作品，给予世俗幸福相对独立的地位，并强烈主张以“适度”为核心的德性论。约翰系统地阐述了有机国家论，在“亚里士多德革命”到来之前为世俗政权提供了最有力的正当性辩护。[⑥]

六　文艺复兴时期的伦理政治思想

最近几年国内学界关于文艺复兴思想的研究在徐卫翔、刘训练、韩潮、梁中和等学者的带动下，有了长足进展，取得了喜人成绩。辑刊《文艺复兴思想评论》第一卷的出版更是国内文艺复兴思想研究中具有里程碑意义的事件。这一卷中有很多文章都和文艺复兴的伦理政治思想相关。朱振宇的论文《〈神曲〉中的维吉尔：一种不完满的爱》讨论了但丁对维吉尔的超越，认为但丁给后人留下的最宝贵遗产不是信仰

---

① 张荣：《奥古斯丁对古希腊自由观的终结及其效应：兼谈近代西方政治哲学的奠基之路》，《福建论坛（人文社会科学版）》2017 年第 8 期。

② 朱蔷薇：《阿伦特早期对奥古斯丁爱的观念的阐释及其意蕴》，《社会科学》2017 年第 2 期。

③ 梁卫霞：《阿奎那对德性本质的追问及其当代价值》，载江畅、戴茂堂等主编《价值论与伦理研究》2017 年上半年卷，社会科学文献出版社 2017 年版。

④ 曾静明：《托马斯·阿奎那的良心观》，《宗教学研究》2017 年第 1 期。

⑤ 惠慧：《偷盗与友爱——托马斯·阿奎那的财产观念》，《世界宗教研究》2017 年第 4 期。

⑥ 李筠：《索尔兹伯里的约翰论德性、国家与暴君》，《政治思想史》2017 年第 1 期。

或理性，而恰恰是爱。郭琳的论文《自由与德性：布鲁尼之市民人文主义思想寻迹》讨论了布鲁尼带有寡头主义倾向的政体观、基于消极自由与平等的公民观、在帝国主义霸权下主张怀柔的外交观，作者认为布鲁尼的现实主义倾向已经在一定程度上勾勒出现代政治思想的轮廓。吴功青的论文《革命与危机：皮科论人的尊严与个体自由——兼对特林考斯的一个批评》反驳了特林考斯关于皮科的解读，即认为皮科大体上坚持奥古斯丁主义和中世纪哲学。作者认为皮科的作品中兼及奥古斯丁主义的传统和开辟个体自由的现代面向。之所以具有这两个面向，恰恰是因为皮科意识到了以革命性的方式开启个人自由所蕴藏的巨大危险。韩潮的论文《在现代的起点上——论博丹的混合政体批判》讨论了博丹思想中一个看起来有些悖谬的方面，即他将“和谐正义”和“适当的混合”这些看来更适合描述混合政体的词语用来描述他力主的君主政体，之所以会出现这种情况，是因为博丹区分了政府层面的混合与国家层面的单一君主制，并由此开辟了从古代政体学说到现代治理学说的转变，站在了现代的起点上。刘训练的论文《“马基雅维利主义”的双重意蕴：马基雅维利与国家理性》讨论了马基雅维利与不同意义上的“国家理性”学说的关系，就“国家理性”作为一种政治思维方式来讲，马基雅维利并非这一观念的创造者；就“国家理性”作为一种现代政治观念来说，马基雅维利确实是这一观念的开创者；而从深层意图和价值选择的角度来看，马基雅维利的共和主义思想与国家主义和民族主义毫无矛盾。王寅丽的论文《马基雅维利与当代共和主义的两种典范阐释》讨论了波考克与斯金纳对马基雅维利的不同阐释，前者认为马基雅维利是“公民人文主义者”，而后者认为马基雅维利是“古典共和主义者”。作者认为，这两种阐释有各自的价值和局限，而当代共和主义的思潮正是围绕这两个面向构建的。①

除了这本辑刊之外，徐艳东出版了国内第一本系统研究文艺复兴伦理思想的专著《意大利文艺复兴伦理学》。作者从文艺复兴时期意大利独特的时空背景和精神形态出发，运用结构主义的方法，借鉴了大量的符号学、精神分析、神话学、人类学和社会学方面的研究内容，以对自由、理性、道德、尊严、人权、正义等概念的解析为叙述主脉，结合对但丁、马基雅维利等的思想的比较对照，全方位、全景式地展现了意大利文艺复兴时期伦理学的基本样态与理论风格。②

其他关于文艺复兴伦理政治思想的论文还是比较集中在马基雅维利（又译马基雅维里）的研究上。《云南大学学报（社会科学版）》在2017年第2期组织了一个关于马基雅维利和文艺复兴伦理政治思想的专题。收录了韩潮、聂敏里和陈华文的各一篇论文。韩潮的论文《马基雅维里的“现实主义”疑难》重新审视了马基雅维利的

---

① 徐卫翔、韩潮主编：《文艺复兴思想评论（第一卷）：文艺复兴与现代思潮的兴起》，商务印书馆2017年版；辑刊中还有很多其他论文，这里就不一一列举和概述了。

② 徐艳东：《意大利文艺复兴伦理学》，中国社会科学出版社2017年版。

“现实主义”标签，认为它并不完全合适，指出人们有充分的理由将马基雅维利的现实主义理解为某种“极端主义”；更进一步，马基雅维利的“极端主义”也只是理论层面的设定，在实践上他要用“极端”的手法，造成一个“正常”的幻觉。[①] 聂敏里的论文《马基雅维里的新道德——对〈君主论〉第15章的一个哲学分析》讨论了马基雅维利用一种彻底的现实主义原则（体现为依据行动的现实条件和环境，指向现实生存的安全与福祉）为“新道德”奠基。[②] 陈华文的论文《两种政治审慎与政治话语的古今之变》讨论了亚里士多德与马基雅维利对“政治审慎”（或“明智”，prudence）的不同理解，亚里士多德的审慎要求人们结合一个总体的根本善去把握具体情境中的善，只有在伦理与政治统一的世界里，这种审慎才是可能的；而马基雅维利诉诸“命运”的概念，强调政治世界的偶然性与冲突，割裂政治世界与自然目的之间的关联，政治审慎由此转向了政治领域的自身逻辑，关注现实世界中的“有效真理”，以国家的需要而不是善的理念或永恒原则去指导政治行动。[③] 俞可平的论文《马基雅维里悖论解析》认为马基雅维利思想中的复杂性：他对理想国家、政治主体和伦理道德的主要观点中都存在悖论的性质，这些悖论深刻地反映了天国与尘世、人性与兽性、传统与近代、理想与现实之间的张力和矛盾。[④] 陈文娟的论文《论马基雅维利的善恶辩证法思想》认为马基雅维利对政治事件中的主客分殊、政治情境的生成流变、政治行动的复杂多变、政治行动中善与恶的对立统一有着深刻的洞察，在他的著作中蕴含着丰富的辩证法思想。[⑤] 刘小枫的论文《波考克如何为马基雅维利辩护》讨论了剑桥学派与施特劳斯主义者在如何理解马基雅维利的问题上的争论，特别考察了波考克从“历史主义”的角度批评施特劳斯关于马基雅维利是“恶之师”的论断。作者站在施特劳斯的立场上对波考克这一批判的论据和意义进行了反批判。[⑥] 马勇的论文《珀律比俄斯的混合政制论与马基雅维利》讨论了马基雅维利与罗马历史学家珀律比俄斯（Polybius，通常译为波利比乌斯）之间的关系。作者认为马基雅维利在《李维史论》中故意歪曲珀律比俄斯的政体循环论，以此为未来的“新罗马”构建一种新的政制，从而使得人可以征服命运女神。另，作者认为马基雅维利的新政制论必然会孕育出自由民主政制，但是它依然无法征服“命运女神”。[⑦]

在关于马基雅维利研究之外，还有少量其他研究值得关注。梁中和的论文《什

---

① 韩潮：《马基雅维里的“现实主义”疑难》，《云南大学学报（社会科学版）》2017年第2期。

② 聂敏里：《马基雅维里的新道德——对〈君主论〉第15章的一个哲学分析》，《云南大学学报（社会科学版）》2017年第2期。

③ 陈华文：《两种政治审慎与政治话语的古今之变》，《云南大学学报（社会科学版）》2017年第2期。

④ 俞可平：《马基雅维里悖论解析》，《北京大学学报（哲学社会科学版）》2017年第6期。

⑤ 陈文娟；《论马基雅维利的善恶辩证法思想》，《伦理学研究》2017年第3期。

⑥ 刘小枫：《波考克如何为马基雅维利辩护》，《杭州师范大学学报（社会科学版）》2017年第3期。

⑦ 马勇：《珀律比俄斯的混合政制论与马基雅维利》，《杭州师范大学学报（社会科学版）》2017年第3期。

么样的人最智慧——文艺复兴哲学家斐奇诺论苏格拉底》讨论了文艺复兴时期柏拉图主义的领军人物斐奇诺对苏格拉底的独特理解，在斐奇诺笔下，苏格拉底终生致力于治愈人的愚昧，真诚地承认自己无知，有助于虚心接受神的指引，是耶稣之前的基督徒。这种解读极大地改写了苏格拉底的形象，将他塑造成新时代的精神英雄，也即最智慧的人。① 朱兵的论文《现代共和主义之制度生成：圭恰迪尼政制构想初论》讨论了圭恰迪尼思想中新的共和主义观念，特别强调在他这里共和主义已经不再是虚无缥缈的勾画，而是导向实践政治的精巧政制设计，并因此对后世西方政治思想传统的发展具有重大意义。② 张仕颖的论文《马丁·路德与人文主义》强调了路德作为宗教改革的发起者与文艺复兴时期的人文主义之间的复杂关系，一方面，人文主义学术对路德的圣经注释、改教发现以及教牧实践都起到了重要的作用；另一方面，这种一致性又是建立在深刻的分歧之上的。作为一位宗教改革家，人文主义对路德来说更多的只具有工具性的意义。③

① 梁中和：《什么样的人最智慧——文艺复兴哲学家斐奇诺论苏格拉底》，《西南民族大学学报（人文社会科学版）》2017 年第 6 期。

② 朱兵：《现代共和主义之制度生成：圭恰迪尼政制构想初论》，《云南大学学报（社会科学版）》2017 年第 2 期。

③ 张仕颖：《马丁·路德与人文主义》，《世界宗教研究》2017 年第 1 期。

2017年近代西方伦理思想研究报告

杨伟清

就既有的研究文献来看，近代西方伦理思想研究主要包括近代英国伦理思想研究和近代德国伦理思想研究。近代英国伦理思想研究又可以区分为三部分内容，即霍布斯与洛克的社会契约思想研究、从沙夫茨伯里到斯密的道德感学派研究、以边沁和密尔为代表的古典功利主义研究。近代德国伦理思想研究则主要围绕康德和黑格尔的思想展开。此外，卢梭的伦理思想也备受关注。考虑到卢梭的伦理思想从属于契约论思想的脉络，且经常被拿来与霍布斯和洛克的思想比较，我们可以把这三个人的伦理思想放在一起处理。如此一来，近代西方伦理思想研究就由四大块组成，即古典功利主义研究，从休谟到斯密的道德感学派研究，霍布斯、洛克与卢梭的社会契约思想研究，康德和黑格尔伦理思想研究。

一　古典功利主义

古典功利主义的代表人物为边沁、密尔与西季威克。相对而言，密尔受到的关注较多，边沁次之，西季威克最少。但综合来说，古典功利主义在当前学界并没有得到足够的重视，相关的研究文献数量很少，质量也很不理想。

就边沁而言，有些研究者考察了他的刑罚理论，论及刑罚的根据、刑罚的目的、刑罚适用的原则等一系列问题。[①]

就密尔而言，有研究者论及他的《论自由》中对思想言论自由的讨论和对个性自由讨论之间的关系。《论自由》的主旨是对个性自由的强调，但密尔为何要用很大力气去讨论思想言论自由的重要性呢？两者之间具有什么关系呢？在作者看来，密尔的个性自由理论与思想言论自由理论之间有密切的关系：思想言论自由不仅有助于扩充人们的视界，扩大人们生活方式的选择范围，而且它还有助于提高人们智力与判断

---

① 吴真文：《论边沁的功利主义刑罚观的主旨及启示》，《湖南师范大学社会科学学报》2017年第6期；杨博：《论边沁的功利主义之刑罚观》，《知与行》2017年第8期。

力相关的能力，从而有助于人们做出符合自己本性的生活方式的选择。①

有些研究者在目的论式的功利主义与平等原则关系的背景下考察了密尔的平等理论，认为密尔的功利主义可以容纳某种平等观念。密尔功利平等观的核心是“平等待幸福”而非“平等待人”，它是以人的幸福为尺度的，是以人如何看待幸福为起点的，是以幸福的实现为归宿的。密尔的功利平等观为当前构建平等主义的功利主义敞开了可能性。②

有研究者考察了密尔对功利原则的证明，认为他并没有犯众多批评者所指出的那些声名狼藉的逻辑性谬误。批评者之所以如此严厉地批评密尔，或是因为他们没有厘清密尔证明背后所预设的一些假定，或是因为他们未将密尔证明功利主义的论点与他的其他著作联系起来。如果人们怀着同情的心态来对待密尔的证明的话，他们就会更能理解他的立场。③

也有人研究了密尔关于快乐质量的区分的学说，认为它实际上并没有像许多批评者所说的那样背离了边沁式功利主义传统，更没有“与功利原理完全相悖”。只要人们按照密尔的思考模式去分析他的高级快乐学说，就会发现这一学说并不存在批评者所指出的一系列问题。批评者们之所以批评密尔的这一学说，一个非常可能的原因在于他们没有仔细分析密尔的《逻辑体系》，或者说，他们没有将这一学说置于密尔的经验论思维框架下去思考。④

有人探讨了密尔的民主理论，认为他注意到了民主所带来的一系列问题，诸如公德的缺乏、集体的平庸以及多数人的暴政，并提出了解决民主问题的方案，也即，在自由的制度和环境下实现人的品格尤其是高尚人格的培养。⑤

对于西季威克的研究只有一篇文献。作者考察了西季威克对“善”的界定，认为他在《伦理学方法》第一卷第九章分别提出了两种不同的对“善”的界定，即自然主义定义和规范主义定义，却没有对两者的关系给出明确的说明。在作者看来，两种定义的共同之处在于都是从欲望的角度来理解“善”的内涵，而区别则在于后者相较于前者还包含了一种由“应当”概念所标示的规范性要素。西季威克对“善”的定义实际上反映了现代道德哲学相比于古代道德哲学的一个新特点：“应当”成了一种独立于“善”的理性绝对命令。⑥

---

① 张继亮：《约翰·密尔思想言论自由理论新诠》，《武汉大学学报（哲学社会科学版）》2017 年第 1 期。

② 马妮、贺春艳、张荣华：《目的论式的功利平等观是否可能——以密尔〈功利主义〉为中心》，《湖北民族学院学报（哲学社会科学版）》2017 年第 5 期。

③ 张继亮、臧金英：《声名狼藉的逻辑性谬误——重思约翰·密尔对功利原则的证明》，《道德与文明》2017 年第 3 期。

④ 张继亮：《快乐是否存在质量上的差别？——为约翰·密尔的高级快乐学说辩护》，《西南大学学报（社会科学版）》2017 年第 2 期。

⑤ 钟小燕：《托克维尔和密尔对民主难题的破解及其伦理价值》，《伦理学研究》2017 年第 2 期。

⑥ 余建滨：《论西季威克对“善”的界定》，《道德与文明》2017 年第 4 期。

二 道德感学派

在道德感学派中，休谟受到的关注最多，斯密次之，其他思想家则很少有人顾及。

就休谟而言，相关的研究比较散乱，很少有人围绕特定主题进行广泛研讨。

有研究者检讨了休谟把情感视作道德基础的理论，对此提出了批评。作者认为，基于休谟的道德情感的情境性及道德情感对指涉对象的依赖性特征，来研判其道德情感论可知：道德情感本身的原发性是可疑的，其本身并不一定就是道德行为和判断的始发点；道德情感的指涉对象是需要提前被规定的，否则道德情感是十分盲目的。前者对情感作为道德基础的动力特点发出了挑战：要证明情感的原发性，需要排除的环境和背景因素太复杂，要实现理想化的操作几乎不可能。而证明情感的情境性却十分容易。后一个批判对道德情感的清晰性产生了怀疑，而休谟的解决方式是设定道德原则和理想化的人。这样的设定又不符合经验论的认识方法，基础十分薄弱。因此，这两个道德情感的隐含特点，构成了对休谟将情感作为道德的基础的理论极大的挑战。①

有人考察了休谟的情感主义的德性论，认为它在西方德性伦理形态发展的历史演变中占据重要地位。在休谟这里，古希腊德性伦理传统开始发生细微而关键的三个现代转向，即德性品质的情感根源转向、规则意识转向和效用标准转向。这种转向不仅展现出近代以来人们伦理道德观念上的新变化和新发展，而且扭转了西方伦理学的发展方向，使古代德性伦理学转向了现代规范伦理学，同时也开辟出当代德性伦理形态发展的新视域和新天地。②

有人比较了休谟和马克思的正义理论。作者认为，休谟与马克思的正义理论分属两个根本异质的理论范式，它们在正义的环境、基础、目的、性质等方面具有显著差异。总体而言，休谟的正义理论是奠基于市民社会的补救性正义理论，通过构建财产权的正义规则弥补市民社会的内在缺陷，以维持社会的正常运行；马克思的正义理论是奠基于人类社会的超越性正义理论，其目的是致力于每一个人的自我实现。马克思的超越性正义理论既批判又涵盖了休谟的补救性正义理论，但它不是要越过后者，而是在后者合理性基础上的一种根本推进。③

还有研究者试图区分休谟与休谟式的动机理论，认为两者存在一定的差异。作者认为，要澄清休谟的动机理论，关键在于厘清欲求与信念的本质。通过揭示欲求和信

① 刘少明：《对休谟的“道德情感”的两个基础性批判》，《中南大学学报（社会科学版）》2017 年第 1 期。

② 赵素锦：《休谟情感主义德性论的现代转向》，《学习与实践》2017 年第 2 期。

③ 陈飞：《休谟的正义理论与马克思的批判性超越》，《社会科学研究》2017 年第 4 期。

念都是一种自然主义的心灵倾向，真正的休谟动机理论不仅可以清除很多因为把欲求看作一种单纯的现象学观点带来的困难，而且可以改变人们对休谟动机理论仅仅作为一种工具主义的看法。①

有研究者讨论了休谟是否是一个自由主义者。在作者看来，从自由主义的角度审视，休谟政治哲学中坚持了某些洛克式的结论。休谟所理解的自由是以正义和法律的规则为基础，而国家和政府则是因维护正义规则的需要而产生，其界限仅在于维护以财产权为核心的正义规则进而保障人们的自由和权利，因而也只能是一种基于规则和法治的“有限政府”或“法治国家”。②

有人试图从休谟对契约论批评的角度去理解他关于印象和观念的论述，从而把他的认识论与道德和政治主张关联起来。作者认为，休谟对契约论的批评背后，是整套科学和哲学研究方法的转变。这套转变蕴含着休谟对世俗化过程中人心和社会秩序的新的理解。社会的法则不是建立在任何先天观念推演之上，而是存在于大众日常的想象和情感的常规性上。理解俗人大众日常的动机、情感和意见，才是理解社会构成的基础。社会不是依靠观念契约建立起来的，而是依靠人们的情感和意见。只有真正进入社会生活，研究人性和社会的常规，才不会纯粹陷于抽象观念之争，而相互妥协，返回合理的平衡结构上来。③

还有人考察了休谟的政治合法性思想，并认为，休谟明确拒绝了当时占主导地位的契约论与君权神授论两种合法性证明范式，在其哲学心理学的基础上，提出历史效用论的合法性证明。在休谟的合法性思想之中，效用是建立在自然主义基础上的公共效用，历史则与其认识论所提出的习惯机制紧密相关。休谟认为效用是合法性的根本动机，历史是获得这种动机的过程与条件。在不违背效用的前提下，历史有时也能够直接赋予政府以合法性。休谟的合法性思想具有经验而非先验、功能导向而非形式符合、条件意识而非唯意志论、演化论而非理性主义的特征。④

就斯密而言，相关的研究也比较凌乱。

有人认为斯密的伦理思想围绕商业社会的道德基础问题展开。作者指出，斯密试图结合自然法理学和美德伦理学这两大传统来应对商业社会的道德问题。从社会的需要和人性的限制出发，斯密将交换正义的遵循看成商业社会的底线伦理。在斯密看来，仁爱这一原则只能够作为小的共同体的组织原则，而不足以支持商业社会秩序的扩展。相反，交换正义的底线伦理所搭建的社会不仅能够实现普遍的丰裕，而且可以内生出勤勉、友善等美化社会的德性。然而在新的社会形势下，斯密发现：一方面，

① 文贤庆：《休谟式动机理论的本质》，《伦理学研究》2017 年第 4 期。

② 汶红涛：《规则与自由——休谟政治哲学中的自由主义意蕴》，《南昌大学学报（人文社会科学版）》2017 年第 6 期。

③ 杨璐：《印象与观念在社会构成中的涵义：休谟对社会契约论的批评》，《学海》2017 年第 5 期。

④ 刘洋、张铭：《在效用与历史之间——休谟合法性思想析论》，《文史哲》2017 年第 2 期。

即便这一底线伦理的践行也需要从个人德性方面获得更多支持；另一方面，正在遭受扭曲的自然自由体系需要得到更高的德性的捍卫。为应对这些问题，斯密对商业社会中公民的道德发出了关于审慎之德的两重呼吁，一重针对普通人，另一重针对可能的政治精英。① 还有学者认为，斯密从三个方面对商业社会作了伦理反思：其一，对于商业社会是否有道德价值的问题，他给出了肯定的回答，理由是商业社会促进了财富的增加和人民的自由；其二，对于商业社会运作需要的道德规范问题，他一方面为欲望正名，另一方面提倡正义这种消极的道德；其三，对于商业社会中道德何以产生的问题，他一方面借助同情原则揭示了道德的情感心理机制，另一方面指出了商业社会道德形成的社会机制。②

有研究人员比较了斯密和穆勒的经济伦理思想，认为他们在三个方面具有相似性：为自由竞争的市场运行机制辩护、追求财富增长与财富分配的经济正义、建构符合道德理想的商业社会秩序。③

三　霍布斯、洛克与卢梭

这一部分既有对这三位思想家的个案研究，也有对他们的比较研究。但就已阅读的资料来说，比较研究大多流于表面，主要是对三者不同观点的简单复述，故在此不论。我们主要考察对霍布斯、洛克和卢梭的个案研究。

在研究霍布斯时，有人考察了他的契约建国之路所面临的根本困难，即信约如何能够建立，以及有什么力量可以约束立约人守信，尤其是如何解释那些首先履约的人是如何出现的。在作者看来，解决问题的关键在于霍布斯所论及的正义的人，而要理解正义的人的人性基础就需要澄清他的“微动/努力（Conatus）”学说。④

有人考察霍布斯式国家的稳定性问题，认为它是必然要解体的。在作者看来，霍布斯在《利维坦》中描绘了一个庞大的政治国家，但它是可朽的，其内部蕴含的张力造成了这个庞然大物先天的顽疾：创造利维坦的人在本质上就有缺陷，因此由他们所组成的国家也就注定要垮台。换言之，霍布斯构建的“利维坦”并不是一个稳定、持久的被造物，也不可能实现永久的、真正的和平。霍布斯并非从开始就看到了这一危险：将《利维坦》与早期的《法律要义》和《论公民》进行对比，可以发现“利维坦必死”的观点是在三部著作中按时间顺序不断加深，并在《利维坦》中最终形

① 张江伟：《市场经济的道德基础——斯密论商业社会对个人的道德要求》，《道德与文明》2017 年第 3 期。

② 张翼飞：《文明社会的伦理基础：亚当·斯密的道德哲学主题》，《求是学刊》2017 年第 6 期。

③ 王泽芝：《古典政治经济学家的经济伦理观及其启示——以亚当·斯密和约翰·穆勒为例》，《武陵学刊究》2017 年第 3 期。

④ 张新刚：《“微动/努力”（Conatus）与利维坦的人性基础》，《学海》2017 年第 6 期。

成的。利维坦必死的根本原因在于：利维坦作为一个政治国家，应当是一个统一的整体；然而，创造利维坦的每一个个体却都从个人主义或者说自由主义的角度出发，作为一个原子式的个人来订立信约并建立国家。这种结构本身就隐含着根本的内在矛盾。①

有学者从公共治理的视角考察了霍布斯的国家理论。在其看来，“利维坦”式统治代表了一种强制性的公共治理方案。既有研究忽视了从公共治理的角度去探讨霍布斯的“利维坦”。公共治理领域中个体理性非合作博弈的结果导致集体行动困境。按照集体行动困境的经典模式，霍布斯在自然状态中淋漓尽致地阐释了公共治理领域中的集体行动困境。作为最早直面集体行动困境的理论家之一，霍布斯提出以“利维坦”的强制统治，解决公共治理中集体行动困境。“利维坦式”公共治理，维护了公共安全与和平，提供了维持社会基本公共秩序的必要权威。但是，从公共治理的视角，如何驯服“利维坦”的绝对权力成为首要问题；其次，“利维坦”式治理表现出强烈的等级依附关系；最后，“利维坦”式治理抑制社会合作，限制了社会组织的成长。②

有人考察了霍布斯的正义理论，认为《利维坦》对自然法和契约论的诠释，囊括了霍布斯正义理论的基本理念和基本内容。霍布斯将正义的评判标准转换为契约这种具体的规则形式。国家既不是至善的载体，也没有处于宗教权威之下，而它只是保护和平与安全的强大权威，这种权威来源于多数人的同意。在契约正义的理论框架下，霍布斯笔下的利维坦，主要包括利维坦的人性溯源、身份认同和法律向度三个方面。契约正义主导下的政治秩序建构沿循自上而下的建构路径，该路径在理论和实践方面都有失偏颇。③

有研究人员检讨了霍布斯的自由理论，认为霍布斯虽然精辟地指出了“自由”与“意欲”的内在关联及其与“障碍”的直接对立，并且围绕行为自由和自然权益的问题提出了一些相当深刻的见解，却又由于把应然性的“自由”与实然性的“自然”混为一谈而断然否定了“意志自由”，结果就是在理论上陷入了种种难以自圆其说的自相矛盾，尤其在肯定人生而自由的前提下最终走向了认同君主专制的自败泥潭，并且也导致后来的西方自由主义思潮同样面临着某些严峻的深度悖论。④

有人探究了霍布斯的人性观，认为他从自然哲学基本观点和研究方法着手把“人”划分为自然、道德和政治三重生存状态，逻辑地剖析了从“狼性”、“人性”到“龙性”的人性嬗变历程，把人性理解为“狼性”、“人性”和“龙性”的聚合

---

① 夏菘泽：《不稳定的利维坦——霍布斯式国家解体的必然性考察》，《政治思想史》2017 年第 2 期。

② 张星久、官茂元：《再探“利维坦”：基于公共治理的考察视角》，《社会科学论坛》2017 年第 3 期。

③ 韩瑞波：《超越契约正义：霍布斯正义观聚焦》，《江汉学术》2017 年第 6 期。

④ 刘清平：《从否定意志自由走向认同君主专制——霍布斯自由观的悖论解析》，《关东学刊》2017 年第 1 期。

体。在霍布斯看来，现实中的每个人既是自然物体，又是国家的建构者，寓居于“自然”与“政治”所勾勒的社会框架内，把自然法与民约法作为行动准则，以有“道德”的角色做人、做事。以此人性观为根据，霍布斯站在为君主制辩护的立场上提出了新的自由观、自然法理论及国家学说。①

有研究人员考察了霍布斯的政治哲学与他的上帝观念之间的关联，认为上帝观念是霍布斯思考政治问题的逻辑起点。霍布斯对上帝作了世俗化和理性化解读，造就了近代政治哲学的范式、主题和框架，而且给上帝戴上了一副理性的和世俗的面具，开启了后世人们理解国家和公共权力的新视角。霍布斯的上帝观念又是充满矛盾的。这种矛盾的实质是霍布斯尝试在古典上帝观念与现代上帝观念之间寻求某种融贯性，在上帝与主权者之间建立某种内在联系，以解决主权者的神圣起源问题。这使其原创的社会契约论仍是带有神圣面具的理论。②

有人回眸了百年来国内外学人对霍布斯思想的研究，认为霍布斯以英语哲学开创者和现代政治哲学奠基人的身份，跻身于世界最重要的哲学家之列，其政治与法律哲学对后世影响深远。如果说整个欧陆哲学可称作柏拉图的注脚的话，那么，整个现代西方政治和法律哲学则可以算作霍布斯的注脚。在19世纪末20世纪初，西方涌现出一股持续至今的霍布斯研究热潮，滕尼斯、泰勒、施特劳斯、施密特、奥克肖特、麦克弗森、沃伦德、高希尔、斯金纳等在霍布斯研究领域都取得了丰硕的成果，并且其间的学说呈现较强的流派特征。自梁启超《霍布士学案》始，霍布斯正式进入中国思想的视界，但真正有力的霍布斯研究要等到百年后的施特劳斯哲学规模性地进入中国。中国的霍布斯研究得益于施特劳斯哲学，然亦受制于此，甚至在一定意义上可以讲，中国的霍布斯研究不过是施特劳斯的霍布斯研究的注脚而已。因此，中国的霍布斯研究任重而道远。③

在研究洛克时，他的自然法思想受到了一定程度的关注。有研究者认为，对洛克早期自然法思想的发展脉络进行深入探寻，可以发现，如果像传统自然法理论那样只从义务这一向度去理解自然法，洛克关于自然法何以是一种普遍法则的讨论仍然存在困难。但是，这一困难却有可能通过转向关注和讨论自然法的另一向度即权利而得以化解。洛克的《政府论》通过讨论与揭示自然法的权利向度，不仅在学理上完成了对自然法之普遍性的论证，而且实现了对自然法理论的转折，即从义务到权利，从而为现代国家学说奠定了坚实的理论基础。④ 有人则试图从古典抑或现代的角度为洛克的自然法思想定位。在作者看来，依照判别约束人类准则的法则是外在于人类实践的还是内在于人类实践的，人们可以得出关于自然法思想的“外在论”主张与“内在

① 沈广明：《霍布斯哲学体系中的人性观探析》，《学术交流》2017年第6期。

② 丁毅超：《近代政治哲学的逻辑起点——霍布斯上帝观念之考察》，《浙江社会科学》2017年第12期。

③ 唐学亮：《霍布斯研究：百年回眸》，《社会科学论坛》2017年第6期。

④ 李季璇：《从义务到权利——论洛克自然法理论的转折》，《哲学研究》2017年第2期。

论”主张之分。坚持“外在论”主张的，人们就将其称为关于自然法的“古典”主张。主张“内在论”的，人们就将其称为关于自然法的现代主张。洛克主张道德为政治奠基，持有的是外在论主张，因而属于古典自然法立场。①

有学者考察了洛克的教育思想，认为需要把他的教育思想和他的政治哲学关联起来，在他的政治哲学的视野下去解读他的教育思想。② 有人认为，洛克的《教育漫话》真正的教育对象，不是平民子弟，也不是普通绅士，而是政治精英。《教育漫话》所勾勒的关键素养有：良好的教养，坚忍，遵从理性、克制偏好，慷慨正直，爱好名誉，辅助德行的知识与技能。这些关键素养处处指向政治事业。③

有人考察了洛克的财产权与财产不平等思想，认为洛克从平等的权利出发，通过对财产发展的三个阶段的说明，最终确立了私有财产不平等的正当性。但这一论证存在很多缺陷。马克思在历史唯物主义视域下从根本上动摇了洛克论证的理论前提和相关要素，并揭示了其实质。在马克思看来，洛克的政治立场是资本主义社会经济结构的产物。④ 有人具体考察了洛克对私有产权的论证，认为他是从四个前提出发的，即原初的共有财产、平等的权利、根本的自然法和劳动，并沿着两条论证路径展开，即人类需求的满足与劳动占有理论。⑤ 有人讨论了洛克式的自然财产权与平等主义的分配正义之间的协调问题，认为私人财产权不能仅仅是法律和制度的产物，否则它就失去了道德上的可信任性。私人财产权与平等主义分配正义之间长期未决的潜在冲突有以下两个：一是前制度的财产权或作为自然权利的财产权在概念上是否成立，二是如果它是成立的，平等主义的分配在道德上又如何可能。事实上，作为现代主体性权利的自然财产权只能是一种二阶财产权，即拥有财产的权利，而不是对具体外物的财产权。这种自然财产权给平等主义的分配正义留下了空间，但也设置了两个约束条件：一是通过认可私人财产制度，给每个人留出了拥有财产的机会；二是把分配原则建立在全体一致同意的基础上，而后者只能通过某种假定性契约才能得以满足。在这个意义上，作为平等主义分配正义的最精致的理论形式的罗尔斯的正义论采取假定性契约论的形式，就是一种必然的选择，是尊重平等的主体性权利以及个人意志所带来的道德约束的表现。⑥ 还有人认为洛克的财产权理论中蕴含着体现平等主义的慈善思想。在洛克那里，个人不仅有自我保存的对上帝的义务，而且还有使他人得以保存的慈善

① 陈德中：《洛克自然法理论：古典抑或现代?》，《学术交流》2017 年第 2 期。

② 韦永琼：《Education 作为一种政治哲学——洛克的教育观念》，《全球教育展望》2017 年第 6 期；罗瑶：《洛克的自然状态学说与教育思想》，《教育学报》2017 年第 5 期。

③ 梁君：《论洛克的政治精英教育》，《全球教育展望》2017 年第 6 期。

④ 司晓静：《从权利的平等到财产的不平等——对洛克私有财产不平等正当性证明的反思》，《学术研究》2017 年第 10 期。

⑤ 司晓静：《洛克的“人类需求”与“劳动占有”》，《上海师范大学学报（哲学社会科学版）》2017 年第 3 期。

⑥ 谭安奎：《洛克式自然财产权与平等主义的分配正义》，《社会科学辑刊》2017 年第 4 期。

的义务。洛克的宗教背景使他的慈善思想非常接近于托马斯主义。他的慈善并不是外在的行为，而是人的一种德性，其基本含义有两点，一是“爱”，二是“宽容”。洛克的慈善在一定的条件下性质会发生变化，从仅仅是内在的道德上的品格转化为一种外在的法律上的权利。洛克的慈善的性质可以转化的观点显著地改变了他的财产权理论的面貌，使他同现代自由主义者区别开来。但是，洛克并没有把慈善看作一种高于财产权的权利，如果说他的理论中存在“慈善权”的话，也仅仅指的是人的生存的权利。①

有人比较了洛克和胡克的政治思想。在作者看来，在《政府论下篇》中，胡克是洛克多次征引的权威，这给人造成一种印象，似乎《政府论下篇》里的政治学说建立在胡克思想的基础之上。通过考察《政府论下篇》中洛克对胡克的引用，并将洛克的学说与胡克的观点进行比对，可以发现胡克与洛克之间的分歧远大于一致。洛克对胡克的原文进行断章取义的曲解，从而将“自然状态”和“社会契约”等新颖学说置于胡克这一传统权威的保护之下，最终提出了人民有权反抗政府的激进主张。事实上，洛克与胡克关于人之本性和政治共同体性质的观点从一开始就具有根本性的差异，这种差异正是洛克最终与胡克分道扬镳的原因所在。②

有人考察了洛克的政治自由思想的神学基础，认为对永恒、全能和全知的上帝的确证，构成为其确认政治自由之不可侵犯的基本前提；对人类自由能力及其限度的确证，构成为其确认政治自由之存续、扩展和限制的逻辑主线；为上天的启示留下一席之地，在其理论中构成捍卫政治自由的最后武器。③

有研究者讨论了洛克在宗教宽容问题上的矛盾立场，也即，一方面热情洋溢地为宗教宽容辩护，主张通过政教分离的方式实践宗教宽容，从而保障全体公民的宗教自由；另一方面洛克不主张对包括天主教徒在内的不从国教者实施宽容。④

在研究卢梭时，有学者考察了他的自然状态学说，认为霍布斯通过自然平等和理性欲望的预设实现了古典政治哲学向现代政治哲学的转变，将政治问题转化为技术问题，将欲望问题转化为利益问题。卢梭通过区分作为人类原初状态的自然状态以及作为人之为人的法理地位的自然状态、自然人的可完善性与公民理性，自我保存的自然欲望与理性的欲望，自然人的自然自由、公民的契约自由、道德自由，自然人的自然平等与权利平等，以自然与历史对勘的方式将霍布斯的理论极端化，揭示了霍布斯理论必然导向的逻辑困境，进而通过认知性的思路而非规范性的思路、以构成性张力而

① 贺然：《慈善：德性抑或权利——洛克的视角》，《道德与文明》2017年第5期。

② 姚啸宇：《洛克如何打造“自然权利”——论〈政府论下篇〉中洛克对胡克的引用》，《甘肃社会科学》2017年第3期。

③ 汪堂峰：《洛克自由思想的神学基础及其真实目的》，《江苏大学学报（社会科学版）》2017年第4期。

④ 黄丁：《从理论到现实：从洛克之“宗教宽容”局限论起》，《云南社会科学》2017年第1期。

非辩证的线性历史的设计描绘了一幅关于理想政制的完整连贯的理论图景。[①]

有人考察了卢梭的立法理论，认为他的立法理论以自由为开端，以公意为基础，通过每个公民的自我立法而从真实意志上服从公意，以达至真正的自由。法律是公民服从公意而达至自由的动力，立法者的作用在于塑造新生国民的道德精神，使之服从法律和公意。卢梭的立法者不是依靠暴力，而是期望通过完成三项伟大事业，继人性在社会状态堕落后第二次"改变人性"，来约束公民服从公意又持续地维持其自由状态。施特劳斯指出，卢梭思想之所以构成现代自然权利的危机和现代性的第一次危机，是因为现代自然权利学说的不可能性。然而，罗尔斯、哈贝马斯等思想家认为值得为尚未实现立法谋划的现代性理想而努力。立法者有无可能解决自由与公意的悖论，人民自己有无可能超越作为个体的立法者的引导，是卢梭的立法理论留给当代世界的没有过时的"老"问题。[②]

有研究者讨论了卢梭的《论科学与文艺》一文中科学与德性的相容性问题。在作者看来，卢梭既反对启蒙又支持启蒙的立场来自他身份的双重性及与此相应的双重修辞。他宣称科学与德性不相容，是站在常人的立场上奉劝常人远离科学或哲学，以保护常人的德性免受科学知识或知识的虚假形态之侵害，而其最根本的理由乃是为了防止启蒙对哲学本身的败坏。科学与德性实则并非不相容，而是少数极具智识的人才具有将之结合起来的能力，只有他们才能用真正的知识去启迪人民的德性。《论科学与文艺》已经包含了卢梭思想的关键要素，其中最为关键的即是卢梭政治与哲学的双重立场，这种双重立场是理解卢梭整体学说的基础和门径。[③]

有学者讨论了卢梭的主权者理论，指出回顾《社会契约论》中关于主权者权威的合法性论证过程，可以看到卢梭如何在批驳君主主权学说的过程中一步步确立人民主权的合法性与正当性，逐步从主权在君过渡到主权在民。在这种转化的过程中，公意成为划分民主主权与君主主权最重要的标志，也是卢梭批判君主政制的首要利器。在公意的基础上，卢梭重新解释了人民主权学说中的"主权不可转让"和"主权不可分割"这两个关键点，并且把主权牢牢固定在政治共同体的全体人民的共同意志之上。然而，卢梭在《社会契约论》中仅仅强调公意的普遍性，却不在意它究竟是实质上的普遍性抑或仅仅是形式上的普遍性。由此，卢梭为人民主权论留下了一个马基雅维利式的暗道，悄然指向古典政治哲学。[④]

有人研究了卢梭的政制构想面临的困境。作者认为，近代政治哲人放弃古典政治

---

① 王艳秀：《卢梭"自然状态"设计的双重对勘及其构成性张力》，《世界哲学》2017 年第 5 期。

② 陈颀：《自由、公意与立法者——卢梭立法理论的当代意义》，《地方立法研究》2017 年第 4 期。

③ 龙卓婷：《科学与德性相容吗？——卢梭〈论科学与文艺〉中的修辞策略》，《海南大学学报（人文社会科学版）》2017 年第 3 期。

④ 贺方婴：《卢梭笔下的主权者是谁？——重思卢梭〈社会契约论〉中关于主权者的论证》，《甘肃社会科学》2017 年第 3 期。

哲人理性成人的理想。但既然漠视理性权威，政治共同体的最高权威就只能是善于操纵激情的君主。鉴于此，卢梭试图重拾成人的理想，且把成人建立在原初激情的自足之上。然则，原初激情之自足却受到历史时间的威胁，这样，卢梭就被迫通过自由来保护原初激情。但自由的实现又必然呼唤古典理性立法者。至此，近代政治哲人以激情为基础的政制困境在卢梭这里得到彻底的表现，即走向自己的反面。①

有人探讨了卢梭的道德起源理论，认为学界对《论人类不平等的起源和基础》的研究，往往从自然状态和社会状态二分法的角度分析人类不平等的起源。这种二分法解读表面上合理，实则存在问题。自然状态与善的关系以及社会状态与美德的关系并没有得到学界的重视及正确的解读。事实上，自然状态与社会状态的区分本质上是善与美德的区分，人类从自然状态过渡到社会状态本质上是人类内心情感从善到美德的转变。卢梭基于善和美德的区分提出了道德的起源观：道德起源于这一转变过程中人类善观念的消失以及美德观念的出现。②

四　康德与黑格尔

学界2017年对于康德的研究比较分散，缺乏非常集中的主题。

有学者探讨了康德的尊严概念，认为借助舍勒对康德的道德行动的现象学分析，康德的尊严概念中可能隐含着某种精巧的伪善。③ 有人比较了康德和马克思的尊严观念，认为从康德到马克思体现着尊严从抽象到现实的转向：尊严的内涵从人生而具有的、平等的普遍尊严转向依赖社会和个人共同努力挣得的报偿性尊严；尊严的主体从所有理性存在者转向现实社会关系中的个人；尊严的根据从能够摆脱一切感性欲求的束缚仅凭纯粹理性自我立法、守法的自由意志转向具有直接现实性和超越性的自由的、有意识的生命活动；实现尊严的基本路径从以尊重人性为目的的伦理共同体建设转向生产力的发展与生产关系的变革。④

有些研究者考察了康德的伦理学与目的论、功利主义的关系。有人认为，康德著作中不乏关于“目的”的论述，甚至在《判断力批判》中，康德建构了一个体系完备的目的体系，这对于深入理解义务和幸福、自律与自由之间的关系而言尤为关键。⑤ 有人则指出，不能把康德解读为功利主义者，因为这种解读没有认识到康德对

---

① 林壮青：《原初激情与历史时间及自由之冲突——基于卢梭构想的政制》，《东南学术》2017年第5期。

② 孔德猛、朱晓佳：《卢梭伦理学的道德起源路径研究——以善和美德的区分为视角》，《华中科技大学学报（社会科学版）》2017年第4期。

③ 黄晶、江娅：《康德尊严概念中可能隐含着伪善——基于马克斯·舍勒对“道德行动”的现象学分析》，《中国人民大学学报》2017年第5期。

④ 刘睿：《从抽象到现实：马克思对康德尊严观的超越》，《湖北大学学报（哲学社会科学版）》2017年第6期。

⑤ 詹莹莹：《康德道德哲学的“目的”之维》，《伦理学研究》2017年第4期。

客观目的和主观目的的区分及对客观目的的强调，从而将行动和行动者道德属性的理解局限于主观目的。康德和功利主义者分别代表着两种实现道德准则普遍化的方案。事实上，康德所代表的是与功利主义相对的契约论传统。①

有些研究者讨论了康德关于说谎的看法。有人认为，康德的绝对不说谎义务的理论困难主要在于未能真正直面不同道德义务之间的冲突，未能指出解决不同道德义务冲突的依据。② 有人则详细考察了康德在不同的论著中对撒谎的看法。作者认为，在康德那里，法权论涉及对外在行为的立法，不可以撒谎是一个无条件的义务。但是，人可以通过诉诸“事急无法”，即撒谎，来避免更大的恶。德行论是对内在准则的立法，但一些日常看似撒谎之行为是否被禁止，则需进一步反思。考虑到现实情况的复杂性，在未出版的《伦理学讲义》中，他认为人可以撒谎。③

有人试图从认知科学的角度去考察康德的伦理学。在作者看来，康德伦理学的基本形而上学与元伦理学预设是“应然”与“实然”的区分，而一种基于认知科学与演化论视野的新伦理学研究，则以淡化这种二元对立为前提。从认知科学的角度看，倘若康德关于道德自治性的断言是正确的，人们就应当可以发现人类大脑具有一个同时满足如下所有特征的“道德模块”或“道德算法”：（甲）它负责社会交往活动而不负责其他任务（如对于物理对象的知觉或思考纯理论问题）；（乙）其运作特征必须被划归为“理性”而不是“感性”或者“直觉”；（丙）其道德输出具有明显的“利他性”而不包含“工具性”或者“自利性”。然而，通过对于康德伦理学与认知科学研究中的几大主流思潮的比对却发现，上述这种对于“道德模块”或“道德算法”的假设，很难得到认知科学的各种主流见解的支持。④

有些研究者探讨了康德的德性理论。有人认为，康德的伦理学以德性为落脚点，但他的德性理论有着其独特的性质和结构。康德认为德性并不是通过塑造人的情感品质而形成的，也不是理智、情感、欲望的相互协调，更不可能是一种能够按照道德法则去行动的偏好。在康德看来，德性以道德法则为纲维；德性是能够抗拒偏好满足的准则而执行道德法则的意志力量；只有实践性的情感是德性的盟友；同时，德性也是一种内在幸福，德性就是其自身的酬报。所以，康德的德性论有一种复合型结构。⑤有人则认为，在康德看来，德性意味着基于内在自由原则的自我强制，意味着与人性中无法根除的根本恶作斗争而遵从义务法则时的意志的力量。因此，按照亚里士多德和当代德性伦理学对德性与自制的区分，康德所谓的德性只能是自制。但是，这一点

---

① 王东华：《康德是一个功利主义者吗——评黑尔对康德伦理学的功利主义式解读》，《道德与文明》2017年第1期。

② 黄启祥：《论康德对“出自人类之爱而说谎的权利”的批评》，《现代哲学》2017年第5期。

③ 刘作：《人是否可以撒谎？——从康德的视角看》，《东南大学学报（哲学社会科学版）》2017年第4期。

④ 徐英瑾、刘晓力：《认知科学视域中的康德伦理学》，《中国社会科学》2017年第12期。

⑤ 詹世友：《论康德德性论的复合型结构》，《道德与文明》2017年第2期。

并不构成康德伦理学的问题；相反，由于人的德性总是体现在一个不断的自制过程中，并通过自制而得到培养，因而康德作为自制的德性概念更符合人类现实的道德境况，对人道德上的完善具有更重要的指导意义。①

康德伦理学与自由的关联也为一些学者所关注。有人认为，康德伦理学乃至他的整个哲学的中心问题就是人的自由如何可能的问题。康德通过道德法则的三种表述系统解释了自由的内涵，并且把自己伦理学的任务规定为人的自由如何可能的问题。他提出了通向自由的三条途径——“责任之心”、“敬重之感”和“灵魂不朽”，并使三条路径相互支持，形成了一个由低到高的逻辑系统。康德还指出了人类走向自由的过程就是人从有限走向无限的过程，人与上帝的类似与差别表明，人永远处于走向自由（从有限走向无限）的途中。② 有人则试图通过拒斥对康德伦理学的法律主义解读，来为康德的自由伦理学提供辩护。③

有人检讨了康德的意志自律概念，认为意志自律是康德道德哲学的重要概念，但学界对此普遍持有一种“行为者的同一性”理解，即认为意志自律的充分条件就是道德法则的服从者与道德法则的创立者具有同一性。但这种看法是有问题的，它会在意志中引入他律的可能，从而无法表达出意志自律应有的道德性含义。作者认为，只能以“行为的同一性”作为康德意志自律概念的本质特征，它是指在意志自律中，服从法则的行为与给出法则的行为是同一的，这种行为的同一性只能就纯粹实践理性自身活动才可理解。只有通过“行为的同一性”解释，才能表明意志自律与道德性的关系。④

有研究者讨论了想象力在康德的实践判断中的作用。作者认为，在康德的批判哲学中，想象力是一种兼具直观和综合、接受性和自发性、再生性和生产性的自由的创造能力，它在康德的理论判断、审美判断中都发挥着重要的作用。然而在《实践理性批判》中，康德拒绝了想象力及其图型在实践判断中的居间角色，转而用知性的模型作为沟通道德法则和具体行为的桥梁。虽然想象力在实践判断中不再发挥中介作用，但是在实践判断中仍然有想象力的综合活动，而且在道德法则与自然法则的象征关系以及准则普遍化的过程中，想象力的作用都不可或缺。⑤

有学者讨论了康德的实践理性概念。在作者看来，康德一方面主张“自由意志”是“理性”难以把握的本体之物，因此无法像以往的西方哲学家那样，通过强调“把理性知识运用于实践”的途径倡导“实践理性”的哲理精神，另一方面又宣称

---

① 胡学源：《康德伦理学中作为自制的德性概念》，《道德与文明》2017年第1期。

② 强以华、李琼：《人的自由如何可能——论康德伦理学的中心问题》，《湖北大学学报（哲学社会科学版）》2017年第2期。

③ 孙小玲：《约束性、反思与自由——康德伦理学的进路》，《哲学动态》2017年第10期。

④ 宫睿：《作为“行为同一性”的康德的意志自律》，《世界哲学》2017年第2期。

⑤ 惠永照：《论康德实践判断中的想象力》，《道德与文明》2017年第5期。

“纯粹理性自身就是实践的”，在抽去了“理性”作为“认知能力”的核心语义后，将它直接套在了作为“欲求能力”的“意志”身上，试图由此避免“实践非理性”的结论，结果导致他的实践哲学陷入了内在的悖论，最终未能合乎理性地解答“理性”何以“实践”的关键问题。①

有人考察了康德对其法权学说的证成。作者认为，遵循普遍的道德法则来保持自由的存在并增进其实现的可能，这一价值取向乃是康德确立法权学说的根本出发点。尽管道德法则在具体运用中呈现外在强制和自我限制的双重面向，但是基于“融贯论”的解读方式，康德法权学说及其蕴含的强制性特征直接源于普遍性的道德命令和人自身即是目的这一价值旨趣，进而为维护和增进自由价值确立前提条件。在此意义上，纯粹实践理性及其表征的自由价值乃是证成法权原则的规范性前提，也区别于经由慎思理性确立权利和主权原则的社会契约论传统。质疑此完备性自由主义思路的“分离论”观点割裂了个体自主和公共自主的关联，从而难以展现康德道德形而上学的完整形态和根本意图，也会导致在政治正当性论证中出现诸多缺失。②

学界 2017 年对于黑格尔的研究也比较分散，没有形成明确的主题。

有些研究者考察了黑格尔与现代性的关系。有人认为，黑格尔明确把人类和个人自由的全面发展视为现代性的理念，并指出其实现的艰巨性和有限性。表面上，黑格尔宣扬思辨神学创世论、历史终结论和国家至上论，其实他是以思辨哲学的语言阐述历史发展到现代阶段人类理性思考和自由生活的经验和可能性条件。在黑格尔看来，现代世界中主观与客观、普遍与特殊、超越与现实之间的张力具有难以消除的韧性，哲学的意义在于使人意识到现代性的矛盾性质，并以现实的合理方式加以调节。在这个意义上，黑格尔是一个反思的、自我节制的现代主义者。③ 有人认为，现代社会的疾病是不确定性之痛，黑格尔在法哲学中指出了解决这个问题的出路，即通过伦理的实体来实现一种具体的自由，这种具体的自由把否定的自由和积极自由结合起来，它通过自我限制来遵循人们之间的普遍规则。④ 还有人从政治现代性的视域比较了黑格尔和马克思，认为两者在现代性理念上具有一致性，他们都认为现代性社会必须以实现人的全面发展为目的，都承认个人的自由依赖于合理的政治共同体，都认为资本主义社会是充满矛盾和片面性的，但是，他们对现代性矛盾的性质的理解和解决它们的政治方案有着完全不同的设想。黑格尔相信现代社会可以依靠理智国家调节市民社会的私人矛盾，依靠伦理国家调节政治共同体和不同权力部门之间的矛盾，因此，人们

---

① 刘清平：《“理性”何以“实践”？——康德实践哲学的深度悖论》，《南京社会科学》2017 年第 4 期。

② 卞绍斌：《强制与自由：康德法权学说的道德证成》，《学术月刊》2017 年第 5 期。

③ 汪行福、张云凯：《黑格尔：一个“不情愿”的现代主义者》，《上海师范大学学报（哲学社会科学版）》2017 年第 4 期。

④ 王晓升：《黑格尔的法哲学与现代社会疾病的治疗兼评霍耐特的〈不确定之痛〉》，《苏州大学学报（哲学社会科学版）》2017 年第 6 期。

应该立足于现实对它进行完善。而在马克思这里，自由资本主义无论是作为经济制度，还是作为政治共同体形式，相对于现代性理想来说都已经破产，不具有实现个人和集体自由的理性潜能。因此，人类的历史任务是通过革命加速它的灭亡，早日实现共产主义。①

有研究者考察了黑格尔的家庭伦理思想。作者认为，在黑格尔法哲学的“伦理生活”中，有家庭、市民社会与国家三个环节，这三个环节被认为是个体获得自由的现实条件。人们常常注目于“市民社会”与“国家”的关系，“家庭”似乎从来都是一个可有可无的发展环节，一再被人们所忽视。事实上，“家庭”不仅是“伦理生活”的一个直接的、自然的环节，它还代表了一种与“个体性原则”不同的“伦理性原则”。“家庭”在“个体”的形成、“市民社会”的补救、“国家”的认同，乃至“世界精神”的产生上，都有着不可或缺的地位。② 有人关注了黑格尔的婚姻伦理，认为黑格尔把婚姻规定为“具有法的意义的伦理性的爱”。在这一规定中，伦理关系的本质是实体性的关系，“爱”的本质是意识到自我和他人的统一。黑格尔认为，婚姻的实质是伦理关系，而非两性的自然关系，也非现代人理解的民事契约关系。他把婚姻视为家庭的概念在其直接阶段的表现形态，同时又把家庭看作自然和直接的伦理实体。家庭成为伦理的直接策源地，逻辑地导出婚姻不仅是伦理的而且必须是伦理的。③

有研究者探讨了黑格尔的市民社会思想，认为市民社会以个体需要、利益和权利为原则，凸显个体性和特殊性，人们借助于劳动、分工、交换和契约达成中介性和交互性的社会结合；市民社会中的社会联结是形式的普遍性并以外部形式国家和法律对个体利益予以保障，但根本存在的是实质利益的差异性与冲突性。④ 有人认为要从多个维度去解读黑格尔的市民社会。黑格尔看到了市民社会对于经济自由的追求，对私利的追求这一点，赋予市民社会以经济生命的意义。同时，黑格尔不仅赋予了市民社会以经济生命，还赋予了市民社会以政治使命和完善人主体自由的愿景。⑤

有人考察了黑格尔早期的私有财产思想。作者认为，关于私有财产，黑格尔早期（1793—1800）从总体上表现出从肯定到否定，最后再予以重新肯定的复杂态度。在伯尔尼初期和中期，黑格尔主要在批判基督教私人性和实证性的语境下肯定了私有财产的正当性，这类似于洛克等古典自由主义者的财产思想。在伯尔尼后期与法兰克福

---

① 汪行福：《政治现代性视域中马克思与黑格尔关系再思考》，《复旦大学学报（社会科学版）》2017 年第 3 期。

② 孙向晨：《现代社会中的“家庭”及其所代表的伦理性原则——黑格尔〈法哲学原理〉中“家庭”问题的解读》，《学术月刊》2017 年第 4 期。

③ 杨小钵、郭广银：《黑格尔法哲学视阈下婚姻的伦理解读》，《南通大学学报（社会科学版）》2017 年第 4 期。

④ 杨伟涛：《黑格尔对市民社会的解析与公民伦理观》，《当代中国价值观研究》2017 年第 2 期。

⑤ 盖立涛：《黑格尔市民社会思想的多维度解读》，《社会科学家》2017 年第 3 期。

初期和中期，黑格尔在古典共和主义和统一哲学基础上转而表现出对私有财产以及以保护私有财产为目的的现代国家的批判和否定。这类似于卢梭对私有财产和现代性本身的反思。在法兰克福末期，黑格尔最终不得不重新肯定私有财产的正当性。在某种程度上，这既是综合他自己前两个阶段财产思想的尝试，也是综合古代精神与现代性的尝试。①

也有研究者比较了黑格尔与康德在道德和宗教关系上的不同：康德是以道德“导致”宗教，实践理性的最高客体至善之实现需要灵魂不朽与上帝存在为公设；黑格尔则是道德“走向”宗教，在精神的辩证运动中，道德环节良心之内在缺陷的克服不可避免地需要走向宗教，从自身确定性的精神走向精神的自我意识。他们都以理性哲学的方式重新阐释了传统的信仰。②

还有人比较了黑格尔与康德在伦理和道德关系上的差异：近代以来，随着“个人”“自由”等观念的兴起，康德明确区分伦理和道德，认为后者才是人的自我意识和自由的真正体现；黑格尔克服了康德制造出的这个分裂，他一方面指出伦理是真正的现实性，另一方面把康德推崇的道德自由融入其中。③

有人考察了黑格尔法哲学中的意志概念。作者认为，近代政治哲学家们试图以意志为基础来建构普遍的政治规范，但他们的工作并不成功。黑格尔通过对意志概念的改造解决了这个问题。他规定了意志的不同环节，为意志补充了伦理的内容，以此建立起真正普遍的规范，并批判了建立在抽象意志基础上的近代政治学说。黑格尔的普遍规范既是对自由的理论总结，也回应了时代困境，总体上可以被看作应对启蒙的一揽子方案。④

---

① 王兴赛：《私有财产的现代命运——黑格尔早期财产思想研究（1793—1800）》，《现代哲学》2017 年第 5 期。

② 赵浩：《道德之后：道德通向宗教的康德式与黑格尔式》，《东南大学学报（哲学社会科学版）》2017 年第 6 期。

③ 先刚：《伦理和道德的张力》，《中国德育》2017 年第 23 期。

④ 李育书：《普遍规范的形成——黑格尔法哲学意志概念的规范话语解读》，《哲学动态》2017 年第 2 期。

2017 年现代西方伦理思想研究综述

潘麒羽

我们将 19 世纪中下叶以后，在西方思想界产生重大理论影响的伦理学思潮或流派等都划归到现代西方伦理思想的范畴内。2017 年，国内学界对现代西方伦理思想的研究主要体现在以下几个领域：一、唯意志论伦理学；二、元伦理学；三、现象学伦理学；四、罗尔斯的正义理论；五、功利主义思潮；六、美德伦理学与情感主义；七、对其他伦理学家思想的介绍。

一　唯意志论伦理学

唯意志论是主张世界的本质为“意志”的哲学思想。它认为万物存在和运动的根源是求生的意志，这种意志是人的生命的基础，人的每一器官甚至是细胞都是意志的产物，身体的全部存在，以及它的各种机能的总和，只不过是意志的客观化的产物。奠基在这种理论上的伦理学主张便是唯意志论伦理学。2017 年国内学者对唯意志论伦理学的研究主要集中在对叔本华、尼采以及两者的比较研究上。

相较于康德的规范性义务伦理学，叔本华所主张的同情伦理学是一种基于经验的描述性的道德哲学。叔本华认为，只有经验的方法才能发现道德的基础。王钰指出，大多国内研究者仅仅立足于叔本华的文本来考察评价他的观点，这一做法其实很难达及公允地评论批判者和被批判者的思想。人们应该从康德是如何构建其道德哲学的先验基础，即从考察定言命令的内在结构入手来看叔本华针对性展开的相关批判。叔本华通过康德的现象与物自体二分的思想意识到，先验世界的观念性与经验世界的实在性必须相互关联，而世界中的每一事物的表象都已潜在地包含在了它自身的本质之中，即表象就是意志的客体化。叔本华用意志取代了康德的自在之物，而且在他的“无一客体无主体”的公式之下，康德的自在之物被叔本华从客体领域转移到了主体领域当中，这种以意志为本体的形而上学其实就是一种生命形而上学，是一种以身体为基础的来自经验的形而上学。①

尼采的著作中蕴藏着丰富的友爱理论，此理论是其超人哲学的重要组成部分，也是其伦理学思想的重要理论资源。梳理尼采的作品，可发现其多部作品均呈现珍视朋友的浓烈情感。王翠华认为，尼采的友爱观颠覆了以亚里士多德为代表的友爱典范的亲密性、确定性、稳定性，转而赋予其个性、自由、可能性和距离感等鲜明的时代特征，并因此推进了古希腊友爱理论的近代发展。尼采的友爱观固然存在一定程度上的非理性及基于男性中心主义的"非正义"等缺陷，但对社会主义和谐社会公民友善价值观的建构仍然具有启示作用。② 韩王韦对尼采自然主义的德性观进行了探析。尼采认为，苏格拉底将理性求知等同于德性，亚里士多德将自然德性（植物性的生长能力）排除于人的德性之外。基督教兴起以后，德性逐渐与能力脱离了关系。于是，理性概念成了评判一个人是否有德性的唯一标准。但是与此相反，德性首先应该与卓越的自然能力有关，它牵涉人的本能，而不是理性；自然能力源于健康良好的生长，能够健康良好地生长就是幸福，因此幸福是生命的前提，而不是目的，展现自我的德性和能力才是目的；生命只有摆脱道德重负，重新回归无辜和健康，才能够获得幸福，并进而实现自身的德性。③

李梦莹、甘霖指出，尼采把苏格拉底看作希腊文化走向衰落的一个最突出的"征兆"，尼采认为，正是苏格拉底式的科学理论乐观主义者，用冷静旁观者的理性精神代替了狄奥尼索斯精神的迷醉和投入，使得文化逐渐丧失了整体性的力量。可以说，苏格拉底和"狄奥尼索斯精神"的对立成为现代文化诸多问题的一个肇始性源头。对这个问题的分析不仅把人们带入尼采思想的关键性领域，同时也为现代文化的省思带来新的角度。④ 曹聪研究了施特劳斯与尼采思想之间的继承关系，进而指出，一方面施特劳斯承认尼采对他的巨大影响，另一方面他猛烈地批判尼采。施特劳斯看到，必须同时把握尼采思想的表面与核心才能理解尼采的地位，因此，施特劳斯从尼采对时代精神的批判深入尼采对柏拉图哲学传统的批判。尼采试图以历史哲学取代形而上学，从而在现时代捍卫哲学生活的正当性。施特劳斯把尼采的解决方案概括为"用高贵的自然取代神圣的自然"，但施特劳斯指出，尼采对自然的解释存在根本性的含混与矛盾，其解决方案并未成功地给人类生活提供有效的出路。⑤

王嘉将叔本华的同情伦理学和尼采的强者伦理学进行了比较研究。王嘉认为，叔

---

① 王钰：《道德是否需要形而上学的奠基？——试论叔本华对康德的义务三命题的批判》，《现代哲学》2017 年第 1 期。

② 王翠华：《论尼采的超人友爱观及其当代意义》，《道德与文明》2017 年第 1 期。

③ 韩王韦：《尼采自然主义德性观探析》，《道德与文明》2017 年第 3 期。

④ 李梦莹、甘霖：《尼采重估价值的前奏——苏格拉底与"狄奥尼索斯精神"的对立》，《黑龙江社会科学》2017 年第 1 期。

⑤ 曹聪：《尼采的表面与核心——以施特劳斯〈尼采《善恶的彼岸》讲疏〉为中心》，《海南大学学报（人文社会科学版）》2017 年第 5 期。

本华与尼采在道德观上的基本诉求可以说是正相反。前者认为道德主体对包括弱者在内的他人利益的关切或同情是道德唯一合法的动机，而后者则主张摈弃以同情、怜悯、宽恕为特征的奴隶道德，代之以征服、压迫、索取为特征的主人道德。叔本华同情伦理学的根据在于人类的同情本能，而尼采的强者伦理学的根据在于其基于利己主义的视角主义道德观。从现代伦理学的视角来看，尼采忽视或否定人类的同情本能，说明其对人性或人类本能的认识并不客观全面。而叔本华凸显同情本能的作用从现代伦理学的观点来看是十分合理的，他对人类同情本能的理解非常接近现代社会科学和自然科学的相关研究。但是叔本华将包括相互性原则在内的任何形式的利己因素完全排除在道德的范畴之外，并不符合人类道德进化的实际。从现代伦理学的视角对叔本华与尼采伦理学中的视角主义道德观、同情道德观以及相互性原则进行分析，可以让人们更加清楚地看到人类本性中利己和利他两个向度在人类道德中所起的作用。①

二 元伦理学

元伦理学是20世纪以来伴随着分析哲学运动而兴起的伦理学流派，是“分析哲学范式”下的伦理学研究。2017年国内学界在元伦理学领域的研究热点主要体现在：（一）对伦理学基本概念的研究；（二）对道德命题和道德判断的研究；（三）对道德规范性及相对主义的研究。

（一）对伦理学基本概念的研究

“善”作为一个最为常见的评价术语，是元伦理学家一直致力探讨的问题。伍志燕梳理了“善”这一概念的历史演变，并指出“善”经历了一个由事实性述词逐渐地向评价性的赞词转化的过程。“善”具有丰富的内涵，在具体语境中其内涵、性质、用法及功能各不相同。对“善”的元伦理分析，是科学、正确地使用“善”这一术语，作出合理的价值判断之关键。② 姜玲探讨了元伦理学视角下“good”的翻译问题，作为价值词，good的用法灵活多样，语义复杂多变，是典型的一词多义。它既有道德用法也有非道德用法，既有描述性意义也有评价性意义，这些用法和意义既有区别又有联系，并不能简单地把good理解为“好”，而要根据其出现的上下文进行正确理解，灵活处理，选择恰当的汉译。③

在伦理学和道德哲学中，善与公平是两个最重要的维度，然而，二者在很多时候会提出相互冲突的要求。晋运锋认为，在选择救助一个人还是五个人的电车困境中，

① 王嘉：《叔本华与尼采伦理学中的视角主义、相互性及同情本能》，《江苏社会科学》2017年第5期。

② 伍志燕：《“善”的元伦理分析》，《求索》2017年第5期。

③ 姜玲：《元伦理学视角下good的意义及其汉译研究》，《伦理学研究》2017年第2期。

善与公平之间的张力得到了充分展示。以人际集合为基础的后果主义要求救助多数人，但其无法兼顾公平；随机选择理论认为，不同人的善和价值是无法比较的，应该不受人数影响进行公平的随机选择；权重理论通过赋予每个人获救的机会以不同的权重来公平对待他们；平衡理论通过平衡每个人的要求来证明救助多数人的正当性。然而，这四种理论都无法有效解决人数难题。人们可以尝试通过非人际集合的方法来确定最优的选择，并诉诸一种温和的公平观，以期更好地解释道德哲学中善与公平之间的关系问题。①

"是"与"应当"的关系问题自休谟以降遂成为诸多哲学家的一个关注核心，但是二者或者被等而视之，或者被割裂而论，以致规范的有效性问题在二者的混淆中被消弭，道德规范的普遍性与客观性在二者的对峙中被消除。胡军良指出，哈贝马斯坚守道德认知主义的立场，基于一种"类比性思维"来重置"是"与"应当"的坐标。哈贝马斯以类比性思维开显道德判断的似真性，一方面开拓了道德客观性的理解空间和凸显了规范的认识论价值，另一方面揭示了"是"与"应当"之间的勾连。也正是基于这一勾连，哈贝马斯建构了其具有对话主义色彩的政治哲学，从而超越了自由主义与共和主义之间的紧张。②

（二）对道德命题和道德判断的研究

准实在论把道德命题看作态度的表达并发展出道德语言的逻辑形式和态度推理的有效性说明。朱诗勇认为，就准实在论态度逻辑总体来说，其真理紧缩论混淆了真理和真值，但有益于纠正真值实在论、理解推理有效性；其推理有效性说明已经触及一致性的逻辑有效性本质，因此对其混淆态度矛盾与逻辑矛盾的批评并未切中要害。准实在论语用学片面理解道德判断的功能，混淆道德命题、态度描述命题和态度表达语句；通过把道德范畴看作渗透价值、把道德命题看作以此为基础的描述，道德命题语义学属性的确是反实在论的，但仍可以按紧缩论解释的逻辑真说明其推理有效性。③

兰久富针对价值命题的性质和形式进行了系列研究。价值命题不同于事实命题，没有符合论意义上的真假。但是价值命题也有正确与错误的区别，正确的价值命题是有充足理由的合理命题，而错误的价值命题是缺乏理由的不合理命题。价值命题分为目的价值命题和手段价值命题，其中手段价值命题以目的价值命题为前提和根据。论证价值命题合理性的关键在于为目的价值命题提供充足的理由。通过考察人的本性及其自然倾向可以提出并确立基本的目的价值命题，再由这些目的价值命题能够论证手

---

① 晋运锋：《在善与公平之间——从电车困境与"人数"选择难题谈起》，《哲学动态》2017 年第 6 期。

② 胡军良：《重置"是"与"应当"之坐标：在哈贝马斯的伦理视域中》，《云南社会科学》2017 年第 4 期。

③ 朱诗勇：《准实在论的态度逻辑》，《哲学分析》2017 年第 5 期。

段价值命题的合理性。[①] 价值命题有两种形式，一种是评价形式，另一种是规范形式。评价形式的价值命题包含"价值""有用""好坏""重要"等评价用语，规范形式的价值命题包含"应当""应该"等规范用语。不同的价值理论对价值的理解不同，使用相同的评价形式和规范形式表达不同的价值命题。对于评价形式和规范形式之间的关系，重视评价的价值理论认为评价形式更根本，而重视规范的价值理论强调规范形式更基础。[②]

道德判断究竟是关于客观存在的道德事实的描述，还是仅仅是人的主观态度、情感、意志向世界投射的产物，这是西方元伦理学中的认知主义与非认知主义两大学派争论的焦点之一。杨松介绍了非认知主义者对"弗雷格—吉奇问题"的回应。吉奇认为，如果非认知主义者关于道德判断的理解是正确的，那么人们予以认可并经常使用的道德假言推理在逻辑上就是无效的。为了解决道德假言推理的有效性问题，非认知主义者在坚持关于道德判断的非认知式理解的基础上，提出了以黑尔的"断言—意义分离"论证、布莱克本的"态度自洽"论证和格巴德的"规范谓词改写"论证为代表的三种解决方案。杨松认为，在理论发展的过程中，非认知主义者的解决方案中越来越多地吸收了认知主义的合理部分要素，在坚持道德判断的情感表达、行为引导等主要特征的前提下，越来越表现出这样一种倾向：当人们通过逻辑推理获得各种道德知识时，需要以适时地承认、重视道德判断的描述性特征为基础。[③]

（三）对道德规范性及相对主义的研究

李晔研究了伦理规范的话语形式问题。伦理规范可以在社会事实和话语形式两个层面来理解和说明。通常认为事实、事态、事件以及关于它们的描述性命题不具有规范性作用，伦理规范话语形式的规范性力量来自规范语句所表达的规范性命题，规范语句、命题的规范性用法和作用，以规则体系的制度性地位以及规范性话语约定俗成的意义或"普遍化了的"含义为基础。这提供了关于伦理规范话语形式与道德行动之间关联性的一种说明，解释了伦理规范的"规范性"特征，回答了"规范性"问题。但在现代世界中，上述还不能回答伦理规范的合理性、证成性问题。[④] 杨松从"命令说"和"规则说"两个角度探讨了规则的本质问题。命令说将规范视为自上而下发出的、以制裁为威胁的命令，回避了规范本身的合理性问题。规则理论认为，命令说仅仅从外在视角出发，实质上是将规范视为一种关于"行为"与"制裁"之联系的预测工具，忽视了规范本应该具有的内在面向，即其是人们予以"接受"的行

---

① 兰久富：《价值命题的对错及其论证方法》，《江海学刊》2017年第2期。

② 兰久富：《价值命题的评价形式和规范形式》，《当代中国价值观研究》2017年第2期。

③ 杨松：《道德假言推理何以有效？——非认知主义者对"弗雷格—吉奇问题"的解答》，《世界哲学》2017年第6期。

④ 李晔：《伦理规范的话语形式及其"规范性"问题》，《哲学分析》2017年第2期。

为规则。而这种对规范予以“接受”的心理状态不同于人们出于生物本能的、对规范的“内化”状态，它意味着在规范性讨论中对相关“规范”的真诚主张，对人们就规范达成共识期待和对失范导致不利后果的真心认可。这一主张将“规范”与“合理性”密切联系起来。①

伦理学和道德哲学一项基本任务就是寻找到道德根基。道德基础论主义者认为道德有最高唯一的基本原则，该原则超越历史和具体的社会情境，可用来鉴别一切行为是否道德。道德哲学的分歧则是关于道德的根本最高原则，对道德规范性来源有不同的看法。因此，不同的道德哲学之间在理论层面不可通约。李建会、王小伟以康德哲学的绝对律令为背景，介绍了艾伦·格沃思的道德最高原则的证成。持道德基础论主义的学者，都认同道德为行为提供了普遍有效的规范性标准，并认可道德有唯一最高原则。格沃思从人人共享的施为能力着手，分析施为能力存在的必要条件。格沃思将道德问题划分到三个基本领域：一是道德权威问题，即为什么遵守道德；二是分配问题，即除自己以外，谁的利益应该受到道德关注；三是内容问题，即什么样的利益是道德利益。格沃思试图寻找一个理性证成的道德最高原则，该原则可以从理论上系统地回答以上三个问题，在实践上可以有效地解决不同道德原则冲突的困境。在此基础上，通过施为主体内在辩证慎思，解释了道德最高原则的可能。②

现代世界以前所未有的程度展现了人类道德价值与规范体系的多样性及其矛盾冲突，也迫切地提出普遍伦理规范要求。普遍伦理与多元价值、道德相对主义之间的矛盾，成为现代世界中伦理道德规范确立及其基础论证面对的主要问题。就此问题，左高山、胡蝶花认为，道德相对主义既非一个独立的学术流派，也非某一时代的道德思潮，而是伦理思想史上长期出现的一种思想倾向。围绕道德相对主义的相关问题展开的激烈论争，也推动了道德相对主义的发展，由此产生了众多的道德理论。当代学者不再拘泥于知识论意义上的相对主义研究，而是转向发掘道德相对主义的多样性与情境性的特点，进而重视道德相对主义在不同实践领域中的重要价值。③ 李晔主张审慎地对待道德相对主义思潮，历史传统、文化价值与道德观念框架的多样性事实，不能得出和证明规范相对主义的应该性和合理性，也不能成为否定现实和未来人类共同体取得主体间一致和根本规范原则共识的根据。道德相对主义不能被看作简单而明显的错误，不论是就理论还是就实践意义而言，它都是现代世界的一个需要认真对待的问题。④

---

① 杨松：《规范的本质：从命令说到规则理论》，《道德与文明》2017 年第 6 期。

② 李建会、王小伟：《道德的规范性证明——从康德到格沃思》，《当代中国价值观研究》2017 年第 2 期。

③ 左高山、胡蝶花：《道德相对主义：论争与价值》，《伦理学研究》2017 年第 5 期。

④ 李晔：《现代世界中的伦理规范与道德相对主义问题》，《深圳大学学报（人文社会科学版）》2017 年第 4 期。

三 现象学伦理学

现象学的价值伦理学是由舍勒所开创的。舍勒将价值由低到高区分为感性价值、生命价值、精神价值和神圣价值四种不同高度的价值。舍勒正是通过价值高度来规定道德价值，认为在意欲领域中附着在一个正价值之实现上的价值是善；在意欲领域中附着在一个负价值之实现上的价值是恶。在意欲领域中附着在一个较高（最高）价值之实现上的价值是善；在意欲领域中附着在一个较低（最高）价值之实现上的价值是恶。2017 年国内学者对现象学伦理学的研究主要涉及对现象学伦理学基本问题的研究和对几位现象学家伦理思想的研究两个方面。

（一）现象学伦理学基本问题

倪梁康认为，严格意义上的“现象学的伦理学”是一种反思—描述的伦理学。胡塞尔、哈特曼、耿宁的案例为人们提供了现象学伦理学的三种可能性，它们都是在现象学反思中进行的对道德意识的有意无意的本质直观。这样一种现象学的伦理学与其说是一种价值伦理学，不如说是一种道德心理学或道德意识现象学。现象学的反思—描述伦理学与近代以来的规范伦理学的区别，非常类似于数学—逻辑学中的直觉主义与形式主义的差异。与后面两种数学理论一样，前面两种伦理学说也不能被理解为是非此即彼、相互排斥的。只是对它们之间的奠基关系的不同理解，会导向在伦理学思考中的两种不同立场：反思—描述伦理学的和规范伦理学的。这两种伦理学需要彼此互补才能最终构成完整的人类道德系统。①

（二）对现象学家伦理思想的研究

作为现象学伦理学家的列维纳斯，是 2017 年国内学者在现象学伦理学研究中的重点。高宣扬指出，对列维纳斯来说，真正的道德只能植根于个人与他人之间的不可比拟的相互关系之中，至善只能在他人的无限王国中才能实现。列维纳斯把呈现在人人面前的他人提升为高于“存在”和类似无限的新形而上学基本概念，试图创建将伦理学设为“第一哲学”的崭新世界观，颠覆西方传统哲学的基本原则，同时也彻底批判西方政治哲学的基本范畴，不再从传统自然权利论出发，强调自由作为人所追求的基本价值，不能单纯依据个人主体性的原则去探索，而是首先必须把“他人”置于至高无上的地位，把“他人”的存在当成考察个人自由的绝对条件，让“他人”的显现成为实行德行和自由的永恒威慑力量，使“无条件尊重他人”成为自身进行

① 倪梁康：《现象学伦理学的基本问题》，《世界哲学》2017 年第 2 期。

德性实践的最高目标，以确保自身的自由变为朝向“无限的他人世界”的超越活动。[①] 杨晓斌认为，列维纳斯通过阐明主体退隐，逃离了存在论，并进而依据凸显他者确立起伦理学。这种伦理学并未着眼于个人，而是通过引入第三方，将责任延伸至集体，进而指向政治。此种伦理政治源于犹太教思想中的弥赛亚信仰，被称作爱之智慧，表现为积极的乌托邦。[②] 传统社会契约论将人的本性界定为自我保存与提高，基于理性权衡所订立的社会契约将有助于每一个体的福祉得到稳定的保障。如此所产生的和平乃是权能与利益平衡之上的和平，缺乏一种真正伦理性的基础。王光耀从源初伦理的视角考察了列维纳斯的他者哲学，他认为列维纳斯为人们提供了对于自我/主体性的批判性理解。在他人面容投射向我的“反向—意向性”的触发之下，首要的问题不再是“存在还是不存在”，而是“存在如何为自己的正当性辩护”。通过对自我权能之正当性的不懈考问，列维纳斯让人们重新审视了自我与他人的共在关系，领悟到对他人的责任同样是自我内部的源初构成性环节，从而重构了主体性：别样于权能主体性的伦理主体性。而政治只有奠定在源初伦理性——自我对他人的无限责任——的基础上，去公正地捍卫诸个体存在的伦理独一性，才能获得自身的合法性基础。[③] 林华敏认为，时间问题是列维纳斯他者伦理的地基，其核心是历时性。历时性揭示了时间的异质性结构，同时也奠基了精神自我揭示和伦理的基本关系。历时性指出了时间的断裂与非连续：过去是不可追溯和不可弥补的过去，当下是不断破裂的瞬间，未来是纯粹的未来。时间作为一种绝对的异质性在他人的到来中进入意识，构成了精神全新的经验。关于他人的经验既是时间本身，也是基本的伦理事件。在无限的视域下，时间指向一种没有神的神学。不同于胡塞尔、海德格尔和罗森茨威格，列维纳斯通过时间的历时性指出了一种精神与上帝关联的途径，而这个途径最后在伦理的他人那里获得了实现。[④]

李超通过解读舍勒《伦理学中的形式主义与质料的价值伦理学》和《爱的秩序》的相关文本，梳理其情感伦理学中提出的深刻洞见。李超指出，舍勒情感伦理学的洞见不但（在批判康德的意义上）捍卫了情感在伦理学中的基础性地位，而且对伦理学和哲学本身来说也非常富于启发性。具体来说，舍勒划分了三种本原情感的类型—阶段：意向性感受、偏好—偏恶、爱—恨。它们分别在以下三个方面具有革命性：第一，指出有一个以情感把握的“价值事实”领域，批判了所谓“客观中立事实”的先在性的哲学教条；第二，提出并论证情感能够成为一门先天的、绝对的伦理学的基础，打破了康德以来以理性为尊的伦理学传统；第三，通过论证“爱”这一情感的

① 高宣扬：《论列维纳斯伦理学的新形而上学意义》，《道德与文明》2017 年第 1 期。

② 杨晓斌：《主体、他者与第三方——列维纳斯的伦理学及其政治指向》，《道德与文明》2017 年第 1 期。

③ 王光耀：《论列维纳斯的政治思想——基于源初伦理的视角》，《道德与文明》2017 年第 5 期。

④ 林华敏：《作为超越的时间——列维纳斯的历时性概念如何为形而上伦理奠基?》，《现代哲学》2017 年第 5 期。

创造性和可能性，开辟出了一条开放的伦理学路径，既不同于黑格尔式的封闭体系，又避免了康德伦理学中包含着的空洞的、形式主义的风险。①

海德格尔与伦理学的关系十分重要又颇为难解。王宏健指出，在《存在与时间》时期，海德格尔将伦理学定位为与基础存在论不同，但又奠基于基础存在论的“后存在论”之中，在伦理学与此在分析之间划清了界限，从而贬低了伦理学的位置。第二次世界大战后，海德格尔通过提出“原初的伦理学”，彻底否认了传统意义上的伦理学，而将伦理阐释为更具有原初意味的“居留之所”。无论是将伦理学安置于后存在论中，还是追溯和挖掘出伦理的原初含义，海德格尔走的是一条逐渐远离传统伦理学和伦理概念亦即“前伦理”的思想道路。②

“灵异”概念在当代生存哲学中扮演着重要角色，尤其是在雅斯贝尔斯的哲学中。倪梁康指出，日常用语中“灵异”的三个含义已经包含在雅斯贝尔斯的术语中。雅斯贝尔斯在早期的灵异学研究中运用了现象学的方法，即便是针对不同的实事内涵，确切地说，在雅斯贝尔斯这里，现象学的方法是针对心理病理的此在分析。“灵异”既被解释为主观的，也被解释为客观的。雅斯贝尔斯在后期展示了一种灵异学的思考，它不仅系统地把握历史的和当下的灵异现象，而且也提供了一种通过向唯一者的生存超越来克服现代灵异学的存在哲学构想，因此也提供了一种生存哲学的伦理学。在后期雅斯贝尔斯那里，现象学方法与生存的此在阐明之间的联系已然丧失，因为在早期雅斯贝尔斯那里，对意识内在的现象学描述在内容上已经很大程度被心理病理学的生存分析工作取代，而在后期雅斯贝尔斯那里，它在方法上最终也为生存超越的阐明构想所取代。从总体上说，雅斯贝尔斯的灵异学思想，早期处在现象学与心理学之间，晚期处在哲学与宗教之间。③

汉斯·莱纳是20世纪中后期现象学价值伦理学的代表人物。他在结合康德与舍勒伦理学的基础上构建了独特的现象学价值伦理学，并将之称为“伦理学新体系”。陈水长认为，莱纳这种伦理学新体系继承了舍勒的价值概念并对价值种类进行重新区分，提出了相对价值与绝对价值、本己相对价值与异己相对价值、主观价值与客观价值三种区分。莱纳认为道德的善旨在实现一个客观价值，不管这个客观价值是绝对价值还是异己相对价值；道德的恶旨在反对实现一个客观价值，不管是直接地反对还是为了实现主观价值（本己相对价值）反对实现客观价值；然而一个旨在实现主观价值同时不违背客观价值的行为并不是道德恶的，而是道德中立的，在类似康德的结构形式的基础上对道德价值进行的重新规定。莱纳的现象学的价值伦理学将康德的伦理学和现象学的价值伦理学融为一体，不仅克服了康德形式伦理学的缺点，而且弥补了

① 李超：《事实、秩序与可能性——论舍勒的情感伦理学》，《浙江学刊》2017年第2期。

② 王宏健：《伦理之隐匿——海德格尔的伦理学问题探析》，《道德与文明》2017年第5期。

③ 倪梁康：《卡尔·雅斯贝尔斯的灵异学思想——从方法的现象学到神学的生存哲学》，《道德与文明》2017年第1期。

舍勒的价值伦理学的许多不足之处，尤其是为舍勒所断言的“实现一个异己价值比实现一个本己价值具有更高的价值”提供了合理说明；莱纳不仅区分了道德善恶，并且在道德善的基础上区分了道德正确和道德错误，尤其为了确保道德正确提出了十一条价值优选原则。①

四　罗尔斯的正义理论

罗尔斯所构建的正义理论及其政治哲学一直是现代西方伦理思想领域讨论的重点。同样，在国内2017年的现代西方伦理思想的研究汇总中，对罗尔斯正义理论的研究也占有一席之地。2017年学者们对罗尔斯正义理论的研究主要从对罗尔斯正义理论本身的研究以及介绍西方学界其他理论家对罗尔斯正义理论的修正两个方面展开。

（一）对罗尔斯正义理论本身的研究

2017年，国内学者主要从文本分析、正义理论的道德基础、正义理论的人性观、正义社会的稳定性以及分配正义等方面展开对罗尔斯正义理论的研究。

在《正义论》第三编中，罗尔斯通过关联“善”和“正当”这两个概念阐释了其道德价值概念，并由此将“卓越”这一道德理念纳入其义务论的伦理评价体系，这使他能够比较容易地处理“分外的行为”这样的道德问题。但是，这一对卓越的追求以及与此相关的对个体内在价值的区分和评判却可能与作为罗尔斯正义理论基础的平等观相抵牾。为了避免冲突，罗尔斯通过区分政治与道德，以及道德的正当与就其自身而言并无道德意义的价值（善）概念等策略，寻求一种可以在坚持个体平等的权利之同时容纳价值和道德价值的区分以及对卓越的追求的可能性。孙小玲在重构这些经常隐蔽于其文本中的策略之同时也揭示了它们的局限性，与其他价值（善）不同，道德价值既是一种价值（善），又是已经受到正当制约因而是道德的价值，所以，人们不可能在权利问题上如同悬搁其他价值差别一样不考虑道德价值的人际差异。因此，孙小玲尝试借助于罗尔斯所阐释的两种道德情操，即正义感和人类之间的相继关系来显明罗尔斯所言的两种道德观，即“分外的道德”与“互惠和平等的道德”融合于一个整全的道德概念之中的可能性。如果人们将尊严视为一个基于人类之爱的理念，而不只是罗尔斯所言的基于道德能力最低值的政治与法律权利，那么，平等的自由与卓越追求之间就不仅互不抵牾，而且可能相辅相成，因为卓越最终是在平等的自由中所追求的完善和自我完善，而平等的权利在构成个体自由的同时也是在

---

① 陈水长：《道德善恶与道德正误——关于汉斯·莱纳的现象学价值伦理学的研究》，《现代哲学》2017年第2期。

与他人的关系中追求卓越的必不可少的条件。①

罗尔斯在《正义论》中克服了元伦理学对直觉的单纯依赖，运用反思平衡方法建构了两个正义原则。常永强认为，要想理解反思平衡方法如何能够跨越事实与价值之间的鸿沟，就必须回到普遍被忽视的罗尔斯的早期作品中去寻找答案。反思平衡方法与自然科学的建模方法是高度同构的，契约论相当于自然科学研究中经常使用的理论模型，这种相似性才是反思平衡方法规范效力的来源。然而，由于伦理学与自然科学根本性质的不同，反思平衡方法能否真正超越直觉主义，两个正义原则是否具有普遍的规范效力，人们是有理由加以怀疑的。②

正义理论是否存在道德基础，是当代政治哲学热烈讨论的一个议题。顾肃认为，罗尔斯虽然把正义观解释为政治的而非形而上学的，不依赖于广包的宗教或哲学学说，但强调普遍的正义观念离不开政治文化的基础和道德基础，即人们所潜在地认可、普遍接受的那些基本理念和原则，如宗教宽容和反对奴隶制。正义原则的达成也预设了平等的公民之间的协议，以及公民拥有的正义感和善观念的道德能力。正当优先于善并不表示正当完全排斥善，而是说两者是相互补充的，正义观念是从两者共同推导出来的。政治的正义观念与其他道德观念之间的区别只是观念应用的范围问题。关于国家中立，基本制度和公共政策虽然不是设计来偏袒任何特定的广包学说，但不可能强求正义制度的影响都是中立的，它所影响的美德是富有意义的。公平正义包括对诸如公民美德和宽容的美德、理性和公平感的美德等的解释。罗尔斯强调其政治自由主义是一种“道德观念”，它以最普遍的道德原则作为后盾，这里就包括尊重人、把人当作目的这个根本的道德公理。③

葛四友从人性观的角度解析了罗尔斯正义理论混乱的原因。他指出，罗尔斯的公平正义理论受到许多反驳的原因在于其多重的人性设定。罗尔斯的正义环境论说和融贯论证成方法使得他深受休谟人性观（人们有着有限的利他心）的影响；而他对无知之幕的设立与理性选择理论的强调又受到经济人设定的强烈影响；但在提出正义原则及其证成时又显示出康德的深刻影响，隐含人有善良意志，要求有充分的利他心。多重人性设定得以并存的缘由在于罗尔斯混淆不偏不倚与运气平等主义，混淆“不应得”与“非应得”，以及正义两原则在推理上的断层与实际含义的妥协。澄清各种混淆后，人们基于休谟的人性观才可获得对公平正义最融贯的解读。④

正义社会的稳定性问题是罗尔斯正义理论中的重大问题，也是使得罗尔斯从《正义论》中的整全性学说向政治自由主义转向的关键所在。龚群指出，对于政治稳

① 孙小玲：《论罗尔斯正义理论中权利平等与道德卓越的内在关联》，《复旦学报（社会科学版）》2017 年第 4 期。

② 常永强：《论反思平衡方法规范效力的来源》，《中国人民大学学报》2017 年第 4 期。

③ 顾肃：《罗尔斯正义理论的道德根基》，《道德与文明》2017 年第 4 期。

④ 葛四友：《论公平正义中的三重人性设定》，《道德与文明》2017 年第 4 期。

定性问题，罗尔斯在《正义论》与《政治自由主义》中，先后提出了两种关于稳定性的论证。在《正义论》中，罗尔斯从道德的稳定性即正义感这一维度进行了充分论证，认为以公平正义原则为核心的社会基本结构能够得到道德心理学意义上的正义感的稳定支持；然而，当他意识到现代民主社会理性多元的事实之后，在继续坚持道德正义感作为正义社会正义原则的稳定性必要条件之外，提出和论证了重叠共识作为正义社会稳定性支持的关键因素之一。罗尔斯认为重叠共识并非临时协议，以公平正义原则为核心的重叠共识能够是稳定而持久的。由此，罗尔斯实现了对公平正义的政治观念，或政治的正义观念的合法性和正当性的公共辩护，完成了他的正义理论的论证。①

谭安奎认为，把罗尔斯的分配正义理论扩展至全球范围，这是一种富有道德吸引力的理论尝试。全球正义理论强调富国及其公民对于全球平等分配的道德责任，但作为一种个人主义的学说，它没有对国家代表公民去行动的道德资格提供说明，从而没能证明富国的公民为自己国家的行为承担道德责任的条件。这种理论的内在逻辑要求人们回到国家权力正当化的主题上来，而由于国家权力的双重强制性特征，将其正当化的方式就只能是找到公民能够同意的原则。从平等的公民身份出发将国家权力正当化，这恰恰是罗尔斯式分配正义的真正理由。当国家权力以这种方式被正当化之后，人们就没有理由将国家边界继续视为一种道德上任意的因素，从而也就无法迈向全球平等分配了。②

（二）西方学界其他理论家对罗尔斯正义理论的修正

国内学者还对西方其他理论家对罗尔斯正义理论的修正展开研究，这些修正和补充包括能力进路、政治义务、平等理论等不同的理论视角。

罗尔斯的公平的正义理论是当代政治哲学中最重要的正义理论。罗尔斯的理论是以契约论的方法推导的，正义原则实际上是对社会基本善进行分配的原则。然而，立约人只能是具有立约能力的理性人，因而罗尔斯的契约论限制了罗尔斯的正义视域，契约论方法以及理性人的社会合作体系致使其不把先天的残障人包含在正义问题范畴内。龚群考察了阿玛蒂亚·森和玛莎·努斯鲍姆对罗尔斯的方法论，以及对资源平等的分配正义问题提出的批评。森和努斯鲍姆突破契约论的局限，提出了能力平等的方法论。他们从人的基本能力的前提出发，将基本善的分配转向能力平等，指出正义在于基本能力的实现，而非在于基本能力的不足，因此他们从罗尔斯的形式正义转向实质性的正义。同时他们也对契约论不包括残障人的问题进行了尖锐的批评。这一理论推进和深化了当代正义论的讨论：人在自然禀赋方面的不平等同样是社会不平等的一

① 龚群：《正义社会的稳定性问题》，《学术月刊》2017 年第 3 期。

② 谭安奎：《从罗尔斯的正义理论到全球正义：一个错误的跨越》，《道德与文明》2017 年第 4 期。

个方面。他们对于残疾人的关注也成为罗尔斯之后正义论关注的一个重心。①

还有学者从依赖性、尊严等角度细致地介绍了纳斯鲍姆的能力进路。陈文娟认为，依赖性是一种人类生存状况，在人的生命历程中不可逃避，因此，应该考虑把依赖性作为正义的起点。社会契约理论的两个显著特征，即契约主体是自由、平等和独立的和所有公民以互惠互利为目标，是阻碍其解决残障问题的主要原因。以罗尔斯为代表的现代社会契约论，由于对大致平等、互惠互利和基本益品理念的社会契约式信奉，也无助于解决这一正义理论的当代难题。针对这一问题，纳斯鲍姆提出了能力进路，并基于核心人类能力、人类尊严和关怀，为解决残疾人问题提供了一种富有洞见的正义路径。② 朱慧玲指出，纳斯鲍姆的能力进路是奠基于她对罗尔斯批判的基础上。纳斯鲍姆认为，罗尔斯的正义论没有考虑到残障者、国际领域以及非人类动物的正义问题，这主要是受限于他的正义理论和社会契约论传统对正义主体的理解和设定。因此，她提出了一种亚里士多德式的个人观，试图重新界定和拓展正义主体，并将尊严与能力联系起来；以此成为能力进路的基点，从而试图解决以上三个领域的正义问题。然而，纳斯鲍姆对于人类的尊严与动物的尊严、身份性的尊严与成就性的尊严等方面的界定不够清晰，也没有清楚地表明，能力进路不仅是一种对罗尔斯正义理论的补充和拓展，还是另一种独立的系统的正义进路。③ 谢惠媛认为，尊严是纳斯鲍姆修正罗尔斯契约论之理论结构的主要元素。就概念本身而言，她所论及的尊严蕴含了四个维度：基于人的类本质而确立的尊严、与人的目的性存在相一致的尊严、由能力来维护的尊严、基于生物的感知力和行动力等特性而扩充的尊严——它们共同构成纳斯鲍姆理解能力和正义问题的基点。以这一概念为切入点，纳斯鲍姆构建自身的能力进路，着力解决传统正义论遗留的问题，并尝试说明配享尊严的存在者应在何种程度上具备什么样的核心能力，以此改变以往制度和公共政策的导向，使之更加注重混合能力的培育与保障。④

胡业成介绍了克劳斯科对罗尔斯的政治义务理论的修正。罗尔斯的公平原则与正义的自然责任原则是两种影响深远的政治义务理论，但是它们各自也面临着无法解决的难题：公平原则无法解释那些不情愿收到非排他性公共产品的公民的政治义务，正义的自然责任理论则无法证明公民对其所属国家的政治义务。与其他的政治义务理论一样，罗尔斯的理论也没能避免“普适性—特殊性”悖论的困境，但是罗尔斯已经尝试利用多种道德原则论证政治义务（责任）。为了拯救罗尔斯政治义务理论面临的

---

① 龚群：《对罗尔斯正义理论的回应与推进——森和努斯鲍姆的能力论》，《华中师范大学学报（人文社会科学版）》2017 年第 5 期。

② 陈文娟：《依赖性、社会契约论与能力进路——以残障的正义问题为讨论域》，《道德与文明》2017 年第 3 期。

③ 朱慧玲：《论纳斯鲍姆及其能力进路对正义主体的拓展》，《道德与文明》2017 年第 3 期。

④ 谢惠媛：《尊严、能力与正义——纳斯鲍姆的尊严概念评析》，《道德与文明》2017 年第 3 期。

困境，克劳斯科提出了由公平原则、自然责任原则和“共同利益”原则联合构成的多元—原则政治义务理论。克劳斯科的理论以“普遍性”和“广泛性”为目标，由公平原则、相互帮助的自然责任原则和“共同利益”原则构成，但它也面临着对公平原则的过分倚重、难以满足的利益条件及概念模糊和循环论证等缺陷，它是否能够拯救罗尔斯的政治义务理论面临的困境仍有待检验。①

自然不平等体现为自然差异上的不平等，这是由于不同的人在智力、体力、相貌、勇气等方面存在很大差异，这种差异常常被看作基因决定和先天形成的。针对不平等的问题，张虎对比研究了罗尔斯和内格尔关于平等的学说。张虎认为，区别于自由意志主义者，罗尔斯和运气平等派认为正义的空间不仅关涉某些直接的人类行为，而且关涉这些行为的起始背景对不同人造成的不平等影响，因此社会体制应该积极地干预自然不平等。托马斯·内格尔以不平等的责任归属为根据质疑了这种观点。他认为如果自然不平等主要是由自然而不是社会因素造成的，那么把减轻它的义务加给社会就不合理地扩张了正义的规范边界。但是内格尔没有看到这里不应该夸大自然的力量，很多所谓的自然不平等的背后都深藏着社会体制的不公正影响，正义因此要求社会承担减轻这种不平等的义务。②

正义是社会的首要价值，是维系社会秩序、塑造社会风尚的伦理智慧。对罗尔斯的研究中也体现了将其理论争论与中国现实相结合的研究。牛绍娜认为，新自由主义者诺奇克的自由观与罗尔斯的正义观在自由问题上无实质分歧，二人争论焦点在于如何看待平等，具体表现在正义基石——权利 VS 公正、政府角色——最低限度的国家 VS 多功能国家，以及分配正义——资格理论 VS 背景制度三方面。结合中国传统文化的群体价值取向和大同理想以及马克思主义平等观等思想渊源的分析，中国特色社会主义正义观可借鉴“最大最小值”规则，通过尊重公民基本权利，平等优先于善；合理把握市场机制与国家调控之张力，发挥政府职能；正确处理效率与公平之关系，缩小贫富差距；建立健全社会扶贫体系，增进百姓福祉等路径，构建中国特色社会主义正义观，真正实现社会主义的公平正义。③

五　功利主义思潮

国内学者在 2017 年对功利主义思潮的研究主要围绕着当代功利主义的主要流派和平等观念、功利主义与偏爱性关系的冲突、对西季威克等功利主义理论家的研究等方面展开的。

① 胡业成：《论克劳斯科对罗尔斯政治义务理论的拯救》，《道德与文明》2017 年第 1 期。

② 张虎：《论自然不平等与正义的边界》，《伦理学研究》2017 年第 5 期。

③ 牛绍娜：《什么是真正的社会正义——从诺奇克与罗尔斯之争谈起》，《伦理学研究》2017 年第 3 期。

当代功利主义是20世纪中叶新兴的政治哲学流派。当代功利主义在同非功利主义，以及功利主义内部的论战中形成了新的理论思想和繁多的理论派别。刘舒杨、王浦劬着力分析当代功利主义主要流派及其相互关系，为阐发和揭示当代功利主义演进逻辑和基本轨迹提供基础。他们认为，当代功利主义虽然在一定程度上修正了传统功利主义的缺陷，提高了理论自身的逻辑自洽性与现实适用性，可以同其他习俗、规范、价值理念等有机融合，但没有改变传统功利主义唯心主义和形而上学的基本哲学特征。当代功利主义虽然失去了原有的理论支配性地位，却还使得功利主义得以延续，并且在当代政治哲学中占有重要地位。同时，除已经指出的技术性缺陷外，当代功利主义还存在着本体论和认识论上的缺陷。①

平等是政治哲学的重要价值。传统观点认为，功利主义以个人效用最大化为基本取向，与平等价值的相关度很低。王浦劬、刘舒杨指出，当代西方功利主义已然具有平等的价值取向，其建构逻辑在一定程度上自洽地实现了功利最大化与平等待人的统一。当代功利主义超越了传统功利主义平等的基础，在道德可能性与现实可行性两个方面论证了功利最大化与平等待人的相容性，提供了符合平等要求的分配结果，并回应了学术界对其平等问题的诸多批评。但是当代功利主义没有超越传统功利主义的理论逻辑和思维轨道。②

如何在基于偏爱的那些关系中去协调人的道德平等，是近年来西方规范伦理学讨论的一个重要问题。这个问题来源于近现代道德理论所受到的重要责难，即基于偏爱性关系的责难。崔微在探究道德异化观点如何产生及其具体表现形式的基础上，着重就道德异化的批评是否恰当这一关键问题做出一定的评析，以便更好地理解和把握功利主义与偏爱性关系的冲突实质。基于偏爱性关系，功利主义的批评者认为，功利主义所主张的非个人性导致了主体的道德异化。但这种批评是不恰当的。事实上，道德本质上是非个人的，且对于主体而言，道德的非个人特征也是必要的和重要的，但功利主义却对主体施加了不合理的道德约束和限制，一个合理的道德理论需要在个人观点与非个人观点之间保持一种恰当的平衡。③

西季威克在《伦理学方法》第一卷第九章中试图对“善”的含义做出说明，但他却先后提出了两种关于“善”的不同定义，而且没有对这两者的关系做出一个明确的说明，这给西季威克的研究者们造成了困扰。余建滨认为，西季威克提出了关于“善”的自然主义定义和规范主义定义，它们的共同之处在于两者都是从欲望的角度来理解“善”的内涵，而区别则在于后者相较于前者而言还包含了一种由“应当”概念所标示的规范性要素。西季威克对“善”的定义实际上反映了现代道德哲学相

---

① 刘舒杨、王浦劬：《当代功利主义主要流派论析》，《中共福建省委党校学报》2017年第11期。
② 王浦劬、刘舒杨：《当代功利主义平等观论析》，《政治学研究》2017年第6期。
③ 崔微：《论道德异化——兼评功利主义与偏爱性关系的冲突》，《道德与文明》2017年第2期。

比于古代道德哲学的一个新特点："应当"成了一种独立于"善"的理性绝对命令。①

理性主义、功利主义和正义理论是自由主义发展的三个重要阶段。杨和英指出，继西季威克、摩尔之后，波普尔不仅从论证模式和基本原则等方面对功利主义进行了批判和修正，而且还对其自由观进行了否定和改良，从而捍卫了自由主义的旗帜。波普尔的政治哲学思想不仅使功利自由主义走向了穷途末路的绝境，而且进一步推动了罗尔斯和诺齐克对功利主义的清算，为正义理论的问世奠定了基础，起到了承前启后的过渡作用。②

容毅金、张煜研究了彼得·辛格从功利主义立场为素食主义进行伦理辩护。辛格认为，凡是具有苦乐感受力的动物都具有利益，当生命个体的快乐增加或痛苦减少时，就意味着它们的幸福得到实现。人类以动物为食的行为造成了动物的巨大痛苦，这与功利主义幸福最大化的原则是相悖的，因此功利主义的幸福最大化原则要求素食。另外，辛格考察了平等原则的基础，认为该原则是在评估利益，而具有苦乐感受力的动物都具有趋乐避苦的最根本利益，人们应该平等地考虑它们的利益；遵守利益平等考虑原则就要求人们成为素食者。辛格还重新审视了传统的生命观念，并提出"命主"这个概念以消解人与动物的界限。辛格认为"命主"既有可能是人，也有可能是非人动物，且"命主"的生命具有特殊价值，如果杀害人类"命主"是错误的，那杀害非人"命主"也是错误的。对于只有知觉能力的动物，虽然杀生之错的问题略显复杂，但辛格认为只要它们具有苦乐感受力，就不能忽略它们的利益，这就仍要求人们成为素食主义者。在辛格看来，践行素食主义无论对减少生态破坏、环境污染，还是对解决全球饥荒问题都有着重要意义。③

六　美德伦理学与情感主义

作为一种伦理学的理论类型，美德伦理学以行为者作为理论研究的中心，注重对行为者的道德动机、内在品质的考察分析，以解决"我应当成为什么样的人"这一伦理学基本问题为最终目的。美德伦理学强调人的美德和道德品质，而不是责任、义务或者行为的结果。2017 年国内学者对美德伦理学的研究主要体现在以下三个方面：（一）美德伦理学的理论基础；（二）美德伦理学与规范伦理学；（三）美德伦理学与情感主义。

---

① 余建滨：《论西季威克对"善"的界定》，《道德与文明》2017 年第 4 期。

② 杨和英：《从功利主义到正义理论——试析波普尔政治哲学的思想效应》，《四川师范大学学报（社会科学版）》2017 年第 2 期。

③ 容毅金、张煜：《彼得·辛格对素食主义的伦理辩护及其实践意义》，《南京林业大学学报（人文社会科学版）》2017 年第 3 期。

（一）美德伦理学的理论基础

黄裕生提出美德伦理学应以知识作为其理论基础。正是在追问关于善的无视角的知识与如何成就美德的努力中，“美德伦理学”确立了“目的论原则”从而确立起了构成古代社会秩序基础的一系列基本原则。古代社会与现代社会之别在根本上乃在于人们据此建构社会秩序的那些基本原则的不同，而这些基本原则的差异则植根于人类对自身的理解与深化。古代社会是建立在责任原则基础上的，是以责任原则去理解和规定人与人之间的关系、以责任原则去构建和确立社会的秩序基础的。虽然希腊的美德伦理学未能完成给普遍责任确立基础的任务，但是，它却明确而自觉地确立起了上面那些古代社会的基本原则。① 在苏格拉底—柏拉图那里，他们的伦理学不仅建立在他们借以清理、审定“神话神学”的“理性神学”基础上，而且以他们所追求的“知识”为基础。后面这一点一直规定着亚里士多德的实践哲学的思考。不过，在苏格拉底—柏拉图这里，这种“知识”被严格区别于日常经验中的知识，他们把后者称为“意见”。他们心目中的真知识，也即被他们当作伦理学之基础来探究的那种知识，实际上被当作一种“全视角”或“无视角”的“知识”来理解和追求。虽然以这种知识为基础的伦理学在确立伦理规范这一工作上并无所成，但是，人们却可以说，希腊人正是在追寻这种“全视角知识”的努力中确立了科学，从而把人类带上了以具有自身同一性的概念去展开、理解世界的道路。②

（二）美德伦理学与规范伦理学

近代以来，占据主导地位的道德哲学一直表现为规范伦理学的两种形式：义务论和功利主义，以致有思想家评论说，人们常常面临的选择要么是目的论的，要么是结果主义的。这就使得存在两种选择：要么以肯定或否定道德规则的形式来指导人们，要么通过计算后果发现正确的行为之路。自20世纪50年代以来，西方伦理学界兴起了一股德性伦理学研究的热潮——一大批当代伦理学家（以安斯库姆为首）主张回归盛行于古代的以德性为核心的研究进路，“反叛”自现代以来的以评价行动为主导的探究方式——至20世纪80年代达到了高潮。与目的论和结果论不同，德性伦理学在当代道德哲学中是以“第三种方法”的身份出现的。在德性伦理学复兴的过程中，受到德性伦理学家批判的功利主义和义务论对德性伦理学也进行了反驳和指责，并开始关注德性这个热点问题，由此形成了两大阵营批评与辩护的格局。方熹、江畅指出这场论战形成了“德性伦理学对功利主义和义务论的批判”、“功利主义和义务论对

① 黄裕生：《“美德伦理学”与古代社会的基本原则》，《江苏行政学院学报》2017年第1期。

② 黄裕生：《论“美德伦理学”的“知识”基础——兼论科学思维的真正确立》，《学海》2017年第5期。

德性伦理学的反诘”与“两大阵营之争促进德性研究的再度繁荣”三种态势。德性伦理学首先批判功利主义和义务论只注重规范研究，认为伦理学应当研究作为心理现象的品质，而不是作为某种外在力量规定行为的规范（义务和责任）；其次激烈地批判功利主义和义务论关于建立某种普遍适用的道德规则的主张，认为人们行为的情境各不相同，因而道德是不可法典化的。而两者对德性伦理学的反击体现在批判德性伦理学以自我为中心、不能提出正确的行为指导、存在相对主义的问题且难以运用到实践中，而且，情境主义社会心理学的研究表明，在人的心理世界完全就不存在德性特征，因而也就没有德性伦理学所研究的德性之类的东西。在论战过程中，德性伦理学呈现理论不断深化、研究领域不断扩展、走向社会德性与个人德性研究并重的新格局。①

（三）美德伦理学与情感主义

国内学者对美德伦理学与情感主义两者之间关系的研究，主要体现在对情感主义伦理学家斯洛特的研究上。斯洛特试图超越女性主义关怀伦理立足性别差异的道德视域，从英国情感主义道德传统和近年来道德心理学的最新研究成果中汲取灵感，发展出一种基于人类普遍“移情”的关怀伦理，建立起一个由“行为者”、“他人”和“第三方”构成的道德情感主义体系，由此探索一种可兼具解释个体道德与公共道德的总体伦理学方法。从哲学立场来讲，斯洛特高扬情感主义而贬抑理性主义；从理论结构来讲，斯洛特致力于构建以行为者品质为中心的理论体系；从伦理形态来讲，斯洛特试图探索一种情感主义德性伦理。韩玉胜指出，斯洛特确立起“移情”在人类道德生活中的普遍价值，试图证明行为者的道德义务或公共道德事务均应以“移情”为基础。基于此，斯洛特将移情关怀伦理视为一种较之理性主义更适合道德领域的新道德情感主义。② 虽然在斯洛特看来，道德情感主义体系是贯穿元伦理学和规范伦理学并涵盖发生机制和评价机制的严密逻辑体系，然而，韩玉胜进一步指出，人类情感自身固有的诸多缺陷势必对斯洛特基于移情的道德情感主义构成天然挑战，加之斯洛特的理论论证仍存在诸多难以自洽之处，致使学界对其理论不乏批评和质疑。③

江畅以“道德的心理基础”这一问题为核心，从道德的人性基础、道德品质及行为的心理基础三个方面反复与斯洛特教授进行对话交流。江畅主张道德具有复杂的人性基础，根源于包括理性、情感在内的人性潜能，并以源自人性潜能的现实能力为心理基础。但斯洛特认为所有的信念都和情感有关系，人性的现实化的不同方面都根植于人的情感，或与人的情感紧密相关。在道德品质的问题上，江畅认为道德品质的

---

① 方熹、江畅：《德性伦理学与规范伦理学之争及其影响》，《哲学动态》2017 年第 3 期。

② 韩玉胜：《斯洛特移情关怀伦理学的价值内涵及其局限》，《哲学研究》2017 年第 11 期。

③ 韩玉胜：《移情能够作为普遍的道德基础吗？——对斯洛特道德情感主义的分析与评论》，《哲学动态》2017 年第 3 期。

基础是意志的品质，而斯洛特虽然将情感放到更重要的位置上，但他也认为二人所谈的“意志”和“情感”的概念殊途同归；同时，二人都同意道德教育在道德品质培养过程中的重要作用。在道德行为的心理基础的问题上，江畅仍主张将意志作为道德行为的心理基础，而斯洛特也坚持将江畅所谈的“意志”理解为指代“行为的选择以及自我与他人的关系问题”，与自己所谈的“情感”是一回事。斯洛特将“共情”作为道德行为得以产生的唯一途径，而共情又涉及情感的接受与情感的投射等阴阳两个方面的内容。两人又继续探讨了阴阳与德性伦理学的关系，斯洛特将阴阳作为情感主义德性伦理学最重要的潜在基础，这也意味着道德建立在不同的情感基础上，只有以情感为基础，人们才能做出道德的行为。①

江畅、钟万玲又进一步讨论了道德的心理基础这一问题。在德性乃至道德的心理基础是什么的问题上，存在着理性主义与情感主义的分歧。理性主义认为德性的基础是理性，因为有理性的人才有德性；而情感主义则将德性的基础视作情感，有某种本源性情感的人才有德性——然而这两派观点都有偏颇。实际上，道德的根基在于人性，道德的不同方面则分别根源于人性的理性、情感、意志和行为等潜能，而不同潜能现实化所形成的不同现实能力，构成了道德不同方面的心理基础。其中道德品质（包括德性）的心理基础是意志，道德品质的形成是作为人的综合调控机能的意志活动积淀的结果。斯洛特等情感主义者错误地把情感看作德性乃至道德的根源，问题的症结在于将道德情感等同于道德。就情感本身而言，共感并不是所有道德情感的根源，不能用共感解释所有的道德感情；就道德而言，道德判断、道德德性及规范都很难仅用共感或其他道德情感加以解释，作为道德基础和母体的道德智慧更不是仅用道德情感可以解释得了的。②

在美德伦理学与情感主义之间关系的研究中，纳斯鲍姆也占有一席之地。纳斯鲍姆不只是一般性地关心情感的本质构成，同时也希望表明情感在政治生活中的影响和作用。左稀认为，纳斯鲍姆在《政治情感：爱为何对于正义很重要》和《愤怒与宽恕：憎恨、慷慨、正义》两部著作中深化了人们对情感与政治之间关系的理解，但这两部作品都搁置或遗忘了一个更具根本性的问题——情感与政治慎思的关系。关于这个问题的讨论散见于其《善的脆弱性》一书中，其中纳斯鲍姆通过阐发一种亚里士多德式的实践慎思观，为情感在实践慎思中展现自身力量打开了空间。由于没有严格区分个人的和公共的慎思，她并未就政治慎思中的情感问题展开专门讨论。尽管关于《阿伽门农》的分析间接呈现了她对情感与政治慎思之关系的部分理解，但其理论价值明显逊色于马库斯等所开展的政治心理学研究。纳斯鲍姆也曾在哲学—心理学

① 江畅、[美] 迈克尔·斯洛特、李家莲：《道德的心理基础——关于情感主义伦理学的对话》，《道德与文明》2017 年第 1 期。

② 江畅、钟万玲：《论德性之心理基础——兼评道德情感主义》，《湖北大学学报（哲学社会科学版）》2017 年第 1 期。

层面对情感展开分析，并发展了一种认知主义的情感论。但由于过分关注情感的评价性判断，忽视意向性感受的地位，此种分析对于论证情感在慎思过程中的具体作用显得并不充分。①

七 对其他伦理学家思想的介绍

除以上六个领域的研究外，2017 年国内学者对现代西方伦理学思想的研究还体现在对诺奇克（又译诺齐克）、斯坎伦、帕菲特等现代伦理学家思想的介绍上。

诺奇克的国家学说和分配正义的资格理论都基于其对自由概念的推崇。李石指出，在具体的论证中诺奇克不是以“自愿”曲解“自由”，就是用“自由”曲解“自愿”，从根本上混淆了“自由”与“自愿”这两个概念。这些混淆揭示了诺奇克最小国家理论和持有正义理论均存在重大漏洞：第一，最小国家的形成并非完全出于人们的自愿行为，在对最小国家的推导中，独立者并非“自愿”被禁止使用强力；第二，在最小国家形成的过程中存在再分配，因为国家不得不以一些人的保护费为独立者提供保护，而这侵犯了人们的权利；第三，在社会分配领域，以自愿交换为基础的放任市场无法保证自身的合法性，有可能侵犯人们的自由。自愿行为须以权利为界限，不受约束的自愿交换并不能构成主导分配的程序正义。② 徐峰指出，诺齐克的“持有正义”分为以下三个阶段：从正义的初始状态出发，经过正义的步骤，最终能得到正义的结果。但徐峰指出，上述三阶段中每个阶段诺齐克的论证都是有问题的。在初始状态满足“诺齐克条件”的初始占有也不能证明他人的境况没有变糟；在正义步骤中，即使能通过“张伯伦论证”的检验，也不能证明自愿的交换是正义的；对于不正义的后果，矫正正义的作用相当有限。此外，作为持有正义之根基的“自我所有”不能等同于对外在事物的所有权，奉“自我所有权”为圭臬的做法容易引致独尊自由的后果。诺齐克论证理路中隐藏的这些问题共同导致了“持有正义”论证的失败。③

宗民讨论了“斯坎伦准则”，并重点针对帕菲特对该准则中“个人主义限定”的批评意见展开分析和研究。宗民指出，斯坎伦以个人的行为作为出发点，用微观的视角来考察个人道德的本质性问题。斯坎伦试图论证人们的行为何以是正当的、人们行为的过程中是不是有着行为正当性的一般原则，并提出了契约论思想。帕菲特对其思想进行概括，总结出了“斯坎伦准则”，并对“斯坎伦准则”内容中的“个人主义限定”进行了批判。帕菲特认为斯坎伦的“个人主义限定”本质上是对“分配正义的

① 左稀：《情感与政治慎思——评玛莎·纳斯鲍姆的情感论》，《道德与文明》2017 年第 6 期。

② 李石：《论诺奇克对“自由”与“自愿”的混淆》，《哲学动态》2017 年第 8 期。

③ 徐峰：《持有正义是如何失败的——对诺齐克的正义理论逻辑的批评》，《道德与文明》2017 年第 1 期。

原则”认识上出现了错误。这显示了两位当代最重要的伦理学家、政治哲学家的理论学说中的一个关键分歧。[①]

李石在帕菲特优先主义与罗尔斯差别原则的对比中，对帕菲特的平等理论进行研究。帕菲特对平等主义与优先主义、目的论平等主义与道义论平等主义做出了区别，帕菲特做出上述区别的原因在于论证“优先主义”是优于“平等主义”的主张，但通过分析他所提供的两个思想实验，“差别原则”不会遭遇“拉平反驳”的论证困境，同时在“分割的世界”的例子中“差别原则”同样能给出符合道德直觉的判断。由此看来，帕菲特仅仅证明了“优先主义”是优于“目的论平等主义”的道德诉求，并没有如其所愿地证明“优先主义”是优于“平等主义”的道德诉求。帕菲特的优先原则与罗尔斯的差别原则之间的理论分歧是深刻而长远的，其根源在于罗尔斯的正义理论与功利主义之间的根本分歧。罗尔斯基于“平等”这一政治价值提出差别原则，并通过“差别原则”给予社会合作中的最不利者以最大的优惠。而帕菲特虽然表面上继承了罗尔斯对社会中最不利者的观照，实质上却站在功利主义的立场上反叛罗尔斯的理论主张，抛弃了“平等”的政治价值。[②]

陈高华、石国辉指出，阿伦特在阐明一种基于行动的政治哲学的同时，也展现了一种对人的理解。阿伦特认为人既非某种类本质的存在，也非一种自主的存在，而是有着被给予性的境况性存在。为此，阿伦特明确区分了“人的境况”与“人的本性”，并且以“人的境况问题”取代“人的本性问题”，从而与传统人性论划清了界限。在思考人的境况时，阿伦特凸显了技术和政治两个维度，认为政治性构成了人之为人的核心，而极权政治的出现以及现代技术的发展，都对人的原初境况构成了威胁，从而对人之为人构成了威胁。[③] 徐良指出，阿伦特认为现代社会中个人的盲目服从行为是导致极权主义兴起的重要原因之一。在对艾希曼案例的剖析中，阿伦特发现，其无意识的服从行为主要是不思所导致的，这种不思是现代社会人们缺乏对自己意识、行为判断的主要原因。思考活动是反抗式的，是对一切人们业已认为理所当然的规则或规范的审查、反思、批判甚至瓦解。阿伦特试图以“反抗式的思考活动”的方式克服现代社会与极权政治的症结。[④]

汪沛以威廉姆斯在《平等的观念》一文中所提出的平等观及其争论为研究对象，探讨了平等的分配何以可能的问题。威廉姆斯批评了“人人有尊严则人人平等”的解释向度，他所要阐述的是有赖于理性的道德能力，在具体社会境遇之中所能落实的

---

① 宗民：《帕菲特对斯坎伦准则中个人主义限定的批判》，《内蒙古大学学报（哲学社会科学版）》2017 年第 6 期。

② 李石：《“差别原则”与优先主义——在罗尔斯与帕菲特之间》，《道德与文明》2017 年第 2 期。

③ 陈高华、石国辉：《政治、技术与人的境况——论阿伦特对人的理解》，《道德与文明》2017 年第 6 期。

④ 徐亮：《思考活动的伦理意义——阿伦特对“平庸之恶”的破解》，《武汉大学学报（人文科学版）》2017 年第 4 期。

分配平等。威谦姆斯从伦理学和政治哲学两个角度分别批评了康德伦理学与自由主义政治哲学，强调了道德主体的认知维度，并以此确立了建立在理解善事物的本质的基础之上的分配方式。威廉姆斯的立论基础在于确立理由的相关性与操作性，前者保证分配的正当，后者保证分配的落实。①

阴志科考察了伊格尔顿对亚里士多德主义的复归。伊格尔顿认为，康德的道德法则仅仅在形式上而不是内容上模仿了审美，他还在拉康思想的启发之下将康德义务论伦理学归入“象征界伦理学”，因为那种纯粹形式的道德律近似于拉康的象征界秩序。康德那种纯粹形式主义的伦理观念对现代社会的影响是南辕北辙的，抽象法则不是人类的目的，人的价值应当像艺术品一样，既是类存在也是个体存在。道德法则、美学以及人本身，这三者都只以自身为目的。最终伊格尔顿提出，考察文学艺术的美学与人类学价值，必须重返亚里士多德的伦理学思想。②

事实与价值、事实与应当、实然与应然通常被看作根本对立的范畴。与胡塞尔同时代的奥地利哲学家、伦理学家迈农把应当、价值等都纳入“对象”范畴，强调世界上有“应当对象”“价值客体”。高新民、柯文涌认为，由于有这种“打通”，迈农便顺理成章地取消了传统的学科分界，进而在他的“对象理论”中建立起了与自然科学平起平坐的价值论和伦理学。迈农对存在、真、事实、价值、应当等范畴的同时充满着分析色彩和现象学情调的细致入微的分析，以及在此基础上提出的大量“远绝常蹊”的见解，至少提出了许多不无思考价值的、能够将认识引向纵深的问题，值得人们在推进价值论和伦理学的过程中认真研究。③

在现代西方社会的发展过程中，古典实用主义伦理思潮一直是调节和改善西方社会秩序的一种重要精神力量。基于对行动与效果的关注，实用主义者努力发展一种实践伦理学，主张用科学的方法评价伦理学的理论，并强调技术与道德的互存等。郦平认为，古典实用主义伦理思潮特别强调自然满足与道德之善和谐相生、个体快乐与普遍幸福共同实现、个体权利与社会责任互依互存以及道德评判标准多元融合（行为、效用、品格），这是可供当今中国建构道德共同体参考的理论资源。因而，研究古典实用主义伦理思潮及其理论得失，对当下社会道德共同体的建构及公民道德意识的提升具有重要意义。④

赫勒是当今享誉世界的一位东欧马克思主义者和哲学家。赫勒早期主要关注的是日常生活理论、人的需要理论和人的本能理论。20 世纪 80 年代之后，随着后现代主义思潮的兴起，赫勒开始将人的问题与后现代性问题相关联，并致力于构建其伦理学

---

① 汪沛：《平等的分配何以可能——以伯纳德·威廉姆斯的平等观及其争论为例》，《伦理学研究》2017 年第 5 期。

② 阴志科：《糟糕的康德：伊格尔顿伦理美学的起点》，《道德与文明》2017 年第 4 期。

③ 高新民、柯文涌：《应然即实然：迈农价值论的申述》，《伦理学研究》2017 年第 2 期。

④ 郦平：《古典实用主义伦理思潮及其理论得失》，《道德与文明》2017 年第 6 期。

体系。孔明安认为，赫勒后期思想的发展具有两个明显的特征：一是基于20世纪80年代后现代主义思潮的背景，二是伦理学的转向。这集中表现为赫勒在《一般伦理学》中对人的生存偶然性与道德普遍性之间张力的哲学探讨。孔明安结合赫勒后期的其他著作，通过对《一般伦理学》的解读，指出赫勒的伦理学仍然是一种基于“善”的伦理学，或走向“善”的后现代伦理学，其中“好人存在，他们究竟何以可能”这一命题是其前提设定，由此也决定了其伦理构思必然带有某种道德乌托邦的色彩。[①] 王曦璐指出，赫勒试图通过对正义观念演变的考察，建构一种能够被人们所共同接受的良善生活来解决正义与道德生活相分离的问题。赫勒所要超越的正义是完备的静态正义和变动不居的动态正义，她将正义置于政治哲学、社会哲学与道德哲学的联结点上，提出了不完备的伦理—政治正义概念，并试图将不同文化背景下的多元社会通过“彼此互惠的纽带”联结起来，致力于探究一种适应个体化发展的良善生活。[②] 张笑夷进一步将赫勒与鲍曼进行比较研究，她指出两者都建构了一种旨在呼唤道德个人化和道德个体生成的人道主义道德理论和责任伦理学。但是他们的道德理论也包含着内在的矛盾：他们反对终极标准，却又不自觉地设定了某种道德标准；责任既强大又脆弱，还具有自身的矛盾性，可以令人走向自由也可能使人走向自由的反面。[③]

全球化不但给经济、文化等领域带来了巨大的挑战和变化，也向人们发问：在这样的时代，人类共同生活的何种形式是正当的。庞学铨指出，德国当代著名政治哲学家赫费的政治伦理学就是在试图回答这一全球化时代提出的重大理论问题。赫费为当代政治哲学思想提供了三个重要的理论贡献。首先，他重新恢复了法、国家和伦理学三者的密切关系，建立起法和国家道德批判的理论。有些评论因此称他是德语世界里“最先使法学、国家理论和哲学三者重新结盟的哲学家，也是一位最富有成果的开拓者”。其次，他提出了与全球化时代相应的政治伦理学说，论述了交换正义性理论，文明和社会进程的大部分并不是伸手拿来可以分配的自然馈赠物，而是在于改变自然，这就需要取决于交换正义性。基本的合法化任务所表达的恰好不是分配问题，而是交换问题。最后，他阐述了正义理论应用的重要构想——世界共和国理想。作为国家的联盟，它具有自己独立存在的合法性，遵从“过度原则”，坚持并实行联邦制辅助性原则。赫费同时着重指出，世界共和国的建立和实际发挥作用，不仅要遵循辅助性原则，还需要世界公民道德意识的提高和支撑。[④]

---

① 孔明安：《偶然性的人与道德普遍性的重构——评赫勒的〈一般伦理学〉》，《哲学动态》2017年第1期。

② 王曦璐：《超越正义的良善生活何以可能》，《中州学刊》2017年第12期。

③ 张笑夷：《流动的道德与绝对的责任——鲍曼和赫勒论现代道德重建的可能性》，《苏州大学学报（哲学社会科学版）》2017年第4期。

④ 庞学铨：《赫费的政治正义性理论——赫费政治伦理学的主要理论贡献》，《华中师范大学学报（人文社会科学版）》2017年第4期。

2017年生命伦理学研究报告

朱　雷

2017年学界对生命伦理学的研究可谓下足了功夫。既有就热点问题的“围炉夜话”，也有对传统争议的“独辟蹊径”。从译者的外文引荐到本土学者的侃侃而谈，生命伦理学的探讨立足当下中国境遇，讲述现代中国故事，表达对生命的敬畏、对健康的关切，反思决策与行动、使命与宗旨。争论中的各抒己见契合了时代的发展脉搏，反映了对生活的美好追求。

一　生命伦理学的新发展

2017年度生命伦理学的发展有较大推进，理论层面与实践环节都有丰富的探讨。陈泽环的译著《敬畏生命——五十年来的基本论述》展示了施韦泽关于敬畏生命伦理学的较为完整的研究。作为举世闻名的伟人，施韦泽体现了古希腊个人自由全面发展、基督教博爱精神和启蒙运动人道主义理想的完美结合。“敬畏生命”是施韦泽伦理学的核心范畴，作为一种心理特征和行为方式，敬畏生命也是施韦泽最基本和最深刻的道德要求。生命既是一种自然现象，同时也是道德现象。因此从生命的道德意义出发，对包括人在内的一切生命及其相互关系进行考察并提出其伦理基本原则。肯定世界和生命、伦理。“敬畏生命”原则对个人和社会的行为始终具有重要意义。敬畏生命告诉人们，对自然中的生命，人们始终具有提供伦理帮助的空间和自由。施韦泽指出只涉及人与人关系的伦理学是不完整的，从而也不可能具有充分的伦理动能。但敬畏生命的伦理学能实现这一切。由于敬畏生命的伦理学，人们不仅与人，而且与存在于人们范围之内的生命发生了联系。关心它们的命运，在力所能及的范围内，避免伤害它们，在危难中救助它们。换言之，伦理与人对所有存在于他的范围之内的生命之行为有关。只有当人认为所有生命，包括人的生命和其他生物的生命都是神圣的时候，他才是伦理的。敬畏生命伦理学把肯定生命和伦理融为一体，以实现进步和创造有益于个人和人类的物质、精神、伦理的更高发展的各种价值。敬畏生命始终促使个人同其周围的所有生命进行交往，并感受到对它们负有责任。对于其发展能够由人们施以影响的生命，人们与它们的交往以及对它们的责任，就不能局限于保存和促进它们的生存本身，而是要在任何方面努力实现它们的最高价值。①

与此同时，李瑞全等也分析了生命神圣、敬畏生命与生命尊严以及人格个体之意义，以回答若干生命伦理学课题。首先申论主张一切生命神圣的史怀哲固然使人们对一切生命都赋予道德地位，但不能具有神圣之意义，且实不能平视一切生命，否则会窒碍难行。引述辛格对人类生命的区分，即生物或物种意义的生命与人格个体的不同，指出杀害一物种意义的人类，如胎儿、胚胎、干细胞等并不一定是不道德的。只有杀害一有自我意识的人格个体才是不道德的。进而依康德的分析说明人类不只是具有感知能力，更有由义务而行的道德表现，自身为某一目的建立人性的尊严。一般由此建立人权固然有助对个体人格的保障，却区隔人与人之间的独立性和不相干性。因此作者认为儒家将仁心所指的生命之间的同情共感作为道德价值的根源，由义务的取向更可拉近和建立人与人之间的亲密感，由此以建立一个道德社群，对于生命伦理的课题会有更合理和恰当的解决。②

田海平提出了对身体伦理的关注，认为医疗技术的伦理形态催生不同的伦理决断。这种异质性反映了身体伦理的认知旨趣呈现的后现代性。它提供了看待不同医疗技术的伦理形态的多元视角。在其常规形态中，医学空间穿越和渗透社会空间。“责任伦理形态”的空间构型由此在三大问题（生的问题、死的问题、生命质量的问题）的展现中获得了初步的界定。在其转化形态中，“人体研究”由于被打扮成一种“道德形象”而促成“人权诉求”与“医学贪婪”的妥协。“位格伦理形态”在现代医疗技术拓展善的目的诉求中指向了“人是谁”之问。从现代医疗技术的伦理形态视阈看，两种伦理分别关涉由常规医疗技术开启的责任伦理形态和由转化医疗技术开启的位格伦理形态。随着医疗技术的进步，人们面临“如何重审人之责任”和“如何重申人之位格”的身体伦理的根本性困惑。生命伦理学必须前瞻性地回应这两种形态的伦理问题。③

干细胞研究一直是近年来国际生命伦理领域探讨的热点。2016 年国际干细胞研究会发布了新的《干细胞研究和临床转化准则》（以下简称《准则》），寇楠楠等译者结合各国的相关科学家、医学家、生命伦理学家的评论与《准则》的主要内容进行了整理。2016 年《准则》阐明了指导基础干细胞研究和临床干细胞研究五个核心

---

① ［法］阿尔贝特·施韦泽：《敬畏生命——五十年来的基本论述》，陈泽环译，上海人民出版社 2017 年版。

② 李瑞全、金美华：《生命神圣、敬畏生命与尊重生命：中、西生命伦理学共论》，《科学与社会》2017 年第 4 期。

③ 田海平：《身体伦理的形态视阈（待续）——从现代医疗技术看身体伦理的两种形态》，《江苏行政学院学报》2017 年第 3 期；田海平：《身体伦理的形态视阈（续完）——从现代医疗技术看身体伦理的两种形态》，《江苏行政学院学报》2017 年第 4 期。

伦理原则，包括研究事业的诚信、病人利益为先、尊重研究受试者、透明原则和社会公正。在人胚胎研究的特殊监管和伦理审查方面，2016 年《准则》开拓了若干新的领域，包括更为广阔的研究和临床工作，提出管理方面的争议问题以及再生医学产物的代价。此外，《准则》还有值得关注的方面：阐明了评价胚胎线粒体替代的基础研究和临床应用研究的原则，线粒体替代是为了防止线粒体基因组突变引起的疾病遗传给下一代；允许对提供卵母细胞的妇女提供补偿；正在研发探索人的发育的方法，包括形成复杂的类器官和拥有自我组织潜力的类胚胎结构。随着干细胞医学商业利益的提升，社会公正问题也被给予了关注。在创新治疗方面，建议临床医生或科学家可在正式的临床试验的情境之外，只能向非常少数的病人提供未经证明的干细胞干预措施，并且应该按"有书面的治疗计划"等限制性条款进行。①

视线回到国内理论界的探讨。郭玉宇认为时至今日，中国医学伦理学仍然缺乏形而上的深刻探讨。原因之一在于对西方医学伦理学在学习、效仿过程中的消化不良。原因之二在于医学伦理学目前依然被广泛地视为应用伦理学，缺乏有力的哲学基础支撑。即当人们强调生命伦理学是一门应用伦理学时，常常变成忽视或逃避医学伦理学哲学反思功能和使命的一个遁词。原因之三在于对本土医学伦理学传统思想和文化汲取不够。中国医学伦理学应立足本土实践，积极寻找自己的发展方向，在发展过程中应当把握本土化与全球化互补、多元化与规范化并存、理性与信仰共融等重要趋势。医学伦理学应当是一种发展伦理学，需要运用比常规道德伦理更多的东西来应付一整套复杂的多层面的价值问题，应根据发展的核心问题使伦理批评和伦理战略超越工具性的应用，而走向重新构建伦理理论之路。②

与此同时，谢广宽对中国医学伦理学的学科发展进行了反思。中国医学伦理学在过去 30 多年里取得了长足的进步，作为一项事业在学术、制度和媒体等不同空间不断发展。同时中国医学伦理学仍是一个十分年轻的学科，还存在个体与组织、多元性与严谨性、国际化与本土化等多个需要进一步探讨的问题。如在研究医生个体道德行为的同时，还要更多地关注组织和制度对医生行为的影响，研究医疗机构等组织的道德义务和伦理责任，研究医院管理中的伦理因素和政府卫生政策的伦理基础。在研究方法与论证形式上，医学伦理学领域也应产生更具普遍性的研究成果。同时用更符合国际学术规范的研究方法研究本土问题，面向全球讲述中国故事、发出中国声音，最终形成特色鲜明的理论体系。③

翟晓梅等讨论了作为生命伦理学学科分支的《公共卫生伦理学》的机构及基本论题，阐述了公共卫生的伦理基础、公共卫生伦理学的基本原则、公共卫生与个人自

① 寇楠楠、邱仁宗：《干细胞研究和临床转化的全球性标准——国际干细胞研究会〈干细胞研究和临床转化准则〉》，《医学与哲学》2017 年第 10 期。

② 郭玉宇：《中国医学伦理学发展的理论困境》，《中国医学伦理学》2017 年第 4 期。

③ 谢广宽：《从学科史的角度看中国医学伦理学的发展》，《中国医学伦理学》2017 年第 4 期。

由之间的关系等对公共卫生各领域均具有普遍意义的基本伦理问题。指出公共卫生是建立公正社会和实现社会正义的必备要素，应该以公共卫生实践中的伦理问题而不是以哪个理论作为其逻辑出发点；公共卫生工作之所以能得到伦理辩护，缘于健康是人民安康的基本层面，而人民的安康是建立公正社会的基本内容；公共卫生伦理学的基本原则应包括效用、公正、尊重、共济、相称；最后讨论公共卫生限制个人自由在伦理学上可辩护的条件。①

雷瑞鹏等介绍了第二届中国生物样本库伦理论坛暨第四届组学与生命伦理学研讨会的主要会议内容。其中专题报告以“生物遗传资源共享与应用的国内外研究现状”为主题展开讨论，关涉生物数据共享与管理、不同民族人类遗传资源研究中的知情同意、生物样本库发展面临的伦理挑战、国家基因库的共享体系、OECD 生物样本伦理指南、生物样本库数据国际输出的伦理与法律问题等。在分会场阶段，依据《生物样本库样本/数据共享伦理指南》（征求意见稿）的管理框架，分别按照三种不同类型样本库，从“人类遗传资源共享应用中的伦理问题”“动植物资源与共享国际合作”“人源微生物遗传与共享资源”三个方面的伦理和管理问题展开研讨，并对生物遗传资源共享与应用提出展望。②

近些年人体微生态（或称人体微生物组）研究的迅猛发展为揭示微生物和人类健康与疾病的密切关系开辟了新的医学前景。马永慧、杨云生认为作为人的第二基因组，人体微生物与宿主的特殊关系和重要功能也使得研究带来了新的伦理、社会问题，促使人们对现有的伦理规范作出反思和变革。该文章从“身份”、所有权、知情同意、风险受益评估、隐私、商业化、公共卫生七个视角探讨，论证构建微生态研究伦理的重要性。这在理论上将丰富和拓展生命伦理学的内涵，在实践中将更好保证微生态研究的良性发展。③ 马永慧、王军也对人体微生物组与健康和疾病的关系这一重要科学问题进行研究，聚焦于作为人体微生物组研究重要基础的人体微生物样本。这个新兴领域迫切要求对已建立的价值体系和伦理规范进行调整和变革。文章讨论了人体微生物样本库建设中的知情同意、样本和数据的所有权、隐私和风险等；以粪菌库和粪菌移植为典型案例，分析选择“最佳”“健康”供体所面临的医学和伦理困难；提出人体微生物样本库监管的政策建议。④

《“健康中国2030”规划纲要》（以下简称《纲要》）是推进健康中国战略的行动纲领。魏海斌等认为从《纲要》的内涵看，其与生命伦理学在关注生命质量和健康，体现群体性，强调系统论、整合观的理念上是趋同的；从《纲要》的内容看，“健康

① 翟晓梅、邱仁宗：《公共卫生伦理学的结构和若干基本论题》，《医学与哲学》2017 年第 7 期。

② 雷瑞鹏、冀朋、冯君妍：《我国首部生物样本库伦理指南发布——“2017 年第二届中国生物样本库伦理论坛暨第四届组学与生命伦理学研讨会”会议综述》，《华中科技大学学报（社会科学版）》2017 年第 5 期。

③ 马永慧、杨云生：《人体微生态研究伦理：生命伦理学的新领域》，《中国医学伦理学》2017 年第 7 期。

④ 马永慧、王军：《肠道微生物样本库：伦理考量和管理规范》，《科技导报》2017 年第 21 期。

中国2030”的目标与路径符合生命伦理四原则的要求与规定；从《纲要》的应用与实践看，生命伦理的准则与规范有利于保障“健康中国2030”的路径推行和目标实现。[①] 曹永福指出“健康中国”成为国家战略的伦理意蕴和价值表现在于：超越了医疗与卫生的手段善、结果善和外在善，确立了健康的目的善、自身善和内在善的终极性的价值地位；为健康道德建设和健康伦理学发展提供了很好的机遇和氛围，有利于不同社会主体明确其健康道德责任；有利于破除现行医疗卫生制度运行中公益性及其回归主体不清的伦理难题。[②] 中国传统健康理念植根于传统文化，汲取儒释道及杂各家健康观念之精华，形成了独特并有丰富内涵的健康观，这些朴素的健康之道是现代健康观的历史渊源和宝贵财富。张秋菊等通过解析传统典籍中关于健康的阐述，引证其中包含的形体健康、心理健康、人与社会和谐及道德健康的思想理念，挖掘传统健康观的特点及局限性，探寻对现代健康观的启迪。[③] 在“健康中国”这一宏大主题下，马永慧从中国医学伦理学本土化、民族化、哲学化的发展着手思考，提出“我们需要何种程度的本土化”一问。拓展学术新领域，回答中国问题，是中国医学伦理学学科未来发展应承担的使命与责任。首先应加强与临床医生和生命科学领域研究者的深入对话，了解他们的关注和需求；其次拓展知识领域、勇于发现问题；最后，学术新领域的拓展离不开对现实问题的回应。[④] 彭颖等从生命伦理视角下重新看待理性主义尊严观，认为需要突破理性主义尊严观窠臼，将生命尊严纳入其中，以此为健康中国提供理论支持。[⑤]

陈化对第二届全国医学院校医学人文学院（系）负责人联席会议就“医学人文学科建设”这一讨论主题进行了记录。在“医学人文对于培养优秀医务人员的意义”议题中学者各抒己见。罗建东认为医学与人文的融合既是古典医学命题与医学本质的价值诉求，也是对于现代医疗实践问题做出的有效回应。钟南山强调医学人文精神是助推现代医学模式转化的动力，加快医学模式的转化是中国现代医学实践的要求。医学人文植根于临床实践，良好的人文精神不仅是温和的态度，也是对患者身心痛苦的感同身受、对患者生命尊严的维护。医学人文还应当体现在医学上游的预防环节。杜治政重新审视医学美德在我国医疗实践中的当代价值。认为美德是医学道德的原德，规范伦理对行为者德性考量缺失，使规范伦理让位于美德伦理具有必然性。责任伦理是人性碎片化背景下构建陌生人医患关系的诉求，从“态度伦理”到“责任伦理”

---

① 魏海斌、招俊华：《“健康中国2030”目标与路径的生命伦理学审视》，中华医学会医学伦理学分会第十九届学术年会暨医学伦理学国际论坛，2017年。

② 曹永福：《“健康中国”国家战略的伦理意蕴——生命伦理学的视角》，《中国医学伦理学》2017年第2期。

③ 张秋菊、杨威：《中国传统健康观探析》，《中国医学伦理学》2017年第5期。

④ 马永慧：《拓展医学伦理学的新领域：学术视野和伦理嗅觉》，《中国医学伦理学》2017年第5期。

⑤ 彭颖、韩跃红：《生命伦理视角下的理性主义尊严观及其当代价值》，《昆明理工大学学报（社会科学版）》2017年第3期。

的转变是伦理向实践的飞跃。在“关于医学人文学科建设问题”议题中学者从不同角度作出阐释。郭莉萍提出“中国医学人文范畴”，认为医学人文学科主题必须开展多学科合作，健康、疾病与身体等的关系议题是学者的关切。刘俊荣通过问卷的方式调查了全国56所独立建制的医科大学和综合性大学医学部人文学科教学状况，发现医学伦理学在学科建设层面属于医学人文学科中最为成熟、认同度最高的学科。王锦帆解读了医学人文的理论与实践问题，继而曹永福指出通识教育不同于专才教育，其目的是培养具有远见卓识、通融识见、博雅精神与优美情感的人。生命伦理学注重从社会视角围绕问题展开讨论，提出质疑的同时重视实践，取得了一定的效果。在“医学人文学科建设的未来出路”议题中，与会学者认为首先应统一学科概念，提升学科归属感；其次服务临床导向，提升学科实践性；最后需凝练学科方向，打造学科高平台。①

二　生命伦理学理论范畴、基础、原则和研究方法

对生命伦理学研究的范畴、理论基础、原则和研究方法的思考依然是学者们的关注范围，且越发显得重要。邱仁宗首先对英国智库纳菲尔德生命伦理学理事会发表的报告《共济：对一个在生命伦理学正在兴起的概念的反思》进行整理，从共济概念的产生和发展、生命伦理学中的共济性、共济概念研究的新进路、生物样本数据库中的共济、流感大流行和全球健康中的共济几个方面进行介绍。与生命伦理学有关的决策往往围绕一方面是个人，另一方面是集体或国家的关系，并考量参与这些关系的各方的义务、权利和诉求。共济（solidarity）的概念及与个人、家庭、社群和社会的责任关系问题也被越来越多地讨论。以往在生命伦理学中使用这一术语主要分为两类，即描述性与规范性。Barbara Prainsack 等撰写的报告对共济提出了新的理解，发展出一个共济的工作定义：共济是反映某种集体承诺的共享实践，这种承诺是承担经济、社会、情感或其他的代价来帮助他人。这一工作定义包含人际关系、群体实践、契约和法律三个层次，从最为非正式的到最正式的，依次组成一个体制化的等级系统，其中层次三的共济必须在前面层次的基础上建立。尔后在应用对共济的理解时，提出了有关研究性生物样本库数据的进路，以及将共济概念引用至即将来临的流感大流行时国家之间的关系。②

王珏认为 Mark J. Cherry 教授在《性、家庭与文化战争》一书中将家庭范畴引入生命伦理学讨论，并以此为出发点挑战了西方延续数十年的旨在削弱传统家庭的公共

① 陈化：《医学人文学科建设：当下问题与未来出路——第二届全国医学院校医学人文学院（系）负责人联席会议侧记》，《医学与哲学》2017 年第 4 期。

② 英国纳菲尔德生命伦理理事学会：《共济：对一个在生命伦理学正在兴起的概念的反思》，邱仁宗整理，《医学与哲学》2017 年第 6 期。

政策。Cherry 用缜密的逻辑结构结合丰富的实证研究及数据论证，自 20 世纪 60 年代性解放运动以来的自由主义家庭改造运动所带来的是危机重重的遗产，其对传统家庭的打击削弱了社会稳定的基础、加重了道德真空的社会痼疾，并因而与人类真正幸福背道而驰。因此 Cherry 回到最原初的问题，探讨家庭的本质、如何理解家庭以及政府的支持性公共政策等方面的内容。该书从结构上分为三个相互交织的层次，第一层次系统探讨了家庭的定义及其社会—伦理意蕴，认为家庭是一个自身实存的范畴，有独立的本体论地位；第二层次是关于方法论的考量，Cherry 论证只有采取有神论的方法论才能充分理解家庭生活的实在性及其道德意义。具体到家庭领域，倾向认为家庭整体作为一个独立的社会实在是道德生活最直接的语境和最有力的支撑，同时也是传统家庭曾经实践与正在实践的道德生活方式；Cherry 以“谁的家庭，何种幸福”提问，带入第三个层次的讨论，对涉及家庭的公共政策进行深入分析。Cherry 指出社会福利制度体系中，应重塑一些家庭导向的公共政策，因为以个人为单位的福利制度常常是“鼓励”个体脱离家庭。王珏因此认为这些讨论对中国当下的生命伦理学建设具有非常现实的意义，能够促使人们更具批判性地、前瞻性地审视当下的生命伦理公共政策。只要人类仍然是以有身体的、有性生殖的、有限的方式存在，家庭必然就是生命伦理学的核心主题之一。①

技术在空间之中的构境，深刻影响着空间的在世形态和表征方式。伴随技术文明的阶段性演变，技术之于空间经历了改造、生产、控制直至渐趋失控的过程。若过度追求机器化、功能化与程式化，将会逐步吞噬“人在其中”的生命情境。吴红涛从时常出现在生物学或卫生健康等科学研究领域的“生命伦理”这一词语出发，提出“生命伦理场”。“生命伦理场”是“生命伦理”与“场”之间的有机衔接：这里的“生命伦理”是一种广义上的生命伦理，其首先关切的是人的生命情境及围绕人的生命而形构的伦理表征；而“场”的概念符合了“空间”作为人的先天生活与实践场域的外在特征。文章将空间视为一种“生命伦理场”意味着不仅指出空间本身必定涵容人的生命情境与生命经验，也表示人们必须以“生命伦理”的道德意识来审视空间问题。在以“生命”为基础、以“人性”为内核的伦理关切下，才能正确认识空间的本质，才能真正有效规避技术和机器占领空间后所带来的一系列非人性化现象，以此还原空间本有的人情温度，从而构建健康和谐的空间家园。②

任丑在对应用伦理的探究中涉及了生命伦理的内容。任丑首先指出脆弱性是生命伦理学的基础，与脆弱性密切相关的祛弱权问题应当成为生命伦理学的核心理念和理论基础。传统伦理学探讨的诸如自由、理性、快乐、幸福等可归为人的坚韧性问题，

---

① 王珏：《家庭、文化战争与生命伦理政策——评 Mark J. Cherry 的〈性、家庭与文化战争〉》，《中国医学伦理学》2017 年第 4 期。

② 吴红涛：《技术、空间与生命伦理场》，《道德与文明》2017 年第 6 期。

而人的坚韧性是对脆弱性不受侵害的保障。只有集脆弱性和坚韧性于一身的矛盾统一体的人，才具有产生价值的可能性。作为普遍人权的祛弱权就是人人平等享有的主体完整性不受破坏和受到保护的权利，以及主体克服脆弱性的同时，自我修复和自我完善的权利。任丑认为当下欧美生命伦理的知情同意原则仅仅局限在狭小的病人自律范围内，对医生个体自律和程序自律几乎不予观照，这是其陷入伦理困境的重要原因。奠定在坚韧性基础上的病人、医生个体自律和奠定在脆弱性基础上的程序自律，把道德个体的自我管理和伦理实体的自我管理融为一体，把个体实践理性和公共伦理程序有机结合，铸就了生命伦理视阈的自律原则。此自律原则蕴含着生命伦理领域的民主商谈对话的平等精神，为知情同意的自律原则摆脱困境开启一条可行的伦理路径。而生命伦理学所直面的各种价值冲突，如堕胎、安乐死、治疗性克隆、人兽嵌合体等引发的人权冲突问题，应当具体体现为人权范畴的祛弱权之间的冲突。深入探究祛弱权，确立祛弱权在生命伦理学中的基础地位，从祛弱权的全新视角反思、审视、研究生命伦理学视域中的人权冲突问题，将为生命伦理学的研究提供一种新的尝试、新的方法，为相关问题，如人兽嵌合体、克隆人、医患冲突、医疗改革等方面立法提供新的哲学论证和法理依据。①

甘绍平等在《应用伦理学教程》中也介绍了生命伦理的相关理论，包括生命伦理学的概念及中国生命伦理学的发展、生命伦理学的主要问题与论争、生命伦理学的基本原则等。生命伦理是与生命和健康有关的各种行为规范、内心信念和价值取向的总和。生命伦理学是运用各种伦理方法，对生命科学和医疗保健的伦理维度进行系统研究的学问。生命伦理学的主要问题与论争可分为五个方面：生命医学研究伦理、基因和遗传伦理、辅助生殖技术的伦理、与死亡相关的伦理、器官移植的伦理。生命伦理学的基本原则包括：不伤害原则、有利原则、自主原则、公正原则。②

生命伦理学的使命和宗旨是在现代生物学技术高度发展的条件下如何尊重和保护人的尊严。而国际生命伦理准则是由国际组织制定的用来规范生物医学研究的伦理准则，包括各种宣言、准则和建议等。在生命伦理学的发展过程中，《纽伦堡法典》、《赫尔辛基宣言》与《涉及人的生物医学研究国际伦理准则》这三份历史性的文件为生命伦理学保护人的尊严的实践提供了具体指导。其中，《纽伦堡法典》是第一部国际生命伦理准则，它奠定了国际生命伦理准则的基础。其所提出的自愿同意原则、受试者自由退出的权利等被后来的准则广泛引用。在其基础上制定的《赫尔辛基宣言》是用来规范涉及人体的医学研究的伦理准则。之后，为了将《赫尔辛基宣言》的原则应用于发展中国家参与的国际合作研究，国际医学科学理事会制定了《涉及人的生物医学研究国际伦理准则》。伴随国际合作研究中新问题的出现，后两份文件被依

① 任丑：《应用伦理探究》，科学出版社 2017 年版。

② 甘绍平、余涌主编：《应用伦理学教程（第二版）》，企业管理出版社 2017 年版。

次修订。杨丽然回到历史情境中梳理准则修订过程中的各种伦理准则内涵之演变和修订过程中探讨的主要伦理问题，探讨三份文件的特点及其之间的关系，也包括准则演变过程中伦理思考方式的变化。《纽伦堡法典》强调如何保护受试者，避免其受到伤害，这使得之后的生命伦理准则在很长的历史时期均以医生的“原罪”为出发点。而《赫尔辛基宣言》所做的是用医生的责任来约束医生的行为，相应的是赋予受试者以保护自身的权利。由此一套从医生的良知到“外部审查”的保护受试者的机制被建立起来，以避免纳粹医生暴行给人体试验带来的“原罪”的重现。不同于《赫尔辛基宣言》将伦理视野始终放在研究者—受试者的关系上，《涉及人的生物医学研究国际伦理准则》对人体试验中的伦理问题的关注扩展到对人群的关注，在公共卫生的视野下看待人体试验，关注人体试验对公众利益的影响。三份文件的演变与其中伦理思考方式的变化也对中国生物医学研究伦理审查提供了启示。在当前国际生命伦理准则以及中国自己制定的管理规范之间存在冲突的情况下，要回到具体研究情境中，在保护受试者利益和促进医学进步中找到巧妙的平衡。[①] 孙彤阳翻译了 Ruth Macklin 关于《纽伦堡法典》的重新探讨。根据译文内容的描述，《纽伦堡法典》的内容具有普遍性意义，对于当今的生命伦理学依然适用。其中的十条内容都是普遍适用的，没有任何一条伦理指南违反了文化规范或人权规定。所有十条在今天依然具有相干性，但需要补充伦理指南。《赫尔辛基宣言》和国际医学科学组织委员会（CIOMS）国际伦理准则补充了人作为受试者进行研究的相关必要规定。[②]

杜威尔探讨了生命伦理学学科的大致轮廓及多层面的方法和理论前提，介绍并批判性地探讨了从方法论层面理解生命伦理学的重要观点和立场。通过对生命科学和生命伦理学学科发展的回顾，详细描述生命科学和生命伦理学的现状。进而讨论生命伦理学和道德哲学的关系，并阐述与生命伦理学相关的文化的、社会的和以人文学科为主的观点。生命伦理学和生物医学以及“绿色”生命伦理学是杜威尔提出的重要的范例性的生命伦理学主题，作者根据以往的讨论进行了总括性的评述。生命伦理关注的是那些本质上与未来塑造方式相关联的问题，其范围不仅延伸到医院中的个体冲突如何解决，而且涉及技术成就如何影响人们的自我图像、社会关系和生活中的机会。杜威尔指出将生命科学理解为一种广泛的社会和文化语境的组成部分是重要的，技术在这一语境中塑造、拓展和限制什么在未来是可能的；同时在生命科学中，每一种关于责任的道德评判将取决于有争议的元伦理学和规范性前提。道德应当如何被理解是一个有争议的问题，也不存在关于道德判断和道德行为精确度量方式的一致性意见。生命伦理学是一项复杂的事业，应当确立严肃地考虑有争议问题的复杂性层面、做出

---

① 杨丽然：《国际生命伦理重要准则演变研究——基于 NC 及 DOH 和 CIOMS 的多种文本》，中国社会科学出版社 2017 年版。

② ［美］Ruth Macklin：《〈纽伦堡法典〉的重新审视——当今的普遍性和相关性》，孙彤阳译，《中国医学伦理学》2017 年第 4 期。

具体道德判断的方法。生命伦理学的意义就在于首先思考在解决人们周围生活世界的问题时，负责任的行为意味着什么。①

罗会宇等探讨生命伦理学视域下反思平衡方法的应用问题。在生命伦理学的实践中人们往往会出现这样一些情况，如凭直觉否定一些规则、原则的适用性；更多的是，人们将已制定的法规、规章视为完美无缺、不可修改的基石，将此作为前提通过演绎得出有关具体案例应该采取何种行动的结论，而不分析案例具体情况，导致后果严重。反思平衡方法强调不能固守规定也不能盲从直觉，主张不断调整道德判断和道德原则及其背景理论，使之融贯、和谐与相互支持。由于反思平衡方法既反对死守规则，又反对盲目相信直觉，因此能有效地帮助人们减少上述两种失误，从而为分析伦理实践中的新问题、新情况，解决伦理冲突提供启发与借鉴，令人们的决策和行动更为合理。②

三　关于中国生命伦理“话语”与建构问题

有关“中国话语”的思考在2017年度主要以集中讨论的模式呈现。范瑞平等十位学者就“建构中国生命伦理学”话题以笔谈形式进行交流，言简意赅地阐述自身观点。范瑞平认为从中国社会的伦理传统出发，建构新的观点、原则和理论来探讨中国社会的生命伦理问题，树立一种不同于当代西方自由主义生命伦理学的学术倾向，是一件顺理成章的事情。倪培民提出需要构建和创造根植于中国传统伦理文化肥沃土壤中的生命伦理学。丛亚丽认为需要说明所建构的“中国生命伦理学”是与生命伦理学属于一个层次的学科，还是生命伦理学这个学科下面的一个分支。李瑞全认为在儒家生命伦理与中国生命伦理的问题上需要对以往认为儒家非常“功利式”的观点进行辨析。其援引董仲舒的看法，即儒家“行其道不计其功，谋其义不为其利”，认为这不仅说明儒家不是功利式的，也表示功利一词在中文的用法是有贬义的。因此李瑞全提出用“效益论”作为对应的中文翻译。同时对西方美德论与中国传统的“德者，得也”所蕴含的思想进行对比，认为美德是一种有待修行才成功的，因而都要先有有德的行为才慢慢成就德行的品格。而有德的行为须有所依据，故仁者必须日常都能实践仁道，日积月累才足以成为仁者。而其标准即是仁之原理，这一原理自是更根本的标准，也先于实践行为之前即确定，是实践行为之为仁德的依据。这样美德不能是首出的，一个行为必须有所依据才成其为美德。张颖认为需要对儒学理论体系的特征进行深入剖析，如儒家伦理的特质是义务论还是西方流行的美德论。提出古希腊

---

① ［德］马库斯·杜威尔：《生命伦理学：方法、理论和领域》，李建军、袁明敏译，社会科学文献出版社2017年版。

② 罗会宇、邱仁宗、雷瑞鹏：《生命伦理学视域下反思平衡方法及其应用的研究》，《自然辩证法研究》2017年第2期。

areté 的概念远远大于拉丁语的［moral］virtue。亚里士多德所说的 purpose（目的）和 function（功能）是否能与儒家的“天命”“知行”相比对，也是存疑的。王明旭指出对“建构中国生命伦理学”这一主题的研究，必须首先回答人们普遍关心的一些问题，如建构中国生命伦理学的目的和意义、必要性、可能性及其现实性等。王珏认同张颖关于亚里士多德的 purpose（目的）和 function（功能）难以找到在儒家哲学中适当对应物的说法。指出美德伦理学与儒家的中心关注都是整个的人生及行动者的品质。这些共同的问题关注与相近的进路足以在两个传统之间支撑一个富有同情的对话空间。但对于当代新儒家都认为的“儒家是一义务论”的观点也有质疑之处：儒家语境下恻隐之心首先是在情感上呈现的。康德意义上的义务论重心则是放在理性自律上。如此便意味着“将儒学看作一种义务论”并不能掩盖两者之间一些根本的不同之处。从儒家与美德伦理学或义务论相比较这一话题上，认可 collaborative dialogue（合作式的对话）作为进路方才能够“运用之妙存乎其人”。陈强立从方法论上介绍了中国港台新儒家的理论观点。从理论框架方面来说，当代新儒家是通过“内圣外王”的理论框架来解释儒家思想的。当代新儒家谈及的外王是新外王，即科学和民主；当代新儒家的一个重要任务就是要从学理上说明由内圣如何能开出新外王。李建会回到“建构中国生命伦理学”主题，援引恩格尔哈特的思路，即一边建立一种有最低程度普遍性的一般的生命伦理学原则，一边潜心于基督教生命伦理学研究。认为可以建构基于中国传统文化的生命伦理学，甚至建构占中国传统文化主流的儒家生命伦理学。人们对于什么是美德，由于时间和空间的不同会产生很不相同的理解，对此，若把儒家生命伦理学理解为德性伦理学就具有了地域性和文化性。蔡昱同意儒家生命伦理学是这个时代需要的可以帮助人们安心、安身与立命的解放的哲学之一。但经历了几千年的儒家文化与思想中存在着有意无意的误解、歪曲、利用、教条化而泛起的杂质，将这些与儒家的义理精髓做出区分和扬弃是现代学者的使命与责任。①

田海平认为生命伦理的探究方式凸显了让生命伦理学说“中国话”的基本价值诉求，即中华卫生文明的“道—德”价值图式，其可表述为传承中华文明之“道”、彰显中华卫生之“德”。让生命伦理学说“中国话”，在话语体系构建上需要以两个重要的突破为前提：一是推进中国生命伦理学的“认知旨趣拓展”；二是展开中国生命伦理学的“问题域还原”。这反映在当今中国生命伦理学的话语体系构建及其研究进路上，也表现为破解“应用论—建构论”对峙的难题。让生命伦理学说“中国话”，必须关注“应用论—建构论”之间隐含着的关联性方面而非分歧性方面，在相对宽广的历史视域中界定中国生命伦理学话语体系构建的方向。②

① 范瑞平、倪培民、丛亚丽、李瑞全、张颖、王明旭、王珏、陈强立、李建会、蔡昱：《“建构中国生命伦理学”十人笔谈》，《中国医学伦理学》2017 年第 1 期。

② 田海平：《让生命伦理学说“中国话”再议》，《华中科技大学学报（社会科学版）》2017 年第 2 期。

四 关于中西生命伦理学传统思想与现实经验的梳理及对比

2017年度学界在生命伦理传统思想的发掘上有了更为细致的研究。视线回到过去，“生生”是中国哲学的重要范畴。“生生”思想贯注于儒家哲学的历史发展和内在结构之中。陶新宏认为儒家“生生”思想蕴含了创生与续生、共生与养生、贵生与护生等深刻而丰富的内容，而其形成的前提则是儒家主张的人与天地万物一体互动的生命系统模式。儒家“生生”思想生发之机制，是以阴阳互动为“生生”之内在动力，而异质多样的统一则是“生生”之外在形式，并以此展现儒家生命伦理的精神内核和丰富的生命情怀。①

中国哲学、伦理不同于西方哲学、伦理的一个重要方面在于重视人的生命与道德，尤其是重视人的道德生命。黄泰轲等梳理儒家生命学问，因生命充满忧患，只有仁心才能贞定生命。仁心感通且润物，生命要求把仁心在主观的人格世界和客观的物质世界中展现出来，唯有健行不息，主客观世界才能十字打开、无隐无遁，己人皆立、万物一体，生命才能乐以忘忧而入圆融之境。是故，忧患、自觉、刚健、快乐是儒家生命学问的四大核心价值理念。弘扬此四大核心价值理念是提升生命质量、实现幸福人生的“不二法门”。②

刘涛对先秦儒家身体观及生命伦理意蕴进行阐述，在先秦儒家看来身体应给予全面细致的保养，但身体的养护有轻重次序之分。在救治身体时，原则主义更为强调尊重自主原则对其他原则的伦理限制，而儒家则更为注重有利原则的优先性。儒家要求保持身体的整全、发挥身体的繁衍功能，这深刻影响了当代国人对器官捐献和代孕等的态度。在身心关系方面，先秦儒家承认心是身的一部分，心主导身，身是心的表现与映射。这种身心交融的思想有助于打破现代西方医学体系面临的伦理困境，也启示人们在缓解医患关系时应着力构建医患双方的良好心态。对身体的政治化塑造也是先秦儒家身体观的一大特色，但它可能引发医疗资源分配不公等社会问题，因此在重建儒家生命伦理学时必须对其扬弃。③

张舜清概述《尚书》中蕴含的生命伦理精神和原则为“惟克天德”四字。在《尚书》中，“天德”具有形上本体意蕴，它构成一切生命价值的根源和人类行为正当性的基础，而作为“帝天旨意”的天命本质上也受“天德”规定，故“惟克天德”体现了《尚书》生命伦理的根本精神和原则。而《尚书》中的“天德”就其实质内容而言即指天之好生、厚生之德，故“惟克天德”实质是要人以“生”为本、

① 陶新宏：《“生生”：儒家对生命的诠释》，《广西社会科学》2017年第5期。

② 黄泰轲、王泽应：《儒家生命学问的价值建构》，《南通大学学报（社会科学版）》2017年第2期。

③ 刘涛：《先秦儒家身体观及其生命伦理学意蕴》，《中国医学伦理学》2017年第10期。

厚生、利生。本着厚生、利生的价值理念，儒家当然不会一般地反对诸如基因增强、无性生殖等现代生命技术的开发和利用，但是人在天命面前毕竟是有限的存在，因此对于一些触及人类重大命运并且对其利害结果没有确定性把握的技术时，儒家则主张不宜贸然应用于人类切实而普遍的生活领域。① 随即，张舜清也对孔子的生命伦理思想进行了阐释，认为孔子的"仁"本质上是有关"生"的道理，"生"是孔子仁学的根本精神。孔子提出"仁"的本体依据是天道观，而"天道"在孔子看来即"生之道"，"仁"本质上就是将"天道之生"与"人之生"相统一的理论。孔子提出"仁"，是基于赋予礼以生命力的思想动机，而礼的生命力缘于礼的客观有效性与人之生命本质要求的合一。这促使了孔子对天道与人之存在本质与意义问题进行思考，思考的结果可以说就是"仁"。仁的实质正是对天道与人性同一性的说明。天以其"生道""生德"为人类的存在确立了本体依据，人之所以为人乃在于人是天命或天道的领悟者、承担者和实践者。天性决定了人性、天德决定了人德，天道在生，故人之存在的本质意义也在于好生、重生、以生为本。以此释《论语》中的"仁"，充分体现了孔子以生为本的精神实质。②

杨国利认为原则主义与情境主义之间如何平衡与妥协不仅是现实生活的难题，更是生命伦理学永恒的挑战。与西方文化中政治化的公平概念不同的是，儒家的公平思想不仅具有外在的自然基础，而且是标准的、充满内容的道德伦理原则。儒学思想的基础与主体是原则主义的，且不拒绝情境主义。在儒学四原则中，公平和尊重自主这两个道德伦理原则都属于原则主义的范畴，而"知止"与功利主义的不伤害或有利原则两者是情境主义的基础。"知止"原则是儒学道德美德与伦理原则的内在核心精神所在，而在儒学诸外在的道德伦理原则中公平是第一原则。③

陈琼霞尝试为西方生命伦理的施益原则与儒家生命伦理的仁爱原则之内涵进行增补，以忠恕之道回应两原则的内在问题。施益原则提出"须衡量行为产生的利益足以保证花费的成本"作为施益者是否施益于对象的衡量标准。但成本与利益难以估量是该原则面临的最大问题。仁爱原则提出爱人、推己及人和克己复礼的概念，但因首先肯认"仁"天生本具，这适合作为教育培养生命医学相关人员的道德品格，却忽略了面对现实问题的行动判断方式。因此认为应该延伸推己及人的概念，强化忠恕之道的"我—他者"双向结构，方可增补施益原则与仁爱原则的内涵。④ 张锦英等补充认为生命伦理学及其应用中的内在规律尚有诸多争议之处，在全球多元化生命伦理

① 张舜清：《惟克天德——〈尚书〉生命伦理精神和原则诠要》，《伦理学研究》2017 年第 6 期。

② 张舜清：《从"生"的角度看〈论语〉中的"仁"——兼论孔子仁学的生命伦理意蕴》，《汉江师范学院学报》2017 年第 2 期。

③ 杨国利：《简论儒家生命医学伦理学"四原则"》，《中国医学伦理学》2017 年第 2 期。

④ 陈琼霞：《西方生命医学伦理"施益原则"与当代儒家生命伦理"仁爱原则"之对话》，《现代哲学》2017 年第 5 期。

研究整合中，需要直面和理性反思现代伦理问题，坚持和谐原则、拓展生命层面、延伸伦理维度、选择适合本土文化的生命理论原则。在21世纪的生命伦理探索中，东西方伦理理念的结合将是生命伦理学未来发展的方向。①

死亡的存在使人充满了紧张感和压力，迫使人们思考生命的意义与价值。而现代社会死亡问题愈发凸显，死亡越来越具有突发性、偶然性和不可预测性。王治军尝试发掘传统宗教与哲学中蕴含的生死智慧，为广大民众提供安顿生命的思想资源。基于孟子与保罗在儒家和基督教思想体系中地位的相似性，文章从时代背景、人性论、生命价值论和生死超越论四个方面，对孟子与保罗生死伦理思想进行对比，以期为当代社会安顿与提升个体生命、为建构社会终极关怀提供思想借鉴。人性论是二者生死伦理的思想基础，会通之处在于都承认人性的超越性根源、承认人性的软弱性与变易性、承认人性应当得到提升与完善。生命的意义与如何实现生命的价值是二者生死伦理的落脚点，会通之处在于都承认生命神圣与人格平等，都强调生命的责任与使命、强调工作对于生命的意义、强调苦难对于生命成长的正面价值。有限的生命如何超越死亡是二者生死伦理的终极关切，会通之处在于主张用有限生命与无限精神结合来安顿与提升生命，用精神的不朽超越肉体生命的有限性。②

赵丽等认为儒道生死观作为具有代表性的传统生死观念对现代人有重要影响，其对生命的认识和对生死的态度、对当代生命教育具有重要启示意义。儒家主张以道德价值为核心，可以杀身成仁、舍生取义；道家强调人应该顺应自然发展而不可违背自然规律，生死相互依存、首尾相连，始终处于相互转化中。现代社会宜加强生命教育与普及传统文化，以提高生命质量、促进社会和谐。③ 麻勇恒发现苗族尊敬自然与生命的文化行为背后，有其特定的生命伦理与“神性产权”观。这套观念认为“万类有命、万命共尊、万物共荣，神灵才是一切资源的终极管护者与拥有者”。这套生命伦理与神性产权观均蕴含于苗族的语言、丧葬、农耕生产生活、医药行为等文化习俗中，并成为引导苗族乡民与自然和谐共生，以确保苗族乡村社会道德秩序稳定的文化认知基础。④ 张冬青认为孙思邈在《大医精诚》一文中关于医者之医德、医术的论述，体现出其德性伦理思想将“内修”与“外修”相融合会通的特征。“内修”从内在主观心性出发，对医者的品质修养提出要求，“外修”则是对医者内在修养之外化行为的规范。这两者有效地融合会通，体现了孙思邈将个体生命和社会生命统一起

---

① 张锦英、张洪江、BAI Yan－li：《生命伦理学的现代困境与理性反思》，中华医学会医学伦理学分会第十九届学术年会暨医学伦理学国际论坛，2017年。

② 王治军：《孟子与保罗生死伦理比较研究》，博士学位论文，中共中央党校，2017年。

③ 赵丽、王良滨：《儒道生死观及其在生命教育中的意义》，中华医学会医学伦理学分会第十九届学术年会暨医学伦理学国际论坛，2017年。

④ 麻勇恒：《苗族文化习俗中的生命伦理与“神性产权”观》，《中央民族大学学报（哲学社会科学版）》2017年第4期。

来的积极的生命价值观。[①] 王富宜提出药师信仰可为生命伦理的研究与解读提供新视角。药师信仰从伦理本体的角度揭示了生命的本源、意义和价值，涵盖生命伦理的身体伦理、性别伦理和死亡伦理等议题。同时，药师信仰还可提供生命伦理的准则和实践方式，即在信解的前提下，通过多样的仪轨落实其所蕴含的生命伦理思想。由药师信仰的思想和仪轨构成的立体信仰体系使得其蕴含的佛教生命伦理思想成为中国生命伦理思想的重要组成部分。[②]

五　关于生命伦理学的优生问题

2017 年度关于“优生”的讨论首先聚焦于基因编辑领域。2015 年在华盛顿召开的人类基因编辑国际高峰会议上成立了“人类基因编辑：科学、医学和伦理委员会”，邱仁宗对2017 年该委员会起草的报告主要内容进行了编译。其内容指出基因组编辑是精准地使基因组（机体的一套完整的遗传材料）发生添加、删除和改变的新的有力工具。一些新方法的开发使得基因组的编辑更加精确、有效率、灵活和价廉。这些进展使得人们对基因组编辑的可能应用的兴趣大为增加，不管是在基础研究，还是在通过治疗和预防疾病促进人类健康方面都是如此，但这些应用也带来了受益、风险、管理、伦理、社会等方面的问题。在生物医学领域，基因组编辑可用于三个目的：基础研究、体细胞干预和生殖系细胞干预。其中人类基因组编辑的基础性实验室研究在现有的伦理规范和管理框架内已经是可管理的；体细胞编辑在临床实践中主要用以治疗或预防疾病和失能，编辑可以不同方式进行，管理者在权衡预期的风险与受益时需要考虑基因组编辑系统的技术情境，也要考虑所建议的临床应用的具体情况。生殖系编辑仍然面临高度争议，正因为产生的基因改变会遗传给下一代，所以这一技术跨越了被许多人认为伦理学上不可逾越的界限。此外基因组编辑用于“增强”的目的也可涉及体细胞和生殖系细胞，对这种用途提出了公平、社会规范、个人自主性以及政府作用等问题。委员会也提出了治理人类基因组编辑的若干原则，包括促进福祉、透明、常规医疗或合理医疗、负责任的科学、尊重人、公平以及跨国合作。此外，委员会提出了一系列针对基础以及身体和生殖系临床应用的建议，如研究和临床使用的总原则，基础实验室研究，体细胞基因组编辑，生殖系基因组编辑、增强、公众参与，等等。[③]

基因编辑技术应用于“设计婴儿”，使人类对自身生命特质的控制日益技术化、便利化，但生命的技术控制亦会引发客观性伦理风险与主观性伦理风险。刘芳、易显

① 张冬青：《孙思邈德性伦理思想探析——以〈大医精诚〉为例》，《中国医学伦理学》2017 年第 5 期。
② 王富宜：《药师信仰的生命伦理诠释》，《道德与文明》2017 年第 5 期。
③ 邱仁宗：《人类基因编辑：科学、伦理学和治理》，《医学与哲学》2017 年第 5 期。

飞指出其主要原因为“设计婴儿”本身所具有的客观特殊性质以及传统伦理观念的滞后、利益冲突驱动技术异化、社会需求异化致使价值偏向等。基于此，人们可以从“责任伦理”的接受与实践、价值取向的协调、“境遇”考量的决策、“全球伦理”的调控等五个向度出发，规避与消解伦理风险。①

无创产前基因检测（NIPT）作为产前检测的一个环节，带来了相互矛盾的价值观和道德经济影响，其广泛的应用对政策规范也提出了较高要求。曾筱凡等发现NIPT的应用引发了一些伦理问题的争论，包括将受检者是否真正知情同意等在内。同时，检测前后的遗传咨询也至关重要，然而包括受检者、医生和医护人员在内，都尚未做好充分准备。再者，由于这项技术相对简单且便宜，而其应用又可涉及较多方面，有必要在早期阶段就对NIPT带来的影响进行讨论并提出需要关注的伦理问题。因此，生命伦理学专家的积极参与极其重要，尤其随着NIPT的发展和全基因组测序（WGS）的应用，某种程度上将导致对胎儿和孕妇的“监管”、“管理”和“监督”达到一个全新水平。②

人类辅助生殖技术（ART）作为一门涉及生命、医学及社会学等多学科的新技术，其发生、发展及应用过程中自始至终面临着巨大的伦理争议、冲突和挑战。沈朗等指出在ART中涉及的伦理问题可分为常规伦理问题及突发伦理问题，其中突发伦理问题个性鲜明、事态紧急、处理棘手，如何应对ART中突发的伦理问题是摆在生殖医学工作者面前亟待解决的难题。应广泛收集ART中突发伦理问题的个案，汇集成册，由中华医学会生殖分会伦理学组组织研讨，形成处理突发伦理问题的共识，并为政府相关部门修改和完善人类辅助生殖技术伦理原则和细则或出台新的相关政策、法律、法规提供可靠依据。最终将突发的伦理问题逐步变为常规的伦理问题，使其处理做到有理可循（法理与伦理）、有据可依，促进ART中突发伦理问题的妥善解决和人类辅助生殖技术健康、规范化发展，造福于人类。③

孙琴等研究发现年轻女性受教育以及事业的影响，推迟生育时期，导致生育力下降；加之中国生育二孩政策的全面开放，越来越多的高龄妇女有妊娠的要求，对辅助生殖技术的需求与日俱增。但对中国高龄不孕妇女实施辅助生殖技术治疗面临着一系列的医学和伦理问题，如高龄女性ART助孕妊娠率低，流产率高；妊娠相关并发症、胎儿染色体异常发生率明显增加。对此，孙琴等从年龄限制、赠卵抉择、加强高龄不孕女性ART治疗前的生育咨询、关注其心理问题、植入前遗传学筛查技术的应用等

① 刘芳、易显飞：《“设计婴儿”中基因编辑技术的伦理风险及消解》，《自然辩证法研究》2017年第7期。

② 曾筱凡、赵文瑞、康辉、郭肇铮：《无创产前基因检测之政策与伦理分析》，《中国医学伦理学》2017年第5期。

③ 沈朗、全松：《如何应对辅助生殖技术中突发的伦理问题》，《生殖医学杂志》2017年第4期。

方面对解决这一系列医学和伦理问题进行思考。①

廖海霞等指出老龄女性进行辅助生殖技术生育不仅存在其自身生育权与生命健康权的矛盾，还存在其生育权益与子代健康发展权益、配偶健康幸福权益以及人类社会生存发展权益之间的矛盾。考虑到老龄女性生育获益与风险的差距，并出于对各个主体权益的平衡，中国有必要对老龄女性实施辅助生殖技术生育的自由予以权衡和规范，主要措施包括完善辅助生殖技术相关法规，将年龄因素纳入辅助生殖技术适用对象评判标准；生殖伦理委员会在充分讨论、全面考虑、综合衡量基础上指导医疗机构合理决策；生殖医疗机构正确引导老龄女性对辅助生殖技术的认识并辅以心理疏导。②

相关技术还包括“三亲育子”，该技术的运用可以减少某些严重遗传性疾病的患病风险，帮助受线粒体遗传疾病困扰的家庭生育健康后代。但“三亲育子”技术在给受困家庭带来希望的同时也引发了如技术风险、技术滥用、破坏公平、漠视责任、亵渎生命、危及后代生存等一系列伦理问题。封欣蔚等从基因治疗的视角对“三亲育子”技术的潜在风险进行伦理分析，提出研究和运用该技术时应遵循的伦理原则，包括风险预防原则、无伤有利原则、责任共担原则与监测追踪原则等。③ 白超等调查发现中国人工流产广告一度泛滥成灾、禁而不止，暗示和鼓励了对人工流产手术的选择，不利于女性健康和人口生殖健康，并在客观上淡化了人们对性行为和孕育生命行为的责任意识。造成这一局面的主要原因是高位而全面的法律禁令缺失、医疗行业的利益驱动以及庞大的市场需求。要全面取缔人工流产广告不仅需要立法规制，更需要立法者、医疗机构及社会公众牢固树立生命尊严、健康优先、性有责任等生命伦理观念。④

李才华、段伟文指出干细胞研究是生命伦理争议的焦点之一，伦理物是具有人格属性的特殊物。为正确引导胚胎干细胞科研活动，需尊重人格尊严，注重胚胎使用的非强制性与适度有偿性，坚持科研、法律、伦理相协调原则。这有助于在法律与伦理的双重规范下积极合法地推进胚胎干细胞研究，同时有效保护胚胎权益。⑤ 李才华还认为中国在胚胎干细胞研究中应坚持均衡原则，既要维护胚胎的尊严又要进行胚胎干

---

① 孙琴、许娟娟、陈莉：《中国高龄不孕女性辅助生殖技术治疗的伦理思考》，《中国医学伦理学》2017年第5期。

② 廖海霞、马珺、王丽军：《我国老龄女性行辅助生殖技术生育的伦理反思》，《医学与哲学》2017年第12期。

③ 封欣蔚、杨小丽、杨咪、谌业维、李立红：《“三亲育子”技术的伦理争议及对策探析》，《医学争鸣》2017年第1期。

④ 白超、韩跃红：《我国人工流产广告的现状及其伦理审视》，《昆明理工大学学报（社会科学版）》2017年第5期。

⑤ 李才华、段伟文：《伦理物：干细胞研究中的人类胚胎属性定位》，《昆明理工大学学报（社会科学版）》2017年第5期。

细胞研究以便造福人类。不同来源的胚胎干细胞具有不同的伦理特征，中国应据此制定相应的管理政策，实行严格监管下的适度放宽的科研政策。①

最后，能否通过生物医学方式增强人的道德品质也是近年来生命伦理和哲学领域极具争议的话题。叶岸滔回顾争议双方的主要观点，其中支持者认为这种方式能获得功利主义上的辩护；更多的反对者则认为这是一种不必要的改进道德方式且存在许多伦理困境，如人的道德到底是自然的还是可以人为的，人的德性获得是否有捷径，道德增强后的人是否还具有人格同一性、人的自由如何体现，等等。叶岸滔认为这些问题现在还难以获得伦理辩护，道德增强本身的合法性需要进一步反思与论证。而道德增强的争论本质上是围绕着道德是否具有生物学基础以及能否被生物医学技术所干预而展开的，其重要贡献是引发了学术界对道德自然主义的思考。②

六　关于生命伦理学的优死问题

围绕器官移植与安乐死的话题依然是 2017 年“优死”问题的中心。器官移植是目前治疗终末期器官衰竭患者的唯一有效手段，随着器官移植技术的发展，器官移植伦理学问题日渐复杂。黄伟等发现活体器官移植、脑死亡及心脏死亡供体器官移植、器官获取及合理分配等方面均面临相关伦理问题。认为对器官移植相关伦理问题进行深入探讨并制定相关伦理学准则及解决方案，是确保中国器官移植事业健康发展，并最大限度地保护移植供者及受者相关权益的关键性举措之一。③

就活体器官移植而言，识别变相买卖人体器官的情形并加以防范，是亟待研究的重要课题。蒙舒柳等调查指出在活体器官移植中，人体器官买卖可能发生在非亲属之间，也可能发生在亲属之间。非亲属间的器官买卖主要表现为假冒亲属关系以及非法地下器官移植。亲属间器官买卖的主要情形是通过物质利益诱导供者捐献。防范人体器官变相买卖的措施有：将参与人体器官买卖的中介及医疗机构纳入刑法调整的对象；规范医务人员诊疗活动，严惩器官买卖涉案人员；净化网络，铲除非法器官交易滋生的环境；切实提高医院伦理委员会的审查能力；提高公众生命意识，珍视生命。④

器官捐献作为器官移植中的核心环节，其如何分配常常引发伦理学的争议。王明旭等指出中国器官捐献原则中所包含的器官捐献者直系亲属优先原则是极具伦理价值

① 李才华：《胚胎干细胞研究的伦理思考》，中华医学会医学伦理学分会第十九届学术年会暨医学伦理学国际论坛，2017 年。

② 叶岸滔：《道德增强：伦理困境与自然主义思考》，《学术月刊》2017 年第 3 期。

③ 黄伟、叶啟发、曾承：《中国器官移植伦理学问题现状及研究进展》，《武汉大学学报（医学版）》2017 年第 6 期。

④ 蒙舒柳、杨同卫：《活体器官移植中变相买卖人体器官的形式与防范》，《医学与哲学》2017 年第 8 期。

及社会效益的，将“器官捐献者及其直系亲属的优先权”表述为“家庭优先原则”更符合中国国情。从生命伦理学“有利、尊重自主、不作恶、公正”四原则出发，为中国的家庭优先原则辩护，以提升民众对中国捐献器官分配体系的信任度，促进中国器官移植工作进一步开展。① 器官捐献推定同意原则作为获取器官的法律体系之一，在实践中取得了一定成效，但在伦理与法律方面也备受争议。周德霞等对基于中国文化背景下实施推定同意进行思考，为了明确器官捐献推定同意原则是否适合中国文化土壤，通过对推定同意类型和推定同意与知情同意以及与尊重自主伦理原则关系的研究，认为中国文化中存在促进器官捐献的积极因素，在国家法律的规制和推动下，器官捐献推定同意原则在中国文化语境中可以发挥促进器官捐献的积极作用。②

严佳垒等希望系统地阐述人体器官移植伦理委员会在活体器官移植伦理审查工作中的特点和问题。通过访谈等方式，作者发现活体器官移植的伦理审查具有及时性要求高、需要保护供受双方生命健康权、准备工作烦琐、需同时权衡两方风险利益比和不具有终审性的特点。而就活体器官移植伦理审查存在的问题而言，主要有活体器官移植伦理审查缺乏监管和指导，伦理审查方式的可行性、科学性有待提高，人体器官移植伦理委员会自身建设不足等问题。因此建议人体器官移植伦理委员会伦理审查应遵循审慎原则，提高人体器官移植伦理审查的标准化和规范化。③

2017 年关于“优死”问题还涉及“救星同胞”这一话题。“救星同胞”指父母选择再生育另一个孩子来拯救自己患病的孩子，这类案例在中国屡见不鲜。这一现象的产生开拓了人们新的视野，为患病孩子、父母及家庭带来希望，但涉及的相关伦理问题也引发了巨大争议。曹怡然等通过父母、“救星同胞”、患病孩子几个角度进行论述，探讨面对“救星同胞”问题时可能遇到的医学伦理问题，并提出理论及实践指导，以期为完善我国对“救星同胞”问题的立法、制定可行性规范提供借鉴。④

1986 年陕西汉中的中国第一例安乐死事件引发了国内医学界、法学家、伦理学界的深入讨论和公众、舆论的广泛关注。时隔三十余年，有关安乐死的行为仍悄悄进行，其合法化及带来的伦理问题已是当今中国不得不面临的生命伦理挑战。曾春燕等基于在浙江省内针对 1200 余名社会公众、医务人员和重症病人三类群体的社会调查和深入访谈，分析了安乐死在中国特定文化背景下的现状，认为要在尊重本土文化的前提下构建安乐死的理论基础，并在充分保障人权的基础上分层次、分区域的推进安

① 王明旭、范瑞平：《器官捐献与分配：为中国的家庭优先原则辩护》，《中国医学伦理学》2017 年第 10 期。

② 周德霞、刘剑：《器官捐献推定同意原则的文化适应性研究》，《中国医学伦理学》2017 年第 6 期。

③ 严佳垒、袁蕙芸：《活体器官移植伦理审查的特点及问题研究》，中华医学会医学伦理学分会第十九届学术年会暨医学伦理学国际论坛，2017 年。

④ 曹怡然、石旭雯：《有关“救星同胞”问题的伦理思考》，《医学与哲学》2017 年第 4 期。

乐死合法化。[①] 刘刚认为当前安乐死的研究实现了从隐问题向显问题的转变，随着大量安乐死案例的出现，对其进行理论的思考成为可能。与此同时，安乐死问题的复杂性使得科技、政治和法律等参与其中共同解决“安乐死难题”，而从道德伦理角度的思考是解决这一难题的基础和前提。对于安乐死的研究不仅在于探究死亡中的相关概念、范畴等，更是希望通过对临终患者死亡状态的探究，引导人们正视死亡和死亡之前的生命。[②]

基因治疗是目前世界上最前沿的医学治疗手段，叶少芳等指出其对人类自然性的深度干预是灾祸还是福音尚无法预测，人类无法阻止科学与技术的进步，却对由此带来的未知充满困惑和畏惧，如何保持人类整体和种族的公正公平，不伤害到未来世代的权利和福祉，是非常严峻的伦理道德议题。因此叶少芬等尝试以罗尔斯的“重叠共识”，对基因治疗进行审慎和伦理分析，认为面对人类对基因治疗带来的未知风险与畏惧，必须恪守尊重、不伤害、有利与公正等生命伦理学基本原则，使人类基因治疗技术始终用于维护人类健康，增加患者福利，而不是危及人类代际的生命安全和生存秩序。[③] 司琪等通过回顾基因治疗的发展历程，分析基因治疗中引起伦理争议的几个焦点问题，如安全有效性、公平性、权利、利益导向等，并提出基因治疗与伦理并非对立双方，不可分割看待，其发展应遵循一定的伦理规范和技术规范，并用生命伦理原则指导基因治疗，包括有利原则、无伤原则、尊重原则、公正原则等。[④]

邱仁宗对“优死”问题也进行了补充，介绍了“扮演上帝角色”这一说法的最初来源，有效论证应该具备的条件，“扮演上帝角色”这一说法的假定，“扮演上帝角色”作为论证的困难，并分别考查将“扮演上帝角色”这一说法作为论证应用于安乐死、医生协助自杀、基因技术和合成生物学中伦理问题的情况。[⑤] 在医院情境中，伴随着临终处境的衍变，临终病人生理功能、心理需求和社会关系等方面也随之发生变化，由于不同的“身体”处境，临终者与健康者在相互对等的关系上出现断裂，从而导致两者在不同境遇下具体道德现象与传统伦理道德产生冲突。刘锦秀等认为通过“触摸式护理”或“无声护理”方式可以深入临终病人内心世界，继而启发医护人员等回归并释放更多的“人性情怀”。这一方式可为临终护理难题提供一种消解的路向，帮助道德主体重塑并践行敬畏生命的伦理思想。[⑥]

---

① 曾春燕、刘婵娟：《伦理学视阈下中国安乐死社会意愿现状及合法化路径探究》，《浙江社会科学》2017年第3期。

② 刘刚：《生物技术时代安乐死研究的新趋向》，《中国社会医学杂志》2017年第2期。

③ 叶少芳、刘婵娟：《重叠共识理论下基因治疗的伦理问题探究》，《浙江社会科学》2017年第12期。

④ 司琪、蔡奥捷、程晓寒、何美颉、孔祥东：《基因治疗的发展及其伦理反思》，《中国医学伦理学》2017年第12期。

⑤ 邱仁宗：《论“扮演上帝角色”的论证》，《伦理学研究》2017年第2期。

⑥ 刘锦秀、陈刚、黄中岩、王甜、马静：《临终护理中“人性情怀”的伦理回归与释放》，《医学与哲学》2017年第5期。

重症监护病房是集中收治急危重症患者的护理单元，通过应用先进的监护设备和诊治技术，为重症患者提供生命支持治疗，部分急危重症患者经过积极救治得以延续生命。高冬娜等发现一系列与生命质量相关的伦理挑战也会常常遇到，人们越来越担忧医学的非人性化趋势。作者建议应转变医疗理念、以患者为中心，并加强人文关怀、尊重患者的生命价值及人格尊严。同时医务工作者实施的治疗抉择必须经得起医学伦理准则的推敲。[①] 马小川等补充介绍 ICU 应用先进的诊断、监护技术和治疗设备，对危重病情实施有效的干预，为重症患者提供规范的、高质量的生命支持，改善生命质量。作为重要的临床伦理内容之一，ICU 治疗的伦理问题主要包括：在维持生命尊严、生命质量与争取短暂的生存期之间的选择；家属屈于传统观念、社会压力与理智的两难；ICU 治疗技术、管理与人性化医疗的矛盾；医院创收与资源浪费的冲突。清楚认识 ICU 治疗中的伦理问题对完善重症医学伦理规范有重要意义。[②] 此外，姑息治疗与临终关怀也是相关的探讨话题。周碧雯等指出虽然二者存在差异，但具有共同的语境即针对重症或终末期患者，以正确看待生死、尊重患者的生理和精神状况、缓解疼痛、提高生活质量为目的。但在现实情况中还存在消极放弃、技术无限、医生主导等有偏差的观念，这就需要注重病人的尊严和舒适、认识到生命本身的有限以及引导人们提前去思考有关死亡的问题，其中的核心伦理价值就是尊严。作者认为应摒弃平等尊严说，遵循差异尊严说，对于需要姑息治疗和临终关怀的患者而言，尊严基于他们内在的、理性的、针对具体情境而作出的自主判断，而不是抽象的生命权。[③]

戴晓晖等从生命伦理学的视域，阐明了慢性病防控及其体系建构的伦理学基础问题。认为医学人文社会科学应广泛参与和深度融入对关乎国人生命与健康具体医学问题、社会医学问题的解释和解决，为慢性病防控体系的建构提供伦理学辩护与道德支持，为“健康中国 2030”目标的实现提供慢性病方面研究的新维度和新路向。[④] 周琛回到中国传统社会的伦理“孝”，认为从孝慈伦理到“孝”治天下，再到“老吾老以及人之老”的大同理想，其文明精髓是追求人的终极关怀。当代中国社会的重大难题之一是“超载老龄化”，它使原有的家庭—社会—国家伦理实体的有机体系面临解构，老龄人难以透过“孝”的自然伦理安全系统达到伦理上的终极回归，因而难以完成伦理型文化背景下对生命的终极关怀，即终极伦理关怀。老龄化社会期待孝道伦理的新启蒙，在孝道传统的回归和创新性发展中学会对生命的终极关怀，学会伦理

① 高冬娜、任延波：《重症监护病房与生命延长相关的伦理问题》，《医学与哲学》2017 年第 6 期。

② 马小川、王建光：《ICU 治疗领域的伦理问题辨析》，《医学与哲学》2017 年第 5 期。

③ 周碧雯、张珊：《权利与尊严，哪个更重要？——姑息治疗和临终关怀的伦理解析》，中华医学会医学伦理学分会第十九届学术年会暨医学伦理学国际论坛，2017 年。

④ 戴晓晖、边林：《基于健康中国 2030 目标的慢性病防控问题的生命伦理学研究》，中华医学会医学伦理学分会第十九届学术年会暨医学伦理学国际论坛，2017 年。

地思考。①

七 关于医疗生活与医疗实践中的伦理问题

在这一话题中，先有范瑞平等14名学者就“换头”问题进行了探讨。范瑞平首先提出“换头术”在人文社会方面至少引起的四个方面的挑战：一是人的同一性及心脑身关系问题；二是风险问题；三是资源分配问题；四是其他方面的伦理问题，如知情同意应怎样实施等。继而认为可以通过儒家对身心关系的阐发来观照“头身关系”。一个人的生命活动不只应从心主身，而且应从身正心的角度来理解。王玥提出“意识”的载体问题，即不同时代的人们对意识存在形式的认识会不一样，换句话说意识的载体是大脑还是“心”或“身”，就代表了人的生命的延续的部分。王珏提出“换头术”的讨论中最基础的问题是人格同一性问题。倾向于将身体看作一个机器、一个生理学物体的观念排除了身体体验和建立在这种体验之上的患者的真实世界。李翰林与王玥同样认为“换头”后的人是提供头部者，因为人的身份同一性应该随着头部，换言之头部是将所有身体体验汇集、统一起来的中心。但是对此观点也存在身体连续性、关系连续性的质疑，如中国文化的同一性标准含有人伦关系成分。边林认为这一话题的焦点在于此类手术是否应该实施的问题，其中风险问题是目前最大的伦理问题，涉及对人类带来无法预料的各种后果。张新庆进一步指出“换头术”突破了文明社会可以接受的道德底线。范瑞平补充认为生命伦理学者应做出道义论或德性论的伦理学论证和建议，避免效益主义的泛滥。张颖与马永慧也将探讨的内容放在身份同一性问题上，同意大脑的记忆轨道以及透过语言的表述本身既有科学层面也具有形而上层面，并补充认为对于人的身份的讨论或许可以加上微生物组研究的视角。陈化、李明、邓蕊、王珏、翁若愚也先后从技术运用与伦理的关系、心理学角度、家庭视角等进行了探讨。丁春艳从“法律人格”的角度出发认为这一方案缺少可操作性。学者们赞同“换头虽可赞，为人只一生”的观点，认为换头术应缓行、慎行。②

田海平指出现代医疗技术是现代技术之一种，它以独特的具身性令现代科学技术中的权力意志得以呈现。在那里技术“如群山一般聚集”的力之运作，使人的生命成为被打造的对象。当人被置身于现代医院这座“生命维修厂”去被修理时，一个哲学问题呼之欲出：人是谁。现代医疗技术对人文价值的剥蚀，体现在生命科技进入医疗所产生的医疗技术的实践效应。“还医学以人道”是抗击价值剥蚀的基本原则。“还医学以生命”是通过抵抗带来物化的技术对人及其自由生命的宰制，使医学回归

---

① 周琛：《老龄化社会的伦理新启蒙》，《学海》2017年第5期。

② 范瑞平、李翰林、王玥、方旭东、王珏、边林、张新庆、张颖、马永慧、陈化、李明、邓蕊、翁若愚、丁春艳：《“换头术”的挑战》，《中国医学伦理学》2017年第12期。

人之类生命本质。现代医疗技术作为与人们医疗生活和健康需求息息相关的技术类型，其社会功能不可能脱离技术“双刃剑”之效应。它在功能上缓解病情、解除痛苦和增加人类福利的同时，也带来了“权利—责任”关系的重新界定。对责任的重新界定基于现代医疗技术的伦理形态的新特质。这是人类重新思考一种与人的类生命本质相契合的责任伦理良机。①

杨同卫等对生命价值的要义进行了辨析，认为生命价值也是主客体关系的一种体现，是客观存在的生命对于生命拥有者的效用。认为不同的哲学观对生命效用的理解不同，由此衍生出不同的生命价值观。不可简单地比较不同生命的价值，不可将“生命价值”混同于“人的价值”，也不可将生命价值区分为内在价值与外在价值。生命价值论在处置严重缺陷新生儿、晚期癌症患者、持续性植物状态等临床医疗决策中具有指导作用。②

张新庆等从中国是否已经存在一门相对独立的临床伦理学这一问题开始，探讨“共享决策”的相关概念。“共享决策”包含两层含义：来自医患双方的信息要顺畅流动、充分共享；医生要鼓励、支持患者平等参与到诊疗方案讨论和选择中。其与临床伦理的知情同意、风险收益分析有着密切的联系。作者认为清晰识别与共享决策相关概念体系并进行概念间的分析，有助于构建一个有关医患共享决策的学术话语体系。目前归纳出的相关概念有：医学目的、最佳利益、生命质量、生活品质等；病人需求、患病体验、选择偏好、患病期望等；风险感知、医疗无效、医学不确定性、医疗差错等；生前预嘱、临终关怀、家庭支持、哀伤教育等。③ 继而张新庆归纳了九种临床决策类型及其适用范围，指出临床决策不应该是医生主导型一统天下，而需要为体现了病人平等参与的决策模式留有足够的实施空间。在辨析了“共享决策”与“共同决策”主要差别的基础上，引出了共享决策的两层含义。为了消解人们对共享决策的质疑，解析了共享决策相关的“病人需要”、“病人期望”、“病人偏好”和“最佳利益”等核心概念，对比分析了共享决策与知情同意的异同。严格界定和辨析“共享决策”相关的概念有助于准确判定共享决策的临床价值和适用范围。④

蔡昱由“畏死的恐惧”这一人之弱点引申出人之本真需要的一体两面性和人之本真存在的一体两面性，提出人之本性为“互慈和创—实在的自由”。其后提出“本真的人”、“异化的人”和“人—质料”的概念，讨论强壮的“超个体的个体”对弱小恐惧的“原子式个体”的超越与拯救，论述“超个体的个体”为本位的生命哲学

---

① 田海平：《现代医疗技术的伦理形态及其挑战》，《东南大学学报（哲学社会科学版）》2017 年第 3 期。

② 杨同卫、张新庆：《生命价值论及其在医疗决策中的运用——兼论有待澄清的几个理论误区》，《科学与社会》2017 年第 4 期。

③ 张新庆、周一曼：《临床伦理学的构建：从共享决策相关概念解析入手》，中华医学会医学伦理学分会第十九届学术年会暨医学伦理学国际论坛，2017 年。

④ 张新庆：《医患“共享决策”核心概念解析》，《医学与哲学》2017 年第 10 期。

是一种“本真的人本主义”，是人类文明再启蒙的重要内容，并提出本真的医患关系是“互慈和创的医患共同体”。作者讨论异化的医患关系的原因与特征，阐释了本真医患关系的特征并举例介绍适合的机制，同时提出了医生的自我救赎问题。① 程国斌将视线移至中国传统社会，发现由于相应历史条件的缺乏，中国古代社会并不存在类似于现代医学及相关社会制度条件下的医患关系与相应的制度信任，但存在一种建立在中国文化传统、宗族和社区伦理秩序以及熟人关系法则之下的独特信任机制。在中国人的传统医学生活中，职业伦理、文化制度和亲缘伦理关系是建构医患信任的一般机制，地缘关系以及建立在地缘基础上的社区共同体意识和社会舆论也起到很大的作用。病人与医生都被束缚在特定的关系场域和规则之下，依从于特定的（政治、经济和文化）权威及社会秩序，并在其中发展出具体的信任模式。②

尹洁指出可从政治哲学、伦理学以及实证科学的层面解构医患信任危机：一是医疗公正体制的建立，这要求人们重新从伦理学、经济学与社会学的角度规划一个基于健康公正观念上的医疗卫生资源分配系统；二是在意识形态的宣传上避免单一宣传所谓“道德圣徒”式的医务人员形象，应将医务人员既当作高度职业化人群也当作有合理正常自身需求的公民来看待，同时塑造患者群体以及更大范围的潜在患者群体在健康资源消耗和消费中的理性思维；三是结合当代社会学家和政策分析学家就医患信任问题的实证研究来讨论，在一种实际的层面上，人们究竟应该如何将“信任”关系的层次梳理清楚，这一工作最终将是人们今天伦理思考如何与积极、具体的社会实践相链接进而影响人类生命和生活质量的关键。③ 李隼等指出从微观上看，患者伦理的缺失是造成医患关系紧张的重要原因之一。借鉴建构主义的理论是破解医患关系难题的一种新进路，具体包括借鉴建构主义的学习理论，构建“以病人为中心”的医疗模式，借鉴国际关系领域的建构主义理论，构建医患双方共同价值观念，借鉴建构主义的交往关系理论，在医患之间开展符合主体间性关系要求的平等对话。这个新进路的着力点是构建患者伦理原则，即尊重与自主性原则、理解与信任原则、公正原则。④ 简红江认为如何根源于儒家文化再认知医务工作者的生命价值，是深入体验医患双方内心需求不可忽视的一环。儒家“定、静、安、虑、得”的心路历程，“格物致知、诚意正心、修身齐家、治国平天下”的伦理逻辑，“穷理、修己、安人”的生命求真，是医务工作者的道德基准、立身利人的医德诉求与促成和谐医患关系的至善法则。⑤

与医患话题相关的还有医生的利益冲突问题。邱仁宗译述《美国医学会杂志》

① 蔡昱：《“超个体的个体”为本位的生命哲学视域中的医患关系》，《医学与哲学》2017 年第 9 期。
② 程国斌：《中国传统社会中的医患信任模式》，《东南大学学报（哲学社会科学版）》2017 年第 1 期。
③ 尹洁：《如何解构医患信任危机?》，《东南大学学报（哲学社会科学版）》2017 年第 2 期。
④ 李隼、江传月：《破解医患关系难题的建构主义进路》，《伦理学研究》2017 年第 5 期。
⑤ 简红江：《伦理视角下医务工作者生命价值的儒文化根源论析》，《医学与哲学》2017 年第 1 期。

关于医生利益冲突问题专刊中的精华部分。维护信任是有关利益冲突政策的基本目的。因为医生的所有职能的履行都要依赖其他人，如外行、专业同行和政策领导人，他们相信医生的话，因此其他人信任医生的判断具有头等重要的意义。医生应该作出有根据的、无利害关系的判断。无利害关系是指无个人好处牵涉在内。牵涉医生利害关系时，人们更多关切的是经济上的好处。如果拒绝承认利益冲突或者对利益冲突不做回应，就会侵蚀、破坏专业判断的价值根基。医学专业不断在改进避免来自商业性医疗公司的偏向和不当影响的规则和规定。同时，大多数医生基本上没有产生不良影响的利益冲突。医生、专业组织和决策者必须努力实施使医生与公司能够维持正当关系而抛弃容忍他们之间不正当关系的政策。如何进行适当的平衡并不容易，但对于确保医学专业的信任和诚信是不可或缺的。①

随着现代医疗设备和技术的开发与患者维权意识的加强，护士易受到道德困境的困扰。王欢欢等认为只有正确认识并有效应对道德困境，才能减少护理人员的流失，提高护理服务品质。在护理工作中道德困境指护士知道正确的伦理行为，但由于各种原因而无法实施产生的痛苦感受，会对护士的生理、心理、工作态度及患者产生消极影响。道德困境对护士的影响是持续的，护士应被引导和鼓励来提高自护能力，使其在经历道德困境后能继续前行。作者建议借鉴国外应对道德困境的方法，如医疗机构与组织能够为护理人员提供护理道德困境相关的帮助，建立特别部门进行管理，以增强护理人员的工作信心等。②

在关于患者自主决策的实践问题中，赵丽等指出2017年新修订的《日内瓦宣言》相较2006年版本有较大的改变和补充，《日内瓦宣言》突出强调了维护患者的自主权。为突出患者自主决策在医学伦理学中的重要性，世界医学会将《日内瓦宣言》中关于患者权利的条款统一移至文件开头，而把职业责任条款放在后面。在结构上《日内瓦宣言》增加了对医师自身的关注，在内容上对部分语句进行了增删和修改，并在细节上对部分用词进行了修改。2017版《日内瓦宣言》的修订改进了宣言的架构、完善了宣言的内容、提高了对医师的职业要求、强调了人文关怀。《日内瓦宣言》未来的修订也更应结合医疗环境、经济和科技发展情况，以满足和适应当代医师职业精神要求。③ 陈化等补充认为，认可知情同意颠覆了传统的家长主义范式，彰显了对患者主体性的尊重，传统一体通用的知情模式日渐式微，而被医患共同决策模式替代。共同决策模式对知情同意的超越体现在医患主体间性是对单主体性的

---

① 邱仁宗：《医生的利益冲突〈美国医学会杂志〉》，《医学与哲学》2017年第7期。

② 王欢欢、肖梦杰、王朕、李文涛、安力彬：《护士道德困境的研究进展》，中华医学会医学伦理学分会第十九届学术年会暨医学伦理学国际论坛，2017年。

③ 赵丽、鲁春丽：《2017版〈日内瓦宣言〉的修订及其意义分析》，《中国医学伦理学》2017年第11期。

超越，是信息共享对价值单向度流动的超越，是对话模式对告知模式的超越。①

精准医学是充分考量患者在基因、环境及生活方式中存在的个体差异以达成最有效的疾病治疗和预防的医学模式，其核心理念是将人体健康及与疾病预防相关的多维度数据进行综合，在此基础上治疗和预防疾病、提高人口健康水平、避免过度医疗，以及更好配置医疗资源。但当组学数据深度介入临床工作时，在如何进行临床信息释读、如何知情同意和结果反馈等方面，需要建立明确的伦理规范。弓孟春等概括了精准医学的伦理意义及面临的挑战，提出搭建一个针对临床基因组学和转化基因组学的完善的伦理学框架。其原因在于精准医学不仅面对传统临床医学所面临的伦理学难题，还引发了重要的新伦理困境。如非靶向性的全外显子组测序或全基因组测序产生了大量医学意义及社会意义未明的数据；测序技术目前尚不完善；VUS 可能引起道德或法律的争议与责任问题；发展精准医学可能对医疗资源配置的公平性构成挑战；等等。结合中国国情及目前精准医学的发展现状，应对策略主要包括：构筑合理知情同意体系；完善结果反馈系统；完善隐私保护与保密协议制度；资源配置公平性问题；等等。② 无独有偶，邱仁宗等也概述了精准医学的概念和意义以及美国和中国的精准医学研究计划，并讨论精准医学提出的伦理和管理方面的挑战。这些挑战主要表现在精准医学研究计划的成本—效果比评价，精准医学研究中有利的风险—受益比，研究参与者有效的知情同意，如何保证对精确化预防、诊断和治疗方法研究方案独立的伦理审查，对个人数据的隐私保护和数据共享以及研究成果的公平可及等方面。③

人体试验研究及临床医疗中某些特殊的诊疗实施都必须履行知情同意原则，在某些特定情形下患者的知情同意权需由代理人行使，即代理同意。代理同意由代理主体作出知情同意决策，其代理意见的有效性关乎被代理人的生命健康。对此燕娟等通过梳理代理同意在实践中存在的主要问题，基于生命医学伦理的尊重自主原则、有利原则，参照代理决策的“事先指令或预嘱—替代判断—最佳利益”三个标准进行代理意见的有效性分析，提出规范代理同意的实践应当完善立法、明确代理同意的原则，发挥伦理委员会的职能，避免代理同意形式化。④ 陈化等认为粪菌移植技术介于临床试验与临床的“中间地带”。基于患者的脆弱性以及技术的“不确定性”，导致传统的知情同意模式在自愿、能力以及信息的要求方面遭遇挑战。为做好粪菌移植临床干预的知情同意问题，必须在告知标准层面整合医生专业标准与病人主观标准，在内容层面注意告知长远风险、技术本质与操作流程、供体相关信息、目前大数据匮乏的事

---

① 陈化、刘俊荣：《从知情同意到共同决策：临床决策伦理的范式转移——从 Montgomery 案例切入》，《医学与哲学》2017 年第 10 期。

② 弓孟春、马永慧、张玢、徐平、吴志宏、黄辉、张抒扬：《精准医学对我国医学伦理学的挑战与应对策略初步探讨》，《中华医学杂志》2017 年第 19 期。

③ 邱仁宗、翟晓梅：《精准医学：对伦理和管理的挑战》，《中国医学伦理学》2017 年第 4 期。

④ 燕娟、王洪奇：《试论代理同意的有效性》，《中国卫生事业管理》2017 年第 7 期。

实，在告知方式上注意美学要求及动态性。[①] 而由于精神病人和精神类药物的特殊性，在精神类药物临床试验中，必须选择精神病人作为受试者。廖芸佳等指出在试验过程中，存在着生命健康权受到威胁、知情同意瑕疵、精神病受试者隐私权得不到保护等伦理问题。廖芸佳等通过对上述伦理问题进行关于生命健康权、知情同意权以及隐私权的伦理分析，并就此探索伦理原则，为伦理问题的解决提供客观可行的对策，以实现在推动医药卫生事业发展的同时，保障精神病人在精神类药物临床试验中的权益。[②] 李智锋指出人体医学实验需要在受试者知情同意的情况下对其进行充分的伦理审查。而中国现有知情同意伦理审查存在相应规范的法律位阶较低、知情同意的跟踪审查流于形式、伦理审查的配套机制不完备等不足，应通过强化人体试验伦理审查的立法规范，从加大对人体试验知情同意的跟踪审查，以及完善伦理审查的配套机制等方面入手，维护人体试验受试者的生命健康权益和人格尊严。[③]

疾病诊治问题深刻触动着国人神经，成为改革往纵深推进过程中汇聚各种诉求、焦虑乃至抗争的“时代议题”。缓和医疗作为一种新兴的医学理念和医疗实践，在陈第华看来其对患者和患者生命质量的重视、体认以及对患者主体性的尊重，使其呈现出与常规医疗迥异的特质，也是社会成员死亡教育的生动素材和难得契机。缓和医疗在保障患者生存尊严、减轻患者经济压力、缓解医患关系等方面的积极效应有效回应了盘桓于医疗领域的社会关切。有限度的和有选择性的放弃治疗要求对缓和医疗进行最严格的伦理规范，患者知情与同意可以避免其被滥用，而制度性的规范与支持、多功能团队的介入合作为缓和医疗顺利开展提供了保障。[④]

上海市早在 1987 年就成立了上海市医学伦理学会，陆雯娉等对上海政府相关部门开展的伦理监管工作进行了回顾。上海市卫生行政部门在医学伦理监管中的主要做法包括完善组织管理体系、制定出台地方标准、开展医学伦理督导、组织伦理培训项目等。无论在制定标准、开展督导还是组织培训中，始终坚持以行业需求为导向、以制度规范为保障、实行服务与监管并举的措施。[⑤] 而在叙事医学方面，张秋菊认为丽塔·卡伦（Rita Charon）提出的叙事医学概念已有几十年时间，中国对此问题的讨论还处在概念论述阶段。可以通过分析叙事医学现状、比较国内外叙事医学差异，进而探索中国叙事医学能力培养路径。同时充实叙事医学教材、挖掘传统文化叙事方法、建立叙事医学培训体系、整合叙事医学课程资源等，从这几个方面为构建中国特色的

① 陈化、马永慧：《粪菌移植临床干预的知情同意问题探析》，《中国医学伦理学》2017 年第 11 期。

② 廖芸佳、古津贤：《精神类药物临床试验中受试者权益保障的伦理思考》，《中国医学伦理学》2017 年第 8 期。

③ 李智锋：《从人体试验知情同意伦理审查谈目前伦理审查存在的问题与解决策略》，《中国医学伦理学》2017 年第 3 期。

④ 陈第华：《缓和医疗的伦理审视及其保障》，《宁夏社会科学》2017 年第 5 期。

⑤ 陆雯娉、倪元峰、林云、张勘：《政府在医学伦理监管中的实践与探索》，中华医学会医学伦理学分会第十九届学术年会暨医学伦理学国际论坛，2017 年。

叙事医学培养模式打下基础。①

“共情”作为一个古老的哲学和心理学概念，在20世纪长期受到忽视。而到了20世纪末，由于当代认知科学尤其是神经科学的蓬勃发展，共情说重新引起了学界的广泛关注，获得了新的生命力。邓文华等认为回归后的共情说并不是古老学说的简单重复，而是融入了当代认知科学的方法和观点，获得了新的理论内涵。对于现代医学而言，共情说的回归与当前回归人、回归社会、回归人文的医学伦理思潮相契合，它为化解现代医学高度发达的医疗技术和缺失的人文精神之间的矛盾提供了心灵哲学层面的启示。②

八　关于学生群体的“优活”问题

在科学技术迅猛发展的时代，加强对青年学生生命价值、人生意义、人我关系、人与自然关系，以及生与死等问题的教育至关重要。而生命伦理学课程将生命科学知识教育与人文精神培养有机结合，对全面提高学生的科学素养和真善美的精神理念是一种积极探索，对培养大众的伦理思考和抉择能力起到了无以替代的作用。贺竹梅等从历史责任感培养、科学伦理观培养、情感和道德教育等方面阐述了大学生命伦理学课程开设的重要意义和作用，并在综合我国高校生命伦理学课程开设现状的基础上，对该课程建设与发展进行了思考，期待引起我国高校对生命伦理学课程建设的重视。③

医学伦理学是医学院校核心必修人文课程，李振良对近年来学科发展进行了反思，认为找回学科的核心与“本我”十分重要。而且认为传统的医学伦理学的教学内容，如东西方的传统起源与发展、基本的伦理原则解读、医生的职业道德与职业精神、医患关系与沟通技能以及医学道德楷模及其思想分析等仍应当是医学伦理主要的教学内容。④ 何影等简述了教育叙事的含义与其生命性、情境性、反思性特点，论述了教育叙事应用于医学伦理教育的适切性。在此基础上，提出教育叙事应用于医学伦理教育的有效方式，即提升理论素养，增强叙事能力；明确叙事主题和精选叙事素材；关爱医学生成长和倾听学生声音。⑤

当前大学生艾滋病疫情形势日益严峻，鉴于大学生群体的特殊性、高校艾滋病专业防控队伍缺乏等原因，孙金铭等指出在高校开展艾滋病防控工作存在的伦理学争议包括：宣传教育中的伦理学议题；艾滋病行为干预的伦理学议题；艾滋病咨询与检测

---

① 张秋菊：《我国叙事医学能力、培养路径探析》，《中国医学伦理学》2017年第9期。
② 邓文华、胡蓉：《心灵哲学的医学人文关怀：共情说的回归》，《医学与哲学》2017年第6期。
③ 贺竹梅、程焉平：《生命伦理学课程建设的思考》，《中国大学教学》2017年第10期。
④ 李振良：《探寻〈医学伦理学〉教学内容的“本我”》，《中国医学伦理学》2017年第3期。
⑤ 何影、林锦秀、林楠：《教育叙事在医学伦理教育中的应用》，《中国医学伦理学》2017年第2期。

的伦理学议题。因此需要正视高校艾滋病防控的形势；提高高校开展艾滋病防控的专业水平；坚持必要的艾滋病防控原则；探索构建高校防控艾滋病的新模式；等等。①

张璐平等也对艾滋病的相关问题进行了思考。艾滋病职业暴露后预防用药已开展多年并取得显著成效，但非职业暴露预防用药局部试行却遭遇许多伦理问题和困难。他们提出在艾滋病高危人群对非职业暴露预防用药接受意愿高、药物需求不断增长的背景下，从生命尊严的价值理念出发，基于有利无伤、公平公正等伦理原则，建议加强非职业暴露预防用药的宣传以及提高非职业暴露预防用药的可获得性，让可能受到艾滋病毒感染的高危人群获得及时的预防性治疗。②“发现即治疗”是迄今为止最为有效的艾滋病防治方法。苏洁等发现在云南省三轮防治艾滋病人民战争取得瞩目成绩的背后，存在推行“发现即治疗”过程中面临相关知识更新慢、专职医务人员紧缺、队伍不稳定、跨省治疗制度执行不畅等现实障碍。从生命伦理学角度分析这些障碍，映射出对 HIV/AIDS 人群的尊严认同和人权保障不到位的思想根源问题，对此提出对策建议：在“发现即治疗”专题培训中增加责任伦理的内容，把更新科学认知提高到道德高度加以强调；从保障公民“人身权”的高度重新看待医疗队伍不足不稳的老大难问题，以改革气魄加强专职医疗队伍建设；从生命尊严视角重新认识治疗的可及性和便捷性问题，消除入组治疗的“体制障碍”；从人格尊严和人权的视角深化对歧视的非道德性认识，加强治疗良效的宣传，进一步消除艾滋病社会歧视。③

此外，中国面临的毒品形势严峻且复杂，解决起来困难重重，其中重要的原因是人们对于成瘾的误解与界定不统一。如对于成瘾是否为疾病的重要争论，中国相关学者们对此并无太多关注。张百敏等从生命伦理学的视角借由道德模型与疾病模型对成瘾进行剖析，重点讨论成瘾模型的道德意义、成瘾非疾病论的观点以及成瘾与自主性的关系。意在让人们对于成瘾有更客观、全面的了解与认识，也为更好地制定对成瘾问题的社会政策提供伦理依据。④

---

① 孙金铭、邓腊梅、吴文君、陈卫建、马艺珈：《我国高校艾滋病防控中面临的伦理争议》，《中国医学伦理学》2017 年第 7 期。

② 张璐平、韩跃红：《艾滋病非职业暴露预防用药的伦理研究》，《中国医学伦理学》2017 年第 12 期。

③ 苏洁、韩跃红：《云南省推行艾滋病“发现即治疗”的障碍及伦理对策》，《中国医学伦理学》2017 年第 12 期。

④ 张百敏、马永慧：《成瘾分析的两种进路：道德模型与疾病模型》，《医学与哲学》2017 年第 12 期。

2017 年生态伦理学研究综述

杨　琳

现代社会发展日新月异，道德难题也随之层出不穷。在诸多的道德难题中，生态伦理是各国共同面临的问题，这一问题正是生态伦理学的研究对象。在构建生态文明，建设美丽中国的时代背景下，生态伦理学正逢其时，并且任重道远。

与 2016 年相比，学者们的研究主要具有以下特点。第一，对于自然价值与权利的研究热度降低。第二，开始关注公民特别是大学生生态伦理意识教育。第三，持续重视生态伦理思想研究。首先，学者们不断深入挖掘中国传统生态智慧，同时也反思其局限性；其次，马克思主义的生态伦理思想研究仍然热度未减；最后，少数民族、宗教方面的生态伦理思想研究有进展。第四，环境伦理的哲学基础与生态哲学研究亦有进展。第五，环境伦理或者生态伦理研究跨学科特点显著，主要是与法学、文学、美学等学科相关。第六，从生态伦理学视角反思社会问题，或者寻求政治理念的生态伦理基础，讨论集中于政治、经济、人类命运共同体、国家公园等方面。

在学术会议方面，会议主题直接与环境研究相关的国际会议 1 次，会议名称是 2017 年第四届环境研究、卫生服务和社会科学国际会议（EHS 2017）。仅收录生态伦理类论文的会议 3 次，包括 2 次国际会议，会议名称分别是 2017 年第三届人类与社会科学国际会议、第二届人文科学与社会发展国际学术会议；1 次国内会议，会议名称是学习贯彻党的十九大精神推进“五个现代化天津”建设——天津市社会科学界第十三届学术年会。

在研究成果方面，期刊论文 69 篇，博士学位论文 19 篇，会议论文 4 篇，出版专著 4 本。这些成果关注的问题主要是在以下方面。第一，生态伦理学的哲学基础。第二，生态哲学。第三，中国传统生态伦理思想。第四，马克思主义生态伦理思想。第五，少数民族生态伦理思想。第六，生态伦理学跨学科研究。第七，生态女性主义。第八，生态伦理意识教育。第九，生态伦理学对现实性问题的观照。具体试述析如下。

一 生态伦理学的哲学基础

学者杨通进认为，环境伦理问题既涉及哲学和世界观层面的问题，也涉及决策和实践方面的应用问题。因此，存在着两种类型的环境伦理学，即作为道德哲学的环境伦理学和作为应用伦理学的环境伦理学。[①] 然而，不论是哪一种环境伦理学，都必须重视自身学科的合法性。非人类中心主义在挑战传统价值观的同时，却不自觉地为环境伦理学的学科合法性留下隐患。叶冬娜认为环境伦理学拒斥人类中心主义，以作为个体主义的生命物种或整体主义的生态系统为中心价值，判定人类对自然的道德责任，违背伦理学的基本要求。环境伦理学既不能缺少社会性视角，也不能从属于科学性，它兼具这两种特点。马克思基于社会历史的视域既承认“人化自然”的“客观性”，又强调了“人化自然”的“实践性”，可以为化解环境伦理学的本体论困境奠定基础。[②] 刘福森认为西方当代生态伦理学反对西方人本主义形而上学，陷入自然主义形而上学，仍未摆脱“形而上学”困境。他提出“环境价值”，既有别于工具性价值，又有别于自然的内在价值，构建一个以此为伦理依据的生态伦理学。[③]

应该说，生态伦理学的哲学基础是生态伦理学整座研究“大厦”的“地基”部分，非常重要，然而，近两年，关于这部分的研究成果寥寥可数，此现象需引起学界注意。

二 生态哲学

在生态哲学方面的研究，主要有五位学者的研究成果，主题分别关于代际储存与代际正义、绿色变革视角下的环境哲学，以及介绍奥德姆环境哲学思想。唐凯麟、朱平认为代际储存与“正义的储存原则”和“代际正义”不同，是代际正义的一个重要问题。它以社会基本正义（代际正义与代内正义）为价值指向，以环境资源为主要对象，以解决环境问题为基本目标，以实现人类可持续生存发展为终极目的的制度化分配原则，在否定“消费主义”生存方式、促进“生态文明”构建和促进“生态伦理”生成三个方面具有重要价值。[④] 郇庆治、徐越认为，当代环境哲学是一种生态文化理论，具有强烈的改变现实和重构未来的理论意涵与实践指向，其核心要点是社会大多数公众要逐渐实现对当前主流性“人类中心主义”价值观的弃置和对一种新

① 杨通进：《环境伦理：全球话语 中国视野》，重庆出版集团 2007 年版，前言，第 4 页。

② 叶冬娜：《环境伦理学本体论基础的批判与反思》，《东南学术》2017 年第 1 期。

③ 刘福森：《西方的“生态伦理观”与“形而上学困境”》，《哲学研究》2017 年第 1 期。

④ 唐凯麟、朱平：《论“代际储存”——代际正义的一个重要问题》，《湖南大学学报（社会科学版）》2017 年第 3 期。

型的“非人类中心主义”价值观的接纳，从而带动整个现代社会与文明的物质生产生活基础与文化观念的合生态化重构。当代生态问题的本质是社会与文明主体的观念和价值伦理问题。在绿色变革视角下，一方面，环境哲学作为一种生态文化理论，重要性不言而喻；另一方面，环境哲学的思考需要面向一种更宽阔的视野或论域。这也意味着，环境哲学不仅需要成为一门更加标准化的哲学，还需要成为一门更加激进的哲学。① E. P. 奥德姆（Eugene P. Odum）（1913—2002）与其弟弟 H. T. 奥德姆（Howard T. Odum）联合提出了生态系统生态学理论。其斐然的生态学成就掩盖了“第三伦理”为主要内容的环境哲学思想光芒。奥德姆兄弟坚持人类中心主义，将第三伦理看作环境保护的伦理基础、伦理学发展的第三个阶段。葛永林认为其环境哲学思想从三个方面稍做修正，就能获得更广泛的认同与支持：不把自然看作人的环境；自然生态系统及其资源是无价的；科学技术不是万能的。②

三　中国传统生态伦理思想

在中国传统生态伦理思想研究方面，儒家思想一直是学者们关注的重点，兼有关于道家、宗教方面伦理思想的研究。涂可国认为儒家虽然总体上强调天人合一，却并不否定天人相分，而是把两者辩证统一起来。先秦、汉唐、宋清儒家著述中皆有天人相分的内容。无论是儒家的天人相分还是天人合一，两者共同为促进天人和谐、生态责任提供了精神支撑。在漫长的发展演变过程中，儒学建构了包括天人相分的生态责任伦理根据、天人合一的生态责任伦理前提、仁民爱物的生态责任伦理情感、取予有度的生态责任伦理行为和天人相参的生态责任伦理追求在内的生态责任伦理义理结构。③ 庄子立足于“道”这一价值的终极依据，坚持齐物平等、万物一体，以此为动物观的哲学基础，进而反对人类伤害动物天性的种种行为，发掘出动物的内在价值与审美意蕴。

王国亮认为通过探究庄子对动物超越功利价值的道德关怀与诗意审美，可以帮助人们从更深的层次上认知自然，并触发与其他生灵的通感和共情，对于今天重建人与自然的和谐关系，构建多元共荣的生态理想具有一定的启示意义。④ 崔雪茹考察佛教与基督教两大世界性宗教的对话，从中管窥此两种宗教丰富的环保思想。此两种宗教伦理的哲学基础，均为知识论（认知性）进路和存有论进路切入而体证的原理原则，其基本原理也都足以当作环保观的理论基础。宗教伦理的基本规范（或戒律）不论是由戒、定、慧“三学”，还是从基督教的信、望、爱“三主德”的观点看，均与现

① 郇庆治、徐越：《绿色变革视角下的环境哲学理论》，《武汉大学学报（人文科学版）》2017 年第 2 期。
② 葛永林：《论第三伦理——奥德姆环境哲学思想初探》，《世界哲学》2017 年第 4 期。
③ 涂可国：《儒家生态责任伦理的义理结构》，《伦理学研究》2017 年第 2 期。
④ 王国亮：《庄子动物观及其生态伦理意义》，《学术界》2017 年第 12 期。

代环保伦理密不可分，而且有助于现代人的环保实践，因而深具时代意义。①

在儒家生态伦理思想方面，2017 年有学者开始反思其局限性。雷爱民指出仁爱被认为是儒家生态伦理思想的核心内容之一，仁爱思想中的“一体之仁”被引申和发挥较多。实际上儒家的仁爱思想包含两个方面的内容：一个是“差等之爱”，另一个是“一体之仁”，二者在生态伦理应用中都会碰到人类与非人类的关系和立场问题。强烈的家庭和血亲原则与人类整体的优先倾向是传统儒家伦理的基本精神，其中仁爱思想的“一体之仁”观念也是在人伦秩序与人文世界中彰显，因此，生态伦理学要对儒家仁爱思想进行诠释就有其限度与难以绕过的原则障碍。②

四 马克思主义生态伦理思想

这方面的研究成果主要集中于深入挖掘马克思主义理论中的生态伦理思想，以及其与中国绿色发展的关系。彭继红、刘涵认为有机马克思主义的生态伦理观发轫于对现实生态问题的回应和对传统生态理论的反思。它的主要内容有：为了共同福祉，肯定人与自然的整体价值，人对自然负有道德义务，是有机马克思主义的生态伦理观的出发点；有机的生态思维，关注人与自然的相互作用，是有机马克思主义的生态伦理观的重要内容；关注阶级问题，呼吁解决阶级不平等问题，促使优势阶级担负解决生态问题的责任，是有机马克思主义生态伦理观的诉求；长远的整体视野，着眼人与自然的发展走向，是有机马克思主义生态伦理观的落脚点。它的价值在于超越人类中心主义和非人类中心主义，倡导人与人之间，以及人与自然之间建立生命共同体，为破解当前生态问题提供了新的方法，为正确处理人与自然关系提供了新的生态的道德伦理范式。③ 宋玉兰认为，马克思主义生态伦理是对传统伦理学理论的超越，这种超越是由马克思主义生态伦理的四个基本维度所决定的。依据人类可持续生存的使命，马克思主义生态伦理主要包括四个基本维度，即属人生态概念的界定、生态伦理的逻辑前提、生态伦理的逻辑结构和生态伦理的类特性特征。研究马克思主义生态伦理的四个维度有利于开展生态道德建设，为中国走向生态文明、丰富可持续发展理论、构建美丽中国提供理论支撑。④ 史新阳认为，马克思生态伦理思想的核心在于对人与自然的深刻论述，是马克思站在当时历史条件下从实践中总结出的人与自然的辩证关系。一是人类的生存发展依托于自然界，二是劳动是人与自然界之间的媒介。马克思生态伦理思想为中国绿色发展奠定了坚实的理论基础，为破解中国生态问题提供了新的思

① 崔雪茹：《宗教伦理与环保伦理——佛教与基督教的对话》，《云南社会科学》2017 年第 1 期。

② 雷爱民：《论儒家仁爱思想在生态伦理应用中的困难》，《晋阳学刊》2017 年第 1 期。

③ 彭继红、刘涵：《论有机马克思主义的生态伦理观》，《伦理学研究》2017 年第 4 期。

④ 宋玉兰：《马克思主义生态伦理的四个维度》，《哈尔滨工业大学学报（社会科学版）》2017 年第 6 期。

路，坚持绿色发展是深刻践行马克思生态伦理思想的现实路径。①

五 少数民族生态伦理思想

这一主题的研究成果较之2016年，在质与量的方面均有显著进展。具体表现为：第一，研究对象的增多，包含岜沙苗族、藏族、东北少数民族等。第二，研究内容的深入。除对少数民族生态伦理思想的梳理探究外，开始研究其与生态文明、文化建设方面的关系。第三，研究视角的丰富。学者开始从生态习惯法文化的视角去研究少数民族生态伦理思想变迁。

李永皇认为岜沙苗族传统生态伦理思想主要含有四个方面的观念：人与自然和谐共生的生态观、人与社会协调发展的生态观、敬畏自然的适度消费生态观、尊重自然规律的可持续发展观。这些对当下生态文明建设具有以下借鉴意义：有利于人与自然和谐发展，有利于维护生态系统平衡，有利于加强民族团结，有利于建设和谐社会。② 常丽霞、袁峥嵘指出田野调查结果显示，当代藏民族的生态伦理观发生了急剧的变迁。社会转型期，构建藏区生态法治，应当保护和引导藏族生态伦理观以生态文明为导向的调适与重构，防止维系区域生态和谐的传统习惯法文化发生扭曲。同时，应当坚持生态优先的原则，将生态环境保护的目标纳入藏区经济、社会的发展决策之中，以缓冲市场经济对于以生态伦理观为重要内容的地方性知识的冲击和扰动。③ 乔丹认为东北少数民族虽然在古老的生产形式、迥异的生活方式以及宗教信仰的行为特征上各具特色，但其在尊重自然、顺应自然、保护自然、善待自然的个性认知上具有共性特征，体现出传统生态伦理思想在内生发展目标和发展动力上的一致性，这对推动古代东北民族地区人与自然、人与社会、人与环境的和谐共处，维护自然资源的生态平衡以及实现经济社会的可持续发展无疑具有警示借鉴意义。④ 武卉昕、刘胜美认为在少数民族传统文化意义上，文化和生态伦理呈现二位一体关系，文化是生态伦理的载体，生态伦理是少数民族传统文化的具体体现。相应地，生态伦理会多方位促进文化建设，包括指引文化建设的价值向度、决定文化建设的精神实质、引领文化建设的教育导向，少数民族地区有效实施伦理文化建设举措具有当代实践意义。⑤

① 史新阳：《马克思生态伦理思想与中国绿色发展》，《人民论坛》2017年第23期。

② 李永皇：《岜沙苗族传统生态伦理思想及其现代意义》，《贵州民族研究》2017年第12期。

③ 常丽霞、袁峥嵘：《藏族生态伦理观的当代变迁——生态习惯法文化的视角》，《西南民族大学学报（人文社会科学版）》2017年第6期。

④ 乔丹：《东北少数民族传统生态伦理思想刍议》，《黑龙江民族丛刊》2017年第4期。

⑤ 武卉昕、刘胜美：《少数民族生态伦理与文化建设关系论析》，《黑龙江民族丛刊》2017年第1期。

六　生态伦理学跨学科研究

生态伦理学学科交叉性较强，主要是与法学、文学与美学等学科相关。首先，生态伦理学与法学的交叉研究主要是环境伦理法治化、环境法学方法论等。巩固认为，以法治方式处理伦理争议是生态文明建设的重要任务。非人类中心主义环境伦理学对生态文明建设既有积极影响，又有消极作用，具有“双刃剑”效果，须妥善应对。环境伦理学与传统法秩序赖以为基的传统伦理存在内在冲突，主要体现在环境伦理学的“种际性”与法之伦理基础的“人际性”之冲突；环境伦理学的超前性与法的保守性之冲突；环境伦理学的信仰本质与法的妥协性之冲突；环境伦理学价值关怀的细腻性与法律关怀的宽泛性之冲突。这些导致环境伦理的法治化更加复杂和困难，此在“狗肉风波”中有充分体现。对此，应针对环境伦理的特点，适用环境伦理法治化的六大实施原则：第一，还原伦理主张背后的利益本质，以“人类”为尺度进行衡量取舍。第二，从“法制”角度对环境伦理进行划分，合理界分势力范围与作用方式。第三，充分凝聚价值共识，及时归纳环境义务，通过对环境义务的制度化提升社会秩序整体道德水平。第四，尊重法的地方性，充分发挥地方立法作用。第五，环境立法须保持动态性、开放性和适应性，及时修改和补充。第六，加强环境教育，通过充分的信息沟通和公开辩论来消除误会，增进共识。[①] 吴真、李天相认为环境法学者以后现代主义哲学思想为基础，提出了以“主客一体化”“生态化”为核心的整体主义环境法学方法论，但是这一环境法学方法论显然具有忽略人的因素的生态中心主义倾向，削弱和冲淡了其对实际环境问题的应对功能。由于整体主义环境法学方法论在很大程度上是从生态学原理直接推导而来的，以其为指导的环境法学与各传统部门法学的交流出现了障碍。人们有必要反思整体主义环境法学方法论的基础和逻辑，依据可持续发展理念，融汇自然科学和人文科学的思维方法，联系事实判断和价值判断，协调与融合环境、社会和经济因素，以此为基本出发点，建立以协调与融合为核心的环境法学方法论。[②]

其次，生态伦理学与文学的交叉研究主题集中于对文学作品中的生态伦理思想研究，特别是开始关注西方文论中的“物质女权主义”。寇淑婷从跨文化研究的视角对日本文学的泰山书写进行思想层面的阐发与建构，发现在中国文学的参照系下，日本文学的泰山书写呈现审美思想、宗教思想、生态伦理思想、“他者”思想的发展趋势，具体表现为审美思想的“雄、秀”之美与“物哀”之美的意象表达，宗教思想

---

① 巩固：《生态文明建设中的环境伦理法治化探析——以“狗肉风波”切入》，《浙江学刊》2017 年第 2 期。

② 吴真、李天相：《以协调与融合为核心的环境法学方法论初探》，《法学杂志》2017 年第 7 期。

的“重层文化”特性：道教、佛教与神道教的融合，生态伦理思想所体现的与中国文学的共通性：山与人、神的合一，以及“他者”思想的断层与偏见并存的特点。①朱新福、林大江指出哈罗德·布鲁姆曾经批评默温的早期诗作徒有末日之忧而不具超验之明。两位作者聚焦默温的动物诗，通过梳理贯穿默温创作生涯的生态和诗学两条伦理主线及相应的生态和诗学两个伦理结先后形成、消解和统一的完整历程，指出默温在生态伦理上所持的生态整体立场与布鲁姆“有益于人类”的伦理出发点不同。在诗学伦理上，默温坚持诗歌是见证的艺术，诗歌形式是对一种听见当下生命经历的方式的见证。而默温一以贯之的诗艺探索和实践恰也见证了其一生对人类破坏力的深刻反思、对自然世界绝对存在的笃信不疑、对诗歌艺术召唤沉默之声的毕生追求，以及诗内诗外知行合一的伦理操守。②

最后，生态伦理学与美学的交叉研究主题是对中国古代儒家思想之审美。张文认为生态美学要解决的核心问题就是生态审美体验是否存在。程颢“浑然与物同体”“观万物皆有春意”的审美体验是一种类似于生态审美体验的自然审美体验，其相似之处在于两种体验共同指向人与自然和谐共存而带来的精神愉悦，其差别在于程颢自然审美体验缺少现代意义上的“生态”一维。由此，考察程颢的自然审美体验至少可以为人们理解生态审美体验提供参考。通过对程颢思想的梳理，可以发现，“天理”世界观和“仁者”伦理观是程颢自然审美体验产生的观念基础。这就启示人们，生态审美体验的产生也应当建立在一套自觉的生态观念基础之上。值得强调的是，审美体验是当下的体验而非分析的结果，但这并不意味着审美体验就是生物本能的反应。生态审美体验立足于对人与自然关系的深刻理解之上，从这个意义上来讲，生态审美体验也是一种人生境界的体现。③ 物质女权主义以波瑞德的物质自在性、艾雷默的跨躯体性、伯耐特的物质力为核心概念，提出物质、自然、人体因其内在的物质话语实践而具有自在性，表明有毒物质在不同类型躯体间的传递显现出人与环境之间的跨躯体性，倡导策略、谨慎对待环境的跨躯体物质伦理。方红认为物质女权主义因其独特的自然观、身体观与环境伦理观成为引领生态批评第四次浪潮的重要环境理论。④

七　生态女性主义

这方面主题主要是生态女性主义与深生态学之间的争论。韩欲立认为生态女性主

① 寇淑婷：《日本文学中泰山书写的思想建构》，《山东社会科学》2017 年第 2 期。

② 朱新福、林大江：《沉默之声：从动物诗看默温的生态伦理结和诗学伦理结之解》，《外国文学研究》2017 年第 4 期。

③ 张文：《程颢自然审美体验的生成及意义》，《西南民族大学学报（人文社会科学版）》2017 年第 2 期。

④ 方红：《西方文论关键词：物质女权主义》，《外国文学》2017 年第 6 期。

义与深生态学进行的长期争论，充分暴露了当代北美激进环境理论关于生态政治和环境伦理问题的哲学根基、道德规范和政治策略。生态女性主义认为深生态学过于关注“生态中心论的平等主义”，关注物理的自然甚于“社会的”自然；深生态学则反对生态女性主义的“自然与女性的社会同构性”的天真哲学观点，不认为对资本主义父权制的批判将会导致一个更加平等的社会。在“自我概念”、本质主义和二元论等关键哲学议题上，二者都向对方提出了具有挑战性的问题。从北美激进环境理论的哲学争论人们可以发现，与深生态学对经济和阶级问题的浅尝辄止相比，生态女性主义在其哲学框架里触及了政治中的阶级斗争问题，因此，生态女性主义的主张及其实践理性比深生态学更加接近社会主义的斗争。①

八　生态伦理意识与生态文明教育

2017 年，学者们开始关注公民生态伦理意识培养，特别是对大学生的生态伦理与生态文明教育，后者又与高校的德育密切相关。马卓、赵明媚认为人类蓬勃发展的工业催生了生态恶化这一难以消除的副产品，大自然对人类不断的报复使人们饱尝了无限制工业化的苦果，生态伦理思想将人类与生态环境之间所发生的关系赋予了道德的内涵。生态环境的稳定和谐是自然的福祉，也是人类自己的福祉，重视和加强中国公民生态伦理意识的培养既是当代中国公民道德建设的必然要求，也是中国经济和社会可持续发展重要的内在要求，探讨中国公民生态伦理意识的有效途径亦是加速推进中国生态文明建设不容忽视的问题。他们提出了四个主要培育途径。首先，将生态伦理意识的培育贯穿于中国公民教育的全过程。其次，对生态伦理意识强的典范事例进行广泛宣传。再次，营造培养中国公民生态伦理意识的最佳环境。最后，倡导公民自我教育以实现整个社会公民生态伦理意识的提高。② 宋晔、牛宇帆认为人性失落已经被现代社会公认：物欲泛滥导致的信仰危机；利己主义横行导致的道德危机；人的功能化导致的价值危机。由于道德教育具有复归人性的责任，因而生态德育作为一种新型德育观也肩负起这一使命，使其本身具有了多重复归人性的精神意蕴，包括敬畏生命的态度致力于重塑人性的信仰，守护共生的理念期待重构人性道德，关爱己他则呼唤发现人性的新价值。而想真正做到人性复归，必须经由道德教育的实践：首先通过提升道德教育灵性，突出超越性意蕴；其次进行文化改造，实现文化转向；最后，充

① 韩欲立：《生态女性主义反对深生态学：北美激进环境理论的哲学争论及其实质》，《福建论坛 · 人文社会科学版》2017 年第 9 期。

② 马卓、赵明媚：《浅议我国公民生态伦理意识培育途径》，第二届人文科学与社会发展国际学术会议，2017 年。

实道德教育内容，应对愈加复杂多样的道德情境和人性危机。① 邹绍清、崔建西认为在生态危机日益严峻的今天，在高校思想政治理论课中加强大学生生态文化的教育具有重要的战略意义。其是充分发挥高校思想政治理论课的主渠道作用、提升大学生生态危机意识和生态文化素养、建设美丽中国的重要人才保证。社会需要加强对大学生的生态世界观、生态伦理、生态价值、生态法制规范、生态文明行为的教育；探索生态文化专题讲座、案例教学、新媒体情境及社会实践等多种教学方法的创新，为加快推进生态文明建设和“四个全面”战略布局提供重要保障。②

九　生态伦理学对现实性问题的观照

这部分研究，主要从生态伦理学视角反思社会问题，或者寻求政治理念的生态伦理基础，讨论集中于政治、经济、人类命运共同体、国家公园等方面。陈翔认为“创新、协调、绿色、开放、共享”的五大发展理念是现代道德理念在社会层面的深刻体现，因而具有深层的伦理价值。创新以探索重生的经济伦理表述发展路径；协调以推进对话的交往伦理表述发展形式；绿色以确立友好的生态伦理表述发展模式；开放以建构公正的制度伦理表述发展动力；共享以培育包容的政治伦理表述发展理想。五大发展理念本身的实践性，使其伦理价值跃升为与发展现代化“相适应”，从而有效促进中国特色社会主义建设。伦理价值与发展现代化的“相适应”，构成发展现代化“最大动力”与“最好动力”的辩证互动。③ 孙欢、廖小平认为国家治理的过程是生态秩序和社会秩序的建构过程，前者表现为人与自然和谐，后者表现为多元主体利益协调。国家治理的生态伦理价值目标是生态文明，其具象化目标即美丽中国。国家治理的善性决定于其伦理合理性，而伦理合理性又决定于明确、合理的生态伦理价值定位。顺应生态伦理的生态治理为国家治理生成合法性，不仅因为生态治理具有广泛的认同基础，并致力于实现生态正义，还因为有效的生态治理满足善治的全部条件。④ 杨文进认为，“生态文明”作为一般社会范畴，各学科的解读是不完全相同的；经济学视角的生态文明是从符合生态规律要求并满足人类经济利益需要来解读其内容的。体现生态文明核心价值的经济伦理最根本的内容就是人与自然关系的协调，其实现程度取决于包括“代内公平”与“代际公平”在内的人与人之间关系的和谐程度。任何文明的实现都要通过一定的资源配置来落实，资源配置向什么方向运动则取决于

① 宋晔、牛宇帆：《人性复归新思路：生态德育——基于生态伦理的德育思考》，《教育发展研究》2017年第2期。

② 邹绍清、崔建西：《思想政治理论课中大学生生态文化教育论析》，《学校党建与思想教育》2017年第17期。

③ 陈翔：《五大发展理念的伦理价值与发展现代化》，《社会主义研究》2017年第4期。

④ 孙欢、廖小平：《国家治理的生态伦理意蕴》，《伦理学研究》2017年第5期。

体现社会伦理的价值标准，体现生态文明伦理的价值理论是从人类作为一个物种持续生存和发展这个最大福利的角度去认识价值内容及其衡量标准的。要使生态伦理及其价值理论得到实现，需要通过一定的制度安排和组织形式来实现，具体的价值标准或尺度也是通过特定的制度安排来实现的，生态市场经济是当代实现生态文明最有效的组织形式。人类在物质、精神和生态三种需要方面的满足和协调程度，是衡量一个社会生态文明建设程度高低的标准。① 肖玉飞认为作为一种基于人类命运的历史思考、现实回应与美好梦想，人类命运共同体既具有漫长的历史渊源与制度演变，也是当今人类社会发展的现实关切，更是人类孜孜以求的理想社会形态。当前全球化浪潮，地球生态危机日益严重，全球不合理的政治经济已成为发展的巨大阻碍，同时文明的冲突加剧，全球性风险与挑战不断增多，而当前国际社会则依然存在零和思维与诸多猜疑隔阂，天人合一的生态伦理、民主协商的商谈伦理与“从实体出发”的实体伦理则是人类命运共同体及中国传统智慧应对这一前所未有之挑战的伦理之维。② 冯艳滨、杨桂华认为生态伦理观建构是建立国家公园新空间体系的关键。美国国家公园的三个思想理念可以为中国提供借鉴：其一是为公众提供游憩享用的目标；其二是作为国家主义的象征；其三是以荒野伦理为中心的生态伦理观念。中国建立国家公园，应构建中国独有的生态伦理观。首先，要构建一种人与自然的契约关系，这种关系应基于中国传统“天人合一”思想、中国少数民族的传统生态智慧或是朴素的自然观；其次，生态构建和社会构建结合，在国家公园顶层设计中注入生态伦理思想。最后，应从中国的实际出发构建生态伦理观。③

另外，牛庆燕主要关注了生态主义伦理精神。她认为在全球化的时代背景下，现代人类文明最稀缺的价值资源是“精神”与“伦理精神”。当全球性的生态难题开始挑战人类的生存底线，全球化的浪潮甚至思潮妄图主宰生态时代的价值判断之时，生态主义“伦理精神”的回归成为共同的时代期待。如果说，“精神”的本性是“自由”，“伦理精神”是超越了个体的道德精神与人格精神而形成的“共同体精神”与“实体精神”，那么，生态主义伦理精神则是重要的“伦理生态人”精神、“道德实践人”精神和“人类人”精神。在国际局势错综复杂的当今时代，应当构建生态主义伦理精神与民族精神，消解“经济中心”与“科技至上”的价值霸权、避免文化殖民主义的侵略扩张并扬弃文化相对主义，在异质文明的生态对话、生态融通与生态合作的基础上促成生态发展，唯有如此，生态主义“伦理精神”才能融入“民族精神”，并最终成为“民族精神”。④ 在经济现代化与价值多元化的当今时代，理性主义盛行与“精神”缺位成为难以化解的时代困惑。完整真切地把握生态主义理论思想

---

① 杨文进：《生态文明的经济学内涵》，《学习与探索》2017 年第 3 期。

② 肖玉飞：《人类命运共同体的伦理之维》，《重庆社会科学》2017 年第 12 期。

③ 冯艳滨、杨桂华：《国家公园空间体系的生态伦理观》，《旅游学刊》2017 年第 4 期。

④ 牛庆燕：《全球化视域中的生态主义伦理精神》，《伦理学研究》2017 年第 1 期。

的“精神”内核，必须突破“学派”、“流派”与“思潮”的研究理念，以“出入流派”的伦理学研究方法进行生态主义理论“形态”的研究。历经人类文明初年生态主义的“伦理”形态、近代以来生态主义“伦理—道德”的对峙与冲突形态，在经济全球化的时代背景与“生态双赢”的学术期待下，生态主义伦理思想在生态演化史上应当继续向前拓展，即向“伦理与道德一体”并辩证互动的形态演化，进而构建生态主义“伦理”—“道德”的价值生态与生态伦理的“中国形态”，这是特殊的民族精神气质，也是历史发展的必然趋向。①

① 牛庆燕：《“形态论”视野下的生态主义伦理世界》，《道德与文明》2017 年第 4 期。

2017 年法律伦理学研究报告

杨茜茜

作为中国应用伦理学领域中一个不可或缺的重要组成部分，法律伦理学依据伦理学理论提供的道德理念和一般原则，来论证、反思和批判法律的合目的性，是一门专门研究法律与道德关系的学问。① 无论是从历史考察的结果还是哲学思辨的角度来看，法律和道德都具有天然的联系。从法的价值面向而言，法应该是一种人类所创造并以此促进人性的实现和社会进步的社会现象。但基于历史发展的不同阶段，法律自身表现出不合目的性、不周延性、模糊性、滞后性等局限性，加之法律本身具有权力工具性的特征，使得现实的法存在种种缺陷，甚至存在违反人的根本利益的现象。因此，法律伦理学承担着对法这一社会现象进行批判性思考的重要使命，同时也是中国伦理学研究时代性发展的新生长点。法律伦理学的研究对象可分为三个层次。第一个层次是关于法律存在前提的道德评判，即法律制度作为一种社会强制制度存在的道德合理性证明。如法律作为对人的自由的限制为什么是善的，人们应当守法吗，法律通过何种创设才具有道德的合理性，司法机关为什么可以剥夺人的自由和生命。可见，法律伦理学研究的第一个层面问题，是对法律正当性的形而上的思考。第二层次是内涵于法律制度中的道德问题和现象，即法律中的正义问题。如法律对权利和义务如何进行分配才是正义的，立法和司法要遵守什么样的程序才能保证实体正义的实现，程序的内在价值是什么，法律人具有什么样的德性，如何对社会成员进行法制教育。法律伦理学研究对象的第三层次是着重关切法律运行过程中的各种道德困境和现实问题。随着科学技术迅猛发展，在充满复杂利益关系的现代社会，很多具有道德歧义性的社会难题层出不穷，给人类社会的各种关系带来深刻的变化，传统的道德理论无法提供一个合理的理论解释和现实的解决方案，建立在传统道德体系上的法律制度自然也无法适应这种变化，并做出相应的理论变革和现实对策。当道德尚难对各种新型的

① 1984 年 7 月 20 日，华东政法学院何勤华教授在《文汇报》上撰文，首次提出法律伦理学的概念。2007 年西南政法大学召开“全国法伦理学学术会议”，学界关于“法伦理学”学科的性质初步形成共识：法伦理学作为应用伦理或法理学的一个分支学科，是由法学与伦理学（哲学）的结合和渗透而形成的。

关系作出善恶判断，如何要求法律来对其进行调整！当法律和道德纠缠不清时，法律伦理学应运而生，法律伦理学的研究不仅廓清了两者的界限和疆域，且以独特而多元的研究方法形成自身的优势：一是以哲学反思、批判与建构的方法；二是运用价值分析与实证分析的研究方法；三是综合其他社会科学，与社会学、政治学、经济学、心理学等各学科领域彼此渗透，相互交叉结合。可见法律伦理学作为伦理学的现代形态，其主要任务在于，把一般的道德理念体现在立法、司法和守法的各个环节，把理想的道德理念通过法律实践变成现实。

作为交叉学科研究范式，法伦理学研究至今已有30余年的历史，学界借助于对学科的名称与定位、研究对象、理论体系以及价值立场等基本范畴的研究，贡献出一大批富有建设性的研究成果，2017年广大学者更加关注于当代中国法律伦理现代品格的塑造，以中国特色的法律伦理为视角，用以构建当代中国特色社会主义法治体系。在学术会议方面，研讨会主题聚焦于中国特色社会主义法治理论、职业伦理法律规范、法律职业伦理、传媒法治建设、生物医学伦理、信息科技伦理等相关问题。①研究成果方面，截至2017年12月31日，在中国知识资源总库（CNKI系列数据库：1997）中，以“法律伦理学、法伦理学、法律道德性、法治与德治、立法伦理、司法伦理、执法伦理、守法伦理、法律职业伦理”等为关键词搜索，其结果为326篇，其中，期刊类文章共计171篇；硕、博士学位论文155篇。总体来讲，2017年全国伦理学、法学理论界对大量理论与实践问题展开了广泛而深入的探讨和研究，对法律伦理的基本问题、法治与德治、法律与实践的伦理问题、法律职业伦理、具体法律制度的道德性、中国传统法律伦理思想等领域都有深入的讨论，取得了众多研究成果。纵观2017年度，学界探讨和研究的重点与热点主要集中在以下六大方面。

一　法律伦理的基本问题

2017年度，学者们本着务实、创新的探索精神，围绕法律伦理的基本问题、重

① 关于法律伦理学术研讨会议议题，较往年关涉的领域有所增加，在法治建设、网络传媒、法律职业伦理、医疗卫生等领域成果较为突出。例如：杨明宇、柯庆华《中国社会主义新差序法治》，中国法学会董必武法学思想（中国特色社会主义法治理论）研究会2017年年会暨十八大以来法治建设成就回顾高端论坛，2017年9月25日；慕明春《一种游走在道德洼地与法律边缘的传播乱象——网络“明星走光”报道出位和媒介侵权解析》，第三届中国传媒法治建设高峰论坛，2017年10月14日；田大映《从“信息橱窗”到“全景监狱”：大数据时代下的技术伦理——基于〈今日头条〉个性化推送的思考》，首届“何微新闻奖”新闻传播学科研究生论坛，2017年6月25日；杨楠《我国公务员职务外违反道德行为的法律规制——对公务员惩戒制度的思考》，中国法学会董必武法学思想（中国特色社会主义法治理论）研究会2017年年会暨十八大以来法治建设成就回顾高端论坛，2017年9月25日；睢素利《从伦理和法律视角探讨患者自主权在预先医疗决定中的实现》，中华医学会医学伦理学分会第十九届学术年会暨医学伦理学国际论坛，2017年7月20日；陶然《医学专家出庭的困惑：法律思考与伦理思辨》，中华医学会医学伦理学分会第十九届学术年会暨医学伦理学国际论坛，2017年7月20日。

点及热点问题进行了深入研讨。

学者们撰文对法律伦理学的研究路径与学科使命、法律与伦理两大学科的有效互动展开进一步研究。这些文章追溯了法律伦理学的渊源和发展。法律伦理学的学术思想研究的四个历史阶段同时也是法律与道德互动关系的体现，中国古代法律伦理思想有其传统的特性，法治文明有其浓重的“礼治”“德治”“人治”特色，中国古代法亦称为“礼法”，道德被法律化，这种礼法精神一直持续至清末。改革开放后，随着社会和法治实践的发展，伦理在法律中的作用逐步呈现，法律伦理学随之逐渐得到发展。通过回顾中国伦理学发展主要经历的四个阶段及其各位专家学者的论文著述，在学术探索与争鸣中寻求学科的方向和使命。有文章指出，建构与现代法治文明精神相契合的具有法律职业素养的法律职业共同体，为法律伦理学研究提供了全新视野。法律伦理学全球性研究由来已久，但中国起步较晚，在法科领域尚未普及，基于在研究价值、理论框架、研究内容等方面仍存争议的现状，缺乏统一性和综合性研究，而守正与创新才是法律伦理学研究的解困之道，既要遵循法伦理学学科的特性和发展规律以及研究认识规律，也要在立足传统的基础上紧跟时代步伐，运用科学的方法、结合全新的视角，在研究中有新的创见。因此，法律伦理学的内在特性需要从系统性、关联性、交叉性、时代性、客观性、任意性和相容性几方面予以重视。同时，需要进一步正确认识法律伦理学的内在特性和本质规律，从宏观层次上把握法律与伦理的互动关系原理，微观层次上分析具体法律角色伦理问题以及法律部门的具体伦理问题。①

国内伦理学界对“义务”存在不同理解，对道德义务能否做一种“完全义务”与“不完全义务”的区分在伦理学家之间仍存有分歧，道德上的完全义务与不完全义务虽不像法律义务与道德义务的区分那样明确，但其间的差别是显而易见的，需要把握道德义务的层次性，对于充分发挥道德的规范和引导功能具有重要意义。有学者提出，在道德义务的范围内，能否对道德义务也做一种类似法律义务即“完全义务”或“完全强制性义务”，而道德义务即“不完全义务”或“不完全强制性义务”这样的区分。在道德上划分完全义务与不完全义务是否可能、是否具有合理性，以及是否有意义，需要进一步讨论。② 道德上的完全义务是对人类社会的存续至关重要、对人具有道德上的强约束力和与一定的道德权利直接相关的道德义务；道德上的不完全义务，则是有助于提高人类社会生活质量，对人具有道德上的弱约束力和与道德权利并无直接关系的道德义务。富勒“义务的道德”与“愿望的道德”的区分，哈特“道德义务”与“道德理想”的区分，显然是从不同的道德要求之于维护社会生活的重要性着眼的。无论是斯密还是密尔，还是其他道德学家，判断道德准则之于社会生活的重要性，是判断其义务性强弱的一个基本标志。因此，道德上义务的完全性与不

① 余其营：《法律伦理学的研究经纬与学科使命》，《南阳理工学院学报》2017 年第 5 期。

② 余涌：《论道德上的完全义务与不完全义务》，《哲学动态》2017 年第 8 期。

完全性，源于其对维护社会生活的重要性意义存在质的差别。同时，两者的区分还表现在对行为者规范要求的强弱上。而从根本上看，以上差别都源于两者与权利的关系之不同。可见，完全义务之所以对维系人的社会生活至关重要，对个人的行为具有绝对的强制性，根源就在于这种义务是与某种明确的权利要求相对应的，正如密尔和斯密所称的“正义”，以及富勒和哈特所称的“义务的道德”和“道德义务”都具有完全义务的特征。一旦混淆两者，无论是弱化完全义务的强制性，还是强化不完全义务的规范性，都有碍于道德功能的发挥。还有学者试图就人们何以负有服从规则的道德义务给出逻辑论证和合理解释。有文章认为，无论是后果主义还是义务论，无论是密尔的分层理论还是罗尔斯的限制理论，均无法对制度规则和个人行为作出合理解释，因此，尝试将两个层面的解释分开，用后果主义来解释制度规则，用公平原则来解释个人行为，通过理论的分层使用，来解决遵守规则的道德义务问题。作者借哈特论证人们有服从法律的道德义务时提出的“限制的相互性”原则：“当很多人按照规则从事某种合作事业并且限制了他们自己的自由时，那些服从这些限制的人们在需要时有权利要求那些从其服从中受益的人们服从同样的限制。”法律具有强制性，以强力为后盾迫使人们遵守法律，法律也有道德性，而人们负有服从法律的道德义务。但这一原则存在根本问题，当法律本身可能是不公平的或不正义的，那么这一原则也是不正义的，服从法律规则反而使某些人处于不利地位。因此，需要提出一个更好的原则来替代哈特的“限制的相互性”原则，即“公平原则”，其两个条件分别是：第一，人们接受制度安排所产生的利益；第二，这种制度本身是公平的。① 有文章还提出，在救助他人的问题上，区分道德义务与法律义务的意义在于救助者救助他人乃其高尚品格使然，其希望获得的是道德赞誉，因而并不愿意受到法律的强制，否则其希望获得道德赞誉的愿望将会落空，若法律强制要求人们为他人利益而将自己处于危险境地，也不符合公认的道德良知。因此，道德义务转变为法律义务的底线应该是救助行为并不危及救助者的安全，也不能强人所难。并认为若救助者与被救助者存在诸如监护人与被监护人、导游与游客、医生与患者、船员与乘客等特殊关系，才会产生法律上的救助义务，对一般人施加作为义务终究有悖于行为自由的私法理念，要求不具有特殊关系的一般人负担救助义务在私法上是难以接受的。② 有学者还通过对利他救助法律干预模式的正当性证成，来说明利他救助如何实现对基本人权的保障，实施救助不仅是道德义务同样可划归到法定义务的体系中。③

关于法律的道德性问题，一直备受学者们的关注和重视。20 世纪初期，自从自然法复兴起，新自然主义法崭露头角，主要以富勒、罗尔斯和德沃金三人为代表人

① 姚大志：《我们何以负有服从规则的道德义务？》，《哲学研究》2017 年第 10 期。

② 关涛：《救助他人行为的私法构造》，《法学》2017 年第 9 期。

③ 王硕、李拥军：《利他救助法律干预的正当性检视》，《国家检察官学院学报》2017 年第 2 期。

物。新思维出现逐渐使法律达到了一个新的层次。富勒将法律道德性进行了系统的探究，主要体现在《法律的道德性》这部著作中。依据富勒的观点，在人们对各类道德问题进行思考的同时，也同样能够想到一个衡量的最低标准，这就是所谓的法律义务。它有助于帮助界定该行为是否应该是法律禁止的，合理构建有序的社会环境抑或可能是有序社会构建的特定目标，它是人类文明社会的标志。尤其是西方的法理学史中，法律和道德永远是让人争论不休的话题。早在古希腊就有关于自然法与人类法律关系的话题。根据自然法学批判学派的主要代表奥斯丁的学说，实证主义法学流派普遍认为“恶法也是法”，法律的客观存在并不以好坏来区分，尽管其中可能出现了道德与正义之间的矛盾性，所以十分有必要区分道德和法律。从学理角度来看有这样几个观点：富勒的观点认为法律内在道德中更多是一种欲望道德，而立法行为本身应该具有主动性，所以人们必须基于道德法律设定标准，根据提出的问题解决实践中遇到的法律瓶颈。法律具有无限的可能性，内部的标准成为人的信仰判断。哈特认为，法律与道德的分离，实质是为了防止非法律原因的干扰，影响法律的正常运行，人们普遍以遵守道德标准批判法律，从而规避法律。有文章认为通过富勒和哈特的辩论，逐渐相互交织关键法律道德化与道德法律化之间的切换。中国法治进程中法律道德化将是重大议题。社会治理不仅依靠法律，过分强调法律与道德结合，抑或强调道德重要性均是不可取的，良好的法律应该刚柔并济，并且是人性的。应将道德因素合理纳入法律，接受道德要求，立法中以道德为依托，使得法律兼备道德的基础，同时阐释社会道德价值。法律吸收道德因素的属性是法律的道德性，其实用价值在于法律的道德化。[①] 有学者通过探讨法律的道德性与道德法律化的关系以及价值定位，认为二者有着紧密的联系，法律和道德在规范人们生活方面发挥重要作用。法律的道德性与道德法律化的关系主要表现在三个方面：一是法律的道德性是法治的内涵，道德的法律化是法治的基础；二是法律的道德性反映守法过程，道德法律化反映立法过程；三是法律的道德性在实现上表现为道德上的义务，道德法律化的实现表现为法律。就价值定位来看，法律的道德性的定位为法治，道德法律化的定位为法制。[②]

关于道德争议的治理难题同样引发学者们的广泛关注。“治理”（governance）从抽象意义上其词义是“对合作关系或合作网络赋予意义并使之合理化的过程”。这一概念在不同语境中往往有着不一样的内涵，特别是在当代公共治理理论的众多议题中。有学者提出伦理治理只有针对伦理难题或问题，才不会是无对象、无边界的治理。其真义体现在其特定的问题取向中，伦理治理经历着从超验形态向经验形态的现代性转变。探讨伦理治理“治理什么和如何治理”的问题，是从一种文明史的形态勘测中寻找人类精神生活的地标，因此，有文章引入“巴别塔”的宗教隐喻和伦理

① 杨双璐：《法律道德性对和谐社会的启示》，《智库时代》2017 年第 17 期。

② 钟幸运：《试论法律哲学中法律的道德性与道德法律化分析》，《教育教学论坛》2017 年第 42 期。

叙事，对“伦理治理”是“伦理的治理”还是“对伦理进行治理”两种不同语义进行内涵阐释，“伦理同一性”的超验建构使人类总是以各种方式筹划着“同一种语言”“同一个梦想”“同一个民族”的伟大建造工程。“通天塔上的伦理”属于整体建构的伦理，出发点是“整体”，遵循从实体出发的路线。总体为最大的普遍性，个体不能偏离总体指引的方向，个体存在意义在于它归属于整体的和谐或建造。在语义上，“伦理”作为修饰词，“治理”作为行为类型，表述为“伦理的治理”，并不指向专门领域如法律、政治或公共领域的治理，而是依据伦理同一性或伦理总体性进行的一切人类治理。“伦理化”是典型的特征，伦理中心论是其突出的治理模式；而“通天塔下的伦理”属于从个体出发的伦理，总体作为一种暴力或压制，个体只有反抗和从整体的控制中挣脱出来才是自由的个体。在语义上，它把“伦理”作为治理的对象或宾词，是“对伦理进行治理”。在现实生活中，伦理出了问题，遭遇到各种各样的难题，人们在伦理意义上的合作关系或合作网络不能发挥作用，它“失灵”“失序”“失范”，因此需要“对伦理进行治理”，是一种经验意义上的难题治理或问题治理。紧接着文章提出伦理治理到底治理什么；需要在传统与现代性两者间作出抉择吗；现代是否可能重构传统意义上的伦理治理。由此得出，去除伦理之“伪”、化解伦理—道德悖论、克服道德虚无主义危机三个核心难题，是现时代最为重要急需的伦理治理行动。[①] 有文章通过追溯阿格妮丝·赫勒的伦理学思想，认为现代性在建构现代生活方式的同时打碎了前现代社会人们依循的道德规范，使道德结构发生转变，引发了现代社会全新的道德困境。赫勒正是看到了现代性作为一种文化模式对人类社会生活产生的巨大影响，阐释了现代性逻辑下的道德困境，并在此基础上构建起了她的实践伦理学。赫勒分析了引发现代性并促进现代性的发展的三种逻辑力量：技术逻辑、社会地位的功能性分配逻辑以及政治权力逻辑。三者不仅是相互支持的，而且是相互限制的，甚至是相互冲突的。只有彼此间达到一种平衡，现代性才能继续存在，而一旦失衡则会造成现代性的危机，甚至毁灭。在赫勒看来，现代性的逻辑下，道德结构是普遍化、多元化、个体化且展现出来了失衡的状态，相对应的道德困境就是静态正义与动态正义的同一性和非同一性，抽象道德规范与具体道德规范的同一性和非同一性。可以说，对于现代性逻辑下道德困境的分析是赫勒伦理学思想之基，而如何超越这种困境则是赫勒伦理学思想的根本任务。[②]

与此同时，学者们对道德困境的研究更加关切现实生活。有文章从反思当前高校学生评教的普遍现实出发，发现高等教育陷入的道德困境问题，需要采取策略回归教育与学生评教的本真。教育作为培养“人”的活动，它涉及的不仅是知识技能的获

① 田海平：《伦理治理何以可能——治理什么与如何治理》，《哲学动态》2017年第12期。

② 杜红艳：《现代性逻辑下的道德困境——阿格妮丝·赫勒伦理学思想之基》，《黑龙江社会科学》2017年第3期。

得，还是生命的发展、道德的完善和人生意义的建构。从教学“合于德行”的角度需要接受道德上的审视和考问，大学生评教实践领域中呈现“公平脆弱、自由缺失、真实难觅、正义无法守卫”等道德困境。因此需要采取慎重看待学生评教的结果、适当改变评教角度、采用多样化的评教方式、评价功用由奖惩变为改进教学等策略缓解其道德困境。① 有较多学者关注到网络虚拟空间道德困境问题，网络虚拟空间的二元性导致主体道德认知弱化、道德情感淡漠，网络虚拟交往的匿名分散性易致主体道德责任缺失，网络虚拟活动的超现实性易致主体道德人格分裂。有文章提出政府应牵头制定推广网络道德行为规范，制定出台微媒体、网络社区、移动智能终端等网络载体自律公约，明晰网络媒体机构及从业人员的职业道德底线，强化“底线”教育，提升其媒介素养和专业技术素养，完善社会监督机制，使其在媒体职业生涯中坚持法律法规底线、道德风尚底线、信息真实性底线、公民合法权益底线、社会公共秩序底线、社会主义制度底线和国家利益底线。国家、社会、主流媒体要引导和规范网络媒体，加强道德理念规范化和制度化建设，提升网络媒体的社会公信力。② 有文章指出网络公共领域的话语建构出现言语方式不合“礼”、言语形式有悖“仁”、言语态度误“真诚”、言语内容不“真实”等语言伦理问题，这一话语建构的道德困境折射了网络公共领域人际交往的异化。针对网络公共领域话语道德困境的表现，要提高网络公众的交往伦理认知，提高网络公众自身言语道德品质，加强言语道德修养，加强网络公众的言语道德教育，制定和实施网络语言伦理规范。③

新型权利作为理论上的热点问题，近年来呈现出一派繁荣景象④，根据对知网文献的整理，我们大致将新型权利研究文章分为以下三类：一是大数据时代的人格权与财产权，其中包括被遗忘权⑤、个人信息权⑥、网络信息财产权等；二是科技进步背

---

① 宋立华：《大学生评教的道德困境与解困之策》，《现代大学教育》2017 年第 3 期。

② 张元：《网络虚拟社会的道德困境与规范建构》，《理论月刊》2017 年第 9 期。

③ 王凌、肖婕芳：《网络公共领域话语建构的道德困境与对策》，《宁夏社会科学》2017 年第 5 期。

④ 2014 年至 2017 年连续四届“新兴（新型）权利与法治中国”学术研讨会的成功召开，标志着当前新兴（新型）权利研究已经突破了热点式的学术关注形式，其研究基础日益坚实，团队规模不断扩大，成为具备规范化、系统化和方法性等学术品质的法律伦理研究领域。

⑤ 当前被遗忘权研究主要包括权利概念辨析、制度功能定位、立法比较研究、法律问题与对策等。如：徐家力《“被遗忘权”探析》，《湖南大学学报（社会科学版）》2017 年第 4 期；何雪莲《隐私的辩证：被遗忘还是被观望?》，《南京社会科学》2017 年第 7 期；董媛媛《论互联网传播权利的冲突和选择——以美国的被遗忘权对网络中立博弈为分析视角》，《现代传播（中国传媒大学学报）》2017 年第 3 期；张里安、韩旭至《“被遗忘权”：大数据时代下的新问题》，《河北法学》2017 年第 2 期；殷乐、于晓敏《被遗忘权：网络空间的隐私保护与治理——基于全球部分国家的立法与实践分析》，《新闻与写作》2017 年第 1 期。

⑥ 如果说被遗忘权是大数据时代以特定方式处理个人信息的特殊请求权的话，那么个人信息权则更加全面系统反映大数据时代公民保护个人信息的各项权能。当前个人信息权研究首先是确定权利的基本属性。如：于志刚《“公民个人信息”的权利属性与刑法保护思路》，《浙江社会科学》2017 年第 10 期；王叶刚《人格权确权与人格权法独立成编——以个人信息权为例》，《东方法学》2017 年第 11 期；陈奇伟、刘倩阳《大数据时代的个人信息权及其法律保护》，《江西社会科学》2017 年第 9 期；余筱兰《信息权在我国民法典编纂中的立法遵从》，《法学杂志》2017 年第 4 期。

景下的生命伦理权[①]与环境资源权[②]；三是现代治理转型中的人身权[③]、社会权[④]、特殊群体权利[⑤]。理论界忙于证成各种权利，从环境权到民生权再到被遗忘权等，似乎每一种社会主体关于特定利益的主张均应被赋予“权利”之名，通过对现有关于新型权利或新兴权利文献的研究，部分论著的权利表达逻辑应予以审视和反思。欲确定一种新型权利，终极目标应是将其纳入法律所确定保护的权利范畴内，在立法资源相对稀缺的中国，其论证就应更加严谨，以形成学界共识，并被立法者或司法者采纳。需要关注的问题总结如下：目前所欲证成的是一个权利束、权能还是一个独立的权利；一种权利对应的义务是什么；对应着国家公权力还是其他私主体；具体行为上表现为作为还是不作为；这种新型权利与其他法律既有或应当保护的权利之间是否存在冲突；赋予主体该权利与对应的义务之间配比是否合乎正义。这些问题在很多新型权利的研究中并未得到很好的回答，甚至并未涉及。新型权利的研究绝不是学者的自说自话，而应当是学者通过自身的研究说服立法者和司法者确认或者承认某种权利的存在，那就“需要具有充分说服力的道德理论来解决社会所面临的分歧，它帮助理性的人去分析决定哪些声称的权利是真正的权利”。[⑥] 有文章认为，新型权利应该具有某种道德上的正当性，即从道德权利发展为法律权利，所以新型权利的研究应当是一个发现的过程，而非一个创造的过程，发现的源泉应当是道德基础，尤其是公德。新型权利研究的目标应当是说服立法者或司法者接受该项权利的存在，那就要求研究的精细和对话性，而不能将所有有关利益的主张都赋予“权利”的身份。新型权利研

① 目前国内对生命伦理权的研究大多集中于冷冻胚胎处置权，研究成果与代表观点如下：廖磊《论新生权利的创设——以“冷冻胚胎案”中监管权与处置权的创设为例》，《河北法学》2017 年第 9 期；贾爱玲《“冷冻胚胎”的法律属性及其处置规则》，《兰州学刊》2017 年第 11 期。

② 相关研究集中在环境权概念阐述与反思、环境权救济以及具体环境权类型等问题。如：陈海嵩《健康环境权之溯源与辩正——司法适用的视角》，《法学论坛》2017 年第 6 期；张璐《论环境违法行为所致精神损害赔偿的权利基础》，《东南学术》2017 年第 6 期；邹雄、庄国敏《论民法典绿化的边界——以民法典对环境权的承载力为视角》，《东南学术》2017 年第 6 期；付淑娥《环境人格权的宪法确认与保护》，《甘肃社会科学》2017 年第 4 期；汪劲《进化中的环境法上的权利类型探析——以环境享有权的核心构造为中心》，《上海大学学报（社会科学版）》2017 年第 3 期。

③ 当前研究包括祭祀权、死者人格利益保护、子女姓名权、隔代探望权等。如：陈东赞《古代祭祀活动的仪式性与群体成员的身份认同》，《宁夏社会科学》2017 年第 1 期；王叶刚《论侵害英雄烈士等人格权益的民事责任——〈以民法总则〉第 185 条为中心》，《中国人民大学学报》2017 年第 7 期；刘练军《姓名登记规范研究》，《法商研究》2017 年第 3 期；庄绪龙《“隔代探望”的法理基础、权利属性与类型区分》，《法律适用》2017 年第 23 期。

④ 民生权利这一“民生”话语颇具中国特色，既承接中国传统的民本与民生理念，又融合并改造于中国特色社会主义革命与建设道路之中。其包括医疗、教育、卫生、安全、福利等各个方面，与民生保障与发展相关联的各类社会权利统称为民生权。如：朱俊《民生权的权利性质及其可诉性分析》，《学术交流》2017 年第 8 期；张浩《从权利到民生——“小区拆围墙”之分析》，《河北法学》2017 年第 1 期。

⑤ 该权利带有鲜明的身份性特征，现代宪法所体现的宽容精神是少数人权利保障的伦理基础，如同性恋群体，留守儿童的生命健康权、安全权、受教育权等一直是法律伦理学理论与实践关注的热点问题。

⑥ ［美］卡尔·威尔曼：《真正的权利》，刘作翔译，商务印书馆 2015 年版。

究的繁荣背后有着方法论的隐忧，存在权利标准的缺位与配置。[①] 有学者以 2016 年入选 CSSCI 来源期刊的论文为分析对象，通过梳理新兴（新型）权利研究成果，以大数据、科技进步与现代治理转型等权利生成背景和实践需求为权利分类标准，统合研究具体类型的新兴（新型）权利及其法律问题，对进一步厘清各类权利本质内涵、建构权利保障制度体系、弥合理论与实践距离有所裨益。[②]

第四次工业革命时代到来给传统的道德观念带来了极大的冲击，一方面为经济、社会和个人发展创造新的机遇，从而向个人和社区赋权，但另一方面也会导致某些群体的边缘化，加剧不平等，催生新的安全风险，以及破坏人们的社会关系。世界经济论坛发布的《全球风险报告》反复强调技术风险的重要性。在 2017 年的报告中，新兴技术成为该报告的“焦点风险”之一，凸显了人工智能（AI）和生物技术等领域中存在的道德困境。[③] 人们做出行动的实践理由和道德推理发生了改变，道德争议的治理难题由此出现，学者们越来越多地关注各领域道德风险和道德困境问题。随着大数据智能、跨媒体智能、自动驾驶、智能化自动武器系统迅猛发展，针对大数据和人工智能所带来的技术、法律、伦理问题，国内研究者较为系统地提出了发展大数据技术所要遵循的伦理原则和应对大数据问题所要采取的具体措施。[④] 国内学者普遍认为，解决大数据法律和伦理问题必须建立相应的伦理原则，以规范运用大数据的行为，限定收集数据的范围和划定相应的界限。基本达成共识的有以下主要原则。一是无害向善与以人为本原则。国内研究者指出，大数据技术的应用、创新和研发必须以促进人类的幸福和提高人类生活的质量为最终目的。二是权责统一与知情同意原则。运用大数据的一方享受大数据益处的同时，也要负担起大数据引起的不良后果责任，包括收集记录数据的责任方。在大数据技术的运用中必须坚持权利与责任的统一，实现谁收集谁负责，谁使用谁负责。邱仁宗教授把知情同意原则表述为尊重原则，并要求尊重人的自主性和自我决定权，坚持知情同意或知情选择原则。三是透明公开与开放共享原则。在数据收集、分析、使用的各个环节，国家对公众、企业对用户、团队

① 陈彦晶：《发现还是创造：新型权利的表达逻辑》，《苏州大学学报（哲学社会科学版）》2017 年第 5 期。

② 白利寅：《论科技进步与治理转型中的新兴（新型）权利——以相关研究的述评为视角》，《东方法学》2017 年第 4 期。

③ 《2017 夏季达沃斯论坛前瞻：直面第四次工业革命的挑战 人工智能和生物技术的道德困境备受关注》，《中国经济周刊》2017 年第 25 期。

④ 国内学者较为系统地阐述了大数据伦理问题的表现形态、产生原因和治理对策，取得了较多优秀成果，如：董军、程昊《大数据技术的伦理风险及其控制——基于国内大数据伦理问题研究的分析》，《自然辩证法研究》2017 年第 11 期；李伦、李波《大数据时代信息价值开发的伦理问题》，《伦理学研究》2017 年第 5 期；陈艳、李君亮《大数据哲学研究述评》，《广西社会科学》2017 年第 3 期；段伟文《人工智能时代的价值审度和伦理调适》，《中国人民大学学报》2017 年第 6 期；张玉洁《论人工智能时代的机器人权利及其风险规制》，《东方法学》2017 年第 6 期；袁曾《人工智能有限法律人格审视》，《东方法学》2017 年第 5 期；吴汉东《人工智能时代的制度安排与法律规制》，《法律科学（西北政法大学学报）》2017 年第 5 期；杜严勇《机器人伦理设计进路及其评价》，《哲学动态》2017 年第 9 期。

对个人，都要坚持透明原则。在开放共享时代，数据在不断分析和共享中实现新的价值，不同数据之间的互相作用与相互结合也可能会产生新的价值。国内学者也探讨了解决大数据伦理问题所要采取的具体措施。首先是制定和完善法律法规，加强政府监督力度。由于现有法律已经无法解决大数据产生的新伦理问题，所以要制定、完善新的法律法规使之与大数据时代相匹配。其次，提倡行业自律机制，建立社会监督模式。如果不加强道德自律建设，大数据技术就有可能会引发灾难性的后果，有学者认为，要成立第三方监督机构——伦理委员会，对大数据行业内部的道德难题进行伦理评价、对信息活动进行全程监督、制定行业伦理标准、规约个体信息行为等。再次，努力进行技术创新，降低隐私泄露风险。最后，通过提高公民网络素养，尽快消弭数字鸿沟。

二 法治与德治

《中共中央关于全面推进依法治国若干重大问题的决定》提出，要坚持依法治国与以德治国相结合。国家和社会治理需要法律和道德共同发挥作用，必须坚持一手抓法治，一手抓德治，以道德滋养法治精神，强化道德对法治文化的支撑作用，实现法律和道德相辅相成。习近平总书记强调，法律是成文的道德，道德是内心的法律。法律和道德都具有规范社会行为、调节社会关系、维护社会秩序的作用，在国家治理中具有重要地位和功能。法律的有效实施有赖于道德支持，道德践行也离不开法律约束。法治和德治不可分离、不可偏废，国家治理需要法律和道德协同发力。2017 年，学界共有 82 篇讨论法治与德治的文献，其中 CSSCI 来源期刊 28 篇。这些文献大多围绕以下问题展开：第一，德治与法治相结合的正当性；第二，以德治国为何重要；第三，德治与法治如何实现双重互动。在讨论德治与法治关系这一问题时，绝大多数文献都从道德与法律的关系入手，试图通过对比道德与法律各自的不同功用，以阐明法律的限度和道德的重要性，进而论证以德治国的必要性。

对于法治与德治相结合，虽已确定为建设我国社会主义法治国家所坚持的重要原则，但学界对两者相结合的正当性仍有不同程度的分歧与存疑。法学界关于法治与德治的论述，存在两种截然对立的观点。一种是主张法治与德治的结合论，结合的方式存在并重论、主次论和统一论的三种认知。但在整体上都认为法治与德治是可以结合的，两者可以并存。另一种观点认为法治与德治无法兼容，苏州大学法学院孙莉教授是持有这一观点的代表人物。孙莉教授认为法与道德的功用互补是事实性命题，而法的统治或道德的统治则是规范性命题，二者不可混同。基于这种认识，有学者试图对这一观点的逻辑论证进路进行辨析和质疑，回到对权威文本表述的分析，从法治的道德性和以德治国的"示范伦理"意蕴这两个层面来阐述法治与德治的结合。① 有学者

---

① 夏纪森:《论法治与德治的结合——与孙莉商榷》,《伦理学研究》2017 年第 3 期。

试图从概念入手，澄清中国法制思想史上的“专制法治”“宪政法治”“德政”“德治”这些基本概念，对它们之间的逻辑关系及社会影响作出历史的梳理，以消除“法治”作为宪法解释的不确定性，避免削弱其规范意义，并正确评价“德法并举”。[①] 有学者认为法治与德治相结合的正当性证成，是推进我国法治社会建设、促进社会全面转型亟须深化研究的一个重要的理论与实践问题。[②] 因此，法治与德治相结合原则正当性的证成，需要基于法律与道德关系的内蕴规律，也就是法律与道德价值的同源性与交叉性、法律与道德规范的同宗性与交叠性、法律与道德功能的独特性与互补性。有文章认为“法治”作为“规则之治”，而“德治”作为“灵魂之治”，两者并重并举、同向发力。其认为一方面，需要切实发挥道德“风向标”的作用，加强社会公德、职业道德、家庭美德、个人品德“四位一体”建设，大力弘扬厚德载物、推己及人、互敬互爱、向上向善的道德情操；另一方面，注重运用法治手段解决道德领域的突出问题，通过立法、修法、释法协同跟进，以法律强制力强化道德作用、确保道德底线，让严重败德违法者付出代价。[③] 有文章还针对法治如何解决道德领域的突出问题进行深层思考，提出一是加快道德领域内的社会立法工作；二是将道德领域突出问题纳入法律调节范围；三是加大对道德失范行为的法律惩处力度；四是强化社会管理专项教育和治理职能。[④] 与此同时，还有学者指出，应将规则意识置于法治社会框架之中，将规则意识培育放在如何满足主体需要和人的全面发展角度来考量，使规则所体现的法理要求与伦理要求相一致，在底线意义上维系并推动整个社会法治与道德水平的提升。其认为规则意识所包含的法治意识与公德意识正是法治社会中不可缺少的，是现代人需要的一种权利与义务相结合的价值诉求，彰显了公民独立自主精神与责任意识，展现的是一种现代人格与法治内蕴。法治社会推进中的规则意识培育应从两个层面着手：一是法理层面的规则意识，即法治意识的培育；二是伦理层面的规则意识，即公共意识的养成。[⑤]

当然，也有很多学者对法治和国家治理现代化的重要作用、“德法合治”的历史维度等方面进行剖析。[⑥] 有文章指出法治与德治相辅相成的内在逻辑包括：良法的理论逻辑即法律是成文的道德；良序的理论逻辑即道德践行离不开法律约束；普遍守法

---

① 周永坤：《“德法并举”析评——基于概念史的知识社会学视角》，《法学》2017年第9期。

② 王淑芹、武林杰：《法治与德治相结合的正当性证成》，《伦理学研究》2017年第3期。

③ 张晓东：《“规则之治”与“灵魂之治”》，《人民检察》2017年第7期。

④ 李全文：《当前我国道德领域突出问题及其法治治理探析》，《南京政治学院学报》2017年第3期。

⑤ 刘泾：《法治与德治的互动：规则意识培育的双重维度》，《理论与改革》2017年第6期。

⑥ 参见孙伟《法治中国建设与“德法合治”的思想渊源》，《重庆社会科学》2017年第12期；周杰、王维国《国家治理现代化中道德与法律的关系论析》，《河南社会科学》2017年第1期；冯玉军《国家治理需要法律和道德协同发力》，《人民论坛》2017年第26期；马进、张发旺《论法德结合的社会治理价值导向》，《甘肃社会科学》2017年第2期；黎慈《论网络社会治理中法治与德治的有效结合》，《中共天津市委党校学报》2017年第5期；舒婷婷、刘云林《善的求索：道德合理性的向度及其达成路径》，《南京师大学报（社会科学版）》2017年第3期；吕本修《习近平德法并举思想探析》，《理论学刊》2017年第6期。

的实践逻辑即以道德滋养法治；法律至上的实践逻辑即关键少数带头崇德守法。[①] 有学者指出传统理论虽然在法律体系中解释法律和道德的关系，形成逻辑自足的法学理论，但对国家治理体系中的法治和德治关系缺乏解释力。基于此，其尝试运用嵌入理论方法分析，指出依法治国和以德治国相结合是国家治理体系中的制度性原则，形成相互嵌入的结构，产生相互规训的功能。法治和德治的相互嵌入产生弱连接关系和强连接关系，形成各具功能的规范结构和规范类型。密度确立了法治和德治相互嵌入的原则、程度和边界。在密度作用下，既要防止形式主义法治的道德空洞性，也要防止寄生于实质主义法治中的道德民粹主义和法律道德主义。[②]

三　法律与实践的伦理问题

法律伦理学的研究也应立足于理论与实践两个方面来进行，如何从道德的立场来分析和解决法律实践中立法、执法、司法和守法各环节所出现的道德现象和问题，促进法治的建设是法律伦理学要关注的一个话题。

（一）关于立法伦理

法律会随着社会生活的变化而变化，因此，不同时代国家的立法理念不尽相同。立法既要注重合法性，又要注重合理性，而要实现合理性的要求，立法过程必然涉及立法原则的伦理考问和审查问题。近些年来，立法伦理的研究热点问题，如安乐死、代孕行为、动物权利等都是法律和道德双重维度的“难题”。

安乐死是一个涉及哲学、伦理、道德、法律等方面的永恒命题。世界各国的安乐死立法也迥然相异。中国在 20 世纪 80 年代就开展过关于安乐死的学术讨论。然而安乐死在中国立法中至今仍未迈出一步，司法实践的案例裁判结果也并不统一。安乐死争议的重点在于，当主体以契约的形式委托医生代为结束自己的生命时，这一行为所面临的伦理、道德、刑法等层面的困境。但是，安乐死使临终病人有尊严、无痛苦地死亡，在这个层面上安乐死无疑是人道的、有价值的。有文章以韩国《安乐死法》为切入点，比较研究中国安乐死立法的具体困境，从法学家、社会学家与医生、患者的不同视角分析安乐死的复杂性，认为将安乐死这样的行为归于故意或过失杀人而判处刑罚，是有悖于刑罚目的的。对于安乐死，应当基于科学合理的法理原则，通过精细而独到的刑事立法，准确把握其合法界限，最大限度保障公民的生命质量与

---

① 程竹汝：《论法治与德治相辅相成的内在逻辑》，《中共中央党校学报》2017 年第 2 期。

② 程关松：《嵌入理论视域中的法治和德治结合形态》，《江西师范大学学报（哲学社会科学版）》2017 年第 4 期。

尊严。①

婚姻是两性结合最神圣美好的体验，同时，它也是人类种族延续的自然需要，承担着人类种族繁衍的使命。随着社会发展，婚姻制度也发生着变化，各国独身人群不断扩大，平静和谐的婚姻问题反而成为现代人避之不及的精神之殇，婚姻法的伦理基础随之受到动摇。有文章从黑格尔法哲学视角重新解读婚姻的伦理精神，指出黑格尔把婚姻规定为“具有法的意义的伦理性的爱”，伦理关系的本质是实体性的关系，“爱”的本质是意识到自我和他人的统一。婚姻的实质是伦理关系，而非两性的自然关系，也非现代人理解的民事契约关系。黑格尔把婚姻视为家庭的概念在其直接阶段的表现形态，同时又把家庭看作自然和直接的伦理实体。家庭成为伦理的直接策源地，逻辑地导出婚姻不仅是伦理的而且必须是伦理的。现代性以理性和主体性为主，形成现代社会中理性主义和个人主义的两大倾向，从而形成理性与精神、个体与伦理对峙的局面，造成了以理性僭越精神、以原子式的个人僭越伦理整体性的现代性后果。这一现代性后果在当前婚姻中的真实镜像，便是现实社会中反映出来的部分人谈婚色变、婚不起、婚无能等问题。婚姻能力的退化表征着现代人伦理能力的退化，而伦理能力的退化则可能导致人类对于价值和意义世界的莫衷一是。因此，文章指出面对这种局面，亟须对现代性婚姻进行伦理精神的“复魅”，对婚姻的伦理性进行学术肯认。②

有学者提出“现代风险社会刑法保护什么”的追问。认为传统刑法以处罚实害犯为原则，而风险社会刑法则以处罚危险犯为常态。自进入风险社会，法益的内涵与内容愈加抽象化，法益前置化保护方式扩大化，法益伦理基色隐现“非人本化”。为警惕风险社会下法益之风险，防止法益被虚置化，避免刑法成为刑事政策之工具，风险社会下法益保护限度须在遵循宪法原则的前提下展开，谦抑性原则应当成为这一限度的内核；法益伦理基色不能抹去自由主义、人本主义颜色，因为这是法益论在风险社会下维系的基底。③

有学者指出对动物实验伦理的规制是法律调整科学伦理问题时所面临的典型难题之一。在法功能层面，对科学伦理进行规制的本质是道德法律化，厘清道德与法律的边界有一定困难；在法经济层面，法律、伦理与科技的交织导致了规制中的利益冲突；在法执行层面，科学活动的低能见度造成监管的无力。要解决此种困境，需要通过行政规制和自我规制的结合方能完成。目前中国的动物实验伦理规制体系中的问题

① 封韬：《安乐死的哲理思辨与未来展望——以韩国〈安乐死法〉的颁行为切入》，《湖北工业职业技术学院学报》2017 年第 6 期。

② 杨小钵、郭广银：《黑格尔法哲学视阈下婚姻的伦理解读》，《南通大学学报（社会科学版）》2017 年第 4 期。

③ 李国庆：《风险社会之法益：样态展望、保护限度与伦理基底》，《暨南学报（哲学社会科学版）》2017 年第 12 期。

可循此路径解决。以“非人类中心”为基础的“动物权利论”作为一种“愿望的道德”，要求保障动物的权利而全面放弃科学实验中的动物使用，这对于现今社会而言，无外乎属于超越了社会一般认知的道德伦理要求，不适宜进行法律化。而“动物福利论”所倡导的，在科学实验所必需时可以使用动物进行实验但必须人道对待动物的主张，显然更符合一般民众的认知。①

“宜兴冷冻胚胎案”引发学界持续不断的热议，对于冷冻胚胎的性质问题，国内学者的观点主要为客体说和中间说。② 杨立新教授是客体说的主要坚持者，其认为将冷冻胚胎界定为“伦理物”，即在肯定了胚胎物的属性的基础上，再给予其更多的伦理上的保护。而徐国栋教授则是中间说的主要坚持者，其认为中间说可以有效避免主体说和客体说所带来的弊端，既明确了胚胎不是法律关系的主体，又避免了将胚胎定位为“需要特别尊重的物”的尴尬。实际上，比较法存在着三种不同的理论：认为胚胎具有法律关系主体地位、认为胚胎具有法律关系客体地位以及认为胚胎属于人和物之间的特殊存在。对于胚胎法律性质的不同认定，决定了胚胎在具体案件中的不同命运。

（二）关于司法伦理

司法伦理是法律伦理研究的重要内容。一个制定良好的法律仍然只是“应有”，要使良法之良变为“实有”，司法正义是最根本的保障，而司法伦理是司法正义的前提。对于中国2017年的司法案件而言，于欢案无疑引发了社会广泛舆情讨论与争议，舆论民情甚至罕见地出现了“一边倒”支持理解杀人者于欢的趋势。法学界对此也展开了法理分析，特别是对于司法裁判与法治实现的关系进行了延伸，大量文章通过分析于欢案引起热议背后的法理原因，分析道德、舆论民意与法律之间的关系。有的指出需要以“明确基本原则与改变评价重心”与“将法律与传统文化精华结合”的司法裁判方法论推动实现法治进程；有的通过对“于欢案”一审判决书、二审检察意见书和二审判决书的实证分析，揭示出影响司法裁判的主要因素有司法人员的法律思维及其背后的经验法则、法律逻辑和司法良知；有的则认为刑事司法活动必须高度重视正当防卫在实践中的运用，并且通过精益求精的技术运用，对属于正当防卫的适

① 孔祥稳：《动物实验伦理规制的法律困境及出路》，《科技管理研究》2017年第5期。

② 参见贾爱玲《“冷冻胚胎”的法律属性及其处置规则》，《兰州学刊》2017年第11期；曹永福《“代孕辅助生殖”作为一项权利的伦理论证》，《山东大学学报（哲学社会科学版）》2017年第4期；廖磊《论新生权利的创设——以“冷冻胚胎案”中监管权与处置权的创设为例》，《河北法学》2017年第9期；刘碧波《代孕的立法与司法问题》，《学术交流》2017年第7期。

当行为进行合法的认定给予出罪化处理。[①] 综合来看，正如苏力先生对于“司法”所言，司法是“从书本上到实际生活中的法之桥梁，是从原则转化为实际规范的中介”。这种关系也恰恰印证了司法与民意的现实困境。在处理司法与民意这样的互动关系中，司法应当扮演一种“反馈者”的角色。司法裁判的职能不仅体现在个案中实现正义而且也应该成为法治发展的推动者。因此，司法并非司法机关被动地去寻求和契合公众的司法期待与诉求，而是在恪守司法原则的基础上，在一系列的个案裁判中去主动实现社会公众对正义的期待。换言之，即司法不能在个案中牺牲法律规范的确定性价值而迁就民意的诉求，而是在恪守司法审判独立的基础上在一个时期内形成一种司法方向上的共识。

（三）关于执法伦理

公安机关是维护国家安全和社会稳定的国家行政职能部门，是公平正义的象征，以忠诚、为民、公正、廉洁为基本的价值观，以“对党忠诚，服务人民，执法公正，纪律严明”的十六字总要求严格要求自身，从人民群众的根本利益出发，解决群众最关心的问题，积极主动预防打击犯罪，热情公正提供服务。现实执法活动中，存有的不和谐因素，如滥用自由裁量权、处罚不公、不遵守法定程序和越权执法、执法人员态度粗暴等问题，都与执法规范缺失有关。实践证明，没有伦理制约或者道德约束的执法行为所造成的危害绝不亚于违法所导致的后果。国内学者持续不断逐年深入地对执法伦理进行深入研究，一方面结合法伦理学、公共管理伦理学和法理学、行政法学的有关理论知识，逐渐形成系统的执法伦理体系，构建执法伦理的基本框架；另一方面致力于规范执法行为，加强执法监督，实现对执法权的道德约束，解决执法的道德缺失问题，从而提高中国执法者素质，促进社会公平正义。[②] 综合来看，学者们多从公安文化视角，探讨公安队伍规范化建设的价值、原则和相关路径，均认为警察信仰法律是对最高权威的法治和传统道德文化的弘扬，培育警民价值理性的德治才是破解中国执法伦理社会困境之道。

（四）关于守法伦理

公民的守法问题是法伦理学科的一个重要理论命题，在西方文明史的各个时期，尤其是近代以来，这一问题始终备受关注。围绕公民的守法理由问题，西方不

---

① 参见姜保忠《刑事司法裁判的方法与限制——以“于欢案”为样本的分析》，《政法论丛》2017 年第 4 期；陈兴良《正当防卫如何才能避免沦为僵尸条款——以于欢故意伤害案一审判决为例的刑法教义学分析》，《法学家》2017 年第 5 期；刘晓源《疑案判决背后的经济学思考——基于“于欢案”等案例剖析》，《法学论坛》2017 年第 5 期；高长见《从于欢案看我国刑法理论与实践中的若干问题》，《理论视野》2017 年第 8 期；杨兴培《刺杀辱母者案的刑法理论分析与技术操作》，《东方法学》2017 年第 3 期。

② 参见施发笔《公安文化视阈下队伍正规化建设的价值、原则与路径》，《江苏警官学院学报》2017 年第 2 期；金蓉《伦理社会下的警察亚文化》，《云南警官学院学报》2017 年第 6 期。

同的法哲学流派分别提出不同的学说，其中，较有代表性的学说主要有社会契约论、功利主义论、暴力威慑论和法律正当论四种。除此还有习惯论、社会压力论、公平对等论、感激论等诸多学说。每种学说都有一定的解释力，但同时也都有一定的局限性。

党的十八届四中全会通过的《中共中央关于全面推进依法治国若干重大问题的决定》明确指出，法律的权威源自人民的内心拥护和真诚信仰。全民守法作为全面依法治国、建设法治社会的基础工程和长期任务，是实现全面依法治国、形成法治社会的基础和支撑。在亚里士多德所概括的法治的最初含义中，法律得到普遍服从甚至要优先于要求法律本身是良法。可见在法治的最初意蕴中，守法已经是法治的一个基础性条件。国内学者关于守法论题的研究主要集中在：由守法理念出发，从守法与法治的关系、守法的理由、守法的精神、守法的限度以及其他方面阐述近年来的守法问题的研究概况。第一，在法治与守法关系方面，有学者认为在法治国家中，公民守法的实质不在于规范获得人们的贯彻，而是主体从良心出发对于法律的遵守。博登海默说过，规范性制度的存在以及对该规范性制度的严格遵守，乃是社会中推行法治所必须依凭的一个不可或缺的前提条件。[①] 有的学者把公民的守法与政府守法联系起来，指出政府的公信力影响着民众对法律的信仰程度，民众在选择做出守法行为时受到来自政府行为的影响。政府的行为代表着国家的意志，政府的一言一行对社会起着引导和示范的作用，政府遵守法律是整个社会遵守法律的外在推动力。第二，在公民守法意识养成方面，有学者认为应当深化法治宣传教育，努力使公民做到信任立法、配合执法、倚赖司法、自觉守法、主动护法，引导公民处理好学法与守法、权利与义务、法律与道德、信法与信访、维稳与维权的关系，不断提升全民守法的意识和境界。[②]

四 法律职业伦理

法律职业伦理[③]是法律职业化的伴生物，而法律职业化是社会分工不断发展及法

① 参见［美］博登海默《法理学：法律哲学与法律方法》，邓正来译，中国政法大学出版社 1999 年版。

② 参见李林《建设法治社会应推进全民守法》，《法学杂志》2017 年第 8 期；胡兴建《守法与法治之关系的政治哲学解读》，《西南政法大学学报》2017 年第 1 期；王震《守法的理论误区与实现路径探析》，《内蒙古社会科学（汉文版）》2017 年第 1 期；徐艺僮《守法者的"消极面向"与内在法治逻辑的理论诉求》，《法制与社会》2017 年第 36 期；郑鹏程《法律经济分析视域下的守法》，《当代经济》2017 年第 34 期；胡小宇《论公民守法习惯的养成》，《法制与社会》2017 年第 4 期；汪全军《论公民守法风险的负担——以"失独"为例》，《西北大学学报（哲学社会科学版）》2017 年第 2 期；宋寅悦《论西方守法思想的演进》，《法制博览》2017 年第 2 期；张玮琦、王志远《青年守法意识的结构及其内在关系——在逻辑与现实之间》，《净月学刊》2017 年第 6 期；法治教育专册编写组《培育法治精神 养成合法公民》，《人民教育》2017 年第 18 期；黄景春《学法守法——青少年法律意识培养的重要性》，《青少年研究与实践》2017 年第 3 期。

③ 此处所说的"法律职业伦理"，在法律英语中或称"legal ethics"，或称"professional responsibility"，一般作为研究领域时多称"legal ethics"，而作为实际存在的社会规范多称"professional responsibility"。

律专门化、专业化的必然结果。法律职业具有专业性、公益性、独立性和伦理性的核心特征。因此，从根本上说，法律职业伦理是一种社会伦理现象，它体现并服从伦理的一般性规定。[①] 在现有的法学研究中，法律职业伦理和法律职业道德是两个比较高频的概念，在大多数情况下，人们都将法律职业伦理和法律职业道德混同使用。关于法律职业共同体伦理的基本构造，有学者认为，随着法律职业的形成与法律职业共同体在法治国家的对话、分工与合作，直接关乎正义与公平并蕴含着法律专业的核心价值的伦理的基本构造主要呈现为以下方面。一、现代法律职业伦理多以成文的、规范的形式加以表现，并诉诸制度化建构保障实现。二、法律职业伦理注重以法律职业共同体中“人”的品格要求为基础，以行为导向加以调整，并以行为作为道德评价的对象。三、法律职业伦理是建立在信念、角色和责任基础上的规则体系。四、法律职业伦理规范在逻辑结构上可以分为由低到高三个层次：一是以“人”的品格要求为基础的道德规范；二是规则诱导；三是纪律约束。五、法律职业共同体伦理因共同体内部分工、角色的不同，对法官、检察官、律师的伦理规范分别进行规定，提出要求，监督实现。

对于如何构建符合中国法律职业发展的职业伦理规范，有学者认为需要开展对职业本位主义的道德评析和法律批判，为全社会建立行业和职业准则加以社会监督，从源头和顶层设计上建立预防和惩治腐败群防群治体制和运行机制，完成道德和法律统一观的社会观念构建，实现职业道德的“立法”与法律的德本原则回归。[②] 法律职业伦理具有一般伦理的特征，因此，也具有规范性。当法律职业人员面对伦理冲突困境时，法律职业伦理将提供指引帮助其解决伦理困境。其一般可通过内在控制和外在控制两种途径完成。法律职业伦理规范作为文化的法律职业伦理，对于法律职业共同体的发展具有重大意义，不仅是法律职业的指标，也指引法律职业人员的行为，使之有章可循，法律职业伦理规范具有以下重要作用：凝聚作用、指引作用、评价作用、强制作用和教育作用。有学者澄清了以往存在的两种错误认识：一种是将其视为抽象、空洞的所谓“正义”等观念，另一种是认为它只是调整职业关系的行为规范的总称，认为职业伦理就是“职业行为规则”“职业行为法”。有学者否定前两种观点后，认为法律职业者是一个拥有共同专业的法律知识结构、独特法律思维方式，具有强烈社会正义感和公正信仰的整体。职业行为规范要行之有效，需要法律人树立牢固的职业伦理意识，即法律职业者运用职业伦理规则处理各种复杂的法律问题的能力，以及对法律职业所应有的根植于灵魂深处的神圣感、敬畏感和责任感。职业伦理本身具有哲学意味，同时也具有规则的含义。职业行为规则是职业伦理的载体，而将职业伦理与行为规则加以区分的意义在于：职业伦理要行之有效，就不能仅仅将其视为一套规制

① 唐永春：《法律职业伦理的几个问题》，《求是学刊》2003 年第 5 期。

② 冯振萍、李宪伦：《职业本位主义的道德评析与法律遵守》，《社会科学家》2017 年第 5 期。

法律人的法律条文，而是同时要将其视为尊重并切实履行的职业理想与追求。职业理想的重要性正如学者所言："做到严格执法、公正司法，就要恪守职业良知。政法机关的职业良知，最重要的就是执法为民。职业良知来源于职业道德，要把强化公正廉洁的职业道德作为必修课，教育引导广大干警自觉用职业道德约束自己。"缺乏职业理想的指引，职业行为规则就会成为一纸空文。职业理想与职业行为规则的关系就像卫星导航系统与电子地图的关系——如果卫星导航信号弱，司机便难以使用电子地图。①

对于法治人才的培养和教育，2017 年 5 月，习近平总书记在中国政法大学考察时发表重要讲话，强调法学教育要坚持立德树人、德法兼修，抓好法治人才培养。学者们对法治人才的定位和培养、如何培养"德法兼修"的法律人展开大量研究。从内容来看，既有具体实践中对从事法律职业从业者的教育反思，包括律师、法官、检察官、公证员、仲裁员等法律职业道德教育，又有教育理论框架的构建和方法措施。②

五　具体法律制度的道德性

有学者立足于当代宪法的本质和功能，寻找其元伦理学的理论基础，指出了宪法接受道德实在主义的观点对于具体宪法实践如宪法解释、宪法与民主的关系有什么具体影响，以及宪法应该满足什么样的最低条件才能使其宣称道德权威具有表面上的可信性。其认为限制国家权力和保证公民权利是现代宪法的内在功能，而为了很好地履行这一功能，在形式上就要求宪法的重要原则在一定程度上摆脱经常变换的现实政治力量的影响，不能像普通法律和政策那样可以被常规的法律程序所改变。当代宪法甚至可以规定其设立的某些原则为不可变更的。因而不仅是制宪者同代人要受制于宪法，后代也要受到宪法原则的约束。为了证成宪法的这种至高的道德权威，就只有诉诸道德实在主义的元伦理学理论，而一切非道德实在主义的元伦理学理论都不能作为宪法道德权威的基础。③

---

① 参见吕涛《立德树人、德法兼修，培养 A 型法治人才》，载王瀚主编《法学教育研究》第 19 卷，法律出版社 2017 年版；黄清华《论法治实施中的"致良知"与善治——兼论建设公共治理型执法机制》，《法治社会》2017 年第 5 期；蔡艺生《警察街面执法治理的解释与完善》，《中国人民公安大学学报（社会科学版）》2017 年第 6 期；李艳超《浅析法官的伦理道德建设》，《法制博览》2017 年第 19 期；田娟《人民警察忠诚品质的思想渊源与理论基础》，《山东警察学院学报》2017 年第 1 期。

② 参见黄进《坚持立德树人、德法兼修 培养高素质法治人才》，《中国高等教育》2017 年第 10 期；刘风景《法治人才的定位与培养》，《南开学报（哲学社会科学版）》2017 年第 5 期；林华瑜《以优秀传统文化涵育公安大学生的忠诚品格》，《公安教育》2017 年第 7 期；赵长明《试论市场经济条件下人民警察的职业道德教育》，《长江丛刊》2017 年第 18 期；张皓铭《社会舆论对青年民警职业道德认知的影响》，《各界》2017 年第 24 期；刘雪颖《红色资源在公安院校忠诚教育中的应用》，《云南警官学院学报》2017 年第 5 期。

③ 宋京逵：《论宪法的道德实在主义元伦理学基础》，《学术界》2017 年第 4 期。

民法典被誉为“社会生活的百科全书”，是市场经济的基本法，是保护公民权利的宣言书，也是解决民商事纠纷的基本依据。中国《民法典》的编纂在一定意义上可以说是以法律的形式顺应与表达人性的浩大工程。2014 年 10 月 23 日，中国共产党十八届四中全会通过的《中共中央关于全面推进依法治国若干重大问题的决定》作出了“编纂民法典”的部署，这是一个重大的政治抉择，具有深远的历史意义和现实意义。2017 年 3 月 15 日，十二届全国人大五次会议审议通过了《中华人民共和国民法总则》。《民法总则》的颁行，完成了编纂民法典工作的第一步，在中国民事立法中具有里程碑意义，为民法典编纂工作奠定了坚实的基础。在既有的法律体系中，编纂《民法典》至少需要解决两个问题：一是《民法典》自身的规则体系逻辑安排；二是《民法典》同相关部门法律的衔接与协调。王利明教授提出民法典应当根据党的十九大报告的要求，强化对人格权的保护，维护个人的人格尊严。同时，中国的民法典还应当充分将社会主义核心价值观纳入其中，充分体现加强生态文明建设等党的政策。① 有学者认为在编纂目的上，编纂《民法典》至少需要解决三个问题：一是《民法典》的规范体系如何与中国人的民事生活方式及行为习惯相契合；二是如何对待民事生活的共性与特性；三是如何树立中国的主体性。如果说规则体系以及民法与相关法律的关系关涉法律适用，那么，编纂的目的则关涉法律实效。这些问题若得不到科学合理的解决，编纂《民法典》的意义就可能会打折扣。② 有的文章探讨了“乘人之危”与“显失公平”的规范处理，认为中国民法上的乘人之危与显失公平在构成要件上存在重叠，民法总则应当将两者予以整合，重新回归传统民法上的暴利行为，将整合后的暴利行为称为显失公平更加符合中国民事立法的一贯传统。整合之后的显失公平应作为意思表示瑕疵之类型而不应作为违背公序良俗之一种形态。乘人之危在中国民法上仅有的适用空间，可由胁迫所涵盖。③ 有文章探讨了民商法的立法模式，从商法调整法律关系的独特性、伦理基础的营利性，以及民法自身兼容性的限度来看，商法具有较强的独立性特征。追溯民商法的发展历程，无论是民商分立还是民商合一，都与当时法律的功能以及经济社会的具体条件相适应。在制定民法总则的过程中，无论是立法技术还是立法实践，都难以将商事法律规范纳入民法总则中。因此提出需要对中国民商法的关系进行重新定位，采取民法典、商法总则和商事单行法的基本模式。④

---

① 王利明：《论我国〈民法总则〉的颁行与民法典人格权编的设立》，《政治与法律》2017 年第 8 期。

② 蔡晓荣：《中国近代民法法典化的理论论争——兼论对中国当下编纂民法典之启示》，《政法论坛》2017 年第 3 期。

③ 刘耀东：《论乘人之危与显失公平在我国民法总则中的立法取舍与制度构建》，《辽宁师范大学学报（社会科学版）》2017 年第 4 期。

④ 王峻峰：《民法典编纂中民商法关系的重塑》，《辽宁师范大学学报（社会科学版）》2017 年第 4 期。

有的学者还探讨了家事立法的“中国主体性”。[①] 显然，以上文章都指向《民法典》编纂中所要解决的关键问题，这种直面问题的学术研讨是保证《民法典》编纂质量的重要条件之一。

六 中国传统法律伦理思想

国内学者从儒学与传统法律文化的精神、传统法律的制度设计与文化反思、域外视野与本土资源等方面进行了广泛的研究。[②]

第一，儒学与传统法律文化的精神。虽然作为具体制度设计的中华法系早已不复存在，但是其对当今法治建设的意义何在，人们从中可以汲取哪些有益的经验？对此有学者认为，儒家的法律伦理思想在中国传统法律文化中占重要地位，在先秦儒家道德的变迁中，孔子发展了仁的概念，孟子则将义与仁并称，使仁义成为战国到秦汉间儒家道德的主要内容，适应了从春秋小国到统一国家、从封建制到郡县制的变迁中道德的需要，儒家关于亲亲相隐的争论也是建立在这样的基础上，表现了过渡阶段不同道德行为的冲突。孟子的仁义理论也努力将两种道德统一起来，其中的“义”类似于西方的正义理论，为儒家道德解决现实政治和法律问题提供了思考，对理解西方伦理的演变也有重要的参照作用。[③] 与此同时，有学者从先秦儒家孝道伦理对于后世立法、检举、尊卑、刑罚、赡养五方面的重要影响进行了论述。[④] 总体来看，法律儒家化问题是中国法文化研究的重点，以往的研究着重于从立法的角度进行探索，而2017年度学者的研究成果更侧重于反映儒学与传统司法实践活动的关系，从不同角度深化人们在这方面的认识。

第二，传统法律的制度设计与文化反思。中国法律制度史的研究，是传统文化研究的基础。2017年度学界的研究成果对制度史进行了梳理，或钩玄提要，或考证缜密。有文章通过考察中国古代对老弱妇幼废疾者的刑事宽宥政策，认为其与当代刑事政策及法律体系有相同之处，其部分制度和措施值得当代法律借鉴。当代刑法体系将对弱势群体的保护视为目的而非手段，具有进步性。宽宥政策一方面昭示了古代伦理

---

① 李春斌：《家庭法律化：民法典编纂中婚姻家庭编的重大使命——基于中国家庭法百年来变革的反思》，《辽宁师范大学学报（社会科学版）》2017年第4期。

② 参见黄玉顺《“直”与“法”：情感与正义——与王节庆商榷“父子相隐”问题》，《社会科学研究》2017年第6期；朱勇《中国古代社会基于人文精神的道德法律共同治理》，《中国社会科学》2017年第12期；刘玉堂《关于唐代婚姻立法若干问题的思考》，《华中师范大学学报（人文社会科学版）》2017年第6期；张亚飞《晚晴民国亲属相奸罪存废所体现的亲属法伦理变迁》，《社会科学家》2017年第3期；冯曙霞《中国古代法律伦理量刑制度的历史演进》，《河南警察学院学报》2017年第6期。

③ 陈锐：《论孟子的仁义概念及亲亲相隐问题》，《杭州师范大学学报（社会科学版）》2017年第2期。

④ 严旭：《先秦儒家孝道伦理对后世法制文化的影响》，《法制博览》2017年第36期。

道德对司法制度的影响，另一方面对中国新时代的司法改革有重大参考价值。[①] 有学者回顾了清代对于儿童致毙人命案的处理，认为“请”“减”“赎”等特权与传统刑律的“六杀”体系及死刑复核制度融合在一起而形成的法律运作系统，其原理是“恤幼矜弱”的道德理念。乾隆年间随法律实践形成定例，从加害人的客观年龄、加害人与被害人的年龄差距以及具体案件中的理曲欺凌情由三个方面对“弱”进行界定，确保通过上请减流收赎的儿童确实是值得矜悯的弱者，从而实现了道德化的律文与实用性的条例之间的结合，平衡了加害人与被害人之间的权益。[②] 有文章探讨明清徽商诚信规则体系背后的行业、道德、法律等约束力体系，反观中国古代徽州商人信奉“财自道生，利缘义取”的品格，认为通过借鉴传统经验，完善行业、道德、法律等约束力，可以重构现代商事诚信规则。[③]

第三，域外视野与本土资源。中国传统法文化在 19 世纪末 20 世纪初变法图强的时代背景下开始了全面大规模移植西方的历程，至今百年而未歇。这反映出全球化趋势下西方法律话语权对中国法文化掌控及传统法文化迷失自我的客观现实。其中的经验和教训，很值得人们去认真反思。有文章通过分析孟德斯鸠对中国风俗、习惯、伦理道德与法律融为一体的深刻体察，就“法律东方主义”进行深刻反思，认为孟德斯鸠对中国礼教治理体系的考察较为深入，其对礼教弊端的批判推动了中国的思想革命。而就其消极面而言，孟德斯鸠的判断又是一种典型的价值先行，对中国问题完全以近代西方法律模式为范本进行苛责，忽视了西方历史上法律与风俗习惯的分化也是一个漫长的历史进程。孟氏的论断也体现了一种“法律东方主义”的傲慢与偏见，对中国法律文化具有一定的误读。[④] 有学者认为，法律传统在现代社会中具有价值意义、社会意义和逻辑意义上的文化力量。儒家“天人合一”思想强调整体性，不仅是环境法学“主客一体化”理论之源，对环境立法及其价值追求也具有重要启示。道家“道法自然”思想可视为自然法思想；墨家“兼爱交利”思想具有的生态智慧。前者为环境法爱护自然提供情感基础，后者揭示了情感背后蕴藏的动机。当然，法家思想也不乏涉及生态环境保护之处。其进一步指出，挖掘中国传统伦理思想并从其中获得启示，将改变中国在环境立法上移植西法的现状，以中华生态智慧之光推动世界环境法发展。[⑤]

法律伦理学作为一门跨越哲学和法学的新兴交叉学科，既为时代所需，又面临着巨大的挑战。一方面，现今这个时代是知识和学科高度分化的时代，法学和伦理学分

---

① 郭航：《中国古代刑事宽宥政策考察——以老弱妇幼废疾者为视角》，《法学评论》2017 年第 3 期。

② 景风华：《“矜弱”的逻辑：清代儿童致毙人命案的法律谱系》，《法学家》2017 年第 6 期。

③ 杨峰、潘拥军：《论明清徽商诚信规则体系及现代借鉴》，《法学》2017 年第 1 期。

④ 蒋海松、马小方：《孟德斯鸠论中国风俗、习惯、伦理与法律之互动——兼及“法律东方主义”视域下的反思》，载谢晖等主编《民间法》第 19 卷，厦门大学出版社 2017 年版。

⑤ 屈振辉：《中国传统伦理思想对环境法本土化的启示》，《西部法学评论》2017 年第 6 期。

属于各自相对独立、封闭的体系内研究。另一方面，从事法律伦理学研究需要具备充分的法学和哲学的知识，客观上为学科研究工作增加了相应的难度。但从逐年丰硕的学术成果来看，随着依法治国的推进，建设社会主义法治国家越来越成为全党和全国人民的共识，国内伦理学、法学理论界所研究与探讨的范围和层次更加广泛、深入，伦理学对法律领域问题的高度关切，人们有理由相信，法律伦理学以其独有的特征和优势，一定会发挥应有的作用。

2017 年经济伦理学研究报告

张伟东

2017 年，经济伦理学研究呈现百花齐放的状态。就研究的对象而言，既有涉及中国传统经济伦理如何在当代转型的问题、有关于当代社会面临的经济伦理难题的研究，还有关于未来经济伦理的思考和设想。经济伦理学研究的内涵沿着以往的几条基本理路在进一步加深，研究的边界也在进一步扩展，涉及越来越广阔的领域。总体而言这些推进提高了中国经济伦理学的学术研究水平，但缺乏质的突破。许多中国经济伦理领域的沉疴仍没有得以解决，中国经济伦理学的研究尚任重道远。笔者将 2017 年经济伦理学的研究成果按照理论推进路线、问题视域范围和规范制度构建三条线索展现出来，以期审视经济伦理学研究的根基和缺陷；梳理经济伦理学面临的问题和盲点；探索经济伦理学前进的路径和阻碍，为进一步的研究作基本的参考。

一　追问经济存在的道德本源

对于经济的道德本源追问一直是经济伦理学研究的基础。在人类文明发展的过程中这种追问层出不穷，时至今日那些有价值的追问依然熠熠生辉。这些追问各不相同，同时又有相互关联和相互对抗的关系。就 2017 年学界的研究总体成果看宗教有关经济的道德本源追问、古典经济学关于经济的道德本源追问、社会契约论关于经济的道德本源追问、人性论关于经济的道德本源追问、马克思主义关于经济的道德本源追问仍在继续影响着当代社会，一些当代的新追问也在发出时代之音。

（一）经济道德本源神起说

查常平认为，《马可福音》中那种神与人的关系优先于人与其拥有财产的关系及其与财产有关的教义形成了上帝之国中经济伦理的核心内容。虽然那些关于永生或者偿还的经济伦理教义正在与当代社会渐行渐远，但有些教义今天仍旧影响着社会，尤其是对那些自称是基督徒的富人提出了挑战。①

惠慧阐述了托马斯·阿奎那以慈爱为中心建立的中世纪基督教经济伦理观，这一观念饱含了财产私人占有、有条件的共同使用的原则、剩余财富用于慈善的义务原则和关注分配不均的正义原则。这些原则在今天看来仍然有积极意义。②

（二）经济道德本源市场说

彭怀祖认为："每个时期的道德状况都有其特点，均离不开社会的本质属性、基础性条件的制约与指向。当下讨论道德状况离不开对市场经济的考量。市场经济具有高度的合道德性，但也带来市场经济本身不能完全克服甚至很难消减的负面效应。"并进一步指出："道德质疑是对伴随市场经济而来的、市场经济本身难以克服和消减的非道德印记保持清醒，从而逐步缩小非道德行为的运行空间。道德质疑的着力点必须对准贫富差距扩大与功利过强的两个方面。"③

张江伟阐释了斯密以交换正义为基础的经济伦理思想，进一步揭示了交换正义的局限无法满足商业社会整体的正义需要，并指出以市民社会和政治精英为主的社会结构体系需要德性的制度来维护自然自由的社会市场秩序，但这种秩序的构建尚需探索。④

周丹认为："以研究人们经济活动中的伦理道德问题为宗旨的经济伦理学应该把道德经济纳入其中并赋以主题地位，而道德经济也可以展现经济伦理学为经济发展创设价值目标的科学价值，丰富它的研究内容，为它合理指导经济决策提供新思路，从而构成经济伦理学现实化的实践平台。"⑤

郑秀喜认为："一般性经济道德评价标准与具体的经济道德的评价标准之所以会出现对立，研究其深层原因，主要在于：第一，经济生活是理想性存在与现实性存在的矛盾统一体；第二，具体经济道德是一般经济道德要求与具体经济制度要求的矛盾统一体。根据收益成本理论，可以把人们通常评价经济生活行为是否道德的标准具体概括为三个层次：（1）经济生活主体对自身经济利益的谋求，是否实现了'社会成本最小化'；（2）自身经济的收益的获取的成本支付完全由自己负担；（3）是否增加、改善了他人和社会经济共同体的经济利益及最大化目标。"⑥

宋洁以公平与效率为线索展示了从曼德维尔的"私恶即功利"、斯密"道德乃人

---

① 查常平：《上帝之国的政治与经济伦理——以〈马可福音〉为中心》，《西南民族大学学报（人文社会科学版）》2017 年第 8 期。

② 惠慧：《偷盗与友爱——托马斯·阿奎那的财产观》，《世界宗教研究》2017 年第 4 期。

③ 彭怀祖：《市场经济的合道德性与道德质疑》，《伦理学研究》2017 年第 2 期。

④ 张江伟：《市场经济的道德基础——斯密论商业社会对个人的道德要求》，《道德与文明》2017 年第 3 期。

⑤ 周丹：《道德经济：当代经济伦理学研究应有的主题》，《伦理学研究》2017 年第 4 期。

⑥ 郑秀喜：《经济道德的经济哲学思考》，《山东社会科学》2017 年第 4 期。

类追求自我利益的实践经验产物”、韦伯的“求利行为的道德赞赏”到麦金泰尔的“实践的内在利益与外在利益的依存”这一系统的西方市场经济伦理的转化过程。[①]

（三）经济道德本源契约论

丁雪枫通过对阿玛蒂亚·森和罗尔斯正义理念的对比，阐述了公平正义缺乏实践路径、现实需求和现实认同的价值维度，而比较的正义更具有现实实现的可能性，其促进了正义理论的实践发展：注重现实的正义、注重正义的比较和关注现实的正义而非制度和规则的设计。[②]

贺然阐释了洛克慈善观与托马斯·阿奎那慈善观的区别。作者认为：“和现代自由主义者一样，洛克也把慈善看作一种分外的道德行为，并没有把慈善看作一种一般意义上的高于财产权的‘慈善权’。慈善虽然是一种义务，但仅仅是一种道德义务，不是正义领域中的法律义务。国家可以法律的方式调节人的外在行为，但不能以法律的方式要求人们具备慈善的品格。慈善和宽容是同义语，强制人们履行慈善的义务，会使人们失去宽容的品格，妨碍慈善的成长。洛克的慈善与正义也不是截然分离的，而是有一个交集。一般情况下，人们没有慈善的积极义务，但在特定的情况下，慈善可能会成为一种权利。一方面，人在法律上有做错事的权利；另一方面，如果一个拒绝慈善的行为对他人的生存构成了威胁，性质可能就会发生变化。所以如果说洛克理论中存在‘慈善权’的话，仅仅指的是人的生存权。”[③]

王强认为：“正义不是通过满足民众利益需求来获得合法性，而是通过民生来发挥其政治的社会整合与普遍价值的重塑，从而恢复其政治正义的本原功能。如果要保证分配公正能够重新整合社会资源不至于沦为私人福利讨价还价的砝码，民生正义必须上升到政治正义的层面。”而这种要求是“强调在社会意义上实现每个成员平等享有基于平等社会地位和政治身份所获得的社会权利和经济利益，这一民生的要求不是基于德性，而是要履行应得的政治义务”。[④]

李楠楠、王朝才的论文《论政府与社会资本合作契约之困境与治理》认为，政府与社会资本合作模式本质上是契约，其内部存在三种契约关系。由于契约主体的“有限理性”，事实上契约主体内部存在不同程度的“失灵”现象，影响政府与社会资本合作契约关系的正常运行。因此，对契约困境治理的探讨尤为重要。[⑤]

---

① 宋洁：《对公平与效率的新审视——西方市场经济伦理中蕴含的公共德性意旨析论》，《理论导刊》2017年第12期。

② 丁雪枫：《论阿玛蒂亚·森比较的正义对罗尔斯公平的正义的价值颠覆》，《理论探讨》2017年第4期。

③ 贺然：《慈善：德性抑或权利——洛克的视角》，《道德与文明》2017年第5期。

④ 王强：《民生正义论——对现代社会正义逻辑的反思》，《哲学研究》2017年第12期。

⑤ 李楠楠、王朝才：《论政府与社会资本合作契约之困境与治理》，《经济研究参考》2017年第49期。

（四）经济道德本源人性论

龚天平、李昭亮认为："一方面，人的自利性是合作的基础；另一方面，关心他人、利与他人、维护社会规范和群体整体利益的社会偏好或人的利他性也是社会合作的基础。"基于人可能存在的利他属性存在一种纯粹合作的形式，这种形式超越了新古典经济学中"经济人"的假设。进而作者认为："竞争与合作的理由和条件是一样的，都是人的交往本性的发挥和展现。第一，合作是人为满足需要和利益而发生的行动；第二，合作以正义为前提和约束；第三，合作既需要理性奠基，同时也需要人的道德感出场。总之，竞争是人性的体现，合作也是人性的体现。现代经济学和进化生物学对人性做了误判，也是对人类文明事实的视而不见。合作具有深厚的人性基础，从本质上说，人是一个合作性的物种，人类社会也是一个合作体系。"①

张传有认为："人的本性自私的假设在历史上早已有之，但关键的问题是在最近十几年中，它似乎成了一种主流的人性假设，甚至成为对于人的本质的一种公认的看法。"张传有认为这种情况与片面地理解经济活动的本质有关，一种"企业活动的根本宗旨就是谋求自身利润最大化"的结论割裂了经济活动和伦理生活之间的关系。这种行为忽视了人的精神追求，忽视了人提升自己、追求人性的完满的特征。这种将事实与价值混淆的做法贬抑了道德"应当"的价值属性。要清晰地看到这种将理性等于自我利益最大化的判断所导致的恶劣后果，更加注重伦理学的"应当"性道德追求。②

李帅认为："中国传统人性论最主要的特征就是以善恶的道德标准言性。传统的人性论有突出的道德本质，'道德人'从历史角度看是封建社会追求的理想人格，从当下看是其人性假设，以此为前提形成了一种道德本位的德性主义文化。体现在经济活动中，即否定趋利行为的自然合理性，轻视对利益，尤其是经济利益的追求，形成了'以义导利''以义制利''君子爱财，取之有道''富而好礼'的儒家经济伦理模式。西方学者对经济问题的研究以人性假设为理论前提，从早期亚当·斯密、约翰·穆勒的'经济人'假设，到后期马歇尔等对'经济人'的批判和发展，衍生出'社会人'等范畴。传统人性论的'道德人'与'自利人''理性人''社会人'等人性假设存在诸多冲突，致使市场经济伦理存在诸多问题。"因此需要对道德人性论进行调适以适应经济发展，弥合经济与道德之间的裂痕。③

---

① 龚天平、李昭亮：《合作的人性基础》，《伦理学研究》2017 年第 2 期。

② 张传有：《反思"自利人"的人性假设》，《中国社会科学报》2017 年 2 月 14 日。

③ 李帅：《传统人性论之"道德人"与市场经济伦理人性假设的冲突与调适》，《湖北社会科学》2017 年第 4 期。

（五）经济道德本源资本论

李建华认为：“王小锡教授首次提出并论证了道德资本概念，形成了较为完整的道德资本理论。《道德资本论》集中了王小锡长期以来在道德资本问题研究中的观点，形成了相对完整的理论体系和面向实践的学术研究路径。可以说，这一结构不仅使‘道德资本’概念的论证周密完整，也为经济伦理学乃至整个伦理学研究中的概念创制和论证提供了一种范式借鉴。”①

张兴华认为：“马克思在批判继承古典政治经济学和空想社会主义分配理论的基础上，结合工人运动的实践，从现实的物质生产运动出发，在对资本主义生产方式批判的基础上逐步厘定了自己的分配正义思想。马克思认为，不存在基于人性道义的永恒的分配正义，分配正义是一个由社会物质条件与经济关系所决定的历史范畴。解决分配不公的问题绝不应在分配正义这一环节内兜圈子，而应研究经济运行的整个过程，尤其是研究生产方式。由此，马克思全面展开对资本主义生产方式特别是生产关系的研究，认为‘真正公平的分配必须超越基于自然法权的平等权利’，根据人类历史发展的状态，以人的内在需求和自由发展为前提。”②

陈飞认为：“马克思对自由主义的形式正义的辩证地扬弃，为我们发展和完善社会主义市场经济提供了重要启示：一方面，我们要看到以个人权利和个人自由为核心的自由主义迎合了市民社会和市场经济对权利的基本要求，因此，我们要充分利用自由主义的思想资源，为个人自由和个人权利的充分实现植入一种新文化基因；另一方面，我们要看到，由于资本主义私有制，自由主义的形式正义在市场经济环境中不可避免地带来了收入分配差距过大等社会问题。因此，我们应该在完善形式正义的前提下，通过制度设计和具体措施，不断克服自由主义的形式正义所带来的弊端，逐步向实质正义推进。”③

曹琳琳认为：“马克思的《1857—1858 年经济学手稿》对于资本主义的生产方式的研究具有明显的空间转向，它深入劳动者的日常生活空间进行解读，具有丰富的伦理意义。”曹琳琳研究认为：“首先资本产生了‘核心—边缘’的不平衡地理空间，这是资本主义生产结构必然造成的。其次生产流动性导致消费空间的高度集中以及空间重组。最后生产级层化形成不平等的政治空间。资本生产空间的过程是权力、资本和社会共同作用的结果。分别是权力的空间化、空间的异化、空间的商品化、空间拜

① 李建华：《打开道德资本的逻辑之门》，《中国社会科学报》2017 年 6 月 15 日。

② 张兴华：《马克思分配正义思想及其当代建构》，《理论导刊》2017 年第 2 期。

③ 陈飞：《马克思对自由主义正义理论的扬弃及其当代启示》，《中南大学学报（社会科学版）》2017 年第 1 期。

物教。”①

乔咏波、龙静云认为：“习近平政治经济学所蕴含的核心伦理价值正是源于古典政治经济学，更直接的则是马克思主义政治经济学的‘坚持以人民为中心的发展思想’和‘增进人民福祉’的理念，充分体现了我们党对人民的热爱，尤其是对贫困人口的深切伦理关怀。习近平政治经济学重申了社会主义基本经济制度的‘两个不能动摇’和积极发展混合所有制经济建全以公平为核心原则的产权保护制度的思想，既否定了全面私有化的资本主义改革取向，又摒弃了‘纯社会主义的经济形式’的取向。这是切合社会主义初级阶段基本国情的马克思主义政治经济学中国化的重大成果。‘创新、协调、绿色、开放、共享’的发展理念是继承马克思主义政治经济学的同时与中国改革开放新的实际情况结合起来的重要理论成果。习近平同志所提出的所有措施和努力都是为了切实实现广大人民最急需、最广泛的实质自由。‘新发展理念’不仅传承了我国数千年来‘为政以民’的经济伦理传统，也向世界展现了我国实现发展伦理学中关于发展的伦理价值目标的途径和方法。”②

法国经济学家苏珊·德·布朗霍夫（Suzanne de Brunhoff）的《马克思论货币》（*Marx on Money*）是关于马克思货币理论非常重要的一本研究著作，《马克思论货币（上、下）》由王娜、金梦迪以英文版为基础翻译而成，该著作的特点和优点是：（1）强调了马克思货币理论研究的整体性和逻辑性，为人们提供了一个从《资本论》三卷整体结构和逻辑来分析货币的研究框架；（2）揭示了马克思货币理论中将货币与资本主义生产结合在一起这一独特的线索，向人们展示了马克思货币理论的丰富内容。③

韩立新在《“物”的胜利——以〈政治经济学批判大纲〉的〈货币章〉为中心》一文中指出，马克思与近代启蒙思想家不同，他是把物规定为近代世界的主体，而把人理解为物的客体。文章通过对“产品→商品→交换价值→货币”这一物的进化过程的分析，以“交换价值成为目的：人的主体地位失坠”“中介物的独立：货币成为上帝”“物的世界体系的形成”三个阶段，重构了物从客体上升为主体，最后在人的世界中获得胜利的过程。④

刘顺在《资本全球化与国家生态安全》一文中指出，资本全球化映射出资本对社会空间的形塑作用在全球化中的延伸，这在本质上属于资本权力的空间化。资本全

---

① 曹琳琳：《资本的空间生产及其伦理解读——基于〈1857—1858 年经济学手稿〉的分析》，《道德与文明》2017 年第 2 期。

② 乔咏波、龙静云：《习近平政治经济学的伦理内蕴》，《马克思主义研究》2017 年第 6 期。

③ ［法］苏珊·德·布朗霍夫：《马克思论货币（上）》，金梦迪、王娜译，《政治经济学评论》2017 年第 2 期；［法］苏珊·德·布朗霍夫：《马克思论货币（下）》，王娜、金梦迪译，《政治经济学评论》2017 年第 4 期。

④ 韩立新：《“物”的胜利——以〈政治经济学批判大纲〉的〈货币章〉为中心》，《哲学研究》2017 年第 12 期。

球化具有双重意涵，是科学维度和价值维度的有机统一。一方面，它不自觉地充当着“历史向世界历史转变”的主力军；另一方面，它又是引发生态帝国主义登场的肇因。生态帝国主义给包括中国在内的广大发展中国家的生态安全带来了严峻挑战，这既表现为自然生态维度的殖民主义，又隐遁着政治经济层面的资本霸权。为保障国家生态安全，必须在全球化中逐步扬弃资本逻辑，推动“全球善治”目标的真正实现。①

二 审视经济运行的道德问题

经济伦理学一方面需要处理经济发展中遇到的道德问题，另一方面要透过这些经济道德问题的现象探究这些问题的伦理源头。因此经济伦理学的研究范畴一方面随着经济发展遇到问题的面积拓展而延展，另一方面随着经济理论纵深发展而不断审视着经济活动的正当性。当代中国经济伦理学一方面审视着传统经济伦理学面临的现代化问题，另一方面审视着现代经济伦理学带来的现代性问题。以上二者之间形成了一个问题视域，同时二者又与当代的诸多经济道德问题相互联结而形成了多个复杂的问题视域。对这些问题的主要矛盾点进行梳理之后，可以看出 2017 年学界的问题视域主要集中在以下 5 个方面。

（一）传统经济伦理思想的转化性研究

高全喜指出：“中国社会今天已经进入一个直面全球化经济的新时代，这就对当今中国商业社会的伦理构建提出了更高的挑战，传统的商业伦理能否为中国商业社会之发展提供富有生命力的伦理支撑，这是现代儒家面临的时代命题。”作者进一步指出：“正是儒家为传统商业提供了伦理的德性基础。但是我们也应该看到传统儒家商业伦理的重大短板，不能固守传统儒家的伦理高地，毕竟儒家思想是传统的思想礼仪制度，其对商业的亲和性所守护的是传统商业活动之伦理，而不是现代的工商本位的社会体制。”而现代社会的商业伦理是为现代工商业提供正当性依据、为财富创造和社会经济发展提供伦理动因的。商业伦理不再仅仅满足于国民富足，而建构了一种以商业活动为目的的商业精神。西方现代商业伦理的核心内容恰恰是中国儒家伦理学需要面对的挑战。具体来说即儒家需要把古典的义利观转化为现代性的利益关系，为经济社会的利寻找义的正当性。②

孙震指出：“研究和探讨中国儒家思想与当代经济发展、中国儒商崛起之间的关系，是中国学界和商界必须回答的重大理论问题。纵观世界经济的发展，从长时间的

---

① 刘顺：《资本全球化与国家生态安全》，《现代经济探讨》2017 年第 2 期。

② 高全喜：《传统儒家商业伦理如何应对现代性的挑战?》，《天府新论》2017 年第 1 期。

传统停滞时代走向现代成长时代，其中关键在于没有持续不断的技术进步。”而中国儒家思想正是产生于这一时期。与现代社会不同，儒家重视伦理而非财富，重视责任而非权利。儒家不鼓励从商，但也不排斥财富。自汉至宋，儒家思想对商业和商人基本上保持着否定的态度，但随着15—16世纪生产力的提高，众多士子“弃儒入贾”，坚守儒家伦理，形成了以晋商和徽商为代表的儒商。自世界经济进入现代，全世界迎来了前所未有的富裕，但也面临着前所未有的问题：通货膨胀、贫富差距、环境问题等。面对这些问题，传统文化蕴含的“仁、义、诚、信”经济伦理原则，能够让伦理约束利益、责任约束权力、自制约束自由，这样世界才能够获得可持续性的发展。①

金煜、戴菁指出振兴实体经济是“两会”上经济领域讨论的热门话题。而重振或再造以地缘为纽带形成的商帮文化传统，显然是放之四海而皆可的良药，尤为值得提倡。首先商帮精神和精益求精的工匠精神是相辅相成的，其次商帮文化传承有序、根深叶茂，具有良好的创新承递，最后商帮文化中“儒意通商”的思想具有良性的协调精神，有助于减少“创造性毁灭”对创新、创业的抑制。②

胡国栋指出：“李锦记将家族的治理置于企业治理之上，确立家族核心价值观，设立家族委员会，通过家族的团结和睦实现企业的永续经营。可见，现代公司治理并非只有美国式两权分离，专业经营的经理主义治理一条路可循。如果恰当地将中国儒家伦理与西方治理制度及制衡机制结合起来，探索儒家伦理节制现代公司资本劣性的制度途径，融通家族主义与经理主义，则可能开辟一种具有中国本土特色和民族智慧的家族企业治理模式。”③

宋鹏认为：“思想决定着行动，我国传统的义利观在现代社会的经济生活中发挥着重要作用，也为现代企业的管理和发展提供了正确的价值导向。‘义利’一词随着时代的发展，被不断赋予更加深刻的含义。在现代社会背景下对该词进行分析，可以得出三层不同的含义：首先，义利观是对人们主观行为的一种思想指导；其次，义利观中积极、向上的内容，有利于营造良好的社会风气；最后，‘义’与‘利’是一对矛盾统一体，它们彼此对立，同时又相互依存。”④

（二）共享经济伦理思想的创造性研究

李建华指出：“目前学界普遍从发展的角度看待共享理念，将之作为我国现阶段社会建设的引领性观念。而作为一种新的发展理念，自然不仅仅是一种社会价值

---

① 孙震：《儒商的现代性使命》，《社会科学报》2017年1月12日。

② 金煜、戴菁：《振兴实体经济与商帮文化》，《社会科学报》2017年3月23日。

③ 胡国栋：《儒家伦理与市场理性耦合的家族经营——基于李锦记集团的经验分析》，《理论探索》2017年第4期。

④ 宋鹏：《现代企业管理的“义利”之道》，《人民论坛》2017年第14期。

‘指导’与‘号召’，必定与人的存在和发展相关联，与人的意义世界相关。共享具有后果性的意义，需要共生作为前提。因为只有实现共生，共享才能得以实现。换言之，共生是共享的基础，共享则是共生的目标和理想。谈共生离不开理想论的逻辑，谈共享离不开生存论的逻辑。从生存到享受，无非就是人的意义性攀越过程。”李建华教授进一步指出：“共享是在不同的群体间搭建不同社会群体合作体系桥梁的基石。个人层面的友善除了相互尊重的道德要求，更期待实现不同社会个体利益的协调统一。在市场竞争如此激烈的今天，我们不能继续加剧人际紧张，而应该谋求人们在相互协作中共生共赢。人们不能够只考虑自身利益，需要建立共同体意识，建立他者意识，在追求自我利益的同时关照别人的权利和需求。显然，共享是人际友善的内在诉求。”①

张志兵、陈春萍认为马克思在继承人类财富的属人性质和财富归全社会所有这一观点的基础上，提出了以人的能力及其发展为核心的财富形态理论和财富应为人民共享的伦理思想。进而作者指出，共享平等的伦理是应然的更是必然的这一理念是马克思经济伦理的重要观点，这种应然性 和必然性来自由社会物质文明的不断进步和资本主义制度的阻碍导致的贫富不均。财富发展的终极目的应该是为人实现全面而自由的发展提供基础，为实现共产主义制度提供基础，为消灭私有制提供力量。所以在当代社会要合理使用财富、尊重劳动创造财富、努力深化改革实现公平的分配以及更加注重以人的发展为根本的发展原则。②

董必荣、张雄认为金融的起源与共享的伦理精神是分不开的。现代性的规制下，金融共享问题变成了两种话语体系的批判问题：一种是马克思式的资本逻辑批判文本，另一种是席勒式的现代金融批判与反思的文本。在现实中，金融让富人变得更富有和金融的不断民主化形成了不可调和的对立，共享变成了独享。金融共享理论关涉三个逻辑预设：（1）追求经济正义的原则；（2）实质是从追求最大化赚钱效应回归到追求民主，服务大众；（3）金融共享与好的社会相关联。③

金碚指出在物品具有耐用性、边际使用成本低和便利使用的三个条件下即可能做到共享。但在社会范围内发展经营性共享经济会面临一系列复杂问题。比如，使用者会不会爱护物品，会不会考虑他人使用的便利，会不会据为己有，经营者应该承担哪些责任、遵循哪些原则以及如何规范监督等问题。因而共享经济能否充分发挥优势、持续健康发展，在很大程度上取决于社会公共道德水平。社会公共道德水平越高，共享经济的优势就越明显。如果社会公共道德水平不够高，不仅共享经济的优势难以体现，还可能产生额外的资源浪费和社会损失，并付出一定的社会管理监督成本。共享

---

① 李建华：《从共生到共享：人类的意义性攀越》，《湖南师范大学社会科学学报》2017 年第 5 期。

② 张志兵、陈春萍：《马克思财富共享伦理思想及当代价值》，《湘潭大学学报（哲学社会科学版）》2017 年第 4 期。

③ 董必荣、张雄：《金融共享：一个经济伦理学脚注》，《伦理学研究》2017 年第 6 期。

经济的发展一方面体现了社会生产力的进步和消费大众化、平等化的进展，表明整个社会正在向着按需使用、节约资源的方向前进；另一方面也表明发达生产力需要更高的社会道德水平与之相匹配。因此，要像重视发展社会生产力一样重视培育互助互利的公共道德，推动共享经济健康发展，更好地贯彻共享发展的理念。①

张蕾、王平在《融合线上线下信用 发挥分享经济潜能》一文中指出，随着分享经济的发展，相关主体失信违约行为日渐增多，产品与服务的品质也出现了下滑。造成线上与线下信用信息脱节的原因主要是：线上信息与真实身份脱节，信用评价与实际交易脱节，信用监管与管束手段脱节。张蕾、王平还提出了以大数据征信突破信用瓶颈，依托第三方征信整合信用信息，扩大信用监管联动，实施联合惩戒，加快信用监管的顶层设计。②

（三）生态经济伦理思想的开拓性研究

唐代兴指出气候失律已经成为全球性难题，人们可以从伦理角度切入审视气候失律及恢复问题，其前提性努力是考察气候周期变化的时空规律、动力机制及伦理意蕴。以此为依据，审查气候失律的人力之因，发掘气候失律的逆生性运作机制，揭露人力活动如何影响环境，导致气候失律的层累原因、突变原理和边际效应原理。然后考问恢复气候、根治灾疫、重建生境的可能性：一方面，自然、生命、人的喜好生命的本性和共生存在，自然宇宙的自创生能力及其生境逻辑法则、限度生存原理和生境利益机制，为其提供自然可能性；另一方面，人谋求安全存在和持续生存的意愿，以及普遍平等和自由公正的人性诉求，为其提供人文可能性。探求自然律与人律的统一，可构建恢复气候的生境主义认知方式、价值系统和伦理规范体系。唐代兴教授进一步指出环境将所有问题聚集于自身，形成“唯有环境，就是一切”的理论和实践结果。当这一观点深入价值层面时，环境将作为一种优先性的价值选择，而且其本身亦成为一个价值准则，人类将进入后环境时代，环境将成为伦理学最重要的奠基之一。③

杨文进指出，经济学视角的生态文明是从符合生态规律要求并满足人类经济利益需要来解读其内容的。体现生态文明核心价值的经济伦理最根本的内容就是人与自然关系的协调，其实现程度取决于包括“代内公平”与“代际公平”在内的人与人之间关系的和谐程度。任何文明的实现都要通过一定的资源配置来落实，资源配置向什么方向运动则取决于体现社会伦理的价值标准。体现生态文明伦理的价值理论是从人类作为一个物种持续生存和发展这个最大福利的角度去认识价值内容及其衡量标准

---

① 金碚：《共享经济发展取决于公共道德水平》，《人民日报》2017年12月19日。

② 张蕾、王平：《融合线上线下信用 发挥分享经济潜能》，《宏观经济管理》2017年第6期。

③ 唐代兴：《气候失律的伦理》，人民出版社2017年版。

的。要使生态伦理及其价值理论得到实现，需要一定的制度安排和组织形式。具体的价值标准或尺度都是通过特定的制度安排来实现的，生态市场经济是当代实现生态文明最有效的组织形式。人类在物质、精神和生态三种需要方面的满足和协调程度，是衡量一个社会生态文明建设程度高低的标准。①

陈爱华撰文指出："习近平总书记在中央政治局第四十一次集体学习时强调，推动形成绿色发展方式和绿色生活方式是贯彻新发展理念的必然要求。'两个绿色'发展理念是对已有的绿色发展理念的创新，在生态伦理的发展观、本体观、认识论、方法论与价值观等方面蕴含了丰富的辩证法。习近平总书记'两个绿色'发展理念揭示了发展方式与生活方式的辩证统一。绿色发展理念经过几个阶段的发展，其内涵不断深化，即从质疑反思已产生的环境问题，到污染的末端治理，再到绿色经济概念的提出，最后到实施绿色发展战略，主要着眼于经济发展模式的治理。而'两个绿色'发展理念，不仅包括经济发展模式的治理，还包括对发展方式的整体梳理，进而延伸至倡导绿色生活方式。仅注重绿色发展方式，只能缓解或者解决发展方式引发的生态环境问题，而生活方式引发的生态环境问题依然存在。如生活方式与发展方式没有同步绿色化，绿色发展方式的成效、绿色发展理念的贯彻落实将会受到影响。只有生活方式与发展方式同步绿色化，绿色发展方式才能真正地惠及人民，才能真正体现绿色的生态之善——绿色富国、绿色惠民。习近平总书记'两个绿色'发展理念体现了人与自然之间关系的辩证统一。习近平总书记指出，'绿色发展，就其要义来讲，是要解决好人与自然和谐共生的问题。人类发展活动必须尊重自然、顺应自然、保护自然，否则就会遭到大自然的报复，这个规律谁也无法抗拒'，他要求我们认识到'山水林田湖是一个生命共同体，人的命脉在田，田的命脉在水，水的命脉在山，山的命脉在土，土的命脉在树'。因此，我们'要把生态环境保护放在更加突出位置，像保护眼睛一样保护生态环境，像对待生命一样对待生态环境'。"②

詹玉华、金小方在《当代中国生态经济理论的思想来源与构建》一文中提出，要立足于马克思主义生态经济思想，借鉴但不盲从西方生态经济学，充分吸收中国传统生态经济智慧，将三者有机统一，建构具有中国特色的生态经济学理论。③

（四）企业经济伦理思想的价值性研究

孙丰云认为，有关可能性论争，不可回避的是对"伦理方面的创新是违反直觉的，因而不具有可能性"这一论点的回应。实际上，企业—经济生活中的伦理创新意味着伦理主体不局限于"纯粹的利润考虑"而依照伦理理论和原则采取其他可能

① 杨文进：《生态文明的经济学内涵》，《学习与探索》2017年第3期。

② 陈爱华：《绿色发展理念的生态伦理辩证法》，《中国社会科学报》2017年10月31日。

③ 詹玉华、金小方：《当代中国生态经济理论的思想来源与构建》，《华东经济管理》2017年第7期。

的行为选择与行动。“该行为选择与行动在一定程度上被判定为具有道德上的正当性，或是道德上的正确。”这样的“切入点”是实际的伦理创新需要考虑的首要问题。因为伦理创新的终极目的是与“具有灵性和情感的人类福祉”相关联，并为人类的自我实现找寻更好的生活方式和生活世界。而此终极目的还应当指导和影响伦理创新的整个过程，故而应以道德问题为起点来探讨伦理创新。具体到实际的企业—经济生活中，伦理创新需要回应的道德问题大致可分为三类：第一，人们直接感受到的经验中存在或凸显的道德问题；第二，超越直观经验的道德问题，即经过审慎的道德思考，洞察尚未解决或不确定的问题，从而最大限度地减少（若不能消除）负面影响的发生；第三，探索新的未知领域，创造多重可供选择的多样化的“善的生活”方式的可能性。从伦理创新的发生机理来看，其理想的状态是，伦理创新在各自层面上循序渐进地展开，并在整体上关联互动，直至意料之外而又情理之中地出现一种新的“善的生活”方式。但不能排除突变式的革命性创新的发生。创新在本质上需要规范性道德责任的驱动，这里的道德责任是从可操作的角度强调“实践能够”而非从产生依据的角度强调“理念应当”。因此，对于伦理创新方法的探讨就转化为伦理主体实践能力的检视。从方法论上，最佳选项是基于“主体享有真正的自由”的“道德可行能力”方法。道德可行能力方法至少包含三个元素：尊重主体选择；多元化地理解“人”，亦即“认同人的多样性”；价值视角。道德可行能力方法的理论魅力在于两个方面：普遍性和可操作性。在实际创新中，该方法包括两个基本方面：一是描述解释层面上的自我认知；二是规范推理层面上的他者评价。就自我认知而言，它主张不同语境下的伦理主体自主评估和决定是否有能力提供“新方式”以解决企业、经济生活中的道德问题。这里的“新方式”有两种可能：一是伦理原则是既定的，而需创造出新的伦理框架；二是伦理框架是既定的，而需创造出新的伦理原则。他者评价涉及可操作的框架，依据伦理主体的特定语境框架而非任何先验的伦理原则来寻根溯源。这里主要涉及伦理主体对伦理创新的“正当性”做出回应，包括“结果”和“过程”这两个相互关联的维度。①

何建华、马思农认为要使社会财富为大多数人所共享，一方面要实行有效的政府再分配，健全社会保障制度；另一方面则必须发挥社会慈善特别是企业家慈善在财富分配中的作用。企业家慈善作为第三种分配，在调节贫富差距、促进社会公平、维护社会公正秩序等方面具有十分重要的作用。该文从道义论的角度探讨企业家慈善活动的正义之维，旨在促进企业家慈善事业的健康发展，促进社会公平，让发展成果真正为全民所共享。首先企业家慈善本身具有正义性。慈善是人的同情心和关爱情怀的体现，它体现了人们对构建美好社会以及美好生活的愿望，也蕴含着人们对社会、对他人所应承担的社会责任的一种自觉意识。企业家慈善属于第三种分配，是实现社会分

① 孙丰云：《企业—经济伦理创新：可能性、进路与方法》，《哲学动态》2017 年第 7 期。

配正义的重要途径，在实现分配正义、社会正义方面有着重要的作用。其次，企业家慈善活动必须强调正义原则。企业家慈善是一种具体活动，如果企业家的慈善活动失去了正义之维，则不善分配就会带来不良后果，其带给人们的伤害可能会大于益处。因此，企业家慈善必须建立在科学的程序和规则的基础上，必须重视其伦理价值目标。在强调企业家慈善的正义性的同时，必须重视企业家慈善活动的"正义性"。企业家慈善活动的正义性主要体现在以下方面：一是用于慈善的财富应当是获取正义、持有正义的；二是企业家慈善的动机应当是正义的；三是企业家慈善的方式应当是正义的；四是企业家慈善的结果应当是公正与效率的统一。最后，慈善事业作为社会保障体系的一个重要补充，其发展正处在一个非常重要的阶段。从总体上讲，中国企业家慈善供给不足，慈善文化和慈善机制还不够完善，企业家慈善的正义性没有受到足够的重视。慈善是一种大家都心甘情愿地参与和推动的共享方式。在社会转型期，大力培育现代慈善文化和共识意识，在培养全体公民参与社会慈善事业的同时，有效引导企业家积极履行其社会责任，构建企业家慈善活动的正义之维，是促进中国慈善事业健康和可持续发展的重要途径。①

刘可风、龚天平、冯德雄对企业伦理学的概念、基本矛盾关系和核心范畴、基本理论、基本规范及企业社会责任等做了介绍，对企业与股东、雇员的道德关系以及企业中的个体道德等内部问题做了探讨，对企业与顾客、竞争者、政府、生态环境的道德关系及跨国经营中的道德问题做了研究，对企业伦理决策和企业的道德绩效等当代企业伦理学发展中出现的新问题提出了看法。②

宋智勇编著的《企业伦理学》一书，致力于回答在全球化、网络化的今天，作为市场主体的企业，其终极价值和工具价值是什么；它是以终极价值的面目——追求股东利益最大化或者追求利益相关者利益全面化——存在于世，还是以工具价值的面目遵从普适的商业伦理或者"入乡随俗"式地遵循具有地方文化特色的营商伦理，或者是二者兼而有之。该书在综述现有理论的基础上，从理论层面进行了探讨，并在实务层面为企业及其管理者提供了操作指南。从方法上，企业伦理学是一门"实然"和"应然"互通并可以进行实证研究的学科。企业伦理学的"实然"部分——企业文化通过实证验证提炼企业价值观和真实行为规范，并经过程序性规范和实体性规范的检验升华为企业道德观和道德规范。从内容上，企业伦理学是从企业的视角来研究伦理，企业作为市场的主体在适应内外环境的过程中会形成价值观和真实行为规范，在市场中可能是道德的且有竞争力的。但是当企业跨市场或跨国经营时，面临不同的道德规范体系，企业原有价值观和真实行为规范就可能与新市场道德规范体系相冲突，企业如何应对这种冲突或困境呢？该书作者认为企业必须做出战略选择。该书向

① 何建华、马思农：《略论企业家慈善的正义之维》，《浙江社会科学》2017 年第 2 期。

② 刘可风、龚天平、冯德雄主编：《企业伦理学（第 2 版）》，武汉理工大学出版社 2017 年版。

读者介绍了解决企业伦理战略问题和促进企业员工道德行为的企业伦理管理方案。①

乔法容、周林霞、黄卫华指出，随着推进企业承担社会责任运动在全球范围内的全面展开，中国企业，尤其是上市公司，在全球化浪潮中承担社会责任的现状、问题、原因与出路成为关注的焦点。以河南省十三家上市公司为剖析对象，发现政府引导、企业实践、社会推动的企业社会责任发展新格局基本形成，但企业承担社会责任的认知误区、制度与机制缺陷仍较为突出。随着河南省经济实力在全国地位的进一步提升，“五大国家发展战略”对企业提出了新的挑战。为此，人们必须抓住机遇，迎接挑战，积极推进企业承担社会责任的工作。第一，政府加大推进力度。一是推进企业社会责任法制化；二是使企业社会责任管理与国际接轨，建立企业社会责任评价体系；三是加强对相关人员的培训工作；四是加大宣传，让各类组织都来关注企业社会责任建设；五是强化对企业履行社会责任的监督与管理。第二，企业自觉实践。一是将企业社会责任融入发展战略；二是加强企业社会责任管理体系建设；三是发布企业社会责任报告；四是充分运用新媒体，促进企业履行社会责任的方式多元化。第三，社会各方积极推动。一是民间组织推动；二是行业协会支持；三是媒体参与推动；四是联合高校和科研机构共同推动。②

丁杰、黄金波、郑军在《企业社会责任信息与信贷资源的二次配置》一文中的研究表明，社会责任信息披露有助于企业在信贷资源的再配置中取得优势地位，披露社会责任报告的企业获得了更多的商业信用，其商业信用对银行信贷的替代作用增强，但没有证据表明社会责任信息的披露有助于企业在信贷资源的初次配置中获得更多信贷资源。③

（五）行业经济伦理思想的专门性研究

陆晓禾认为市场交换原则、竞争、异化、拜金主义在很大程度上支配了今天人们的行为方式，并渗透进了非市场领域。道德建设面临严峻的挑战。“信誉楼”中止异化劳动，使劳动重新回归人本身，赋予商业、竞争、企业、生产关系和市场经济以新的理解。张洪瑞及其“信誉楼”作为实践样本，不仅对企业而且对所有受市场经济影响的领域和人们都有示范意义。在个人层面，他们努力践行爱国、敬业、诚信、友善，促进了“信誉楼”的商业服务和企业的以人为本；在社会层面，他们在流通领域注重自由、平等、公正、法治的践行；从企业公民的角度，积极为国家层面的富强、文明、民主、和谐作贡献。“信誉楼”不仅倡导和践行了社会主义核心价值观，

---

① 宋智勇编著：《企业伦理学》，清华大学出版社 2017 年版。

② 乔法容、周林霞、黄卫华：《企业履行社会责任的成就、问题与对策——以河南省上市公司为例》，《伦理学研究》2017 年第 6 期。

③ 丁杰、黄金波、郑军：《企业社会责任信息与信贷资源的二次配置》，《华东经济管理》2017 年第 8 期。

也为世界性的市场经济伦理难题提供了具有中国特点的新回答。①

邱斌认为考试经济是围绕考试而形成的各种经济活动或经济行为。作为考试的衍生物，考试经济给从业者带来了丰厚的回报，同时也产生了一些亟待规范的行为，造成了不良的社会影响，对公民道德诉求产生了一定的负面作用。要推动考试经济规范化发展，其根源是要规范考试管理，理顺考试主体与客体的关系，优化考试措施，不断深化考试改革，并依法约束考试经济行为，促进考试经济健康发展，驶入良性运行轨道。考试具有功利性和伦理属性，考试伦理究其本质和核心，是需由诚信与公正共同构建和维持的道德体系，考试经济除了考试带来的伦理特质，还具有考试本身伦理属性之外的特征，考试经济伦理是关于从业人员的善与恶、应该与不应该的规范。造成考试经济伦理问题产生的原因主要有四个：一是产权之争造成考试经济伦理关系复杂化；二是路径依赖扭曲所致；三是利益的诱惑与道德良知的弱化；四是因为法律规章制度不健全。要理顺考试伦理关系，解决好考试经济中存在的问题。首先要从考试管理体制着手。其次要完善考试经济发展的道德监督机制。道德监督机制可以从考试实施主体及考试客体两个层面率先推行。再次要综合治理考试经济运行环境。要确保考试安全平稳组织，推进考试经济繁荣有序发展，必须净化考试环境，完善政府统筹、部门协调、齐抓共管的长效机制，有效防范和打击影响考试安全和考试公平的行为。最后要推进考试经济法制建设。建立一部兼顾国家、社会、考试主管部门及考生等多方面利益的，并将法治基本精神蕴含于其中，操作性强的法律或法规，是推进依法治考的必然途径，也是从根本上促进考试经济依法规范发展的重要保证。②

张永奇认为，概括起来讲，中国文化产业发展中存在的伦理风险主要表现在以下三个方面：第一，文化产业中 GDP 崇拜盛兴；第二，文化产业布局严重失衡；第三，文化市场中伦理问题频发。从经济伦理的角度来看，任何经济形态都内含着一定的“伦理性”。文化产业作为一种应当以提升社会伦理和公民道德建设为取向的特殊经济形态，其“伦理性”更为突出地表现在增强经济力、提升社会力、发展文化力等方面。文化产业中存在的伦理风险其实质是对文化产业“伦理性”的遮蔽。这种做法将为文化产业的社会效益、产业体系和文化市场建设带来严重危害。化解当前中国文化产业发展中的伦理风险，可以从以下三个方面着手。一是建立健全文化产业发展的法治环境。尽快建立起保护与促进文化产业发展的法律法规体系，加强文化执法、司法工作，提升全民法治意识，才能真正达到以法治思维和手段来增强文化产业道德底蕴的目的。二是注重发挥道德调节在文化产业中的作用。文化产业的发展不能离开价值引导，不能脱离道德调节。因为文化产业的发展除创造经济价值以外，更重要的是为了提高国家文化软实力，提升公民道德素质。离开价值引导，缺乏道德调节，文

① 陆晓禾：《信誉楼：中国本土商业伦理的实践样本》，《伦理学研究》2017 年第 2 期。

② 邱斌：《我国考试经济伦理问题初探》，《湖南科技大学学报（社会科学版）》2017 年第 2 期。

化产业对社会的贡献就更多地集中在经济利益而不是文化价值，文化产业就会更多地成为硬实力的支撑条件而不是软实力的重要支柱。三是促进文化产业主体的再塑造。引导文化企业增强伦理责任，提高文化企业经营者的道德品质，培育文化消费者的伦理道德意识。①

袁新国、吴美荣评价认为，体育经济的健康发展需要市场的调节以及法律的规范，但这些外在的力量并不能真正维护体育经济的发展。从本质上看，体育经济的发展还是要靠人们自觉的伦理道德约束，因此，从伦理学的角度对体育经济进行研究十分具有必要性。沈克印的《中国体育经济伦理研究》就是从伦理学的角度对体育经济进行详细解剖与总结的专著。作者在结合国内外研究的基础上，从跨学科的角度分析了中国体育经济伦理研究的必要性，并以多种研究方法对体育经济伦理的相关理论进行了全面的梳理，详细阐述了伦理道德与市场经济的内在关联。作者在揭示二者的关系时，并没有进行苍白的理论论述，而是以中国体育经济发展的实践为依据。这种理论与实践的兼备是该书的一大创新之处。在理论方面，作者就体育经济建设的道义论、功利论、美德论以及利益相关论进行了系统的探究，指明各大理论在体育经济发展以及伦理道德体系完善中的重要作用，并在这些理论的基础上，提出了体育经济建设的目标与原则。在实践方面，作者从宏观、中观以及微观三个层面直观阐述了体育伦理建设的具体策略。其主要想传达的意图是，体育伦理建设不是体育组织的单独"作战战场"，而应该与政府的调控以及个体的道德遵守相融合。政府是体育与伦理道德良性互动实现的重要保障，体育组织是体育经济与伦理道德良性互动实现的重要支撑点，而个体则是体育经济与伦理道德良性互动实现的基础与根本。②

赵宏霞、荣帅、杨皎平在《在线卖方好评返现、消费者见利忘义与治理机制》一文中建立了一个仿品卖家和两个在线消费者的博弈模型，首先求得了不同情境下仿品卖家的最优返现值、消费者的评价行为以及网购市场的产品质量；其次分析了网购平台质量诚信监控、消费者延迟评价、消费者道德教育对好评返现的治理作用；最后设计了委托第三方集中评价的机制，该机制可在较低的网购质量诚信监控概率、较短的延迟评价时间和较小的消费者道德成本下有效遏制好评返现行为。③

三　完善经济体制的伦理规范

2017 年以经济体制为对象的研究成果数量之多是前所未有的。一方面因为随着

① 张永奇：《当前中国文化产业发展中的伦理风险及其化解策略》，《云南社会科学》2017 年第 4 期。

② 袁新国、吴美荣：《体育经济与伦理道德的良性互动：评〈中国体育经济伦理研究〉》，《宏观经济管理》2017 年第 11 期。

③ 赵宏霞、荣帅、杨皎平：《在线卖方好评返现、消费者见利忘义与治理机制》，《中国经济问题》2017 年第 6 期。

新时代的变化，经济伦理面临的新形势和新问题呈现爆炸式的增长，另一方面因为中国的经济体制的伦理规范刚刚起步尚需时日成长。伦理学者敏锐地锚定了经济领域的新形势、新变化，试图提出新的策略应对新的形式。这些策略基本以三种形式呈现，第一种是立于伦理角度审慎地对于经济制度的变化提出了新的解释和思考；第二种是通过审视在新的变化中如何建构新的经济—伦理的渠道来完善经济伦理规范的不足；第三种是直接以新的问题为切入点，由点到面地进行了深入的分析。总体而言，这些研究有很大的突破性进展，在宏观层面已经有了基本一致的认识，但总体架构尚不成熟，许多具体问题还有待进一步的深入研究，以完善从宏观到微观经济伦理的指导体系。

（一）探索经济制度的伦理规范

王小锡认为牢固树立并切实贯彻落实五大发展理念是时代发展的必然，是国家综合实力不断增强的要求，更是中国人民的热切期待。这五大发展理念是中国经济社会发展规律的科学揭示，其中蕴含着丰富的社会主义伦理精神和道德要求。坚持一切为了人民幸福是新发展理念的核心价值取向，坚持公平正义是落实新发展理念的根本举措，坚持共建共享的道德责任是推进新发展理念的重要条件，创新发展、协调发展、绿色发展、开放发展、共享发展需要道德力量的支撑。五大发展理念中的一个核心理念是共建共享，它内含着发展需要人人参与、人人尽力，发展成果应该人人享有、全面享有。这里的人人参与和人人尽力，意味着不同的人有不同的岗位，各自应该有着不同的行动目标和道德责任。同样，这里的人人享有和全面享有，意味着每一个人应该有实现共享的建设行动和道德责任。其一，政府要时刻不忘服务于国家和人民、服务于发展。其二，提升境界，敬业奉献。其三，公平公开分享成果。其四，德法并举，保障共建共享。①

刘梦岳认为20世纪下半叶东亚经济的崛起与中国经济体制的成功转型，使得越来越多的学者关注儒家文化与现代经济之间的关系。不少学者认为，儒家文化中的伦理道德是东亚经济崛起的重要原因之一，但这个观点一直遭到质疑甚至反驳。儒家文化的支持者、怀疑者和反对者之间的争论主要集中在两个问题上：（1）文化在何种程度上可以影响经济；（2）儒家文化对现代经济的影响是正面的还是负面的。可惜的是，各方并没有建立一个可以有效对话的讨论平台，很多时候都是自圆其说，中国市场经济的成功与失败都可以在其理论中得到“合理”的解释。因此，对“儒家文化与现代经济”这个话题的讨论长久以来也陷入了僵局。幸运的是，随着新制度主义经济学的兴起，文化与经济之间的关系以一种崭新的面貌出现在人们面前。学者们对东亚独特经济发展模式的关注也逐渐从“伦理”层面转移到了“制度”层面。这

① 王小锡：《五大发展理念的伦理蕴涵》，《思想理论教育》2017年第2期。

种研究方向的转变使得对“儒家伦理与现代经济”这个话题的讨论重新获得了生机。从“经济伦理”到“制度主义”的转变可以总结为三点。第一，从个人伦理到制度安排：不同的经济模式并不再简单地通过“道德”来解释，而是被理解成行动者在不同的历史文化背景下做出的制度选择。在这里，文化更多的是作为一种协调机制来影响人们的经济活动。第二，从“文化优劣论”到比较研究：将文化理解为一种“制度安排”之后，学者们就不再片面地夸大某种文化对经济的促进作用或阻碍作用，而是对不同的文化选择在具体的情境下进行比较分析。第三，从经典诠释到实际考察：人们更多地开始关注文化在现实中的实践，而不是在经典中的体现。因此，研究重点不再是文献解读，而是各种社会文化制度（如亲属制度和关系规则）在经济领域的实际应用。基于对文化的理解，人们可以尝试回答关于“儒家文化与现代经济”的两个核心问题。首先，将文化理解为一套协调人们行为的制度之后，人们便可以用经济学的术语来表述文化与经济行为之间的关系，即文化对个人行为的影响在于“成本”与“收益”的权衡。其次，在理解了文化如何作用于人们的经济行为之后，儒家文化与现代经济的关系也就比较清晰了。人们很难绝对地说儒家文化对现代经济的作用究竟是促进还是阻碍，因为这并不单单取决于“儒家文化”本身，而是由整个社会的政治制度、经济结构与文化相互作用所决定的。从“经济伦理”到“制度主义”的研究思路的转变加上对“文化”新的理解，可以帮助人们更深刻地认识中国的现状。①

郭忠义、侯亚楠认为当下人们的道德体系及其所设定的伦理空间的根本缺陷在于只有制高点，没有地平线。要言之，既缺少人们普遍认同的标志“人伦”边界的伦理底线，又缺少规定“人本身”的普遍人性前提。而要确立伦理底线，必须回到马克思对人的本质的规定上，为之奠定坚固的人性基石。根据马克思对人的本质的描述，可以得出两个重要判断：第一，作为精神观念的伦理观念以及由此产生的伦理活动关系根源于经济关系，作为人的本质的真正社会联系的经济交往关系是伦理精神的基础；第二，社会伦理底线不能离开经济领域去设定，经济伦理底线应成为社会道德伦理的基石。只有将马克思所说的人的本质首先落实于现实的经济关系中，人的社会本质才能摆脱马克思所批判的“抽象化”形式而真正变成活生生的“现实”，作为被环境制约着人的社会关系才能通过人的实践活动得到改变并在这种改变中实现人的自我改变和自身发展。②

户晓坤认为市场机制作为社会组织生产活动的高效工具，“嵌含”于特定的社会关系结构中，承载着平等化、自由化的道德作用和社会政治意义。然而，资本逻

① 刘梦岳：《从“经济伦理”到“制度主义”：“儒家文化与现代经济”的研究转向及其启示》，《山西大学学报（哲学社会科学版）》2017 年第 2 期。

② 郭忠义、侯亚楠：《从制高点到地平线：社会主义市场经济的伦理底线探析》，《求是学刊》2017 年第 2 期。

辑所驱动的自由主义市场机制导致了市场价值对社会价值的排挤以及对公共美德的“腐蚀”。对于推动和深化中国特色社会主义市场经济而言必然需要从中国社会自身独特的伦理传统中演进出与之相适应的并相互支撑的伦理价值，从而为市场边界向公共领域和良好生活的扩张设置道德底线。首先市场机制作为在特定社会历史条件下的经济运行方式，被普遍认为是组织生产和分配的最有效方式。在价格信号的引导下，人们能够通过自由交易进行分工合作，追求资源分配的帕累托最优状态，交易范围超越了血缘以及地缘的限制，世界市场的全球性扩张构成了“现代性”的基本动力。其次“嵌含”于劳动与资本二元主体的社会关系结构，基于产权的道德共识与法治精神所建构起来的市场机制具有自律性倾向，在自由市场中信奉私有产权的神圣性和价格信号的导向性。最后作为公共活动领域的市场“嵌含”于社会关系之中。市场机制首先是个社会的历史范畴，在不同性质的社会关系与制度结构中，市场作用机制范围和角色是完全不同的。所以它不仅将更多而且将更为根本地把具有实体性内容的“集体”或“社会”整合到其全部建制的基础之中，从而以社会价值作为对市场价值的内在约束，也为市场边界向公共领域和良好生活的扩张设置了道德底线。①

林剑认为“人类命运共同体”不同于人类历史曾经存在过的绝大多数共同体，后者更多是关注圈子和集团的利益，而“人类命运共同体”的主体是整个人类，也包括未来世界中的人类，其涉及的是人类的命运前途。“构建人类命运共同体”是符合市场经济与经济全球化本质要求的思想理念。市场经济与经济全球化是互相依存与互相促进的，没有市场经济的存在，就没有经济全球化的生成与发生，没有经济的全球化也不会有市场经济的充分发展。要真正实现市场经济与经济全球化的良性互动，就必须抛弃自己利益优先，或“美国优先”等一类的自由主义思想理念，走“构建人类命运共同体”的道路。“构建人类命运共同体”虽然是以习近平同志为主要代表的中国共产党人为摆脱经济全球化带来的困境与挑战所开出的有效药方，但这个新思想新理念的理论基础却是马克思主义的世界观与方法论。在马克思历史观的理论逻辑中，人类的历史必然是从地域性的历史转变为世界性的历史，个人的命运、阶级的命运、民族与国家的命运最终是与人类社会历史、与整个人类命运联系在一起的。由于历史与现实的原因，个人、各个民族与国家之间存在差异是不可避免的，这些差异的存在必然使得经济全球化的过程出现各种各样的矛盾。正因为差异、矛盾、分歧的存在，人类社会才需要用“构建人类命运共同体”的思想与方法，去化解矛盾、减少分歧、缩小差异。②

① 户晓坤：《市场机制的边界：当代中国市场经济的伦理反思与建构》，《道德与文明》2017 年第 4 期。

② 林剑：《构建人类命运共同体——引领经济全球化发展的新思想新理念》，《理论与现代化》2017 年第 4 期。

张寅在《消费主义文化领导权及其对剩余价值榨取的影响》一文中试图结合葛兰西的文化领导权概念与马克思的剩余价值理论，在消费主义的语境中看剩余价值榨取方式的重大变化，即以不断追求差别为基础的两阶段剥削的兴起。在后现代的消费主义社会中，虽然工人收入有了显著的提高，但实际的剥削程度仍远远超出表面的水平，从而在新的语境下重新肯定了马克思的基本观点。①

（二）梳理经济关系的伦理规范

由［德］奥利弗·拉什、［美］罗杰·N. 康纳威著，秦一球、曹然译的《责任管理原理：全球本土化过程中企业的可持续发展、责任和伦理》一书以国际化、系统性和实践性的丰富视角探讨了企业的责任管理和经营，是联合国“责任管理教育纲领”（PRME）倡导机构这一学术组织出版的首本官方教材，也是联合国“全球契约”成员企业的参考读物。参与编写该书的不仅有各领域的知名学者，还有提供相关案例的职场成功人士，该书围绕责任管理的三大要素展开，即可持续发展、责任及伦理，探讨和发掘责任管理者可以在管理实践中施展才能的空间。从目前的研究成果来看，专门探讨责任管理的著作并不多见，而该书体系完整，通俗易懂，将理论和实践有机结合，是一本集管理学和伦理学于一体的探索性著作。该著作分成两大板块，第一板块（1—5 章），主要介绍商业伦理中一些概念的缘起和发展，以及经典的伦理理论和分析工具；第二板块（6—15 章）则将负责经营的理念嵌入了管理学的各个知识模块中，从战略管理、创业精神、组织结构、运营、供应链、人力资源、营销、国际商务、会计和金融等角度展示如何将伦理精神落实到商业和管理的具体执行环节中。②

范方志、汪延明通过“国家道德—通货膨胀”的路径构建理论模型，探讨两者间的作用关系，进而从理论研究的视角探讨国家层面如何建立适应现代社会发展急需的国家道德，真正实现满足人民健康生活需要的和谐社会。研究发现，国家道德实践层面提炼的社会文明进步、人们健康生活需要、社会可持续发展三者之间存在高度的关联性。得出的结论显示，现实中人们的健康生活需要得到保障，社会才能文明进步，而社会文明进步的标志是实现可持续发展。但在社会进步的经济基础上考察，现代社会经济发展中出现的通货膨胀，严重阻碍了社会的文明进步，经济政策引导出的单纯追求物质利益需求进一步加剧了通货膨胀，社会可持续发展由于落实不到位，区域间发展不平衡，导致结构性通货膨胀的加剧。执行国家道德实践的部门和人，在制定政策和方法时要考虑“手段”的两面性，既要考虑国家整体经济利益，也要考虑

① 张寅：《消费主义文化领导权及其对剩余价值榨取的影响》，《哲学研究》2017 年第 10 期。

② ［德］奥利弗·拉什、［美］罗杰·N. 康纳威：《责任管理原理：全球本土化过程中企业的可持续发展、责任和伦理》，秦一球、曹然译，北京大学出版社 2017 年版。

个人经济利益。抑制通货膨胀是世界性难题，但国家道德中要充分考虑政策制定的适应性和政策的保护性。特别是对结构性通货膨胀的抑制，国家政策的制定要充分发挥市场的传导作用，在城市和农村、富人和穷人、发达地区和不发达地区间如何平衡的政策上多使用“手段善”引导下的“目的善”，防止单纯“手段善”产生的急功近利。①

王露璐认为改革开放以来，中国乡村社会在市场经济浪潮的冲刷下发生了巨大变化，资本逻辑对中国乡村的发展也体现出双重作用。一方面，资本以其强大的扩张力“进入”乡村，追求自我增殖最大化的资本逻辑也成为推动中国乡村经济社会发展的强大力量；另一方面，资本逻辑不断实现对传统乡村生产与生活空间的“资本化”扩张，并由此加速了村落终结的进程。资本的扩张必然以城市为中心并产生对农村的全面挤压，市场化进程导致城市的急剧膨胀和扩张，并带来“城市过密”和“农村过疏”的现象，这已然成为一个世界性问题。从一定意义上说，村落数量的减少已成为中国乡村城市化进程中无法改变的基本态势。然而，迄今为止，村庄依然是中国政治、经济、文化和道德生活的根基，是大多数农民的生活所在，更是大多数国民剪不断的“乡愁”所系。因此，通过有效的伦理规约实现资本逻辑的空间正义和生态转向，并通过“地方性道德知识”的传承和现代转换重建新型的村庄伦理共同体，既为实现村落“重生”提供了可能的路径，也是中国特色的社会主义新农村建设乃至全面建成小康社会不可忽略的重要问题。②

吴忠民指出所谓社会公正，是指给每个人所应得，亦即社会成员应当“得其所应得”。现代意义上的社会公正，实际上是由普惠性公正和差异性公正构成的有机整体，两者相辅相成，共同构成了社会公正的基本内容。普惠性公正与差异性公正相辅相成、缺一不可。如果过于强调普惠性公正，将程度不同地限制异质性社会的正常生长，窒息社会的活力和创造力，将造成另一种形式的社会不公亦即平均主义现象。在这方面，东欧剧变前的苏联的做法是一个典型。如果过于强调差异性公正而轻视普惠性公正，在学术上会引发争论，在现实社会运行过程中，会不同程度地造成弱肉强食的不公正现象，也会造成社会不安甚至是动荡的局面。因此要有效推动普惠性公正与差异性公正的平衡发展。在实践中有效实现普惠性公正与差异性公正的平衡发展，维护好两者合理的“度”，确保普惠性公正与差异性公正相互促进、共同提升，防止“畸轻畸重”以及此消彼长情形的出现，就成为极为重要的实践议题。一是要“适度优先”促进基础层面的普惠性公正。加强社会成员基本生存条件层面的保障，亦即社会成员基础性平等权利的保障。二是要“适度优先”

---

① 范方志、汪延明：《论国家道德与通货膨胀》，《宁夏社会科学》2017 年第 2 期。

② 王露璐：《资本的扩张与村落的“终结”：中国乡村城市化进程中的资本逻辑及其伦理反思》，《道德与文明》2017 年第 5 期。

促进基础层面的差异性公正。从操作角度看，这是基于平均主义的社会心理基础较强和民众期望值相对容易大幅度攀升的现实国情，针对社会公正的复杂性与当前中国社会公正的特殊性的必需之举。必须指出，适度优先促进基础层面的普惠性公正由于具有更为基础性的意义，应当比适度优先促进基础层面的差异性公正居于相对“更加优先”的位置。①

（三）协调经济问题的伦理规范

李志祥指出伴随着农村市场经济的快速发展，中国农民的经济理性意识有了大幅提高。第一，中国农民市场经济意识普遍提高，但地域和个体发展非常不平衡。当自给自足的传统农业经济不断受到冲击、新兴的市场经济因素不断涌入之后，农民不可避免地会产生与市场经济相适应的诸多意识。但中国农村的市场化发展非常不平衡，不同地域发展不平衡，不同个体发展也不平衡。第二，农民求利欲望不断增强，但逐利能力有待提高。尽管大多数农民在经济动机上具备了充足的经济理性，但这种经济理性却明显受制于农民薄弱的经济能力。农民在市场经济中的获利能力远低于其他社会阶层。逐利欲望强烈而逐利能力弱小，这正是转型期农民经济理性发展的最大困境。第三，农民的生产性经济美德不断凸显，而交往性经济美德还有待增强。中国农民特有的不怕苦、不怕累品质，直接与现代经济理性的要求相适应，但刚刚进入市场的农民仍然有很多东西不能完全转变过来尤其是在契约规则意识方面。第四，农民具备了初步的科技理性意识，但科技理性水平亟须提高。大多数农民以经济效益为标准选择和使用一定的农业科技，并初步形成了与之相应的科技理性意识。但由于中国农业科技发展水平还不高、推广范围还不广，受此限制的农民科技理性水平还比较落后。中国农民经济理性的未来发展必须注意以下四个方面的问题。第一，不断完善“三农”市场（特别是农产品市场），帮助农民形成以契约规则意识为核心的市场经济理性。建立完善的“三农”市场，才能帮助农民真正进入市场体系，形成合理的市场经济理性。但从土地走向市场，需要农民认识到契约规则的重要性。第二，大力发展和普及农业科技，不断提升农民的科技理性意识。必须为农民提供更多更先进的农业科技，不断提升农民的知识结构，使农民在农业科技的应用实践中培育出合理的科技理性意识。第三，大力弘扬中国传统文化中的血缘亲情因素，消解现代化带来的冷漠问题。中国农民的现代化不能放弃血亲仁爱精神，必须将理性计算与血亲仁爱精神结合起来，创建更为和谐、更有亲情、更具效率的经济秩序。第四，利用地缘特色发展新型自然观，缓解现代化带来的生态危机。在发展农民经济理性的时候，一定要加大生态理性的宣传力度，防范农民在现代化的道路上过度开发，促进人与自然的和

① 吴忠民：《普惠性公正与差异性公正的平衡发展逻辑》，《中国社会科学》2017 年第 9 期。

谐共生关系。①

李维扬、谭燕芝认为贫困问题一直是发展中国家关注的重要问题，当前中国贫困人口基本集中在农村地区，尤其是中西部的农村地区其贫困农户基数大，城乡二元经济结构显著，精准扶贫工程已经进入改革深水区。贫困不仅是一个单纯的经济问题，同时也是社会问题、政治问题，农村精准扶贫战略中金融正义的顺利实现，必须是一个系统的、多方位的、因地制宜的过程，需要时刻把握好金融支持与农户实际需求之间的匹配程度。具体来讲如下。首先，不断完善农村金融基础保障设施。外部环境不理想是导致中国农村金融发展滞后的最重要原因。其次，建立联保征信体系，减少道德风险问题。降低道德风险的关键在于提高贷款农户在协议签订后的尽责程度。因此，为破解信息不对称带来的道德风险，从构建分层动态征信系统出发是一种有益的尝试。对于长期拖欠贷款的人，应当给予切实的惩罚，通过“信用村”“信用镇”的构建将贷款农户的信用进行联保，提高贷款协议的权威与执行效力。最后，农村金融机构要实现“利”与“义”的统一。可以借助新制度经济学等相关理念，从营造良好的宏观环境、健全双边及合作治理模式和建立多层次、多样化的农村金融组织体系三个角度寻求农村金融机构“利”与“义”统筹发展的实现路径。总的来说，农村金融机构要在实现一定利润，保证其持续经营的前提下，将提高农民福利水平作为金融扶贫的核心纳入农村金融正义的实现路径中，不断提升农村金融机构作为扶贫实施主体的社会责任感，实现“利”与“义”的统筹发展。②

樊浩指出“小康”时代面临的“中国问题”并非“中等收入陷阱”，而应是“小康瓶颈”。在现代话语中，“小康瓶颈”可能存在两种情形：一是在话语转换中“小康”从一种文明气象演绎为抽象的经济指标，从而由去伦理、去文化的经济单向度产生“小康瓶颈”；二是在“天下为家”的经济与社会发展中因伦理和文化供给不足而生成的文明瓶颈。因此要走出“小康瓶颈”必须坚持以文化战略为基础的国家政策。第一，构建小康文明的“理想类型”。小康文明的“理想类型”在根本上是种“经济—伦理类型”，其建构需要解决两个突出性问题：一是谋利和经济冲动的可持续性及其合理性问题；二是积累的可能性问题。第二，增加企业的伦理援助与经济的文化支持。通过伦理信任建构和积累社会资本，帮助以家族经营为基础的非公企业转型为现代管理制度，突破家族企业生命周期的伦理瓶颈。相对于经济扶持与政策支持，伦理援助与文化支持才是更具根本意义的战略。第三，建立经济—伦理—文化一体化的决策评估体系。在管理上突破理念和体制瓶颈，核心是建立经济—伦理—文化一体化的咨询决策体系和经济、社会发展的伦理评估与文化支持体系。一方面，对现有决策咨询系统进行重大改革，在深度的伦理参与、人文参与下建立经济—伦理—文

① 李志祥：《现代化进程中我国农民经济理性的扩张、困境和出路》，《伦理学研究》2017 年第 3 期。

② 李维扬、谭燕芝：《当前我国农户精准扶贫的乡村金融正义初探》，《伦理学研究》2017 年第 5 期。

化一体化的咨询决策体系；另一方面，经济与社会发展的伦理评估的意义也绝不只是“精神文明”，还包括对小康文明品质的伦理论断、价值指引和后力赋予，具有重大的国家文化战略意义。①

① 樊浩：《小康文明的伦理条件》，《哲学动态》2017 年第 7 期。

2017 年科技伦理学一般问题研究报告

刘云裳

随着现代科技的不断进步，科技伦理学在 2017 年关注的领域也愈加广泛。除了传统热门的机器人和工程伦理领域，2017 年学者讨论的伦理问题呈现更原始和更具体两个特点。前者主要体现在对元科技伦理问题的追寻，比如从技术内涵和伦理本质去思考技术与伦理的关系。后者则是更多地去思考具体的某一技术，如核电技术或无人驾驶技术，带来的伦理影响和风险。但总的来说，所有的理论探讨都是为了让人类社会更好地应对科技发展带来的各种不确定性风险。

一　对元科技伦理问题的探讨

抛开具体的技术应用，2017 年很多学者更多地将目光聚焦在技术与伦理之间的关系等一些本质的元伦理学问题上。通过对科技内涵和伦理本质的再探讨，以期为现代科技进步下不断衍生的伦理问题的解决指明方向。正如洪秀、蔡仲所分析的，此前国内学者对“科学与伦理”问题的考量主要局限于科学的外围或者发现的语境（如问题的选择、成果的应用），将伦理价值从辩护的语境中剔除出去。然而，自 20 世纪 80 年代以来，随着学术研究日益的商品化，科学的内涵发生重大转变，经济利益贯穿科学研究的整个过程，包括科学的内核（如数据的选择、方法的设定、结果的评价），由此便衍生出更多的伦理问题，伦理价值涉入科学内核。因此，在上述语境下，科学哲学要想发挥其应有的解释力与规范性，则必须拓展传统科学哲学的合理性概念，关注认知与价值（政治、经济、伦理价值等）双重向度，从学理角度分析伦理价值对科学内核的影响。①

对“技术伦理学何以可能”的追问关系到技术伦理学的学科合法性，是技术伦理学必须回答的首要问题。虽然以往的研究对“技术具有价值负载性”的命题进行

---

① 洪秀、蔡仲：《伦理价值对科学内核的涉入——以商品化为例》，《科学技术哲学研究》2017 年第 5 期。

了论证，但在进一步论证“技术为何负载伦理价值”这一命题时还不够充分，张卫从“自由”、“信息”和“中介”三个角度，把技术的价值负载性的论证推进到技术的伦理价值负载性的层面，从而为技术伦理学这门学科的合法性寻找深层的理据。①

关于科技与伦理的关系，有学者侧重于从技术本身入手。王爽、王前以古希腊的 techné 概念为切入点，梳理了西方思想史上技术与伦理之间存在的关系。自古希腊以身体经验为基础的技艺与伦理相关联，到了中世纪后期技艺与伦理出现裂隙；近代经验性技术受到新教伦理和功利主义伦理学的支持而得到普遍应用，技术的负面影响一度被忽视。而现代技术伦理学对现代技术的“二重性”进行了追问与修正，厘清了从技艺到现代技术的转变，这对正确处理现代技术与伦理的关系具有重要启示意义。② 而关于技术本身是否具有价值，存在技术中立论和实体论两种观点。技术中立论认为技术是人类改造世界的中介和工具，而技术是非价值中立的，它负载着人类价值；技术实体论认为技术具有独立存在的意义，不是依附人类的工具。闫坤如、刘丹更倾向于后者，他们以生物识别技术等新兴技术为例，说明目前呈现出技术介入人体、技术与人一体化的趋势。技术介入主体让人类无法经验其存在，此时技术是不在场的显现，技术与人的一体化使人成为技术的背景，也是不在场的显现。技术介入主体不仅涉及对于技术本体论和认识论问题的重新审视，还引发关于技术伦理层面的反思。③

技术在空间之中的构境，深刻影响着空间的在世形态和表征方式。因此吴红涛认为考察空间与技术之间的重要关系，不仅有助于正确审视各类空间问题，同时亦是反思时代伦理症候的重要切口。伴随着技术文明的阶段性演变，技术之于空间经历了改造、生产、控制直至渐趋失控的过程。当空间由技术所掌控，其所过度追求的机器化、功能化和程式化，将会逐步吞噬“人在其中”的生命情境，从而使得空间成为“非人化”的存在。为此，有必要在空间的“技术”之外，适时注入“人性”这一维度，其指代以充满生命关怀的德性意识来反观人之存在的空间，是一种融合了良善意志的生命伦理场。④

有学者则以分析西方的经典理论为核心，进行新的阐释和评价。赵芊里聚焦 F. 德瓦尔道德演化论。德瓦尔的观点主要有如下。道德是涉他行为的利害性与公平性及应然准则。许多非人动物也有道德，道德并非人类所独有，对认为人类是唯一道德存在物的观点提出了质疑。道德有三个层次：第一层次的利他与追求公平是基于同情与

① 张卫：《技术伦理学何以可能?》，《伦理学研究》2017 年第 2 期。

② 王爽、王前：《从 techné 到 technology 的转变对技术与伦理关系的影响》，《自然辩证法研究》2017 年第 3 期。

③ 闫坤如、刘丹：《技术介入主体及其伦理规约探析——以生物识别技术为例》，《东北大学学报（社会科学版）》2017 年第 1 期。

④ 吴红涛：《技术、空间与生命伦理场》，《道德与文明》2017 年第 6 期。

互报演化出来的，第二层次的社群关怀是基于社会压力演化出来的，第三层次的平等对待众生的普遍性道德是发达的理性追求道德普适性与公正性的结果。道德及其心理和社会基础在动物界是连续渐变的，前两个层次的道德具有圈内偏向性。人类道德的前两个层次与非人动物的道德是同质异量的关系，但其第三个层次具有普遍公正性之新质。基于此，赵芊里认为德瓦尔的道德观和道德连续论是相当合理的，但以普遍公正性为人类道德的独特性只有有限的合理性。① 方红庆主要分析了福特的伦理自然主义及各方对其进行的批判。福特主张把道德的基础最终建立在人类生命的自然—历史判断或自然善之上。然而，其生物世界图景与进化生物学南辕北辙，引来了各方尖锐批评。汤普森—赖特方案虽然试图通过强调规范性来避免这些经验性批评，却没有提供一种足以容纳这种规范性的自然概念。而麦克道威尔通过把自然区分为第一自然和第二自然更好地调和了现代科学与伦理自然主义的冲突。②

包红梅分析了卢卡奇对资本主义科学技术的历史性批判、对自然概念的诠释以及对科技异化现象的分析，认为其揭示出了资本主义物化理论产生的社会历史根源，指出了资本主义的物化规律与科学技术的发展具有内在的关联性。这些启示人们在当代社会应深刻关注科学技术发展的人道主义意义，如何实现人与自然、人与社会、人与人的和谐统一应当是科技伦理关注的时代议题。③ 章乐则将目光转向了现代科学中诞生的新型伦理——责任伦理。这是一种整体性、远距离、自我限制的伦理。忧惧启示法是责任伦理实现的重要方法，在教育中使用它的目的在于培养人们的整体性、未来意识和节制精神。对于此目的的实现，忧惧启示法提出了两个紧密相连的教育任务：其一，引导人们想象技术行动的长远后果；其二，激发一种适合于这种想象的图景的恐惧情感。但他指出恐惧毕竟是一种消极的情绪，在教育中使用忧惧启示法仍然是有限度的，即恐惧的限度、年龄的限度和其自身的限度。④ 敬狄、王伯鲁探讨的对象则是人文主义技术哲学家的典型代表奥特加的技术哲学。两人认为奥特加技术哲学的独特之处在于基于人、技术与“活得好”的渴望相一致的观点，通过对人与技术实践关系的哲学人类学分析，指出实现人之为人的善的技术实践是通达美好生活的德性实践。奥特加的技术实践伦理价值论超越了对现代技术与人类生活“是什么”关系的追问，转而探讨两者“应该是什么”关系，由此将传统人文主义技术哲学的重心从关于现代技术的乌托邦或敌托邦讨论，转移到如何促使现代技术发展更好地服务于人类生活。同时，奥特加基于“精英—大众”互动的历史理论，对技术时代实现美好

① 赵芊里：《道德是人类独有的吗——F. 德瓦尔论动物与人类道德的连续性和人类道德的特点》，《科学技术哲学研究》2017 年第 4 期。

② 方红庆：《福特的伦理自然主义及其批判》，《自然辩证法研究》2017 年第 4 期。

③ 包红梅：《卢卡奇物化理论视阈下的科技伦理问题》，《科学管理研究》2017 年第 3 期。

④ 章乐：《论科技时代的伦理及其教育尝试》，《南京师大学报（社会科学版）》2017 年第 6 期。

生活的可能途径的探索，也为当下反思该问题提供了有益的启示。[①]

刘铮聚焦维贝克的“技术道德化”思想。维贝克的“技术道德化”思想认为技术物调节着人的道德行为和道德决策，技术物不仅“有”意向性，而且也可以成为“道德行动者”。但这种论证方法被批评是通过重新定义概念和误用概念的方式来达成的。刘铮指出一方面，维贝克对概念进行重新解释使得他与批评者之间的争执更像是一场能否用“道德行动者”来描述技术物的某种道德作用的“语词之争”；另一方面，维贝克戏剧性地接受了他所批判的传统人本主义伦理学的概念框架，因此他的技术道德化思想仍然是现代性主客二分哲学传统的翻版。[②] 而弗洛里迪仅仅以熵量多少来评判善恶的荒诞伦理原则也受到了来自邬焜、王健的批判。邬焜、王健指出如果按照他所制定的对熵的绝对排斥的至善原则来实践的话，那么，在自然界和生物圈领域只能导致运动变化活力的终结，在人的思想和科学发展的领域只能导致僵化和停滞，在社会领域则只能导致法西斯式的专制集权体制。一个合理的伦理原则应当把诸如信息和熵、有序和无序、整体性和还原性、确定性和非确定性、决定论和非决定论、目的性和随机性、必然性和偶然性这些看似对立的因素兼容起来，并在这些相关对立因素之间保持某种合理的张力。熵和熵增并不就是绝对的“恶”，信息和熵减也并不就是绝对的“善”。[③]

二　机器人与人工智能的新问题

在逐渐向我们走来的“机器人时代”里，机器人是否具备道德地位、如何让机器人更好地为人类服务，都是机器人伦理研究中必须回答的重要问题。

甘绍平从机器人拥有权利的技术障碍和道德难关两个层面，批驳了那些声称机器人拥有道德权利的所有理据，论证了机器人不是人，人对机器人不存在道德问题，机器人自己也不会制造道德问题，机器人也无法做出道德判断。这一观点为阐述道德的功能、权利的享有所需具备的前提条件、道德权利的契约论基础、人同机器人关系中所体现出的主人与工具之固有地位的不可错位、人的私密的心灵花园的不可触碰等伦理学里的一些重要话题，提供一个新的机会与样本。[④] 而苏令银则探讨了考虑赋予机器人道德地位的一种关系式方法。这种关系式方法关注道德关系和道德地位归属的可能性条件，并与基于属性基础上思考道德地位的标准方法处于临界的位置上。不仅克

---

① 敬狄、王伯鲁：《追求美好生活的技术——奥特加·加塞特的技术实践伦理价值论》，《东北大学学报（社会科学版）》2017 年第 6 期。

② 刘铮：《技术物是道德行动者吗？——维贝克“技术道德化”思想及其内在困境》，《东北大学学报（社会科学版）》2017 年第 3 期。

③ 邬焜、王健：《善：张弛于有序与无序之间——对一种简单以熵量为判据的荒诞伦理学的批判》，《自然辩证法研究》2017 年第 8 期。

④ 甘绍平：《机器人怎么可能拥有权利》，《伦理学研究》2017 年第 3 期。

服了标准的方法上的认识论问题，也可以解释人们面对机器如何思考、体验和行动，还可以解释在理性和经验之间产生的分歧。这种超越笛卡尔的、关系式的道德解释学方法形成了一种思考道德地位和道德知识的不同范式。①

但无论机器人是否能够成为人工道德行为体，考虑到机器人的功能日益强大，与人类的关系日益密切，让机器人拥有一定的道德判断与行为能力成为必然之需，关于机器人伦理设计进路的考量已是题中应有之义。杜严勇将机器人伦理设计的理论进路分为“自上而下”进路、“自下而上”进路、混合进路和关系论进路。关于机器人伦理设计的实践探索，可以分为计算机科学进路、认知科学进路和价值敏感设计三个方面。道德图灵测试可以作为评价机器人伦理设计的一种方式，但证实方法对于检验机器人伦理设计的效果应该更为合理。②

同时，随着服务机器人的日益普及，其对人类生活的冲击和伦理风险也受到了学者的关注。曾经主要是由女性承担的家庭或社会“角色”，已被各种服务机器人替代。各种服务机器人在促进女性劳动者劳务减轻与压力释放的同时，也可能会在非人类模式社会化、减少社会交流、冲击现代社会与家庭的稳定、易于产生生命性幻觉以及身心健康等方面为服务对象带来威胁。周天策注意到了这一新变化导致的双重影响，即究竟这是某种程度上的“妇女解放”，还是另一种意义的科技对人类社会的异化。在他看来，之所以会在这种替代女性角色的应用中表现出技术脆弱与伦理困境主要还是因为机器人技术自身的局限性，因此还需要研发者共同努力做好预防与应对措施。③ 儿童陪护机器人可能对儿童的身体健康、正常社会交流、生命的真实性认识、安全依恋等方面带来了巨大的威胁，各种争议也因此而生。周天策主张以“中道”的观点看待人机共处，则能直面机器人与人共处的事实，从而避免对儿童陪护机器人的各种偏见，并从儿童陪护机器人自身的应用、发展出发，探寻出其伦理风险的应对策略。④

人工智能在当代的迅速发展必然会影响到人类生活的各个方面。它将增加人的闲暇，协助人类更加条理化、无危险地去工作，提高社会生产效率，促进社会自我治理变得更加智能。不过人工智能的发展必然会挑战既有的人类价值，促使人类去重新思考人类的基本属性与伦常关系。同时，智能化的技术发展不可避免地会造成社会发展的不均衡，引起人们对于机器是否可控制的担忧。对此，孙伟平认为关于人工智能，应该及早评定其发展利弊，确定其社会发展的价值原则，对新技术的发展行使人类应有的表决权。⑤ 从人工智能自身的性质来看，其拟主体性赋予了人工智能特有的拟伦

---

① 苏令银：《论机器人的道德地位：一种关系式的道德解释学范式》，《自然辩证法研究》2017 年第 7 期。
② 杜严勇：《机器人伦理设计进路及其评价》，《哲学动态》2017 年第 9 期。
③ 周天策：《服务机器人对女性“角色”替代的伦理风险分析》，《科学技术哲学研究》2017 年第 6 期。
④ 周天策：《共处的“中道”——儿童陪护机器人的伦理风险分析》，《自然辩证法研究》2017 年第 4 期。
⑤ 孙伟平：《关于人工智能的价值反思》，《哲学研究》2017 年第 10 期。

理角色。通过对此拟伦理角色的分析，可以看到人工智能的价值审度与伦理调适的基本路径应为负责任的创新和主体权利保护。段伟文立足对合成智能与人造劳动者的价值审度，认为可提出寻求算法决策与算法权力的公正性，呼唤更加透明、可理解和可追责的智能系统，反思智能化的合理性及其与人的存在价值的冲突等价值诉求。他建议应从有限自主与交互智能体概念出发，进一步展开对人工智能的价值校准和伦理调适，这不仅有助于把握人工智能伦理研究与相关伦理规范和标准的内涵，还可揭示“科技—产业—伦理”异质性实践所应有的明智。① 陈静认为要发展人工智能的人文化，促进科技与伦理的交融。比如要强调科学家和科学共同体的道德义务，从源头上堵住不利于人类社会发展的人工智能体出现。同时，以“机器人三大定律”为法则，在“不伤害”原则的前提下，培养人工智能体与人类的良好交互能力。此外，政府管控不能缺位，要保证研究结果获得分享，防止某个团体单独受益。人类仍要保持对大自然的敬畏之情，对理性抱有谨慎的信心。在以上几点的基础上，将以人为本、公正、和谐、可持续发展的价值观嵌入人工智能体，而这正是人工智能的人文化的具体体现。②

关于人工智能的治理，杜严勇在澄清自反性伦理治理概念的基础上，分析了新制度主义经济学、节点治理、协同治理与实验主义治理四种代表性治理理论，认为各种治理理论都有不同程度的自反性。要实现自反性治理，需要克服有限理性，打开认知闭合，培养行动者治理能力，重视治理过程中的开放性与多样性。③

在人工智能的具体应用上，与很多人的估计相反，徐英瑾认为人工智能与既有武器平台的结合很可能反而会增加未来战争的伦理指数。由于人工智能的运用本身就具有“减少附带伤害”这样的潜在伦理目的，相关技术的提高显然能够使得军事打击变得更为精准，对民众生命与物质财产的伤害也能够被降到最小。同时，机器人战士的大量部署能有效减少军事开支中的人力成本支出，并能弥补因为人类士兵的生理极限而导致的防御空白——这一点在反恐治安战中显然具有非常重要的战术价值。人工智能的发展还能够全面提升未来战争的“无人化”水准，使得可能爆发的武装冲突所导致的人类士兵的死亡率大大降低，而这一点也就为各国政府更容易开展针对武装冲突的和平斡旋活动。④

① 段伟文：《人工智能时代的价值审度与伦理调适》，《中国人民大学学报》2017 年第 6 期。

② 陈静：《科技与伦理走向融合——论人工智能技术的人文化》，《学术界》2017 年第 9 期。

③ 杜严勇：《论人工智能的自反性伦理治理》，《新疆师范大学学报（哲学社会科学版）》2018 年第 2 期。

④ 徐英瑾：《人工智能将使未来战争更具伦理关怀——对马斯克先生的回应》，《探索与争鸣》2017 年第 10 期。

三　工程伦理研究

西方在工程伦理研究方面形成了自身较为成熟的理论体系，学者们多在此基础上加以梳理，对照中国发展现状，以期能够探索出符合中国特色的理论进路和模式。

自 20 世纪 70 年代以来，随着工程与自然、工程与社会之间关系的日渐凸显，美国、德国、日本、澳大利亚等国家，根据本国的文化境域和工程发展水平，形成了特色鲜明的工程伦理教育体系。经过几十年的发展，在工程伦理教育的理性精神、制度样态、主题厘定和方法体系等方面趋于完善，呈现新的态势特征。陈万球、丁予聆按照马克思形态学的方法，将西方工程伦理形态归纳为"原生形态"、"次生形态"和"再生形态"。[①] 在梳理西方发展的历程的基础上，立足当代中国工程教育实际，希望借鉴西方工程伦理教育的经验，探索具有中国气派和中国风格的工程伦理教育进路及模式。[②] 而张恒力、许沐轩、王昊则更多地聚焦在美国的工程伦理教学模式上。研究认为其教学内容彰显自然和人类价值，融合伦理学与工程学等专业；教学方法综合运用案例法，推进多元合作式教学；教学效果评估采用课前和课后、定性和定量、教师自评和学生评价相结合等方法。工程伦理教学内容、方法和效果评价的相互影响与协作的教学模式，推进工程伦理教育改革与发展，推动工程职业化进程，已成为美国工程师职业素养和社会责任提升的重要方式。[③]

张恒力则从工程伦理规范这一层面出发展开论述。经过 100 余年的历史发展，工程伦理规范已成为工程职业化发展和工程职业制度的重要内容，推动了工程职业精神的提升和工程技术创新的发展。在明晰工程伦理规范历史发展经验的基础上，通过对工程伦理规范与科学伦理规范的比较分析，他指出中国工程伦理规范认知误区的表象与理由，并提出大力推进自治、自主的工程职业组织和工程职业制度建设为基础，希望促进中国工程伦理规范的制定和完善，以推动工程职业化进程，提升工程职业能力和技术创新水平。[④]

杨怀中、王远旭关注到了工程具有自然属性，自然是工程活动赖以进行的前提和基础。尊重自然、保护自然、顺应自然规律、促进人与自然和谐发展是工程活动基本的自然伦理诉求。工程师因其特殊的角色和地位，在工程活动中担负着重要的不可替代的自然伦理责任，这种自然伦理责任贯彻在工程师工程决策、实施及管理的全过

---

① 陈万球、丁予聆：《另一种视角：西方工程伦理的形态类别及成因》，《伦理学研究》2017 年第 6 期。
② 陈万球、丁予聆：《当代西方工程伦理教育的发展态势及启示》，《科学技术哲学研究》2017 年第 1 期。
③ 张恒力、许沐轩、王昊：《美国工程伦理教学模式探析》，《自然辩证法研究》2017 年第 11 期。
④ 张恒力：《工程伦理规范何以可能》，《东北大学学报（社会科学版）》2017 年第 5 期。

程，比如要提供“绿色”工程方案，确保工程活动的合自然规律性，推行清洁生产等。①

四 其他新技术应用的伦理风险

随着科技伦理的不断发展，其关注领域不再仅局限于传统的机器人和工程领域，而是与时俱进，跟着新技术的发展不断展开。

核电技术虽然环保高效，但其风险源于核技术潜在的风险和不确定性。核技术风险因其认知主体的知识状态、认知模式、认知策略等导致具有主观建构性，闫坤如主张通过对公众和核技术专家等不同认知主体的认知范式进行分析，不同认知主体具有不同的经验，因而存在不同的基本假设、概念体系、观察视角和研究方式。在对核技术风险感知的分析基础上，对核技术风险决策伦理规约进行探讨和分析，从而为核技术风险决策提供理论基础和实践借鉴，在规避核电风险的基础上合理利用核资源。②

无人驾驶汽车从概念提出到技术实现仅用了几十年的时间，随着商业化进程的提速，未来将可能颠覆现有的交通模式，给人类出行带来极大方便。但当无人驾驶汽车面临不可避免地碰撞时，可能出现伦理困境，如电车难题与隧道难题。而这一问题的根源在于无人驾驶汽车必须自主作出伦理选择且其决策远离真实情境。当前解决这一伦理困境的对策主要聚焦于义务论、后果论和智能论三个方面。但是这些讨论未能解决无人驾驶汽车的真实困境。因此，和鸿鹏希望通过提出“搁置理想实验，讨论现实责任”“改变规则思维，焦距共识达成”，以进一步能够帮助解决无人驾驶的伦理困境。③ 民用无人驾驶技术以程序设计的方式，使得原应借助个体本能加以解决的问题具有更多的伦理意味，使得以往的理论争议在实践中更直观、更真实地呈现出来。被程序化的价值抉择不仅有可能使伦理判断和生活理念趋于同质化和平整化，而且会对现行的道德体系产生颠覆性影响。谢惠媛认为相较于其他科学技术，与之相关的伦理难题在问题实质、抉择性质和行为属性等方面都有着自身的独特性。因此在评价过程中，理应充分考虑情感等因素的重要作用。④ 高兆明、高昊认为信息安全风险防范责任意识与算法法则的价值原则是自动驾驶汽车研发中的两个特殊实践哲学问题。自动驾驶汽车研发应当重视信息安全风险防范道德责任。技术与算法法则改进可以在技术层面一定程度地防范自动驾驶汽车信息安全风险，但算法法则本身内蕴价值问题。

---

① 杨怀中、王远旭：《工程活动的自然伦理诉求与工程师的自然伦理责任》，《自然辩证法研究》2017年第5期。

② 闫坤如：《核电风险的社会可接受性及其决策伦理探析》，《伦理学研究》2017年第2期。

③ 和鸿鹏：《无人驾驶汽车的伦理困境、成因及对策分析》，《自然辩证法研究》2017年第11期。

④ 谢惠媛：《民用无人驾驶技术的伦理反思——以无人驾驶汽车为例》，《自然辩证法研究》2017年第9期。

选择何种驾驶模式、谁之安全、谁之价值优先，均是算法法则必须面对的问题。不伤害、自保、最小伤害是自动驾驶汽车算法法则的三大价值原则。①

在科技社会，专利作为保护知识产权的工具的同时，也催生着新的道德风险。“专利流氓”就是其中一种，它是现代社会新型的、高智商流氓，专门以专利诉讼为要挟，向高科技公司实施敲诈，牟取暴利。“专利流氓”有着合法的维权外衣，但在道德价值取向上是一种恶。“专利流氓”的存在与疯长使得以激励创新为目标的专利制度正走向创新的对立面，从行为动机、过程、结果来看，均有违社会道德。虽然“专利流氓”目前盛行于西方欧美国家，中国并不具备滋生美国式专利流氓的制度，但中国仍具有诱发专利流氓的制度与非制度因素，彭立静认为人们仍需要警惕专利流氓，防患于未然。②

① 高兆明、高昊：《信息安全风险防范与算法法则的价值——自然驾驶汽车研发的两个实践哲学问题》，《哲学动态》2017 年第 9 期。

② 彭立静：《论“专利流氓”之恶》，《伦理学研究》2017 年第 2 期。

道德实践

2017年社会道德建设述评

李茂森

一　概说

新年伊始，万象更新。2017年是全面实施“十三五”规划、全面建成小康社会的重要一年，各级精神文明建设组织和机构都着手把各项任务落到实处。从整体上看，我们党2017年将召开第十九次全国代表大会，做好精神文明建设工作具有特殊重要的意义。总的要求是，高举中国特色社会主义伟大旗帜，全面贯彻党的十八大和十八届三中、四中、五中、六中全会精神，坚持以马克思列宁主义、毛泽东思想、邓小平理论、“三个代表”重要思想、科学发展观为指导，深入贯彻习近平总书记系列重要讲话精神和治国理政新理念新思想新战略，紧紧围绕统筹推进“五位一体”总体布局和协调推进“四个全面”战略布局，牢固树立和贯彻落实新发展理念，坚持以人民为中心的工作导向，以培育和践行社会主义核心价值观为根本，坚持稳中求进工作总基调，以新一届全国文明城市、文明村镇、文明单位、文明家庭、文明校园，全国未成年人思想道德建设工作先进，全国道德模范评选表彰为契机，着力加强思想道德建设，着力深化群众性精神文明创建活动，着力培育社会文明新风，着力提高国民文明素质和社会文明程度，为党的十九大胜利召开营造良好氛围。

2017年深化精神文明建设，各地计划突出抓好以下工作：进一步把精神文明建设的思想思路和工作要求统一到习近平总书记系列重要讲话精神和治国理政新理念新思想新战略上来。认真贯彻关于进一步加强社会主义精神文明建设的指导意见，切实加强战略思考和宏观谋划；评选表彰第五届全国文明城市、文明村镇、文明单位，增加县级文明城市评选，修订完善测评体系，适应全面建成小康社会决胜阶段新任务和人民群众新期待；进一步深化农村精神文明建设，切实抓好移风易俗工作，着力扩大文明村镇覆盖面；进一步深化文明家庭创建，更加注重家庭、注重家教、注重家风，评选表彰第二届全国文明家庭，让家庭成为人们梦想启航的地方；进一步深化文明校园创建，认真贯彻全国高校思想政治工作会议精神，培养德才兼备、全面发展的中国特色社会主义事业建设者和接班人；组织第六届全国道德模范评选表彰活动和学习宣传，在全社会形成崇德向善、见贤思齐、德行天下的浓厚氛围。积极推进文明社会风尚行动，加强公民基础文明行为宣传教育引导，深入推进诚信建设制度化，大力开展文明交通行动，持续推进中国公民出境旅游文明素质提升工作；持续推进公益广告宣传，加强创意设计，强化制度保障，推进公益广告宣传持续深入开展；扎实推进学雷锋志愿服务制度化，把学雷锋志愿服务融入创建活动，形成工作机制，健全法律法规，弘扬奉献友爱互助进步的志愿精神；深入开展网络文明建设，实施网德工程，加强依法管理，广泛开展网络公益活动，做强网络正面宣传，发展积极向上的网络文化。

各地根据自身的特点提出了2017年精神文明建设的具体任务，譬如北京、上海、重庆等直辖市提出了以下的年度计划。

首都文明办确定2017年精神文明建设7项重点任务、28个具体项目，努力为加快建设国际一流和谐宜居之都提供道德支撑和精神动力。

（1）扎实开展道德教育实践活动。打造“北京榜样”活动品牌，扎实做好上榜推荐、宣传推广工作，举办年度颁奖典礼，健全关爱礼遇机制。推荐、评选、表彰第六届全国道德模范和首都道德模范，大力宣传道德模范先进事迹。开展“首都精神文明建设奖”表彰奖励、各行业（系统）“最美群体”评选表彰和“我推荐我评议身边好人”活动。开展“诚实做人·守信做事”教育实践和诚信单位、诚信经营示范点主题实践活动，携手北京电视台创办《文明诚信在行动》栏目，疏通诚信“红黑榜”发布渠道，推动各部门信用信息互联互通共享。深化“我们的节日”主题活动，在春节等重要节日举办民俗工艺展示、经典诵读和传统礼仪展演活动，支持各区、各单位打造特色节日活动。

（2）大力弘扬社会文明新风尚。以北京承办“高峰论坛”，迎接冬奥会为契机，开展“当好东道主·文明北京人”主题活动，努力展示北京市民良好的精神风貌。开展“文明北京·蓝天行动”，引导市民践行垃圾减量、垃圾分类日常化，宣传健康、绿色生活理念。组织市民观赛文明引导活动，不断健全文明观赛引导机制，深入推进市民高雅艺术殿堂文明行，提高市民欣赏水平。持续开展“文明有礼好乘客”、公共文明引导员先进典型评选等活动，创造优良公共秩序。深化文明旅游工作，增强市民文明旅游意识。

（3）推进学雷锋志愿服务常态化。组织举办“3·5”学雷锋志愿服务推动日等活动，大力弘扬志愿精神，普及志愿服务理念，壮大志愿服务者队伍。广泛开展“邻里守望”扶老、助残、扶贫志愿服务和图书馆、博物馆、美术馆等公共文化场所学雷锋志愿服务，积极推进世园会以及迎接2022年北京冬奥会志愿服务相关工作。编制《北京市志愿服务指南2017》，健全志愿者嘉许、回馈和保障制度，完善志愿服务信息平台，加强志愿服务基础保障工作。

（4）加强未成年人思想道德建设。严格标准和程序，做好新一届全国未成年人思想道德建设工作先进的评选推荐工作。以清明、“六一”“七一”、国庆为重要节点，组织开展主题教育实践活动。建好乡村少年宫，推动校外阵地建设健康发展。发挥北京文化资源优势，创编更多的优秀少儿文化产品，继续创排和演出《中华美德故事汇》舞台系列短剧。继续开展未成年人思想道德建设创新案例征集评选工作。充分调动街道、社区积极性，组织中小学生参加“争当社区文明小使者”活动。

（5）深化拓展“五大创建”活动。做好第五届全国文明城区创评和城区公共文明指数测评工作，开展市级文明城区创建工作年度测评和第五批首都示范文明城区评选工作。新建59个乡情村史陈列室和92个农村精神文明宣传视频。召开文明单位创建工作推进会，解读培训测评内容、流程和创建管理平台使用，开展服务指导和学习观摩活动。广泛宣传第一届全国文明家庭先进事迹，做好第二届全国文明家庭推荐评选工作。注重发挥教育部门的主体作用，加强分类指导，开展文明校园创建活动。

（6）营造文明社会环境。切实做好公益广告宣传工作，积极创新传播方式和渠道，推动各级各类媒体和社会媒介制作刊播公益广告，增强公益广告影响力。加强首都文明网站群建设，着力推进“文明北京”新媒体品牌建设，提升其互动性与吸引力。探索建立与党报党刊、电台电视台联动宣传工作机制，加强对精神文明建设重点工作进行集中报道。发挥精神文明建设研究基地作用，组织开展加强和改进首都精神文明建设等重点课题调研，促进精神文明建设工作上档次、上水平。

（7）汇聚精神文明建设工作合力。牢固树立首都意识、服务意识，健全联动协调机制，全方位服务中央单位开展精神文明建设工作。积极适应新时期强国强军要求，修订实施《首都军（警）民共建精神文明活动规定》，积极推动军（警）民共建工作。认真协调文明委成员单位开展工作。充分发挥文明委成员单位的优势和作用，构建齐抓共管的“大文明”格局。全面落实从严治党新要求，巩固深化“两学一做”教育成效，切实加强首都文明办自身建设，切实提高素质，争当精神文明建设的组织实施者和示范引领者。

上海市文明办坚持创新内容和注重实效相结合、满足需求和提高素养相结合的思路，突出“四个着力”深化精神文明建设工作。

（1）着力培育和践行社会主义核心价值观。组织开展全国道德模范宣传教育活动和“感动上海人物”“十佳好人好事”等评选活动，开展各领域公众人士“重品行、树形象、做榜样”主题活动，形成德者有得、好人好报的鲜明导向。持续培育“我们的节日”品牌，结合上海优秀传统文化和红色文化资源广泛开展主题活动。加强公益广告宣传管理，发布年度公益广告宣传主题指南，在重点区域合理保留拓展户外公益广告发布点位，推动《上海市公益广告促进条例》立项论证。深化网络精神文明建设，开展各类网络公益活动，继续推出“网络文明能量大放送”重点实施项目。推进市民修身行动，制作发布《市民修身手册》《少年儿童修身与礼仪》活动资源包、“名家谈修身”系列视频等普及读物。

（2）着力拓展群众性精神文明创建活动。修订新版《上海城市文明进步指数指标体系》，做好第五届全国文明城区提名城区资格推荐、全国文明城区评选申报工作和上海市文明城区首次创建复评工作。深化城乡结对共建，重点推进美丽乡村建设，倡导现代文明理念和生活方式，改变落后风俗习惯。完善文明单位社会责任报告发布平台，开展评价评级，创新发展文明校园、文明医院等特色项目。落实《上海市交通文明建设三年行动计划》，加大文明交通主题宣传力度，开展“倡导文明乘车，制止逃票行为”专项教育整治。依据《上海市文明旅游示范场所创建标准》，力争2017年实现文明旅游示范场所达标单位50个。推进家庭文明建设，宣传学习第一届全国文明家庭，开展宣扬好家风好家训等主题活动，在城市文明指数测评中强化家庭文明建设内容。

（3）着力推进学雷锋志愿服务制度化。完善组织运行体系，构建志愿服务项目资助信息平台和志愿服务信息汇集共享数据库，为志愿服务组织承接公共服务项目提供便利。推动《上海志愿服务条例》执法监督和修订工作，为学雷锋志愿服务提供法制保障。落实注册志愿者和专业类志愿者多重意外保险保障，为志愿者提供健康体检、心理疏导、就医便利等医疗服务。加强雷锋学院、市志愿服务培训中心建设，编写《志愿心》《志愿行》教材，研制年度《上海志愿服务发展报告》，汇编《上海志愿服务丛书》。推动公共文化设施及地标性区域广泛开展学雷锋志愿服务活动。落实“完善131家社区志愿服务中心民生服务功能”项目，制定社区志愿服务指导中心评估标准。大力开展“四个100”先进典型宣传，广泛开展“邻里守望”志愿服务活动。

（4）着力提高未成年人思想道德建设工作水平。修订完善《未成年人成长发展指数评估体系》，开展新一轮实证调查，巩固学校、家庭、社会“三位一体”育人体系。推出《少年儿童修身与礼仪》活动资源包，广泛开展“我的中国梦”主题教育实践、“少年中国梦”励志讲堂、“上海好童书”评选和优秀童谣征集推广等活动。用好未成年人专属频道“东方少年网”，抓好网络、手机、荧屏、声频净化和网吧、校园周边环境整治。加强学校少年宫内涵建设，试点推出示范性（星级）学校少年宫。新建16个市级学生社区实践指导站，做好未成年人综合素质评价和心理健康辅导工作。

重庆市文明办坚持突出重点、示范引领、整体提升的原则，提出2017年精神文明建设“12345”工作思路。

（1）贯穿一条主线。把培育和践行社会主义核心价值观贯穿精神文明建设全过程和各方面，按照“上要接天、下要接地”要求，加大宣传教育力度，强化实践养成，鲜明法规导向，注重典型示范，组织开展好第六届全国道德模范评选活动，常态化抓好“我推荐、我评议身边好人”活动和“好人在身边”微访谈活动，深入开展

"九童圆梦"活动和"红樱桃四季有爱"活动，进一步增强人们对核心价值观的认同度、自信心和践行力。

（2）突出两大目标。以提升市民文明素质和社会文明程度为工作目标，紧扣"文明礼仪我带头·争做重庆好市民"主题，围绕说文明话、行文明事、做文明人，重点强化"口不乱说、手不乱扔、脚不乱踩"基本要求，开展文明礼仪实践活动、文明礼仪传播活动、文明礼仪示范先行活动、文明礼仪成果展示活动，使人们增强国家意识、法治意识和社会责任意识，培养文明意识、文明行为和文明习惯。

（3）补齐三个短板。针对农村精神文明建设滞后、志愿服务专业化发展较慢、市民文明素质参差不齐等突出问题，以"美丽乡村·善美巴渝"主题，推进"纯美农民""洁美农家""和美农村""富美农业"建设，开展移风易俗专项治理，整治大操大办、"脏乱差"、封建迷信、薄养厚葬。深化"我们一起奔小康""重庆志愿服务季"系列活动，完善覆盖扶贫、救灾、帮老、助残等重点领域的专业志愿队伍和活动项目。深化"微笑满渝州"主题实践活动特别是"文明出游人人有礼"活动，着力培育基础文明。

（4）巩固四项行动。深入开展"衣旧情深"行动，贴近群众生产生活细节，实施网格化宣传、社会化运作、公益化利用和透明化管理，推动闲置衣物再利用。深入开展"文明餐桌"行动，持续普及餐桌文明知识、倡导节约用餐行为。深入开展"邻里守望"行动，提倡每天一个微笑、一句问候，强化邻里和谐、互帮互助。深入开展"文明出行"行动，倡导绿色出行、礼貌让行，巩固"礼让斑马线·文明我点赞"活动成果。

（5）深化五大创建。深化文明城市创建，坚持"创建带提名、提名带新创"，提高质量水平，推动建设宜居宜业、文明和谐的山水之城。深化文明村镇创建，围绕乡风民风、人居环境和文化生活"三个美起来"，积极推动美丽乡村市级示范点建设。深化文明单位创建，依托"爱心进农家"文明单位志愿扶贫行动，发挥文明单位示范作用。深化文明家庭创建，评选表彰第一届重庆市文明家庭，开展"家风润万家"活动，集中展示家庭文明建设成果。深化文明校园创建，开展寻找最美校园、最美老师系列活动，推动师德师风建设与青少年思想道德建设相互促进、相得益彰。

社会主义精神文明是中国特色社会主义的重要特征，是实现"两个一百年"奋斗目标、实现中华民族伟大复兴中国梦的重要内容和重要保证。2017 年 4 月初，经党中央批准，中央精神文明建设指导委员会印发了《关于深化群众性精神文明创建活动的指导意见》（以下简称《指导意见》）。《指导意见》指出，群众性精神文明创建活动是人民群众群策群力、共建共享、改造社会、建设美好生活的创举，是提升国民素质和社会文明程度的有效途径，是把社会主义精神文明建设的任务要求落实到城乡基层的重要载体和有力抓手。党的十八大以来，以习近平同志为核心的党中央高度重视精神文明建设，提出一系列新思想新观点新要求，作出一系列重要部署，为加强新形势下精神文明建设提供了重要指导和基本遵循，有力推动了两个文明协调发展。实践证明，只有物质文明建设和精神文明建设都搞好，国家物质力量和精神力量都增强，全国各族人民物质生活和精神生活都改善，中国特色社会主义事业才能顺利推向前进。《指导意见》强调，要高举中国特色社会主义伟大旗帜，坚持以马克思列宁主义、毛泽东思想、邓小平理论、“三个代表”重要思想、科学发展观为指导，深入贯彻习近平总书记系列重要讲话精神和治国理政新理念新思想新战略，增强政治意识、大局意识、核心意识、看齐意识，紧紧围绕统筹推进“五位一体”总体布局和协调推进“四个全面”战略布局，牢固树立和贯彻新发展理念，坚持以人民为中心的发展思想，以培育和践行社会主义核心价值观为根本，加强思想道德建设，弘扬中华优秀传统文化和传统美德，弘扬革命文化和社会主义先进文化，深化群众性精神文明创建活动，培育社会文明新风，全面提高国民素质和社会文明程度，着力构筑中国精神、中国价值、中国力量，巩固马克思主义在意识形态领域的指导地位，巩固全党全国各族人民团结奋斗的共同思想基础，为实现“两个一百年”奋斗目标、实现中华民族伟大复兴的中国梦，提供坚强思想保证、强大精神动力、丰润道德滋养、良好文化条件。

《指导意见》系统地提出进行道德建设的策略和方法，认为现阶段要坚持用社会主义核心价值观引领群众性精神文明创建活动，重点抓好理想信念教育、爱国主义教育、公民道德建设、弘扬中华优秀传统文化、诚信建设、建设社会主义法治文化、发挥先进典型示范引领作用等方面的工作。要深化文明城市、文明村镇、文明单位、文明家庭、文明校园等群众性精神文明创建活动，突出思想道德内涵，坚持创建为民惠民，推动人们在为家庭谋幸福、为他人送温暖、为社会作贡献的过程中提高精神境界、培育文明风尚。要提升全民科学教育文化素质和健康素质，营造精神文明建设的良好社会环境。要加强工作创新，防止和克服形式主义，不断增强群众性精神文明创建活动的针对性有效性和吸引力感染力。《指导意见》提出了道德的先进性要求，要求加强党对群众性精神文明创建活动的领导，进一步完善党委统一领导、党政齐抓共管、文明委组织协调、有关部门各负其责、全社会积极参与的领导体制和工作机制。广大共产党员要在精神文明建设中发挥模范表率作用。党员干部尤其是高级干部必须带头践行社会主义核心价值观，继承和发扬党的优良传统和作风，弘扬中华民族传统美德，讲修养、讲道德、讲诚信、讲廉耻，自觉远离低级趣味，养成共产党员的高风亮节，形成良好的政治文化。

本文对 2017 年我国社会道德建设状况略作总结，并拟就五大创建和其他六个方面的重点工作进行论述、分析和评价。

二 文明城市创建

按照文明城市创建要求，城市要促进经济建设、政治建设、文化建设、社会建设、生态文明建设和党的建设全面发展，实现精神文明建设成绩显著，市民文明素质和社会文明程度较高，做培育和践行社会主义核心价值观的排头兵。创建文明城市是群众性精神文明创建的龙头工程，在各种创建活动中居于主导地位，标志性强、荣誉度高，社会普遍关注。以各地全国文明城市提名城市为重点，加大推进力度。开展省级文明城市、文明城区、文明县城、文明社区测评及评选表彰，不断提升创建水平。

2017 年是第五届全国文明城市评选表彰年，各级党政领导高度重视，社会各界普遍关注，人民群众充满期待。为加强对全国文明城市创建工作的督促指导，掌握情况、找到问题，2017 年 3 月 6 日至 11 日，中宣部常务副部长、中央文明办主任黄坤明同志带队到云南省昆明市、腾冲市和海南省海口市调研督查文明城市创建工作，中央文明办专职副主任夏伟东同志及中央文明办二局、三局负责同志参加。中央文明办调研组在云南省昆明市、腾冲市和海南省海口市调研督查文明城市创建工作期间，深入城市主要街道、背街小巷、居民小区、窗口单位、文化设施、公共广场、中小学校、农贸市场、生态保护区、爱国主义教育基地、青少年文化校外活动中心、志愿服务站点等场所实地走访，重点考察市容市貌、市民素质、环境卫生、城市管理、公共设施、历史文化、生态保护、公益广告、志愿服务等方面的情况，总结经验，发现问题，分析情况，指导工作。

综合调研督查情况，近年来，云南省、海南省的文明城市创建工作取得积极进展，具体表现在以下方面。一是对创建工作的认识不断提高。两省将文明城市创建工作摆在党委政府工作的突出位置，作为推动经济社会全面发展的综合平台和有效载体，主要领导亲自部署、亲自督促，干部群众广泛参与、积极支持，在全社会营造了创建文明城市的浓厚氛围。二是创建工作力度持续加大。两省在创建文明城市过程中坚持以培育和践行社会主义核心价值观为根本，突出人民城市为人民的工作导向，注重动员市民参与、健全工作机制、加强队伍建设、增加经费投入，特别是对于涉及群众切身利益的问题和难题敢于动真碰硬，有力保障创建工作的深入开展。三是创建工作水平得到提升。两省注重在公益广告宣传、城市规划建设、环境卫生保洁、日常管理服务、便民设施建设、历史文化传承、市民素质教育、城乡统筹发展等方面下功夫、求实效，努力打造优美环境、优良秩序、优质服务，着力提升市民综合素质、城市文明程度和群众生活质量，推进建设宜居宜业、富有活力、各具特色、文明和谐的现代化城市，创建工作针对性实效性不断增强。四是创建工作成效逐步显现。通过扎实深入的创建工作，两省的城市环境面貌和干部群众精神风貌得到很大改善，市民文明素质和城市文明程度有了明显提高，群众的幸福感和获得感不断增强，为城市经济社会发展提供了强大的精神动力和发展后劲，实现了文明城市创建和经济社会发展相互促进的良性循环。

在调研督查中也看到，云南省、海南省在文明城市创建中还存在一些问题和薄弱环节，这些情况在全国具有一定的普遍性，应予以重视，着力改进。比如，在公益广告宣传方面，还存在着覆盖面不够、刊播展示重数量轻质量、不能与周边环境相融合、缺乏艺术创意等问题；在城市规划建设方面，还存在着规划先天不足、执行不力，建筑立面老化破损，街巷基础设施欠账多等问题；在环境卫生保洁方面，还存在背街小巷脏乱、老旧社区保洁不够、乡镇整体环境差等问题；在城市日常管理方面，一些城市还存在占道经营现象较多、违章搭建问题严重、违章停车问题突出、对电动自行车管理不力等问题；在市民文明素质方面，一些城市还存在市民乱闯红灯、乱穿马路、乱扔垃圾，机动车不礼让行人等问题；在动员市民参与方面，一些城市还存在宣传发动不够，市民对创建工作知晓度差、参与率低的问题；在市民获得感和满意度方面，昆明市的市民满意度连续两年均未达到75%。

针对两省和全国文明城市创建工作中存在的问题，黄坤明同志在调研座谈中提出了进一步改进创建工作、提高创建水平的意见要求。一是深刻认识文明城市创建的重要意义。文明城市创建是提高市民文明素质和城市文明程度的重要抓手，是推进以人为核心的新型城镇化的重要载体，是提升人民群众生活质量的重要途径，是提升城市治理能力现代化的重要内容。创建文明城市对于贯彻党中央“两手抓、两手都要硬”战略方针、加强社会主义精神文明建设，具有十分重要的意义和现实作用。二是突出思想道德内涵。要抓住弘扬社会主义核心价值观这个根本任务，广泛开展公益广告宣传，大力推进学雷锋志愿服务，不断加强软环境建设和城市文化建设，着力培育向上向善、诚信互助的社会风尚。三是着力强化问题导向。对于市民反映强烈的突出问题，对于存在问题较多的死角盲区，要创新工作方法，加大整治力度，做到发现问题精准，解决问题及时，反馈问题准确。四是加强城市规划管理。城市管理应该像绣花一样精细。要注重科学规划、合规建设、强化管理，着力打造优美环境、优良秩序、优质服务，让城市成为人民追求更加美好生活的有力依托。五是提升市民文明素质。要大力普及工作生活、社会交往、人际关系、公共场所等方面的文明礼仪规范，引导人们自觉遵守公共秩序规则，建立和谐清新人际关系，养成文明行为习惯。六是注重创建利民创建惠民。要动员激励广大市民积极参与创建过程，用自己的双手和勤劳共同创造美好生活。要让文明城市创建成为造福百姓的民生工程，成为人民群众积极参与、共建共享的民心工程，真正创建出让人民满意的文明城市。七是加强城乡一体共建。要坚持城市支持农村，促进城乡公共文化资源均衡配置，推动城镇公共文化服务向农村延伸，着力发挥城市对农村的支持辐射和示范带动作用。八是健全创建长效机制。创建工作必须持之以恒、驰而不息，重在建设、贵在坚持。不搞形式主义，不做表面文章，坚决防止和克服搞花架子、劳民伤财现象。广大干部要讲责任，讲担当，讲奉献，用干部的责任感增强群众的获得感。

2017 年 4 月 7 日，全国创建文明城市工作经验交流会在江苏省张家港市召开，会议强调创建文明城市要坚持以社会主义核心价值观为引领，增强市民文明意识，规范市民文明行为，营造城市文明氛围，建设崇德向善的城市。同时，要做好第五届全国文明城市评选表彰，以创建文明城市的优异成绩和丰硕成果，为党的十九大胜利召开营造良好社会环境。

城市生活是道德建设的重要场所，具体生活环境的建设水平能够有目共睹，道德建设的水平则需要人们用心感受。良好的社会风尚有利于成风化人，而加强公民基础文明行为的教育引导和规范约束对形成良好社会风尚又起着重要作用。各地深入开展“我们的节日・春节”主题活动，湖南省长沙市文明办坚持喜庆与文明、线上与线下、传统与现代相结合，引导市民文明有礼、低碳健康、平安祥和过春节。

（1）着重传承礼敬传统之风。组织各区（县、市）在公园、广场、社区开展灯谜竞猜、民间技艺表演、舞龙舞狮、挂灯笼、写春联、贴剪纸等文化活动。组织博物馆、展览馆等场所开展春节民俗主题布展，对市民免费开放。组织十大非遗项目传承人在民俗街现场制作传统手工艺术精品，开展湖湘戏曲展演庙会专场活动，等等。用系列富有传统特色和地方风味的年俗大餐，让市民感受到中华传统文化魅力。

（2）着重倡树现代文明之风。市属报纸、电视台、网站等平台刊播《春节期间自愿不放烟花爆竹的倡议书》《文明过节倡议书》，移动、联通、电信三大运营商定点定时发送 200 万余条春节文明餐桌、孝老爱亲、文明旅游等内容提示短信，制作播放剪纸风格动漫《星城新美，温暖过年》公益广告，“文明长沙”“长沙发布”微信公众号连续刊载“好家风”报道，大力倡导勤俭节约、文明安全、绿色环保度佳节。开展“节俭养德立家风、婚丧喜庆树新风”主题活动，创作发放《移风易俗三字经》120 万份，组织居民建立乡风文明宣讲队，排演“屋场里的幸福”专场文艺演出，评选现代新乡贤，开展“用手机记录乡村美丽”“最美全家福”随手拍活动，组织“文明过节微接力”“指尖上的春节”网络直播等活动，让市民在线上线下丰富多彩的春节文化生活中培育文明、传播文明。

（3）着重培育崇德向善之风。市文明委主要领导带头慰问帮扶生活困难的道德模范、中国好人、美德少年、优秀志愿者等先进典型，累计慰问 180 余人，发放帮扶资金 120 余万元。各网络媒体深入道德模范、中国好人家庭开展《走基层・除夕》年夜饭系列报道，宣传他们的先进事迹和优秀家风家训。全市各街道社区近 2 万名志愿者参与“清清爽爽迎春节”活动，清洗主次干道、重点路段的人行道、边沟、路名牌、标线、环卫设施等，让城市更加整洁舒适、文明和谐。开展“红红火火过大年、崇德向善迎新春”主题活动，组织 10 万人次开展春运便民、亲情关爱、文化体育、博物馆义务讲解等学雷锋志愿服务，重点帮扶空巢老人、留守儿童、农民工、残疾人等特殊群体，切实帮助群众解决实际困难。

在日常生活中，各地围绕讲文明、有公德、守秩序、树新风，通过制定工作规划、地方性法规等方式，广泛开展文明社会风尚行动，大力普及工作生活、社会交往、人际关系、公共场所等方面的文明礼仪规范，引导人们自觉遵守公共秩序和规则，建立和谐清新人际关系，倡导文明礼仪新风，养成良好行为习惯。

上海组织开展了“市民修身行动”。上海市文明委印发《关于开展市民修身行动提升市民文明素养的实施意见（2016—2020年）》（以下简称《实施意见》），注重党政引导和市民主体相结合、补好短板与常抓不懈相结合、宣传教育与依法管理相结合，推动市民文明素养和城市文明程度不断提升。

（1）加强顶层设计，通过机制建设带动全市参与。《实施意见》坚持以培育和践行社会主义核心价值观为主线、以加强公民思想道德建设为根本、以教育引导和实践养成为路径的工作要求，把全民教育培训、行为规范引导、主题实践活动和新闻宣传等各项任务分解到全市各单位，搭建起全市协同推进的工作机制。将市民修身相关工作纳入文明城区、文明村镇、文明行业、文明单位、文明校园、志愿者、未成年人思想道德建设等评选项目年度测评指标。同时，全市各区和主要委办局结合实际出台相应工作计划，推动市民修身活动蓬勃开展，形成了市区联手共建、条块密切配合、社会各界支持、市民热情参与的良好格局。

（2）聚焦整治陋习，发动广大市民自觉投身实践。持续开展“除陋习、有素养、行文明”专项宣传整治活动，通过召开座谈会、与群众面对面交谈、网络征集、舆情调查等方式，在交通秩序、公共秩序、社区居住、生活用餐、文明旅游、网络行为、人际交往等方面，进一步梳理群众反映强烈的不文明问题，通过网络平台投票，推出契合上海当前发展阶段的新“七不”行为规范口号，即“马路不乱穿、车辆不乱停、垃圾不乱扔、宠物不扰邻、餐食不浪费、言语不喧哗、守序不插队”，得到市民群众普遍好评和积极回应。同时，全市各单位结合自身工作实际，广纳民智民意，精心策划组织各类主题实践活动，推出了大量分层分类主题活动“菜单”，激发市民群众共同参与的热情，在参与过程中实现自我教育和规范行为的同步提升。

（3）坚持德法并举，推动文明建设助力城市治理。一方面，突出思想道德教化作用，特别是通过社会宣传、新闻宣传和网络宣传阵地传播正能量，同时加大对各种不文明现象和事件的曝光评论力度，教育引导市民增强文明意识、提升文明素养、养成文明习惯，形成崇德向善、见贤思齐的良好社会氛围。另一方面，注重发挥法治在解决道德领域突出问题和城市治理顽症难题中的作用，主动与上海城市治理体系建设和治理能力建设相协同，切实解决群众反映强烈的不文明现象，推动文明生活方式在全社会蔚然成风。

深圳实施了市民文明素养提升行动。2017年3月，深圳市委市政府出台《深圳市民文明素养提升行动纲要（2017—2020年）》，部署开展“修心、养德、守法、尚智、崇文、健体”六项行动，全面提升市民文明素养，努力培育适应现代化国际化创新型城市要求的文明市民。

（1）开展“修心”行动，提升市民思想素养。出版《中小学社会主义核心价值观读本》，推进社会主义核心价值观示范点与主题公园建设，加强公益广告宣传，开展“我的价值我的城”“日行一善”等主题活动，推动核心价值观内化于心、外化于行。组织新入户市民教育培训，引导新市民了解深圳市情、明确自身权利义务与行为规范。加强市民文明出境游宣传教育，提高市民旅游文明素质。

（2）开展“养德”行动，提升市民道德素养。组织“时代工匠”等重大典型宣传，培育一批全国道德模范、全国文明家庭、中国好人、广东好人，引导市民崇德向善、见贤思齐。深化文明交通、文明餐桌、“垃圾不落地”等活动，强化日常文明行为宣传劝导。推进关爱之城、志愿者之城、国家社会信用体系建设示范城市等建设工作，举办中国公益慈善项目交流展示会，开展关爱行动、学雷锋志愿服务，倡导互助友善、诚实守信、低碳节俭之风。力争到2020年，注册志愿者占常住人口15%以上。

（3）开展“守法”行动，提升市民法治素养。实施“七五”普法规划，建设市级宪法教育基地，打造中国法治论坛、深圳法治地图等普法品牌。全面推行领导干部任职法律考试制度，加强道路交通安全、公共场所控烟、文明养宠等领域的专项执法，引导市民学法、尊法、守法、用法。创建全国社会信用体系建设示范城市，加快出台公共信用信息管理办法，完善公共信用信息管理系统，健全守信激励和失信惩戒联动机制，增强市民诚信意识。

（4）开展“尚智”行动，提升市民科学素养。推动科普立法，建设市科技馆新馆，举办深圳科技影视周、全国科普日等活动，促进市民讲科学、爱科学、学科学、用科学。创新发展高等教育，加强智库建设，开展深圳学术年会等活动，营造求学问道氛围。实施“新工人新市民培训提升”工程，推行“圆梦计划”，着力开展在职劳动者职业技能和学历提升教育。举办深圳国际创客周、高交会等活动，到2020年，新增创客服务平台40个、创客空间200个，推动大众创业、万众创新。

（5）开展“崇文”行动，提升市民文化素养。实施中华优秀传统文化传承发展工程，广泛开展“我们的节日”、中华经典诵读、传统文化公益讲座和培训等活动。创新开展“一带一路”国际音乐季、深圳设计周等品牌活动，为市民提供丰富的城市文化菜单。完善公共文化服务，建成深圳当代艺术与城市规划馆，推进一批重大文化设施和基层综合性文化服务中心建设，拓展文化志愿服务，推广全民阅读，深化群众文化活动，不断满足市民精神文化需求。

（6）开展“健体”行动，提升市民健康素养。加强全民健康教育，深化健康促进区等创建工作，组织“健康素质促进月”系列活动，普及健康知识。开展全民健身活动，推动公共体育设施惠民开放，举办高端体育赛事和群众性体育活动，倡导健身之风。推进首批“全国精神卫生综合管理试点城市”工作，为市民提供心理卫生宣教、心理辅导、危机干预和救援服务，促进市民身心健康。力争到2020年，全市居民平均预期寿命达81岁。

全面推进创建文明城市工作，着力提升市民文明素质，着力提升城市文明程度，着力提升城市文化品位，着力提升群众生活质量，让人民群众在城市生活得更方便、更舒适、更安全，坚持为民利民惠民抓创建，进一步提升幸福指数。这已经是全社会的共识。2017年11月17日，全国精神文明建设表彰大会在北京举行。中央文明委决定，授予山东省济南市等69个城市全国文明城市称号，授予上海市徐汇区等4个城区全国文明城区称号。

三　文明村镇创建

推动移风易俗、树立文明乡风，是推动社会主义核心价值观在农村落地生根的必然要求，是深化美丽乡村建设的题中应有之义，是完成脱贫攻坚艰巨任务的重要抓手。2017年新年伊始，各地文明办针对元旦春节期间婚嫁活动、人情往来比较密集的特点，多措并举、持续发力，反对婚丧大操大办、反对铺张浪费，努力使乡风民风美起来、人居环境美起来、文化生活美起来。以下分别介绍安徽省、新疆生产建设兵团和浙江省温州市的经验做法。

安徽注重实践养成、强化制度约束，用良好人居环境滋养文明乡风、提升文明程度，具体采取了五项措施推动移风易俗工作。

（1）强化组织领导。在安徽省美丽乡村建设领导小组增设“三线三边”（铁路沿线、公路沿线、江河沿线和城市周边、省际周边、景区周边）环境治理暨乡风文明建设领导小组，由省委副书记担任组长，省直有关单位为成员单位，持续深入推进“三线三边”环境治理，办公室设在省文明办。

（2）启动示范工程。坚持虚功实做、结合实际，实施移风易俗“百镇千村”示范工程，每年按一定比例的乡镇、村加以推进，到2020年，实现全省农村不良风气得到有效遏制，文明乡风明显提升。

（3）财政经费保障。安排650万元文化专项资金用于移风易俗工作，对“百镇千村”示范镇村予以奖补。同时，市县财政相应安排，为移风易俗工作提供经费支持。

（4）出台行动纲领。牢牢把握培育和践行社会主义核心价值观这一根本任务，以美丽乡村建设为主题，围绕实现“三个美起来”，统筹推动城乡文明一体发展，研究出台《安徽省农村文明创建行动纲领（2017—2020年）》，进一步明确农村精神文明创建的总体要求、工作目标、基本原则、重点任务、主要内容、保障措施。

（5）部署五个行动。坚持以全国县级文明城市创建为引领，统筹推进农村文明创建，组织开展理想信念教育提升行动、公共环境提升行动、移风易俗专项行动、道德实践养成行动、文化阵地建设行动，力争到 2020 年，全省县级以上文明村镇不低于 50%，农民文明素质和农村文明程度有较大幅度提升。

新疆生产建设兵团从群众反映强烈的问题、难以治理的顽症和最迫切需要改进的事情抓起，加强移风易俗、树立文明乡风，推动各团场建设风清气正的美好家园。

（1）突出抓好正向引导。进一步修订完善乡规民约，合理划定红白喜事消费标准、办事规模等，推动形成勤俭节约、艰苦朴素、简办婚丧的新习俗。充分发挥职工议事会、道德评议会、红白理事会等群众性自治组织作用，引导群众自我教育、自我管理、自我服务、自我提高。发挥全媒体特别是“两微一端”作用，大力宣传社会主义核心价值观、中华民族优秀传统美德和传统文化，加强对陈规陋习、歪风邪气的舆论监督。创作一批宣传新风尚、弘扬正能量主题文艺作品，以身边典型为原型，在文化活动中宣传移风易俗。

（2）切实用好重要抓手。一是纳入文明委各成员单位履职尽责中。发挥文明委各成员单位职能作用，结合部门职责，抓好移风易俗相关工作落实。二是纳入群众性精神文明创建活动中。把移风易俗作为文明城市、文明团场（镇）、文明连队（社区）、文明单位、文明家庭、文明校园测评体系和考核评选的重要指标，加大考核权重，使创建过程成为去陋习、树新风的过程。三是纳入基层思想政治工作中。把移风易俗作为职工教育培训的重要内容，在职工中开展专题教育、专项整治和“改陋习、树新风”活动，形成氛围，扩大影响。四是纳入民族团结进步创建活动中。结合“民族团结一家亲”活动，大力弘扬中华民族优秀传统文化，借鉴各民族风俗中的先进成分，促进各民族群众交流交融、共同提高。五是纳入去极端化工作中。坚决抵制和反对宗教极端势力的反动思想，倡导和普及健康生活方式，引导群众过现代文明生活。

（3）充分利用重要节点。广泛开展“我们的节日”主题活动，让春节、元宵节、清明节、端午节、中秋节、重阳节和诺鲁孜节、肉孜节、古尔邦节成为传承弘扬中华优秀传统文化、增进民族团结的重要平台，积极开展健康向上的文化活动，成风化人、以文育人。隆重举办重要节庆日庆祝活动，让重要节庆日成为弘扬传播革命文化和社会主义先进文化的重要平台，引导群众感恩祖国、热爱劳动，增进兵地融合、军民团结。勤俭举办民间庆祝活动，让老人过寿、孩子满月、乔迁新居、子女升学成为倡导孝老爱亲、传承良好家风、修身励志养德的重要时机，反对大操大办、借机敛财。

（4）依托重点人群示范带动。抓住农村党员干部这个关键少数，结合学习宣传贯彻党的十八届六中全会精神，引导党员干部严于律己、率先垂范，以党章为镜鉴，以党内法规为准绳，强化纪律意识、规矩意识，带头执行移风易俗的相关规定。同时，发挥好道德模范、身边好人、文明家庭的示范引领作用，以他们的嘉言懿行垂范乡邻，带动群众移风易俗，涵育新风。

浙江省温州市把推动移风易俗、树立文明乡风作为农村精神文明建设的重中之重，聚焦婚丧大操大办、铺张浪费等突出问题，谋实策、出实招、求实效，培育移风易俗新风尚，运用“四个坚持”开展移风易俗。

（1）坚持成风化人抓引导。利用报刊、电视、电台、商业大街 LED、公交车、道路灯箱等开展移风易俗宣传，开设“文明在行动”“破陋习、树新风”“温州一家人·家风家训”等专题专栏，以年轻农民群众为宣传重点，借助“温州发布”“文明温州”微信公众号等平台发布多个移风易俗互动话题，近 10 万人次关注。发挥文化礼堂、道德讲堂作用，组织巡回宣讲 300 多场，多地开展“走村入户式宣传”，印发文明丧葬倡议书等各类宣传资料 53.6 万份；开设公民道德论坛，组织开展“做一个文明有礼的温州人”大讨论，引导广大群众查摆自身及身边存在的不良风气，自觉抵制恶俗陋习。把移风易俗教育融入温州瓯剧、永昆等特色剧目，推出一批温州特色乡风乡俗和优秀传统文化题材的戏剧剧目、鼓词小品；出版《伏茶——温州大爱的坐标》《文明礼赞》等，弘扬节俭文明新风尚。2017 年清明节期间，以“移风易俗、文明祭祀、从我做起”为主题，宣传厚养薄葬、文明办丧的新理念，引导广大干部群众树立良好道德风尚和文明健康生活方式。

（2）坚持疏堵结合促实效。推行“婚丧新办”倡导计划，以领导干部、党员等为重点，明确要求婚宴人数控制在 200 人以内，严格执行利益冲突回避制度、婚丧喜庆报告和公示制度等，做到事前报告、事后备案、违规问责。推进坟墓“禁新改旧”综合整治工作，建立常态化“禁新”督查通报机制，每月抽查 26 个重点乡镇，巡查 3000 多公里，排名通报，实现“禁新”率 100%。2016 年，全市共拆除新建、翻新私坟 4193 座，完成私坟生态化改造 9989 座，迁移 5000 多座穴墓建造生态公墓。开展婚丧用品市场专项整治，重点管理引导中介服务，集中整治婚丧事中燃放烟花爆竹及深夜奏唱鼓乐等扰民行为，按照“普惠型”殡葬惠民政策，基本殡葬服务补贴标准达到人均 800 元。

（3）坚持破立并举树新风。以家庭家风家教建设为切入点推进移风易俗，全市创建文明家庭 59.8 万多户，修订整理 210 份历史珍藏家训，近 15 万户家庭家训上厅堂。持续开展“我评议、我推荐身边好人”“最美温州人”和好媳妇、好儿女、好公婆等评选表彰活动，以事迹展播、座谈研讨、巡讲报告、文艺演出等形式，引导村民见贤思齐、崇德向善。全面推行民间道德奖，出台《温州市民间道德奖指导管理办法》，规范评奖程序和资金监管，截至 2017 年初，全市已设立“民间道德奖”1061 个，计划 3 年内全市 5400 多个村居实现“民间道德奖”全覆盖，树立好人有好报的价值导向。将 169 座宗祠及民间信仰场所改建成文化礼堂，在全市近千个文化礼堂中举办政府主导的集体婚礼等婚庆活动，使文化礼堂成为培育文明新风的学堂。

（4）坚持标本兼治抓长效。健全完善“市、县、镇、村”四级领导小组联动机制和深化移风易俗联席会议制度，加强相关职能部门协作，开展婚丧事联合整治 50

多次。基本实现“一约四会”全覆盖，各村（居）根据实际制定《红白理事会章程》，明确花圈、烟花爆竹数量及规格、吹打号班人数、酒席标准等，与亡故者家属签订《文明治丧协议书》。倡导“献一束花、植一棵树、敬一杯酒、开一个家庭追思会”等文明方式祭奠逝者，选择树葬、海葬、壁葬等生态节地葬法人数逐年上升。倡导以集体婚礼、公益婚礼、草坪婚礼、旅行婚礼等形式办喜事，营造简朴时尚的社会氛围。建立完善《温州市农村基层作风巡查工作实施办法》，定期巡查，实行结果“一报告四清单”制度，集中曝光一批违纪违规典型案例，按规问责。将移风易俗纳入“五美乡村”、幸福社区考评体系，对存在大操大办、封建迷信、“黄赌毒”现象的取消参评资格或撤销称号，对示范村、精品村、先进村，财政 2017 年投入 800 万元实行以奖代补奖励。

各地在精神文明建设的实践中认识到，农村移风易俗要把握好时度效。“知之非难，行之非易。”推动移风易俗，要联系农村生产生活实际和农民群众思想实际，找准工作载体抓手，深化文明素质教育、注重实践养成、强化制度约束，使移风易俗的过程，成为培育农民健康文明生活方式的过程，成为反对陈规陋习、倡导新风尚的过程，成为不断提高农民文明素质和农村文明程度的过程。要针对移风易俗的特点，把握好时度效，脚踏实地、稳扎稳打、锲而不舍抓下去，不搞急功近利，不能忽冷忽热，更不能搞运动、一阵风。把握好时度效，要以求真务实的作风，以强烈的工作责任感，察实情、顺民意，引导农民群众参与，启发农民群众觉悟，发挥农民群众主体作用，为建设社会主义新农村增光添彩。

时者，势也。抓住时机、踏准节拍，则事半功倍；盲目从事、行政命令，则事倍功半。推动农村移风易俗之“势”，既包括宏观发展大势，也包括微观时间节点。从宏观上讲，经过多年不懈努力，我国农村发展不断迈上新台阶，农业增效、农民增收、农村增绿，农民人居环境、精神面貌、文化生活不断改善。与此同时，农村还存在思想观念跟不上时代发展、风俗习惯跟不上社会进步、风气风尚跟不上群众愿望的现象，特别是一些地方婚丧嫁娶大操大办、铺张浪费，一些地方封建迷信、伤风败俗甚至黄赌毒现象滋生蔓延。这些问题不仅损害农民群众获得感幸福感，而且影响全面建成小康社会进程。这就要求我们树立战略思维、顺应群众意愿、及时有效应对，坚决刹住铺张浪费、盲目攀比之风，切实减轻农民经济负担和精神负担。从微观上讲，推动农村移风易俗还要善于利用重要时间节点，营造氛围、形成声势。要抓住元旦春节、中秋国庆以及寒暑期等婚嫁活动、人情往来比较密集的特点，引导农民群众在欢度佳节、操办喜事过程中，转变观念、告别陋习、增进情谊，逐步养成崇尚节约、抵制奢靡，崇尚文明、抵制低俗的自觉。

度即程度、力度、限度。推进农村移风易俗必须拿捏好分寸、掌握好节奏，务必稳妥得当，否则过犹不及、适得其反。要正确处理三种关系：一是区分移风易俗与尊重传统礼俗的关系。对背离传统道德、与现代文明不符的糟粕要坚决摒弃，绝不能让庸俗、低俗成为通俗、习俗；同时，必须尊重传统礼俗，充分考虑农民群众情感意愿，敬畏和保护传统文化中具有特殊意义的仪式，弘扬中华民族优良传统，传承地方风俗中的人文内涵，取其精华、继承发展。二是处理好教育引导与法律法规的关系。风俗的改善重在教育引导、重在成风化俗、重在久久为功。无论是推出相关政策措施，还是运用村规民约，都不能超出法律法规而提出强制性要求，绝不能采取行政手段强制村民移风易俗。从实际工作看，村规民约是农民群众自我教育、自我管理、自我约束、自我监督的有效形式，在摒弃陋习、倡树新风中发挥着重要作用，要顺应农民想变又不愿出头、盼改又不敢主动的心理，继续通过公议、公订、公示村规民约的方式，把政府的指导意见转化为移风易俗意愿。同时，村规民约内容必须符合公序良俗、符合法律法规，不得含有侵犯村民人身权利、财产权利、民主权利的内容。三是把握好舆论监督与正面宣传的关系。要把反映问题同解决问题有机统一，在版面、时段、频率的配比上适度而不过度，既要对那些举办豪华婚礼、索要天价彩礼、置办豪华墓地等炫富摆阔的现象，以及那些伤风败俗、挑战道德底线的行为，旗帜鲜明地予以反对和批评；也要坚持正确导向，加强正面宣传，传播主流价值，运用新闻报道、言论评论、互动访谈等形式，报道各地农村推动移风易俗的典型事迹和鲜活经验，切实发挥舆论引导的建设性作用。

效即实效、成效。推动农村移风易俗，依靠的是农民，受益的是农民，必须以实实在在的成效，赢得广大农民群众的充分认可和热情参与。具体工作中要坚持好四个原则。一是必须尊重客观规律。把移风易俗目标的一贯性与工作的阶段性、主观预期与现实可能、尽力而为与量力而行有机统一起来，循循善诱、因势利导、精准施策，引领感召广大农民群众树立行动自觉，培厚移风易俗的群众基础。二是必须强化问题导向。群众期盼什么就努力做好什么，群众对什么问题反映强烈就着力解决什么问题，找准移风易俗工作的着力点和农民群众的需求点，努力以新风良俗取代陈规陋习，使工作接地气、顺民意。三是必须努力开拓创新。适应农村发展，着眼社会主义核心价值观落细落小落实，着力倡导科学健康文明的生活方式，培育新观念、新风尚、新道德，推动形成向上向善、诚信互助的社会风尚。四是必须坚持因地制宜。“十里不同风，百里不同俗。”要兼顾各地经济社会发展差异和风俗习惯，鼓励进行符合实际的实践探索，总结形成适合当地农村需要的移风易俗具体路径，切忌简单化、一刀切。

2017 年 11 月 17 日，全国精神文明建设表彰大会在北京举行。中共中央总书记、国家主席、中央军委主席习近平在人民大会堂亲切会见参加大会的新一届全国文明城市、文明村镇、文明单位、文明校园、未成年人思想道德建设工作先进代表和全国道德模范代表，向全体代表表示热烈的祝贺，勉励他们再接再厉，在社会主义精神文明建设中再立新功、作出表率。中央文明委决定，授予浙江省长兴县等 16 个县全国文明县城称号，授予北京市朝阳区黑庄户乡郎各庄村等 1493 个村镇全国文明村镇称号。

习俗移志，安久移质。推动移风易俗、树立文明乡风，是推动社会主义核心价值观在农村落地生根的必然要求，是深化美丽乡村建设的有效途径，是完成脱贫攻坚艰巨任务的重要抓手，对加强农村精神文明建设、促进“两个文明”协调发展，具有十分重要的意义。

四　文明单位创建

创建文明单位，是推动物质文明和精神文明协调发展，让具体政策和任务落到基层的有效途径。现行的《全国文明单位测评体系》规定，全国文明单位是指积极践行社会主义核心价值观，坚持物质文明建设和精神文明建设两手抓，各项事业全面协调发展、精神文明建设成效突出，在社会上发挥示范引领作用的单位；创建文明单位的要求分布在学雷锋活动、志愿服务活动、道德讲堂建设、学习型单位建设、文明有礼培育、勤俭节约活动、道德经典诵读、“我们的节日”活动、文明风尚传播、文化体育活动、参与帮扶共建、优质服务状况、优美环境建设之中。在各行业各单位开展“塑树形象、文明服务”竞赛活动，创建成效与文明单位评选挂钩。

文明单位创建工作是一项系统工程，涉及方方面面，要充分调动和发挥各方面的工作积极性，形成统一领导、齐抓共管的工作机制，保证创建目标落到实处。各科室要将创建目标分解责任到人，加强目标责任制管理。做到年初有计划，年中有检查，年底有总结。各地各单位在文明单位创建中有规划、有计划、有落实、有成效，深受人民群众的欢迎。基层政府积极为文明单位创建创造条件。市级文明单位创建工作实行分工负责、齐抓共管的工作机制，成立事务局市级文明单位创建工作领导小组，由局长任组长，分管局领导为副组长，各科室负责人为成员。领导小组下设办公室，办公室设在政工科，具体负责市级文明单位创建工作的组织协调。具体工作要求和意识表现为把工作目标定位在推动发展和改善民生上，实现优作风、优环境，展示新形象、新业绩。努力实现以下目标要求。

（1）增强担当意识。思想境界进一步提升，面对急难险重任务，敢于挺身而出、主动承担，千方百计抓好落实；遇到困难问题，知难而进、迎难而上，想方设法予以破解；出现问题时，主动面对、负起责任，积极稳妥处理解决。在其位、谋其政、尽其责，恪尽职守，敢抓敢管，更好地服务发展、服务企业、服务群众。

（2）增强责任意识。做到尽职尽责、忠于职守、爱岗敬业，工作讲大局、服务讲主动、办事讲效率，定下来的工作全力推动，部署了的任务落实到底，工作执行力切实增强。进一步提升驾驭复杂局面、处理复杂矛盾、破解工作难题的能力，深入项目、深入基层、深入一线，摸实情、出实招、求实效，做到情况在一线掌握，决策在一线形成，问题在一线解决，作风在一线转变，能力在一线锤炼，成绩在一线检验。

（3）增强争先意识。工作高点定位、对标一流，善于运用创新思维和措施解决实际问题，在难题面前敢闯敢试，在矛盾面前真抓善管。积极攻坚克难、开拓进取、争创一流，在落实上级的决策部署上，立说立行，一抓到底，确保工作事事有着落，件件争一流。

（4）增强效率意识。面对各项工作任务，说了算、定了干，做到节奏快、措施实、不积压、不拖延、不推诿。践行马上就办、办就办好的基本准则，工作力求细致、精致、极致，大幅提升工作质量和效率，推动每项工作快落地、真落实、早见效，形成心无旁骛干事业、驰而不息抓落实的新气象。

（5）增强纪律意识。纪律观念和规矩意识进一步增强，一言一行不碰红线、不触底线，自觉贯彻落实中央八项规定精神，坚决抵制“四风”，做到为民、务实、清廉。不断加强党性修养，始终保持高尚的道德情操和良好的生活作风。主动接受监督，带头做遵守和维护纪律的模范。

具体单位在文明单位创建中，坚持以科学发展观为指导，全面贯彻落实党的十八届六中全会精神以及习近平总书记系列重要讲话精神，以建设社会主义核心价值体系为根本，扎实开展文明单位创建活动，着力提高干部职工文明素质，努力建设一支政治过硬、业务优良、作风扎实、纪律严明的高素质干部职工队伍。

（1）加强组织领导，推动创建工作。领导班子政治坚定、求真务实、开拓创新、作风民主，高度重视党建工作和文明单位创建工作；建立健全文明单位创建领导机构和工作制度，层层落实创建工作责任制。领导干部在创建活动中发挥带头作用，群众参与意识强。

（2）加强思想教育，弘扬道德风尚。深入贯彻《公民道德建设实施纲要》，把培育和弘扬社会主义核心价值观作为凝魂聚气、强基固本的基础工程，继承和发扬中华优秀传统文化和传统美德，广泛开展社会主义核心价值观宣传教育，积极引导全局干部职工讲道德、尊道德、守道德，追求高尚的道德理想。

（3）加强作风建设，提高机关效能。开展经常性的党风廉政教育，防微杜渐，警钟长鸣，增强遵纪守法、廉洁从政的自觉性；干部职工理想信念坚定，宗旨意识强，模范作用好；办事程序公开、规范、高效，切实提高依法行政水平、服务质量和办事效率。从统一思想、提高认识，求真务实、争抓实干，加强调研、提升能力，强化管理、严肃纪律四个方面加强和改进作风，做到政令畅通、令行禁止。深入开展党风廉政建设，积极打造教育、制度和监督“三位一体”的工作体系。

（4）加强学习培训，提升业务能力。深入开展“学习型”机关建设，结合本单位的工作特点和工作重点，积极举办业务培训、专题讲座和论文竞赛，提高干部职工的科学文化素质和专业知识水平，提高业务能力和管理能力，努力创先争优，不断推进干部队伍的年轻化、知识化、专业化，圆满完成本单位的各项工作任务。

（5）加强文化建设，丰富创建内涵。组织开展经常性的形式多样丰富多彩的文娱、体育活动，陶冶职工情操，倡导文明、健康、科学的生活方式，用积极健康的活动形式丰富干部职工的精神文化生活，增强队伍的凝聚力和战斗力。

（6）加强环境建设，创造良好条件。开展形式多样的宣传教育活动，用科学卫生知识教育干部职工讲文明、树新风、改陋习，培养干部职工健康的生活理念和文明卫生的生活习惯；加强环境卫生管理，完善基础设施，优化人居环境，创造良好的办公环境。

在文明单位创建活动的制度保障方面，各单位一般采取以下措施。

（1）加强班子建设。坚持贯彻执行民主集中制，对重大决策、重大问题、重大事项、人事考核、奖惩兑现、大额度资金使用等事项均由集体讨论决定，不搞“一言堂”，使决策不断趋向规范化、民主化和科学化，进一步增强班子团结和融洽相处，形成工作合力。班子成员起到“领头雁”的作用，以身作则，率先垂范，用自身的“标杆”作用带领同志们搞好各项工作。

（2）强化制度建设。充分认识文明创建工作的重要性和必要性，高度重视创建工作，始终把文明创建工作列入单位工作和建设的重要议事日程，做到有组织领导、有规划方案、有制度措施，常抓不懈地深入开展文明单位创建工作。不断完善本单位各项管理制度，健全创建机制、强化创建措施、丰富创建形式，建立长效机制，使本单位文明创建工作步入常态化、制度化、规范化的运作轨道。

（3）重视文化建设。开展读书和学习活动，把提高认知和思想作为培养干部队伍的重要抓手。认真执行中央八项规定，以作风建设为抓手，以创先争优活动为目标，营造干事创业、风清气正的和谐工作环境。通过廉政文化教育、形势教育、节日教育、示范教育、警示教育等系列主题教育活动，积极营造敬业奉献、勤政廉政的良好氛围，以文化建设进一步提升队伍的执行力、创新力、保障力，促进本单位工作的大跨越。

（4）抓好基础建设。按照工作规范化建设的要求，继续抓好基层基础建设，巩固规范化建设成果，完善精细化长效管理机制，推动各部门精细化管理；继续采取“典型引路、分步实施”的原则，确保完成短期和长期工作目标；建立志愿者队伍和文明创建微信群、张贴核心价值观和文明诚信公益广告、宣传节俭养德和文明餐桌；运用网络加强创建引导和管理，提高员工的文明单位创建意识。

各地在文明单位创建中积极探索适合本地区本单位的办法。国网义乌市供电公司结合实际，灵活运用流动讲堂的方式，将讲堂开进班组、走进基层，为班组建设注入了文化新风与创新活力，取得了一定的实践经验。他们的经验是“三需求”、“三实践”和“三思考”。

道德讲堂进班组活动的“三需求”。

（1）道德讲堂进班组活动，是基层一线员工的精神文化需求。在生产、营销的基层一线，平日里每个人的工作任务重，直接与各式各样的客户打交道，不仅事务烦琐，而且在“以电相连、用心沟通”中会遇到形形色色的问题，使个人精神上产生困惑、迷茫甚至压力，这些问题，让广大员工产生迫切心理：需要了解心理科学、需要提升文化修养、需要掌握沟通技能。而公司层面推出的道德讲堂进班组活动，正切合他们实际，成为广大员工的“学习加油站”和“快乐充电站”。

（2）道德讲堂进班组活动，是基层班组星级建设的发展需求。当前，各基层班组正在推进星级、先进班组建设，以及工会品牌的“工会先锋号”建设，而班组的思想道德和企业文化建设，正是他们的短板与不足。当前班组的现状是：工作量繁重，人手编制缺少，而在社会经济下行压力较大与百姓法制意识增强的新形势下，班组的同业对标、电费回收风险、规范化管理等压力明显增大，在绩效导向、指标导向、问题导向中，如何研究推进班组的思想道德建设，确保队伍的稳定与健康发展，既是迫切问题，更是长远的基础问题。

（3）道德讲堂进班组活动，也是公司深化文明创建的内在需求。国网义乌市供电公司自2013年荣膺全国文明单位之后，如何深化创建、如何成果共享、如何推进人的全面发展，需要寻找新载体与新途径。而作为文明创建的品牌载体——经典诵读，与道德讲堂活动，有着异曲同工之妙。推进道德讲堂进班组，既可以满足基层的实际需求，也可以将公司层面的文明创建理念与成果在基层得到分享与普及，更可以在活动中深化公司员工社会责任文明履责实践活动，推进“文明班组”“文明职工”建设，不断夯实文明基础。

道德讲堂进班组活动的“三实践”。

公司结合企业实际，尝试推出三个“能量包”，推进道德讲堂进班组成为基层实践而福及基层的“暖心港”“慧心园”“爱心包”。

（1）“暖心港”实践。基层职工的需求与困难，就是干部考虑工作的出发点与着力点。根据“想什么，做什么，缺什么，补什么”的原则，公司设计心灵港湾、机关党员进班组、政工干部进班组、师带徒等载体，融入道德讲堂进班组活动中。每月定期开展主题内容宣讲与服务，如焦虑与抑郁的鉴定与应用、用心沟通提高效率、性格测试、食物中毒急救、防暑降温常识等，贴近基层一线职工，解决日常问题。如城北供电所区域有一个经常破坏电表箱的精神障碍人士，曾经和抄表工发生矛盾；单位在进班组宣讲过程中，指导供电所员工如何正确对待这种情况，让员工运用心理学知识去树立正确态度与引导方法，取得了效果。

（2）“慧心园”实践。开启慧心，澄明心志，扩大视野，丰富知识，这是道德讲堂进班组的题中应有之义。公司运用原有的一些固定载体，比如核心价值观月月主题教育、经典诵读、知识分享等内容，推动道德讲堂的形式多样化，让枯燥单一的理论说教、高层建筑的精神变得群众喜闻乐见，可感可评。月月主题教育中，根据时节特点，分别明确“感恩、礼仪、和谐、爱国、诚信、奉献、关爱、孝敬、创新、互助、信仰、责任”等主题内容，以小故事分享、模范人物现身说法、经典诵读等方式，提高对价值观内涵的理解与认同。

（3）“爱心包”实践。道德讲堂进班组的一大服务功能就是“爱心”，让职工感受到公司党政工的关心与支持。为了让活动更有新意与吸引力，公司设计了送服务、送吉祥、送温暖的内容，以小讲座、小礼品、小活动等方式，丰富班组的“爱心大礼包”。在每个班组宣讲活动的最后环节，开展“送知识”，结合“全民阅读”活动，以参与员工一对一的方式，互赠一本书籍，分享岗位技术，融洽同事感情。开展“送温暖”，如夏热时节送清凉、冬冷时节送暖宝。同时，结合“三送一促”活动、重要施工现场慰问、生日蛋糕慰问、节假日慰问，开展“走基层、连亲情”的回头看活动，深化道德讲堂的实际效果，让职工感受到实实在在的“干货”。

道德讲堂进班组活动的“三思考”。

（1）形式思考。道德讲堂进班组活动，作为一项新载体，是思想政治工作的重要手段，也是属于思想道德建设、精神文明建设的范畴。作为理性的精神性的东西，如何转化为职工的思想认识，让他们“入脑、入耳、入心”，需要用易于接受与理解的形式。正如职工文体活动一样，需要受众喜欢、组织可行的方式。正基于此，公司将道德讲堂搬进基层，以每月一次的固定方式，确定了“流动讲堂”的实质内容。这种形式的考虑因素有三点：一是一线职工与基层班组都忙于事务，直接面对客户，问题与困难较多，让他们固定时间与地点，容易产生工学矛盾，影响工作效率；二是作为机关来讲，服务意识、效率意识、表率意识是首要的，让机关服务团来到基层班组，主动走近职工，可以树立良好的服务形象，切实将服务送到家；三是在基层班组直接宣讲，面对一线职工，靠前服务，具有现场感强、直面焦点问题、拉近感情距离的特点。实践当中，确实取得了良好的效果。但也存在基层班组条件不一、设备简陋、场地受限等因素，影响道德宣讲的形式美与内容表现上的发挥。

（2）内容思考。形式由内容决定，内容决定活动质量。在道德讲堂进班组活动中，选择什么样的内容、表达什么样的内容，这是首先要考虑的问题。公司从开始推出活动，就坚持了实事求是、有效管用的原则，贴近基层，贴近职工，贴近实际，来明确内容框架。通过问卷调查、互动交流、座谈沙龙等方式，了解职工需求，倾听班组呼声，掌握第一手资料，印证公司的内容思考。“暖心港”正是因为职工存在心理困惑，工作忙碌引起压力过大、精神焦虑问题，与客户沟通存在认识上、方式上的障碍等问题，从而确定了心理主导的宣讲内容。“慧心园”也是考虑到职工学习时间少、知识需求大、稳心还需明心等因素，采取了知识充电、以文化人的方式，推进道德价值观建设。“爱心包”的内容，也是考虑到“共同事业、共同家园”的关系，关爱职工才能让他们关爱企业，有了关爱之心，才能推进企业劳动关系和谐，推进安全生产稳定与三个建设发展。

（3）机制思考。通过具体实践，该单位先后形成了一套有利长效运行的工作机制，如队伍保障机制、定期巡讲机制、专家聘用机制、共建联动机制、成效评估机制。明确了队伍组织，由职工演员、闪光人物、内训师、机关党员及外请专家等人员组成，一般每次参加人员不超过6人。整个活动与价值观月月主题教育实践、经典诵读、心灵港湾工作室、“四德”教育等活动相结合，成为“拨浪鼓”大课堂的流动讲堂，成为机关与基层“走亲情、暖人心”的桥梁与纽带。最终凝聚成一个主题：文化义电、德驻家园，初步实现活动目标：传播正能量，增强正信念，营造文化氛围。

2017年11月17日，全国精神文明建设表彰大会在北京举行。中共中央总书记、国家主席、中央军委主席习近平在人民大会堂亲切会见参加大会的新一届全国文明城市、文明村镇、文明单位、文明校园、未成年人思想道德建设工作先进代表和全国道德模范代表，向全体代表表示热烈的祝贺，勉励他们再接再厉，在社会主义精神文明建设中再立新功、作出表率。中央文明委决定，授予河北省塞罕坝机械林场总场等2318个单位全国文明单位称号。

五　文明家庭创建

家庭是社会的基本细胞，是人生的第一所学校。家庭和睦则社会安定，家庭幸福则社会祥和，家庭文明则社会文明。家教是人生的初始化教育，是最基础、最直接、最有效的教育方式，父母是孩子的第一任老师。家风是社会风气的重要组成部分，是一个家庭或家族的传统风尚，体现着家庭或家族的价值传承和文化品格。加强家庭家教家风建设，不仅在人的成长过程中起着特殊作用，而且是社会和谐的重要基础，是社会主义精神文明建设的重要内容，对于提高公民思想道德素质和社会文明程度具有十分重要的意义。以家庭家教家风建设为切入点加强社会主义核心价值观建设，有利于推动社会主义核心价值观在家庭领域落细落小落实，有利于引导广大家庭成员自觉加强思想道德文化修养，有利于引导广大家庭成员自觉把爱家与爱国统一起来，树立家国情怀，将家庭幸福梦想融入实现中华民族伟大复兴中国梦，为扎实推进国家振兴发展、全面建成小康社会，实现“两个一百年”奋斗目标筑牢思想道德根基。

当前，随着经济社会发展，城乡家庭结构、家庭功能、家庭观念都发生了很大变化，给文明家庭建设带来了新的课题。2017年，全国妇联深入贯彻习近平总书记“注重家庭、注重家教、注重家风”的重要讲话精神，组织开展了“梦想启航——中国好家庭好家风巡讲”活动，充分发挥文明家庭和“最美家庭”的示范带动作用，大力弘扬好家风。这项巡讲活动走进城乡社区、企事业单位以及部队和高校，引领更多的家庭见贤思齐、崇德向善，以每个家庭的好家风滋养整个社会的好风气。具体特点如下。

（1）展示形式新颖。把“最美家庭”的家风故事归纳为“一种习惯”“一个爱好”“一件好事”“一句承诺”等单元，分别请家庭代表现场主讲、接受访谈、播放视频短片，同时，请助讲人提炼升华家庭故事的闪光点和道德内涵，引领听众生动形象地感受家风文化，增强活动的吸引力和感染力。

（2）网上网下联动。采取现场与网络直播、全国与地方联动形式，扩大活动覆盖面和影响力。全国层面巡讲由中华女性网、中国妇女报官方微信公众号现场直播，各省（区、市）妇联组织群众收看，部分地方妇联将展示的家风故事制作成微信文章，引导网友转发传播。各地妇联组织身边“最美家庭”代表层层巡讲，形成了线上线下、各地联通互动的生动局面。

（3）内容质朴感人。注重通过生活点滴挖掘家风故事，让听众与巡讲者感同身受、相互共鸣。其中，有家庭几代人传承编《家报》、捐助爱心基金、写家书，在习惯中践行责任、使命和担当的故事；有爱读书、爱音乐、爱发明，用爱好提高家庭成员品位、道德、情操、修养，培育家庭共同价值取向的故事；有三代人接力义务清扫公厕，把做好事当成家规代代相传、激励家庭成员崇德向善的故事；有诚信立身，无论顺境或逆境都无怨无悔承担起家庭、社会责任的故事。这些具有鲜明时代特征、丰富生动的家庭故事，拉近了与听众的距离，激发学习争做“最美家庭”、建设文明家庭的主动性。

许多地方制定了实施家庭文明建设的措施和行动计划。辽宁省围绕深入贯彻落实习近平总书记关于家庭文明建设重要讲话精神，2017 年 3 月 31 日制定出台了《关于加强家庭家教家风建设的意见》，以爱国传家、敬业兴家、诚信立家、孝善安家、勤俭持家、廉洁守家为主题，采取四项措施推动家庭家教家风建设落到实处、取得实效。这四项措施内容如下。

（1）弘扬家风家训，树好“靶子”。提炼符合时代特点的优秀家风家训，编印家风教育系列丛书《先贤家规》《红色家训》，出版优秀家风故事读本，组织修订家庭美德公约、村规民约、市民文明公约，创作微电影作品《诚信人家》、话剧《一诺千金》《西风烈》等一批反映优良家规家训的作品。组织开展中华优秀传统家训传承弘扬活动，通过创作征集文明家规家训以及认领、撰写、悬挂、诵读家训等方式，广泛开展“我的家风故事”征集讲述活动、送孝善文化下乡志愿服务活动，有效推进家庭教育深入开展。

（2）选树先进典型，立起“镜子”。广泛开展文明家庭创建活动，评选首届全省文明家庭。组织好公婆、好媳妇、好丈夫、孝心子女等家庭角色评选，选树一批“辽宁好人・最美家庭”“最美廉洁家庭”。组建“文明家庭宣讲团”“最美家庭宣讲团”深入城乡基层，讲好家风故事，引导广大群众见贤思齐。开展网上寻找“最美家庭”活动，组织优秀儿女写家书、晒家书、讲家书，建立孝行榜、好人榜和善行义举榜，大力表彰先进典型，让崇德向善、孝老敬亲成为群众的基本道德规范。

（3）党员干部带头，做出“样子”。把弘扬传承优良家规家训纳入全面从严治党、营造良好政治生态、加强党内政治文化建设的重要内容，与全省党风廉政建设和反腐败工作一并部署、同步推进。在党政机关开展“廉政文化树家风”“树良好家风建廉洁家庭”“致党员干部廉洁家信”等活动，梳理汇编省内党员领导干部违纪案件剖析材料，印发给党员领导干部学习，推荐给领导干部家属阅读，教育引导党员领导干部把家风建设摆在重要位置，带头廉洁修身、廉洁齐家，教育管理好亲属和身边工作人员，以良好家风促进形成良好党风政风。

（4）广泛宣传引导，把准“调子”。组织开展“传承优秀家风、弘扬家庭美德”微电影和公益广告创作展播活动，组织省内媒体创办《家的味道》专版、《齐家》专刊、传承家书文化大型新闻策划《两地书》，推出全国独创家庭小品剧《欢乐饭米粒》、大型全媒体公益互动节目《中国好家庭》、家庭文化日播节目《家庭公开课》以及《“家·春秋”之“家·事”》《小小一个家》《微孝行动》等系列“家”文化品牌栏目和节目。其中，《欢乐饭米粒》2017 年全网视频播放量突破 2000 万次，微博话题阅读量突破 6000 万人次，节目官方微信文章阅读量突破 100 万人次，营造了浓厚家风文化氛围。

2017 年 5 月，浙江省宁波市文明委印发《宁波市家庭文明建设三年行动计划（2017—2019）》，提出深入开展家庭文明建设“六项行动”，促进家庭和睦、社会和谐，推动形成爱国爱家、相亲相爱、向上向善、共建共享的社会主义家庭文明新风尚。

（1）文明家庭创建行动。修改完善《宁波市文明家庭创建工作管理办法》，健全集推荐评选、申报公示、表彰激励、跟踪管理于一体的工作机制，提高创建活动规范化程度。不断拓展文明家庭创建工作内涵，广泛开展“平安家庭”“绿色家庭”“学习型家庭”“书香家庭”“美丽庭院”等家庭文明创建活动。“零门槛”寻找“最美家庭”，把“寻找”的主动权和“最美”的决定权交给群众。

（2）家风家训推进行动。积极探索家风家训建设工作合力，在市区建设一座“宁波名人名家家风馆”，在农村扶持建设一批各具特色的村级家风馆，全面展示勤劳节俭、诚信务实、敦亲睦邻等良好家风。深化“传家训、立家规、扬家风”活动，动员社会各界力量深入基层调研、采风，创作一批深受广大家庭欢迎的家风家训文化精品。发挥学校自身优势，建设一批贴近学生的校园家风馆。

（3）主题节庆提档行动。以家庭文化节为载体，丰富节庆活动内涵，扩大群众参与面，推动节庆活动系列化、特色化。同时，着眼弘扬中华民族优秀文化、传承中华民族传统美德，突出国际视野、体现宁波特色，举办一些国内国际家庭主题活动，进一步扩大家庭文明建设的辐射力和影响力。

（4）家庭教育深化行动。制定出台《宁波市家庭教育促进条例》，推动家庭教育指导纳入全市各级政府公共服务。拓展家庭教育指导服务阵地，促进各级各类家长学校规范发展，巩固发展学校、家庭、社区相衔接的指导服务网络。大力培育家庭教育专业师资和志愿者队伍，积极开展普惠型家庭教育指导服务。截止到 2017 年初，全市建成以 760 名专家为骨干的家庭教育宣讲团，发展家庭教育志愿者 2225 人，举办各类讲座 3 万余场，参训人员达 250 余万人次。

（5）家庭关爱优化行动。探索政府向社会组织购买家庭公共服务项目形式，做好特困家庭关爱、大龄青年婚恋指导以及好家风好家训进家门等工作。在城市社区和有条件的农村社区（村）推行家庭服务站，引入专业社会工作者开展规范化指导服务。发挥文明家庭和各类特色家庭的示范作用，推出文明家庭低息贷款等鼓励措施，吸引更多家庭向文明家庭靠拢。

（6）志愿服务提升行动。推广家庭志愿服务工作，传播普及志愿理念，发展壮大家庭志愿者队伍。培育各类家庭志愿服务组织，整合1300余家政府公共服务组织、妇联基层服务组织和社会公益机构，满足家庭多样化、个性化、社会化需求。探索家庭志愿服务积分制、兑换制，推动家庭志愿服务工作制度化、常态化。截至2017年初，全市建有巾帼志愿者队伍361支。

江苏省镇江市在全市城乡启动“家风驿站”建设，集家庭宣传资料和生活用品发放、困难求助、活动参与等功能于一体，在城市小区传达室、物业管理处、居民楼道及农村村委会、村庄主要地段等处广泛设置，搭建弘扬家风文化、凝聚家风力量、关爱家庭建设的便捷载体和实用平台。“家风驿站”的三大功能如下。

（1）突出传播功能，宣传家风文化。通过“家风驿站”，开展“文明进万家”“家风耀万家”等主题宣传活动，向全市百万家庭投放社会主义核心价值观、传统家风故事、优秀家训家规、市民公约、文明交通、文明旅游、文明用餐、文明上网、八礼四仪和“邻里守望”志愿服务卡等宣传资料。组织妇联、民政等部门结合自身职能和群众需求，向“家风驿站”投递关爱妇女儿童、移风易俗、告别陋习等宣传折页。引导市级以上文明单位、爱心企业制作体现核心价值观内容的牙签盒、面巾纸、指甲钳、便签贴、停车贴、书签、笔等家庭用品，不定期向“家风驿站”投放，吸引群众参与。

（2）突出引导功能，涵育文明风尚。依托“家风驿站”开展通知、征集素材，开展“我晒我家”“我秀我家”系列活动，鼓励家庭通过“镇江发布”“镇江文明网”等微信公众号，把好家风亮出来、好家训秀出来、好故事讲出来。举办“邻里互赞”“感动在身边”等活动，引导群众通过“家风驿站”点赞身边的好邻居和好家庭，围绕文明城市创建、培育和践行社会主义核心价值观、家庭文明建设等内容，引导群众提意见和建议，共同营造和谐有序、舒适便利的生活环境。运用“家风驿站”，在全市打造一批书香家庭、和谐家庭、廉洁家庭、绿色家庭、学习家庭、公益家庭等各具特色的文明家庭，引导广大家庭耕读传家、友善礼让、以德立身。

（3）突出互动功能，传递爱心善意。通过“家风驿站”发放志愿者招募信息，让更多家庭加入志愿者队伍。开展扶贫济困、扶老助残、慈善捐助、救灾助学、环境保护、社区义诊、政策咨询、“小橘灯”主题活动等志愿服务项目，让更多有需求的家庭得到及时有效的服务。引导妇联等部门通过“家风驿站”传播活动信息，吸引更多家庭参与“巾帼心向党·扬帆新征程”“邻里守望·姐妹相助”等主题活动。引导民政等部门通过“家风驿站”实施帮扶政策、帮扶项目，做到精准对接，有效帮扶。引导市级以上文明单位通过“家风驿站”与社区和家庭结对子献爱心，弘扬传递正能量。

2017年，天津以“五个纳入”推进家庭文明建设。天津把培育更多文明家庭作为推动经济发展、促进社会和谐的重要基础，通过“五个纳入”持续深化家庭文明建设。

（1）纳入创建目标。市委、市政府把家庭文明建设列入《天津市文明城市创建工作方案》，在《天津市文明城市测评体系》和《操作手册》中明确标准、赋予分值，推动家庭文明建设常态化。出台《深化家庭文明建设工作实施意见》，明确家庭文明建设10项重点任务和责任分工。同时，把家庭文明建设列入《“十三五”时期文化发展改革规划纲要》，制定时间表、路线图，确保各项工作压茬推进、取得实效。

（2）纳入宣传重点。天津日报开设《百年和平 家国情怀》栏目，天津广播电视台刊播《家风——我父辈祖辈》系列节目，讲述开国元勋、抗日英雄、时代楷模、行业先锋等家庭的优良家风，传承爱国精神和优良家风。在网络媒体开展“传承好家风 争做好网民”主题活动，通过家风故事大搜索、家风教育微课堂等形式传播家风文化。在报纸杂志、户外载体、网络上刊登文明家庭好家风、好家训、好家规公益广告，营造浓厚氛围。组织文艺工作者创作家庭文明题材文艺作品，结合“三下乡”、文化惠民演出等，引导人们学习践行。

（3）纳入典型示范。组建家风教育“五老”宣讲团，成立家风进校园兼职教师队伍，开展“家庭文明大讲堂”宣讲、青少年假期社会实践等活动，广泛传播好家教好家风。聘请全国劳动模范、全国文明家庭代表、全国优秀志愿者参与城市文明建设综合提升工作，带动市民争当文明有礼天津人。把家庭文明建设融入“维护核心、铸就忠诚、担当作为、抓实支部”主题教育实践活动，引导领导干部和全市党员发扬优良传统、继承红色家风、订立家规家训、管好亲属子女、争创廉洁家庭，用良好家风涵养党风政风社风。

（4）纳入表彰奖励。将天津市文明家庭列入评选表彰项目，定为市级荣誉之一，五好家庭、最美家庭等作为文明家庭的“蓄水池”，建立系统联动的家庭文明表彰机制。邀请家庭文明建设先进典型列席市文明委全体会议，出席市级重要活动和全运会开幕式，提升荣誉感。对获市级以上文明家庭荣誉的家庭发放奖金，对生活困难的文明家庭进行帮扶，推动形成当典型光荣的鲜明导向。

（5）纳入法律规范。将家庭文明建设纳入《精神文明建设促进条例》。把注重家庭家教家风要求，融入新修订的《市民文明公约》《市民行为守则》，引导市民自觉践行。由各区文明办牵头，组织市民对照身边好家庭、好家风，修订完善社区公约、村规民约，推动家庭文明建设融入市民日常生活。

文明家庭创建也是一个综合工程。各地在具体实践中，开展“忆家训、谈家风”活动，引导市民追思先辈，重温家规家训，珍惜幸福生活，弘扬良好家风；组织“邻里守望”志愿服务活动，家长带领孩子参与打扫卫生、植绿护绿、亲情陪护、文明引导、公益宣传等志愿服务，共同营造守望相助、和衷共济的社区新风尚。

六 文明校园创建

文明校园创建是社会主义精神文明建设的重要内容，是推进未成年人思想道德建设的重要抓手。文明校园创建活动的总体目标可以归纳为以立德树人为根本，以学生为中心，加强师德建设，重点围绕领导班子建设、思想道德教育、活动阵地建设、教师队伍建设、校园文化建设、校园环境建设等方面开展工作。通过创建活动，推动社会主义核心价值观融入学校教育教学全过程，融入师生工作、学习、生活各方面，提高师生道德水平、文明修养和民主法治观念，使讲文明、践礼仪、守道德在学校蔚然成风。提高校园文化生活质量，使校园文化内容健康、格调高雅、丰富多彩。提高校园文明程度，使校园秩序良好、环境优美，育人环境进一步改善。

2017 年 6 月 25—26 日，中央文明办、教育部在山东省淄博市召开全国文明校园创建推进会。就广泛开展全国文明校园创建作出全面安排。会议强调要深入学习贯彻习近平总书记系列重要讲话精神和治国理政新理念新思想新战略，贯彻落实中央关于教育工作和深化群众性精神文明创建活动的重大决策部署，推动全国大中小学广泛深入开展文明校园创建活动，着力培育和践行社会主义核心价值观，着力加强和改进青少年思想道德建设，着力提升师生文明素养和校园文明程度。

党的十九大于 2017 年 10 月 18—24 日在北京召开。这次大会的主题是：不忘初心，牢记使命，高举中国特色社会主义伟大旗帜，决胜全面建成小康社会，夺取新时代中国特色社会主义伟大胜利，为实现中华民族伟大复兴的中国梦不懈奋斗。文明校园创建的指导思想也有了新的要求，即深入学习贯彻习近平新时代中国特色社会主义思想和党的十九大精神，加强社会主义核心价值观教育实践，以培养担当民族复兴大任的时代新人、弘扬共筑美好生活梦想的时代新风为根本任务，以文明校园创建为载体，以加强未成年人思想道德建设为重点，落实立德树人根本任务，强化教书育人、管理育人、环境育人，培养德智体美劳全面发展的社会主义事业建设者和接班人。

在全国各地统一的思想指导下，具体文明校园创建实践也表现出各自的特色。河北省坚持以社会主义核心价值观为统领，在提升操作性和实效性上精准发力，不断深化文明校园创建工作，印发了《关于组织全省学校广泛开展文明校园创建活动的通知》，明确文明校园创建的目标、内容、标准、任务分工和表彰程序。他们针对中小学校制定完善《河北省中小学校省级文明校园测评体系》，针对高校参照《全国高校文明校园测评细则》开展创建指导，帮助学校厘清创建思路、明晰创建目标。各级文明办、教育部门将文明校园创建纳入创建文明城市和未成年人思想道德建设测评、学校目标考核和教育督导内容，推动创建工作规范化、常态化。2017 年相关创建工作的特色是强化宣传报道和丰富创建内容。

（1）强化宣传报道。在河北省电视台开辟《文明校园大家创》栏目，集中宣传 80 个省级文明校园，特别是 27 个全国文明校园的创建风采，引导全省学校对标看齐、比学赶超。指导各大中小学校在校史馆（展）、少年宫、楼道、操场等位置，设置“文明校园创建”主题显示屏、展板、宣传栏，提升创建的覆盖面和影响力。统筹省市级文明网、新闻网及微信公众号、手机客户端对文明校园创建工作进行专题宣传，累计刊发文明校园创建专题报道 300 余篇、各类信息 2600 余条，营造了浓厚的创建氛围。

（2）丰富创建内容。围绕“六个好”标准，把文明校园创建工作细化分解，落到实处。提出加强“十个一”建设，要求各级各类学校建设一个校史馆、一个心理维护辅导站、一个青少年宫、一个校园网站、一个创建专栏、一个校园广播站、一条维权热线、一批社团组织、一个家长委员会、一批“善行功德榜”。结合全省开展的“善行河北”道德实践，深化文明礼仪养成教育，组织“校园之星”身边榜样评选，举办“诵读古诗经典 争做博学少年”“河北梆子进校园”等活动，引导孩子们在潜移默化中养成良好习惯、培育高尚品格。

所谓“六个好”标准内容如下。

（1）领导班子建设好。积极建设学习型、服务型、创新型党组织，加强教师党员队伍建设，发挥战斗堡垒作用和先锋模范作用。落实党建工作责任制和“三会一课”等制度，改进工作作风，切实贯彻落实中央“八项规定”和“三严三实”要求，“四风”问题得到有效治理，“两学一做”学习教育常态化开展。

（2）思想道德教育好。深入学习贯彻习近平新时代中国特色社会主义思想和党的十九大精神，加强社会主义核心价值观教育实践，积极推动社会主义核心价值观进教材、进课堂、进头脑。开展“扣好人生第一粒扣子”主题教育实践活动，引导学生从小立志向、有梦想，爱学习、爱劳动、爱祖国。加强学校德育体系建设，科学设置并落实德育课程，深化学科德育研究，改革教学内容，改进教学方法，改善教学手段，充分利用德育课程、升国旗仪式、团日活动、少先队活动、主题班会等开展道德教育实践，把思想道德教育融入学校教学各个环节，融入学生学习生活各个方面。

（3）活动阵地好。组织设计不同主题的校园板报、班级板报、宣传橱窗等，定期评比展示。充分利用教室走廊、墙壁、校园文化墙等载体，陶冶学生情操、美化学生心灵、启迪学生智慧。发挥校园广播站、电视台、校报校刊和团队教室、校史陈列室、荣誉室的作用，拓展育人渠道和空间。加强校园网络建设，打造学校对内对外宣传交流互动的网络平台。加强团支部、少先队、学生会活动设施与场所的建设与管理，营造特色鲜明的社会活动环境。

（4）教师队伍好。加强师德师风建设，扎实开展师德教育，严格师德管理，提升教师教书育人的责任感和使命感，做到关爱学生，严谨笃学，淡泊名利，自尊自律。将师德表现作为教师考核、聘任（聘用）和评价的首要内容。定期组织师资培训，制定教师专业成长规划，不断更新教师教育观念和知识结构，提高教师教学水平。

（5）校园文化好。建设优良校风、教风、学风，运用校训、校史、校歌、校徽、校标等校园文化符号，激励学生爱学校、爱学习、共建校园文明。落实德育、智育、体育、美育要求，精心设计和组织内容丰富、形式新颖、吸引力强的劳动技能、志愿服务、科技体验、文娱体育、“文明风采”竞赛等校园文化活动。积极拓展校园文化建设新载体，充分发挥网络作用，开展形式多样、内容丰富的校园网络文化活动。

（6）校园环境好。做好教学设施规划管理使用，校园教学、文艺、体育、科技等活动场所布局合理、整洁有序。做好校园净化绿化美化工作，校园环境干净整洁、优雅宜人，自然景观、人文景观错落有致，使用功能、审美功能及教育功能和谐统一，建设美丽校园。加强校园安全教育，强化校园治安综合治理工作，健全校园安全制度和保障措施，创建平安校园。整治校园周边环境，维护校园周边良好秩序。深入开展环保教育和节约教育，引导师生树立保护环境和节约资源意识，培育节约资源的良好风尚。

河北省石家庄市围绕立德树人根本任务，突出抓实“十个一”工程，推动各级各类学校深入开展文明校园创建。

“一风”，强化领导作风。要求学校领导班子带头践行社会主义核心价值观，建设勤政廉洁、坚强团结的领导集体，带动形成良好校风、教风、学风，共建校园文明。

“一榜”，设置美德新风榜。常态化开展“最美教师”“师德标兵”“美德少年”“校园之星”等身边榜样选树学习活动，弘扬美德、引领风尚。

“一牌”，布置各类宣传牌。在校园、教室的显著位置设置文明、节约、环保、禁烟等“遵德守礼”提示牌，张贴“讲文明·树新风”“图说我们的价值观”等公益广告，切实把核心价值观和文明风尚融入师生工作学习，融入校园文化。

“一礼”，开展文明礼仪教育培训。在中小学校开展文明礼仪养成教育，在高校组织文明礼仪培训。以《未成年人基本文明礼仪规范指南》为重点内容，开展形式多样的宣传教育和实践活动，引导师生自觉提高文明素养。

“一品”，打造德育工作品牌。结合各地实际，开展“我的中国梦”“中华经典诵读”“戏曲进校园”等主题活动，传承弘扬中华优秀传统文化，打造德育工作特色品牌。

“一队”，建立志愿服务队伍。组织党员、教师、学生成立学雷锋志愿服务队，定期开展公益环保、帮扶救助等活动，传承弘扬雷锋精神。

“一宫（堂）”，建设少年宫（道德讲堂）。中小学校依托城乡学校少年宫，开展多样化社团活动，丰富学生课外生活。高校设立“道德讲堂”，传颂美德故事，引导师生自觉学习传承中华民族传统美德。

“一创”，开展各类文明创建。通过文明科（处）室、文明教研室、文明班级、文明宿舍、文明食堂等创建活动，使每一名教职员工和学生都成为创建活动的实践者和受益者。

“一美”，美化校园环境。加强校园基础建设和周边环境综合治理，做到管理规范、整洁有序、美观和谐，为师生创造良好学习工作环境。

“一栏”，开设文明校园宣传栏。运用橱窗、展板、电子显示屏以及校报、校刊、校园广播、校园网等载体阵地，宣传展示文明校园创建成果，引导师生积极参与、共同创建。

2017 年暑期，首都文明办、北京市教委、团市委和市妇联联合开展“爱护环境·做文明街巷小卫士”主题教育实践活动，引导广大中小学生争做文明小宣传员、小清洁员、小督察员。

（1）文明街巷小宣传员。各街巷普遍开设暑期环保教育课程，让孩子们走上讲台做教员、台下听讲做学员，从听与讲两个角度深入理解背街小巷环境整治的意义，引导孩子们自觉提升环保意识。动员未成年人向邻里发放“背街小巷整治”一封信，号召大家爱护居住环境，1300 余名孩子参与其中，发放宣传资料 13300 多份。

（2）文明街巷小清洁员。在街道社区工作者的带领下，孩子们从力所能及的事做起，自觉参与到街巷卫生整治活动中。东城区龙潭湖、西城区什刹海、通州区长桥园等地组织青少年捡拾白色垃圾、清除小广告，进一步清理社区卫生死角；朝阳区、海淀区组织开展小清洁员集体清理活动 200 余次，参与学生 2000 余人。

（3）文明街巷小督察员。西城区西长安街道 50 名文明街巷小督察员走上街头，一旦发现不文明行为，就为其贴上“爱心罚单”，提示“被罚者”要树立文明意识。朝阳区征集小督察员们对街巷胡同环境治理的意见建议，充分调动他们参与活动的积极性和主动性。同时，将小督察员活动延伸到家庭当中，让孩子们小手拉大手，带动身边家长共同参与街巷环境治理。

2017 年国庆节前后，按照中央文明委工作部署，各地紧紧围绕迎接党的十九大胜利召开，以爱国主义、家国情怀为主题，广泛组织未成年人开展向国旗敬礼活动。活动坚持以网上签名寄语带动网下道德实践，以网下实践活动巩固网上学习效果，引导未成年人增进爱国之情、激发报国之志，树立心向党、听党话、跟党走的信念，为迎接党的十九大胜利召开营造浓厚氛围。江苏省从三个方面入手，推进活动深入开展。一是突出爱党爱国主题。无锡、常州、南通等地组织未成年人参观爱国主义教育基地，激发未成年人的爱党爱国之情、报国强国之志。淮安市结合 2017 年 10 月 1 日正式实施的《中华人民共和国国歌法》，组织学生学习国歌法、了解国歌的来历和奏唱礼仪，引导他们在学唱国歌中深化爱国情感。二是深化拓展活动内容。结合建军90周年，精选20部军旅影片发给全省中小学校，开展观后感征文活动。南京、盐城等地结合9月30日烈士纪念日，组织未成年人走进雨花台烈士陵园、新四军纪念馆等红色景点，深切缅怀革命烈士的不朽功绩。镇江、宿迁等地组织青少年开展学雷锋志愿服务活动，引导他们用实际行动向祖国献礼。徐州、连云港等地组织“五老”志愿者、道德模范等讲述革命故事和身边好人好事，引导未成年人心有榜样、向上向善。三是建好用好网络平台。在江苏文明网开设向国旗敬礼专题页面和微信专题页面，动员各市通过文明网、微博、微信、QQ群、校园广播、校园网等平台加强宣传，吸引更多人参与到活动中来。

福建省广泛动员未成年人开展向国旗敬礼活动。截至2017年10月10日，全省参与网上签名寄语累计1500余万人次，举办教育实践活动近万场。一是加强指导，层层发动。省文明办下发活动通知，要求各市及时部署，组织好各项活动。各市文明办积极协调教育局、共青团、妇联、关工委等部门，开展形式多样的爱国主义教育实践。各中小学把向国旗敬礼活动纳入年度工作计划，制订专项工作方案，让每个班级、每名同学都参与到活动中。二是拓宽渠道，创新形式。一方面精心搭建网上活动平台。委托《福建日报》新媒体中心在“新福建”手机客户端设计制作专题页面，组织未成年人通过知识问答、学唱红歌、动画升旗敬礼等方式参与活动。福建文明风网站开设活动专栏，中小学生积极签名留言，写下祝福话语，点燃爱国热情。另一方面广泛开展网下实践活动。组织开展经典诵读、歌咏比赛、手抄报展示以及参观学习等活动，为庆祝新中国成立68周年、迎接党的十九大胜利召开营造良好氛围。三是加强宣传，扩大影响。省文明办在文明风网站实时更新各地活动开展情况，总结好经验、宣传好做法。各地依托报纸、电视、广播、网络等媒介，对活动的前期部署、实时动态、反响效果进行及时全面报道，有效扩大了活动的覆盖面和影响力。

2017年11月17日，全国精神文明建设表彰大会在北京举行。中央文明委决定授予清华大学等494个学校全国文明校园称号，授予河北省廊坊市等32个城市（区）全国未成年人思想道德建设工作先进城市（区）称号、北京学生活动管理中心等200个单位全国未成年人思想道德建设工作先进单位称号、张申等100名同志全国未成年人思想道德建设先进工作者称号。会议强调，希望受表彰的城市（区）、单位和个人珍惜荣誉，戒骄戒躁，谦虚谨慎，再创佳绩。各地区各部门和广大干部群众要以先进典型为榜样，更加紧密地团结在以习近平同志为核心的党中央周围，认真学习贯彻党的十九大精神，认真学习贯彻习近平新时代中国特色社会主义思想，牢固树立政治意识、大局意识、核心意识、看齐意识，坚定道路自信、理论自信、制度自信、文化自信，不忘初心、牢记使命，锐意进取、埋头苦干，不断开创未成年人思想道德建设工作新局面，为培养担当民族复兴大任的时代新人，为决胜全面建成小康社会、夺取新时代中国特色社会主义伟大胜利、实现中华民族伟大复兴的中国梦、实现人民对美好生活的向往作出新的更大的贡献。

七 学习道德模范

精神的力量是无穷的，道德的力量也是无穷的。中华文明源远流长，孕育了中华民族的宝贵精神品格，培育了中国人民的崇高价值追求。党的十八大以来，在以习近平同志为核心的党中央坚强领导下，各地区各部门以培育和践行社会主义核心价值观为根本，深入推进思想道德建设，广泛开展道德模范宣传学习活动，在全社会形成了崇德向善、见贤思齐、德行天下的浓厚氛围。在道德建设实践中，涌现出一批事迹突出、品德高尚、群众认可度高、示范引领作用大的先进人物，为社会各界和人民群众树立了道德标杆。

2017 年 1 月 2 日，国务院颁发了关于 2016 年度国家科学技术奖励的决定，授予赵忠贤院士、屠呦呦研究员国家最高科学技术奖，号召全国科学技术工作者向赵忠贤院士、屠呦呦研究员及全体获奖者学习，继续发扬求真务实、勇于创新的科学精神和服务国家、造福人民的优良传统，深入实施创新驱动发展战略，坚定不移走中国特色自主创新道路，为加快建设创新型国家、建设世界科技强国，实现“两个一百年”奋斗目标和中华民族伟大复兴的中国梦作出新的更大贡献。

赵忠贤，物理学家，中国科学院院士。50 多年来，除参加国防任务的几年外，他一直从事超导研究，是我国高温超导研究的奠基人之一。超导临界温度很低，广泛应用受到影响，寻找液氮温区的高温超导体甚至室温超导体一直是科学家长期的梦想。在百余年超导研究史中，出现了两次高温超导重大突破，赵忠贤及其合作者都取得了重要成果：即独立发现液氮温区高温超导体和发现系列 50K 以上铁基高温超导体并创造 55K 纪录。他注重培养人才，积极为年轻人营造良好环境。他是我国高温超导研究主要的倡导者、推动者和践行者，为高温超导研究在中国扎根并跻身国际前列作出了重要贡献。

屠呦呦，药学家，中国中医研究院终身研究员兼首席研究员，中国首位诺贝尔医学奖获得者。屠呦呦教授带领团队发现的青蒿素挽救了全球数百万疟疾患者的生命。在抗疟药物研发道路上，默默耕耘了 40 多个春秋，屠呦呦让“小草”青蒿成为举世闻名的“中国神草”。青蒿素为人类带来了一种全新结构的抗疟新药，解决了长期困扰人类的抗疟治疗失效难题。以青蒿素类药物为基础的联合用药疗法是最佳疟疾治疗方法，挽救了全球特别是发展中国家数百万人的生命，为中医药科技创新和人类健康事业作出了重要贡献。1978 年她领导的“523”研究组受到全国科学大会表彰；屠呦呦 1979 年获国家发明二等奖，2015 年获诺贝尔生理学或医学奖，2016 年获全国优秀共产党员称号。

2017 年新春佳节来临之际，为充分体现党和政府对道德模范的关心关爱，中宣部、中央文明办组织开展慰问帮扶全国道德模范活动，送去党和政府的关怀及社会各界的温暖，在全社会营造崇德向善、见贤思齐、德行天下的浓厚氛围。

2017 年，在第 54 个学雷锋纪念日到来之际，中央文明办在安徽宣城举办全国道德模范与身边好人现场交流活动，隆重发布 2 月“中国好人榜”，105 位身边好人光荣上榜。至此，在网上“我推荐我评议身边好人”活动中产生的“中国好人”已突破 10000 名。万名“中国好人”展现了当代中国人的崭新精神风貌，推动形成了群星灿烂与七星共明的先进群体格局。

2017 年 3 月 30 日，中央宣传部向全社会公开宣传发布徐立平“以国为重的大国工匠”的先进事迹，授予徐立平“时代楷模”荣誉称号。徐立平是中国航天科技集团公司第四研究院 7416 厂航天发动机固体燃料药面整形组组长，国家高级技师、航天特级技师。参加工作 30 年来，他一直从事极其危险的航天动力燃料微整形工作，多次经历血与火的淬炼、生与死的考验。他凭着对事业的忠诚和担当，苦钻善学、精益求精，立足岗位不断创新创造，练就高超的技艺绝活，多次出色完成急难险重任务，用堪称完美的产品为我国的航天事业发展作出自己的贡献。徐立平曾荣获“全国五一劳动奖章”“中华技能大奖”，当选“感动中国 2015 年度人物”，被誉为“以国为重的大国工匠”。

徐立平的先进事迹被宣传报道后，在全社会引起热烈反响。广大干部群众认为，徐立平把个人梦和航天梦、强国梦紧密结合，把国家的价值目标、社会的价值取向和个人的价值标准有机统一，用实际行动书写了一名“大国工匠”爱国奉献的壮丽篇章。他的先进事迹，生动体现了对党忠诚、以国为重的政治品质，追求卓越、永不止步的创新精神，直面困难、不畏艰险的责任担当，淡泊名利、无私奉献的高尚情操，不愧为社会主义核心价值观的模范践行者，广大干部群众的学习楷模。党员干部特别是航天工作者纷纷表示，要紧密团结在以习近平同志为核心的党中央周围，牢固树立政治意识、大局意识、核心意识、看齐意识，大力弘扬航天精神、发扬工匠精神，勇攀高峰、追求卓越，为实现“两个一百年”奋斗目标、实现中华民族伟大复兴的中国梦作出新的贡献，以优异成绩迎接党的十九大胜利召开。

2017 年 5 月 26 日，中央宣传部、中央文明办、中央军委政治工作部、全国总工会、共青团中央、全国妇联在北京召开电视电话会议，部署启动第六届全国道德模范评选表彰，广泛开展宣传学习道德模范活动，推动社会主义思想道德建设取得新进展新成效，为党的十九大胜利召开营造良好社会氛围。会议强调，要深入学习贯彻习近平总书记系列重要讲话精神和治国理政新理念新思想新战略，牢固树立政治意识、大局意识、核心意识、看齐意识，切实增强抓好思想道德建设的责任感使命感。要精心组织实施第六届全国道德模范评选表彰，集中展示党的十八大以来社会主义思想道德建设的丰硕成果，大力倡导崇德向善、见贤思齐、德行天下的社会风尚，激励亿万人民积极投身全面建成小康社会的伟大实践。要全面体现社会主义核心价值观要求，坚持“群众评、评群众”的基本做法，有序开展推荐、评选、表彰各环节工作，树立事迹突出、品德高尚、群众认同度高、示范引领作用强的全国道德模范，形成群星灿烂与七星共明的先进群体格局。要把宣传学习道德模范贯穿评选表彰全过程，讲好道德模范故事，阐释弘扬道德模范精神内涵，开展多种形式的学习实践活动，引导广大群众学习模范、争当模范。要采取有效措施办法，关心关爱道德模范，褒奖礼遇道德模范，体现党和政府的关怀，体现社会的温暖，树立德者有得、好人好报的价值导向。

各地把第六届全国道德模范评选表彰活动作为推动本地思想道德建设的重要契机，以培育和践行社会主义核心价值观为根本，采取多项举措深化拓展好人推选活动，弘扬助人为乐、诚实守信、见义勇为、孝老爱亲、敬业奉献的道德风尚。黑龙江省不断完善评选机制、创新学习宣传方法，注重在评选中学习、在学习中宣传、在宣传中实践，使道德模范先进事迹“飞入寻常百姓家”。

（1）建立评选机制。采取主动找、基层推、媒体选等方式，建立全省道德模范和身边好人储备库。组建由省委宣传部、省文明办等 11 部门组成的道德模范评选委员会，各单位主要负责同志担任评委，评选委员会各成员单位做到分类把关、各负其责。坚持群众推、推群众，在省内各级主要新闻媒体发布评选公告、启事等，运用网络、短信、邮寄等形式进行投票，引导城乡群众广泛参与。

（2）做好宣传引导。一是新闻媒体及时宣传。制订《第六届全国道德模范和全省道德模范评选表彰活动的新闻宣传方案》，明确各级新闻单位职责，按照活动推进重要节点组织宣传，形成声势。二是专题专栏深度宣传。《黑龙江日报》、《黑龙江晨报》、东北网在重要版面开辟“黑土之星 · 德耀中华”专题专栏，对 10 名全国道德模范候选人和 20 名全省道德模范逐一报道。三是栏目广播全景宣传。黑龙江广播电视台卫视频道自 2017 年 3 月 12 日起开办周播栏目《龙江力量》，专题聚焦道德模范精神品质，黑龙江广播台高校频道制作 20 部道德模范广播剧，传递“龙江好声音”。四是新媒体便捷宣传。“劲彪新闻”“文明龙江”等微信公众号，及时推送传播道德模范评选表彰活动信息，各地市和文明委成员单位微信公众号同步推送，形成“你推送”“我转发”“大家传播”的“雁阵效应”，激励人们学模范、做模范。

（3）开展道德实践。一是深化主题实践活动。推动“家在龙江 · 践行五好”“传立家风家训 · 凝聚道德力量”“德礼满龙江”等活动深入开展，带动各市开展“德礼满冰城”“德礼满鹤城”“德润佳木斯”“德润兴安 · 美在大岭”等活动，营造群众性道德实践活动的好氛围。二是抓好重点人群。在全省中小学校深入开展明德守礼“六个一”活动，编印《少年明德守礼系列故事丛书》（全六册），200 多万名中小学生积极参与。组织“文明家庭”到全省各地党政机关开展巡回报告，推动党员干部以“好家风”促进“好政风”。三是突出榜样传承。组织道德模范“传帮带”活动，33 支道德模范服务队、工作室、志愿服务队等带领 23000 多名群众，开展农民工家长培训、救助孤寡老人、文明交通、爱心捐赠、清理城乡垃圾等活动，培育向上向善、诚信互助的社会风尚。

河北省以“三多”举措引导人们做好人。

（1）多渠道推荐。及时发现总结群众身边好人事迹，选树平民标杆、草根英雄。一是用好“主渠道”。省宣传部、文明办积极组织协调各有关部门，在村（社区）、乡镇（街道）、县（市、区）、市、省五级层层推选“本级好人”。二是发挥新闻媒体作用。省、市主要媒体定期报道身边好人事迹，运用微博、微信公众号宣传身边好人故事。对其中社会影响大、事迹突出的，经属地文明办核实，省文明办直接选为“河北好人”。三是推动好人推选向行业延伸。2017 年 7 月，省文明办会同省广电网络信息集团联合举办“河北好人 · 广电网络之星”发布活动，邀请省文明委部分成员单位参加观摩交流，引导“河北好人”推选活动向社会各行业铺开延伸。2016 年 6 月至 2017 年 6 月，已推选发布“河北好人”457 名（含群体），县级以上“身边好人”18000 余名。

（2）多形式宣传。主要采取 6 种方式广泛传播“河北好人”精神。一是建好发布平台。在《河北日报》、河北广播电视台、河北文明网等开设《河北好人 365》《河北好人 · 每周发布》等栏目，常态化宣传好人事迹；每月在县（市、区）开展“河北好人”发布暨现场交流活动，并进行网络直播，年底举办“河北好人 · 年度人物”发布活动，扩大社会影响。二是组织媒体讲好好人故事。对已发布的“河北好人”，主要新闻媒体跟踪报道、深入挖掘，讲好好人故事、树立鲜活形象。三是运用“两微一端”及时推送。精心编排“河北好人”事迹，并配以图片，通过“河北发布”“e 观沧海”等微信公众号向社会推送，传播崇德向善的精神力量。四是建设网上“河北好人”展馆。在河北文明网、河北新闻网、长城网设立“河北好人”网上展馆，全方位展示好人事迹，传播好人故事。五是组织好人事迹进企业进校园活动。将“河北好人”月度发布活动安排在企业、校园等基层单位，让企业职工和师生代表现场聆听好人故事，感受好人精神。六是为好人树碑立传。编辑出版了《河北好人（2016 卷）》，把“河北好人”的事迹镌刻在好人文化墙、功德碑上，记录、传播好人故事，让好人精神时时可见、处处可寻。

（3）多样化礼遇。积极关爱礼遇“河北好人”，树立好人好报、德者有得的价值导向。一是给好人荣誉。省文明办表彰“河北好人”，向他们颁发荣誉证书和奖牌；每月为上榜的“中国好人”寄发喜报；邀请“河北好人”出席省内精神文明建设重大活动。二是为好人点赞。组织撰写《“河北好人”暴雨中擎起人间大爱》《小善渐而大德生的力量》等系列评论，深度解析“河北好人”精神内核，引导人们学好人、做好人。三是设立道德模范和“河北好人”宣传礼敬专项经费。2017 年已启动首期额度 200 万元的“河北省道德基金”，为 30 名 2016 年度“河北好人”每人颁发 3000 元奖金，对生活困难的“河北好人”进行资助。计划自 2018 年起，每年安排 300 万元额度的专项资金用于宣传推介、关爱礼遇"河北好人"。同时，建立道德模范和"河北好人"集中休假疗养制度。

第六届全国道德模范评选分为"助人为乐模范""见义勇为模范""诚实守信模范""敬业奉献模范""孝老爱亲模范"五类，通过群众推荐、组织遴选、集中宣传、社会公示、投票评选等步骤，评选出全国道德模范，树立社会影响大、感染力强、可亲可敬可学的道德榜样。2017 年 11 月 17 日，全国精神文明建设表彰大会在北京举行。中央文明委决定，授予黄大年等 58 名同志第六届全国道德模范荣誉称号，授予张佳鑫等 265 名同志第六届全国道德模范提名奖。会议强调，希望受到表彰的同志不忘初心、牢记使命，珍惜荣誉、再接再厉，切实发挥榜样表率作用，始终做社会主义核心价值观的模范践行者，始终做文明道德风尚的示范引领者，为提升全社会道德水平作出新贡献。中央号召各地区各部门要更加紧密团结在以习近平同志为核心的党中央周围，认真学习贯彻党的十九大精神，认真学习贯彻习近平新时代中国特色社会主义思想，牢固树立政治意识、大局意识、核心意识、看齐意识，坚定道路自信、理论自信、制度自信、文化自信，紧紧围绕统筹推进"五位一体"总体布局和协调推进"四个全面"战略布局，坚持以人民为中心的发展思想，坚持培育和践行社会主义核心价值观，扎实推进思想道德建设，深入实施公民道德建设工程，持续深化道德模范宣传学习活动，着力培育社会公德、职业道德、家庭美德、个人品德，着力提高人民思想觉悟、道德水准、文明素养和全社会文明程度，着力构筑中国精神、中国价值、中国力量，为进行伟大斗争、建设伟大工程、推进伟大事业、实现伟大梦想提供强大精神力量和有力道德支撑，为决胜全面建成小康社会、夺取新时代中国特色社会主义伟大胜利、实现中华民族伟大复兴的中国梦作出更大贡献。

八　诚信制度建设

诚信是中华民族的传统美德，是社会主义核心价值观的重要内容，是公民基本道德规范，是社会主义市场经济的基础，更是社会和谐和睦的基本前提。加强诚信制度化建设，对于完善社会主义市场经济体制，培育和践行社会主义核心价值观，推进国家治理体系和治理能力现代化，提升国家软实力和整体竞争力，具有十分重要的意义。党的十八大以来，各地认真贯彻党中央国务院决策部署和中央文明委《关于推进诚信建设制度化的意见》，以培育和践行社会主义核心价值观为根本，以加强社会信用体系建设为基础，以褒扬诚信、惩戒失信为重点，推广先进典型，开展专项整治，建立完善长效工作机制和运行机制，诚信建设取得明显成效。

《社会信用体系建设规划纲要（2014—2020 年）》是部署加快建设社会信用体系、构筑诚实守信的经济社会环境的指导性文件。它以法律、法规、标准和契约为依据，以健全覆盖社会成员的信用记录和信用基础设施网络为基础，以信用信息合规应用和信用服务体系为支撑，以树立诚信文化理念、弘扬诚信传统美德为内在要求，以守信激励和失信约束为奖惩机制，目的是提高全社会的诚信意识和信用水平。到2017年，各地坚持以制度促诚信建设，建立健全了系列规章制度，构建起诚信建设的制度体系和工作机制，为推进社会诚信建设提供了有力保障。本文从省级和市级两个方面总结相关的经验。

省级政府领导和统筹工作在诚信制度建设中起到了指导作用。近年来，黑龙江省以“诚信共同坚守”行动为抓手，采取加强正面宣传、建立信用平台、设置失信“黑名单”、开展联合惩戒等措施，努力打造“诚信龙江”。

（1）做好正面引导。围绕培育和践行社会主义核心价值观，开展诚信企业评选、诚信主题公益广告评选、“十大新闻人物”评选等活动，褒扬诚信示范企业（业户）和一批诚信典型人物，不断扩大诚信宣传的覆盖面和影响力。在省政府门户网站开设“信用建设”专栏，成立省诚信建设促进会，开办《龙江诚信》期刊，发布诚信建设法规制度、活动纪实、省内外动态等。

（2）建好信息平台。建设完善省信用信息共享交换平台，已收集190万户市场主体、1900多个社会组织、32万多名重点领域个人信用记录等7600余万条信息。在“信用黑龙江”网发布企业信用信息，向社会提供免费查询服务，月最高查询量超过40万次。同时，为政府部门行政监管提供数据比对、整理及批量查询服务，注册政府用户9000余个。

（3）惩治失信行为。探索实施失信预警和信用分类（分级）监管，实施严重违法企业名单和“黑名单”等制度，先后出台《黑龙江省典型失信案件曝光工作规则》《生产经营单位安全生产不良记录“黑名单”管理暂行规定》等规范性文件。多次开展失信行为集中曝光，公布制假、售假等典型失信案件52起，开展“五常大米打假行动”，查处掺假售假案件93起。针对胜诉案件执行难问题，建立“老赖”黑名单和被执行人不履行债务信用信息查询系统，公布相关信息8500余条。

（4）形成工作机制。全省23个部门联合签署《关于建立失信被执行人联合惩戒工作机制的合作备忘录》。以乳制品、肉类、粮食加工等行业为重点，推进规模以上食品企业诚信体系建设，已有20余家企业通过诚信管理体系评价。建设公务员诚信档案，开通省公务员诚信信息网，省政府62个部门7000余名公务员信息实现在线查询，并可通过专栏举报投诉失信行为。

江苏省文明办以诚信示范街区创建为载体，着力加强商务诚信建设，引导商家厂家诚信生产、经营、服务，营造诚实守信的良好氛围。

（1）明确创建要求。江苏省文明委出台了《关于推进诚信建设制度化的实施意见》，明确提出创新诚信实践载体，打造各类诚信示范街区。省文明办会同有关部门联合推进诚信示范街区创建工作，力争在“十三五”时期，重点培育50个左右省级诚信示范街区。各市结合自身特点，建设商务诚信。南通市开展诚信经营“十百千万”创建工程，常州推广“用道德良心，做放心食品”的经验，镇江市印发《诚信示范街区建设实施意见》等，通过设计开展主题活动，推进诚信示范街区建设。

（2）抓好五个重点。突出“五个更”的工作导向，把诚信建设要求体现到创建的全过程、各方面。一是充分运用公益广告、温馨提示语和文化宣传品等各种形式在街区内外广泛传播诚信价值理念，营造更加浓厚的诚信氛围。二是引导街区内所有商家厂家守法规范经营，做到货真价实，不搞虚假宣传和商业欺诈，更加自觉地践行诚信经营理念。三是优化服务流程，规范服务操作，提升服务质量，为消费者提供更加优质的诚信服务。四是建立公开承诺、信息公示、信用评价、投诉受理、红黑榜发布、激励惩戒等机制，加强监督管理，用更加健全的诚信制度作保障。五是开展星级评定等诚信主题活动，打造更具影响的诚信品牌，使诚信示范街区成为诚信建设的标杆和城市的亮丽风景。

（3）细化工作举措。针对不同街区，推出具体举措，使诚信示范街区创建让经营者获利、老百姓受益。餐饮街区推出“透明厨房”，用电子显示屏展示后厨情况，让消费者吃得放心。商贸街区重点打造“满意工程”，将无理由退换货时间从一个星期延长到半个月或一个月，实现不同网点联网退货、换货，消费者可以用移动客户端货比三家。建材装饰街区坚持明码实价，不搞噱头，推出退货先行赔付制度。网络消费领域建立诚信联盟网络平台，打造诚信经营“网络街区”。同时，注重发挥党组织、行业协会、商会、社区自治组织、职能部门的引领作用，把诚信示范街区创建与开展志愿服务、环境整治等结合起来，促进市民素质和城市文明程度的提升。

市级的具体工作是诚信制度建设的基础实践。以内蒙古自治区鄂尔多斯市和云南普洱市澜沧县为例。近年来，鄂尔多斯市把诚信建设作为培育和践行社会主义核心价值观的重要内容，明确责任分工、用好信息平台、完善奖惩机制、加大宣传力度，着力推动形成不愿失信、不能失信、不敢失信的社会环境。

（1）健全工作机制。成立市社会信用体系建设工作领导小组，专门负责推进全市社会信用体系建设。制定《贯彻落实国务院社会信用体系建设规划纲要的实施意见》《社会信用体系建设工作实施方案》《关于推进诚信建设制度化的方案》，明确建设社会信用信息数据平台、加快重点行业和部门信用系统建设、推进地方性信用制度建设、加强宣传教育等 7 项主要任务和成员单位责任分工，为诚信建设制度化保驾护航。

（2）建立信息平台。建立市信用信息平台“鄂尔多斯信用网”，通过信息安全等级保护三级测评，8 个旗（区）的信用网站统一到平台同步建设。建立全市信用信息数据库，入库企业、自然人数据达 15 万余条，实现信用信息和信用服务共享。培育征信市场，2 家征信企业入驻政务大厅，为企业和市民提供第三方信用服务。

（3）加大奖惩力度。出台《诚信“红黑名单”发布及奖惩制度》，9 个部门签署《构建诚信、惩戒失信合作备忘录》，对诚实守信者在行政许可、资格认定、公共服务等方面实行优待政策，对失信者实行跨部门、跨地区联合惩戒。制定《关于加强对税收失信企业管理的通知》《关于在招投标活动中全面开展行贿犯罪档案查询的通知》，加强对税收失信企业、行贿犯罪记录、安全生产领域的失信行为管理。截至2017年，共限制7959人次失信被执行人高消费行为，为159家企业和个人提供优先优待。

（4）营造舆论氛围。在“鄂尔多斯信用网”开辟“诚信红黑榜”专栏，红榜发布A级纳税人、内蒙古名牌产品、和谐劳动关系单位、道德模范等，黑榜发布危害群众身心健康和生命财产安全的违法犯罪行为，曝光失信败德典型案例。在市属媒体和公共场所电子显示屏不间断发布失信被执行人失信情况，形成震慑效应。持续在窗口行业开展“文明杯”规范化服务竞赛活动，开展“人民满意窗口”“诚信做产品”“诚信企业、诚信个体工商户”等创建活动。

澜沧县文明委的做法是把以下举措落实到各具体单位。

（1）建立覆盖全社会的征信体系。加强与“信用普洱”公共信用信息网络平台对接，建立健全统一社会信用代码制度，完善信用信息基础数据库，逐步实现信息采集全覆盖。以各类企业和从业人员为重点，把信用信息采集融入注册登记、资质审核、日常监管各环节，完善工商、税务、安全生产、产品质量、食品药品安全、住建、环保、交通运输等重点领域的信用信息系统建设。建立信用信息共享机制。促进各部门各地区信用信息系统统筹整合，依法推进信用信息互联互通和交换共享。在行政管理、市场监管和公共服务中使用信用记录和信用报告，逐步实现多部门、跨地区、跨领域信息联享、信用联评、守信联奖、失信联惩。

（2）培育宣传诚信理念。在“3·15消费者权益日”“诚信兴商宣传月”“全国质量月”“食品安全宣传周”“5·15政务公开日”“6·14信用记录日”“五一”“十一”等重要时间节点以及利用举办大型经贸活动、商品博览会等有利时机，组织开展主题宣传活动，形成宣传声势；在党报党刊、广播电视、澜沧网等媒体推出诚信专栏专题，通过新闻报道、评论等形式传播诚信理念；运用学校、文化服务中心等阵地，通过经典诵读、道德讲堂、论坛讲座、展览展示等形式，加强诚信宣传教育，培育诚信文化；进一步发挥新兴媒体的优势，运用微博、微信公众号等传播手段扩大诚信宣传覆盖面；在各行业、工业园区大力发掘、宣传诚信人物、诚信企业、诚信群体，充分发挥先进典型的示范作用，引导人们见贤思齐，守信践诺。

（3）开展诚信教育实践活动。深入推动市场诚信建设，开展诚信行业、诚信单位、诚信市场、诚信示范街区、诚信经营示范店创建。在生产企业、流通企业、窗口行业、食品药品企业广泛开展诚信实践活动，在生产领域以“质量第一”为主题，开展“守合同重信用”企业创建活动，用规范的管理制度、精细的工艺流程、严格的质量标准，把诚信渗透在产品生产和售后服务的各个环节；在商贸流通领域以“履约守信”为主题，开展“百城万店讲诚信（无假货）”主题实践活动、“诚信经营示范点”评选等活动，倡导公平交易、以诚待人，构建诚信商业环境；窗口行业以“人民满意”为主题，用礼貌热情的态度、周到高效的工作，提供高质量服务，提升公众美誉度；在食品药品领域开展“诚信做产品”“放心消费创建”活动，倡导树立尚德守法、以义取利的义利观，倡导以信笃行、以诚兴业的传统美德。

（4）健全诚信奖惩长效机制。认真落实《普洱市建立完善守信联合激励和失信联合惩戒制度 加快推进社会诚信建设的实施方案》，进一步完善法院、税务、环保、海关、质检、安监、食药监等部门实施守信联合激励和失信联合惩戒的联动机制，奖励守信企业，惩罚失信企业；要经常梳理经济社会发展中诚信热点问题、人民群众普遍关注的失信败德行为，有针对性地开展专项整治。工商部门要严厉打击假冒伪劣、虚假违法广告和各种非法传销活动；质检部门要扎实推进“质检利剑”行动，严厉打击产品质量违法行为，集中公布一批质量违法典型案件；食品药品监管部门要严厉打击制售假冒伪劣、有毒有害食品药品行为，严惩重处食品药品违法犯罪。建立健全诚信“红黑名单”制度，定期发布诚信“红黑名单”。把恪守诚信者列入“红名单”，把失信违法者列入“黑名单”。进一步丰富诚信“红黑名单”信息的发布载体，推动相关主管部门在本领域建立诚信“红黑名单”，扩大诚信“红黑名单”的社会影响力。

总之，正如习近平总书记指出的，人而无信，不知其可；企业无信，则难求发展；社会无信，则人人自危；政府无信，则权威不立。加快社会信用体系建设是全面落实科学发展观、构建社会主义和谐社会的重要基础，是完善社会主义市场经济体制、加强和创新社会治理的重要手段，对增强社会成员诚信意识，营造优良信用环境，提升国家整体竞争力，促进社会发展与文明进步具有重要意义。

九 志愿服务建设

志愿服务是社会文明程度的重要标志，是加强思想道德建设、培育和践行社会主义核心价值观的重要载体。2017 年 2 月 28 日，中宣部、中央文明办在北京召开全国学雷锋志愿服务工作座谈会，深入学习贯彻习近平总书记系列重要讲话精神特别是关于加强志愿服务工作的重要指示精神，公布学雷锋志愿服务“四个 100”先进典型，总结工作、交流经验、部署任务，推动学雷锋志愿服务工作深入开展。中央文明办专职副主任夏伟东同志出席会议并讲话。各地文明办围绕贯彻会议精神，认真总结近年来学雷锋志愿服务工作的经验成果、研究落实举措，着力推动学雷锋志愿服务制度化常态化。

以下是江苏张家港、河北、河南、海南等省市的经验做法。

江苏省张家港市坚持“四个注重”引导学雷锋志愿服务制度化。近年来，张家港市围绕推进志愿服务制度化目标要求，注重顶层设计、增强文化认同、立足基层社区、坚持项目带动，不断推动学雷锋志愿服务创新发展。

（1）注重抓好顶层设计。一是完善政策保障机制。制定《深入推进志愿服务工作实施意见》，成立市志愿服务指导中心，落实办公场所，把志愿服务工作经费列入年度财政预算，确保工作顺利开展。二是完善日常工作机制。完善志愿者注册招募、活动发布、时间记录等机制，建立工作考核制度，把志愿服务纳入文明单位、文明村镇、文明社区考核并赋予较高权重，同时把参加志愿服务作为入党“必修课”。三是完善嘉许回馈机制。出台《志愿者礼遇办法》，根据志愿者服务时长，授予相应星级称号，同时对志愿者进行精神嘉奖和适度物质回馈。学生星级志愿者在升学时会获得相应加分，新市民参加志愿服务作为其入户、入学、就医的重要依据。

（2）注重抓好文化认同。一是创作产品影响人。创作志愿者歌曲《义路有你》，确定宣传口号“志愿服务，生活新态度”，组织拍摄《爱在三月》《志愿之光耀港城》《百年温暖》等微电影和电视短片。二是立体宣传鼓舞人。在新闻媒体开设志愿服务专题专栏，在户外大屏、公交车身、围墙护栏、灯杆道旗等刊播志愿服务公益宣传片。征集设计志愿者标识，制作志愿者旗帜、服装、帽子等，让志愿者成为流动的宣传员。三是精彩活动凝聚人。每年举办志愿者才艺大赛和志愿者运动会，每季度组织开展志愿者拓展训练，进一步团结凝聚志愿者。

（3）注重抓好基层社区。一是着力推进志愿阵地全域化。市级层面，落实市志愿者协会办公用房；镇级层面，镇镇建立志愿服务中心并配专职工作人员；行业层面，建成近20个与群众生活密切相关的行业志愿服务阵地；村（社区）层面，建设标准化志愿服务站。同时，在商业大街、公共场所、窗口单位、文体场馆等人流量密集地建成志愿服务基地55个，年提供志愿服务岗位超5万个。二是着力构筑网上阵地。建成市志愿者协会门户网站，日均发布实施活动33个。开发志愿者手机客户端和微博微信公众号，形成友爱港城网、志愿者QQ群、微博微信公众号、手机客户端平台四位一体的网络工作新格局。三是着力培育志愿服务组织。制定出台《关于扶持志愿服务团队发展的工作意见》，从政策、资金、项目、奖励、培训等方面给予大力扶持，重点打造一批行业性志愿者组织。

（4）注重抓好资源整合。一是凝聚社会力量“分好工”。打破志愿服务纯政府推动或纯民间自发的界限，形成了文明办下单——发布项目、企业买单——资助项目、志愿者组织接单——实施项目的“三单”模式，有效调动社会力量，集聚爱心资源。二是狠抓关键环节“把好度”。建设志愿服务项目数据库，定期发布志愿服务项目；严格资金使用管理，采用“541”拨付方式（开始先拨付50%、中期拨付40%、结束经评估合规再拨付10%款项），企业捐赠可依法免税；加强项目绩效评估，从项目完成情况、组织管理、财务状况、服务对象满意率和社会效益等方面开展评估，并进行星级认证。三是遵循自身规律“升好级”。推广“有钱出钱、有力出力”的志愿服务新模式，吸引更多企业资助志愿服务项目，提高志愿服务社会化程度。

河北省文明办三措并举深化学雷锋志愿服务。着力在供需有效对接、完善机制保障、注重群众参与上下功夫，推动全省学雷锋志愿服务深入发展。

（1）搭建平台推进志愿服务信息化管理。组织中央驻冀媒体和省级媒体成立“志愿服务全媒体联盟”，每月初利用广播、电视、报刊和新媒体，常态化发布志愿服务项目，包括项目（活动）名称、开展时间地点、内容简介及联络方式，引导社会爱心力量对接受救助群体，实现志愿服务供需快速匹配、精准对接。同时，加强“燕赵志愿云”系统推广应用，发布志愿服务项目13820项。

（2）完善机制保障志愿服务常态化开展。出台《志愿服务条例》《关于支持和发展志愿服务组织的实施意见》《各级志愿服务指导委员会工作条例》《志愿服务激励办法》等，在河北志愿服务学院成立“全国志愿服务培训基地”，为志愿服务提供制度、资金、培训保障。组建上千支“李保国扶贫志愿服务队”，设立李保国志愿服务基金，组织“邻里守望”“爱传四季”“心手相牵”等系列活动，针对群众实际情况开展扶老、救孤、济贫、助残等个性化帮扶。

（3）扩大宣传引导志愿服务社会化参与。开展“寻找身边的雷锋”活动，动员群众通过随手拍等形式发现“身边雷锋”。在大中小学校开展“我心目中的雷锋”征文活动，在中老年人中开展“我谈记忆中的雷锋”活动，宣传弘扬雷锋精神。在各行各业开展“岗位学雷锋活动”，选树一批“好警察”“好教师”“好护士”“好员工”等行业好人。组织省内各级媒体宣传礼敬学雷锋先进人物，开展万朵鲜花送雷锋活动，激励群众“学雷锋、做好人、当志愿者”。

河南省文明办建好用好志愿者培训基地。协调和会同组织、民政、教育、团委等部门，选取郑州大学、河南大学、河南师范大学、中共省委党校、省团校作为首批志愿者培训基地，组织培训志愿者，提升志愿服务专业化水平。

（1）做好建设规划。制订《河南省志愿者培训基地创建规划方案》，对基地建设提出具体要求，明确培训目标、管理体制及组织架构、师资及培训体系建设、资金保障等内容。各基地依托相关院系和教研部，组建志愿者工作部、教学部和项目研究孵化中心等部门，具体负责培训组织实施、课程体系设计和研发、志愿理论研究等工作。

（2）搭建课程体系。各培训基地根据志愿服务的岗位要求，围绕知识、能力、素养三大培训目标，着力搭建“基础课程 + 专项课程 + 特色课程”的模块化课程体系，基础课程体系包括志愿者基本理论和志愿服务基本实践；专项培训课程体系包括大型活动服务、弱势群体服务、应急救援服务和扶贫开发服务等；特色课程则主要结合河南实际及学校专业优势，针对特定培训目标，探索创立特有课程。

（3）创新培训模式。一是划区域承担培训。考虑交通因素，5个基地分别负责周边地区志愿者培训工作。二是基地内培训与基地外培训相结合。基地内培训即由基地组织封闭式集中培训，主要培训志愿服务组织骨干志愿者，重点培训志愿者领袖素质构成、团队建设方法与技巧、项目策划和评估、资金募集方法等内容。基地外培训即基地提供师资，各地市文明办协调场地、组织人员，主要培训普通志愿者，重点培训志愿服务活动开展流程、沟通与交往能力、素质提升和心理调适等内容。

海南省文明办提出八项举措推进学雷锋志愿服务。围绕落实全国学雷锋志愿服务工作座谈会精神，细化明确八项举措，推进学雷锋志愿服务深入开展。

（1）大力宣传先进典型。组织海南日报、南国都市报、海南广播电视总台、海南文明网、中国文明网海南联盟网站、“文明海南”微信公众号等，广泛宣传全省学雷锋志愿服务先进典型。2017 年 3 月，集中宣传报道入选全国学雷锋志愿服务“四个 100”的先进典型。运用各级各类媒体及社会媒介，常态化刊播刊载学雷锋志愿服务公益广告，营造氛围，引导参与。

（2）加强志愿服务组织管理。落实中央《关于支持和发展志愿服务组织的意见》，完善志愿者招募、注册、培训、激励、保障等制度。推动各市（县）结合实际成立志愿服务联合会，统筹指导本地志愿服务工作。建立备案与挂靠相结合的登记管理制度，将志愿服务组织特别是草根组织纳入依法管理范畴。

（3）组织开展主题活动。以“邻里守望”为主题，通过“结对子”“送文化”等活动引导志愿服务进社区、进村镇、进家庭，推动社会资源与群众需求有效对接。以党团员志愿服务为示范，推动党员到社区报到，认领项目和岗位，积极参与志愿服务活动；组织团员全员注册志愿者，更好发挥在青年中的示范作用。以精准扶贫为重点，采取结对定期服务方式，开展教育扶贫、科学技术扶贫、文化扶贫、卫生医疗扶贫、就业创业扶贫等志愿服务，提升精准扶贫志愿服务实效性。

（4）着力培育志愿服务品牌。围绕海洋生态保护、旅游服务、博鳌亚洲论坛年会等主题，全力打造精品志愿服务队伍，建立优质志愿服务项目，大力提升志愿服务整体水平，培育富有海南特色的志愿服务品牌，让志愿服务成为海南国际旅游岛的一张“名片”。

（5）建设完善志愿服务阵地。充分利用现有资源，在社区、车站、码头、机场、景区景点、敬老院、孤儿院、幼儿园、中小学校等重点场所，完成全省 30 个规范化志愿服务站建设。改造升级“志愿海南”网站，完善功能设置，推动智能移动终端建设，规范登记注册、需求采集、项目发布、供需对接、服务记录；实现项目发布、实施过程、人员参与、服务情况全程信息化，志愿者、服务项目、服务对象无缝对接。

（6）提升志愿服务专业化水平。着力发展专业志愿服务队伍，推动企业、机关、学校、医院、文化单位等提供专业化志愿服务。加大对志愿者培训力度，开展文化体育、医疗保健、法律援助、交通安全、社会救助、应急救援、环境保护等方面的专业技能培训，提升志愿者专业服务水平。探索项目运作和众筹发展模式，借力公益众筹动员社会资源和力量，推动志愿服务提档升级。

（7）健全完善激励保障机制。探索和推广为志愿者建立保险制度，保障志愿者在志愿服务过程中的人身财产权益。开展星级评选表彰工作，树立志愿服务优秀典型。开展青年信用体系建设，为青年志愿者提供“正面清单”，促进成长成才。充分发挥“海南省志愿服务发展基金会”作用，广泛募集志愿服务基金，争取福利彩票公益资金支持，让更多企业和个人参与支持志愿服务事业。

（8）纳入精神文明创建测评体系。将学雷锋志愿服务与省级文明城市、文明村镇、文明单位、文明家庭、文明校园等群众性精神文明创建活动紧密结合，修改完善测评体系，将注册志愿者人数、站点建设、志愿服务活动及成效等要素纳入其中，加大考核权重。推动志愿服务融入市民公约、村规民约、学生守则、行业规范之中，用机制的力量推动志愿服务深入发展。

志愿服务是现代社会文明进步的重要标志，是培育和践行社会主义核心价值观的重要内容。近年来，志愿服务组织和志愿者开展了形式多样的志愿服务活动，对推进精神文明建设、推动社会治理创新、维护社会和谐稳定、增进民生福祉发挥了重要作用。为鼓励和规范志愿服务活动、发展志愿服务事业，2017 年 9 月，国务院出台《志愿服务条例》，并于2017 年12 月1 日起施行。作为我国第一部关于志愿服务的专门性法规，《志愿服务条例》全面规定了志愿服务的基本原则、管理体制、权益保障、促进措施。一是确立基本原则。规定开展志愿服务，应当遵循自愿、无偿、平等、诚信、合法的原则。二是明确管理体制。规定精神文明建设指导机构建立志愿服务工作协调机制，加强对志愿服务工作的统筹规划、协调指导、督促检查和经验推广；民政部门负责志愿服务行政管理工作；有关部门按照各自职责负责与志愿服务有关的工作；有关人民团体和群众团体在各自的工作范围内做好相应的志愿服务工作。三是强化权益保障。规定志愿服务组织招募志愿者应当说明与志愿服务有关的真实、准确、完整的信息，以及在志愿服务过程中可能发生的风险。安排志愿者参与志愿服务活动，应当与其年龄、知识、技能和身体状况相适应，并提供必要条件；需要专门知识、技能的，应当开展相关培训；如实记录志愿者的志愿服务情况等信息，无偿、如实为其出具志愿服务记录证明。志愿服务组织、志愿服务对象应当尊重志愿者的人格尊严；志愿服务组织、志愿者应当尊重志愿服务对象人格尊严，不得向志愿服务对象收取或者变相收取报酬。任何组织和个人不得强行指派志愿者、志愿服务组织提供服务。四是强化促进措施。规定政府应当根据经济社会发展情况，制定促进志愿服务事业发展的政策和措施，合理安排志愿服务所需资金。政府及其有关部门应当为志愿服务提供指导和帮助，可以依法通过购买服务等方式支持志愿服务运营管理，对有突出贡献者予以表彰、奖励，采取措施鼓励公共服务机构等对有良好志愿服务记录的志愿者给予优待。鼓励有关单位、组织为开展志愿服务提供场所和其他便利条件，在同等条件下优先招用有良好志愿服务记录的志愿者，将学生参与志愿服务活动纳入实践学分管理。该《志愿服务条例》的出台，标志着我国志愿服务事业站在新的起点上，进入了新的发展阶段。

十 文明出行建设

文明旅游特别是文明出境游，不仅体现着公民个人的文明素养和道德水平，也关系着中国形象和国家软实力。提升中国公民出境旅游文明素质是一项长期任务。2017年1月17日，中央文明办在北京召开提升中国公民出境旅游文明素质部际联席会议，深入贯彻落实习近平总书记关于文明旅游的重要批示精神，总结交流经验、研究部署任务，大力推动2017年文明旅游工作。中央文明办专职副主任夏伟东同志出席会议并讲话。外交部、国家旅游局、中国民用航空局、中国铁路总公司、人民日报、新华社、中央电视台有关负责同志作了发言，16个部际联席会议成员单位和14家中央主要新闻单位有关负责同志参加。相关单位总结了2016年的工作经验，规划了2017年的工作要点，强调加强宣传教育解决突出问题，不断提升出境游客文明素质。

外交部着眼于加强宣传教育和解决突出问题，常抓不懈做好相关工作。一是做好宣传引导。加强组织领导和工作规划，指导驻外使领馆和地方外办统筹利用各方面的资源，不断加大工作保障和投入力度，形成从中央到地方、从国内到国外、从官方到民间的全方位宣传渠道。利用官方网站、微博、微信公众号、海外安全提醒短信等平台，加大文明出境旅游宣传力度。二是做好应急处置。依法、稳妥处置涉中国游客案件，切实维护好中国游客安全与合法权益，同时在处置过程中引导中国游客自觉维护国家形象，降低有关事件对中国消极影响，指导游客遵守当地法律法规、依法理性维权。三是抓好重要时间节点、重点区域工作。利用节假日、黄金周等契机，提高宣传密度，形成文明旅游宣传热潮。把不文明行为多发的地区作为重点工作区域，采取有效手段着重引导。

国家旅游局深入开展“五个一”工作。一是打造“为中国加分”品牌。针对游客、学生、老年群体、网络大咖、社会知名人士等不同群体，开展“为中国加分”文明旅游“进社区、进农村、进校园、进企业、进广场”活动，选树“中国文明游客”“中国文明旅游公益大使”，征集“中国旅游好故事”影视作品，构建中国文明旅游形象标识体系。二是用好“旅游不文明行为记录”。开展“黑名单”升级行动，推动将“旅游不文明行为记录”纳入新修订的《旅行社条例》等法规。推动各地把文明旅游的道德要求贯彻到法治建设中，运用法治手段解决文明旅游的突出问题。三是建好文明旅游示范创建体系。继续开展征集“中国好游客”“中国好导游”典型故事，大力培养、选树和表彰旅游战线中涌现出来的先进典型、模范人物，开展文明旅游示范单位创建、文明旅游示范区创建。四是壮大中国旅游志愿者队伍。建立一批旅游志愿者服务站、一批旅游志愿者组织、一批志愿服务项目，发挥志愿者队伍对文明旅游的促进作用。五是开展旅游市场秩序专项整治行动。保持整治高压态势，综合价格、税务、审计、电子监控等手段，建立旅游购物长效管控机制，试点建立旅游购物退货监理中心，推行旅游消费侵权先行赔付制度。以安全有序文明的旅游市场秩序，让敬业者、诚信者得以褒扬，让游客文明开心出游得以延续。

中国民用航空局重点抓好这些工作。一是进一步做好航空安全和服务工作。坚持民航安全底线，深入开展安全隐患排查治理，巩固发展平稳的安全态势。继续倡行真情服务理念，提升航班正常率，提升民航服务质量，让广大旅客出行更加安心、放心、舒心。二是深入开展扰乱航空运输秩序行为集中治理。加强对春运运行的实时监控，及时受理旅客投诉，加大对失信旅客的处理和曝光力度。继续深化"六严"行动，进一步营造良好的航空运输秩序。三是持续加大宣传力度。发挥好民航行业媒体作用，发挥好各航空公司、机场的作用，坚持正面宣传和反面曝光相结合，加大宣传力度，积极营造文明出行的浓厚氛围。四是建立健全惩戒不文明行为的长效机制。深入落实《民航旅客不文明行为记录管理办法》，加大对不文明旅客的曝光力度，动员航空公司实施联合惩戒。修订《民航法》，细化处罚手段，提高处罚金额，为惩戒民航旅客不文明行为提供强有力的法律保障。

中国铁路总公司以站车宣传和优质服务引导旅客文明出行。铁路是传播社会主义精神文明的重要窗口，做好文明旅游工作，铁路部门责无旁贷。2017 年主要抓好两方面工作，把文明旅游工作做深、做细，取得更大成效。一是实现文明旅游工作常态化。把文明旅游工作作为铁路的一项长期性工作，进一步规范工作标准，细化工作流程，实现文明旅游工作常态化和长效化。加大铁路站车，尤其是口岸站和国际列车、进港直通车的文明旅游宣传力度，利用动车组列车视频和车站电子显示屏，加大文明乘车、文明旅游公益宣传片和提醒语播放力度。运用"中国铁路"微博微信公众号、移动客户端等铁路新媒体平台，继续推出文明旅游栏目，扩大受众面和参与度。将文明旅游工作纳入铁路宣传工作和客运服务的评比考核内容，进一步明确工作职责，建立工作机制，加强检查督导。在主要车站尤其是铁路口岸设立文明服务台、劳模示范岗，组织铁路职工广泛开展志愿者服务活动，为旅客提供优质服务，常态化介绍出境旅游知识、开展文明出行提示。二是强化示范引领工作。把铁路口岸站、国际旅客列车，高铁列车，进京、进沪、进穗列车，直辖市及省会车站作为文明旅游宣传的重点部位，把北京、上海、广州地区作为重点区域，及时总结推广上海铁路局"文明旅游列车"、兰州铁路局"丝路文化旅游列车"，北京站、上海南站、武昌站等文明旅游宣传示范站车的工作经验，广泛开展文明旅游服务，采取发放宣传卡、摆放文明旅游温馨提示牌、表演情景剧等方式，宣传旅游目的地的文明习惯、风土人情、社交礼仪，教育和引导旅客文明出游，以点带面，推动铁路文明旅游整体工作深入开展。

让文明交通成为城市流动风景。伴随着经济社会快速发展，我国人口向城市流动成为常态，汽车保有量也在持续增长。截至 2017 年 6 月底，全国机动车保有量达 3.04 亿辆，机动车驾驶人总数达 3.71 亿人。与此相比，人们的交通安全观念、交通文明意识尚显滞后，不规范的驾驶行为和交通陋习仍然常见，成为困扰城市交通秩序的顽疾。如何解决这个难题，创造有序、畅通、安全、绿色、文明的城市道路交通环境，需要着眼建设交通文明，标本兼治、综合施策。“凑够一撮人就走，管它红灯绿灯”，曾经有一段时间，这样的现象引起社会广泛关注和热议。为什么大家都知道“红灯停，绿灯行，黄灯亮了等一等”，但仍要违反交通规则，甚至还冒着安全风险呢？有人说，大家都这么做，反正也不差我一个；也有人说，我着急上班、着急赶火车赶飞机、着急送孩子上学……其实，这些理由都站不住脚，折射出的是人们规则意识淡薄、法治观念缺失以及“法不责众”的侥幸心理。这需要强化法治教育和管理。

建设文明交通，也有道路交通资源科学配置和精细化、人性化管理问题，光靠严管重罚，只能治标难以治本。因此，需要坚持专项治理与综合治理、源头治理、系统治理相结合，推进城市交通从末端管理向前端治理转变。比如，优化城市道路交通设计，推进交通信号设施规范化建设，整改路段开口、斑马线设置不科学等问题，提高路口通行效率。比如，构建精准高效的智慧交通体系，强化交通出行引导服务，推动解决城市早晚高峰及重要点段的交通拥堵问题。比如，加大公共交通优先发展力度，合理分配路权，保障行人和非机动车安全顺畅通行。通过这些人性化的细节和精致化的服务，努力营造“不用着急”的氛围，更能充分体现城市交通建设以人为本的发展理念。

建设交通文明，既要严执法、善管理，还要注重把市民的主动性调动起来、积极性激发出来，营造交通文明人人有责、共建共享的氛围。要顺民意，经常和老百姓进行互动，收集市民对文明交通的意见，及时采纳合理化建议。要聚民力，通过开展文明交通志愿引导、“交通违法随手拍”等行动，引导市民自觉遵守交通秩序。要培养自觉，引导市民从我做起、从现在做起，提升文明交通意识。

各地努力让“车等人、人快过”“礼让斑马线，文明我点赞”的和谐交通成为城市流动的风景。本文介绍山东省济南市和江苏省南京市的创新案例。济南打造城市路口文明。他们把创新治理模式、打造城市路口文明作为提高市民文明素质、提升城市文明形象的重要突破口，有效改善了城市交通秩序。具体做法如下。

（1）坚持以人为本，优化路口设计。实施“减、挪、扩、调”并举，实现从“以车为本”回归“以人为本”。“减”，即缩减右转车辆转弯半径，降车速、保安全，并对斑马线、非机动车道线性取直，保障行人、非机动车通行时间。“挪”，即挪清占用道路资源的设施，减少行人过马路的距离和时间。“扩”，即扩大行人、非机动车驻足区，实施导向车道扩容、逆向可变、潮汐车道，提高机动车通行效率。“调”，即调整优化信号配时，实施行人过街绿波放行信号控制，优化提升交通信号灯、标志标线、隔离设施，构建标准、规范、清晰、美观的“交通语言”体系。

（2）塑造柔性规则，涵育路口文化。以打造文明、礼让、诚信的路口文化为目标，在严格执法刚性管理的同时，注重发挥宣传引导、自我约束的作用。在市级媒体、“两微一端”开辟文明交通专栏，持续开展文明交通系列主题宣传，持续加强交通文化建设，强化市民交通法治观念和社会责任意识。精心组织“泉城好司机，文明济南人”、“小手拉大手，文明一起走”、“爱心斑马线”以及客运、公交、出租、代驾和公务员五大群体签约承诺礼让斑马线等主题活动，给守法、礼让出行的交通参与者献花、点赞、奖励。大力倡导传播现代文明交通理念，归纳宣传路口文化“三字经”，在路口地面喷涂3D“让”字标识，让文明意识深入人心。

（3）探索联动机制，拓展执法效应。创新实施“四个传递”，将交通违法的个体行为与单位集体荣誉关联挂钩。公务车违法一律传递所在单位、公交车出租车违法一律传递管理单位、文明单位车辆和职工违法一律传递文明办并与考核挂钩、快递和网约车违法一律传递行业协会和平台公司。同时，对妨碍公务或者暴力抗法的，一律由辖区派出所按有关法律法规严惩严处。目前，市区路口行人、非机动车和机动车不让行斑马线违法率分别下降28.6%、36.7%、79.3%，形成“车让人让出文明、人让车让出秩序、车让车让出安全、人让人让出和谐”的交通文明氛围。

（4）科技助力文明，提升管控效能。引入全省首辆潮汐交通“拉链车”，缓解交通压力，提高路口通行能力。在市区建设集3类自动抓拍和2种提醒警示设备于一体的智能管控网络，安装50处机动车不礼让斑马线违法自动抓拍系统，设置32处具有人脸识别功能的行人和非机动车闯红灯自动抓拍系统，对行人和非机动车当事人违法行为进行事件记录，通过交警“三微一端”、省市新闻媒体、沿街电子显示屏和重点路口曝光设备四种渠道实名曝光，并纳入社区管理和教育。

（5）整合社会资源，强化共建共治。政府按照“3+3”路口秩序综治架构（即民警、辅警、协管员和志愿者、新学驾驶人、保安），充实路口管理力量，织密管控网络。招募近千名文明交通志愿者，全市1000余家文明单位认领认管128处志愿服务路口。开展交通违法“随手拍”活动，出台交通违法行为举报奖励办法，提高全市创建文明交通的认知度、认同感和践行率。

南京市的做法是系统推进交通秩序整治。他们以实施交通秩序治理三年行动计划为抓手，坚持制度设计与市民教育两手抓，专项整治与志愿服务相结合，不断提升文明交通水平。2016年12月至2017年6月为集中攻坚阶段。对重点、难点问题进行集中攻坚，完善电动自行车生产、销售、上牌、上路等环节管理办法，破解电动自行车管理难题；集中精力重点攻坚整治酒驾、毒驾，以及群众反映强烈的渣土车违法等老大难问题。

（1）重视制度设计。2016年8月，市委办公厅、市政府办公厅印发了《南京市交通秩序治理三年行动计划（2016—2018年）》，成立由分管市长为组长的交通秩序整治领导小组，明确文明办、公安、交通运输、城管等部门职责分工，形成齐抓共管、整体联动的管理合力，严查严处行人闯红灯、不走人行横道，非机动车闯红灯、走快车道、带人等交通违法行为，实行首违必罚、上限处罚。全面查处机动车闯红灯、加塞变道、不礼让斑马线等严重影响交通形象的违法行为；逐步推行行车记录仪取证交通违法行为的“一键拍”工作试点，在部分市民中先行试拍，在救护车、公交车上先装先用。组织开展机动车违停“净街行动”，组织开展机动车违鸣“静音行动”。将交通违法行为纳入个人信用体系，与违法主体求学、找工作、评职称等事项挂钩。

（2）强化宣传教育。拍摄文明交通公益广告视频，在商业街区电子大屏、全市1000多辆公交车移动电视和200多个公交站台电子屏上滚动刊播。结合南京市民文明规范“八个不”宣传征集，开展“文明出行红黑晒”“彬彬有礼上下班”等宣传教育活动，推动文明出行入脑入心。向全城派发3万张禁鸣公益车贴，倡导“静爱南京”主题公益禁鸣行动，持续降低交通噪声，改善城市声环境质量。深入实施“礼让斑马线”活动，全市公交车礼让率平均达到96%。

（3）开展专项整治。推出“交通违法曝光全面记分”的地方交规，增强非现场执法威慑力，加大交通违法成本。聚焦重点路段和路口，围绕市民反映强烈的改装车、变道加塞、行人乱穿马路、翻越隔离栏等问题，组织警力开展不间断巡逻，严肃查处违章行为。每天利用早、晚高峰时间，组织开展机动车违停整治，并加大非现场处罚力度。启动“一键拍”全民纠违行动，市民可通过手机拍下机动车实线变道加塞、逆行，渣土车抛撒滴漏等交通违法行为，上传至“南京交警”微博微信公众号，民警将依法处理审核属实的交通违法行为。开通12345、96155、96196等多条热线，鼓励市民对公交车的礼让行为进行监督评价。建立礼让斑马线活动奖励基金，对媒体报道或市民通过服务热线表扬的礼让出租车，给予相应奖励。研究出台关于引导和规范互联网租赁自行车发展的意见，划定共享单车禁停区。

（4）组织志愿力量。成立南京交通志愿服务总队，在全市250个重要路口、48个主要公交站台设立公共交通志愿岗，每天安排1566名平安志愿者上岗执勤。组织志愿者团队对城区42个主要交通路口、全市出租车行业、主要地铁站点等定期开展专项督导，初步形成覆盖全市主要干道、交通枢纽、公交车站、地铁车站、铁路码头的志愿巡查网络。连续7年组织开展温暖春运、爱心送考、关爱“小候鸟”等系列“温暖交通”主题志愿服务活动，加强中央路等道路的公共文明引导，推动党员模范车队等志愿服务项目常态化运行。

2017年11月，习近平总书记就旅游系统推进“厕所革命”工作取得的成效作出重要指示。他强调，两年多来，旅游系统坚持不懈推进“厕所革命”，体现了真抓实干、努力解决实际问题的工作态度和作风。旅游业是新兴产业，方兴未艾，要像抓“厕所革命”一样，不断加强各类软硬件建设，推动旅游业大发展。

十一 网络文明建设

“互联网+”时代的到来，对精神文明建设提出了新的挑战，也带来了新的机遇。精神文明建设必须主动适应这个大趋势大潮流，坚持“正能量是总要求、管得住是硬道理”，把网络作为重要工作阵地和传播渠道，积极倡导网络道德和网络文明，在网上唱响弘扬社会主义核心价值观的主旋律。

2017 年 1 月上旬，中共中央办公厅、国务院办公厅印发了《关于促进移动互联网健康有序发展的意见》，认为随着信息网络技术迅猛发展和移动智能终端广泛普及，移动互联网以其泛在、连接、智能、普惠等突出优势，有力推动了互联网和实体经济深度融合，已经成为创新发展新领域、公共服务新平台、信息分享新渠道。为深入贯彻落实习近平总书记网络强国战略思想，促进我国移动互联网健康有序发展，该文件提出了 24 条意见。其中关于促进移动互联网健康有序发展部分，该文件提出了以下重要意义和总体要求。

（1）重要性和紧迫性。党的十八大以来，以习近平同志为核心的党中央高度重视网络安全和信息化工作，成立中央网络安全和信息化领导小组，作出一系列重大决策部署，有力推动了网信事业特别是移动互联网健康发展，对方便人民群众生产生活、促进经济社会发展、维护国家安全发挥了重要作用。当前，随着互联网技术、平台、应用、商业模式与移动通信技术紧密结合，移动互联网新技术快速演进、新应用层出不穷、新业态蓬勃发展，工具属性、媒体属性、社交属性日益凸显，生态系统初步形成、加速拓展，越来越成为人们学习、工作、生活的新空间。与此同时，移动互联网安全威胁和风险日渐突出，并向经济、政治、文化、社会、生态等领域传导渗透。面对新形势新挑战，移动互联网发展管理工作还存在一些短板：体制机制有待完善，法治建设仍显滞后，政策扶持力度不够，自主创新能力不足，核心技术亟须突破，管理基础相对薄弱，企业主体责任落实不到位，安全策略不完备等。这些问题已经制约移动互联网健康有序发展，必须高度重视、抓紧解决。

（2）指导思想。全面贯彻党的十八大和十八届三中、四中、五中、六中全会精神，以邓小平理论、“三个代表”重要思想、科学发展观为指导，深入贯彻习近平总书记系列重要讲话精神和治国理政新理念新思想新战略，紧紧围绕统筹推进“五位一体”总体布局和协调推进“四个全面”战略布局，积极践行新发展理念，坚持以人民为中心的发展思想，坚持鼓励支持和规范发展并行、政策引导和依法管理并举、经济效益和社会效益并重，凝聚共识、防范风险、争取人心、保障安全、促进发展，鼓励和支持技术创新，激发和保护企业活力，不断增强发展内生动力，全方位推进移动互联网健康有序发展，更好地服务党和国家事业发展大局，让移动互联网发展成果更好地造福人民。

（3）基本原则。坚持发展为民，充分发挥移动互联网优势，缩小数字鸿沟，激发经济活力，为人民群众提供用得上、用得起、用得好的移动互联网信息服务；坚持改革引领，完善市场准入，规范竞争秩序，优化发展环境，全面释放创新活力和市场能量；坚持创新为要，强化目标导向、问题导向、效果导向，发挥管理主体、运营主体、使用主体作用，全方位推进理念、机制、手段等创新；坚持内容为本，创新内容生产，拓展分享渠道，净化交互生态；坚持分类指导，对移动互联网信息服务实行分类管理；坚持安全可控，全面排查、科学评估、有效防范和化解移动互联网迅猛发展带来的风险隐患，切实保障网络数据、技术、应用等安全。

2017 年，网友们在微博等社交网络平台，通过直播、随手拍、微点评等方式，积极发声、点赞、转发、分享，参与各种形式的网络文明传播活动。从过好“我们的节日”到树立社会主义时代新风，身边真善美在一图一景中接力，网络正能量在只言片语中集结。这一年，地方网络文明传播活动上了网友的“热搜”，成为网络精神文明建设的特色载体。中国文明网收集了十大特色活动。

（1）青岛文明网“小细节大文明”传播活动：2017 年 7 月，青岛文明网发起“小细节大文明”网络文明传播活动。活动从贴近市民生活的细节小事着眼，每天在微博、微信公众号平台发布“小细节大文明”图文消息。截至 2017 年 12 月底，发布消息近 150 期，传播近千条文明礼仪。同时，青岛市 3000 余家文明单位也结合自身行业特点，发布分享各方面文明礼仪。活动微博话题阅读量达 301. 3 万人次。

（2）沈阳文明网“国旗飘扬在我心中”传播活动：为庆祝中华人民共和国成立 68 周年，沈阳文明网于 2017 年 9 月底开展“国旗飘扬在我心中”网络文明传播活动，邀请中小学生参与微话题讨论。活动开展不到一个月，话题阅读量就达 250. 2 万余人次。

（3）芜湖文明网“寻找身边的正能量”传播活动：“寻找身边的正能量”网络文明传播活动通过芜湖文明网官微首先发布，芜湖文明网“芜湖日报社”“弋江检察”“芜湖团长”等当地微博“大 V”转发支持。与此同时，芜湖文明网积极联系当地纸媒《大江晚报》在头版头条刊发稿件，为活动造势。活动吸引了网友的积极关注和参与，微话题阅读量超过 100 万人次。

（4）成都文明网“端午就要与‘粽’不同”传播活动：2017 年端午节前夕，成都文明网开展“端午，就要与‘粽’不同”网络文明传播活动。网友通过小游戏、微视频、微声音、图片征集、微话题等多种形式参与活动。活动通过成都全搜索新闻网、成都文明网及官方微博、微信公众号、《成都晚报》进行发布、展示、推广。此外，成都文明网邀请 22 个区市县文明办参与活动，活动话题吸引了近 68. 6 万人次关注。

（5）惠州文明网“党员微故事”传播活动：2017 年 6 月，惠州文明网联合今日惠州网开展了“党员微故事”网络文明传播活动。活动通过惠州文明网微博、微信公众号、网站以及本地“大 V”发出活动启示。同时，惠州文明网开展“知党史感党恩 同心共筑中国梦”微访谈，邀请党史专家、老党员和身边好人解读党章。活动开展一个月，微话题阅读量已达 38 万人次。

（6）莆田文明网“请听妈妈的话”传播活动：活动于 2017 年母亲节期间开展，莆田文明网通过“两微一端”矩阵进行推广，莆田文明网、福建东南网、《湄洲日报》等多平台联合报道、转载。同时，莆田文明网邀请全市网络文明传播志愿者参与活动，在微博、微信公众号等平台发布视频、图片、真情感言等内容。活动开展两周，微博话题阅读量达 37.8 万人次，讨论量达 2600 多条，发布主题博文 30 余篇。

（7）鄂尔多斯文明网“我用指尖传文明”传播活动：2017 年 6 月，鄂尔多斯市文明办发布《鄂尔多斯市文明上网倡议书》，同时邀请网友参与微话题讨论、博文征集、微视频拍摄等活动，以实际行动传递“指尖文明”。活动微博话题阅读量达 36.5 万人次。同时，鄂尔多斯市文明办在全市开展文明上网进机关、进学校、进社区、进企业、进网吧活动，通过多种形式，在干部职工、学校师生、社区居民中再度掀起依法上网、文明上网、理性上网的热潮。

（8）开封文明网“重阳佳节话孝道”传播活动：开封文明网于 2017 年重阳节前夕开展“重阳佳节话孝道”活动。开封文明网在显要位置展示活动情况，并利用“文明开封”官方微博、微信公众号与网友互动，维持话题热度。同时与《开封日报》《汴梁晚报》和本地“大 V”博主合作，扩大活动影响力。活动吸引了 36.5 万人次参与，网友纷纷抒发感恩之情与孝敬之心。

（9）东营文明网“咱家这五年”传播活动：2017 年 11 月，东营市文明办联合黄三角早报社发起“咱家这五年”网络文明传播活动。东营文明网积极邀请东营网络文明传播志愿者、本地网络“大 V”及“文明山东”等官方微博参与话题讨论，同时联合广播、电视台、报纸等传统媒体对活动进行宣传。“文明东营”微信公众号不定期编发网友精彩留言。活动开展三周时间，27.6 万名网友参与互动，东营网友的朋友圈也掀起一股晒五年幸福变化的热潮。

（10）厦门文明网“移风易俗大家赞”传播活动：2017 年 12 月，厦门文明网开展“移风易俗大家赞”网络文明传播活动。厦门文明网微信公众号、PC 端等平台共同宣传推广，本地主流媒体《海西晨报》对活动进行综合报道。同时，厦门文明网发动党员干部带头参与移风易俗活动，通过多种形式推进乡村移风易俗。活动开展仅三周，便吸引了 27.3 万名网友关注，超过 2500 余名网友参与讨论。

近年来，各地一直在努力推进网络文明建设，让人们在网络活动中获得正能量。特别是一些基层单位的举措，有利于让人们的文明行为有落脚之地。重庆市南岸区文明办利用新媒体平台，把“有意义”通过“有意思”的方式传递；把“党国事”通过“身边事”的渠道链接；把“要我做”通过“我要做”的路径实现；让“掌握文明”成为市民生活的新风尚，文明城市的新气质。他们的做法如下。

（1）从群众关切入手，“掌握”共建共享关键点。委托重庆华龙网开发“智慧南岸 App”，使之成为集服务信息发布、志愿者招募、活动参与手机签到、活动积分兑换、解答文明创建工作疑惑等功能于一体的新媒体平台，已成为 18 万南岸人的常用应用。开展“十大网上民生热点问题网络四问”曝光活动，市民可通过手机、网络曝光发布跟文明城市创建有关的热点问题。开通半年多，就收集市民各类曝光 254 条次，投诉意见处置率达 92%。建立南岸区群众综合信息平台，同时开通微信公众号，集中受理群众咨询和投诉。

（2）网上网下联动，“掌握”创建宣传核心点。开展文明礼让、诚信经营、爱护环境、邻里互助等线上线下活动，增强群众对文明创建工作的知晓度、参与度、认可度，网友累计关注达 500 万人次，群众对创建工作的满意度从 2013 年的 51% 提高到 2017 年的 82%。开设“我为文明南岸做点啥”“文明创建好处多”“文明南岸啥模样”等十个微博话题，网友积极留言点赞，累计话题阅读量达 900 万人次。

（3）全媒体融合，“掌握”网络宣传主阵地。南岸文明网坚持开展主题宣传，致力于打造栏目品牌，不断加强话题自主策划能力，对文明创建类的新闻报道进行深加工，精编组稿、制作专题页面。建立不同功能的微信群，用于安排重点工作、宣传典型经验、交流重要会议精神。启动新媒体平台，形成区级全媒体集群，通过知名微信公众号、企业网站微博、个人自媒体共同推广文明创建的主要内容。

在“移风易俗大家赞”网络文明传播活动中，厦门市同安区委文明办、区纪委联合报纸媒体开辟的“银城文明引力波”“移风易俗同安担当”专栏，为网络文明传播提供了大量生动、鲜活的原创素材，展现了同安区移风易俗工作的典型事迹、人物、做法、经验等，输出了满满的正能量。据同安区委文明办介绍，2017 年 3 月以来，同安区立足区情实际，扎实深入推进移风易俗工作，将其作为全面从严治党向基层延伸、落实中央八项规定精神和为民办实事的一项重要工作。2017 年 9 月 21 日，全省纪检监察机关推动移风易俗工作座谈会召开后，同安区推动移风易俗主动作为，创新方式方法，提升社会治理水平，达到“恤民情、顺民意、得民心”的目标。开展移风易俗工作以来，群众减支成效明显。各镇（街、场）和村（居）通过落实婚事新办、丧事简办、其他喜庆事民俗日不办等措施，减轻了群众隐性负担，实现了节支增收。群众减支的同时，社会风气得到净化，移风易俗亮点不断呈现。村（居）推行红白喜事简办，化民俗日为文体活动日、传统文化传承日，摒弃了陈规陋习，弘扬了文明新风。比如，西柯镇浦头村和五显镇北辰山将民俗日改为文化节，用文艺演出代替宴请；祥平街道阳翟社区改民俗日为“爱心日”，引导居民献爱心助困助学；区人大代表颜仁仁的孙女满月，改“满月宴”为“敬老节”，向全村 70 岁以上老人赠送油米活动，深受群众好评。据不完全统计，仅半年多时间，同安区推进移风易俗为群众节省开支 1.8 亿多元。其中，废除民俗日宴请的村（居）节约开支 1.1 亿多元，白事取消宴请节约开支 4500 多万元，其他喜事简办节约开支 2500 多万元。

2017 年 6 月 1 日，我国首部网络安全基本法《中华人民共和国网络安全法》正式实施，把网络安全工作以法律形式提高到了国家安全战略的高度，并将信息安全等级保护制度上升为法律，成为维护国家网络空间主权、安全和发展利益的重要举措，标志着我国网络空间领域的发展和现代化治理迈出了坚实的一步。2015 年至 2017 年底，有关单位共取消违法违规网站许可或备案、关停违法网站 13000 多家，有关网站按照用户服务协议关闭违法违规账号近 1000 万个。根据调查，超过 90% 的受访者对治理成效给予肯定，其中有 63.5% 的人认为近年来网络上危害国家安全、宣扬恐怖暴力、淫秽色情等违法违规信息明显减少。

《网络安全法》有三个基本原则，一是网络空间主权原则，二是网络安全与信息化发展并重原则，三是共同治理原则。网络空间安全仅仅依靠政府是无法实现的，需要政府、企业、社会组织、技术社群和公民等网络利益相关者的共同参与。《网络安全法》坚持共同治理原则，要求采取措施鼓励全社会共同参与，政府部门、网络建设者、网络运营者、网络服务提供者、网络行业相关组织、高等院校、职业学校、社会公众等都应根据各自的角色参与网络安全治理工作。

十二　常态长效建设

2017 年 8 月，中共中央总书记、国家主席、中央军委主席习近平对河北塞罕坝林场建设者感人事迹作出重要指示指出，55 年来，河北塞罕坝林场的建设者们听从党的召唤，在“黄沙遮天日，飞鸟无栖树”的荒漠沙地上艰苦奋斗、甘于奉献，创造了荒原变林海的人间奇迹，用实际行动诠释了绿水青山就是金山银山的理念，铸就了牢记使命、艰苦创业、绿色发展的塞罕坝精神。他们的事迹感人至深，是推进生态文明建设的一个生动范例。

实际上，社会主义精神文明建设就是一种社会生态建设，需要长久的努力和长效的发展制度。文化是民族的血脉，是人民的精神家园。文化自信是更基本、更深层、更持久的力量。中华文化独一无二的理念、智慧、气度、神韵，增添了中国人民和中华民族内心深处的自信和自豪。中华文化源远流长、灿烂辉煌。在 5000 多年文明发展中孕育的中华优秀传统文化，积淀着中华民族最深沉的精神追求，代表着中华民族独特的精神标识，是中华民族生生不息、发展壮大的丰厚滋养，是中国特色社会主义植根的文化沃土，是当代中国发展的突出优势，对延续和发展中华文明、促进人类文明进步，发挥着重要作用。党的十八大以来，习近平总书记高度重视传承和弘扬中华优秀传统文化，鲜明提出创造性转化、创新性发展的方针，指出“要加强对中华优秀传统文化的挖掘和阐发，使中华民族最基本的文化基因与当代文化相适应、与现代社会相协调”，“让收藏在禁宫里的文物、陈列在广阔大地上的遗产、书写在古籍里的文字都活起来”。

2017年春节前夕，中共中央办公厅、国务院办公厅出台了《关于实施中华优秀传统文化传承发展工程的意见》（以下简称《意见》）。这个文件既是顶层设计，又是传承发展的任务书。在该《意见》制定和实施的几年过程中，各部门已着手推进了一些重点项目，产生了很好反响，促使广大文化工作者坚定文化自信，坚守中华民族发展的根与魂，坚持创造性转化、创新性发展，在扬弃继承、转化创新中激发优秀传统文化生命活力，积极构建中华优秀传统文化传承发展体系。该《意见》强调，实施中华优秀传统文化传承发展工程的总体目标是：到2025年，中华优秀传统文化传承发展体系基本形成，研究阐发、教育普及、保护传承、创新发展、传播交流等方面协同推进并取得重要成果，具有中国特色、中国风格、中国气派的文化产品更加丰富，文化自觉和文化自信显著增强，国家文化软实力的根基更为坚实，中华文化的国际影响力明显提升。这是我国第一次以中央文件形式专题阐述中华优秀传统文化传承发展工作。可以说，这是建设社会主义文化强国的重大战略任务，对于延续中华文脉、全面提升人民群众文化素养、维护国家文化安全、增强国家文化软实力、推进国家治理体系和治理能力现代化，具有重要意义。

中华优秀传统文化积淀着中华民族最深沉的精神追求，代表着中华民族独特的精神标识，是中华民族生生不息、发展壮大的丰厚滋养，是中国特色社会主义植根的文化沃土，是当代中国发展的突出优势。近年来，社会各界对传统文化的热情大大增强，基层和民间的参与面很广，参与主体很多，形式载体多样，总的势头很好。但是，在如何看待优秀传统文化的地位作用、如何阐释其核心内容以及如何传承弘扬等问题上存在一些思想认识上的不统一，优秀传统文化保护的基础性工作仍然薄弱，在生产生活中转化运用仍存在不足，有的还存在重形式轻内容、简单复古的现象。随着我国对外开放日益扩大，西方各种社会文化思潮大量涌入，一定程度上出现了以洋为美、以洋为尊，甚至贬低、漠视优秀传统文化的现象。这都迫切需要加强党对文化工作的领导，加强顶层设计，推动中华优秀传统文化传承发展走上积极健康、规范有序的轨道。

在精神文明建设中，中央和地方各有关部门积极作为，将中华文化传承与重大节庆相结合，抓住春节、元宵节、清明节、端午节等契机，举办一系列文化活动，以人伦情义熔铸新节俗，获百姓称赞。江苏省坚持“旅游+文化”融合发展战略，建设城市休闲街区、博物馆、古典园林、古街水乡等历史遗存的文化旅游区。贵州省举办能工巧匠选拔大赛、民族民间工艺品设计大赛等活动，利用文化产业助推脱贫攻坚。西藏自治区大力发展藏医药产业和民族手工艺，推动藏医药产业规模化、精准化发展。江西省发挥南昌、井冈山、瑞金、萍乡等地的革命文化资源，策划主题突出、导向鲜明、内容丰富的革命文物陈列，扩大博物馆的社会影响力。安徽省探索传统艺术与现代技术有机融合的新渠道，打造融合现场、电视、手机、网络“四位一体”的全新戏曲传播模式。山东省举办尼山世界文明论坛和世界儒学大会，在国外举办

“孔子文化周”“孔子文化展”等系列活动，不断提升中华文化国际影响力。

精神文明建设的常态长效要求，意味着各项工作必须落在实处，让人民群众有获得感和幸福感。2017 年 2 月，中共中央办公厅、国务院办公厅印发了《关于加强乡镇政府服务能力建设的意见》（以下简称《意见》），并发出通知，要求各地区各部门结合实际认真贯彻落实。该《意见》强调坚持以人为本，回应民生诉求。坚持以人民为中心的发展思想，将实现好、维护好、发展好最广大人民群众根本利益作为一切工作的出发点和落脚点，以人民群众需要为导向，为人民群众提供精准有效服务，让人民群众共享改革发展成果。强调加强乡镇政府公共服务职能。加快乡镇政府职能转变步伐，着力强化公共服务职能。乡镇政府主要提供以下基本公共服务：巩固提高义务教育质量和水平，改善乡村教学环境，保障校园和师生安全，做好控辍保学和家庭经济困难学生教育帮扶等基本公共教育服务；推动以新型职业农民为主体的农村实用人才队伍建设，加强社区教育、职业技能培训、就业指导、创业扶持等劳动就业服务；做好基本养老保险、基本医疗保险、工伤、失业和生育保险等社会保险服务；落实社会救助、社会福利制度和优抚安置政策，为保障对象提供基本养老服务、残疾人基本公共服务，维护农民工、困境儿童等特殊人群和困难群体权益等基本社会服务；做好公共卫生、基本医疗、计划生育等基本医疗卫生服务；践行社会主义核心价值观，继承和弘扬中华优秀传统文化，加强对古村落、古树名木和历史文化村镇的保护和发展，健全公共文化设施网络，推动全民阅读、数字广播电视户户通、文化信息资源共享，组织开展群众文体活动等公共文化体育服务。乡镇政府还要提供符合当地实际和人民群众需要的农业农村经济发展、农民基本经济权益保护、环境卫生、环境保护、生态建设、食品安全、社会治安、矛盾纠纷化解、扶贫济困、未成年人保护、消防安全、农村危房改造、国防动员等其他公共服务。县级政府要制定乡镇政府公共服务事项目录清单，特别是要把扶贫开发、扶贫济困等任务列入清单，明确服务对象和要求。

交通运输部组织全行业践行绿色发展理念。交通运输部立足行业实际，以开展倡导绿色生活反对铺张浪费行动为契机，通过规范管理、监督检查、宣传教育、政策引导等手段，全面推进“绿色交通”改革发展，努力为加快构建绿色循环低碳发展的交通运输产业体系，加快形成政府企业公众共治的绿色行动体系，加快营造共建共享的绿色生活氛围夯实基础。具体做法如下。

（1）推动行业落实新发展理念。部党组召开理论学习中心（扩大）会议，深入学习贯彻习近平总书记关于推动形成绿色发展方式和生活方式的重要讲话精神，明确全行业 5 项工作，即优化交通运输结构、发展多式联运、加强交通基础设施建设全过程生态保护和修复、促进交通运输资源节约集约利用、倡导绿色出行。部主要负责同志批示要求，把开展倡导绿色生活反对铺张浪费行动作为建设“绿色交通”的重要抓手，形成长效机制。各级交通运输主管部门、相关企业和部属单位，以“共建绿色交通，倡导绿色生活”为主题，围绕弘扬勤俭节约之风、转变经营管理方式、创建绿色低碳行业等，开展形式新颖、内容丰富的主题活动。

（2）建设节能机关示范带动。坚持从机关做起，开展“节俭办公，绿色生活”创建活动，重点完善后勤管理制度。强化办公用品使用管理，减少一次性用品使用，规范办公用品采购、配备和领取制度，推行无纸化办公，减少重复印制，强化纸张再用。加强机关用电管理，提倡采用自然光、少开照明灯具，离开办公室关闭灯具、电脑、空调、电源。定期开展用水用电、制冷制暖等设备节能排查活动，定期维修更新节能型用具、低排放电器。开展“人人参与，光盘行动”文明用餐倡导活动，组织干部职工公开承诺文明点餐、节俭用餐，不剩饭、不剩菜。统一募集旧衣物、旧家电，实现资源循环使用。定期开展健步走、清洁进社会活动，增强干部职工环保意识。严格遵守资产管理、公务用车、公务接待等制度规定，做好监督检查，发现问题及时提醒整改。党员领导干部带头，常管常严，引导干部职工厉行节约。

（3）推进绿色交通发展。印发《加快推进绿色交通运输发展的指导意见》，健全绿色低碳交通规划实施体系，重点完善绿色交通标准规范体系和交通运输能耗统计监测考核体系。进一步规范重大规划环保评估，组织开展低碳交通省区、城市试点和低碳港口、低碳公路、低碳航道等主题性试点；打造绿色交通示范工程，启动“双百”示范创建工程，实施低碳交通示范“十百千工程”；继续深入开展“车、船、路、港”千家企业低碳交通运输专项行动。一是推进结构性减排，发挥不同运输方式的比较优势和组合效率。客运方面优先发展公共交通、鼓励慢行交通，货运方面推广多式联运、甩挂运输、共同配送等高效运输组织模式。完善高速公路电子不停车收费系统，减少能源消耗和污染排放。二是加强管理性减排。印发《珠三角、长三角、环渤海（京津冀）水域船舶排放控制区实施方案》，在国内首次设立船舶排放控制区，控制大气污染物排放。出台《船舶与港口污染防治专项行动实施方案（2015—2020年）》，推动节能减排和航运绿色发展。三是提升技术性减排。出台《关于加快推进新能源汽车在交通运输行业推广应用的实施意见》，截至2017年上半年，已在全国推广新能源公交车16.5万辆，互联网租赁自行车超过1000万台。在船舶与港口推广液化天然气和岸电技术，在干散码头建设防风抑尘设施等。

（4）文明共建弘扬勤俭节约美德。将“共建绿色交通，倡导绿色生活”行动纳入交通运输行业“爱岗敬业、明礼诚信”社会主义核心价值观主题实践，纳入行业群众性精神文明创建活动考核指标和政风行风考评，纳入学雷锋志愿者服务工作体系，确保工作落到实处、融入日常。指导行业各单位各部门依托“车、船、路、港、站”开展环境保护公益宣传活动。在多个城市组织开展“我的公交我的城”主题宣传活动，通过公共交通运输设施展播“绿色交通”公益宣传作品，引导广大群众养成绿色生活、绿色出行好习惯。发挥各级交通运输服务窗口作用，开展“绿色交通”普法宣传、“家有零余”物资募捐、“绿色出行”无车倡导、岸线清污志愿服务等活动，鼓励交通运输从业人员以身作则，培养绿色节俭意识、形成科学健康生活方式。

按照党的十九大报告提出的“加强思想道德建设”的要求，天津市谋划实施精神文明建设四项工程。天津市文明办以习近平新时代中国特色社会主义思想为指导，谋划实施四项工程推动群众性精神文明创建活动深入开展，努力为建设社会主义现代化城市提供思想保证、精神力量和道德滋养。他们的做法如下。

（1）思想道德素质提升工程。结合市民百姓关注的实际问题组织宣传教育和主题实践活动，着力培养担当民族复兴大任的时代新人。一是开展宣传引导，统筹全市户外载体、新闻媒体和网络阵地，做好党的十九大精神公益广告宣传，编发市民读本、“明白纸”等学习材料，组织精神文明建设智库成员面向基层群众开展针对性宣讲，推动党的十九大精神入脑入心、落地生根。二是突出典型带动，选树道德模范、天津好人等典型，加大礼遇褒奖关爱力度，创作一批纪实文学、影视作品，制定出台道德典型示范文明的制度机制，让广大群众学有标杆、做有成效。三是打造品牌活动，面向社会开展“新时代加油干，我为我的行业代言”活动，面向社区乡村开展“新时代、新征程、新生活”活动，面向校园开展“童绘未来——畅想‘两个一百年’”活动，让市民在实践活动中提高思想觉悟和道德素养。

（2）文明城市创建工程。探索将全市作为整体创建文明城市，推进文明天津建设，努力满足人民日益增长的美好生活需要。一是按照党的十九大明确的新任务新工作新要求，制定测评体系、操作手册、操作办法，2017 年底前开展首次自评，总结经验、补弱固强、逐年提升，使创建工作更好服务全面建成小康社会战略目标。二是结合新一轮结对帮扶困难村工作，指导困难村创建文明村，在 2020 年底前把 1000 个困难村全部建成区级及以上文明村，用文明村建设成果服务乡村振兴战略。三是拓展文明单位、文明社区、文明家庭、文明校园创建覆盖面，让更多群体通过创建提升获得感和幸福感。

（3）培育弘扬时代新风工程。坚持提升市民责任意识、规则意识、奉献意识，在现有工作基础上不断提升城市文明程度。一是加强制度规范，严格实行《市民文明公约》《市民行为守则》，指导全市按照社会公德、职业道德、家庭美德、个人品德要求，修订完善单位规章、行业规范、学生守则、村规民约，引导人们遵守公序良俗，养成文明习惯。二是加强实践养成，持续深入开展文明服务、文明交通、文明祭扫、文明旅游专项行动，在全市推广乘坐公交车有序排队、共享单车文明骑行停放、中小学校排队接送学生等做法，引导市民讲文明、有公德、守秩序、树新风。三是加强监督治理，持续开展文明监督“啄木鸟”行动，发动媒体和群众监督曝光身边的不文明现象，进行属地化、职能化治理，引导市民摒弃陋习、校正言行，提升城市美誉度。

（4）德法共治工程。坚持法治与德治相结合，推进精神文明建设工作。一是推动出台《精神文明建设工作促进条例》，以法规形式明确全市精神文明建设工作目标、任务、体系和相关部门职责，为提升精神文明建设水平提供法律支撑。二是加快《天津市志愿服务条例》立法进程，为志愿服务活动组织实施、志愿服务团队发展、志愿者权益维护等明确法律依据，推进志愿服务制度化。三是建好用好“老赖”曝光台，将执法、司法部门掌握的违法信息共享到曝光平台，对列入“黑名单”的单位和个人，取消评选表彰资格，依法限制其相关民事行为，引导全社会尊重法律、遵守道德、践行文明。

2017 年 10 月 20 日，党的十九大新闻中心举行记者会，邀请中宣部、中央文明办、文化部、新闻出版广电总局相关负责人介绍加强思想道德和文化建设情况，并回答记者提问。中央文明办专职副主任夏伟东等向记者介绍了加强思想道德和文化建设情况，并回答记者提问。夏伟东认为，自近代以来，中国从来没有像今天这样接近民族复兴梦想。以习近平同志为核心的党中央，顺应人民期待，鲜明提出了决胜全面建成小康社会，实现“两个一百年”奋斗目标和中华民族伟大复兴的中国梦；围绕这样的目标和梦想，中央提出了“五位一体”总体布局、“四个全面”战略布局、新发展理念以及社会主义核心价值观等一系列新理念新思想新战略，这些都体现着中华民族的根本利益，关乎每个中国人的切身利益；要实现伟大目标伟大梦想，完成战略部署，需要使全体人民在理想信念、价值理念、道德观念上紧紧团结在一起，凝聚起共同意志去奋力拼搏。

总之，社会道德建设是我国的综合工程，在指导思想上要深入开展理想信念教育，努力实现中华民族伟大复兴中国梦；要大力培育和践行社会主义核心价值观，引导群众树立正确的历史观、民族观、国家观、文化观，增强对国家和民族的归属感、认同感、尊严感、荣誉感；要持续深化群众性精神文明创建活动，深化“五大创建”活动；要努力提供更多塑造人、感染人的文化产品和文化服务，坚持文化惠民；要着力提升文化文明传播水平，做好对内对外传播展示文化文明的工作。

论文荟萃

【传统美德伦理的当代境遇与意义】

万俊人 《南京大学学报（哲学·人文科学·社会科学)》2017年第3期

该文指出，美德伦理，指生活在某一特殊道德文化共同体中的个人，在承诺并实践其独特的“特性角色”过程中所获得的卓越成就及其展示的优异品质。在现代社会结构化转型的大背景下，传统美德伦理在当代遭遇了挑战，主要表现为：一、现代社会的结构化转型所带来的公共化趋势，动摇了传统美德伦理赖以存在的社会根基；二、现代社会普遍平等的价值导向，从根本上否定和冲击了美德伦理所内含的价值等级秩序与精英主义美德的价值理想；三、现代社会日趋强烈的平面化、格式化、标准化需求，对传统美德伦理追求卓越的价值导向提出了严峻挑战；四、现代中国社会日趋强劲的社会分层、流动、开放和反传统趋势，尤其是现代科技主义主导下的普遍理性主义，使传统美德伦理的根基大大削弱；五、社会发展的日趋技术化，导致现代社会对技术的依赖越来越大，对文化的、隐性的东西越来越缺乏信任，道德文化不断边缘化，现代人越来越不相信道德理论。传统美德伦理在当代的境遇并不意味着人们必定会对其失去信心；恰恰相反，传统美德伦理对现代社会依然有着无法取代的独特意义和价值，在现代社会中依然有生机。首先，现代社会面临的最大困境就是，其总体上结构性的社会转型带来了宏大的社会结构性改变，进而导致了现代社会缺乏足够的中层与基层之生活发展空间，给私人道德生活带来巨大的压力和挑战。因此，现代社会必须严格保护并大力充实社会中层和基层的生活空间。若如此，则美德伦理必定因此而重获生机。其次，美德伦理自身也有其不可消解、不可抹杀的文化价值特性，只要人们还必须持守自身人之为人的本质，并且保持自己的人性、人道，只要人们不想放弃对人类生活的温情和温度的期待，传统美德伦理的作用就是不可替代的。最后，现代社会的道德平面化呼唤着道德精英的引导。

【诗·礼·乐：论儒家理想人格的辩证生成】

祖国华 《复旦学报（社会科学版)》2017年第6期

该文指出，重视道德理想人格的设定，追求圆融和谐的道德境界，探索适合传统人伦社会秩序的“成人之道”，是儒家思想的主题。“兴于诗，立于礼，成于乐”是儒家所论成人之道。“诗”基于情感的自然天性，在情感交流、人心感化的过程中升腾出向善恶恶、亲亲尊尊之情。然而从诗之本身来看，其所抒发之情有着原初性和质朴性的特点，是直觉的、感性的、具体的、经验的，它在缺乏规范制约和理性引导的情况下，不免会带有冲动性和任意性。即使它在一定程度上与西周宗法伦理社会背景相吻合，也依然缺乏强大的道德约束力，无法成为系统、规范、稳定的道德品格，只是道德意识的萌发。因此，由诗生发出来的情感，应该注入理性因素，并由礼来加以约束和规范，才能使之成为一种合理的情感表达和具有积极意义的道德情感。礼虽因情而生，却因为对“情”的文饰而成为绝对的规范，而具有了强制性的特点。当情感表达与礼不符时，守礼者会感受到自我本性的限制与压抑，故需要一种与之相补充且可以调和礼之强制性的感化人心的力量，这便是“乐”。“乐”诉诸情感，遵循美的规律，承载美的内容，将纯真情感、道德精神和审美愉悦融为一体，通过“乐”的形式实现对本真世界、道德境界和审美境界的整体提升，从而达到真、善、美和谐统一的精神境界。儒家通过诗、礼、乐三种不同但又互相融合的方式来教化、塑造理想人格。经由“诗”之人性情感的启发、“礼”之伦理理性的规束、“乐”之仁德情境的养成，从对人性中自然情感的抒发、节制到道德情感的自由生成，儒家理想人格经历了否定之否定的辩证实现过程。

【《荀子》的人“性”论是否为《韩非子》“人”观的基础?】

［日］佐藤将之 《陕西师范大学学报（哲学社会科学版）》2017 年第 4 期

该文指出，长期以来，支配荀子和韩非之间关系的论述架构是由“韩非为荀子弟子”和“韩非的人观渊源于荀子的性恶论”两项主张所构成的“循环论证”——两种主张至今仍存在于荀韩关系论中，不但通常一起出现，而且互相构成了另一主张的论据。鉴于此，只有将荀韩思想关系看作完全独立的议题，方能客观地检验此两者的“性”概念和“人”观之间是否存在只有两人之间才独有的思想关系。从《韩非子》《荀子》两书中“性”的概念比较来看，《韩非子》“性”的用法大致上是中性词；相较之下，荀子使用“情性”一词时在大部分的用例之间具有含义的一致性：即人类的身体及心理上所要改善的负面特质。从“人”观的比较来看，《韩非子》中指出人的本质不会改变，《荀子》则认为人的性质可透过自我修养得以转化；韩非认为人的资质不同，人生来具有不同程度的天分，荀子则认为人的情性基本上皆相同，人格差异是由后天的自我修养的程度决定的。基于《荀子》和《韩非子》两书中的“性”论和“人”观之比较分析的结果来看，“性”概念也好，“人”观也好，韩非的相关论述应该没有吸收荀子思想，而是直接继承所谓“前期法家”，如《商君书》或齐国“稷下先生”慎到和田骈等所呈现的思想。作者推测，在司马迁《史记》的《韩非列传》中含有“（韩非）俱李斯事荀子”一句话的理由可能是，司马迁在同情赴秦冤死的韩非之余，构成了以李斯谋害韩非为主轴的生平故事，为此司马迁需要说明韩非在年轻时就已认识李斯。总之，在《荀子》和《韩非子》的“性”论和“人”观的层次上，此两者之间的思想关系并不大，因而看不出由前者到后者的直接影响关系。关于他们之间是否有过师生关系的问题，虽然在目前的史料情况下不能断定有还是没有，但至少司马迁自己相当确定韩非并没有继承荀子的学术。

【重建“信德”：从“信”的观念史出发的考察】

高瑞泉　《学术月刊》2017 年第 7 期

该文指出，信德丧失是现代道德危机的重要表征，重建“信德”既有现实的迫切性又有实践和观念的复杂性。从传统文化中开掘重建“信德”的基础，可以集中对儒家经典中“信”的观念史进行分析。古代儒家“信”的观念，可以从六个层面去做意义分析。第一，“信”是一项重要的个人美德。第二，作为个人美德，“信”主要表现在处理朋友关系之中，其余四伦（君臣、父子、兄弟、夫妇）虽然原则上不排斥“信”，但却不是平等的个体之间的约定关系。第三，在儒家的价值优先性排序中，“信”处于较低的位置，因为必须服从孝悌的原则，所以在家族伦理中处于边缘的地位；倘若信守与朋友之约同忠孝的责任相冲突的话，自然必须舍前者而保证后者。同时，在谨言慎行、重然诺意义上的“信”，主要表示俗话所说的“老实”。第四，“信”作为一项个人德性，既有存在论的意义，又有工具的意义——尤其在政治活动之中。第五，在实际的政治实践中，或者从政治学的角度说，“信”并非不可变通的，因而具有“权”与“经”的两面性。第六，孔子以后，由于“诚”或“诚信”概念的发展，“信”观念之形而上学与其“形而下”具体规定之间，前者更多地被凸显为理论的重心，它对发展儒学的心性形上学的重大贡献与社会成员之间实存的“信”的细目的肯定形成了明显的反差。在实践哲学的视域中，后儒对“信”的具体德目缺乏详明的讨论。因此，重建“信德”、对“信”的传统观念作创造性转化，需要综合处理好“信”之四项：通过稳定的法律制度与风俗内化相结合的途径建立“信用”；以广泛的“信用”为基础，提高市场经济条件下的社会“信任”度，使“信”从单纯的私德扩充为公德；面向“信任”可以挂搭的“信念”世界，有待于建设合理的价值体系，实现社会团结；正视信念的超越向度“信仰”对于道德建设的意义，同时也扩充论辩的合理性来解决不同信念或信仰之间的紧张。

【春秋时代的伦理道德结构】

陈乔见　《社会科学》2017 年第 5 期

该文指出，春秋时代的伦理道德结构可从三个方面加以理解。其一，从天下层面看，春秋时代的主要活动是诸侯之间的交往，“尊礼重信”是此时期诸侯交往的基本伦理规范。为了防止背信弃义的事情发生，人质交换抵押的“质”这样一种交往形式在春秋时代十分普遍。其二，从家国层面看，春秋时代的基本制度仍然是西周的宗法封建制，孝、忠、义是此时家国公私的核心伦理道德。具体言之：孝是宗法制的核心伦理，忠是封建制的核心伦理，义则突破了孝忠的局限，是对两者的必要补充，体现了更多的开放性和公共性。其三，从个体层面看，智、仁、勇等是此时贵族最为推崇的道德品质，它们体现了道德主体的优秀和卓越。天下和家国层面的伦理规范更多表征为义务伦理，个体层面的道德品质则更多表征为美德伦理。

【义利价值权重与治国价值方针选择——论儒家“重义”“由义”的执政治国义利观】

朱贻庭 《道德与文明》2017 年第 3 期

该文指出，“义利之辨”是中国传统伦理的基本问题。论者一般都将这个问题归于价值观或人生哲学的范畴。其实，传统的义利之辨和义利观还有另一个且更重要的层面，就是执政者的治国价值方针和社会价值导向：是“重义”还是“重利”，是“由义”还是“离义”。它通过制度、政策和执政者自身行为而体现为两种不同的治国价值方针和社会价值导向。不同的选择会造成两种不同的社会效果：治世或者乱世，利民或者殃民。从早期儒家“上重义”、“上好信”、“不与民争业（利）”、不加重“民任”等主张，到汉儒董仲舒提出财富“调均”的经济政策，再有宋儒朱熹对“公正”二字的阐释和明儒吕坤关于“公正”之社会政治意义的高度概括，进而王夫之将“天下之大公”确定为执政者所应“由”的“古今之通义”，和黄宗羲肯定天下万民的利益为“公利”，人们不难发现深含于儒家“上重义”、“由义”及“公正”大义中的一个基本理念，就是统治者要关注“生民之生死”，而“民之生死”关乎“国之祸福”。执政者应慎重对待义利价值权重，确立以“重义”“由义”——“公正”的义利观作为治国理政的价值方针和社会价值导向。这是传统文化的一条十分重要的“古今通理”，也是王夫之所说的“古今之通义”。毫无疑问，对这一优秀传统进行创造性转化和创新性发展，也是习近平同志一再强调的要继承和弘扬优秀传统文化的题中应有之义。

【儒家伦理的二维结构体系——从“君子喻于义，小人喻于利”谈起】

张俊 《文史哲》2017 年第 4 期

该文指出，“君子喻于义，小人喻于利”，是儒家伦理体系的纲领。这条箴言揭示了儒家伦理的二维体系结构，即精英伦理与平民伦理，或德性伦理与功利伦理的和谐共生关系。儒家伦理从孔子道德学说的源头即兼顾了道德理想主义与道德现实主义两个思想维度。孟学传统，尤其是宋明新儒家，无视孔子兼顾义、利的德性伦理主张，将义与利、理与欲视作善与恶的对立，否定逐利伦理的正当性，从而滑向道德理想主义的极端。这种绝对主义的精英德性伦理虽然提升了儒家的道德境界，但因其忽视了儒家原有的平民伦理或有限度的功利伦理，致其在高扬道德人文精神的同时，实际上失落了儒家对于“小人”或世俗社会的道德人文关怀。故这只是儒家伦理学说体系中一个维度的偏重发展。相比之下，荀子从自然人性出发，主张“义利两有”“以义制利”，才是真正继承孔子伦理精神者。荀学传统通过道德现实主义与理想主义的联姻，在道义论体系下为儒家保留了功利论的学脉。这种圆融的二维结构体系，符合现代社会理性主义的伦理选择，因此比只讲道义论的孟学理学伦理更能够适应中国社会伦理的现代转型。

【儒家伦理的发展方向：人伦之理与内在超越】

徐嘉　《南京师大学报（社会科学版）》2017 年第 6 期

该文指出，20 世纪初以来，儒家伦理的现代转型主要出现了四种理论形态。一是义理上的心性之学，以现代新儒家为代表，认为儒学心性论应该成为中国走向现代社会的源头活水，即要从儒学的本源（心性）中生发出现代文明的基本要素。二是制度伦理上的纲纪之道，即要求儒家伦理与现代社会制度相结合，使儒家的道德理想与伦理精神借助中国社会现代制度重获新生。三是社会生活中的人伦之理，即要求儒家伦理作为一种深入人心、融于风俗习惯、百姓日用而不知的“人伦之理”在现代社会中发挥作用。四是精神信仰上的内在超越，认为“超越世界”的价值是神圣的，但不在人性之外，天道与人性不是分隔于此岸与彼岸两个世界，可通过内在的道德努力而实现“超越”，儒家伦理强调的是基于道德信念的相关秩序安排，具有同宗教一样的收摄人心、整合社会的作用。然而，这些研究的现实影响与实践意义却仍有限。尽管现代新儒学阐发的“良知的自我坎限”精致而玄妙，但试图以此为根源而生发出科学与民主却是一种虚幻的构想，不能产生实际作用；随着封建社会的解体，没有了宗法家族制度与政治体制等诸多制度的支撑，纲纪之道已失去了其赖以生存的根基，而儒家伦理想要依托现代社会制度发挥作用也面临种种困难；与此相比，儒家的人伦之理与现代伦理观念相结合，在社会中还在广泛地发挥作用，影响着民风、民俗与道德风尚；“内在超越”理论则揭示了儒家伦理价值系统的特质，因其超越性而产生的伦理信仰塑造了中国人的伦理意识、道德思维与精神追求，彰显了非宗教式信仰的意义。因此，在走向现代文明的进程中，儒家的“人伦之理”与“内在超越”理论经过重新诠释与建构性重塑，依然是中国人道德生活的价值源泉，这也是儒家伦理未来的发展方向。

【阴阳与道德情感主义】

［美］迈克尔·斯洛特著，李家莲译　《湖北大学学报（哲学社会科学版）》2017 年第 1 期

该文指出，阴阳观是中国哲学中的古老观点，一种根本性的中国观点。在古代中国，情感主义者，如孟子和王阳明，都没有把阴阳作为其道德理论的基础，因为他们把阴视为低于阳的东西。但实际上，中国的阴阳观能为 18 世纪的西方情感主义、儒家情感主义以及新儒家情感主义提供令人满意的基础。不过，这需要人们重新理解阴和阳。在众多事物中，阴被等同于事物的雌性面，而阳则被等同于雄性面。而在情感主义伦理学中，阴可以理解为接受能力，阳可以理解为定向的理性目标，二者具有必然的互补性。如此，阴阳可以视为个体和整体意义上的道德情感主义的基础所在，

人们也能把同情和仁爱之类的公认美德从根本上视为阴阳之物。此外，接受能力与共情息息相关，而共情可以完美地弥合认知和动机之间的鸿沟。因此，对接受能力重要性的强调能够逐渐转变成对阴阳规范意义的信仰，从而使情感主义伦理学成为规范情感主义。

【儒家文化中的共情观】

李玮　王振东等　《心理学探新》2017 年第 6 期

心理学认为，共情是个体设身处地地共享并理解他人的情绪、情感的心理现象，是道德与利他行为的动机源泉。儒家文化作为中国传统文化的主体，蕴含着具有深远理论意义和生动实践意义的共情观。该文将共情的情绪与认知两种成分作为视角，对儒家经典文本中的共情观进行梳理、分析与比较。从情绪共情视角看，儒家文化中的“恻隐之心”和“一体之仁”是突出代表。在儒家看来，因为人具有这种由恻隐之心所发的“一体之仁”，所以人们才有了“人性本善”的基础。无论是孟子的“恻隐之心”还是阳明先生的“一体之仁”思想，都是当个体感知到作为客体的他人甚至是万物处于困境时，产生了映射性情绪体验，即个体自发地产生了同情、关心、怜悯、不忍之心等感受。从认知共情视角看，儒家文化中有“忠恕之道”和“絜矩之道”，都是从自身出发，将同己之情推及他人，二者都是个体自上而下的表征自己或他人的心理状态，并据此推断他人的动机与行为，并对自己和他人的行为进行解释和预测，因此，二者与共情在人们的社会交往中有着相同的心理机制与心理过程。基于此，未来学者们在继续探究儒家核心观念“仁”等文本与共情的联系和区别的同时，还可以针对儒式文化中的共情观，进一步尝试实证性研究。

【儒家与耶教性论思想之会通与交涉——基于四因说的考察】

连凡　《湖北大学学报（哲学社会科学版）》2017 年第 5 期

该文指出，理学集大成者朱熹以性气二元论统合了儒家的人性论，并以之解释了万物的性质构成。明末清初入华的耶稣会士出于传教的需要，依据论述万物生成、构造及目的的四因说，用作为动力因和目的因的人格神天主来代替儒家的天道（天理）本体，进而基于其形式因与质料因、灵魂与肉体二元结合的内部构成说，将儒家性论纳入耶教灵魂肉体说的框架中。这虽然不能从根本上消除耶儒思想的分歧，但却揭示了它们在思想结构上的某种共通性。从结构上看，理学中的天理道体相当于动力因，性（理）相当于形式因，气相当于质料因，天人合一相当于目的因。通过具体分析儒家与耶教性论思想间的交涉，可以看到：在动力因方面，耶稣会士把儒家作为动力因并将代表道德本体的天道、天命、天理等道体范畴降格为依赖于实体的属性，而用天主（上帝）作为动力因来代替儒学的天道（天理）本体。在形式因方面，耶稣会士基于天主赋魂（性）说批判了理学的“性即理”与“魂属气”说。在质料因方面，耶稣会士依据太极元气说把作为儒家形上本体的太极道体视为无灵觉无生机的元质，又依据四元行说批判了中国传统五行说。在目的因方面，耶教基于天主赋性与灵魂救赎论批判了儒家的万物一体、天人合一论。以利玛窦、艾儒略为代表的比较尊重中国文化的耶稣会士大体抱着平等对话的态度，基于耶教思想致力于中西思想的会通。其立场与观点虽不一定能为人们所接受，但有助于进行中西思想之比较与会通。

【儒家德福统一之实现路径析论】

李祥俊　《河北学刊》2017 年第 4 期

该文指出，儒家的德、福观念有其特定含义，德观念主要包括人际关系上的良善品行、遵循伦理政治秩序的良善品行、性与天道的本质三重含义，福观念则主要指《尚书》中的“五福”。儒家的德所感应的对象是利他的、情感性的存在，一方面，它不能包含非德行的计虑、功利思考；另一方面，它不能产生自身身体、感官欲望上的福报，这就决定了儒家的德行所对应的福报必然是要通过他者才能得以实现，而且必然是要通过曲折的方式才能实现。所以，从其思想逻辑上说，儒家的德福关系可以分为在三个层面上德与其相应的福报之间的关系，即德行与人际的来自他者的福报，德行与社会政治之间的来自王者的福报，德行与天道性命之间的来自超越存在的福报。德福统一的具体实现路径有三：一是通过人与人之间的伦理实践，待人以诚；二是致力于王道政治的实现来获得福报；三是向内用力，通过修养己德，实现与天德的统一。进入现代，牟宗三提出了德福的“圆善论”，但在根本义理上仍同于传统儒学尤其是宋明新儒学关于德福统一的观点。

【历史危机、人生信念与实践抉择——儒家性善论的发生学分析】

丁为祥　《哲学研究》2017 年第 5 期

该文指出，性善论是儒家人伦文明的精神标志，但它既不是一种理论逻辑的推论，也不仅仅是一种抽象的思想主张或所谓应然追求。从发生学的角度看，它是殷周以来中国轴心时代的思想家之继起探索与人文追求的一种历史结晶。在这一过程中，首先是周公的“以德配天”，并以制礼作乐的方式完成对殷商以来传统天命观的人伦落实，使中国文化彻底告别了外在信仰的形态，走上了以人伦文明落实天命信仰的道路。继起的孔子，又以个体之士的身份深叩礼乐之源，通过视听言动之内在性统一，将德性文化与礼乐文明凝结为一种君子人格及其人生信仰。到了子思与孟子，则一方面以“天命谓之性”明确肯定了人性的天命根源，另一方面又通过实践生活中的“大体”与“小体”之辨，将“天之所予”的道德善性直接落实于君子的日用常行之中，从而完成了对儒家人伦文明的一种信仰凝结与精神奠基。当人们从周公走向孔孟、从殷周之际的天命观走向孟子的人性论时，儒家的性善论也就通过这种天生而人成之天人合一的方式呈现了一条清晰的轨迹。这一轨迹，不仅是中华民族逐步摆脱并转化其原初外在的天命信仰形态的过程，同时也是中华民族在轴心时代逐步确立其人性并通过人性以确立其人伦文明之精神地基的过程。这一过程的实现，也就决定了中国文化将不再走向外在的偶像崇拜，而是将其原初外在的天命信仰一步步向内转化为对自身的人性信仰。孟子的人性论作为自儒学产生以来一直到战国时代七八百年间儒家对人生与人伦文明探索的结晶，包含着历史发生、天命信仰与实践抉择三个不同层面，任何一种抓住一偏、一个部分或一个方面的理解，都难免会割裂孟子的人性论。

【礼与乐：儒家符号思想的伦理进路】

祝东　《贵州社会科学》2017 年第 8 期

该文指出，礼乐文化被视为中国传统文化的独特表征，其形式特征和表意机制都值得探析。礼乐文化的生产建构及表意机制的特色，即是中华民族传统文化的特征之一。作为方法论的符号学，其优势即是语义分析——寻求隐藏在表意形式之后的意义机制、表意规律，并分析其形式特征，因此从符号学的角度探寻礼乐文化不失为一条可行之路。礼作为一套系统，礼容只有置于礼的系统之中，其特有意义才能得到解释：礼容分节清晰，且能够全域覆盖，才能将人以“群”分；礼容的解释项尊卑等级即是礼义。古乐在于娱神敬祖，其节奏容止即是音乐符号的符形学，舞乐音声之节影响到人伦实践，推广开来即是乐节百事，由乐之“节”生发出的是政治伦理之“节”。礼自外作，乐由中出，礼乐交相为用，中国传统文化的伦理符号学进路导源于此。

【荀子人性论的历时性发展——论《修身》、《解蔽》、《不苟》的治心、养心说】

梁涛　《哲学动态》2017 年第 1 期

该文指出，荀子一生可分为居赵、游齐、退居兰陵三个阶段，其人性论思想也经历了一个发展变化的过程。而《荀子》各篇也是在不同时期完成的，记录的是荀子不同时期的看法。根据内容的不同，荀子讨论人性论的文字可分为四组，其中《修身》《解蔽》《不苟》为一组，它们虽不是完成于同一时期，但都是讨论养心、治心问题，构成了荀子人性论的重要内容。其中《修身》年代不可详考，可能是荀子前期在赵国时的作品，也可能完成于“年五十始来游学于齐”之时。《解蔽》，学术界一般认为是荀子为稷下学宫祭酒时的作品。从内容看，《修身》多道德说教而少理论思辨，主张以礼养心，尤其重视师法的作用，认为“礼然而然，则是情安礼也；师云而云，则是知若师也”，似还没有受到思孟之学的影响，应该是其前期礼治思想的延续，故而一些表述存在含混不明的地方。《解蔽》则受到稷下黄老道家和子思的影响，其“治心之道”包含了以仁治心的思想，理论思维水平明显要高于《修身》，故应晚于《修身》。至于《不苟》，则应是荀子晚年退居兰陵时的作品。故从《修身》到《不苟》，时间跨度较长，涉及荀子思想发展的不同时期。在内容上，以上三篇对治心、养心的理解并不完全相同，存在着从以礼养心到以仁治心、再到以诚养心的变化，反映了荀子对这一问题认识的不断深化。特别是《不苟》篇，明显受到思孟之学的影响，从思想的发展来看，它应是荀子思想的“突变”；从发展的逻辑来看，则可能是荀子思想的晚年定论。

【“我们”，如何在一起?】

樊浩　《东南大学学报（哲学社会科学版)》2017 年第 1 期

该文指出，人类文明的终极问题是什么，不是“人应当如何生活”的道德问题，而是“我们如何在一起”的伦理问题。这一问题的哲学辩证要求调整关于文明的理念与态度，由“轴心文明”走向“对话文明”，回到“我们”的第一人称复数，回到人类文明史的简洁智慧，回到人的生命和生活本身。苏格拉底之死、上帝之怒——孔子周游、老子出关，中西文明的诞生史虽万种风情，却以悲剧和喜剧的不同体裁演绎着同一主题，这便是人类从伦理世界中分离和回归的悲怆情愫。“上帝死了—尼采疯了”“打倒孔家店”，现代文明的“青春期危机”反绎了同样的文化密码，只是问题式由“我们如何在一起”的终极追问，演进为“我们能否在一起”“这个世界还会好吗”的终极怀疑。走出危机，有待哲学地反思“‘我’，如何成为‘我们’?”“‘我们’的世界缺什么?”。“我们在一起”的和而不同，需要两大哲学条件，一是伦理，二是“精神”。它凝聚为一个口号和信念：“学会在一起。”

【人工智能时代的价值审度与伦理调适】

段伟文　《中国人民大学学报》2017 年第 6 期

该文指出，人工智能体的拟主体性赋予了人工智能特有的拟伦理角色。通过对此拟伦理角色的分析，可以看到人工智能的价值审度与伦理调适的基本路径应为负责任的创新和主体权利保护。立足对合成智能与人造劳动者的价值审度，可提出寻求算法决策与算法权力的公正性，呼唤更加透明、可理解和可追责的智能系统，反思智能化的合理性及其与人的存在价值的冲突等价值诉求。应从有限自主与交互智能体概念出发，进一步开展对人工智能的价值校准和伦理调适，这不仅有助于把握人工智能伦理研究与相关伦理规范和标准的内涵，还可揭示“科技—产业—伦理”异质性实践所应有的明智。

【全球化视域中的生态主义伦理精神】

牛庆燕　《伦理学研究》2017 年第 1 期

该文指出，在全球化的时代背景下，现代人类文明最稀缺的价值资源是“精神”与“伦理精神”。当全球性的生态难题开始挑战人类的生存底线，当全球化的浪潮甚至思潮妄图主宰生态时代的价值判断，生态主义“伦理精神”的回归成为共同的时代期待。如果说，“精神”的本性是“自由”，“伦理精神”是超越了个体的道德精神与人格精神而形成的“共同体精神”与“实体精神”，那么，生态主义伦理精神则是重要的“伦理生态人”精神、“道德实践人”精神和“人类人”精神。在国际局势错综复杂的当今时代，应当构建生态主义伦理精神与民族精神，消解“经济中心”与“科技至上”的价值霸权、避免文化殖民主义的侵略扩张并扬弃文化相对主义，在异质文明的生态对话、生态融通与生态合作的基础上促成生态发展，唯有如此，生态主义“伦理精神”才能融入“民族精神”，并最终成为“民族精神”。

【论构建人类命运共同体的伦理意义】

王泽应 《北京大学学报（哲学社会科学版）》2017 年第 4 期

当代中国领导人提出并深度阐发的“构建人类命运共同体”的价值理念，是对当今世界发展趋势的深度把握以及全球各种危机难题的治本之策，揭示了全球化、信息化、网络化条件下国与国之间以及人与人之间所形成的命运休戚相关、福祸一体、生死与共的关系，要求摈弃以往那种全然不顾他人、他国正当利益的利己主义和非此即彼的零和思维，建设一个和谐共生、共同发展、持久和平的和谐世界。该文指出，构建人类命运共同体的价值理念有着深远而深刻的伦理创化意义，不仅为建构健康、公正、合理的全球伦理奠定了价值基石，为发展平等、合作、共赢的国际关系伦理筑起了精神大厦，而且为创造包容互鉴、和而不同的人类伦理文明提供了义理支撑，凸显着“为天地立心，为生民立命，为往圣继绝学，为万世开太平”的建纲立极、创业垂统的伦理神韵和价值。

【西方的“生态伦理观”与“形而上学困境”】

刘福森 《哲学研究》2017 年第 1 期

该文指出，在西方生态伦理学的研究中，尽管人们在生态伦理学存在的必要性问题上有着普遍的共识，但是，在关于生态伦理学的“伦理根据”（即生态伦理观的问题）这个最重要的核心问题上始终存在着激烈的争论，其中最根本的争论就是自然中心主义与人类中心主义争论。该文认为，只有超越自然中心主义与人类中心主义两极对立的思维逻辑，寻找一种人与自然内在统一的伦理根据，才能构建一个实现人与自然和谐共生的生态伦理学。要创立一种既合情合理又能够被广泛应用的生态伦理学，就必须超越在生态伦理学研究中出现的“形而上学困境”，既要反对西方近代的主体形而上学，也要反对西方现代物本主义的形而上学，这要求人们必须在人与自然的统一中寻找生态伦理学的伦理根据。为此，该文提出了“环境价值”概念，并试图立足于“环境价值”解决生态伦理的伦理根据问题。

【多元文化主义视域下的当代伦理秩序重建】

姚新中 席玥桐 《探索与争鸣》2017 年第 2 期

该文指出，现代化进程所带来的多元现代性是当代社会最重要的历史形态之一。然而，多元现代性塑造的多元文化主义正在面临着民粹主义、相对主义和文化冲突的困境。提倡固守一元的普遍理性或强调厚古薄今的差异传统都在进一步加剧这一困境。多元文化主义由于其独特的价值要素——多元性、共存性与共生性，已经被推向一个无法被其他思想流派所同化的独立立场。作为一种价值体系，多元文化主义自身的展开显现出它所蕴含的一组矛盾：文化的差异性与人的同一性。通过这两个要素的互相规定，多元文化主义衍生出彼此协调的五大伦理原则，为建构当代伦理秩序提供了新的视角与途径，从而成为实现人类命运共同体的唯一途径。

【现象学伦理学的基本问题】

倪梁康　《世界哲学》2017 年第 2 期

该文指出，严格意义上的“现象学的伦理学”是一种反思—描述的伦理学。胡塞尔、哈特曼、耿宁的案例为人们提供了现象学伦理学的三种可能性，它们的共同特点都是在现象学反思中进行的对道德意识的有意无意的本质直观。这样一种现象学的伦理学与其说是一种价值伦理学，不如说是一种道德心理学或道德意识现象学。现象学的反思—描述伦理学与近代以来的规范伦理学的区别，非常类似于数学—逻辑学中的直觉主义与形式主义的差异。与后面两种数学理论一样，前面两种伦理学说也不能被理解为是非此即彼、相互排斥的。只是对它们之间的奠基关系的不同理解，会导向在伦理学思考中的两种不同立场：反思—描述伦理学的和规范伦理学的。这两种伦理学需要彼此互补才能最终构成完整的人类道德系统。

【“人是目的”的限度——生命伦理学视域的考察】

王福玲　《中国人民大学学报》2017 年第 6 期

该文指出，“人是目的”的命题固然具有强有力的影响，但它在生命伦理学中的运用是有限度的。该命题越是被广泛地运用，越容易流于表面。因此，厘清“人是目的”的内涵是正确运用该命题的前提。“人是目的”源自康德的“目的公式”，其核心思想是尊重理性主体的道德能力。器官买卖破坏了生命的完整性，损害人格的载体，进而贬低理性主体的道德能力，因而违背了“人是目的”的命题。商业化代孕之所以违背“人是目的”的命题，并非因为它破坏了生命的完整性，而是因为这种活动强化了女性被工具化的倾向。

【羞感伦理何以可能是自律的?】

张任之　《哲学研究》2017 年第 11 期

该文指出，在古希腊罗马时期已被谈论的“内在化羞感”以及在先秦儒家被重视的“羞恶之心”，在根本上都并非本尼迪克特等人所讲的诉诸外部的习俗伦常的“外在化羞感”，因而植基于这种“内在化羞感”之上的羞感伦理也不必被视为“他律的”。当代新儒家借助于批判性地吸收康德的自律伦理学，创造性地发展出一门儒家的自律伦理学，这大大扩展了羞感伦理学的问题：不仅须讨论羞之体验，也须关注能羞之在。这一交互人格性的“能羞之在”并非康德意义上的“无个性”的理性主体，而是在其自身之内融贯有"内在化他者"，因而是具体而真实的。自律的羞感伦理的核心意义就在于，能羞之在服从其自身立的法，这一服从的动力亦在此能羞之在自身。

【美德伦理研究的心理学资源与走向】

李义天 《天津社会科学》2017 年第 6 期

该文指出，作为当代伦理学的前沿方向之一，美德伦理学具有自觉而鲜明的道德心理学诉求。随着自身向纵深发展，提出并建构一种合理的道德心理观念，日益成为美德伦理学必须认真对待的迫切问题。为此，美德伦理学不得不考虑：需要并且能够从现有的心理知识体系中汲取哪些有益的内容。由于现代心理知识的讨论和研究已经拓展到心理科学、心灵哲学和道德哲学等多个领域和层面，因此，这不仅需要人们顾及和借助经验心理科学的主要成果，而且需要人们理解并引入现代心灵哲学的可能资源，更需要人们在道德哲学内部挖掘潜力，谋求共识。

【论大众文化的三个伦理维度】

贾雪丽 《湖北大学学报（哲学社会科学版）》2017 年第 1 期

该文指出，大众文化作为一种文化形态，在拥有艺术特征的同时也拥有深刻的道德内涵。作为社会生活在道德方面重要表达的人性、道德功能和道德价值问题构成了大众文化研究中的三个重要伦理维度。人性是大众文化存在和发展的根本动力，道德功能是大众文化可持续发展的不竭动力，道德价值是大众文化作为文化形态应具备的道德理性智慧。因此，充分重视大众文化的伦理价值和道德问题，加强道德价值理性对大众文化的引导作用，才能使大众文化创造者坚持道德操守，使大众文化真正做到"寓教于乐"。

【论德性之心理基础——兼评道德情感主义**】**

江畅 钟万玲 《湖北大学学报（哲学社会科学版）》2017 年第 1 期

该文指出，关于德性乃至道德的心理基础是什么，存在着理性主义与情感主义的分歧，然而这两派观点都有偏颇。实际上，道德的根基在于人性，道德的不同方面则分别根源于人性的理性、情感、意志和行为等潜能，而不同潜能现实化所形成的不同现实能力，构成了道德不同方面的心理基础。其中道德品质（包括德性）的心理基础是意志，道德品质的形成是作为人的综合调控机能的意志活动积淀的结果。情感主义错误地把情感看作德性乃至道德的根源，问题的症结在于将道德情感等同于道德。

【论列维纳斯伦理学的新形而上学意义】

高宣扬 《道德与文明》2017 年第 1 期

该文指出，对列维纳斯来说，真正的道德只能植根于个人与他人之间的不可比拟的相互关系之中，至善只能在他人的无限王国中才能实现。列维纳斯把呈现在人人面前的"他人"提升为高于"存在"和类似"无限"的新形而上学基本概念，试图创建将伦理学设为“第一哲学”的崭新世界观，颠覆西方传统哲学的基本原则，同时也彻底批判西方政治哲学的基本范畴，不再从传统“自然权利论”出发，强调自由作为人所追求的基本价值，不能单纯依据个人主体性的原则去探索，而是首先必须把“他人”置于至高无上的地位，把“他人”的存在当成考察个人自由的绝对条件，让“他人”的显现成为实行德行和自由的永恒威慑力量，使“无条件尊重他人”成为自身进行德性实践的最高目标，以确保自身的自由变成朝向“无限的他人世界”的超越活动。

【犬儒主义病态道德文化剖析】

孙春晨　《伦理学研究》2017 年第 1 期

该文指出，古代犬儒主义不相信存在具有普遍意义的价值原则，主张随遇而安的、抛却个人各种欲望的生活方式。当代犬儒主义既表现为愤世嫉俗、玩世不恭，也表现为委曲求全、接受现实。当代社会的犬儒主义显现大众化、普遍化的趋向。犬儒主义在现实道德生活中的主要表现是放弃道德价值、互不信任和精致的利己主义。当代犬儒主义的本质是道德相对主义，犬儒主义病态道德文化的盛行将导致道德相对主义和道德虚无主义思潮的泛滥。

【论中国特色伦理学话语体系的构建】

陈泽环　谢伏华　《伦理学研究》2017 年第 1 期

该文指出，伦理学的发展与民族命运息息相关，当代中国特色伦理学的使命是建设有利于实现中华民族伟大复兴中国梦的伦理秩序。为履行这一崇高使命，按照习近平总书记《在哲学社会科学工作座谈会上的讲话》精神，一个重要方面就是要坚持以马克思主义为指导，融通马克思主义伦理学、中华优秀传统伦理学和国外伦理学积极成果三种资源，以构建当代中国特色伦理学的话语体系。在为此并为充分提高其影响力和话语权而努力的过程中，当代中国伦理学工作者本身必须有自觉和强烈的“文化自信”和“道德自信”。

【“美德伦理学”与古代社会的基本原则】

黄裕生　《江苏行政学院学报》2017 年第 1 期

该文指出，如果说以“自由意志”为基础的“归责伦理学”的首要工作是要确立起个体之间那些相互性的普遍法则，从而为构建现代社会确立基本原则，那么，以“知识”为基础的“美德伦理学”的核心工作则是给出关于善的知识与成就以此知识为前提的美德。正是在追问关于善的无视角的知识与如何成就美德的努力中，“美德伦理学”确立了“目的论原则”从而确立起了构成古代社会秩序基础的一系列基本原则。古代社会与现代社会之别在根本上乃在于人们据此建构社会秩序的那些基本原则的不同，而这些基本原则的差异则植根于人类对自身的理解与深化。

【论康德德性论的复合型结构】

詹世友 《道德与文明》2017 年第 2 期

该文指出，康德的伦理学以德性为落脚点，但他的德性理论有着其独特的性质和结构。康德认为，德性并不是通过塑造人的情感品质而形成的，也不是理智、情感、欲望的相互协调，更不可能是一种能够按照道德法则去行动的偏好。在他看来，德性以道德法则为纲维；德性是能够抗拒偏好满足的准则而执行道德法则的意志力量；只有实践性的情感是德性的盟友；同时，德性也是一种内在幸福，德性就是其自身的酬报。所以，康德的德性论有一种复合型结构。

【社会主义核心价值观视阈中家风功能的现代化转变】

张妍妍 《道德与文明》2017 年第 5 期

该文指出，优秀家风对涵养社会主义核心价值观具有重要的借鉴意义。明晰家风功能的现代化转变，探究良好家风内涵与社会主义核心价值观的内在一致性，有助于促进新型家庭建设。该文从教化、调解、保护、规范四个方面分析了家风功能的现代化转变：其教化功能从原先以父母权威为主的单向性发展为趋向平等关爱的双向传递；其调节功能则由“礼制”结构下的家族长老“执法”转向以亲情凝聚力为主的内部调节引导；其保护功能从树立宗族权威转向提供精神慰藉；其规范功能也由原先单一的家庭倡导转变为国家、社会、个人共同培育。对家风功能转变的深入探究有助于更好地立足于家风建设，真正把社会主义核心价值观根植于家庭的日常生活中。

【亲情与恩义：论荀子孝道观的价值维度】

周海生 《孔子研究》2017 年第 4 期

该文指出，儒家孝道所建构的人伦关系，基于血缘亲情与恩义，蕴含着子女对双亲的感恩之情和家庭伦理责任。荀子与孔孟孝论强调“亲亲”不同，更凸显礼义对孝道的引导和矫正功能。荀子认为孝亲之情并非人之善性的自然生发，而是外在道德规范制约和内化的结果，并由此主张“从义不从父”的“谏亲观”，把持义谏亲的社群价值置于诚敬顺亲的族群价值之上。荀子孝道思想彰显了荀子关注社会政治需要的现实主义精神。

【论“孝”与中国传统养老保障网的构建】

毕天云 《山东社会科学》2017 年第 5 期

该文从“孝”与中国传统养老保障网的构建出发，分析了“孝”的社会福利意义。在传统孝文化的涵养下，中国实际上形成了由家庭养老、宗族养老、国家养老三层保障机制构成的传统养老保障网：“以孝事亲”确立子女赡养父母的道德律令，奠定了基础性的家庭养老保障网；“以孝睦族”延伸家庭孝道于同宗族人，促进了互助性的宗族养老保障网；“以孝治国”转换家庭孝道伦理为国家政治伦理，推动建立了补充性的国家养老保障网。这对当代中国养老保障体系建设具有重要的启迪意义。

【“追孝”与文化寻根意识的发端】

雷永强 《哲学动态》2017 年第 7 期

该文指出，中国传统文化中，人们本于血脉亲情而“追孝”先人，这代表着精神的“回归”与文化的寻根意识。“追孝”通过祭祀等礼乐形式将孝亲的本能情感表达与对先祖的感念追思延伸为一种对族群的历史意识。因此，“孝”是一种“报本返始，不忘其所自出”的文化始源意识，反映了先民重根、寻根的文化趋向。这种民族心理根植于相对稳定的农业、宗法社会土壤之中，增强了华夏生民重文化传承的坚韧性与延续力，在当前对批判历史虚无主义也具有现实意义。

【论“父为子隐，子为父隐，直在其中”】

黄启祥 《文史哲》2017 年第 3 期

作者整理了过去十年间学术界围绕“父子相隐”问题展开的论战，发现无论是认为父子相隐合乎天理人情的正方，还是认为父子相隐违法悖德的反方，都是基于对“父子相隐”的误读，即认为父子相隐是互隐其恶。该文指出，孔子提出父子相隐的命题，并非隐其恶而不报。父子相隐，是隐父（子）而非隐罪，在这一过程中家庭内部的正义审判及主动的道义担当才是重点。无论是家庭协作尽量弥补过失，还是为父（子）抵罪维护亲情与法律，抑或是在这一过程中以父子亲情感动犯罪者，促使其悔过自新，主动承担罪责，都体现了孔子真正想要倡导的“直”的价值。父子相隐并非为了徇情枉法，而是试图探索一条破解“孝（慈）义两难”问题的德性之路。

【中西政治思想中的家国观比较——以亚里士多德和先秦儒家为中心的考察**】**

谈火生 《政治学研究》2017 年第 6 期

该文以亚里士多德与先秦儒家为中心，考察了中西政治思想中的家国关系：亚里士多德坚持家国殊途，因此没有将家庭伦理转化为政治伦理，而是以朋友之间完善的友爱作为原型提出公民概念，从而发展出崇尚自由而平等的政治理论；先秦儒家在家国同构的前提下，将家庭伦理中的孝扩展到社会和政治领域，将强调等差与服从的忠孝作为君臣间的规范。作者指出，只有合理地定义家在政治中的作用，才能更好地推动政治的健康发展。一方面，应让家与国各归其位、各安其位，避免家国同构、以家拟国思维可能导致的弊端；另一方面，要在政治中为家留出适当的空间，充分发挥其政治社会化的功能。

【论中国文化学意义上的“家”】

罗安宪 《中国人民大学学报》2017 年第 3 期

该文指出，中国文化学意义上的“家”虽以房舍为基础，以血亲为纽带，但重点在于家庭成员间的真感情。“家”重视家庭成员，以有亲、有序、有别作为基本家庭规范，以家教、家训作为维延家风的重要手段，对人的人格养成起着决定性的作用。只有同时具备生活、学习、工作、宗教四方面功能的“家”才能够形成真挚的情感维系。这在家庭功能逐渐弱化的今天启示人们回归传统，重新审视家庭应有的功能和地位。

【宋代封赠制度对家庭伦理和家内秩序的构建】

孙健 《北京师范大学学报（社会科学版）》2017 年第 1 期

该文从宋代封赠制度切入探讨了其中体现的家庭伦理及家庭秩序的构建问题。作者从夫妻关系、父子关系、父母关系、嫡母与生母关系四个角度表明了宋朝统治者对夫权、父权、嫡庶名分的严格维护，阐述了宋朝封赠制度对上下有伦、尊卑有序的家庭伦理秩序的捍卫。封赠制度的各项规定从严明个体家庭内部关系入手，规范了家庭乃至社会的基本道德伦理秩序。

【“尊道统”与“兴女权”——康有为女权思想探析】

康立坤 《开封教育学院学报》2017 年第 8 期

作者从康有为如何解决“尊道统”与“兴女权”之间的矛盾这一问题出发，阐释了康有为的女权思想。面对女权观念与儒家传统价值之间的张力，康有为从公羊三世说、人性论和平等观三方面予以克服：其一，提出儒家传统中并非没有男女平等之思想，而是因为中国处于“据乱世”，女子自立到“太平世”之时便会实现；其二，提倡“去苦求乐”的自然人性观，反对压抑女性的本性，并以此作为妇女解放的人性诉求；其三，“己所不欲勿施于人”的道德准则实质上说明了人与人之间的对等关系，不存在男尊女卑。该文指出，康有为的女权观虽然具有一定的空想性，且有限的女权实践也伴随着戊戌变法的失败而宣告破产，但它影响了众多开明学者和先进知识分子，促进了中国女性的自我觉醒意识。

【曾国藩的治家思想论析】

李育民 《暨南学报（哲学社会科学版）》2017 年第 9 期

曾国藩以儒家经籍为本，充分吸收、借鉴传统家训，总结曾氏家族的家风，形成了自己的治家思想和理念。他注重恭敬平和的治家道德，将其视为家道盛兴的基础。他还将曾氏家风总结为以“考、宝、早、扫、书、蔬、鱼、猪”八字为本的家居之法，其理想是建设一耕读孝友之家。曾国藩非常重视读书学习，以进德修业为树人之道，要求子弟家人做“读书明理之君”。他还推崇中国的勤俭美德，同时注重与此密切相关的养生之道，提出各种具体的规范和方法作为持家之规。该文指出，曾国藩的治家思想和理念，贯注着中国传统的伦理政治文化，体现了农耕社会的治家特点，为今天的家庭治理提供了有益的启示。

【约翰·密尔思想言论自由理论新诠】

张继亮 《武汉大学学报（哲学社会科学版）》2017 年第 1 期

《论自由》的主旨是对个性自由的

强调，但密尔为何要用很大力气去讨论思想言论自由的重要性呢，两者之间具有什么关系呢？该文指出，事实上，密尔的个性自由理论与思想言论自由理论之间有密切的关系：思想言论自由不仅有助于扩充人们的视界，扩大人们生活方式的选择范围，而且它还有助于提高人们智力与判断力相关的能力，从而有助于人们做出符合自己本性的生活方式的选择。

【**市场经济的道德基础**——斯密论商业社会对个人的道德要求】

张江伟　《道德与文明》2017 年第 3 期

该文指出，斯密的伦理思想是围绕商业社会的道德基础问题展开的。斯密试图结合自然法理学和美德伦理学这两大传统来应对商业社会的道德问题。从社会的需要和人性的限制出发，斯密将交换正义的遵循看成商业社会的底线伦理。在斯密看来，仁爱这一原则只能作为小的共同体的组织原则，而不足以支持商业社会秩序的扩展。相反，交换正义的底线伦理所搭建的社会不仅能够实现普遍的丰裕，而且可以内生出勤勉、友善等美化社会的德性。然而在新的社会形势下，斯密发现：一方面，即便这一底线伦理的践行也需要从个人德性方面获得更多支持；另一方面，正在遭受扭曲的自然自由体系需要得到更高的德性的捍卫。为应对这些问题，斯密对商业社会中公民的道德发出了关于审慎之德的两重呼吁，一重针对普通人，另一重针对可能的政治精英。

【**身体与“关心伦理”的形成**——论早期希腊医学观念的哲学遗产】

于江霞　《道德与文明》2017 年第 4 期

该文指出，灵魂及其构成问题通常被认为是研究和理解古希腊伦理思想的始点和核心，但若仔细研读《希波克拉底文集》等早期医学文本中的相关论述便会发现，早期医学对身体的哲学观察与伦理关切实际上影响了哲学家对灵魂的伦理思考：在早期希腊时期，对身体的研究与照管，以及由此生发的对人性或自我的理解和对生活方式的探讨，促进了“关心伦理”及其特定的实践方式的形成，而这恰恰成为“关心灵魂”这一哲学话语所参照的基本模型。基于养生法的医学思考与医哲类比在这种伦理的形成与转化中起了关键性作用。

【**重思哲人王难题**】

张新刚　载徐松岩主编《古典学评论》第 3 辑，上海三联书店 2017 年版

柏拉图在《理想国》中提出美丽城邦的构想，这一构想的关键是哲人王的统治。但是基于哲学与政治两种能力的差别，哲人是否愿意为王成为学界争论的焦点（即著名的“哲人王悖论”）。该文首先澄清哲人王在《理想国》论证结构中所占据的位置，在回顾学界已有讨论的基础上，提出哲人是被迫为王回到洞穴进行统治的，即承认“哲人王悖论”没有非常令人满意的解决方案。在这一理解的基础上，该文认为《理想国》的美丽城邦首先是灵魂中的政制安排。

【亚里士多德论勇敢】

刘玮　载刘东主编《中国学术》第38辑，商务印书馆2017年版

勇敢既是希腊人心目中最典型的德性，也是亚里士多德关于德性的讨论中最复杂和争议最大的。该文用近4万字的篇幅讨论了围绕勇敢的诸多争议。（一）亚里士多德为什么给勇敢设置了两种不同的情感——恐惧和信心；亚里士多德将它们归入同一个“勇敢”之下是否恰当。（二）亚里士多德为何将严格意义上的勇敢限定在为城邦而战中，这样的限定是否过于狭窄。（三）死亡是人生的界限，人为什么要冒着生命危险去实践勇敢；这样的行动对一个人的幸福有什么贡献。（四）有德性的行动需要有快乐相伴，但是面对危及生命的痛苦，勇敢者的快乐从何而来。（五）如果勇敢者一定要承受恐惧带来的痛苦，那么勇敢是不是更接近“自制”而非“德性”。

【在现代的起点上——论博丹的混合政体批判**】**

韩潮　载徐卫翔、韩潮主编《文艺复兴思想评论（第1卷）文艺复兴与现代思想的兴起》，商务印书馆2017年版

该文讨论了博丹思想中一个看起来有些悖谬的方面，即他将“和谐正义”和“适当的混合”这些看来更适合描述混合政体的词语用来描述君主政体。作者认为，之所以会出现这种情况，是因为博丹区分了政府层面的混合与国家层面的单一君主制，并由此开辟了从古代政体学说到现代治理学说的转变，因而站在了现代的起点上。

【不稳定的利维坦——霍布斯式国家解体的必然性考察**】**

夏菘泽　《政治思想史》2017年第2期

该文指出，霍布斯在《利维坦》中描绘了一个庞大的政治国家，但它是可朽的，其内部蕴含的张力造成了这个庞然大物先天的顽疾：创造利维坦的人在本质上就有缺陷，因此由他们所组成的国家也就注定要垮台。换言之，霍布斯构建的“利维坦”并不是一个稳定、持久的被造物，也不可能实现永久的、真正的和平。霍布斯并非从开始就看到了这一危险：将《利维坦》与早期的《法律要义》和《论公民》进行对比，可以发现“利维坦必死”的观点是在三部著作中按时间顺序不断加深，并在《利维坦》中最终形成的。利维坦必死的根本原因在于：利维坦作为一个政治国家，应当是一个统一的整体；然而，创造利维坦的每一个个体却都从个人主义或者说自由主义的角度出发，作为一个原子式的个人来订立信约并建立国家。这种结构本身就隐含着根本的内在矛盾。

【霍布斯研究：百年回眸】

唐学亮　《社会科学论坛》2017年第6期

霍布斯以英语哲学开创者和现代政治哲学奠基人的身位，跻身于世界最重要的哲学家之列，其政治与法律哲学对

后世影响深远。如果说整个欧陆哲学可称作柏拉图的注脚的话，那么，整个现代西方政治和法律哲学则可以算作霍布斯的注脚。在19世纪末20世纪初，西方涌现出一股持续至今的霍布斯研究热潮，滕尼斯、泰勒、施特劳斯、施密特、奥克肖特、麦克弗森、沃伦德、高希尔、斯金纳等奠定了各自霍布斯研究的丰碑，并且其间的学说呈现出较强的流派特征。自梁启超《霍布士学案》始，霍布斯正式进入中国思想的视界，但真正有力的霍布斯研究要等到百年后的施特劳斯哲学规模性地进入中国。该文指出，中国的霍布斯研究得益于施特劳斯哲学，然亦受制于此，甚至在一定意义上可以讲，中国的霍布斯研究不过是施特劳斯的霍布斯研究的注脚而已。因此，中国的霍布斯研究任重而道远。

【洛克式自然财产权与平等主义的分配正义】

谭安奎　《社会科学辑刊》2017年第4期

该文指出，私人财产权不能仅仅是法律和制度的产物，否则它就失去了道德上的可信任性。私人财产权与平等主义分配正义之间长期未决的潜在冲突有以下两个。一是前制度的财产权或作为自然权利的财产权在概念上是否成立？二是如果它是成立的，平等主义的分配在道德上又如何可能？事实上，作为现代主体性权利的自然财产权只能是一种二阶财产权，即拥有财产的权利，而不是对具体外物的财产权。这种自然财产权给平等主义的分配正义留下了空间，但也设置了两个约束条件：一是通过认可私人财产制度，给每个人留出了拥有财产的机会；二是把分配原则建立在全体一致同意的基础上，而后者只能通过某种假定性契约才能得以满足。在这个意义上，作为平等主义分配正义的最精致的理论形式的罗尔斯的正义论采取假定性契约论的形式，就是一种必然的选择，是尊重平等的主体性权利以及个人意志所带来的道德约束的表现。

【认知科学视域中的康德伦理学】

徐英瑾　刘晓力　《中国社会科学》2017年第12期

该文指出，康德伦理学的基本形而上学与元伦理学预设是“应然”与“实然”的区分，而一种基于认知科学与演化论视野的新伦理学研究，则以淡化这种二元对立为前提。从认知科学的角度看，倘若康德关于道德自治性的断言是正确的，人们就应当可以发现人类大脑具有一个同时满足如下所有特征的“道德模块”或“道德算法”：（甲）它负责社会交往活动而不负责其他任务（如对于物理对象的知觉或思考纯理论问题）；（乙）其运作特征必须被划归为“理性”而不是“感性”或者“直觉”；（丙）其道德输出具有明显的“利他性”而不包含“工具性”或者“自利性”。然而，通过对于康德伦理学与认知科学研究中的几大主流思潮的比对却发现，上述这种对于“道德模块”或“道德算法”的假设，很难得到认知科学的各种主流见解的支持。

【黑格尔：一个“不情愿”的现代主义者】

汪行福　张云凯　《上海师范大学学报（哲学社会科学版）》2017 年第 4 期

该文指出，黑格尔明确把人类和个人自由的全面发展视为现代性的理念，并指出其实现的艰巨性和有限性。表面上，黑格尔宣扬思辨神学创世论、历史终结论和国家至上论，其实他是以思辨哲学的语言阐述历史发展到现代阶段人类理性思考和自由生活的经验和可能性条件。在黑格尔看来，现代世界中主观与客观、普遍与特殊、超越与现实之间的张力具有难以消除的韧性，哲学的意义在于使人意识到现代性的矛盾性质，并以现实的合理方式加以调节。在这个意义上，黑格尔是一个反思的、自我节制的现代主义者。

【现代社会中的“家庭”及其所代表的伦理性原则——黑格尔《法哲学原理》中“家庭”问题的解读】

孙向晨　《学术月刊》2017 年第 4 期

该文指出，在黑格尔法哲学的“伦理生活”中，有家庭、市民社会与国家三个环节，这三个环节被认为是个体获得自由的现实条件。人们常常瞩目于“市民社会”与“国家”的关系，“家庭”似乎从来都是一个可有可无的发展环节，一再被人们所忽视。事实上，“家庭”不仅是“伦理生活”的一个直接的、自然的环节，它还代表了一种与“个体性原则”不同的“伦理性原则”。“家庭”在“个体”的形成，“市民社会”的补救，“国家”的认同，乃至“世界精神”的产生上，都有着不可或缺的地位。

【尼采自然主义德性观探析】

韩王韦　《道德与文明》2017 年第 3 期

该文指出，Tugend 一词从词源学上来讲，有美德、德行和能力三重意思。尼采认为，苏格拉底将理性求知等同于德性，亚里士多德将自然德性（植物性的生长能力）排除于人的德性之外。基督教兴起以后，德性逐渐与能力脱离了关系。于是，理性概念成了评判一个人是否有德性的唯一标准；然而与此相反，德性首先应该与卓越的自然能力有关，它牵涉人的本能，而不是理性；自然能力源于健康良好的生长，能够健康良好地生长就是幸福，因此幸福是生命的前提，而不是目的，展现自我的德性和能力才是目的；生命只有摆脱道德重负，重新回归无辜和健康，才能够获得幸福，并进而实现自身的德性。

【元伦理学视角下 good 的意义及其汉译研究】

姜玲　《伦理学研究》2017 年第 2 期

该文指出，作为价值词，good 的用法灵活多样，语义复杂多变，是典型的一词多义。它既有道德用法也有非道德用法，既有描述性意义也有评价性意义，这些用法和意义既有区别又有联系。很多情况下，并不能简单地把 good 理解为“好”，而要根据其出现的上下文进行正确理解，灵活处理，选择恰当的汉译。

【在善与公平之间——从电车困境与“人数”选择难题谈起**】**

晋运锋　《哲学动态》2017 年第 6 期

该文指出，在道德哲学中，善与公平是两个最重要的维度，然而，两者在很多时候会提出相互冲突的要求。在选择救助一个人还是五个人的电车困境中，善与公平之间的张力得到了充分展示。以人际集合为基础的后果主义要求救助多数人，但其无法兼顾公平；随机选择理论认为，不同人的善和价值是无法比较的，应该不受人数影响进行公平的随机选择；权重理论通过赋予每个人获救的机会以不同的权重来公平对待他们；平衡理论通过平衡每个人的要求来证明救助多数人的正当性。然而，这四种理论都无法有效解决人数难题。人们可以尝试通过非人际集合的方法来确定最优的选择，并诉诸一种温和的公平观，以期更好地解释道德哲学中善与公平之间的关系问题。

【罗尔斯正义理论的道德根基】

顾肃　《道德与文明》2017 年第 4 期

该文指出，正义理论是否存在道德基础，是当代政治哲学热烈讨论的一个议题。罗尔斯虽把正义观解释为政治的而非形而上学的，不依赖于广包的宗教或哲学学说，但强调普遍的正义观念离不开政治文化的基础，包括道德基础，即人们所潜在地认可、普遍接受的那些基本理念和原则，如宗教宽容和反对奴隶制。正义原则的达成也预设了平等的公民之间的协议，以及公民拥有的正义感和善观念的道德能力。正当优先于善并不表示正当完全排斥善，而是说两者是相互补充的，正义观念是从两者共同推导出来的。政治的正义观念与其他道德观念之间的区别只是观念应用的范围问题。关于国家中立，基本制度和公共政策虽然不是设计来偏袒任何特定的广包学说，但不可能强求正义制度的影响都是中立的，它所影响的美德是富有意义的。公平正义包括对诸如公民美德和宽容的美德、理性和公平感的美德等的解释。罗尔斯强调其政治自由主义是一种“道德观念”，它以最普遍的道德原则作为后盾，这里就包括尊重人、把人当作目的这个根本的道德公理。

【对罗尔斯正义理论的回应与推进——森和努斯鲍姆的能力论**】**

龚群　《华中师范大学学报（人文社会科学版）》2017 年第 5 期

该文指出，罗尔斯的公平的正义理论是当代政治哲学中最重要的正义理论。罗尔斯的理论是以契约论的方法推导的，正义原则实际上是对社会基本善进行分配的原则。然而，立约人只能是具有立约能力的理性人，因而罗尔斯的契约论限制了罗尔斯的正义视域，契约论方法以及理性人的社会合作体系致使其不把先天的残障人包含在正义问题范围内。阿玛蒂亚·森（Amartya Sen）和玛莎·

努斯鲍姆（Martha Nussbaum）等对罗尔斯的方法论和资源平等的分配正义问题提出批评，他们突破契约论的局限，提出了能力平等的方法论。他们从人的基本能力的前提出发，将基本善的分配转向能力平等，指出正义在于基本能力的实现，而非正义在于基本能力的不足，因此他们从罗尔斯的形式正义转向实质性的正义。同时他们也对于契约论不包括残障人的问题进行了尖锐的批评，罗尔斯回应了他们的批评，并仍坚持了自己的观点。

【当代功利主义平等观论析】

王浦劬　刘舒杨　《政治学研究》2017 年第 6 期

平等是政治哲学的重要价值。传统观点认为，功利主义以个人效用最大化为基本取向，与平等价值的相关度很低。但是经过长期嬗变，当代西方功利主义已然具有平等的价值取向，其建构逻辑在一定程度上自洽地实现了功利最大化与平等待人的统一。当代功利主义超越了传统功利主义平等的基础，在道德可能性与现实可行性两个方面论证了功利最大化与平等待人的相容性，提供了符合平等要求的分配结果，并回应了学术界对其平等问题的诸多批评。但是当代功利主义没有超越传统功利主义的理论逻辑和思维轨道。该文运用马克思主义研究方法发现，当代西方功利主义平等观在理论基础、基本内容和主要观点方面均存在根本的缺陷，只有马克思主义平等观的哲学基础和社会主张，才是解决社会平等的本真论证和现实路径。

【德性伦理学与规范伦理学之争及其影响】

方熹　江畅　《哲学动态》2017 年第 3 期

该文指出，德性伦理学至今已成为与作为规范伦理学两大主要类型的功利主义和义务论鼎足而立的西方伦理思想主流之一。德性伦理学在当代以“反叛”形式开始复兴的背景决定了其更多地通过寻找与功利主义和义务论相异乃至相反的特征来展现自身。这两大阵营之间演绎着一场持久而激烈的论战，彼此都试图找到对方的致命弱点以将对方归约到自身的理论范畴内。这场至今犹烈的旷世之争对于有效地促进德性研究的再度兴盛有着重要意义。

【论“美德伦理学”的“知识”基础——兼论科学思维的真正确立】

黄裕生　《学海》2017 年第 5 期

该文指出，在苏格拉底—柏拉图那里，他们的伦理学不仅建立在他们借以清理、审定“神话神学”的“理性神学”基础上，而且以他们所追求的“知识”为基础。后面这一点一直规定着亚里士多德的实践哲学的思考。不过，在苏格拉底—柏拉图这里，这种“知识”被严格区别于日常经验中的知识，他们把后者称为“意见”。他们心目中的真知识，也即被他们当作伦理学之基础来探究的那种知识，实际上被当作一种“全视角”或“无视角”的“知识”来理解和追求。虽然以这种知识为基础的伦理学在确立伦理规范这一工作上并无所成，但是，人们却可以说，希腊人正是在追寻这种“全视角知识”的努力中确立了科学，从而把人类带上了以具有自身同一性的概念去展开、理解世界的道路。

【古典实用主义伦理思潮及其理论得失】

郦平 《道德与文明》2017年第6期

该文指出，在西方社会的发展过程中，始终存在与之相适应的伦理规范，它成为调节和改善西方社会秩序的一种重要精神力量，古典实用主义伦理思潮正是其中较有代表性的一种。古典实用主义伦理思潮特别强调自然满足与道德之善和谐相生、个体快乐与普遍幸福共同实现、个体权利与社会责任互依互存及道德评判标准多元融合（行为、效用、品格）。这是可供当今中国建构道德共同体参考的理论资源。因而，研究古典实用主义伦理思潮及其理论得失，对当下社会道德共同体的建构及公民道德意识的提升具有重要意义。

【论“代际储存”——代际正义的一个重要问题**】**

唐凯麟 朱平 《湖南大学学报（社会科学版）》2017年第3期

该文指出，“代际储存”作为一个社会问题，学界早就有所关注。有一些思想家在对相似问题的讨论中都提及与“代际储存”问题直接相关的思想。比如在国外，美国伦理学家罗尔斯在其最负盛名的著作《正义论》中，首次提出了一个概念“just savings principle”，即正义的储存原则。在《增长的极限》中，丹尼尔将未来社会设想为一种现代人与后代人之间具有平等价值认知的均衡社会。在国内，关于“代际储存”概念最早见于周敦耀《试论代际正义》（1997）一文，但他仅在阐释罗尔斯代际正义观时提及“代际的储存”一词，并未进行深入的讨论。其后，洪大用在《环境公平：环境问题的社会学视点》（2001）以及张书琛等在《社会主义市场经济中的社会公正问题》（2002）中也提及“代际储存”概念。“代际储存”所涵盖的范围并非只限于两代人或数代人之间，还隐含着整个人类所有世代。这就与“正义的储存原则”和“代际正义”不同。“代际储存”含有五个要点。代际储存的主要内容是“环境资源”，如何储存这种资源？第一，在认知上，人们确立环境资源的代际存储不仅是一种对环境消极被动的保护，更是一种对环境积极主动的维护和改造的意识。第二，在具体行动中，人们必须深入地贯彻“环境资源的代际储存”是一种系统性的、整体性的和持续性的行动的意识。“代际储存”的提出，在否定“消费主义”生存方式、促进“生态文明”构建和促进“生态伦理”生成三个方面具有重要价值。

【生态文明建设中的环境伦理法治化探析——以“狗肉风波”切入**】**

巩固 《浙江学刊》2017年第2期

该文指出，以法治方式处理伦理争议是生态文明建设的重要任务。各种源自西方的环境伦理思潮成为影响中国环保的重要力量。它们既为中国社会的环境思想启蒙和环保实践进步作出了重要贡献，又常引发冲突与争议，这在抵制广西玉林“狗肉节”所引发的“狗肉风波”中得到充分体现。非人类中心主义环境伦理学对生态文明建设既有积极影响，又有消极作用，须妥善应对。其消极作用主要是：第一，自然想象的片面导致价值目标的单一和价值判断的褊狭；第二，对自然的拟人化和物种平等主义导致实践困境；第三，对自然价值的无限拔高导致对人类的贬抑，纵容甚至鼓励“反社会”行为；第四，利益基础褊狭不利于社会共建；第五，环境问题泛道德化遮蔽环境危机的真正根源，导致生态文明建设的方向迷失和路径褊狭。环境伦理学与传统法秩序的内在冲突导致环境伦理的法治化比一般领域的伦理法治化更加困难，面临更多障碍。一是环境伦理学的“种际性”与法之伦理基础的“人际性”之冲突。二是环境伦理学的超前性与法的保守性之冲突。三是环境伦理学的信仰本质与法的妥协性之冲突。四是环境伦理学价值关怀的细腻性与法律关怀的宽泛性之冲突。对此，应充分考虑环境伦理的特点，环境伦理法治化应遵循以下实施原则。第一，还原伦理主张背后的利益本质，以“人类”为尺度进行衡量取舍。第二，从“法制”角度对环境伦理进行划分，合理界分势力范围与作用方式。第三，充分凝聚价值共识，及时归纳环境义务，通过对环境义务的制度化提升社会整体道德水平。第四，尊重法的地方性，充分发挥地方立法作用。第五，环境立法须保持动态性、开放性和适应性，及时修改和补充。第六，加强环境教育，通过充分的信息沟通和公开辩论来消除误会，增进共识。

【关于伦理道德的再思考】

宋希仁　《桂海论丛》2017 年第 3 期

该文认为，关于伦理是什么，应该追问一下伦理观念产生的源头在哪里。《易经》曰：“有天地然后万物生，有万物然后有男女，有男女然后有夫妇，有夫妇然后有父子。而有父子然后有君臣，有君臣然后有上下，有上下然后有礼义。……昔者圣人之作易也，将以顺性命之理，是以立天之道。曰阴与阳，立地之道；曰柔与刚，立人之道；曰仁与义，兼三才而两之。”讲社会道德的起源可以追溯到社会意识的起点，但讲道德意识的发端，则要换一个角度，回到个体的人生论，追溯到人的内在自我意识的发端点和成长过程；它虽然不是不依赖于现实社会关系的独立存在，但它毕竟属于个人意识、个体心性发端的内在精神形态，必定体现为个人的动机、意图、意志、行为，本质上是人性的操守和人格。人类的道德活动过程包括如下环节。（1）动机（故意）。任何行为如果算作道德行为，必须首先跟他的故意相一致。（2）它的内部内容是行为的意图（福利），即行为在自我相关中的相对价值。（3）意图包含了普遍内容，即作为内部被提升为自在自为的意志的绝对目的，这就是善（普遍价值）。该文的分析框架是马克思主义关于他律自律相统一的思想，基本问题意识是中国传统伦理文化的现代转换，同时在方法论上汲取了黑格尔法哲学的合理思想。

【伦理道德，如何才是发展】

樊浩 《道德与文明》2017 年第 4 期

以何种理念对待伦理道德，“建设”，还是“发展”？“建设”是被动态，是对“建设者”能动性的凸显；“发展”是主动态，是对伦理道德自身规律的尊重，必须以“发展”看待伦理道德。伦理道德发展能否测评，如何测评？基于伦理道德发展的哲学规律、中国传统、中国问题、时代精神要求四个维度，中国伦理道德发展测评可以展开为七大结构或七个“力”：公民的道德自主力、家庭的伦理承载力、集团的伦理建构力、社会的伦理凝聚力、政府的伦理公信力、生态的伦理亲和力、文化的伦理兼容力。它们分别对应七大指标：公民的道德自觉自持指数，表征个体的道德自主度；家庭的伦理承载力指数，表征家庭的伦理强度；集团的伦理可靠性指数，表征集团的伦理浓度；社会的伦理凝聚力指数，表征社会的伦理温度；政府的伦理公信力指数，表征政府的伦理信度；生态的伦理亲和力指数，表征人与自然关系的伦理安全度；文化的伦理魅力指数，表征文化的伦理兼容度。该文指出，七个“力”、七大指数和七个“度”构成“个体—家庭—集团—社会—国家—生态—世界”一体贯通的伦理道德的发展体系和测评体系，标志着伦理道德发展水平的总体性话语就是“道德美好度”。这个评估体系只是基于中国传统和中国国情，提供了关于伦理道德发展的评估理念、理论、结构、元素，最基本的努力是对它进行学术论证，使之成为一个体系。付诸实践，还有许多操作问题需要进一步研究和解决，尤其需要进一步细化可测评的最后一个层次的具体指标体系，这些指标体系既要主观与客观、定性与定量结合，又要根据现实推进做及时调整，并确定“七力”结构，以及诸指标体系在评估中的不同权重，由此形成一个相对稳定的动态评估系统。

【社会主义核心价值观与道德规范体系之关系】

李建华 《道德与文明》2017 年第 2 期

该文指出，社会主义核心价值观植根于深厚的中华民族传统道德文化土壤，集中表达了马克思主义道德原则和人类普遍的道德观念，是构建道德规范体系的根本导向。社会主义道德规范体系是马克思主义道德思想的具体化，为社会主义核心价值观提供了道德合理性。一方面，社会主义道德规范体系内含着社会主义核心价值观的道德要求；另一方面，社会主义道德规范体系为核心价值观认同铺筑了基础。在社会主义核心价值观的引领下，为了适应新的社会历史条件，道德规范体系也必定要做出相应的调整，应以“人道主义”和“集体主义”为根本原则，以“发展、公正、共享、和谐”为核心理念，以“爱国、敬业、诚信、友善”为基本规范，以“职业道德、社会公德、家庭美德、个人品德”为特殊道德要求。个人品德可以分为两个部分，一是私人品德，二是作为公民的道德。私人品德是人们在私人领域所遵从的道德价值、道德原则和道德标准，涉及个人的道德观念和道德判断。公民道德是人们以公民身份参与社会事务时的道德品质。两者既有联系，又有区别。两者的联系在于，拥有高尚私人品德的人也倾向于在社会生活中自主维护公共秩序；区别在于，人们私人品德的实践要以不侵害其他公民的权利、符合法律和社会制度要求为前提。如果人们将自己所形成的道德观念作为社会的普遍性原则，依据道德偏好排斥其他社会成员或者强迫他人接受自己的道德理念，无疑会对公共生活带来严峻挑战。

【社会全面转型期道德建设思路的三大转变】

李建华 《马克思主义与现实》2017 年第 1 期

该文指出，社会转型是社会发展到新的阶段所引发的系统化调整，意味着社会结构、生活方式和建设模式等方面的深刻变革。中国改革开放之后长期处于单一市场经济推动的社会转型之中，而现在则开始迈向社会全面转型。从经济社会转型到社会全面转型的转变需要确立新的价值目标，也必然形成新的道德关系，产生新的道德诉求。因此，必须转变道德建设思路，为社会全面转型提供道德支撑：实现从单一的市场经济适应到全面的社会适应的转变，从被动适应社会到主动引领社会的转变，从自控式管理模式到协同式治理模式的转变。社会全面转型的道德建设旨在满足社会多元化的道德需求。在社会全面转型阶段，人们不能再以某一社会领域的道德要求作为统合性的标准，而应该在承认社会生活多样性的基础上谋求道德价值的最大公约数。社会道德需求的多元化来自社会领域的分化。社会全面转型谋求政治、经济、社会、文化、生态五位一体协调发展，每一领域都内含着独特的价值目标和道德尺度。在道德建设中，人们必须充分认识不同社会领域的道德特质，构建与之相适的道德标准和道德培养模式。唯其如此，思想道德建设才符合现实需要，才会有所成效。

【马克思道德思想的三个理论层次探析】

李梅敬 《毛泽东邓小平理论研究》2017 年第 6 期

该文指出，马克思的道德思想是丰富而立体的，且表现为不同的理论层次。从理论层次的视域看待马克思的道德思想，人们会发现所谓的道德矛盾实质上是从单一层次对马克思道德思想的误读。依据道德理论对研究对象的具体历史和现实条件的抽离程度不同，马克思道德理论可分为三个层次：一是针对具体事件的具体道德判断；二是人类解放层面的道德理论；三是共产主义理想蓝图中的道德自然存在。道德理论的第一层次是传统道德理论的主要关注点，传统道德理论的立足点在社会，即人如何调整自己的行为以适合社会的发展和营造社会的和谐。在资本主义社会，这一层次的道德理论从正义论的立场出发，一方面揭露了资本主义社会罪恶、丑陋的非人性方面；另一方面质疑了资本主义社会的合理性。马克思第二层次的道德理论是坚持道德理论的历史性、具体性，将道德理论建立在社会物质生活的基础之上，主张通过革命实践改变旧世界，从而把一般的道义批判转化为摧毁资本主义制度的现实行动。马克思的理想是实现道德理论的第三层次，在道德理论的第三层次中不需要提出道德要求，因为在共产主义的理想蓝图中，人和社会发展的层次超越了第一层次和第二层次，以一种不易察觉的状态自然存在。三个层次的道德理论在马克思那里是一脉相承的，是马克思道德思想发展的内在逻辑和阶段性特征。马克思对不同层次的道德理论有不同态度，包括对第一层次的“忽视”、对第二层次的关注和对第三层次的期许。

【新时代道德建设的逻辑理路——学习十九大报告的几点体会】

马永庆　《山东师范大学学报（人文社会科学版）》2017 年第 6 期

新时代中国特色社会主义赋予道德建设以新的历史使命。道德建设是决胜全面建成小康社会的重要组成部分，也是其思想基础和道义支撑。新时期道德建设需要建构与新时代现实相适应的道德文化体系，强化公民道德建设工程，推进集体主义教育。在实践的层面上，要把继承中华优秀传统道德文化与弘扬时代精神相结合，发挥不同道德主体的作用，在道德建设的真抓实干上下功夫。该文强调，道德建设要树标立杆。任何一个社会主流意识和价值观念的形成及强化，都需要通过树立典范人物，对社会产生“标杆”和“榜样”作用，进而引领社会风尚。要充分地发现和挖掘在广大人民群众中践行社会主义核心价值观、遵德守礼的先进典型。典范人物是社会主义核心价值观的具体体现，是社会主义社会的道德榜样。开展学习先进典型的活动就是要彰显社会主义道德的生命力，使人们在认识和学习典范人物的活动中，在先进榜样的思想和行为的影响下，感受到社会主义道德的真实存在，享受到培育和践行社会主义核心价值观的成果给人们带来的利益满足，从而不断形成道德共识。让人民群众在丰富多彩的活动中明荣辨辱，弃恶扬善，彰显新时代道德建设的实效性。

【当前公务员职业道德建设的三个基本问题】

萧鸣政　张满　《北京大学学报（哲学社会科学版）》2017 年第 3 期

当前形势下为什么要进行公务员职业道德建设、建设什么与如何建设三个基本问题，值得进行比较系统的研究。该文从政治、经济与社会三个方面分析了公务员职业道德建设对于贯彻落实党的十八届六中全会精神、执政能力建设与效能提升的时代价值与意义；基于公务员服务对象的要求分析以及课题组的量化研究提出了公务员职业道德建设内容的 7 维度结构模型；基于理论研究、政府管理与实践探索的分析，认为当前国家公务员职业道德建设的路径选择包括法制、监督、教育、文化与制度管理 5 大方面；特别指出了《关于推进公务员职业道德建设工程的意见》（以下简称《意见》）相对以往公务员职业道德建设途径与方法的创新点；最后，基于《意见》行为养成方法说明的不足提出了建立公务员职业道德的促进性评价模型及其价值分析，认为该模型将可能为《意见》的贯彻落实提供一种可行与有效的实操路径与方法。该文提出了如何营造公务员“三不”文化：在公务员晋升提拔上真正坚持“德才兼备，以德为先”，实行不良职业道德一票否决制，让公务员不敢不重视与践行职业道德；在公务员工作的考评监督过程中，一旦发现职业道德不良行为，立即提醒与警告，让其不能不重视与践行职业道德；在公务员招考与录用的入口中，要求具体考试与面试相关的职业道德规范与行为，让其不得不学习与掌握相关的职业道德知识与行为，明确哪些工作行为是职业道德的失范行为，哪些是自己工作应该具备的职业道德知识与行为。

【我们何以负有服从规则的道德义务?】

姚大志　《哲学研究》2017 年第 10 期

任何社会都会对个人行为加以规范，以使人们能够和平相处，使社会保持良好的秩序。用以规范人们行为的东西主要有两类，即道德规则和法律规则。人们不仅被要求服从这些规则，而且人们本身就有服从规则的道德义务。但是，对于人们何以需要承担这种服从义务，目前的道德理论还没有给出逻辑融贯的合理解释。对于该问题的合理解释应该同时包括制度规则与个人行为这两个层面。迄今为止，无论是后果主义还是义务论，无论是密尔的分层理论还是罗尔斯的限制理论，它们要么不能对制度规则给出合理的解释，要么不能对个人行为给出合理的解释，要么对两者均无法给出合理的解释。该文主张，人们可以把对这两个层面的解释分开，用后果主义来解释制度规则，用公平原则来解释个人行为。通过理论的这样一种分层使用，人们就可以很好地解决遵守规则的道德义务问题。

【信念伦理及其在当代中国社会的建构】

吴俊　周嘉婧　《社会主义核心价值观研究》2016 年第 4 期

什么是信念伦理？该文指出，在拥有国家宗教的国度，信念伦理往往就是宗教伦理的代名词，一般指基于对宗教神灵的信仰而产生的伦理关系及相应的道德行为，对神的信念（信仰）是确保人之行为的道德性的前提。信念伦理是指人们在特定认识的基础上确立的对某种思想观念、理论学说、偶像人物或其他事物的坚信不疑并由此产生的伦理约束、道德效仿和行为评价等。人们所提倡的信念伦理之“信念”，是对以正确认识事物发展规律为基础的理论学说、思想观念等的坚定服膺，将正确的理论学说、思想观念对自身行为的约束性转化为一种自觉和自律是信念伦理的真正意涵。信念伦理具有多样性、统摄性和自律性的特征。以中国梦引领当代中国社会信念伦理的建构，以社会主义核心价值观的建构为基础确立相应的社会信念伦理体系，通过社会公平正义、社会诚信和公民美德建设，坚定建构信念伦理的信心，是当前信念伦理建构的基本路径。一个由公正观念来调节、充满信任的社会必将是一个和谐的社会，唯有在一个公平正义、充满信任的和谐社会中，人们才能轻装上阵，全身心地投入全面建成小康社会的伟大实践中，才能真心拥护带领人民实现公平正义价值理念的中国共产党，才能确信坚持和发展中国特色社会主义道路的唯一正确性。

【论道德上的完全义务与不完全义务】

余涌 《哲学动态》2017 年第 8 期

该文指出，道德诉诸社会舆论、个人良心和风俗习惯等，以其特有的方式把握与规范人的个体与社会生活，而道德义务则是道德把握人的生活世界的重要支点。因道德义务涉及人的生活世界的方方面面，同时，也因为存在不同的文化或道德共同体所导致的人们的道德生活存在着可能的差别，要对道德义务做出完全的描述几无可能。但这并不妨碍人们根据不同的标准对道德义务做某种形式的归类或罗列，如把道德义务分成消极义务和积极义务、对自己的义务和对他人的义务、完全义务和不完全义务。道德上的完全义务与不完全义务的区分虽不像法律义务与道德义务的区分那样明确，但其间的差别还是显而易见的。正确认识这种差别，避免两者之间的混淆，把握道德义务的层次性，对于充分发挥道德的规范和引导功能具有重要意义。实际上，当一种道德教育或道德舆论试图这样强加于人时，它所希冀的是把道德上本属于个人自由选择的行为变成必须为之的强制行为，把个人可以偶尔或一时为之的行为变成一种日常行为，把少数人可以或愿意为之的行为变成所有人的行为。这看似提高了道德的门槛，实际上是对道德的伤害，势必会导致人们要么因为觉得道德高不可攀而远离道德，要么言行不一而道德虚伪，这都与道德教育的初衷相去甚远。

【“公正”新解】

韩东屏 《马克思主义与现实》2016 年第 6 期

在关于公正的问题域中，从本质上有效界定公正是首要的工作，但学界的既有研究均不能令人满意。其中的一个失误是不该将“公正”等同于“正义”，更大的问题是人类从古至今关于公正的说法虽层出不穷，套路各异，却没有一种能经得起推敲。中文译者将 *A Theory of Justice* 译为《正义论》是可以理解的，但从求最佳的意义上讲还是不妥，因为此书实际上是讲政府应该制定什么样的分配制度的，此书更准确恰当的译法应为《公正论》。马克思的公正观别开思路，独树一帜，但还是有所缺憾。这就需要继续进行新的尝试。该文从一个公认的前提出发，将公正定义为按共同确定的规则待人；反之，不公正就是未按共同确定的规则待人。一般性的公正既定，各种特殊公正问题均可迎刃而解。如千年以来争执不休的分配公正，就可解释为按共同确定的规则分配。规则的共同确定有共同制定与共同约定这两种形式。前者形成制度，后者形成道德，因而公正也有制度公正与道德公正之分。

【正义与关怀之间：当代道德教育的另一种可能】

王葎 《中国高校社会科学》2017年第5期

该文指出，现代社会，以权利、公平、正义为基准的价值框架日渐深入人心，个人自主、社会自治、政治民主被认作根植于人之本能的价值追求。然而，在对这些公认的现代“好价值”的推崇背后，现代生活也常有“智及”不能“仁守”的地方。西方社会的主流政治理论普遍持有一种基于“平等主义共识”的正义思维。正义思维以对主体自由的平等尊重为前提，赋予现代德育重要的“自主”“自律”内涵。然而，以自由权利为基调的正义思维，偏重契约性的程序正义，本质上着力的乃是基于“权益计算”的契约性的原则遵守，它隐含着对于具体个人的积极关注以及与此相关的共同体感的可能削弱。对此，以女性主义为代表的当代政治理论家声称，迫切需要一种“基于具体关系保护、倡导积极责任担当”的关怀伦理。围绕现代道德生活的基础，正义思维和关怀伦理在“普遍原则与特殊情境”“要求权利与承担责任”之间各执一端，以反思的形式展现了一幅当代道德教育必须兼具“正义和关怀”的完整理论和实践图景。

【德育叙事之内涵实质及分类研究】

李西顺 《教育研究》2017年第8期

“叙事”（narrative）一词源自拉丁文，意为“知识、专家或熟练实务”。在经典叙事学的框架之内，叙事的内涵被理解为讲故事或类似于讲故事之类的事件或行为，用来描述前后连续发生的系列性事件。经典叙事学的基本特征在于把叙事作品从与它密切相关的种种外部要素中孤立出来，以结构主义为主要方法论及学理基础，强调把作为封闭系统的叙事文本作为研究对象，着重探寻封闭的叙事作品内部的叙事结构。把德育叙事局限地理解为“讲述道德故事”容易在概念理解的源头窄化、浅化其内涵实质，从而导致学校德育叙事的许多理论及实践困境。德育叙事实为一种师生共在式的深层道德意义建构活动：师生在学校道德生活共同体内，以道德故事、生命故事为载体，通过叙述、聆听、反思、扮演、实践等方式，栖居于叙事内部的共通世界，敬畏道德法则，体悟生命意义，实现自我与社会、生命与自然、自由与规则、历史与当下、现在与未来的价值思考与伦理体验。据之，该文认为德育叙事可以划分为能指叙事与所指叙事、外在叙事与内在叙事、单薄叙事与丰厚叙事、单向叙事与互动叙事等类型。基于德育叙事之内涵实质对其进行分类研究，兼具类型学及实践操作两个层面的指导价值。

【从当代品格教育到发展性品格教育——21世纪美国价值教育的转变与实践】

高洁 《比较教育研究》2017年第7期

该文指出，美国品格教育在过去

30年间作为美国道德教育的主要途径对美国学生产生了重大影响，纠正了价值澄清理论与道德认知发展理论思想下美国道德相对主义的弊端。但随着社会发展与全球化进程的推进，当代品格教育的缺陷越来越多地暴露出来，对新型道德教育的召唤使“发展性品格教育”应运而生，其弥补当代品格教育缺陷的同时提出了新的实践策略。当代品格教育作为美国道德教育发展的第三个历史阶段，从20世纪80年代末延续至今。此价值教育形式因忽视外在社会因素，未涉及价值冲突与真实情境，错把价值概念作为教育关键，忽视对于价值原则的思考，异化学生行为目的及未关注学生发展性差异等缺陷而受到批判。“发展性品格教育”作为新形态的美国价值教育，对当代品格教育进行完善，重新吸收不同理论精髓，用发展、全面、动态的视角重新建构品格教育，弥补了当代品格教育存在的缺陷，并提出新的实践策略。价值教育是每一位教师的使命，而非某些教师的特殊职责，每位教师都应思考自己应如何开展价值教育。虽然不同教师在学校所教科目不同，承担的职责不同，但都需要思考选择哪些内容进行品格教育，对于不同年级的学生应做出哪些区别，如何让学生对自己提到的价值事件进行深入、理性的思考，哪些内容需要与学生生活经验相联系，哪些内容是即便与学生生活经验没有联系也需要学生知晓的。

【从道德审判走向法治化：对大学校园学术性骚扰的审思】

王俊　《华中师范大学学报（人文社会科学版）》2017年第5期

近些年来，大学校园性骚扰事件频发，引起了社会普遍关注。国际上相关研究报告显示：若根据加害者与受害者关系分类，校园内师生间的性骚扰普遍率为10%—60%，同学间的为30%—86%。1980年，Frank J. Till提出了“学术性骚扰”的概念，将其定义为：“利用权威强调学生的性特征或性认同，这种行为阻碍或损害了学生对于全部教育福祉、教育氛围或教育机会的享有。”学术性骚扰的问题开始真正进入研究者视域和社会关注范围。大学校园学术性骚扰事件频发引起了社会普遍关注，但普通公众及学术界对此却存在较大认知差异，各类话语大都从道德审判角度来探讨问题，从加强师德建设的思路提出解决方案。作者认为，要想有效防治校园学术性骚扰的发生，绝不只是关乎道德伦理，它更需要法律的介入和制度的约束。在高校推进法治化的进程中，规范师生间的权利义务关系，走出“自由论”的思维困境，将学术性骚扰关注焦点由个人意愿、道德审判转向对高校相关体制、规章制度的建构与改善，并纳入女性权益和性别平等的概念框架，从而建立起针对学术性骚扰有效的预防和干预机制。

【沙利文人际精神分析理论的新解读】

郭本禹　《南京师大学报（社会科学版）》2017年第3期

该文指出，沙利文是美国著名的精

神病学家和人际精神分析学的创始人。他反对弗洛伊德强调个体的内部心理机制即由本能驱动力决定的内部心灵的观点，转而强调人是由社会因素决定的人际关系或相互作用关系的观点。在他看来，人的本质是人的社会性，这种社会性表现为人际关系。人格是在人际关系中形成和发展的，人格不可能脱离人际关系背景，所以必须从个人所生活于其中的人际关系来考察人格。由于人类寻求特定生理需要的满足的方式受到社会文化的制约，因而对满足的追求就不是一种生物学的过程，这种追求离不开人际关系。他从人际关系的视角解释了人格含义、人格动态过程、人格结构、人格认知水平和人格发展各阶段。他认为个体的精神疾病主要是由不良人际关系造成的。他将精神病院视为人格成长的学校，将精神病学家视为人际关系的专家，将心理治疗视为教育。沙利文开创了精神分析和精神病学研究的社会文化方向，也对这两个领域具有重要影响，并通过他的中国学生对中国早期的精神分析传播产生了一定的影响。

【金融机构内部审计道德风险与规避策略】

邵萌　《市场研究》2017 年第 12 期

审计道德风险的出现源于审计人员（一般为注册会计师）对自身利益的追求，从而对审计报告使用者做出了“利益让渡”。其间，审计人员要和会计师事务所对自身利益的考量进行权衡，在审计道德风险所带来的利益和惩罚之间做出有利于自己的选择。该文指出事实上，对包括金融机构在内的各类社会组织，审计道德风险最直接的负面影响是导致审计信息失真。而失真的信息会严重影响到领导层的决策，对包括人事管理决策等在内的职能性决策产生误导。为降低和规避金融机构的内部审计道德风险，有必要更新、完善相关的法律制度，加大法律的惩戒作用，提升审计机关的权威性。为此，政府与管理部门需要加大对违背审计道德行为的打击力度，借助公开处罚违法违规的会计师事务所和注册会计师而提升其威慑作用。而对那些造假的责任人要坚决予以处罚，同时加大民事赔偿力度，提升审计人员财务造假的风险成本。此外，应更加严肃地处理严重弄虚作假和拒绝审计检查以及屡查屡犯的行为，在跟踪检查的过程中，对拒不执行的金融机构和审计组织要移交法院执行。

【举孟旗 行荀学——为《伦理学纲要》一辩**】**

李泽厚　《探索与争鸣》2017 年第 4 期

该文指出，道德不是“知”而是“行”，道德中含有知识（即观念），但并非知识，道德属于行为本身。《易传》说“天行健，君子以自强不息”，这个“自强不息”不是去追求灵魂升天回乐园，而是就在这个物质世界中奋勇力行，从而以一个与“天行健”相匹配的“人性善”作为支持人们行善的情感力量。既然已设定“至善”乃人类生存延续及其实践，从而作为个体，设定生来便有参与这生存延续和实践的“性善”作为情感、信念，也未尝不可。由于有动物本能积极面的经验支持，使这一情感的哲学设定在后天培育扩展下由潜在而可以成为现实。中国哲学的“有情宇宙观”认为处理一切事物，包括人自身的生长发展，需要理性（实用理性），仍然是“立于礼”，但是作为支持、鼓励、帮助这个生长发展得以完成、得以圆满的，却是乐观主义的这个世界的世俗或非世俗的感情：“成于乐”（乐感文化）。正如中国传统的音乐理论一样：既强调快乐，同时又注重节乐，也就是快乐本身也是有节奏有韵律的，其中含有理性的节制，而不同于酒神精神的纵欲狂欢和毫无节制的生理享受；当然更不是禁欲苦行或超验理性的全面统治。这就是中国儒学的宗教性道德，以“人性善”的情感力量来构建人的可完善性的坚强信念，并使实用理性本身也渗入了某些情感因素。但是，它又仍然是情感信念，而非理性的逻辑推论。这就是中国伦理学的品格，它也可说是一种儒学内部的“儒法互用”，即以情润理。

【“敬”德论】

王颖　《中州学刊》2017 年第 9 期

该文指出，职业是人们参与社会分工、承担一定社会工作的载体，人们对其投入的程度以及所创造的价值，必然会对社会的经济发展以及生产力的发展水平产生重要影响。而敬业精神作为从业人员的内在职业素养，其强弱程度不仅会导引出不同的岗位效能，也会深刻影响到社会风气的走向。人们历来推崇高尚的敬业精神，今天更将之确立为社会主义核心价值观的重要准则。因此，对敬业精神的内涵进行深入的解读，就显得极为重要。敬业的核心在于“敬”。“敬”作为一种道德，出现于西周初年，其最初意义主要是指一种临事态度，即“敬事”。“敬事”表现为两大层面的意义：畏—惧—警的道德心理意识和慎—肃—勤的道德行为表现。当代敬业精神在继承和弘扬其基本理念的基础上，还需结合时代特征，在责任、创新、趣味和乐群等方面予以丰富和发展：凸显责任的属人性与社会性；辩证分析以劳动强度和劳动时间长度为主体的敬业评价尺度，强调创新是人之主体性和创造性特征的集中体现；主张趣味是敬业精神的真正底色；明确乐群是这一传统理念与团队精神在内涵上的相合处。

【论真武礼忏文化的伦理道德意蕴】

吕锡琛　《苏州科技大学学报（社会科学版）》2017 年第 1 期

道教是中国唯一的本土宗教。该文指出，作为中华文化重要内容之一的道教，继承和发展了中国古代“以神道设教”的传统，十分重视道德教化，建立了天神、地祇和身神相联通且无处不达的道德监督和道德赏罚体系，以图借助神灵的威慑作用，引导和约束广大民众向善弃恶，建构人间福地。礼忏是宗教活动的重要内容，包括朝拜和忏悔。基督教、伊斯兰教等世界性宗教都强调至诚的祈祷、朝拜和忏悔。真武礼忏文化突出地体现了道教重视道德教化的价值取向。《北极度世法忏》有“十戒”：

"不得阴贼潜谋，害物利己；不得杀害含生，以充滋味；不得淫邪败真，秽慢灵炁；不得败人成功，析交离亲；不得露才扬己，谗毁善良；不得饮酒过差，食肉违禁；不得贪婪无厌，积财不散；不得交游非贤，居处杂秽；不得不忠不孝，不信不仁；不得轻忽言笑，举动乖真。"所谓"道家言祈禳，佛家言忏悔"这一说法是不全面的。事实上，道教的祈福禳灾与礼忏是密不可分的。真武礼忏文化继承并发展了道教忏法的止恶扬善、悔过自新功能，其中所蕴含的"戒、忏结合的道德忏悔功能""以情感人的道德教诲功能""弃往修来的道德引领功能""广济群生的社会责任意识"皆具有积极的现代意义，能够为社会主义精神文明建设提供文化资源。

【从 techné 到 technology 的转变对技术与伦理关系的影响】

王爽　王前　《自然辩证法研究》2017 年第 3 期

王爽、王前以古希腊的 techné 概念为切入点，梳理了西方思想史上技术与伦理之间存在的关系。自古希腊以身体经验为基础的技艺与伦理相关联，到了中世纪后期技艺与伦理出现裂隙；近代经验性技术受到新教伦理和功利主义伦理学的支持而得到普遍应用，技术的负面影响一度被忽视；现代技术伦理学对现代技术的"二重性"进行了追问与修正。厘清从技艺到现代技术的转变，对正确处理现代技术与伦理的关系具有重要启示意义。

【道德是人类独有的吗——F. 德瓦尔论动物与人类道德的连续性和人类道德的特点】

赵芊里　《科学技术哲学研究》2017 年第 4 期

F. 德瓦尔的道德演化论观点主要有：道德是涉他行为的利害性与公平性及应然准则。许多非人动物也有道德，道德并非人类所独有。道德有三个层次：第一层次的利他与追求公平是基于同情与互报演化出来的，第二层次的社群关怀是基于社会压力演化出来的，第三层次的平等对待众生的普遍性道德是发达的理性追求道德普适性与公正性的结果。道德及其心理和社会基础在动物界是连续渐变的，前两个层次的道德具有圈内偏向性。人类道德的前两个层次与非人动物的道德是同质异量的关系，但其第三个层次具有普遍公正性之新质。该文指出，德瓦尔的道德观和道德连续论是相当合理的，但以普遍公正性为人类道德的独特性只有有限的合理性。

【当代西方工程伦理教育的发展态势及启示】

陈万球　丁予聆　《科学技术哲学研究》2017 年第 1 期

自 20 世纪 70 年代以来，随着工程与自然、工程与社会之间关系的日渐凸显，美国、德国、日本、澳大利亚等西方国家，根据本国的文化境域和工程发展水平，形成了特色鲜明的工程伦理教育体系。经过几十年的发展，在工程伦理教育的理性精神、制度样态、主题厘定和方法体系等方面趋于完善，呈现出新的态势特征。该文指出，中国应立足当代中国工程教育实际，借鉴西方工程伦理教育的经验，探索具有中国气派和中国风格的工程伦理教育进路及模式。

【服务机器人对女性“角色”替代的伦理风险分析】

周天策 《科学技术哲学研究》2017 年第 6 期

今天，曾经主要由女性承担的家庭或社会“角色”，已被各种服务机器人所替代。该文指出，各种服务机器人在促进女性劳动者劳务减轻与压力释放的同时，也可能会在非人类模式社会化、减少社会交流、冲击现代社会与家庭的稳定、易于产生生命性幻觉以及身心健康等方面给服务对象带来威胁。这是某种程度上的“妇女解放”，还是另一种意义的科技对人类社会的异化？从机器人技术与人类的发展来看，因机器人技术自身的局限性才会在替代女性“角色”的应用中表现出技术脆弱与伦理困境，这还需要研发者共同努力做好预防与应对措施。

【机器人怎么可能拥有权利】

甘绍平 《伦理学研究》2017 年第 3 期

该文从机器人拥有权利的技术障碍和道德难关两个层面，批驳了那些声称机器人拥有道德权利的所有理据，论证了机器人不是人，人对机器人不存在道德问题，机器人自己也不会制造道德问题，机器人也无法做出道德判断。该文旨在借助机器人有无道德权利的问题，为阐述道德的功能、权利的享有所需具备的前提条件、道德权利的契约论基础、人同机器人关系中所体现出的主人与工具之固有地位的不可错位、人的私密的心灵花园的不可触碰等伦理学里的一些重要话题，提供一个新的机会与样本。

【技术、空间与生命伦理场】

吴红涛 《道德与文明》2017 年第 6 期

技术在空间之中的构境，深刻影响着空间的在世形态和表征方式。该文指出，空间与技术之间的重要关系，随着时代变迁而不断改变，对其进行考察，不仅有助于正确审视各类空间问题，同时也是反思时代伦理症候的重要切口。伴随着技术文明的阶段性演变，技术之于空间经历了改造、生产、控制直至渐趋失控的过程。当空间由技术所掌控，其所过度追求的机器化、功能化和程式化，将会逐步吞噬“人在其中”的生命情境，从而使得空间成为“非人化”的存在。为此，有必要在空间的“技术”之外，适时注入“人性”这一维度，其指代以充满生命关怀的德性意识来反观人之存在的空间，是一种融合了良善意志的生命伦理场。

【机器人伦理设计进路及其评价】

杜严勇 《哲学动态》2017 年第 9 期

该文指出，在逐渐向人们走来的“机器人时代”里，如何让机器人更好地为人类服务，是机器人伦理研究必须回答的一个重要问题。虽然有的学者反对让机器人成为人工道德行为体，但考虑到机器人的功能日益强大，与人类的关系日益密切，所以让机器人拥有一定的道德判断与行为能力是必然之需，这正是机器人伦理设计所要解决的问题。机器人伦理设计的理论进路有“自上而下”进路、“自下而上”进路、混合进路和关系论进路。关于机器人伦理设计的实践探索，可以分为计算机科学进路、认知科学进路和价值敏感设计三个方面。道德图灵测试可以作为评价机器人伦理设计的一种方式，但证实方法对于检验机器人伦理设计的效果应该更为合理。

【共处的“中道”——儿童陪护机器人的伦理风险分析】

周天策 《自然辩证法研究》2017年第4期

今天，儿童陪护机器人开始走进人们的生活，但同时它也可能对儿童的身体健康、正常社会交流、生命的真实性认识、安全依恋等方面带来巨大的威胁。各种争议也因此而生。该文认为以“中道”的观点看待人机共处，则能直面机器人与人共处的事实，从而避免对儿童陪护机器人的各种偏见，并从儿童陪护机器人自身的应用、发展出发，探寻出其伦理风险的应对策略。

【核电风险的社会可接受性及其决策伦理探析】

闫坤如 《伦理学研究》2017年第2期

核电风险源于核技术潜在的风险和不确定性。核技术风险因其认知主体的知识状态、认知模式、认知策略等导致核技术风险具有主观建构性，人们通过对公众和核技术专家等不同认知主体的认知范式进行分析，不同认知主体具有不同的经验，因而存在不同的基本假设、概念体系、观察视角和研究方式。该文在对核技术风险感知的分析基础上，对核技术风险决策伦理规约进行探讨和分析，从而为核技术风险决策提供理论基础和实践借鉴，在规避核电风险的基础上合理利用核资源。

【关于人工智能的价值反思】

孙伟平 《哲学研究》2017年第10期

人工智能在当代的迅速发展必然会影响到人类生活的各个方面。它将增加人的闲暇时间，协助人类更加条理化、无危险地去工作，提高社会生产效率，促进社会自我治理变得更加智能。不过人工智能的发展必然会挑战既有的人类价值，促使人类去重新思考人类的基本属性与伦常关系。同时，智能化的技术发展不可避免地会造成社会发展的不均衡，引起人们对于机器是否可控制的担忧。因此，关于人工智能，应该及早评定其发展利弊，确定其社会发展的价值原则，对新技术的发展行使人类应有的表决权。

【工程伦理规范何以可能】

张恒力 《东北大学学报（社会科学版）》2017年第5期

工程伦理规范经过100余年的历史发展，已成为工程职业化发展和工程职业制度的重要内容，推动了工程职业精神的提升和工程技术创新的发展。该文在明晰工程伦理规范历史发展经验的基础上，通过对工程伦理规范与科学伦理规范的比较分析，指出中国工程伦理规范认知误区的表象与理由，并提出以大力推进自治、自主的工程职业组织和工程职业制度建设为基础，促进中国工程伦理规范的制定和完善，以推动工程职业化进程，提升工程职业能力和技术创新水平。

【工程活动的自然伦理诉求与工程师的自然伦理责任】

杨怀中　王远旭　《自然辩证法研究》2017 年第 5 期

该文指出，工程具有自然属性，自然是工程活动赖以进行的前提和基础。尊重自然、保护自然、顺应自然规律、促进人与自然和谐发展是工程活动基本的自然伦理诉求。工程师因其特殊的角色和地位，在工程活动中担负着重要的不可替代的自然伦理责任，这种自然伦理责任贯彻在工程师工程决策、实施及管理的全过程。

【福特的伦理自然主义及其批判】

方红庆　《自然辩证法研究》2017 年第 4 期

该文指出，福特的伦理自然主义主张把道德的基础最终建立在人类生命的自然—历史判断或自然善之上。然而，福特的生物世界图景与进化生物学南辕北辙，引来了各方尖锐批评。汤普森 - 赖特方案试图通过强调规范性来避免这些经验性批评，却没有提供一种足以容纳这种规范性的自然概念。麦克道威尔通过把自然区分为第一自然和第二自然更好地调和了现代科学与伦理自然主义的冲突。

【民用无人驾驶技术的伦理反思——以无人驾驶汽车为例】

谢惠媛　《自然辩证法研究》2017 年第 9 期

民用无人驾驶技术以程序设计的方式，使得原应借助个体本能加以解决的问题具有更多的伦理意味，使得以往的理论争议在实践中更直观、更真实地呈现出来。该文认为，相较于其他科学技术，与之相关的伦理难题在问题实质、抉择性质和行为属性等方面都有着自身的独特性。在评价过程中，理应充分考虑情感等因素的重要作用。就其影响而言，被程序化的价值抉择不仅有可能使伦理判断和生活理念趋于同质化和平整化，而且会对现行的道德体系产生颠覆性影响。

【美国工程伦理教学模式探析】

张恒力　许沐轩　王昊　《自然辩证法研究》2017 年第 11 期

该文指出，工程伦理教育成为美国工程师职业素养和社会责任提升的重要方式。其工程伦理教学内容彰显自然和人类价值，融合伦理学与工程学等专业；工程伦理教学方法综合运用案例法，推进多元合作式教学；工程伦理教学效果评估采用课前和课后、定性和定量、教师自评和学生评价相结合等方法。工程伦理教学内容、方法和效果评价的相互影响与协作的教学模式，推进工程伦理教育改革与发展，推动工程职业化进程。

【论机器人的道德地位：一种关系式的道德解释学范式】

苏令银 《自然辩证法研究》2017年第7期

人们应该赋予机器人道德地位吗，这是一个一直困扰着机器伦理研究的问题。该文探讨了考虑赋予机器人道德地位的一种关系式方法。它关注道德关系和道德地位归属的可能性条件，并与基于属性基础上思考道德地位的标准方法处于临界的位置上。它不仅克服了标准的方法上的认识论问题，也可以解释人们面对机器人如何思考、体验和行动，还可以解释在理性和经验之间产生的分歧。这种超越笛卡尔的、关系式的道德解释学方法，形成了一种思考道德地位和道德知识的不同范式。

【论“专利流氓”之恶】

彭立静 《伦理学研究》2017年第2期

“专利流氓”是现代社会新型的、高智商流氓，专门以专利诉讼为要挟，向高科技公司实施敲诈，牟取暴利。该文指出，“专利流氓”有着合法的维权外衣，但在道德价值取向上是一种恶。从行为动机上看，“专利流氓”动机不良；从行为过程来看，“专利流氓”有违社会正义；从行为结果来看，“专利流氓”破坏了市场正当竞争秩序，阻碍科技创新与应用，浪费社会资源，败坏社会风气。“专利流氓”的存在与疯长使得以激励创新为目标的专利制度正走向创新的对立面。虽然“专利流氓”目前盛行于西方欧美国家，中国并不具备滋生美国式“专利流氓”的制度，但中国仍具有诱发“专利流氓”的制度与非制度因素，人们仍需要警惕“专利流氓”，防患于未然。

【伦理价值对科学内核的涉入——以商品化为例**】**

洪秀 蔡仲 《科学技术哲学研究》2017年第5期

该文指出，国内学者对“科学与伦理”问题的考量局限于科学的外围或者发现的语境（如问题的选择、成果的应用），这种研究路径根源于20世纪60年代科学哲学的专业化、去政治化、纯认识论化，进而将伦理价值从辩护的语境中剔除出去。然而，自20世纪80年代以来，随着学术研究日益的商品化，科学的内涵发生重大转变，经济利益贯穿科学研究的整个过程，包括科学的内核（如数据的选择、方法的设定、结果的评价），由此便衍生出更多的伦理问题，伦理价值涉入科学内核。在上述语境下，科学哲学要想发挥其应有的解释力与规范性，则必须拓展传统科学哲学的合理性概念，关注认知与价值（政治、经济、伦理价值等）双重向度。

【卢卡奇物化理论视阈下的科技伦理问题】

包红梅 《科学管理研究》2017年第3期

卢卡奇通过对资本主义科学技术的

历史性批判，对自然概念的诠释以及对科技异化现象的分析揭示出资本主义物化理论产生的社会历史根源，指出资本主义的物化规律与科学技术的发展具有内在的关联性。该文认为，在当代社会应深刻关注科学技术发展的人道主义意义，如何实现人与自然、人与社会、人与人的和谐统一是科技伦理关注的时代议题。

【技术信息超现实问题的伦理反思——基于伯格曼的技术哲学和信息哲学】

李波　李伦　《自然辩证法研究》2017 年第 2 期

现代信息技术给人们的生存方式和生存环境带来了巨大变化。它通过技术装置替代传统符号或事物，构造出一种作为现实的信息，这种信息试图提供一种情境化的“现实”，甚至是一种在现象上、感官上和性质上比实际现实更具有魅力的“超现实”，去替代现实本身。它们所具有的趣味性、虚拟性和减负性等使实际现实显得乏味、粗糙和繁重；人们热衷于对它们的消费，而忽视了对现实本身的参与；它们逐渐使传统信息沦为其效用工具或理解背景。鉴于此，该文倡导这样一种对待信息的伦理态度：技术信息应当始终作为丰富人内心世界的手段，而不是作为目的本身被凸显；传统信息应根据其自身的特性得到发展，它与现实的关联性和连续性应得到保护，符号与事物应保持平衡，人的身心应植根于现实的土壤之中。

【技术物是道德行动者吗？——维贝克“技术道德化”思想及其内在困境】

刘铮　《东北大学学报（社会科学版）》2017 年第 3 期

该文指出，维贝克的“技术道德化”思想认为技术物调节着人的道德行为和道德决策，技术物不仅“有”意向性，还可以成为“道德行动者”。维贝克的批评者则认为维贝克是通过重新定义概念和误用概念的方式来克服他所遇到的理论困境的，维贝克因而陷入了内在困境中。一方面，维贝克对概念进行重新解释使得他与批评者之间的争执更像是一场能否用“道德行动者”来描述技术物的某种道德作用的“语词之争”。另一方面，维贝克戏剧性地接受了他所批判的传统人本主义伦理学的概念框架，因此他的技术道德化思想仍然是现代性主客二分哲学传统的翻版。

【技术伦理学何以可能？】

张卫　《伦理学研究》2017 年第 2 期

对“技术伦理学何以可能”的追问关系到技术伦理学的学科合法性，是技术伦理学必须回答的首要问题。虽然以往的研究对“技术具有价值负载性”的命题进行了论证，但在进一步论证“技术为何负载伦理价值”这一命题时还不够充分，该文从“自由”、“信息”和“中介”三个角度，把技术的价值负载性的论证推进到技术的伦理价值负载性的层面，从而为技术伦理学这门学科的合法性寻找深层的理据。

【**技术介入主体及其伦理规约探析——**以生物识别技术为例】

闫坤如　刘丹　《东北大学学报（社会科学版）》2017 年第 1 期

该文指出，技术中立论认为技术是人类改造世界的中介和工具，而技术是非价值中立的，它负载着人类价值；技术实体论认为技术具有独立存在的意义，不是依附人类的工具。生物识别技术等新兴技术的应用呈现技术介入人体、技术与人一体化的趋势。技术介入主体让人类无法经验其存在，此时技术是不在场的显现，技术与人的一体化使人成为技术的背景，也是不在场的显现。技术介入主体不仅涉及对于技术本体论和认识论问题的重新审视，还引发关于技术伦理层面的反思。

【**追求美好生活的技术——**奥特加·加塞特的技术实践伦理价值论】

敬狄　王伯鲁　《东北大学学报》（社会科学版）2017 年第 6 期

奥特加是人文主义技术哲学家的典型代表，奥特加技术哲学的独特之处在于基于人、技术与“活得好”的渴望相一致的观点，通过对人与技术实践关系的哲学人类学分析，指出实现人之为人的善的技术实践是通达美好生活的德性实践。该文指出，奥特加的技术实践伦理价值论超越了对现代技术与人类生活“是什么”关系的追问，转而探讨两者“应该是什么”关系，由此将传统人文主义技术哲学的重心从关于现代技术的乌托邦或敌托邦讨论，转移到如何促使现代技术发展更好地服务于人类生活。同时，奥特加基于“精英—大众”互动的历史理论，对技术时代实现美好生活的可能途径的探索，也为当下反思该问题提供了有益的启示。

【**信息安全风险防范与算法法则的价值原则——**自动驾驶汽车研发的两个实践哲学问题】

高兆明　高昊　《哲学动态》2017 年第 9 期

信息安全风险防范责任意识与算法法则的价值原则是自动驾驶汽车研发中的两个特殊实践哲学问题。该文认为，自动驾驶汽车研发应当重视信息安全风险防范道德责任。技术与算法法则改进可以在技术层面一定程度地防范自动驾驶汽车信息安全风险，但算法法则本身内蕴价值问题。选择何种驾驶模式，谁之安全，谁之价值优先，均是算法法则必须面对的问题。不伤害、自保、最小伤害是自动驾驶汽车算法法则的三大价值原则。

【**无人驾驶汽车的伦理困境、成因及对策分析**】

和鸿鹏　《自然辩证法研究》2017 年第 11 期

无人驾驶汽车从概念提出到技术实现仅用了几十年的时间，随着商业化进程的提速，未来将可能颠覆现有的交通模式，给人类出行带来极大方便。但当无人驾驶汽车面临不可避免的碰撞时，可能会出现伦理困境，如电车难题与隧道难题。而这一问题的根源在于无人驾驶汽车必须自主做出伦理选择且其决策远离真实情境。当前解决这一伦理困境的对策主要聚焦于义务论、后果论和智能论三个方面。但是这些讨论未能解决无人驾驶汽车的真实困境。因此，该文进一步提出了解决无人驾驶伦理困境的对策与思路。

【善：张弛于有序与无序之间——对一种简单以熵量为判据的荒诞伦理学的批判**】**

邬焜　王健　《自然辩证法研究》2017 年第 8 期

该文指出，弗洛里迪仅仅以熵量多少来评判善恶的伦理原则是建立在简单性和单极化思维方式的基础上的。如果按照他所制定的对熵的绝对排斥的至善原则来实践的话，那么，在自然界和生物圈领域只能导致运动变化活力的终结，在人的思想和科学发展的领域只能导致僵化和停滞，在社会领域则只能导致法西斯式的专制集权体制。事物的有序化和无序化发展都是有极限的，熵和熵增并不就是绝对的“恶”，信息和熵减也并不就是绝对的“善”。一个合理的伦理原则应当把诸如信息和熵、有序和无序、整体性和还原性、确定性和非确定性、决定论和非决定论、目的性和随机性、必然性和偶然性这些看似对立的因素兼容起来，并在这些相关对立因素之间保持某种合理的张力。

【人工智能时代的价值审度与伦理调适】

段伟文　《中国人民大学学报》2017 年第 6 期

人工智能体的拟主体性赋予了人工智能特有的拟伦理角色。通过对此拟伦理角色的分析，可以看到人工智能的价值审度与伦理调适的基本路径应为负责任的创新和主体权利保护。立足对合成智能与人造劳动者的价值审度，可提出寻求算法决策与算法权力的公正性，呼唤更加透明、可理解和可追责的智能系统，反思智能化的合理性及其与人的存在价值的冲突等价值诉求。该文指出，应从有限自主与交互智能体概念出发，进一步展开对人工智能的价值校准和伦理调适，这不仅有助于把握人工智能伦理研究与相关伦理规范和标准的内涵，还可揭示“科技—产业—伦理”异质性实践所应有的明智。

【人工智能将使未来战争更具伦理关怀——对马斯克先生的回应**】**

徐英瑾　《探索与争鸣》2017 年第 10 期

与很多人的估计相反，该文认为人工智能与既有武器平台的结合很可能反而会增加未来战争的伦理指数。由于人工智能的运用本身就具有“减少附带伤害”这样的潜在伦理目的，相关技术的提高显然能够使得军事打击变得更为精准，对民众生命与物质财产的伤害也能够被降到最低。同时，机器人战士的大量部署能有效减少军事开支中的人力成本支出，并能弥补因为人类士兵的生理极限而导致的防御空白——这一点在反恐治安战中显然具有非常重要的战术价值。人工智能的发展还能够全面提升未来战争的“无人化”水准，使得可能爆发的武装冲突所导致的人类士兵的死亡率大大降低，而这一点也使各国政府更容易开展针对武装冲突的和平斡旋活动。

【市场经济的合道德性与道德质疑】

彭怀祖 《伦理学研究》2017 年第 2 期

该文指出，每个时期的道德状况都有其特点，均离不开社会的本质属性、基础性条件的制约与指向。当下讨论道德状况离不开对市场经济的考量。市场经济具有高度的合道德性，但也带来市场经济本身不能完全克服甚至很难消减的负面效应。该文进一步指出，道德质疑是对伴随市场经济而来的、市场经济本身难以克服和消减的非道德印记保持清醒，从而逐步缩小非道德行为的运行空间。道德质疑的着力点必须对准贫富差距扩大与功利过强的两个方面。

【经济道德的经济哲学思考】

郑秀喜 《山东社会科学》2017 年第 4 期

该文认为，一般性经济道德评价标准与具体的经济道德的评价标准之所以会出现对立，研究其深层原因，主要在于：第一，经济生活是理想性存在与现实性存在的矛盾统一体；第二，具体经济道德是一般经济道德要求与具体经济制度要求的矛盾统一体。根据收益成本理论，可以把人们通常评价经济生活行为是否道德的标准具体概括为三个层次：(1) 经济生活主体对自身经济利益的谋求，是否实现了“社会成本最小化”；(2) 自身经济的收益的获取的成本支付完全由自己负担；(3) 是否增加、改善了他人和社会经济共同体的经济利益及最大化目标。

【对公平与效率的新审视——西方市场经济伦理中蕴含的公共德性意旨析论】

宋洁 《理论导刊》2017 年第 12 期

该文以公平与效率为线索展示了从曼德维尔的“私恶即功利”、斯密“道德乃人类追求自我利益的实践经验产物”、韦伯的“求利行为的道德赞赏”到麦金泰尔的“实践的内在利益与外在利益的依存”这一系统的西方市场经济伦理的转化过程。

【论阿玛蒂亚·森比较的正义对罗尔斯公平的正义的价值颠覆】

丁雪枫 《理论探讨》2017 年第 4 期

该文通过对阿玛蒂亚·森和罗尔斯正义理念的对比，阐述了公平正义缺乏实践路径、现实需求和现实认同的价值维度，而比较的正义更具有现实实现的可能性，其促进了正义理论的实践发展：注重现实的正义、注重正义的比较，关注现实的正义而非制度和规则的设计。

【慈善：德性抑或权利——洛克的视角】

贺然 《道德与文明》2017 年第 5 期

该文阐释了洛克慈善观与托马斯·阿奎那慈善观的区别。作者认为，和现代自由主义者一样，洛克也把慈善看作一种分外的道德行为，并没有把慈善看作一种一般意义上的高于财产权的

“慈善权”。慈善虽然是一种义务，但仅仅是一种道德义务，不是正义领域中的法律义务。国家可以以法律的方式调节人的外在行为，但不能以法律的方式要求人们具备慈善的品格。慈善和宽容是同义语，强制人们履行慈善的义务，会使人们失去宽容的品格，妨碍慈善的成长。洛克的慈善与正义也不是截然分离的，而是有一个交集。一般情况下，人们没有慈善的积极义务，但在特定的情况下，慈善可能会成为一种权利。一方面，人在法律上有做错事的权利；另一方面，如果一个拒绝慈善的行为对他人的生存构成了威胁，性质可能就会发生变化。所以如果说洛克理论中存在“慈善权”的话，仅仅指的是人的生存权。

【民生正义论——对现代社会正义逻辑的反思**】**

王强　《哲学研究》2017 年第 12 期

该文指出，正义不是通过满足民众利益需求来获得合法性，而是通过民生来发挥其政治的社会整合与普遍价值的重塑，从而恢复其政治正义的本原功能。如果要保证分配公正能够重新整合社会资源不至于沦为私人福利讨价还价的砝码，民生正义必须上升到政治正义的层面。而这要求强调在社会意义上实现每个成员平等享有基于平等社会地位和政治身份所获得的社会权利和经济利益，这一民生的要求不是基于德性，而是要履行相应的政治义务。

【合作的人性基础】

龚天平　李昭亮　《伦理学研究》2017 年第 2 期

该文指出，一方面，人的自利性是合作的基础；另一方面，关心他人、利与他人、维护社会规范和群体整体利益的社会偏好或人的利他性也是社会合作的基础。这样看来，人性的两个侧面即自利性和利他性都是合作的基础。作者进一步提出基于人可能存在的利他属性存在一种纯粹合作的形式，这种形式超越了新古典经济学中“经济人”的假设。进而作者认为，竞争与合作的理由和条件是一样的，都是人的交往本性的发挥和展现。第一，合作是人为满足需要和利益而发生的行动；第二，合作以正义为前提和约束；第三，合作既需要理性奠基，同时也需要人的道德感出场。总之，竞争是人性的体现，合作也是人性的体现。现代经济学和进化生物学对人性做了误判，也是对人类文明事实的视而不见。合作具有深厚的人性基础，从本质上说，人是一个合作性的物种，人类社会也是一个合作体系。

【反思“自利人”的人性假设】

张传有　《中国社会科学报》2017 年 2 月 14 日

该文指出，人的本性自私的假设在历史上早已有之，但关键的问题是在最近十几年中，它似乎成了一种主流的人性假设，甚至成为对于人的本质的一种公认的看法。作者认为这种情况与片面地理解经济活动的本质有关，一种“企业活动的根本宗旨就是谋求自身利润最大化”的结论割裂了经济活动和伦理生活之间的关系。这种行为忽视了人的精神追求，忽视了人提升自己、追求人性的完满的特征。这种将事实与价值混淆的做法贬抑了道德“应当”的价值属性。作者指出要清晰地看到这种理性等于自我利益最大化的判断所导致的恶劣后果，更加注重伦理学的“应当”性道德追求。

【打开道德资本的逻辑之门】

李建华　《中国社会科学报》2017年6月15日

该文指出，王小锡教授首次提出并论证了道德资本概念，形成了较为完整的道德资本理论。《道德资本论》一书集中了王小锡教授长期以来在道德资本问题研究中的观点，形成了相对完整的理论体系和面向实践的学术研究路径。可以说，这一结构不仅使“道德资本”概念的论证周密完整，也为经济伦理学乃至整个伦理学研究中的概念创制和论证提供了一种范式借鉴。

【马克思分配正义思想及其当代建构】

张兴华　《理论导刊》2017年第2期

该文指出，马克思在批判继承古典政治经济学和空想社会主义者分配理论的基础上，结合工人运动的实践，从现实的物质生产运动出发，在对资本主义生产方式批判的基础上逐步厘定了自己的分配正义思想。马克思认为，不存在基于人性道义的永恒的分配正义，分配正义是一个由社会物质条件与经济关系所决定的历史范畴。解决分配不公的问题绝不应在分配正义这一环节内兜圈子，而应研究经济运行的整个过程，尤其是研究生产方式。由此，马克思全面展开对资本主义生产方式特别是生产关系的研究，认为“真正公平的分配必须超越基于自然法权的平等权利”，根据人类历史发展的状态，以人的内在需求和自由发展为前提。

【传统儒家商业伦理如何应对现代性的挑战?】

高全喜　《天府新论》2017年第1期

作者指出，中国社会今天已经进入一个直面全球化经济的新时代，这就对当今中国商业社会的伦理构建提出了更高的挑战，传统的商业伦理能否为中国商业社会之发展提供富有生命力的伦理支撑，这是现代儒家面临的时代命题。作者进一步指出，正是儒家为传统商业提供了伦理的德性基础。但是人们也应该看到传统儒家商业伦理的重大短板，不能固守传统儒家的伦理高地，毕竟儒家思想是传统的思想礼仪制度，其对商业的亲和性所守护的是传统商业活动之伦理，而不是现代的工商本位的社会体制。而现代社会的商业伦理是为现代工商业提供正当性依据的。其为财富创造和社会经济发展提供伦理动因，不再仅仅满足于国民富足，而要建构一种以商业活动为目的的商业精神，作为西方现代商业伦理的核心内容恰恰是中国儒家伦理学需要面对的挑战。具体一点来说，即儒家需要把古典的义利观转化为现代性的利益关系，为经济社会的利寻找义的正当性。

【儒商的现代性使命】

孙震 《社会科学报》2017 年 1 月 12 日

该文指出，研究和探讨中国儒家思想与当代经济发展、中国儒商崛起之间的关系，是中国学界和商界必须回答的重大理论问题。纵观世界经济的发展，从长时间的传统停滞时代走向现代成长时代，其中关键在于没有持续不断的技术进步。而中国儒家思想正是产生于这一时期。与现代社会不同，儒家重视伦理而非财富，重视责任而非权利。儒家不鼓励从商，但也不排斥财富。自汉至宋，儒家思想对商业和商人基本上保持着否定的态度，但随着 15 世纪到 16 世纪生产力的提高，众多士子“弃儒入贾”，本着儒家伦理做生意，形成了以晋商和徽商为代表的儒商。自世界经济进入现代，全世界迎来了前所未有的富裕，但也面临着前所未有的问题：通货膨胀、贫富差距、环境问题等。面对这些问题，传统文化蕴含的“仁、义、诚、信”经济伦理原则，能够让伦理约束利益、责任约束权力、自制约束自由，这样世界才能够获得可持续性的发展。

【儒家伦理与市场理性耦合的家族经营——基于李锦记集团的经验分析**】**

胡国栋 《理论探索》2017 年第 4 期

该文指出，李锦记集团将家族的治理置于企业治理之上，确立家族核心价值观，设立家族委员会，制定家族宪法，通过家族的团结和睦实现企业的永续经营。可见，现代公司治理并非只有美国式两权分离，专业经营的经理主义治理一条路可循。如果恰当地将中国儒家伦理与西方治理制度及制衡机制结合起来，探索儒家伦理节制现代公司资本劣性的制度途径，融通家族主义与经理主义，则可能开辟一条具有中国本土特色和民族智慧的家族企业治理模式。

【现代企业管理的“义利”之道】

宋鹏 《人民论坛》2017 年第 14 期

该文指出，思想决定着行动，中国传统的义利观在现代社会的经济生活中发挥着重要作用，也为现代企业的管理和发展提供了正确的价值导向。“义利”一词随着时代的发展，被不断赋予了更加深刻的含义。在现代社会背景下对该词进行分析，可以得出三层不同的含义：首先，义利观是人们主观行为的一种思想指导；其次，义利观中积极向上的内容，有利于营造良好的社会风气；最后，“义”与“利”是一对矛盾统一体，它们彼此对立，同时又相互依存。

【共享经济发展取决于公共道德水平】

金碚 《人民日报》2017 年 12 月 19 日

该文指出，在物品具有耐用性、边际使用成本低和便利使用的三个条件下即可能做到共享。但在社会范围内发展经营性共享经济就会面临一系列复杂问题。比如，使用者会不会爱护物品、会不会考虑他人使用的便利性、会不会据为己有，经营者应该承担哪些责任、遵循哪些原则以及如何规范监督等问题。因而共享经济能否充分发挥优势、持续健康发展，在很大程度上取决于社会公共道德水平。社会公共道德水平越高，共享经济的优势就越明显。如果社会公共道德水平不够高，不仅共享经济的优势难以体现，还可能产生额外的资源浪费和社会损失，并付出一定的社会管理监督成本。共享经济的发展一方面体现了社会生产力的进步和消费大众化、平等化的进展，表明整个社会正在向着按需使用、节约资源的方向前进；另一方面也表明发达生产力需要更高的社会道德水平与之相匹配。因此，要像重视发展社会生产力一样重视培育互助互利的公共道德，推动共享经济健康发展，更好地贯彻共享发展的理念。

【生态文明的经济学内涵】

杨文进 《学习与探索》2017 年第 3 期

该文指出，经济学视角的生态文明是从符合生态规律要求并满足人类经济利益需要来解读其内容的。体现生态文明核心价值的经济伦理最根本的内容就是人与自然关系的协调，其实现程度取决于包括“代内公平”与“代际公平”在内的人与人之间关系的和谐程度。任何文明的实现都要通过一定的资源配置来落实，资源配置向什么方向运动则取决于体现社会伦理的价值标准，体现生态文明伦理的价值理论是从人类作为一个物种持续生存和发展这个最大福利的角度去认识价值内容及其衡量标准的。要使生态伦理及其价值理论得到实现，需要通过一定的制度安排和组织形式来实现，具体的价值标准或尺度也是通过特定的制度安排来实现的，生态市场经济是当代实现生态文明最有效的组织形式。人类在物质、精神和生态三种需要方面的满足和协调程度，是衡量一个社会生态文明建设程度高低的标准。

【企业—经济伦理创新：可能性、进路与方法】

孙丰云 《哲学动态》2017 年第 2 期

该文指出，有关可能性论争，不可回避的是对“伦理方面的创新是违反直觉的，因而不具有可能性”论点的回应。实际上，企业—经济生活中的伦理创新意味着伦理主体不局限于“纯粹的利润考虑”而依照伦理理论和原则采取其他可能的行为选择与行动。“该行为选择与行动在一定程度上被判定为具有道德上的正当性，或是道德上的正确。”这样的“切入点”是实际的伦理创新需要考虑的首要问题。因为伦理创新的终极目的是与“具有灵性和情感的人类福祉”相关联，并为人类的自我实现找寻更好的生活方式和生活世界。而此终极目的还应当指导和影响伦理创新的整个过程，故而应以道德问题为起点来探讨伦理创新。具体到实际的企业—经济生活中，伦理创新需要回应的道德问题大致可分为三类：第一，人们直接感受到的经验中存在或凸显的道德问题；第二，超越直观经验的道德问题，即经过审慎的道德思考，洞察尚未解决或不确定的问题，从而最大限度地减少（若不能消除）负面影响的发生；第三，探索新的未知领域，创造多重可供选择的多样化的“善的生活”方式的可能性。从伦理创新的发生机理来看，其理想的状态是，伦理创新在各自层面上循序渐进地展开，并在整体上关联互动，直至意料之外而又情理之中地出现一种新的“善的生活”方式。但不能排除的是非连续的颠覆式的创新也会发生。创新在本质上需要规范性道德责任的驱动，这里的道德责任是从可操作的角度强调“实践能够”而非从产生依据的角度强调“理念应当”。因此，对于伦理创新方法的探讨就转化为伦理主体实践能力的检视。从方法论上，最佳选项是基于“主体享有真正的自由”的“道德可行能力”方法。道德可行能力方法至少包含三个元素：尊重主体选择；多元化地理解“人”，亦即“认同人的多样性”之价值视角。故而，道德可行能力方法的理论魅力在于两个方面：普遍性和可操作性。在实际创新中，该方法包括两个基本方面：一是描述解释层面上的自我认知；二是规范推理层面上的他者评价。就自我认知而言，它主张不同语境下的伦理主体自主评估和决定是否有能力提供“新方式”以解决企业、经济生活中的道德问题。这里的“新方式”有两种可能：一是伦理原则是既定的，而需创造出新的伦理框架；二是伦理框架是既定的，而需创造出新的伦理原则。他者评价涉及可操作的框架，依据伦理主体的特定语境框架而非任何先验的伦理原则来寻根溯源。这里主要涉及伦理主体对伦理创新的“正当性”做出回应，包括“结果”和“过程”这两个相互关联的维度。

【略论企业家慈善的正义之维】

何建华　马思农　《浙江社会科学》2017 年第 2 期

该文提出，要使社会财富为大多数人所共享，一方面要实行有效的政府再分配，健全社会保障制度；另一方面则必须发挥社会慈善特别是企业家慈善在财富分配中的作用。企业家慈善作为第三种分配，在调节贫富差距、促进社会公平、维护社会公正秩序等方面具有十分重要的作用。对企业家慈善可以从正义和效用两个方面来研究。该文从道义论的角度探讨了企业家慈善活动的正义之维，旨在促进企业家慈善事业的健康发展，促进社会公平，让发展成果真正为全民所共享。首先企业家慈善本身具有正义性。慈善是人的同情心和关爱情怀的体现，它体现了人们对构建美好社会以及美好生活的愿望，也蕴含着人们对社会、对他人所应承担的社会责任的一种自觉意识。企业家慈善属于第三种分配，是实现社会分配正义的重要途径，在实现分配正义、社会正义方面有着重要的作用，能够弥补第一次、第二次分配的不足。在当前中国，企业家慈善有利于促进“穷人与富人之间的正义”，是实现共享发展、共同富裕的重要途径。其次企业家慈善活动必须强调正义原则。

企业家慈善是一种具体活动，如果企业家的慈善活动失去了正义之维，则不善分配就会带来不良后果，其带给人们的伤害可能会大于益处。因此，企业家慈善必须建立在科学的程序和规则的基础上，必须重视其伦理价值目标。企业家慈善具有正当性根据与合理性边界。明确企业家慈善责任的正当性根据与合理性限度，是企业家慈善行为达到理想之境的逻辑前提。在强调企业家慈善的正义性的同时，必须重视企业家慈善活动的“正义性”。要弄清企业家慈善活动的正义性，首先应当理解慈善和正义是两个既有区别又紧密相关的伦理范畴。企业家慈善活动的正义性主要体现在以下四个方面：一是用于慈善的财富应当是获取正义、持有正义的；二是企业家慈善的动机应当是正义的；三是企业家慈善的方式应当是正义的；四是企业家慈善的结果应当是公正与效率的统一。最后慈善事业作为社会保障体系的一个重要补充，其发展正处在一个非常重要的阶段。从总体上讲，中国企业慈善供给不足，慈善文化和慈善机制还不够完善，企业家慈善的正义性没有受到足够的重视。慈善是一种大家都心甘情愿地参与和推动的共享方式。在社会转型期，大力培育现代慈善文化和共识意识，在培养全体公民参与社会慈善事业的同时，有效引导企业家积极履行其社会责任，构建企业家慈善活动的正义之维，是促进中国慈善事业健康和可持续发展的重要途径，其内容包括：一是必须培植企业家慈善的文化土壤和共识意识；二是必须建立健全企业家慈善活动的法律规制；三是必须营造企业家慈善的良好氛围和社会环境。

【企业履行社会责任的成就、问题与对策——以河南省上市公司为例**】**

乔法容　周林霞　黄卫华　《伦理学研究》2017 年第 6 期

随着推进企业承担社会责任运动在全球范围内的全面展开，中国企业，尤其是上市公司，在全球化浪潮中承担社会责任的现状、问题、原因与出路，成为关注的焦点。该文以河南省十三家上市公司为剖析对象，发现政府引导、企业实践、社会推动的企业社会责任发展新格局基本形成，但企业承担社会责任的认知误区、制度与机制缺陷仍较突出存在，出路则在于从制度与机制上构建政府引导、企业实践、社会推动的大格局。随着河南省经济实力在全国地位的进一步提升，“五大国家发展战略”对企业提出了新的挑战。为此，中国必须抓住机遇，迎接挑战，积极推进企业承担社会责任的工作。第一，政府加大推进力度。一是推进企业社会责任法制化；二是使企业社会责任管理与国际接轨，建立企业社会责任评价体系；三是加强对相关人员的培训工作；四是加大宣传，让各类组织都来关注企业社会责任建设；五是强化对企业履行社会责任的监督与管理。第二，企业自觉实践。一是将企业社会责任融入发展战略；二是加强企业社会责任管理体系建设；三是发布企业社会责任报告；四是充分运用新媒体，促进企业履行社会责任的方式多元化。第三，社会各方积极推动。一是民间组织推动；二是行业协会支持；三是媒体参与推动；四是联合高校和科研机构共同推动。

【信誉楼：中国本土商业伦理的实践样本】

陆晓禾　《伦理学研究》2017 年第 2 期

该文指出，市场交换原则、竞争、异化、拜金主义在很大程度上支配了今天人们的行为方式，并渗透进了非市场领域。道德建设面临严峻的挑战。信誉楼，中止异化劳动，使劳动重新回归人本身，赋予商业、竞争、企业、生产关系和市场经济以新的理解，不仅践行社会主义核心价值观，也为世界性的市场经济伦理难题提供创新性回答。张洪瑞及其信誉楼的上述贡献，不仅对企业而且对所有受市场经济影响的领域和人们都有示范意义。在个人层面，他们努力践行爱国、敬业、诚信、友善，促进了信誉楼的商业服务和企业的以人为本；在社会层面，他们在流通领域注重自由、平等、公正、法治的践行；从企业公民的角度，积极为国家层面的富强、文明、民主、和谐作贡献。信誉楼不仅倡导和践行了社会主义核心价值观，也为世界性的市场经济难题提供了具有中国特点的新回答。

【我国考试经济伦理问题初探】

邱斌　《湖南科技大学学报（社会科学版）》2017 年第 2 期

考试经济是围绕考试而形成的各种经济活动或经济行为。该文认为作为考试的衍生物，考试经济给从业者带来了丰厚的回报，同时也产生了一些亟待规范的行为，造成了不良的社会影响，对公民道德诉求产生了一定的负面作用，对考试实能主体提出了新的伦理诉求，对考试经济从业者也提出了新的伦理规范。要推动考试经济规范化发展，其根源是要规范考试管理，理顺考试主体与客体的关系，优化考试措施，不断深化考试改革，并依法约束考试经济行为，促进考试经济健康发展，驶入良性运行轨道。考试具有功利性和伦理属性，考试伦理究其本质和核心，是需由诚信与公正共同构建和维持的道德体系，考试经济除了考试带来的伦理特质，还具有考试本身伦理属性之外的特征，考试经济伦理是关于从业人员的善与恶、应该与不应该的规范。考试经济带来的主要伦理问题体现在以下四个方面。一是考试形式单一，考试组织机构的职能十分弱化，通过各类考试所得的数据资源在对考生进行质量评估和学习指导上尚未发挥其应有的作用。在考试实施过程中，少数部门组织的考试存在“放水”现象。二是随着高校录取率和入学率的攀升，用人单位对录用人员的学历文凭要求不断提升，招聘门槛越来越高。三是主管部门近乎垄断的管理格局，导致考试中介机构的发展严重滞后于社会的需求，造成考试的公共服务职能严重与社会脱节。四是考试市场的不良发展，引发了消费者的隐形消费，造成社会资源的不合理配置。造成考试经济伦理问题产生的原因主要有四个：一是产权之争造成考试经济伦理关系复杂化；二是路径依赖扭曲；三是利益的诱惑与道德良知的弱化；四是法律规章制度不健全。要解决好考试经济中存在的问题，需要从如下方面入手。首先要从考试管理体制着手。其次要完善考试经济发展的道德监督机制。道德监督机制可以先从考试实施主体及考试客体两个层面率先推行。再次要综合治理考试经济运行环境。要确保考试安全平稳组织，推进考试经济繁荣有序发展，必须净化考试环境，完善政府统筹、部门协调、齐抓共管的长效机制，有效防范和打击影响考试安全和考试公平的行为。最后要推进考试经济法制建设。建立一部兼顾国家、社会、考试主管部门及考生等多方面利益的，并将法治基本精神蕴含于其中，操作性强的法律或法规，既是推进依法治考的必然途径，又是从根本上促进考试经济依法规范发展的重要保证。

【当前中国文化产业发展中的伦理风险及其化解策略】

张永奇 《云南社会科学》2017 年第 4 期

该文认为，概括起来讲，中国文化产业发展中存在的伦理风险主要表现在以下三个方面：第一，文化产业中 GDP 崇拜盛兴；第二，文化产业布局严重失衡；第三，文化市场中伦理问题频发。从经济伦理的角度来看，任何经济形态都内含着一定的“伦理性”。文化产业作为一种应当以提升社会伦理和公民道德建设为取向的特殊经济形态，其“伦理性”更为突出地表现在增强经济力、提升社会力、发展文化力等方面。文化产业中存在的伦理风险其实质是对文化产业“伦理性”的遮蔽。这种做法将对文化产业的社会效益、产业体系和文化市场建设带来严重危害。而化解当前中国文化产业发展中的伦理风险，可以从以下三个方面入手：一是，建立健全文化产业发展的法治环境。尽快建立起保护与促进文化产业发展的法律法规体系，加强文化执法、司法工作，提升全民法治意识，才能真正达到以法治思维和手段来增强文化产业道德底蕴的目的。二是，注重发挥道德调节在文化产业中的作用。文化产业的发展不能离开价值引导，不能脱离道德调节。因为文化产业的发展除创造经济价值以外，更重要的是为了提高国家文化软实力，提升公民道德素质。离开价值引导，缺乏道德调节，文化产业对社会的贡献就更多地集中在经济利益而不是文化价值，文化产业就会更多地成为硬实力的支撑条件而不是软实力的重要支柱。三是，文化产业主体的再塑造。第一，引导文化企业增强伦理责任。第二，提高文化企业经营者的道德品质。第三，培育文化消费者的伦理道德意识。

【五大发展理念的伦理蕴涵】

王小锡 《思想理论教育》2017 年第 2 期

作者指出，牢固树立并切实贯彻落实五大发展理念是时代发展的必然，是国家综合实力不断增强的要求，更是中国人民的热切期待。这五大发展理念是中国经济社会发展规律的科学揭示，其中蕴含着丰富的社会主义伦理精神和道德要求。坚持一切为了人民幸福是新发展理念的核心价值取向，坚持公平正义是落实新发展理念的根本举措，坚持共建共享的道德责任是推进新发展理念的重要条件，创新发展、协调发展、绿色发展、开放发展、共享发展需要道德力量的支撑。五大发展理念中的一个核心理念是共建共享，它内含着发展需要人人参与、人人尽力，发展成果应该人人享有、全面享有。这里的人人参与和人人尽力，意味着不同的人有不同的岗位，各自应该有着不同的行动目标和道德责任。同样，这里的人人享有和全面享有，意味着每一个人应该有实现共享的建设行动和道德责任。其一，政府要时刻不忘服务于国家和人民、服务于发展。其二，提升境界，敬业奉献。其三，公平公开分享成果。其四，德法并举，保障共建共享。

【从“经济伦理”到“制度主义”——“儒家文化与现代经济”的研究转向及其启示】

刘梦岳　《山西大学学报（哲学社会科学版）》2017 年第 2 期

该文指出，20 世纪下半叶东亚经济的崛起与中国经济体制的成功转型密不可分，越来越多的学者关注儒家文化与现代经济之间的关系。不少学者认为，儒家文化中的伦理道德是东亚经济崛起的重要原因之一，但这个观点一直遭到质疑甚至反驳。儒家文化的支持者、怀疑者和反对者之间的争论主要集中在两个问题上：（1）文化在何种程度上可以影响经济；（2）儒家文化对现代经济的影响是正面的还是负面的。可惜的是，各方并没有建立一个可以有效对话的讨论平台，很多时候都是自圆其说，中国市场经济无论是成功还是失败都可以在其理论中得到“合理”的解释。因此，对“儒家文化与现代经济”这个话题的讨论长久以来也陷入了僵局。幸运的是，随着新制度主义经济学的兴起，文化与经济之间的关系以一种崭新的面貌出现在人们面前。学者们对东亚独特经济发展模式的关注也逐渐从“伦理”层面转移到了“制度”层面。这种研究方向的转变使得对“儒家伦理与现代经济”这个话题的讨论重新获得了生机。从“经济伦理”到“制度主义”，人们发现了对“文化与经济”研究的重大转变。这种转变可以总结为三点。第一，从个人伦理到制度安排：不同的经济模式并不再简单地通过“道德”来解释，而是被理解成行动者在不同的历史文化背景下做出的制度选择。在这里，文化更多的是作为一种协调机制来影响人们的经济活动。第二，从“文化优劣论”到比较研究：将文化理解为一种“制度安排”之后，学者们就不再片面地夸大某种文化对经济的促进作用或阻碍作用，而是对不同的文化选择在具体的情境下进行比较分析。第三，从经典阐释到实际考察：人们更多地开始关注文化在现实中的实践，而不是在经典中的体现。因此，研究重点不再是文献解读，而是各种社会文化制度（如亲属制度和关系规则）在经济领域的实际应用。基于对文化的理解，人们可以尝试回答关于“儒家文化与现代经济”的两个核心问题：（1）

文化在何种程度上可以影响经济；（2）儒家文化对现代经济的影响是正面的还是负面的。首先，将文化理解为一套协调人们行为的制度之后，人们便可以经济学的术语来表述文化与经济行为之间的关系，即文化对个人行为的影响在于“成本”与“收益”的权衡。其次，在理解了文化如何作用于人们的经济行为之后，儒家文化对现代经济的关系也就比较清晰了。人们很难绝对地说儒家文化对现代经济的作用究竟是促进还是阻碍，因为这并不单单取决于“儒家文化”本身，而是由整个社会的政治制度、经济结构与文化相互作用所决定的。以“儒家伦理与现代经济”为主题，人们可以发现一条从“经济伦理”到“制度主义”的研究思路的转变。对“文化”新的理解，可以帮助人们更深刻地认识中国的现状。

【从制高点到地平线——社会主义市场经济的伦理底线探析】

郭忠义　侯亚楠　《求是学刊》2017 年第 2 期

该文指出，当下人们的道德体系及其所设定的伦理空间的根本缺陷在于只有制高点，没有地平线。要言之，既缺少人们普遍认同的标志“人伦”边界的伦理底线，又缺少规定“人本身”的普遍性人性前提。而要确立伦理底线，必须回到马克思对人的本质的规定上，为之奠定坚实的人性基石。根据马克思对人的本质的描述，人们可以得出两个重要判断：第一，作为精神观念的伦理观念以及由此产生的伦理活动关系根源于经济关系，作为人的本质的真正社会联系的经济交往关系是伦理精神的基础；第二，社会伦理底线不能离开经济领域去设定，经济伦理底线应成为社会道德伦理的基石。只有将马克思所说的人的本质首先落实于现实的经济关系中，人的社会本质才能摆脱马克思所批判的“抽象化”形式而真正变成活生生的“现实”，作为环境制约着人的社会关系才能通过人的实践活动得到改变并在这种改变中实现人的自我改变和自身发展。

【构建人类命运共同体——引领经济全球化发展的新思想新理念】

林剑　《理论与现代化》2017 年第 4 期

该文认为，“人类命运共同体”不同于人类历史曾经存在过的绝大多数共同体，后者更多是关注圈子和集团的利益，而“人类命运共同体”的主体是整个人类，也包括未来世界中的人类，其涉及的是人类的命运前途。“构建人类命运共同体”是符合市场经济与经济全球化本质要求的思想理念。市场经济与经济全球化是互相依存与互相促进的，没有市场经济的存在，就没有经济全球化的生成与发生，没有经济的全球化也不会有市场经济的充分发展。要真正实现市场经济与经济全球化的良性互动，就必须抛弃自己利益优先，或“美国优先”等一类的自由主义思想理念，走“构建人类命运共同体”的道路。“构建人类命运共同体”虽然是以习近平同志为主要代表的中国共产党人摆脱经济全球化带来的困境与挑战所开出的有效药方，但这个新思想新理念的理论基础却是马克思主义的世界观与方法论。在马克思历史观的理论逻辑中，人类的历史必然是从地域性的历史转变为世界性的历史，个人的命运、阶级的命运、民族与国家的命运最终是与人类社会历史、与整个人类命运联系在一起的。由于历史与现实的原因，个人、各个民族与国家之间存在差异是不可避免的，这些差异的存在必然使得经济全球化的过程出现各种各样的矛盾。正因为差异、矛盾、分歧的存在，人类社会才需要用“构建人类命运共同体”的思想与方法，去化解矛盾、减少分歧、缩小差异。

【论国家道德与通货膨胀】

范方志　汪延明　《宁夏社会科学》2017 年第 2 期

该文通过“国家道德—通货膨胀”的路径构建理论模型，探讨两者间的作用关系，进而从理论研究的视角探讨国家层面如何建立适应现代社会发展急需的国家道德，真正实现满足人民健康生活需要的和谐社会。研究发现，国家道德实践层面提炼的社会文明进步、人们健康生活需要、社会可持续发展三者间存在高度的关联性。得出的结论显示，现实中人们的健康生活需要得到保障，社会才能文明进步，而社会文明进步的标志是实现可持续发展。但在社会进步的经济基础上考察，现代社会经济发展中出现的通货膨胀，严重阻碍了社会的文明进步，经济政策引导出的单纯追求物质利益需求进一步加剧了通货膨胀，社会可持续发展落实不到位，区域间发展不平衡，导致结构性通货膨胀的加剧。执行国家道德实践的部门和人，在制定政策和方法时要考虑“手段”的两面性，既要考虑国家整体经济利益，也要考虑个人经济利益。抑制通货膨胀是世界性难题，但国家道德中要充分考虑政策制定的适应性和政策的保护性。特别是对结构性通货膨胀的抑制，国家政策的制定要充分发挥市场的主导作用，在城市和农村、富人和穷人、发达地区和欠发达地区间如何平衡的政策上多使用“手段善”引导下的“目的善”，防止单纯“手段善”产生的急功近利。

【资本的扩张与村落的“终结”——中国乡村城市化进程中的资本逻辑及其伦理反思】

王露璐　《道德与文明》2017 年第 5 期

该文指出，改革开放以来，中国乡村社会在市场经济浪潮的冲刷下发生了巨大变化，资本逻辑对中国乡村的发展也体现出双重作用。一方面，资本以其强大的扩张力“进入”乡村，追求自我增殖最大化的资本逻辑也成为推动中国乡村经济社会发展的强大力量；另一方面，资本逻辑不断实现对传统乡村生产与生活空间的“资本化”扩张，并由此加速了村落终结的进程。资本的扩张必然以城市为中心并产生对农村的全面挤压，市场化进程导致城市的急剧膨胀和扩张，并带来“城市过密”和“农村过疏”的现象，这已然成为一个世界性问题。从一定意义上说，村落数量的减少已成为中国乡村城市化进程中无法改变的基本态势。然而，迄今为止，村庄依然是中国政治、经济、文化和道德生活的根基，是大多数农民的生活所在，更是大多数国民剪不断的“乡愁”所系。因此，通过有效的伦理规约实现资本逻辑的空间正义和生态转向，并通过“地方性道德知识”的传承和现代转换重建新型的村庄伦理共同体，既为实现村落“重生”提供了可能的路径，也是中国特色的社会主义新农村建设乃至全面建成小康社会不可忽略的重要问题。

【现代化进程中我国农民经济理性的扩张、困境和出路】

李志祥 《伦理学研究》2017 年第 3 期

该文指出，伴随着农村市场经济的快速发展，中国农民的经济理性意识有了大幅提高。第一，中国农民市场经济意识普遍提高，但地域和个体发展非常不平衡。当自给自足的传统农业经济不断受到冲击、新兴的市场经济因素不断涌入之后，农民不可避免地会产生与市场经济相适应的诸多意识。但中国农村的市场化发展非常不平衡，不同地域发展不平衡，不同个体发展也不平衡。第二，农民求利欲望不断增强，但逐利能力有待提高。尽管大多数农民在经济动机上具备了充足的经济理性，但这种经济理性却明显受制于农民薄弱的经济能力。农民在市场经济中的获利能力远低于其他社会阶层。逐利欲望强烈而逐利能力弱小，这正是转型期农民经济理性发展的大困境。第三，农民的生产性经济美德不断凸显，而交往性经济美德还有待增强。中国农民特有的不怕苦、不怕累品质，直接与现代经济理性的要求相适应，但刚刚进入市场的农民仍然有很多东西不能完全转变过来，尤其是在契约规则意识方面。第四，农民具备了初步的科技理性意识，但科技理性水平亟须提高。大多数农民以经济效益为标准选择和使用一定的农业科技，并初步形成了相应的科技理性意识。但由于中国农业科技发展水平还不高、推广范围还不广，农民科技理性水平还比较落后。中国农民经济理性的未来发展必须注意以下四个方面的问题。第一，不断完善“三农”市场（特别是农产品市场），帮助农民形成以契约规则意识为核心的市场经济理性。建立完善的“三农”市场，才能帮助农民真正进入市场体系，形成合理的市场经济理性。但从土地走向市场，需要农民认识到契约规则的重要性。第二，大力发展和普及农业科技，不断提升农民的科技理性意识。必须为农民提供更多更先进的农业科技，不断提升农民的知识结构，使农民在农业科技的应用实践中培育出合理的科技理性意识。第三，大力弘扬中国传统文化中的血缘亲情因素，消解现代化带来的冷漠问题。中国农民的现代化不能放弃血亲仁爱精神，必须将理性计算与血亲仁爱精神结合起来，创建更为和谐、更有亲情、更具效率的经济秩序。第四，利用地缘特色发展新型自然观，缓解现代化带来的生态危机。在发展农民经济理性的时候，一定要加大生态理性的宣传力度，使农民在现代化的道路上防范过度开发，促进人与自然的和谐共生关系。

【当前我国农户精准扶贫的乡村金融正义初探】

李维扬　谭燕芝　《伦理学研究》2017 年第 5 期

该文指出，贫困问题一直是发展中国家关注的重要问题，当前中国最贫困人口基本集中在农村地区，尤其是中西部的农村地区其贫困农户基数大，城乡二元经济结构显著，精准扶贫工程已经进入改革深水区。2015 年中央扶贫开发工作会议中，习近平总书记强调解决扶贫问题要实施“五个一批”的工作路径，但在农村地区这块充满乡村伦理约束的土地上，传统财政式的扶贫战略并没有从根本上改变农户的福利水平。大量的实践经验已经证明，金融正义作为财政递减效应的最优补充方式，在农村地区开展精准脱贫的工作过程中体现出强大的优势效应。但贫困不仅是一个单纯的经济问题，同时也是社会问题、政治问题，农村精准扶贫战略中金融正义的顺利实现，必须是一个系统的、多方位的、因地制宜的过程，需要时刻把握好金融支持与农户实际需求之间的匹配程度。具体来讲如下。首先，不断完善农村金融基础保障设施。外部环境不理想是影响中国农村金融发展落后的最重要原因。其次，建立联保征信体系，缓解道德风险问题。降低道德风险的关键在于提高贷款农户在协议签订后的尽责程度。因此，为破解信息不对称带来的道德风险问题，从构建分层动态征信系统出发是一种有益的尝试。对于长期拖欠贷款的人，应当给予切实的惩罚，通过“信用村”“信用镇”的构建将贷款农户的信用进行联保，提高贷款协议的权威与执行效力。最后，农村金融机构要实现“利”与“义”的统一。可以借助新制度经济学等相关理念，从营造良好的宏观环境、健全双边及合作治理模式和建立多层次、多样化的农村金融组织体系三个角度寻求农村金融机构“利”与“义”统筹发展的实现路径。总的来说，农村金融机构要在实现一定利润，保证其持续经营的前提下，将提高农民福利水平作为金融扶贫的核心纳入农村金融正义的实现路径中，不断提升农村金融机构作为扶贫实施主体的社会责任感，实现“利”与“义”的统筹发展。

【小康文明的伦理条件】

樊浩　《哲学动态》2017 年第 7 期

该文认为，“小康”时代面临的“中国问题”并非“中等收入陷阱”，而应是“小康瓶颈”。“小康瓶颈”可能从逻辑和历史两个维度发生。1. 逻辑瓶颈。作为一种文明形态，“小康”必须同时具备“天下为家”和“礼义以为纪”两个元素。缺失“礼义以为纪”，伦理道德条件的“天下为家”将局限于“家”之“小”，而不能通达“天下”之“大”，由此“小康”将失去合理性而陷于瓶颈之中。2. 历史瓶颈。

在现代话语中，“小康瓶颈”可能存在两种情形：一是在话语转换中“小康”从一种文明气象演绎为抽象的经济指标，从而由去伦理、去文化的经济单向度产生“小康瓶颈”；二是在“天下为家”的经济与社会发展中因伦理和文化供给不足而生成的文明瓶颈。因此要走出“小康瓶颈”必须坚持以文化战略为基础的国家政策。1. 构建小康文明的“理想类型”。小康文明的“理想类型”在根本上是种“经济—伦理类型”，其建构需要解决两个突出性问题：一是谋利和经济冲动的可持续性及合理性问题；二是积累的可能性问题。2. 企业的伦理援助与经济的文化支持。实施企业的伦理援助和经济的文化支持战略，着力点就是通过伦理信任建构和积累社会资本，帮助以家族经营为基础的非公企业转型为现代管理制度，突破家族企业生命周期的伦理瓶颈。相对于经济扶持与政策支持，伦理援助与文化支持才是更具根本意义的战略。3. 经济—伦理—文化一体化的决策评估体系。在管理上必须突破理念和体制瓶颈，核心有二：一是建立经济—伦理—文化一体化的咨询决策体系；二是建立经济、社会发展的伦理评估与文化支持体系。一方面，对现有决策咨询系统进行重大改革，在深度的伦理参与、人文参与下建立经济—伦理—文化一体化的咨询决策体系；另一方面，经济与社会发展的伦理评估的意义也绝不只是“精神文明”，还包括对小康文明品质的伦理论断、价值指引和后力赋予，具有重大的国家文化战略意义。

【**伦理治理何以可能**——治理什么与如何治理】

田海平　《哲学动态》2017 年第 12 期

作者以“伦理治理何以可能”为研究视角，提出伦理治理是“伦理的治理”还是“对伦理进行治理”的问题。他认为伦理治理只有针对伦理难题或问题，才不会是无对象、无边界的治理。其真义体现在其特定的问题取向中，伦理治理经历着从超验形态向经验形态的现代性转变。探讨伦理治理“治理什么和如何治理”的问题是有重要价值的，是从一种文明史的形态勘测中寻找人类精神生活的地标。该文章引入“巴别塔”的宗教隐喻和伦理叙事，对“伦理治理”是“伦理的治理”还是“对伦理进行治理”两种不同语义进行内涵阐释，“伦理同一性”的超验建构使人类总是以各种方式筹划着“同一种语言”“同一个梦想”“同一个民族”的伟大建造工程。“通天塔上的伦理”属于整体建构的伦理，出发点是“整体”，遵循实体出发的依从路线，总体为最大的普遍性，个体不能偏离总体指引的方向，个体存在意义在于它归属于整体的和谐或建造。在语义上，“伦理”作为修饰词，“治理”作为行为类型，表述为“伦理的治理”，并不指向专门领域如法律、政治或公共领域的治理，而是依据伦理同一性或伦理总体性进行的一切人类治理。“伦理化”是典型的特征，伦理中心论是其突出的治理模式；而“通天塔下的伦理”属于从个体出发的伦理，总体作为一种暴力或压制，个体只有反抗和从整体的控制中挣脱出来才是自由的个体。在语义上，它把“伦理”作为治理的对象或宾词，是“对伦理进行治理”。在现实生活中，伦理出了问题，遭遇到各种各样的难题，人们在伦理意义上的合作关系或合作网络不能发挥作用，它“失灵”“失序”“失范”，因此需要“对伦理进行治理”，是一种经验意义上的难题治理或问题治理。紧接着文章提出伦理治理到底治理什么，需要在传统与现代性两者间作出抉择吗，现代是否可能重构传统意义上的伦理治理。由此得出，去除伦理之“伪”、化解伦理—道德悖论、克服道德虚无主义危机三个核心难题，是现时代最为重要亟须的伦理治理行动。

【论宪法权威的道德实在主义元伦理学基础】

宋京逵　《学术界》2017 年第 4 期

在当代的英美分析法理学的讨论中，法律就其本质或主要功能来说是否必然宣称其具有合法性权威或者具有正义性一直是个热点话题。作者关注到这一问题，但将研究聚焦在更进一步的法律与道德关系的问题，即当代宪法就其自身本质和功能来说，必然会以什么样的元伦理学理论为基础。首先，该文章做出一种假设，所有宪法必然宣称具有道德权威，因为宪法就其功能和本质来说就是限制国家权力和保障公民权利之法，这自然就包含了道德意义。所以，“法律”这个概念可以像当代法律实证主义所论证的那样，被当作一个纯社会渊源性的概念，因而“邪恶的法律”这种说法就不是一种自我矛盾。而宪法这一概念则必然具有道德内涵，因此“邪恶的宪法”就如同“结了婚的单身汉”一样是个自我矛盾的概念。其次，探究宪法声称其道德权威所必须依赖的元伦理学的理论。即道德情感主义、道德虚无主义、道德习惯主义以及道德实在主义中，为什么只有道德实在主义理论才适合作为宪法的道德权威性的元伦理学基础。最后，指出宪法接受道德实在主义的观点对于具体宪法实践如宪法解释、宪法与民主的关系有什么具体影响，以及宪法应该满足什么样的最低条件才能使其宣称道德权威具有表面上的可信性。

【道德风险真的与道德无关吗——基于法伦理学视角的认知】

车亮亮　《北方法学》2017 年第 6 期

该文指出，学界对道德风险这一概念仍未形成统一的认识，学者们在界定这一概念时基于各自学科立场、学术背景以及价值取向等因素的不同给出了见仁见智的解释。在众多有关道德风险概念的探讨中，影响较大且有代表性的观点主要有两种：一种观点认为道德风险与伦理道德密不可分，它主要是指因道德脆弱性而引发的道德失灵问题，持此观点的主要是伦理学家；另一种观点则认为道德风险作为一个经济哲学概念，并不涉及道德判断，它主要是指市场交易中因信息不对称引发的市场失灵问题，主要表现为隐藏信息和隐藏行动，持此观点的主要是经济学家。事实上，这两种观点都有失偏颇，且均未对引发道德风险的制度问题，尤其是作为正式制度的法律制度对道德风险的影响给予足够的重视。作为一个跨学科的概念，道德风险确实与伦理道德密切相关，但它的确不仅是一个伦理道德的问题，而是一个涉及伦理、经济、法律等多领域的综合性问题。因此，对道德风险这一概念的认知应当从跨学科的视角出发，而法伦理学作为专门研究法律和伦理道德关系的交叉性学科，可以用来分析道德风险这一概念并为其有效治理提供可行的认知路径。作者将第一种观点称为“道德论”，相应地将第二种观点称为“非道德论”。基于以上两种对道德风险的不同解释，由此在道德风险的治理上也形成了两种不同的路径，持“道德论”者认为道德风险治理的根本在于提高经济主体的伦理道德水准以此来消除风险隐患，而持“非道德论”者则认为道德风险治理的关键在于通过科学的机制设计实现激励相容。道德风险的法伦理学分析如下。首先是对道德风险的概念如何界定，如投保人（被保险人）的欺诈或不道德行为首先是一个伦理道德的问题，然后才是一个需要法律解决的问题，因此从道德风险有效治理的角度看，立法者和政策制定者在设计法律规则的时候首先应当为经济主体确立伦理责任，在伦理责任和道德准则的指导下再制定具体的行为规则和风险防范措施，从而为相关规则的有效实施奠定伦理道德基础。其次是道德风险这一概念的核心权利义务的不一致、风险与责任的不匹配以及权力与责任的不对等问题，而这些问题的解决亟须通过对现有风险治理规则的伦理道德批判来予以改进。以法伦理学之视角来分析，道德风险的有效治理必须遵循权利义务相一致、风险与责任相匹配以及权力与责任相对等原则，经济主体在从事经济活动时不得以他人、国家和社会利益为代价来追求自身利益的最大化。最后，道德风险这一表述事实上也存在模糊法律与道德界限的缺陷，因此如何通过法伦理学的分析来弥补这一缺陷，化解道德风险治理中法律与道德的冲突，这确实是一个很大的挑战。

【平等、移情与想象他者：普遍人权的道德情感基础】

刘晗 《清华法学》2017 年第 4 期

作者认为在传统的法学理念和法律制度中，人权的基础被奠定在理性主义之上。然而，理性主义人权观能够解释和论证权利的基础，但很难讲明权利扩大到最广大的“人”的范围的道理。通过对思想史和法律史考察，理性主义的人权观容易导致人权的保护范围在国内法上被限定在特定的群体之中，而人权的实现领域在国际层面局限于特定的政治共同体之中，也即理性主义的人权观念排除了非理性的“非人”的人权，从而无法实现人权的普遍性。从历史角度来看，普遍性的人权观念及其制度实践须构筑于道德情感的基础上，也即人们在情感层面认识到无论种族、肤色、阶层、族裔等差异有多大，在内心的痛苦感受力层面都是平等的，最终通过“移情”在人心之中建立普遍人权的观念。

紧接着该文章试图论证，人权观念的兴起除了理性主义的基础，更有感性主义的促进。后者对于理解现代普遍人权观念或许更为重要。普遍人权的基础并非理性，而是情感。现代人权观念的勃兴乃是个人和社会情感的发展结果。情感在现代国内和国际公法体制的发生、持存和发展中扮演重要角色。刘晗的最终目的是通过考察和明悉人权的道德情感基础，帮助法律教育者重新思考权利教育的方式。他认为人权教育的核心并非仅基于理性的法律教育和法治意识的培养，更为重要的是情感能力和同情感觉的培育。其要害是扩大移情的范围，从其身边的亲朋好友扩展到海角天涯的异邦居民，从自己家里的宠物扩展到身边的弱势群体。法学教育一方面需要继续保持理性教育的传统，提高学生的逻辑分析水平和理性思辨能力，另一方面则需要更为重视和加强情感教育，培育学生的道德情感素质和跨越种种社会差异的移情能力。

【法治与德治相结合的正当性证成】

王淑芹　武林杰　《伦理学》2017 年第 3 期

“正当性”作为合乎事物内蕴规律或规则的合理性（rationality）、合法性（legality），是社会成员认理与讲理的价值依据。作者认为法治与德治相结合原则唯有获得了“正当性”，才会得到有效的贯彻和落实。法治与德治相结合，虽已确定为建设中国社会主义法治国家所坚持的重要原则，但在学界对法治与德治相结合的正当性仍有不同程度的分歧与存疑。因之，法治与德治相结合正当性的证成，是推进中国法治社会建设、促进社会全面转型继续深化的一个重要的理论与实践问题。作者从法律与道德价值的同源性与交叉性、法律与道德规范的同宗性与交叠性、法律与道德功能的独特性与互补性等方面立论法治与德治相结合原则正当性的理论基础。

【法治与德治的互动：规则意识培育的双重维度】

刘泾　《理论与改革》2017 年第 6 期

作者首先从规则意识对于社会主义法治建设的重要作用入手，认为规则意识是市场经济与民主法治发展的精神动力，是新时期道德秩序与法治秩序的内在支撑，是现代法治文明和道德文明的主要价值理念。通过论述规则本身所包含制度层面的法律规则和道德层面的社会公德，将规则意识置于法治社会框架中去思考，提出需要将规则意识的培育放在如何满足主体需要和人的全面发展角度来考量，使规则所体现的法理要求与伦理要求相一致，在底线意义上维系并推动整个社会法治与道德水平的提升。因此，他给出建议，法治社会推进中的规则意识培育应从两个层面着手：一是法理层面的规则意识，即法治意识的培育；二是伦理层面的规则意识，即公共意识的养成。规则意识所包含的法治意识与公德意识正是法治社会中不可缺少的，是现代人需要的一种权利与义务相结合的价值诉求，彰显了公民独立自主精神与责任意识，展现的是一种现代人格与法治内蕴。

【伦理道德与舆论民意影响下的司法裁判与法治实现路径——基于“于欢案”引起热议的法理分析】

陈航 《法制与社会》2017 年第 23 期

作者通过对 2017 年于欢案热议背后的法理思考，分析了道德、舆论民意与法律的关系。在关于“辱母弑父”的问题上，儒家提出“复仇”的观点，如《礼记·檀弓》中，子夏问于孔子曰：“居父母之仇，如之何?”夫子曰：“寝苫，枕干不仕，弗与共天下也。遇诸市朝，不反兵而斗。”由于父母受辱必要睚眦相报的价值观对中华社会的整体道德观塑造产生重大影响，从而产生司法判决与社会大众的伦理道德的矛盾碰撞，引起舆论民情“一边倒”支持理解杀人者于欢的现象，回顾中国法制思想史，社会制度的变迁对整个社会成员有利的人伦常理通过法律规范的方式加以进行，实现了由“德”、“礼”到“法”的转变过程。作者认为，立法技术仅仅只起到为某些具体问题提供个案辅导的作用，还需要形成一定的法律评价总体的价值取向思想，方能从根本上解决问题。现代社会，大众对司法公平正义的期望大幅提高，司法活动的最终目的是实现正义，稳定社会秩序，而正义的受体即为民众。司法裁判的职能不仅体现在个案中实现正义而且也应该成为法治发展的推动者。因此，司法并非司法机关被动地去寻求和契合公众的司法期待与需求，而应是在恪守司法原则的基础上，在一系列的个案裁判中去主动实现社会公众对正义的期待。也就是司法不能在个案中牺牲法律规范的确定性价值而迁就民意的诉求，而是在恪守司法审判独立的基础上在一个时期内形成一种司法方向上的共识。最后，文章针对如何走出于欢案的司法判决困境，提出“明确基本原则与改变评价重心”与“将法律与传统文化精华结合”的司法裁判方法论，认为司法应该正视法律与道德的关系并合理地回应民意，通过德法结合与构建法治认同的路径方法来最终消弭法律与道德的分歧，从而实现法治。

【“孝道”视角下我国养老立法的要求及完善路径——以“精神赡养”条款为中心】

粟丹 《浙江学刊》2017 年第 2 期

作者将研究视角聚焦于中国养老法如何实现法律与道德的双重互动功能，对中国传统孝道的特点进行总结，即爱的自然情感、孝悌的家庭伦理和法律道德化的特点。其认为现行养老立法应该汲取传统孝道的积极价值，关注情感、家庭以及道德等非制度因素。“常回家看看”入法凸显了法律对老年人精神需求的关注，体现了法亦有情，但光有这一条是远远不够的，还需要人们从社会主义法律体系的整体、系统的角度来构思我国的养老立法。养老立法应兼具社会法与家庭法的属性；养老立法可以权利激励为导向；养老立法还应注意与其他领域立法的协调、中央立法与地方立法的衔接以及立法与司法的衔接。她提出养老立法应以家庭伦理为底色，通过回顾近代以来的婚姻制度，不难发现伴随着个人主义的兴起，自由、平等、人权等观念在西方逐渐盛行起来，契约婚姻也应运而生。康德最早提出了“婚姻是契约”的理论，他认为婚姻是男女双方为了相互占有对方的身体官能而产生的符合人性的契约。根据婚姻契约理论，婚姻被视为是独立个体以契约为基础的结合。婚姻自由和地位平等是其主要特点。基于地位平等和个人自由观念的兴起，传统家庭的代际关系被现代家庭的平权关系取代，父母与子女之间是互为平等的法律关系主体，双方各有其权利和义务。如中国《婚姻法》第21条第1款规定：“父母对子女有抚养教育的义务，子女对父母有赡养扶助的义务。”同时，《老年人权益保障法》将“父母”和“子女”称为“家庭成员”和“老年人”，也体现了权利平等的观念。该文章分析中国当代的养老立法之所以以物质养老为主体内容，以平等为价值导向，是中国近现代以来法律的理性建构主义思维和法律与道德分离的立法模式所导致的。中国从传统社会向现代社会过渡的过程是由伦理法向权利法转变的过程，亦是法的“家族主义”向法的“国家主义”转变的过程。理性主义对法律的另一个影响是法律与道德的分离。法律与道德的重要区别在于，法律仅仅调整和约束人的外在行为，而不调整人的内在思想和情感。韦伯认为，西方现代形式理性法律兴起的一个关键维度是其“去道德化”的过程，因此在养老立法问题上体现法律与道德互动。最后作者对养老立法给出完善路径，并进一步思考如何使养老立法体现以人为本的基本原则，如何确保法律体系的上下有序、内外协调，就需要人们审慎思考养老的立法定位、立法思路和立法技术等问题。

【**从道德责任到职业伦理**——法官责任的道德性】

黄伟文　《广东社会科学》2017年第5期

作者从法官责任的道德性出发，研究法官职业伦理问题。人们通常认为，相比于其他职业而言，法官应当负有更高的道德责任，但这个观念的确切意义仍有待探究，因为无论是法官责任还是道德责任，都存在多重的面向。法官高阶道德责任的核心，并不在于尽量避免错误以免受追责，而是在于对法律命题作出最佳的道德证立，法官应摆脱“平庸之恶”，矢志追求司法的卓越品质。这意味着对法官责任的认定和规范，应当实现从法官责任向法官职业伦理的转变。他进一步分析法官为何负有更高的道德责任。根据直观的判断，承担更高的道德责任，意味着比一般人更为严格的行为要求，意味着更为宽松的追责标准和更为苛刻的豁免原则。但是，从司法实践的经验来看，法官享有广泛的豁免权，追究法官责任的标准极为严格，却是法治发达诸国之通例，那么两者相互矛盾吗？针对有理论家所提出的权责统一论，他指出，权责统一论者将法官责任主要限定于法官的行为责任，其关于法官道德责任的标准，是以规范外在行为为主要内容的实证性道德标准。这使得权责统一论无法融贯解释法官高阶道德责任与法官豁免权之间的矛盾。作者通过揭示法官责任及其道德性的多层意义，区分不同层面的法官责任和道德责任，并着重指出，较高的道德标准存在实证性道德标准和规范性道德标准两种不同的类型。文章通过分析支持实证性道德标准的理由，即它忽视了法官责任的内在规范性，并进一步证明这些理由是不充分的。最后作者通过分析法律及其实践的性质，论证法官的责任具有道德性，通过探究法官道德责任的性质，一方面阐明实证性道德标准对于解释法官责任道德性的意义，另一方面揭示其不足，并论证最佳证立与道德责任相统一的法官责任理论是一个更具说服力的理论方案。

【论科技进步与治理转型中的新兴（新型）权利——以相关研究的述评为视角**】**

白利寅　《东方法学》2017 年第 4 期

连续三届“新兴（新型）权利与法治中国”学术研讨会的成功召开标志着新兴（新型）权利研究已成为法学研究的固定领域，并在研究中坚持实践导向。作者认为从成果上来看，已经突破了热点式的学术关注形式，其研究基础日益坚实，团队规模不断扩大，成为具备规范化、系统化和方法性等学术品质的法学研究领域。作者通过梳理 2016 年国内研究成果，以大数据、科技进步与现代治理转型等权利生成背景与实践需求为权利分类标准，统合研究具体类型的新兴（新型）权利及其法律问题，进一步厘清各类权利本质内涵、建构权利保障制度体系、弥合理论与实践距离，认为这正是深化权利研究之实践导向的基本路径。根据 2016 年入选 CSSCI 期刊论文为分析对象，作者以诸种新兴（新型）权利生成的社会背景与所保障的基本权益为分类标准，以科技进步与社会治理转型为线索，统合相关具体的新兴（新型）权利问题，以之为框架进行研究梳理与述评，全面展现了国内学者在新兴（新型）权利研究领域的实践导向需求，是难能可贵的系统学术总结。

【生命神圣、敬畏生命与尊重生命：中、西生命伦理学共论】

李瑞全　金美华　《科学与社会》2017 年第 4 期

作者分析了生命神圣、敬畏生命与生命尊严以及人格个体之意义，以回答若干生命伦理学课题。首先申论主张一切生命神圣的史怀哲固然使人们赋予一切生命道德地位，但不能具有神圣之意义，且实不能平视一切生命，否则会窒碍难行。该文引述辛格对人类生命的区分，即生物或物种意义的生命与人格个体的不同，指出杀害一物种意义的人类，如胎儿、胚胎、干细胞等并不一定是不道德的。只有杀害一有自我意识的人格个体才是不道德的。进而依康德的分析说明人类不只是具有感知能力，更有由义务而行的道德表现，自身为一目的建立人性的尊严。一般由此建立人权固然有助对个体人格的保障，但却区隔人与人之间的独立性和不相干性。作者认为儒家将仁心所指的生命之间的同情共感作为道德价值的根源，由义务的取向更可拉近和建立人与人之间的亲密感，由此以建立一道德社群，对于生命伦理的课题会有更合理和恰当的解决。

【身体伦理的形态视阈（待续）——从现代医疗技术看身体伦理的两种形态】

田海平　《江苏行政学院学报》2017 年第 4 期

作者提出了对身体伦理的关注，认为医疗技术的伦理形态催生不同的伦理决断。这种异质性反映了身体伦理的认知旨趣呈现的后现代性。它提供了看待不同医疗技术的伦理形态的多元视角。在其常规形态中，医学空间穿越和渗透社会空间。“责任伦理形态”的空间构型由此在三大问题（生的问题、死的问题、生命质量的问题）的展现中获得了初步的界定。在其转化形态中，“人体研究”由于被打扮成一种“道德形象”而促成“人权诉求”与“医学贪婪”的妥协。“位格伦理形态”在现代医疗技术拓展善的目的诉求中指向了“人是谁”之问。从现代医疗技术的伦理形态视域看，两种伦理分别关涉由常规医疗技术开启的责任伦理形态和由转化医疗技术开启的位格伦理形态。随着医疗技术的进步，人们面临“如何重审人之责任”和“如何重申人之位格”的身体伦理的根本性困惑。生命伦理学必须前瞻性地回应这两种形态的伦理问题。

【从学科史的角度看中国医学伦理学的发展】

谢广宽　《中国医学伦理学》2017 年第 4 期

作者对中国医学伦理学的学科发展进行了反思。中国医学伦理学在过去三十多年里取得了长足的进步，作为一项事业在学术、制度和媒体等不同空间不断发展。同时中国医学伦理学仍是一个十分年轻的学科，还存在个体与组织、多元性与严谨性、国际化与本土化等多个需要进一步探讨的问题。如在研究医生个体道德行为的同时，还要更多地关注组织和制度对医生行为的影响，研究医疗机构等组织的道德义务和伦理责任，研究医院管理中的伦理因素和政府卫生政策的伦理基础。在研究方法与论证形式上，医学伦理学领域也应产生更具普遍性的研究成果。同时用更符合国际学术规范的研究方法研究本土问题，面向全球讲述中国故事，发出中国声音，最终形成特色鲜明的理论体系。

【公共卫生伦理学的结构和若干基本论题】

翟晓梅　邱仁宗　《医学与哲学》2017 年第 7 期

作者讨论了作为生命伦理学学科分支的公共卫生伦理学的结构及基本论题，阐述了公共卫生的伦理基础、公共卫生伦理学的基本原则、公共卫生与个人自由之间的关系等对公共卫生各领域均具有普遍意义的基本伦理问题。首先，指出公共卫生是建立公正社会和实现社会正义的必备要素，应该以公共卫生实践中的伦理问题而不是以哪个理论作为其逻辑出发点；其次，指出公共卫生工作之所以能得到伦理辩护，缘于健康是人民安康的基本层面，而人民的安康是建立公正社会的基本内容；再次，指出公共卫生伦理学的基本原则应包括效用、公正、尊重、共济、相称；最后，讨论公共卫生限制个人自由在伦理学上可辩护的条件。

【我国首部生物样本库伦理指南发布——“2017年第二届中国生物样本库伦理论坛暨第四届组学与生命伦理学研讨会”会议综述】

雷瑞鹏　冀朋　冯君妍　《华中科技大学学报（社会科学版）》2017年第5期

作者介绍了第二届中国生物样本库伦理论坛暨第四届组学与生命伦理学研讨会的主要会议内容。其中专题报告以“生物遗传资源共享与应用的国内外研究现状”为主题展开讨论，关涉生物数据共享与管理、不同民族人类遗传资源研究中的知情同意、生物样本库发展面临的伦理挑战、国家基因库的共享体系、OECD生物样本伦理指南、生物样本库数据国际输出的伦理与法律问题等。在分会场阶段，依据《生物样本库样本/数据共享伦理指南》（征求意见稿）的管理框架，分别按照三种不同类型样本库，从“人类遗传资源共享应用中的伦理问题”“动植物资源与共享国际合作”“人源微生物遗传与共享资源”三个方面的伦理和管理问题展开研讨，并对生物遗传资源共享与应用提出展望。

【人体微生态研究伦理：生命伦理学的新领域】

马永慧　杨云生　《中国医学伦理学》2017年第7期

近些年人体微生态（或称人体微生物组）研究的迅猛发展为揭示微生物和人类健康与疾病的密切关系开辟了新的医学前景。作者认为作为人的第二基因组，人体微生物与宿主的特殊关系和重要功能也给研究带来了新的伦理、社会问题，促使人们对现有的伦理规范做出反思和变革。文章从“身份”、所有权、知情同意、风险受益评估、隐私、商业化、公共卫生七个视角探讨，论证构建微生态研究伦理的重要性。这在理论上丰富和拓展了生命伦理学的内涵，在实践中将更好保证微生态研究的良性发展。

【生命伦理学视域下反思平衡方法及其应用的研究】

罗会宇　邱仁宗　雷瑞鹏　《自然辩证法研究》2017年第2期

作者探讨了生命伦理学视域下反思平衡方法的应用问题。在生命伦理学的实践中人们往往会出现这样一些情况，如凭直觉否定一些规则、原则的适用性；更多的是，人们将已制定的法规、规章视为完美无缺、不可修改的基石，将此作为前提通过演绎得出有关具体案例应该采取何种行动的结论，而不分析案例具体情况，导致后果严重。反思平衡方法强调不能固守规定也不能盲从直觉，主张不断调整道德判断和道德原则及其背景理论，使之融贯、和谐与相互支持。反思平衡方法既反对死守规则，又反对盲目相信直觉，因此能有效地帮助人们减少上述两种失误，从而为分析伦理实践中的新问题、新情况，解决伦理冲突提供启发与借鉴，令人们的决策和行动更为合理。

【“建构中国生命伦理学”十人笔谈】

范瑞平　倪培民　丛亚丽　李瑞全　张颖　王明旭　王珏　陈强立　李建会　蔡昱　《中国医学伦理学》2017 年第 1 期

范瑞平等十位学者就“建构中国生命伦理学”话题以笔谈形式进行交流，言简意赅地阐述自身观点，该文对此作了记录。范瑞平认为从中国社会的伦理传统出发，建构新的观点、原则和理论来探讨中国社会的生命伦理问题，树立一种不同于当代西方自由主义生命伦理学的学术倾向，是一件顺理成章的事情。倪培民提出需要构建和创造根植于中国传统伦理文化肥沃土壤中的生命伦理学。丛亚丽认为需要说明所建构的“中国生命伦理学”是与生命伦理学属于一个层次的学科，还是生命伦理学这个学科下面的一个分支。李瑞全认为对于儒家生命伦理与中国生命伦理的问题需要对以往认为儒家非常“功利式”进行辨析。其援引董仲舒的看法——儒家“行其道不计其功，谋其义不为其利”，认为这不仅说明儒家不是功利式的，也表示“功利”一词在中文的用法是有贬义的。因此李瑞全提出用“效益论”作为对应的中文翻译。同时对西方美德论与中国传统的“德者，得也”所蕴含的思想进行对比，认为美德是一种有待修行才成功的，因而都要先有有德的行为才慢慢成就德行的品格。而有德的行为须有所依据，故仁者必须日常都能实践仁道，日积月累才足以成为仁者。而其标准即仁之原理，这一原理自是更根本的标准，也先于实践行为之前即确定，是实践行为之为仁德的依据。这样美德不能是首出的，一个行为必须有所依据才成其为美德。张颖认为需要对儒学理论体系的特征进行深入剖析，如儒家伦理的特质是义务论还是西方流行的美德论。提出古希腊 areté 的概念远远大于拉丁语的 [moral] virtue。亚里士多德所说的 purpose（目的）和 function（功能）是否能与儒家的“天命”“知行”相比对，也是存疑的。王明旭指出对建构中国生命伦理学这一主题的研究，必须首先回答人们普遍关心的一些问题，如建构中国生命伦理学的目的和意义、必要性、可能性及其现实性等。王珏认同张颖关于亚里士多德的 purpose（目的）和 function（功能）难以找到在儒家哲学中适当对应物的说法，指出美德伦理学与儒家的中心关注都是整个的人生及行动者的品质。这些共同的问题关注与相近的进路足以在两个传统之间支撑一个富有同情的对话空间。但对于当代新儒家都认为的“儒家是一义务论”的观点也有质疑之处：儒家语境下恻隐之心首先是在情感上呈现的。康德意义上的义务论重心却是放在理性自律上。如此便意味着“将儒学看作一种义务论”并不能掩盖两者之间一些根本的不同之处。从儒家与美德伦理学或义务论相比较这一话题上，认可 collaborative dialogue（合作式的对话）作为进路方才能够“运用之妙存乎其人”。陈强立从方法论上介绍了中国港台新儒家的理论观点。从理论框架方面来说，当代新儒家是通过“内圣外王”的理论框架来解释儒家思想的。当代新儒家谈及的外王是新外王，即科学和民主；当代新儒家的一个重要任务就是要从学理上说明由内圣如何能开出新外王。李建会回到“建构中国生命伦理学”主题，援引恩格尔哈特的思路，即一边建立一种有最低程度普遍性的一般的生命伦理学原则，一边潜心于基督教生命伦理学研究。其认为可以建构基于中国传统文化的生命伦理学，甚至建构占中国传统文化主流的儒家生命伦理学。人们对于什么是美德，由于时间和空间的不同会产生很不相同的理解，对此，若把儒家生命伦理学理解为德性伦理学就具有了地域性和文化性。蔡昱同意儒家生命伦理学是这个时代需要的可以帮助人们安心、安身与立命的解放的哲学之一。但经历了几千年的儒家文化与思想中存在着有意无意的误解、歪曲、利用、教条化而泛起的杂质，将这些与儒家的义理精髓做出区分和扬弃是现代学者的使命与责任。

【惟克天德——《尚书》生命伦理精神和原则诠要**】**

张舜清　《伦理学研究》2017 年第 6 期

作者概述《尚书》中蕴含的生命伦理精神和原则为“惟克天德”四字。在《尚书》中，“天德”具有形上本体义蕴，它构成一切生命价值的根源和人类行为正当性的基础，而作为“帝天旨意”的天命本质上也受“天德”规定，故“惟克天德”体现了《尚书》生命伦理的根本精神和原则。而《尚书》中的“天德”就其实质内容而言即指天之好生、厚生之德，故“惟克天德”实质是要人以“生”为本、厚生、利生。本着厚生、利生的价值理念，儒家当然不会一般地反对诸如基因增强、无性生殖等现代生命技术的开发和利用，但是人在天命面前毕竟是有限的存在，因此对于一些触及人类重大命运并且对其利害结果没有确定性把握的技术，儒家则主张不宜贸然应用于人类切实而普遍的生活领域。

【人类基因编辑：科学、伦理学和治理】

邱仁宗　《医学与哲学》2017 年第 5 期

2015 年在华盛顿召开的人类基因编辑国际高峰会议上成立了“人类基因编辑：科学、医学和伦理委员会”，作者对今年该委员会起草的报告主要内容进行了编译。其内容指出基因组编辑是精准地使基因组（机体的一套完整的遗传材料）发生添加、删除和改变的新的有力工具。一些新方法的开发使得基因组的编辑更加精确、有效率、灵活和价廉。这些进展使得人们对基因组编辑的可能应用的兴趣大为增加，不管是在基础研究方面，还是在通过治疗和预防疾病促进人类健康方面都是如此，但这些应用也带来了受益、风险、管理、伦理、社会问题。在生物医学领域，基因组编辑可用于三个目的：基础研究、体细胞干预和生殖系细胞干预。其中人类基因组编辑的基础性实验室研究在现有的伦理规范和管理框架内已经是可管理的；体细胞编辑在临床实践中主要用以治疗或预防疾病和失能，编辑可以不同方式进行，管理者在权衡预期的风险与受益时需要考虑基因组编辑系统的技术情境，也要考虑所建议的临床应用的具体情况。生殖系编辑仍然面临高度争议，正因为产生的基因改变会遗传给下一代，所以这一技术跨越了被许多人认为伦理学上不可逾越的界限。此外基因组编辑用于"增强"的目的也可涉及体细胞和生殖系细胞，对这种用途提出了公平、社会规范、个人自主性以及政府作用问题。委员会也提出了治理人类基因组编辑的若干原则，包括促进福祉、透明、常规医疗或合理医疗、负责任的科学、尊重人、公平以及跨国合作。此外，委员会提出了一系列针对基础以及身体和生殖系临床应用的建议，如研究和临床使用的总原则、基础实验室研究、体细胞基因组编辑、生殖系基因组编辑、增强、公众参与等。

【"换头术"的挑战】

范瑞平　李翰林　王玥　方旭东　王珏　边林　张新庆　张颖　马永慧　陈化　李明　邓蕊　翁若愚　丁春艳

《中国医学伦理学》2017 年第 12 期

该文是范瑞平等 14 名学者就"换头"问题进行探讨的综述。范瑞平首先提出"换头术"在人文社会方面至少引起四个方面的挑战。一是人的同一性及心脑身关系问题；二是风险问题；三是资源分配问题；四是其他方面的伦理问题，如知情同意应怎样实施等。继而认为可以通过儒家对身心关系的阐发来观照"头身关系"。一个人的生命活动不只应从心主身，而且应从身正心的角度来理解。王玥提出"意识"的载体问题，即不同时代的人们对意识存在形式的认识不一样，换句话说意识的载体是大脑还是"心"或"身"，就代表了人的生命的延续的部分。王珏提出换头术的讨论中最基础的问题是人格同一性问题。倾向于将身体看作一台机器、一个生理学物体的观念排除了身体体验和建立在这种体验之上的患者的真实世界。李翰林与王玥同样认为"换头"后的人是提供头部者，因为人的身份同一性应该随着头部，换言之头部包含着将所有身体体验汇集、统一起来的中心。但是对此观点也存在身体连续性、关系连续性的质疑，如中国文化的同一性标准含有人伦关系成分。边林认为这一话题的焦点目前在于此类手术是否应该实施的问题，其中风险问题是目前最大的伦理问题，涉及对人类带来无法预料的各种后果。张新庆进一步指出"换头术"突破了文明社会可以接受的道德底线。范瑞平补充认为生命伦理学者应负起做出道义论或德性论的伦理学论证和建议，避免效益主义的泛滥。张颖与马永慧也将探讨的内容放在身份同一性问题上，同意大脑的记忆轨道以及透过语言的表述本身既有科学层面也具有形而上层面，并补充认为对于人的身份的讨论或许可以加上微生物组研究的视角。陈化、李明、邓蕊、王珏、翁若愚也先后从技术运用与伦理的关系角度、心理学角度、家庭视角等进行了探讨。丁春艳从“法律人格”的角度出发认为这一方案缺少可操作性。学者们赞同“换头虽可赞，为人只一生”的观点，“换头术”应缓行、慎行。

著作选介

【政治与美德】

万俊人著　北京师范大学出版社 2017 年 6 月　170 千字

该书收录了万俊人先生近年来在《读书》《文景》《伦理学研究》等期刊上发表过的书序及其他学术文章。行文优美，兼具诗意和学术性，重申了当代境遇下的伦理学、政治哲学的意义。作者持守学者与学术的姿态，聚焦当下中国和世界的严肃问题，既有对政治哲学、美德伦理、人生哲学等公共话题进行的深入思考，又有对乡愁、家国的体认。书中饱含了作者对学术的热忱情怀和对文化的深沉担当，此本关于政治与伦理的佳作无论是对于哲学从业者还是理论爱好者来说，都具有很重要的启发意义。

【追问正义——西方政治伦理思想研究**】**

龚群著　北京大学出版社 2017 年 3 月　312 千字

何为正义，对正义问题的解决是否关切到政治共同体的稳定与持存，古希腊的正义观与近现代以来的哲学家对正义问题的解读有何差异，围绕上述问题展开的对正义的讨论是西方政治思想的核心，重视正义思想的研究是西方伦理学与政治学的传统。正义论域在当代政治哲学的复兴源于罗尔斯《正义论》所掀起的理论热潮，它引发了对公共领域、权利与国家、多元价值以及全球正义的深入探究。该书以正义问题为基本切入点，系统梳理了西方政治伦理思想的发展脉络，不仅为人们提炼出诸如柏拉图、亚里士多德、洛克、卢梭、伯林、阿伦特、罗尔斯、诺齐克、桑德尔等重要思想家的理论内核，同时对古代的自然法正义观念、近代自由主义伦理观、当代公共理性与社群主义的原则等政治哲学的关键论题进行了比较充分的探讨。

【家与孝：从中西间视野看】

张祥龙著　生活·读书·新知三联书店 2017 年 1 月　157 千字

该书是作者近年有关“家与孝”的著述中，与西方哲学和文化有关，又有中西比较之趣的文章的结集。作者对西方晚近海德格尔等关于家的思想作了系统阐述，通过中西比较，揭示出中国传统哲理最为独特之处，不仅在于家道，更在于其对“家”的理解是一种直接可经验的亲子一体的方式。作者认为，对孝现象和孝意识的体会，是理解家和人类独特性的一个关键，也是认识儒家及其未来的一个要害。

【利维坦的道德困境：早期现代政治哲学的问题与脉络】

吴增定著　生活·读书·新知三联书店 2017 年 8 月　208 千字

该书正文是五个专题研究，分别针对五位早期现代政治哲学家——马基亚维里、霍布斯、斯宾诺莎、洛克和卢梭。通过这五篇研究，该书试图揭示一个简单的事实：包括自由主义在内的现代政治哲学从一开始就包含了某种内在的紧张。现代政治哲学的最初动因就是消除基督教世界内部宗教和世俗之间的冲突与对立，化解自中世纪以来直至现代早期的“神学政治危机”。为此，早期现代政治哲学家不得不将政治同宗教和道德等彻底分离，力图使政治获得自身的独立性和自主性。他们的解决方案是，一方面将国家变成一种无关道德和宗教的公权力，另一方面将宗教和道德世俗化和私人化，使其成为一种纯粹的私人选择。但是，在将政治同宗教、道德分离开来之后，他们很快就面临一个新的问题：一旦国家被“去宗教化”和“去道德化”，国家的正当性就变得很成问题。于是他们又不得不在政治世界内部重建新的宗教和道德规范。但是，基于宗教被私人化和世俗化的前提，他们的努力就不可能获得成功，这也使得他们最终无法再为国家的道德正当性进行辩护。这就是自马基亚维里以来的现代政治哲学和现代政治所共同面临的问题。作者力求抛开无谓的意识形态争论，直接面对现代政治哲学和现代政治本身。

【伦理与美学】

成中英著　中国人民大学出版社 2017 年 5 月　470 千字

该书分为两部分，由有关本体美学的研究和有关伦理学的研究构成。有关本体美学的研究运用逻辑分析与本体诠释的方法，从易学美学、儒家美学、道家美学、佛家美学、实用美学等方面对美学进行了诠释，赋予了本体美学以时代内涵和世界意义。有关伦理学的研究讨论了中国历史上的人权意识及正义观，阐释了儒家伦理的现代化及中国现代伦理体系的建立，论述了全球背景中的道德教育，展望了全球伦理在 21 世纪的发展。

【论共享文明：兼论人类文明协同发展的新形态】

卢德之著　东方出版社 2017 年 11 月　260 千字

该书以探求人类文明发展的方向与路径为己任，致力于中国特色现代慈善理论创新与实践探索，研究涉及哲学、经济学、社会学、管理学等领域，分别以“共享文明”“现代慈善”“走向共享”为主题在海内外公开发表演讲近百场，获得各方好评。该书共分为六个部分，全面论述了 21 世纪人类发展的重大主题：共享文明。作者从一个全新的角度系统地论述了共享思想与现代慈善之间的理论关系。

【饮食伦理：在中国文化的视野下】

韩作珍著　人民出版社 2017 年 8 月　280 千字

饮食是人类维持生命、增进营养与健康的前提条件和基本保障，但人类随着自身的不断进化、文明程度的不断提高，其饮食也在野蛮行为逐渐退化和文明行为逐渐前进中体现出灿烂的文化特征。饮食逐渐走向政治化、宗教化、养生化、伦理化、文明化，正是这些巨大的变化，使得人类的饮食行为从“人化”上升到“文化”的境界。“吃”不再简单地停留于动物的本能层面，而转变为人类的自觉行动；不再是满足人类低俗的生理需求，而转变为一种高雅的精神追求。其中，中国的饮食文化内蕴丰富，中国饮食除了追求色香味等感官美，还包含着许多高雅的生活情趣与超凡脱俗的文化精神以及厚重的人伦道德。因此，通过对民众日常饮食生活的分析来深入探究中国传统伦理思想的优秀资源，体会其深邃的意蕴、无穷的魅力和强大的社会功效，不仅能更好地弘扬传统伦理精神，而且在“食品恐怖主义”威胁的今天，充分发挥伦理的应有价值，使民众吃得安全、吃得健康、吃得文明，吃出德性修养、吃出幸福生活。该书从伦理学角度对中国饮食文化进行了深入分析，具有相当的理论价值和现实意义。

【重思道德哲学——基于当代中国道德问题的分析**】**

周斌著　中国社会科学出版社 2017 年 7 月　210 千字

该书致力于阐释当代中国道德哲学的理论形态以及道德领域中的复杂性问题。作者立足于国家与社会的道德理论分析框架，研究国家对于社会成员未来生活确定性的道德责任以及现代陌生人社会的道德特征。遵循问题导向原则，从社会伦理关系中的人际侵犯意向假设出发，对道德标榜与伪善、伦理关系中的信息不对称等问题进行学术性探讨，试图透过诸多具体的事实和现象进行细致的描述和深入的分析，认识潜在于道德生活之中的个体意识、价值和观念，并以此为基础重新解析道德权利概念、规范与美德之间的体系性论争以及行为策略选择理论，继而从法治和道德的关系中探寻现代社会道德的形成机制。

【弗洛姆爱的伦理思想研究】

陈默著　中国社会科学出版社 2017 年 9 月　291 千字

在弗洛姆的伦理思想体系中，爱是其核心的概念和范畴。该书围绕“爱”这一核心概念和范畴来挖掘弗洛姆伦理思想的精髓。在弗洛姆看来，人性与社会之间存在着密不可分的互动关系，脱离了社会谈人性是不切实际的，人性的形成与特定的社会伦理环境存在关联。与此同时，良好的社会伦理环境又离不开个体人性的完善，二者相辅相成。但个体的人性完善占据主导地位，成为弗洛姆构建其爱的伦理思想的宗旨。对早期资本主义社会的“人性异化”和“爱的没落”等社会现象进行强烈的批判之后，弗洛姆认为，要获得个体的人性完善，不仅要从个体人性完善入手，而且要从社会组织模式的改革入手，只有个体和社会都达到健全，并形成良性的互动关系，才能真正地实现健全的社会。而这二者之间，个体人性的完善更为根本。个体人性完善的标志便是获得“创发性人格”和“创发性爱”的能力，因而个体人性的完善在其本质上等同于个体是否能够获得成熟的爱的能力，并最终形成“创发性人格”。

【西方德性思想史概论】

江畅著　人民出版社 2017 年 4 月　308 千字

在人类道德思想史或伦理学史上，德性伦理具有重要的地位和独特的价值。因为德性伦理充分表现了人类道德中自由的意志与自由的尊严。自亚里士多德完成人类知识体系的学科划分并首先创立伦理学以来，德性伦理就一直是伦理学的经典知识形态，即使是中世纪神学伦理，也并未因为神学自身的统治地位而改变依德性而言伦理的基本伦理路径。近代启蒙运动以后，西方伦理学开始了理论转型，即从德性伦理或人格化伦理向规范伦理或社会公共伦理的转型，作为一种知识形态的德性伦理逐渐退出西方伦理思想的中心舞台。同时，为适应现代社会日趋公共化的发展需要，规范伦理学迅速成为西方伦理思想的主流，成为西方现代性价值观念的基本表达方式和主要话语形态。直到20世纪初，伴随着逻辑实证主义和科学主义的勃兴，新生的元伦理学或分析伦理学很快形成足以与规范伦理学相互颉颃、相互竞争的格局。该书分五章30余万字简略阐述了西方德性思想发展的这一脉络。

【美德的实在性研究】

赵永刚著　武汉大学出版社2017年3月　254千字

美德的实在性问题是当前西方道德哲学论辩的焦点之一，同时也是伦理知识与心理学前沿知识的一个交汇激荡处。厘清该问题的来龙去脉，不仅有助于问题的解决，而且可以促进美德伦理学的心理学基础建构，更重要的是，人们能以此窥见伦理知识乃至一般哲学思想未来可能的产生方式。

【现代世界中的伦理规范——语言、事实、理由与行动**】**

李晔著　广西师范大学出版社2017年5月　350千字

该书在现代世界的时代特征和思想观念之背景下，以伦理规范的“规范性”特征和要求为主线，以作为伦理规范的话语形式和制度性事实分析为基础，围绕伦理规范的合法性、合理性、有效性、证成性等问题，对伦理规范及其“基础”进行深入研究，分析了伦理规范的“应该性”特征和要求，探讨了伦理规范何以成为伦理规范以及伦理规范怎样发挥规范性作用等，同时对伦理规范作为道德理由与道德行动之间的因果关联性问题进行了思考和探索。

【交往理性与道德共识——哈贝马斯话语伦理学研究**】**

宫瑜著　中国社会科学出版社2017年6月　230千字

在哈贝马斯看来，现代社会的道德危机究其根源在于近代哲学以主体自我意识为出发点的理性的基础规定，因此，必须完成从“个体的独白反思”到“主体间的话语交往”的范式转换，重新界定理性的概念内涵，并据此对道德规范的普遍有效性予以合理的证明与重构。实际上，人之主体的内在本质就在于包容着整个交往与活动的主体间性，而生活世界是交互主体得以产生、交往活动得以进行的先在源泉与背景条件，普遍语用学及其提出的一系列有效性要求，则使人们有可能达成相互理解与共识。正是蕴含在交往行为中的合理性和相互理解凸显了理性的真正含义，也就是交往理性，它是交互主体进行理性论辩的根本依凭。话语实践的相关参与者只有在由规范有效性的逻辑秩序推演而来的普遍性原则所确立的对话程序中，才能得出普遍有效的客观规范。这种以普遍伦理诉求和解决多元冲突为基本旨趣的话语伦理学的理论构想，虽然遭到了各方的质疑与诘难，也可能存在一些困境与局限，但其无疑为探索和构建道德共识的合理性基础提供了一条富有启发性意义的致思路向。

【以“道德自我”概念为核心的杜威道德哲学研究】

张奇峰著　上海三联书店 2017 年 9 月　140 千字

该书以“道德自我”这一概念为核心，对杜威的道德哲学进行一番新的解读和重构。在这种重构中，作者所关涉的不仅是杜威哲学的核心概念和问题，而且也是对其哲学所体现出来的基本经验的重新理解。在这种理解的基础之上，“道德自我”不再被看作纯粹认知和心理的主体，它体现的是一种“自我”与其所处环境（包括自然和社会）之间的相互作用以及“自我”如何有效地应对其环境的努力。

【在通向正确生活的途中：阿多诺道德哲学的基本问题】

罗松涛著　中国社会科学出版社 2017 年 12 月　201 千字

该书以法兰克福学派社会批判理论代表人物阿多诺对“正确生活”的思考为核心，着力探讨其道德哲学中的几个基本问题：从阿多诺“奥斯维辛之后是否能够被允许继续生活”这一追问入手，阐明阿多诺道德哲学的时代背景与思想史语境（导论）；围绕阿多诺对文化工业的反思以及自由时间的思考，阐发其对“错误生活”不同面向的揭批；在思考康德道德哲学的基础上，探讨基于个体生命及其特殊经验与普遍道德法则之间非同一性关系的“正确生活”何以可能问题。在此基础上，结合阿多诺对康德与萨特自由观的批评，该书进一步反思其道德哲学的核心问题即“否定的自由观”，并在思想史的语境中探讨马克思的自由学说及其与阿多诺自由观的相通之处。最后，作者结合阿多诺对思想的道德与任务的理解，分析非同一性道德哲学视域中通向正确生活的两条路径，即不妥协的反思与批判和意在提升政治成熟的教育。

【伦理学与哲学的限度】

［英］B. 威廉斯著，陈嘉映译　商务印书馆 2017 年 6 月　185 千字

《伦理学与哲学的限度》是当代英国著名伦理学家 B. 威廉斯的代表作，初版于 1985 年。在该书中，威廉斯检讨了伦理学理论的几种代表性理论如亚里士多德传统和康德传统，指出伦理学理论反思的对象应该是人的伦理生活，而不应该是人的伦理反思。如果把伦理学定位为后者，并且一味地要在一定的理论起点上为人的伦理活动寻找解释，就会实际地破坏人们的真实伦理生活面貌。因此，伦理理论的问题，在于其不知反思的节制。威廉斯因此提出，反思有可能破坏人们的伦理生活。尽管现代社会已经不可避免地进入全面反思的阶段，人们仍然有必要对反思在伦理理论中，以及反思在一般的哲学思考中的作用保持警惕。

【从道德到美德】

［美］迈克尔・斯洛特著，周亮译
译林出版社 2017 年 10 月　230 千字

美德伦理学的复兴是近年来道德哲学收获的最丰硕的成果。迈克尔・斯洛特作为该领域的前沿学者，在该书中提出，美德因其直觉和结构特性，而明显优于康德主义、功利主义和常识道德。斯洛特对美德伦理学的阐发，有助于人们发掘美德的相对优势，克服功利主义、康德主义在自我关切和对他人的关切之间的不平衡。

【回到原野——当代生态文明观**】**

李明华等著　世界图书出版公司 2017 年 6 月　250 千字

该著作分为七个部分。第一部分是序《绿野的风》。第一章主要介绍今天这个时代的文明观。第二章主要描述文明观的历史递进，包含渔猎文明、农业文明、工业文明与未来选择等。第三章主要论述生物圈、社会圈与精神圈三个层次的冲突。第四章主要论述生态文明视野中的人等。第五章主要谈发展观念。第六章论述走向生态文明这一普适文明观。

【敬畏生命——五十年来的基本论述**】**

［法］阿尔贝特・施韦泽著，陈泽环译　上海人民出版社 2017 年 2 月　132 千字

该译著展示了施韦泽关于敬畏生命伦理学的较为完整的研究。作为举世闻名的伟人，施韦泽体现了古希腊个人自由全面发展、基督教博爱精神和启蒙运动人道主义理想的完美结合。“敬畏生命”是施韦泽伦理学的核心范畴，作为一种心理特征和行为方式，敬畏生命也是施韦泽最基本和最深刻的道德要求。生命既是一种自然现象，同时也是道德现象。因此从生命的道德意义出发，对包括人在内的一切生命及其相互关系进行考察并提出其伦理基本原则。肯定世界和生命、伦理。“敬畏生命”原则对个人和社会的行为始终具有重要意义。敬畏生命告诉人们，对自然中的生命，人们始终具有提供伦理帮助的空间和自由。

施韦泽指出只涉及人与人关系的伦理学是不完整的，从而也不可能具有充分的伦理动能。但敬畏生命的伦理学能实现这一切。由于敬畏生命的伦理学，人们不仅与人，而且与存在于人们范围之内的生命发生了联系。关心它们的命运，在力所能及的范围内，避免伤害它们，在危难中救助它们。换言之，伦理与人对所有存在于他的范围之内的生命之行为有关。只有当人认为所有生命，包括人的生命和其他生物的生命都是神圣的时候，他才是伦理的。敬畏生命伦理学把肯定生命和伦理融为一体，以实现进步和创造有益于个人和人类的物质、精神、伦理的更高发展的各种价值。敬畏生命始终促使个人同其周围的所有生命进行交往，并感受到对它们负有责任。对于其发展能够由人们施以影响的生命，人们与它们的交往以及对它们的责任，就不能局限于保存和促进它们的生存本身，而是要在任何方面努力实现它们的最高价值。

【应用伦理探究】

任丑著　科学出版社 2017 年 3 月　287 千字

该书在对应用伦理的探究中涉及了生命伦理的内容。该书包括十一个部分：应用伦理基础探究、法律伦理基础探究、政治伦理基础探究、宗教伦理基础探究、教育伦理基础探究、生态伦理基础探究、工程伦理基础探究、安乐死立法基础探究、生命伦理基础探究和后应用伦理探究，并开放性地讨论了应用伦理学体系和道德形而下学的话题。

在生命伦理部分，作者首先指出脆弱性是生命伦理学的基础，与脆弱性密切相关的祛弱权问题应当成为生命伦理学的核心理念和理论基础。传统伦理学探讨的诸如自由、理性、快乐、幸福等可归为人的坚韧性问题，而人的坚韧性是对脆弱性不受侵害的保障。只有集脆弱性和坚韧性于一身的矛盾统一体的人，才具有产生价值的可能性。作为普遍人权的祛弱权就是人人平等享有的主体完整性不受破坏和受到保护的权利，以及主体克服脆弱性的同时，自我修复和自我完善的权利。作者认为当下欧美生命伦理的知情同意原则仅仅局限在狭小的病人自律范围内，对医生个体自律和程序自律几乎不予观照，这是其陷入伦理困境的重要原因。奠定在坚韧性基础上的病人、医生个体自律和奠定在脆弱性基础上的程序自律，把道德个体的自我管理和伦理实体的自我管理融为一体，把个体实践理性和公共伦理程序有机结合，铸就了生命伦理视域的自律原则。此自律原则蕴含着生命伦理领域的民主商谈对话的平等精神，为知情同意的自律原则摆脱困境开启一条可行的伦理路径。而生命伦理学所直面的各种价值冲突，如堕胎、安乐死、治疗性克隆、人兽嵌合体等引发的人权冲突问题，应当具体体现为人权范畴的祛弱权之间的冲突。深入探究祛弱权，确立祛弱权在生命伦理学中的基础地位，从祛弱权的全新视角反思、审视、研究生命伦理学视域中的人权冲突问题，将为生命伦理学的研究提供一种新的尝试、新的方法，为相关问题，如人兽嵌合体、克隆人、医患冲突、医疗改革等方面的立法提供新的哲学论证和法理依据。

【国际生命伦理重要准则演变研究——基于 NC 及 DOH 和 CIOMS 的多种文本】

杨丽然著　中国社会科学出版社 2017 年 1 月　248 千字

生命伦理学的使命和宗旨是研究在现代生物学技术高度发展的条件下如何尊重和保护人的尊严。而国际生命伦理准则是由国际组织制定的用来规范生物医学研究的伦理准则，包括各种宣言、准则和建议等。在生命伦理学的发展过程中，《纽伦堡法典》、《赫尔辛基宣言》与《涉及人的生物医学研究国际伦理准则》这三个历史性的文件为生命伦理学保护人的尊严的实践提供了具体指导。其中，《纽伦堡法典》是第一部国际生命伦理准则，它奠定了国际生命伦理准则的基础。该法典所提出的自愿同意原则、受试者自由退出的权利等被后来的准则广泛引用。在其基础上制定的《赫尔辛基宣言》是用来规范涉及人体的医学研究的伦理准则。之后，为了将《赫尔辛基宣言》的原则应用于发展中国家参与的国际合作研究，国际医学科学理事会制定了《涉及人的生物医学研究国际伦理准则》。伴随国际合作研究中新问题的出现，后两个文件被依次修订。该书回到历史情境中梳理文件修订过程中的各种伦理准则内涵之演变和修订过程中探讨的主要伦理问题，探讨三个文件的特点及其之间的关系，也包括文件演变过程中伦理思考方式的变化。《纽伦堡法典》强调如何保护受试者，避免其受到伤害，这使得之后的生命伦理准则在很长的历史时期均以医生的“原罪”为出发点。而《赫尔辛基宣言》所做的是用医生的责任来约束医生的行为，相应的是赋予受试者以保护自身的权利。由此一套从医生的良知到“外部审查”的保护受试者的机制被建立起来，以避免纳粹医生暴行给人体试验带来的“原罪”的重现。不同于《赫尔辛基宣言》将伦理视野始终放在研究者—受试者的关系，《涉及人的生物医学研究国际伦理准则》对人体试验中的伦理问题的关注扩展到对人群的关注，在公共卫生的视野下看待人体试验，关注人体试验对公众的利益。三份文件的演变与其中伦理思考方式的变化也对中国生物医学研究伦理审查提供了启示。在当前国际生命伦理准则以及中国自己制定的管理规范之间存在冲突的情况下，要回到具体研究情境中，在保护受试者利益和促进医学进步中找到巧妙的平衡。

【生命伦理学：方法、理论和领域】

［德］马库斯·杜威尔著，李建军　袁明敏译　社会科学文献出版社 2017 年 11 月　312 千字

该书探讨了生命伦理学学科的大致轮廓及多层面的方法和理论前提，介绍并批判性地探讨从方法论层面理解生命伦理学的重要观点和立场。该书通过对生命科学和生命伦理学学科发展的回顾，详细描述生命科学和生命伦理学的现状。进而讨论生命伦理学和道德哲学的关系，并阐述与生命伦理学相关的文化的、社会的和以人文学科为主的观点。生命伦理学和生物医学以及“绿色”生命伦理学是该书提出的重要的范例性的生命伦理学主题，作者根据以往的讨论进行了总括性的评述。生命伦理关注的是那些本质上与未来塑造方式相关联的问题，其范围不仅延伸到医院中的个体冲突如何解决，而且涉及技术成就如何影响人们的自我图像、社会关系和生活中的机会。该书指出将生命科学理解为一种广泛的社会和文化语境的组成部分是重要的，技术在这一语境中塑造、拓展和限制什么在未来是可能的；同时在生命科学中，每一种关于责任的道德评判将取决于有争议的元伦理学和规范性前提。道德应当如何被理解是一个有争议的问题，也不存在关于道德判断和道德行为精确度量方式的一致性意见。生命伦理学是一项复杂的事业，应当确立严肃地考虑有争议问题的复杂性层面、做出具体道德判断的方法。生命伦理学的意义就在于首先思考在解决人们周围生活世界的问题时，负责任的行为意味着什么。

【应用伦理学教程（第二版）】

甘绍平　余涌主编　企业管理出版社 2017 年 1 月　373 千字

作者在《应用伦理学教程（第二版）》一书中介绍了生命伦理的相关理论，包括生命伦理学的概念及中国生命伦理学的发展、生命伦理学的主要问题与论争、生命伦理学的基本原则等。生命伦理是与生命和健康有关的各种行为规范、内心信念和价值取向的总和。生命伦理学是运用各种伦理方法，对生命科学和医疗保健的伦理维度进行系统研究的学问。生命伦理学的主要问题与论争可分为五个方面：生命医学研究伦理、基因和遗传伦理、辅助生殖技术的伦理、与死亡相关的伦理、器官移植的伦理。生命伦理学的基本原则包括：不伤害原则、有利原则、自主原则、公正原则。

【气候失律的伦理】

唐代兴著　人民出版社 2017 年 11 月　251 千字

作者在该书中指出气候失律已经成为全球性难题，人们可以从伦理切入审问气候失律及恢复问题，其前提性努力是考察气候周期变化的时空韵律、动力机制及伦理意蕴。以此为判据，审查气候失律的人力之因，发掘气候失律的逆生性运作机制，揭露人力活动如何影响环境，导致气候失律的层累原因、突变原理和边际效应原理。然后考问恢复气候、根治灾疫、重建生境的可能性；自然、生命、人的亲生命本性和共生存在，自然宇宙的自创生能力及其生境逻辑法则、限度生存原理和生境利益机制，为其提供自然可能性；人谋求安全存在和持续生存的意愿，以及普遍平等和自由公正的人性诉求，为其提供人文可能性。探求自然律与人律的统一，可构建恢复气候的生境主义认知方式、价值系统和伦理规范体系。作者进一步指出环境将所有问题聚集于自身，形成“唯有环境，就是一切”的理论和实践结果，人类将进入后环境时代。当这一观点深入价值层面时，环境将作为一种优先性的价值选择，而且其本身亦成为一个价值准则，这时候环境将成为伦理学最重要的奠基之一。

【企业伦理学（第 2 版）】

刘可风　龚天平　冯德雄主编　武汉理工大学出版社 2017 年 8 月　554 千字

该书对企业伦理学的概念、基本矛盾关系和核心范畴、基本理论、基本规范及企业社会责任等做了介绍，对企业与股东、雇员的道德关系以及企业中的个体道德等内部问题做了探讨，对企业与顾客、竞争者、政府、生态环境的道德关系及跨国经营中的道德问题做了研究，对企业伦理决策和企业的道德绩效等当代企业伦理学发展中出现的新问题提出了看法。

该书在综述现有理论的基础上，从理论层面进行了探讨，并在实务层面给予企业及其管理者操作指南。从方法上，企业伦理学是一门“实然”和“应然”互通并可以进行实证研究的学科。企业伦理学的“实然”部分——企业文化通过实证验证提炼价值观和真实行为企业规范，并经过程序性规范和实体性规范的检验升华为企业道德观和道德规范。从内容上，企业伦理学是从企业的视角来研究伦理，企业作为市场的主体在适应内外环境的过程中会形成价值观和真实行为规范，在市场中可能是道德的且有竞争力的，但是当企业跨市场或跨国经营时会面临不同的道德规范体系，企业原有价值观和真实行为规范就可能与新市场道德规范体系相冲突，企业如何应对这种冲突或困境呢？该书作者认为企业必须做出战略选择。为此，该书向读者介绍了解决企业伦理战略问题和促进企业员工道德行为的企业伦理管理方案。

【责任管理原理：全球本土化过程中企业的可持续发展、责任和伦理】

［德］奥利弗·拉什 ［美］罗杰·N.康纳威著，秦一球 曹然译 北京大学出版社 2017 年 8 月 717 千字

该书以国际化、系统性和实践性的丰富视角探讨了企业的责任管理和经营，是联合国“责任管理教育纲领”（PRME）倡导机构这一学术组织出版的首本官方教材，也是联合国“全球契约”成员企业的参考读物。参与编写该书的不仅有各领域的知名学者，还有为该书提供相关案例的职场成功人士，该书围绕责任管理的三大要素展开，即可持续发展、责任及伦理，探讨和发现责任管理者可以在管理实践中施展才能的空间。从目前的研究成果来看，专门探讨责任管理的著作并不多见，而该书体系完整，通俗易懂，将理论和实践有机结合，是一本集管理学和伦理学于一体的探索性著作。该著作分成两大版块，第一版块（1—5 章），主要介绍商业伦理中一些概念的缘起和发展，以及经典的伦理理论和分析工具；第二版块（6—15 章）则将负责经营的理念嵌入了管理学的各个知识模块中，从战略管理、创业精神、组织结构、运营、供应链、人力资源、营销、国际商务、会计和金融等角度展示如何将伦理精神落实到商业和管理的具体执行环节中。

【对抗制下的法律职业伦理】

［美］弗里德曼著，吴洪淇译 中国人民大学出版社 2017 年 8 月 248 千字

对抗制诉讼又称为抗辩制诉讼，是美国诉讼制度中最为显著的特征之一。在对抗制刑事诉讼中，由陪审团和法官作为中立的裁判者；而对抗的双方是公诉方和辩护方。每一方当事人都被期望提出事实，以最有利于己的方式解释法律，并且通过交叉询问，质疑对方所提证据的合理性。法官和陪审团就双方的争议作出中立的裁决。基于这种法律制度衍生出的一种对抗文化，已在美国人思维中打上了深深烙印，并广泛影响到美国人生活的方方面面。对抗制理论认为，对抗制通过允许当事人自由决定是否将案件起诉到法院，最好地保证了当事人的自治性。只有让诉讼当事人的意见得到最充分的表达，个人的尊严才可能得到维护。基于这样的认识，对抗制呈现其独有的基本特征：（1）裁判者必须是中立的、被动的或消极的，而且对

案件的解决独立负责；（2）裁判所依赖的证据和观点都应当由当事人自己主张和提供；（3）审判必须集中、不间断地持续进行，而且诉讼程序的设计应强调当事人举证和辩论的对抗性或对立性；（4）当事人应当有均等的机会向裁判制作者提出案件事实并为其辩论。在美国，法律职业伦理蕴含着检察官有寻求正义或实现正义的职责，“避免无辜的人受到法律惩罚”是美国检察官寻求和实现正义的底线要求。因此，在起诉阶段，寻求和实现正义意味着检察官在履行这些职责的过程中，要谨慎、善意地行使自由裁量权，以便仅对其认为有罪的人以适当的罪名和方式向法院起诉。然而当案件延伸到审判阶段的时候，检察官寻求和实现正义的职责显然比“避免无辜的人受到法律惩罚”有着更高的要求。那么，向委托人提供什么建议？起诉者存在哪些伦理困境？庭审律师的审查内容包括哪些？检察官如何在对抗制审判过程中寻求和实现正义？检察官是否要转变积极追诉者的角色，以理性、中立的姿态来指控犯罪？控辩双方实力悬殊的时候，检察官应当作何选择？当法官不当地限制了辩方权利的时候，检察官应当怎么做？回答上述问题，必须在对抗制审判的法律背景中进行讨论，并且需要全面理解美国检察官在审判中“实现正义”的真正含义。作者真实地还原了对抗辩制诉讼，并就对抗制与保密义务、热忱辩护（zealous advocacy）与公共利益、伪证、交叉讯问、破坏诚实证词等重要涉及职业伦理的环节进行深入分析和思考。

【政治义务、法律正义与公民服从——基于政治伦理的思考**】**

张秀著　上海人民出版社 2017 年 6 月　240 千字

公民服从国家法律作为一个伦理学命题，主要在于对服从的正当性的思考。当命令变得邪恶，服从还是一种应当吗，对公民服从进行探讨就是公民服从的应当性问题。那么公民应当服从什么，作者从学理的角度出发，对服从的概念重新定义，认为服从既不同于君主制社会中的屈从，也并非单纯的个体服从，它与政治共同体紧密联系在一起。公民作为服从的主体，区别于臣民，标志着新的个体与共同体之间的政治关系。紧接着围绕“法律正义”这一经典论题展开探讨，由此更加引申至公民教育层面，对当前社会的民众法律意识、守法意识的培养有实际的参考价值。该书围绕政治义务、法律正义与公民服从这三个核心问题展开，分为“支配—服从：公民服从的基本概念分析”“政治义务及其体现”“法律正义的实现方式”“公民服从的道德论证”“公民不服从的出现”“公民教育：走出公民服从的伦理误区”，分析政治义务的特征、法律正义的实现方式和公民服从的道德依据、责任与服从方式，以此论证培养公民的法律意识和守法精神的紧迫性和重要性。

【法理与伦理互通的传统路径和现代建构——以中国传统社会“德法之辩”为研究对象**】**

张启江著　武汉大学出版社 2017 年 9 月　265 千字

“德法之辩”是激荡于中国传统社

会之中的一种重要的文化现象，其所透视出的是中国传统社会在制度构建、守法意识的培育以及在国家治理模式上的选择与坚守。建设社会主义法治国家需要直面中国传统社会几千年来法律与道德关系问题集群所形成的基本问题域，作者据此展开理论研究的空间与实践推演的动力和指向，通过宏观与微观两个层面进行充分阐述。在宏观层面，通过对中国传统社会中“德法之辩”历史进程与脉络的梳理，旨在透视在既定的文化模式下的法律与道德关系背后的文化特质，凝练二者关系“变”与“不变”进程中的核心要素、历史动因与价值主题，从而为其他问题的展开阐述奠定基本的理论基础。在微观层面，借助于“道德法律化”与“法律道德化”两条路径，认为传统法律与道德的互动，在行为与思想内外两个层面为社会与国家铸就由儒家伦理思想所主导的法律制度以及政治权力合法性规则，从而将法律与道德二者之间的关系转换为在具体制度内容上的融合与取舍。以此呈现出：在特定的社会思想意识主导下“德法之辩”在形而下层面上的制度内容之特征及其必然性模式。通过对中国传统文化中“德法之辩”的研究，思考与启示如下：第一，需要反思“一断于法或崇德弃法”单极式国家治理模式的历史弊端，法律与道德，各尽其用，并驾齐驱；第二，需要认真对待“德主内，法束外”的社会行为规范系统构建模式；第三，需要创新适合于当下的全新内涵；第四，需要从方法论的意义上，认真地分析传统社会中是如何经由“德法之辩”来形成社会价值共识，塑造价值共同体，并实现自我主体性特质建构的理论进路。作者还进一步就“法治”与“德治”共生共融论展开思考，从两者作为人类社会曾经的国家治理模式出发，他认为“法治的建立与维护离不开道德的基础，缺乏法的正义性会导致法律的暴政，缺乏德治的支持与配合，法律也不能内化为人的内心信念，法治仍然建立不起来；而道德的推行同样离不开法治，公正的社会制度和良好的法治状态为公民道德的培育提供善的环境”。所以在人类社会曾经的治国理政的模式中，便出现了“法治”与“德治”共生共融的样式。但如果将“道德”简单地等同于“德治”，或者人为将伦理文化与德治文化之间画等号，那么，无疑是模糊了作为规范意义上的“道德”与作为治国方略层面上“德治”之间应有的内涵区隔和价值取向，行文最后，“德治”与“法治”何以共生共融，其融合点是什么，共生的基础又何在，对这些基本的重要的问题，并未给出直接答案，从现有的研究成果来看，实际上并没有真正地提出具有说服力的论证。

【自由的法：对美国宪法的道德解读】

［美］罗纳德·德沃金著，刘丽君译　上海人民出版社 2017 年 12 月　411 千字

作者是当今世界最有影响力，也是颇具争议的一位法哲学家。作者采用对美国宪法的道德解读这一独特视角，将已经发表的有关论文重新构架：该书包括的大多数文章首发在作为英语世界自

由派精英知识分子“喉舌”的《纽约书评》里；还有几篇最初是发表在美国法学院的法律评论刊物上。这些书评和法律论文基本上讨论的是美国宪法所涉及的自由权论题，比如妇女的生育自由权、安乐死权利、言论自由以及学术自由等。有些章节还涉及联邦最高法院的一些判例，作者指出，该书“阐述了一种解读和贯彻政治性宪法的特定方法，我将它称为道德解读”。因此，“道德解读”将政治道德引入宪法的核心，然而，政治道德先天注定是不确定的并且是有争议的。凡是把这些道德原则作为法律组成部分的政府，不管它们属于什么体制，都必须决定谁对道德原则的诠释和理解最具权威。现今美国的体制中，法官，最终是联邦最高法院的大法官才具有这种权威。因此，有些反对道德解读的人就认为，对宪法的道德解读使法官可以随心所欲地将自己的道德观强加给观众。德沃金认为这是一种谬误的认识。“道德解读”并不是对所有宪法条文都适用。美国宪法包括很大一部分既不是特别抽象的，也不是以道德原则来起草的条款，例如宪法第 2 条规定，总统必须年满 35 周岁。宪法第 14 条修正案关于“平等保护”就包括一个道德原则。为了说明为什么某一法律条文包括道德原则，另一条则不包括，就必须首先从历史上看问题；其次，应明确道德解读还受到宪法“完整性”的约束。“完整性”是作者在《法律帝国》中的一个核心概念，认为美国一般律师、法官进行法律解释的方法，是一种“政治道德原则”，符合美国宪法的结构和实践。在阐述了宪法的道德解读的含义后，他又进一步提出，是否还有其他选择，即不是道德解读而是别的宪法解释方针。例如有一种“原意主义”（originalism）的方针，它坚持宪法条文本身就代表制定者，即通过宪法制定者所使用的语言来判断法律条文的含义。再有一种解释宪法的方针是所谓“多数至上主义前提”（majoritarian premise），它强调政治程序应采取这种方式，至少在重要事务上最终作出的决定是大多数或相对大多数的意志。德沃金对这一前提的赞同与反对两方面观点作了分析，并进一步论述了人民、自由、平等和社团等重要政治、法律概念。他在导言部分作出如下结论：“本书确实揭示了对美国宪法的一种自由主义见解，它提供了自由主义原则的观点，并声称这些观点对我们所继承的，并至今仍然确信的宪法传统提供了最佳诠释。”香港大学法学院陈弘毅教授在 1997 年《中国法学》第 3 期发表过《当代西方法律解释学初探》一文，较简明地介绍了西方英美法系法律解释学的发展，其中也谈到了德沃金的“建设性解释”和“整合法学”的理论，他认为：“德沃金不是自然法学者，不相信法学或正义的原理存在于宇宙和真理的结构之中。他所相信的原理乃蕴藏于、隐含于、内在于一个社会共同体（主要是指西方自由主义民主宪政国家）的历史文化传统、道德信息、政治制度和法制实践之中的。”可见，这是对德沃金理论的一种较客观的评价。

【法律信仰的神话：美国工具主义法律观研究】

焦海博著　清华大学出版社 2017 年 9 月　173 千字

美国早期法律文化的主流是非工具主义法律观。18 世纪，美国人对普通法的理解是一种传统性理解，到 19 世纪，对普通法的科学性理解占有主导地位。在法院对从英国继受而来的普通法进行改造时，一种功能性对待法律态度开始出现，使得法官面对因迥然异于英国的美国独特环境产生的新奇问题进行了有效处理。但是，伴随着 19 世纪末 20 世纪初美国社会的急剧变革，人们对普通法的固有理解使得普通法遇到了危机：不仅表现在普通法变得难以有效处理社会出现的新问题，更表现在之前为推动美国社会发展作出巨大贡献的法院系统频频对立法工具宣布无效而成为阻碍社会进步的反面力量。为了重新拉近法律与社会的距离，一种法律的工具主义改革率先从立法领域中兴起，它主张将立法作为处理社会新问题的工具。继立法领域兴起工具主义法律观之后，普通法领域陆续展开了对形式主义法律观的批判，20 世纪上半叶工具主义法律观得以在美国逐渐兴起。以古典实用主义哲学作为智识来源，早期法律工具主义者以霍姆斯为开创者，以卡多佐、庞德、卢埃林等为跟随者。虽然他们的法律思想是有区别的，但是他们都主张将法律视为达到一定目标的工具。此外，伴随着联邦最高法院对罗斯福新政立法立场的改变，联邦最高法院的工具主义审判观也确立了起来，且一直持续了下去，进而影响到整个司法界。作者通过对法律信仰论及法律工具论在美国的命运进行历史阐述，从而在根基与源头上反思法律信仰被过度误解的问题。正如法律信仰论一样，工具主义法律观也不是一种法学理论，而是一种对待法律的态度的统称。自从法律信仰论引入中国，学界就掀起了持续性的研究热潮。作者在序言中指出，开展该研究目的在于论证法律信仰是一个被过度解读的神话，在中国鼓吹法律信仰论是一种法治浪漫主义，会遮蔽真正的问题所在。为了更好地批判法律信仰论，该书另辟蹊径，从源头上考察法律信仰论与法律工具论在美国的历史命运与当代图景，论证法律信仰论早已式微，法律工具论即工具主义法律观已成为当代美国法律文化的主流特征。从而在该书中总结出美国工具主义法律观的核心观点，即视法律为达成一定目标的工具，而非目的本身。其具有三大特征：第一个特征是重实质而轻形式；第二个特征是超越主客二分、自然法与实在法之争的价值理论；第三个特征是对法律后果的关注。中国法律工具主义与美国工具主义法律观相比较而言，既有共同之处，又有显著区别。无论是赞成还是反对，对待法律的工具主义态度俨然已成为现代法律的命运。从没有“高级法背景”的中国法律实际出发，人们的选择只能是：首先，以世俗的眼光看待法律，以经世致用的态度运用法律，以民主的方法制约法律；其次，工具主义法律观也是以维护法治而非瓦解法治为出发点，中国新法律工具主义的出现与运用已成为主导法治建设进程的重要事实，人们需要反思对待它的立场。

【爱与自由：美国同性婚姻研究】

江振春著 法律出版社 2017 年 12 月 518 千字

在人类历史发展中，同性恋是一种世界范围内的客观存在。同性恋倾向不会因为某个社会对它持严厉的否定态度而减少，也不会因为社会规范的宽容而增加，其处境在不同国家的不同时期也有所差别。目前世界上有 20 多个国家已经实现同性婚姻合法化。同性婚姻是西方社会一个重大的社会命题，关系到人类的前途命运，值得研究，同性婚姻合法化问题，是美国政治与社会生活中的重大问题之一，是美国研究的热点和前沿问题，研究美国的同性婚姻问题，可以管窥美国社会文化的变迁、美国政治与民主的博弈以及美国法院的运作与司法哲学。目前各国关于同性婚姻合法化的立法模式主要有四种：1. 同性婚姻模式，该模式将婚姻制度平等地适用于同性和异性，使同性婚姻与异性婚姻当事人享有完全相同的婚姻权益；2. 民事伴侣模式，该模式将同性之间的共同生活界定为一种民事伴侣关系而非婚姻关系，通过单独的法律来调整同性之间“结合”关系，给予同性伴侣一些而非全部配偶权益；3. 民事互助契约模式，该模式通过两个异性或者同性的成年自然人为了共同生活而缔结的合同约定彼此的权利、义务，规范双方的共同生活，法律只做一些法定要求；4. 事实伴侣模式，该模式对存在事实上同居关系的同性伴侣和异性伴侣同等保护，不以登记为要件。上述四种模式各具特色，都代表了社会的文明和法治的进步，对实现同性恋和异性恋的平等保护迈出了关键的一步。

【侦查的伦理分析】

上官春光著 中国检察出版社 2017 年 5 月 265 千字

作者从伦理角度对法律活动中侦查行为进行分析和探讨，内容涉及侦查的伦理属性，侦查中的伦理原则，侦查讯问、询问证人的伦理问题，侦查的伦理保障机制以及侦查人员职业伦理的构建等，其目的在于从伦理角度审视侦查程序以及侦查行为的正当性，避免不道德的侦查行为，以推动侦查制度的完善和侦查法治化水平的提高。该书认为侦查规范本身的概括性和抽象性使其在规范侦查行为时难免会出现空隙和盲点。而管理规范也可能扭曲侦查法律规范的本意。在实践中，侦查的目的、侦查措施和期限都会因为伦理因素的影响而发生变异。因此需要对侦查进行伦理分析，把握侦查行为的伦理界限。对侦查进行伦理分析的可能性建立在人具有共性和价值共识，伦理标准具有多样性的同时也具有统一性的基础上，更重要的是对伦理标准的探讨已经存在一定的理论基础。对侦查进行伦理分析有助于侦查制度的完善。刑事侦查实践既受法律规范的制约也受到道德规范的调节。其中，一些体现基本价值追求的伦理原则虽然未为法律所直接确认，但对侦查规范和侦察行为具有价值引领和指导作用。侦查中的伦理原则主要包括人道、隐私保护、诚信、公序良俗等。侦查讯问不仅要依法进行，而且要恪守道德底线，其伦理保障可以通过证据审查、律师参与、侦查人员的职业伦理建设等途径来实现。虽然犯罪嫌疑人难称君子，但侦查人员在侦查讯问中却不能做小人。与此同时，证人在诉讼制度中被预设为积极追求正义、善于利益权衡、具有安全意识并且循规守法的理性人。但具体情境下作证的证人是带有价值倾向、具有道德品性、懂情理权衡的“伦理人”。证人面临家庭伦理、职业伦理的冲突。法律上证人拒绝作证制度、强制作证制度以及特殊作证方式可以看作在证人作证问题上，法律对伦理的让步、强制和规避。由此可见，构建侦查职业伦理是必要的。侦查人员职业伦理的构建首先需要推动侦查工作人员职业群体的形成，同时注意发挥不同层次伦理规范的作用。侦查伦理规范需要针对侦查工作的特点来确定，具体内容涉及人性与人道、公正与客观、忠于宪法和法律、勤勉与效率、廉洁、职业荣誉。侦查人员职业德性的培养需要在培训侦查技能中养成侦查思维，激励职业荣誉，催生职业信仰。

【法律人的职业伦理底线：法律职业伦理影响性案件评析】

刘晓兵　程滔编著　中国政法大学出版社 2017 年 7 月　230 千字

法治即法律人之治。法律职业伦理是法律职业者的法，也是法律职业者的道德底线。倘若法律人无视职业伦理，不仅不能履行自己的社会责任，反而还会破坏法律的实施和司法公正的实现。该书是一本关于法律职业伦理影响性案件评析的著作。由于其注重案例的应用以及评析的理论性，该书有别于一般的案例汇编或者案例教程。在核心思想方面，该书认为，法律职业伦理和法律职业道德属于两个不同的概念，法律职业道德属于主观法则，法律职业伦理属于客观法则，法律职业伦理关系是法律职业伦理的载体，是在法律职业活动中形成的并由法律职业行为规范予以调整的社会关系。具体来说，法律职业伦理在内容上应当包括三个方面，即法律职业伦理关系、法律职业伦理观念和法律职业伦理规范。在体系上，该书分为法官职业伦理、律师职业伦理和检察官职业伦理三个部分，具体涵盖法官的司法伦理规范、业外伦理规范以及廉洁自律规范，律师的执业行为规范、律师与当事人的伦理关系规范、律师与其他法律职业者之间的职业关系规范，检察官的业务行为规范、业外行为规范和廉洁自律规范。

【托马斯·阿奎那《论法的本质》章句疏证】

陈庆著　人民出版社 2017 年 9 月　575 千字

托马斯·阿奎那在《神学大全》第 2 卷第 1 分卷第 90 问到第 97 问，建构了古典自然法理论体系。第 90 问讨论了“法的本质”，阐述了自然法学派在“法律是什么”问题上的基本立场。该部分文本虽仅由 1990 个拉丁文词构成，但是，它乃是自然法理论体系的基础。该书在此部分直接依据阿奎那的拉丁文文本，用了 20 多万字的篇幅，系统地翻译、评注了由这 1990 个拉丁文词所构成的文本。在评注的过程中，陈庆首次运用儒家心性论传统中的“良知”概念，翻译并诠释阿奎那所阐释的“实践理性内在蕴含的普遍性命题”，并试图建立古典自然法与儒家心性论的对话空间。

【法治的语境：西方法文明的内生机制与文化传承】

王建芹著　中国政法大学出版社 2017 年 1 月　245 千字

法治文明作为近代以来西方政治文明发展的文化现象，其内生性决定了法治及其一系列相关制度价值理念在西方的滥觞、发育和成长属于历史的选择，是其社会、文化自然演进的结果，也是其哲学思想发展的智慧结晶，特别是，它深植于西方历史上浓厚的基督教文化底蕴中。作为西方文明的母体，基督教传承了古代西方思想文明和制度文明的成果并成功地进行了重新塑造，从而孕生并孵化出现代西方文明的基本价值观念，这其中蕴含着他们对人与人、人与自然、人与社会、人与国家关系的理解，也包着他们对诸如自由、民主、平等、法律、人权等价值理念的体认。该书以此为视角，探讨法治文明之于西方的内生机制，特别是以基督信仰文化在西方的传承与发展为脉络，思考近代以来法治思想及制度建构的历史路向。

【自然的伦理——马克思的生态学思想及其当代价值**】**

杨珺著　山西出版传媒集团/山西经济出版社 2017 年 10 月　220 千字

该著分为八个部分。序言探讨了从马克思的生态思想主要是自然观中提炼生态伦理内涵何以可能等问题。第一章概述马克思自然观，厘清其思想基础、发展历程，以及主要内容。第二章主要论述马克思自然观与生态伦理思想的内在关联：研究内容的内在关联——同质性主体，思维方式的内在关联——整体性思维，逻辑进路的内在关联——实践性进路。第三章主要论述马克思“人本自然”论的生态伦理意蕴，包含“为我而存在”——交互主体性，自然的多重价值，自然生产力——人的主体性原则与实践原则的内在一致性。第四章主要探讨马克思“非中心技术”论的生态伦理意蕴。第五章主要论述马克思“物质变换”论的生态伦理意蕴。第六章主要论述马克思生态正义论的生态伦理意蕴。第七章主要探讨马克思生态正义论的生态伦理意蕴。

【从“生活儒学”到“中国正义论”】

黄玉顺著　中国社会科学出版社 2017 年 11 月　385 千字

该著是作者近年来发表的关于“生活儒学”与“中国正义论”的一系列文章的结集。“生活儒学”是作者独创的现代儒学理论体系，重在揭示作为“存在”的“生活”，并在此本源上重建儒家的形上学、形下学，让儒家能够有效地切入现代性的生活。“中国正义论”是生活儒学的形下层级的展开，完成了当下儒学义理结构的整体构建，其“仁→利→知→义→智→礼→乐”正义论理论体系是对中国古典的制度伦理学的现代性诠释。该著分为三个部分，内容分别围绕“生活儒学”、“中国正义论”以及针对二者的访谈进行主题汇编，包括作者关于“生活儒学”与“中国正义论”思考的进一步拓展与深化，具有重要的思想理论价值。

【庄子人性论】

陈鼓应著　中华书局 2017 年 1 月　120 千字

该著收录了作者近年来发表的关于庄子哲学的文章。作者以性真为主题，论述庄子学派的人性之真与美。他一方面对比孟子的道德心，进而陈述庄子的审美心，另一方面在孟子性善的衬托下，论述庄子人性的真与美，并沿着这一脉络系统化地解读庄子在道情、天情的统摄下，观照现实人生的“任其性命之情”与“安其性命之情”的理论走向。其目的在于呈现人性论议题中儒道两家的理论特征——儒家强调道德人生，而道家侧重艺术人生。两者的汇合更能彰显出中国文化的特质。该著通过对《逍遥游》《齐物论》《养生主》《德充符》等篇目的解读，由庄子从道之美讲到天地之美，再讲到人性之美，并深入解析了庄子人性论中的情性观，描述了哲学史上自然人性论的主线脉络，揭示了庄子在道情、天情的统摄下，观照现实人生的“任其性命之情”与“安其性命之情”的理论走向。

【在观念与思想之间：论先秦义范畴之生成】

桓占伟著　社会科学文献出版社 2017 年 4 月　280 千字

该著旨在论证“义”在中国传统伦理体系中的重要意义。长期以来，学界多以“礼”为春秋时期的核心观念，直到孔子以“仁”代“礼”，“仁”又被视为春秋后期的核心社会观念，“义”在春秋观念史上的地位并未得到重视。作者认为，“义”才是春秋时期重要的社会观念，它具有统领性、共识性和普遍性三大属性，对其他伦理观念具有强大的统摄作用。作者从义的观念的生成、统领地位确立、发展以及在战国时期发挥的社会组织作用等方面，展示了“义”在先秦时期的诸多社会领域内发挥的不可替代的重要作用及其对华夏文化认同产生的深远影响。

【王船山伦理思想研究】

谢芳著　北京燕山出版社 2017 年 11 月　203 千字

该著史料翔实，以《船山全书》为主要参考，以史立论、以论带史，以王船山的人性论、和谐论为立论之基，深刻论述了船山在国家经济、政治、教育等方面的伦理创见，既有深邃的理论阐释，也有相关主题的实践验证；既有对船山伦理思想的描述性研究，也有基于分析批判视角的规范性研究。该著从宏观上对王船山伦理思想进行了具有逻辑性的梳理，立论明确，论证清晰，较好地向人们展示了王船山的伦理思想体系。

【宋儒境界论】

付长珍著　广西师范大学出版社 2017 年 1 月　245 千字

该著在对“境界”范畴做出重新清理和厘定的基础上，剖析了宋儒境界论的基本内涵、总体特征和理论特质，进而对三种典型的精神倾向作了个性化阐释。作者在此基础上，从历史主义与当代意识相结合的视角出发，对宋儒重建境界系统的得失成败作了集中的检讨和评判，揭示了中国传统哲学人生境界理论的精神和特征。通过对以冯友兰、唐君毅、方东美为代表的现代新儒家境界理论的分析，对儒家境界理论在当代的价值和命运给予了系统的观照。该著对宋儒境界论的讨论，即使在今天仍然可以给人们提供一些警醒和借鉴意义。面对功利主义、消费主义充斥下价值失落等诸多负面影响，发掘传统儒学资源，努力重建境界理论，重建中国人的价值系统很有必要。

【圣境：宋明理学的当代意义】

［美］安靖如著，吴万伟译　中国社会科学出版社 2017 年 11 月　368 千字

该著对中国传统儒学中的关键概念进行了解析，在伦理学、心理学、教育学、政治学等方面以分学科领域的方式对宋明理学的当代意义进行阐述。该著分为三个部分，第一部分“关键词”结合历史背景集中探讨了圣人、理、德、和四个理学核心术语的内涵；第二部分“伦理学与心理学”通过与当今西方思想家如迈克尔·斯洛特、艾瑞斯·梅铎、马萨·诺斯鲍姆、劳伦斯·布鲁姆的对比，提出了对理学道德哲学的新理解，以“寻找和谐”揭示出圣人具备的积极的道德认识和行为动力；第三部分“教育与政治”具体地探讨了理学在追求个人修身和社会改良目标时发挥的作用和局限性。该著通俗易懂，以中西比较的方式，促进了儒学传统与西方德性伦理学的深层对话。

【人伦的“解体”：形质论传统中的家国焦虑】

吴飞著　生活·读书·新知三联书店 2017 年 4 月　310 千字

该著以人类学、哲学和社会理论为基本学科框架，从中西文明比较的视野，聚焦西方形质论思想传统影响下的人伦问题及其现代处境。作者从母权社会、乱伦禁忌和弑父弑君这些现代人伦思考中的几个比较极端且充满论争的理论与命题入手，追问了人伦问题背后西方人性自然与文明生活之间的张力关系。作者认为，无论是中国还是西方，其现代文明语境中的人伦都面临着全面解体的危险，与之相伴的便是对家国的虚无与焦虑；而中国源远流长的“文质论”传统能够为重建人伦与道德提供重要的思想资源。

【吾心自有光明月：王阳明思想原论】

汪学群著　中国社会科学出版社 2017 年 10 月　744 千字

该著从中国思想史出发，考察了王阳明思想的渊源流变及其对社会产生的重要影响。作者采用思想史与经典相结合的方法，揭示王阳明思想的社会背景及时代特色，在此基础上发现了“由作为工夫的本体到作为本体的工夫再到本体与工夫一致”的思想内在逻辑。作者指出，王阳明思想中所表现出的重视人

的主体性、主体的自律与自觉、人格的自由与平等观念，既对明代中后期社会及思想产生影响，也开创了近代思想的先河，对当代社会的人文道德建设具有借鉴意义。

【阳明后学现成良知思想研究】

阮春晖著　广西师范大学出版社 2017 年 6 月　270 千字

该著资料翔实、视野宏阔，以现成良知思想为起点，以王龙溪、王心斋、罗近溪、周海门的现成良知思想为论说的基本范域，突出各家思想在本体论、工夫论、境界论上的异同，在此基础上涉及王门内外围绕现成良知思想引发的相关辩驳，并关联儒佛之辨意域中现成良知思想与佛家之学的关系比较，在对现成良知思想的层层辨析中展露中晚明儒学的演进历程。该著具有哲学的高度和历史的深度，在论述过程中，强调从哲学的角度进行义理分析，并辅之以历史与生活的分析，论证严密，逻辑清晰。

【朱熹天理观研究】

黎良华著　河南人民出版社 2017 年 6 月　170 千字

该著在前人已有的成果基础上，侧重从伦理学角度进行研究。该书由五个章节构成：第一章是对朱熹天理观的理论内涵及其理论来源的探讨；第二章是对朱熹天理观基本内容的讨论，目的是对朱熹以天理为核心建构的伦理道德学说进行为较为全面的考察；第三章是关于对朱熹天理观的历史批评，分别讨论了陆九渊和戴震提出的批评；第四章是对朱熹天理观的一般评议；第五章是朱熹天理观当代价值之探析，探讨朱熹天理观对社会主义道德建设可能具有的价值和意义。作者一方面对朱熹天理观及相关的伦理道德学说进行了较为全面的阐述，力求通过对朱熹天理观的研究，达到对朱熹伦理道德学说的一种较为全面的把握；另一方面从社会宏观维度探讨了朱熹天理观可能具有的当代价值，为今天中国的社会主义道德建设，特别是社会主义核心价值观的培育和弘扬提供了重要的参考。

【仁义礼智：我们心中的道德法则】

周德丰　李承福著　江苏人民出版社 2017 年 1 月　155 千字

该著以仁、义、礼、智作为中国传统社会伦理道德体系的主要内容，分别梳理了仁德、义德、礼德、智德的形成及核心内容，并阐释了这一道德体系的伦理学价值。作者指出，仁、义、礼、智，是中华伦理的“四维”，支撑起中国人的核心价值。它们根源于人类的恻隐之心、善恶之心、恭敬之心和是非之心，孕育于上古礼乐文化，由孔子创发，孟子阐明，在汉代形成了牢固的思想体系，成为传统文化中安身立命、维系人伦、高扬人道的道德标准。它们既是个人修身养性、努力向善的行为规范，也是社会和谐、民族凝聚、人类和平的道德理想。

【西方政治哲学史（三卷本）】

刘玮　韩东晖　周濂主编　中国人民大学出版社 2017 年 3 月　1506 千字

三卷本的《西方政治哲学史》是近

年来国内政治哲学研究的一套力作，三卷分别讨论了从古希腊到宗教改革（第一卷共8章）、霍布斯到黑格尔（第二卷共9章）和20世纪（第三卷共11章）的西方政治哲学。每一章均邀请国内该领域的顶尖学者撰写，既照顾到了人物和主题的覆盖面，又突出了研究性和前沿性。

【争吵的政治：古希腊政治辩论研究】

胡传胜著　上海三联书店 2017年9月　320千字

“争吵是政治生活的永恒特征，也是人类生活的永恒特征”，于是作者从争吵这个独特的角度切入希腊早期的政治辩论文化，在综合借鉴当代西方古典修辞术、希腊史和政治思想史等领域研究资料的基础上，讨论了荷马在《伊利亚特》中塑造的几组著名的争论（希腊人与特洛伊人、阿伽门农与阿基里斯、特洛伊人之间以及诸神之间）、埃斯库罗斯与索福克勒斯五部悲剧中描绘的争吵、阿里斯托芬在两部喜剧作品中描绘的争执，以及希罗多德在《历史》和修昔底德在《伯罗奔尼撒战争史》中展现的多次政治辩论，展示了古希腊政治生活的基本特征，扩展了政治思想史的研究视野。

【帝国的兴衰：修昔底德的政治世界】

任军锋著　生活·读书·新知三联书店 2017年11月　170千字

该书以点带面地讨论了修昔底德《伯罗奔尼撒战争》中的政治世界。作者从修昔底德与希罗多德的对比和修昔底德独特的“悲剧诗”与“政治史”结合的笔法入手，讨论了雅典民主与雅典帝国、雅典与斯巴达政治制度的对比、雅典帝国转型中的关键人物（伯里克利、尼西阿斯、克里昂、阿尔西比德），最后延伸到雅典帝国的兴衰对如今中国应对大国崛起的挑战具有什么样的借鉴意义。

【文艺复兴思想评论（第一卷）文艺复兴与现代思想的兴起】

徐卫翔　韩潮主编　商务印书馆 2017年7月　400千字

该辑刊的出版是国内文艺复兴研究中具有里程碑意义的事件，共收录了21篇论文，从文学、艺术、历史、哲学、政治、科学等不同视角探讨了文艺复兴与现代思想的起源之间的关系问题。其中有多篇关于伦理和政治思想的重要论文，比如朱振宇的《〈神曲〉中的维吉尔：一种不完满的爱》、郭琳的《自由与德性：布鲁尼之市民人文主义思想寻迹》、吴功青的《革命与危机：皮科论人的尊严与个体自由——兼对特林考斯的一个批评》、韩潮的《在现代的起点上——论博丹的混合政体批判》、刘训练的《“马基雅维利主义”的双重意蕴：马基雅维利与国家理性》等。

【意大利文艺复兴伦理学】

徐艳东著　中国社会科学出版社 2017年4月　254千字

该书是国内第一本系统研究文艺复兴伦理思想的专著。作者从文艺复兴时期意大利独特的时空背景和精神形态出发，运用结构主义的方法，借鉴了大量的符号学、精神分析、神话学、人类学和社会学方面的研究内容，以对自由、理性、道德、尊严、人权、正义等概念的解析为叙述主脉，结合对但丁、马基雅维利等思想的比较对照，全方位、全景式地展现了意大利文艺复兴时期伦理学的基本样态与理论风格。

学术动态

一、学术会议

陈伟功　乔　柯

【“伦理学与当代中国文化自信”理论研讨会举行】

2017 年 1 月 14 日，由中国人民大学伦理学基地、北京伦理学会举办的“伦理学与当代中国文化自信”理论研讨会在北京举行。中国人民大学伦理学基地主任、北京伦理学会会长葛晨虹教授代表主办单位致辞并作发言，北京伦理学会原会长、国家行政学院王伟教授和北京伦理学会副会长、中央党校靳凤林教授以及清华大学戴木才教授分别作主旨发言，中国人民大学伦理学基地副主任、北京伦理学会副会长肖群忠教授主持会议并作总结发言。来自北京高校和科研机构的 40 余名专家学者进行了研讨，大家认为，坚定文化自信，归根结底是为了实现文化自强，要牢记“不忘本来、吸收外来、面向未来”的方针，高举文化旗帜，坚守精神高地，以强大文化自信的底气，支撑道路自信、理论自信、制度自信，滋养当代中国的发展进步。

【首届网络伦理论坛举行】

2017 年 3 月 26 日，由中国伦理学会网络伦理专业委员会主办，北京师范大学文化创新与文化传播研究院承办，北京师范大学新闻传播学院、社会主义核心价值观协同创新中心联合承办的首届网络伦理论坛在北京举行。中央网信办网络社会工作局副局长刘红岩、全国妇联宣传部部长张小媛、北京师范大学副校长周作宇、中国伦理学会会长万俊人出席论坛开幕式并致辞。该届论坛以“网络时代伦理价值体系重建”为主题，立足于网络时代的现实问题，呼应当下互联网时代中呈现的网络伦理问题及其对传统伦理价值观念形成的冲击，进行了学术层面的思考和回应。

【“京津冀国家治理与道德建设论坛”召开】

2017 年 4 月 8—9 日，由中国伦理学会政治伦理专业委员会、北京市伦理学会、河北省伦理学会、天津社会科学院《道德与文明》编辑部主办，河北经贸大学承办的“京津冀国家治理与道德建设论坛”在河北石家庄召开，来自京津冀三地的高校、科研机构和政府部门的 70 余位专家学者参加了会议。与会专家围绕京津冀国家治理与社会道德建设主题，多论域多维度地阐发了自己的研究见解，并就相关问题进行了深入讨论。大家认为，当前中国的国家治理领域出现了许多迫切需要伦理学来解释和判断的理论问题、实践问题，在京津冀协同发展的战略背景下，积极探索、认真研究、及时解答这些问题，是伦理学界义不容辞的责任，而京津冀的伦理学研究者在这个过程中能够也应当有所作为。

【“道德资本与企业经营”学术研讨会召开】

2017 年 4 月 15—16 日，由中国伦理学会、南京师范大学、江苏今世缘酒业股份有限公司共同举办的“道德资本与企业经营”学术研讨会在江苏淮安召开。参加此次大会的有来自国内相关高校、科研院所和企业以及西班牙、印度、日本、菲律宾等国的专家学者 40 余人。与会专家学者围绕“道德资本的内涵与实践”“道德与企业经营”“企业社会责任”“道德文化与企业发展”“道德与企业家精神”等专题展开了广泛而深入的讨论，并联系当前中国企业管理和经营的实际，提出了许多促进企业道德精神培育和企业伦理实践的富有启迪意义的观点和建议。

【“齐家治国　传承致远”——从裴氏家族看家风家训的当代社会价值座谈会举行】

2017 年 4 月 22 日，由中国伦理学会和山西省纪委、山西省委宣传部、光明日报社等单位共同主办，中国伦理学会秘书处、中共运城市纪委、运城市市委宣传部、中共闻喜县委、闻喜县人民政府承办，以“齐家治国　传承致远”为主题的从裴氏家族看家风家训的当代社会价值座谈会在北京举行。180 余位专家学者、山西闻喜裴氏后裔参加座谈会。全国人大原副委员长、中国关工委主任顾秀莲，裴氏后裔杰出代表、国防大学原校长、上将裴怀亮，中国伦理学会会长、清华大学人文学院院长万俊人，光明日报社总编辑杜飞进，全国政协教科文卫体委员会副主任、中国关工委副主任、教育部原副部长李卫红，解放军航天员大队特级航天员、航天英雄、少将景海鹏，人民日报社原副总编辑梁衡，山西省纪委副书记、监委会副主任孟萧，山西省委宣传部副部长刘英魁等出席座谈会并发言。中国伦理学会秘书长孙春晨，中国伦理学会常务副秘书长王海滨，中国伦理学会常务理事卫建国、戴木才、葛晨虹、靳凤林等出席会议。此次座谈会旨在深入贯彻落实习近平总书记关于家风文化的重要讲话精神，深入挖掘以河东裴氏家族为代表的中华传统家风文化的丰富内涵及其当代社会价值，真正把握裴氏家规家训文化的实质和精华所在，真正挖掘出裴氏家风家训文化背后蕴含的当代社会价值，让古老的家风家训能够面向现代化、面向世界、面向未来，使之成为社会主义先进文化的重要组成部分，成为全社会各界人士弘扬传承优秀传统文化、践行社会主义核心价值观的思想认同和行动自觉。

【第十一届建构中国生命伦理学研讨会召开】

2017 年 6 月 24—25 日，由北京师范大学哲学学院和香港浸会大学应用伦理学研究中心联合主办，医学与哲学杂志社和中国医学伦理学杂志社协办的“第十一届建构中国生命伦理学研讨会”在北京召开。来自中国香港和内地高校的生命伦理学领域的专家学者共 50 余人参加了此次会议。学者们在中国传统文化与西方正义理论视野下就医疗公正与健康的观念、资源分配、大数据与医疗公正、全球健康治理及理论建构等问题进行了研讨。

【中国伦理学会第九次全国会员代表大会举行】

2017 年 7 月 15 日，“中国伦理学会第九次全国会员代表大会”在北京举行。来自全国 31 个省、市、自治区的 200 余名会员代表出席了大会。此次大会审议并通过了中国伦理学会第八届理事会工作报告和财务报告、第九届理事会理事选举规则及第九届理事候选人名单、设立“名誉副会长”和“会员日”的提案，选举产生了由 173 名理事组成的第九届理事会。第九届理事会第一次会议选举产生了 55 位学会常务理事，推举学会第九届理事会会长、副会长和秘书长人选建议名单，提交学会主管单位审核和批准。学会聘请河北经贸大学王莹教授、南京师范大学王小锡教授、中山大学李萍教授、湖南师范大学张怀承教授、清华大学吴潜涛教授、中国社会科学院余涌研究员、上海师范大学周中之教授、中国人民大学焦国成教授、北京师范大学廖申白教授、东南大学樊和平教授为中国伦理学会名誉副会长。万俊人教授为受聘者颁发了荣誉证书。

【“伦理学与当代中国文化建设”学术研讨会召开】

2017 年 7 月 22—24 日，由教育部重点研究基地中国人民大学伦理学与道德建设研究中心、浙江工商大学和浙江省伦理学会主办，浙江工商大学马克思主义学院承办的“伦理学与当代中国文化建设”学术研讨会在浙江杭州召开，来自全国高校和科研机构的 80 余位专家学者参加了研讨会。与会专家围绕传统文化与文化自信，当代中国的社会治理，传统文化与当代中国文化建设，伦理学研究的历史使命，社会、经济发展的文化力特别是浙江经济与社会发展的文化力等问题展开了深入交流。该研讨会充分体现了专家、学者对于当代中国文化建设所面临重大现实问题的深切关注，也体现了其致力于正确解读这些现实问题并努力寻求有效解决的学术热情。

【首届罗国杰伦理学教育基金优秀奖评审工作会议召开】

2017 年 8 月 28 日，首届罗国杰伦理学教育基金优秀奖评审工作会议在北京召开。会议由罗国杰伦理学教育基金管理委员会主任、中国人民大学党委副书记、纪委书记吴付来教授主持。罗国杰伦理学教育基金评委会从众多参选人员和作品中经过严格筛选，评选出 5 名优秀教师、8 部优秀著作和 17 名优秀学生。

【国家治理与政治伦理高层论坛暨中国伦理学会政治伦理专业委员会第九次会议举行】

2017 年 9 月 15—17 日，由中国伦理学会政治伦理学专业委员会、中国人民大学伦理学与道德建设研究中心、浙江师范大学马克思主义学院主办，浙江师范大学国家治理研究院、国家社科基金重大招标课题“中国政治伦理思想通史”课题组、《伦理学与公共事务》编辑部承办的“国家治理与政治伦理高层论坛暨中国伦理学会政治伦理专业委员会第九次会议”在浙江金华举行。来自国内高校、党校和期刊社等学术机构的百余位专家、学者和研究生参加了会议。开幕式由中国伦理学会常务副会长、浙江师范大学马克思主义学院院长李建华教授主持。浙江师范大学副校长张根副教授、中国伦理学会会长万俊人教授、中国伦理学会政治伦理学专业委员会主任靳凤林教授分别致辞。此次论坛主题报告会由北京市伦理学会会长葛晨虹教授主持。与会专家、学者和研究生紧紧围绕此次论坛的主题，就“国家治理与政治伦理”的基本理论问题、现实实践问题和中外思想资源等热点问题展开了广泛而深入的探讨与交流。论坛期间还召开了中国伦理学会政治伦理学专业委员会第九次会议，举行了“教育部人文社会重点研究基地，中国人民大学伦理学与道德文明建设研究中心政治伦理研究所”授牌仪式。中国人民大学伦理学与道德文明建设研究中心主任葛晨虹教授代表中心将“政治伦理研究所”的匾牌授予了浙江师范大学马克思主义学院。

【“罗国杰伦理思想研讨暨罗国杰伦理学教育基金颁奖大会”召开】

2017 年 9 月 28 日，由中国人民大学罗国杰伦理学教育基金、中国伦理学会、中国人民大学伦理学与道德建设研究中心共同举办的“罗国杰伦理思想研讨暨罗国杰伦理学教育基金颁奖大会”在北京召开。中宣部原常务副部长徐惟诚，“罗国杰伦理学教育基金”管理委员会主任、中国人民大学党委副书记、纪委书记吴付来，中国伦理学会会长万俊人出席大会并致辞。80 余位高校师生、伦理学领域专家学者齐聚一堂，学习探讨罗国杰教授伦理思想，一同见证首届“罗国杰伦理学教育基金”各项优秀奖的颁发。中国人民大学党委书记靳诺对获奖者表示祝贺，中国人民大学伦理学与道德建设研究中心主任葛晨虹宣读首届“罗国杰伦理学教育基金”优秀教师奖、优秀著作奖和优秀学生奖获奖名单。与会嘉宾进一步就罗国杰教授伦理思想展开深入学习探讨。中国人民大学伦理学与道德建设研究中心副主任肖群忠作大会总结发言。

【2017 中国伦理学大会召开】

2017 年 12 月 23—24 日，由中国伦理学会主办的“2017 中国伦理学大会”在北京召开，近千名伦理学研究者及道德实践工作者出席大会。此次大会以学习贯彻党的十九大报告精神为宗旨，以“新时代与道德建设”为主题，开设大会主旨报告、分论坛、“2017 中外伦理热点”对话会、“中国伦理学 2016 年度十本好书”和“2017 中国伦理学大会优秀论文”评选以及“第二届中国伦理学十大杰出青年学者”颁奖等多个活动版块。万俊人、郭广银、卢德之、于丹、李建华、江畅等学界知名学者作大会学术报告。大会设立了“新时代与伦理学发展”、“新时代立德树人”、“伦理学基础理论”、“政治伦理”和“健康伦理”等九个专题分论坛。新思想引领新时代，新使命开启新征程。作为中国伦理学界规格最高、影响力最大的年度盛会，“2017 中国伦理学大会”关注新时代中国经济社会发展中的现实道德问题，于学术交流和思想碰撞中努力寻找改善社会道德风尚的有效路径，显现了全国伦理学人砥砺奋进、勠力同心，为建设中国特色社会主义道德文化大厦添砖加瓦的集体力量。

【“中国传统教育伦理的当代价值——中国特色教师道德话语体系全国高端学术研讨会”举行】

2017 年 12 月 24 日，由中国伦理学会教育伦理学专业委员会、中国人民大学伦理学与道德建设研究中心和上海师德研究与评价中心联合举办的“中国传统教育伦理的当代价值——中国特色教师道德话语体系全国高端学术研讨会”在北京举行。来自全国高校和科研机构的近 30 位专家学者参加了会议。会议由中国伦理学会副会长、中国人民大学葛晨虹教授主持，中国伦理学会教育伦理专业委员会主任、上海师范大学王正平教授作主旨发言。与会专家一致认为，教育伦理和教师道德既有民族继承性又有人类共同性，人无德不立，国无德不兴，教育无德不能繁荣发展。当代中国教育事业的发展需要人们按照“立足中国，借鉴国外，挖掘历史，把握当代，关怀人类，面向未来”的思路，着力建构中国特色教育伦理和教师道德理论和话语体系。

二、国家、教育部项目

（一）国家社会科学基金项目

1. 重大项目

（1）习近平人类命运共同体思想对马克思共同体思想的继承与创新研究，石云霞，武汉大学，17ZDA001

（2）马克思主义伦理思想史研究，李义天，清华大学，17ZDA022

（3）大数据环境下信息价值开发的伦理约束机制研究，李伦，湖南师范大学，17ZDA023

（4）尼采著作全集翻译，孙周兴，同济大学，17ZDA031

（5）《马克斯·舍勒全集》翻译与研究，张伟，中山大学，17ZDA033

2. 重点项目

（1）马克思主义人的发展理论体系研究，陈新夏，首都师范大学，17AZX001

（2）基于负责任创新的大数据技术伦理规约研究，王健，东北大学，17AZX004

（3）阳明大传："心"的救赎之路，束景南，浙江大学，17AZX005

（4）湘学在中华民族核心价值观凝聚过程中的作用研究，陈代湘，湘潭大学，17AZX007

（5）西方元伦理学中的道德客观性问题研究，陈真，南京师范大学，17AZX012

（6）敦煌藏文文献《礼仪问答写卷》伦理思想研究，才项多杰，青海民族大学，17AZX013

（7）伦理学视域下共享理念的价值意蕴及实践路径研究，廖加林，湖南科技大学，17AZX014

（8）国家治理现代化框架下协同推进德治与法治研究，戴茂堂，湖北大学，17AZX015

（9）中国共产党执政伦理建设研究，戴木才，清华大学，17AZX016

3. 一般项目

（1）中国绿色发展的系统哲学理论与实践研究，范冬萍，华南师范大

学，17BZX002

（2）ME 道德增强技术的伦理问题及其治理研究，陈万球，长沙理工大学，17BZX003

（3）《正义论》诠释与批评，张国清，浙江大学，17BZX013

（4）当代政治哲学中的公共理性与至善论之争研究，应奇，浙江大学，17BZX018

（5）同意观念从政治学向伦理学的迁移及其正当性研究，吕耀怀，苏州科技大学，17BZX019

（6）公共健康伦理的基本理论研究，朱海林，昆明理工大学，17BZX020

（7）“智能机器人”伦理问题研究，高兆明，南京师范大学，17BZX021

（8）开源运动的开放共享伦理研究，李伦，湖南师范大学，17BZX022

（9）当代中国政治忠诚及其实现机制研究，左高山，中南大学，17BZX023

（10）历史唯物主义视域下当代生态正义问题研究，孙晓艳，上海工程技术大学，17BZX024

（11）马克思的现实观及其对国家治理的启示研究，李昕桐，黑龙江大学，17BZX028

（12）马克思早期文本中的自由思想研究，侯小丰，辽宁社会科学院，17BZX029

（13）马克思中期政治哲学的文本学研究，罗伯中，湘潭大学，17BZX030

（14）河流工程责任伦理问题研究，李映红，河海大学，17BZX035

（15）深层生态学视域中的西南少数民族生态哲学研究，夏文利，西南民族大学，17BZX036

（16）技术发明的责任伦理研究，吴红，中国矿业大学，17BZX037

（17）“后学院科学”伦理规范研究，薛桂波，南京林业大学，17BZX042

（18）德语国家面向科研诚信的科研环境治理研究，王飞，大连理工大学，17BZX043

（19）大同思想与近现代儒学的转化创新研究，翟奎凤，山东大学，17BZX061

（20）儒家“成人”思想与现代社会个体意识的相互性研究，吴立群，上海大学，17BZX062

（21）儒家德性幸福的现代转型研究，张方玉，曲阜师范大学，17BZX063

（22）儒家生命哲学思想研究，刘云超，山东社会科学院，17BZX066

（23）“《春秋》三传”政治哲学思想比较研究，秦平，武汉大学，17BZX068

（24）东亚儒学视域下的人心道心问题研究，谢晓东，厦门大学，17BZX071

（25）古希腊哲学中的净化观念研究，李革新，同济大学，17BZX073

（26）康德心灵哲学研究，梁议众，中国社会科学院，17BZX074

（27）德勒兹的欲望范型研究，程党根，南昌大学，17BZX075

（28）德勒兹哲学思想研究，李科林，中国人民大学，17BZX076

（29）当代英美左翼分配理论研究，唐英英，中山大学，17BZX081

（30）当代政治哲学平等正义理论研究，顾肃，复旦大学，17BZX082

（31）现象学与分析哲学比较研究，张浩军，中国政法大学，17BZX085

（32）从反启蒙回到启蒙的德国现当代伦理演进逻辑研究，范志军，东南大学，17BZX091

（33）当代西方平等主义三大核心争论及其逻辑进程研究，陶文佳，湖北大学，17BZX092

（34）法伦理的精神哲学形态研究，赵一强，河北经贸大学，17BZX093

（35）康德道德情感理论研究，董滨宇，中共北京市委党校，17BZX094

（36）伦理共识研究，王艳，安徽师范大学，17BZX095

（37）希腊伦理学“自我”理论研究，余友辉，南昌大学，17BZX096

（38）现代西方性别正义理论研究，张秀，华东政法大学，17BZX097

（39）亚里士多德《欧德谟伦理学》与《尼各马可伦理学》比较研究，刘玮，中国人民大学，17BZX098

（40）宋代儒家生命伦理思想研究，张舜清，中南财经政法大学，17BZX099

（41）文明互鉴下的原始儒家与早期基督教生命伦理比较研究，朱清华，江西财经大学，17BZX100

（42）中医药产业中动物利用的伦理困境与对策研究，张燕，南京师范大学，17BZX101

（43）当代中国社会风尚的伦理实验研究，季玉群，东南大学，17BZX102

（44）伦理学视角下的法律和道德关系问题研究，弭维，山东大学，17BZX103

（45）中国传统伦理思想中的经权观研究，赵清文，河南大学，17BZX104

（46）中国道德榜样叙事研究，李培超，湖南师范大学，17BZX105

（47）当代中国社会转型期乡村伦理秩序重建研究，王美玲，上海工程技术大学，17BZX106

（48）技术时代的道德责任问题研究，田广兰，苏州大学，17BZX107

（49）晋商伦理研究，白明东，太原师范学院，17BZX108

（50）马克思增进人民幸福的财富伦理思想研究，贺汉魂，湖南第一师范学院，17BZX109

（51）儒家伦理领导力的本土化构建研究，原理，中国人民大学，17BZX110

（52）社群主义正义观的批判性研究，姜丽，上饶师范学院，17BZX112

（53）作为正义问题的承认理论研究，汤云，四川大学，17BZX113

（54）环境伦理视域中的生态公民研究，周国文，北京林业大学，17BZX128

（55）罗国杰伦理思想研究，赵冰，安徽师范大学，17BZX129

4. 青年项目

（1）当代西方激进左翼的元政治学研究，莫雷，南开大学，17CZX009

（2）当代西方学界关于马克思、恩格斯基础伦理思想的系列研究，杨松，厦门大学，17CZX010

（3）生物多样性保护的伦理困境与对策研究，杜红，重庆师范大学，17CZX017

（4）人工智能的道德决策研究，孙保学，湖南师范大学，17CZX019

（5）新兴技术负责任创新的理论、实践与机制研究，龚超，湖南科技大学，17CZX021

（6）科学知识的分配正义问题研究，白惠仁，西安交通大学，17CZX022

（7）早期儒家天命人性论探微，张二远，安庆师范大学，17CZX024

（8）先秦诸子道德哲学论辩研究，王正，中国社会科学院，17CZX025

（9）德国早期浪漫派政治哲学研究（1797—1802），罗久，南昌大学，17CZX038

（10）霍布斯政治哲学研究，刘海川，中山大学，17CZX039

（11）亚里士多德心灵哲学研究，曹青云，云南大学，17CZX042

（12）巴塔耶生存论思想研究，王春明，复旦大学，17CZX043

（13）当代西方德性伦理学与规范伦理学论争及其意义研究，方熹，云南师范大学，17CZX054

（14）康德前批判期和沉默期的道德哲学研究，马新宇，西北大学，17CZX055

（15）汉传佛教生命伦理思想研究，王富宜，东南大学，17CZX056

（16）《白虎通》对传统道德的体系建构及其论证，冷兰兰，湖南工业大学，17CZX057

（17）道德承续视域下先秦儒家友善美德的创造性转化研究，冯丕红，广西科技大学，17CZX058

（18）儒家信任模式在现代组织中的生成与运用研究，王润稼，北方工业大学，17CZX059

（19）中国传统“勇”德思想及其当代价值研究，唐俊，长沙理工大学，17CZX060

（20）香港慈善伦理的建构范式研究，刘海娟，深圳大学，17CZX061

（21）马克思社会理想中的美德伦理思想研究，符海平，广州大学，17CZX062

（22）政治认同及其社会伦理基础研究，余露，湖南师范大学，17CZX063

（23）阿多诺否定的道德哲学及其影响研究，周爱民，同济大学，17CZX068

（24）明代日用类书与儒家伦理民间化研究，魏志远，延安大学，17CZX071

（25）德勒兹伦理思想研究，张能，重庆邮电大学，17CZX072

（26）伦理视角下的“新生活运动”研究，李明建，宿迁学院，17CZX074

5、西部项目

（1）多族士人群体与元代治道研究，闫恒，中共内蒙古自治区委党校，17XZX002

（2）马克思主义哲学的人民性及其创新问题研究，李晓元，闽南师范大学，17XZX003

（3）朱熹自然观与当代生态道德建设研究，陈文，武夷学院，17XZX004

（4）亨利与柏格森的生命现象学思想比较研究，江海全，海南师范大学，17XZX005

（5）心学社会治理思想研究，任健，贵阳学院，17XZX009

（6）中国传统“节”德的现代转化与建设研究，邓立，贵州财经大学，17XZX010

（7）习近平政治伦理思想研究，郗芙蓉，陕西科技大学，17XZX011

（8）青藏地区高校青年教师德性养成的伦理文化环境研究，张磊，青海大学，17XZX014

（9）卢梭“道德人”理论研究，尹强，宁夏大学，17XZX015

（二）教育部人文社会科学规划项目

1. 规划基金项目

（1）网络舆论导向中的价值规约研究，田九霞，安徽大学，17YJA710026

（2）中国共产党廉洁形象建设研究，杨邓红，湖北师范大学，17YJA710037

（3）社会主义核心价值观日常生活化的话语策略研究，王冬云，吉林大学，17YJA710030

（4）列宁的信仰思想及其当代价值研究，谢俊，西南政法大学，17YJA710036

（5）全媒体环境下大学生性道德引导与纠偏机制研究，王宇航，浙江财经大学，17YJA710032

（6）社会主义核心价值观导引民间信仰的嵌入机制及路径研究，刘妙桃，浙江农林大学，17YJA710014

（7）当前我国社会的伪善问题及其治理对策研究，周斌，山西大学，17YJA720006

（8）共同体德性在全球正义中的地位和作用研究，［韩］Jun-HyeokKWAK，中山大学，17YJA720001

2. 青年基金项目

（1）苏联早期德育理论与实践研究（1917—1956），宋磊，北京理工大学，17YJC710072

（2）思想政治教育视阈下中国优秀传统文化的价值及应用研究，杨丽艳，东北林业大学，17YJC710098

（3）马克思主义政治哲学视阈中当代中国平等问题研究，徐珍，湖北科技学院，17YJC710096

（4）德里达马克思主义哲学伦理思想研究，张炜炜，华东师范大学，17YJC710109

（5）劳动与自由：马克思的正义观研究，彭文刚，华中农业大学，17YJC710063

（6）习近平官德思想及其转化机制研究，陶立业，深圳大学，17YJC710079

（7）组织伦理视域下我国大学诚信建设研究，黄艳，中南林业科技大学，17YJC710029

（8）当代中国司法公信力的道德建构研究，宣璐，安徽建筑大学，17YJC720031

（9）自然与德性：尼采晚期思想研究，韩玮，复旦大学，17YJC720010

（10）情感政治视域下的纳斯鲍姆正义理论研究，叶晓璐，复旦大学，17YJC720034

（11）基于知识条件的道德责任可能性研究，韩辰锴，河南大学，17YJC720008

（12）复合性认知增强技术伦理问题研究，高佳，湖南理工学院，17YJC720006

（13）21 世纪以来西方德性伦理学的多样性研究，叶方兴，华东师范大学，17YJC720033

（14）罗尔斯的国际正义理论研究，张轶瑶，南京航空航天大学，17YJC720037

（15）莱纳·弗斯特正义理论研究，蒋颖，山东大学，17YJC720012

（16）自由意志的文化解释研究，宋尚玮，山西大学，17YJC720023

（17）现代性的欲望拓扑学：拉康伦理思想研究，胡成恩，温州医科大学，17YJC720011

（18）康德道德哲学的宗教维度研究，杨云飞，武汉大学，17YJC720032

3. 重点研究基地重大项目

（1）学校公共生活的建构与公民品格的教育，冯建军，南京师范大学道德教育研究所，17JJD880008

（2）社会主义核心价值观与中华优秀传统文化研究，戴木才，清华大学高校德育研究中心，17JJD710001

（3）中国共产党核心价值观教育研究，欧阳军喜，清华大学高校德育研究中心，17JJD710002

（4）高校大学生思想道德状况跟踪调查与分析，桂勇，清华大学高校德育研究中心，17JJD710003

（5）国家治理能力现代化的伦理路径研究，王莹，中国人民大学伦理学与道德建设研究中心，17JJD72000

（6）伦理视域下中西政治文明比较研究，葛晨虹，中国人民大学伦理学与道德建设研究中心，17JJD720007

（7）多维贫困视角下少数民族反贫困与基本公共服务均等化研究，张丽君，中央民族大学中国少数民族研究中心，17JJD850006

三、博士学位论文

1. 亚里士多德 techné 概念及其现代技术伦理意义研究，王爽，大连理工大学
2. 伦理实体的精神哲学形态，杨小钵，东南大学
3. 焦虑的“道—德”现象学形态，谭舒，东南大学
4. 德性的“精神”气质，黎松，东南大学
5. 西方近代社会理想研究，张媛媛，湖北大学
6. 中国特色社会主义财富伦理建设研究，张志兵，湖南科技大学
7. 王夫之经济伦理思想研究，谢芳，湖南师范大学
8. 道德共识研究，刘飞，湖南师范大学
9. 新理性直觉主义作为道德形而上学的奠基，陈海，华东师范大学
10. 合成生物学的伦理问题研究，欧亚昆，华中科技大学
11. 伦理学视域下反思平衡方法的研究，罗会宇，华中科技大学
12. 司法官职业伦理比较研究，廖大刚，吉林大学
13. 道德出场与利益消解——马克思主义道德观研究，张峰铭，吉林大学
14. 当代可持续生存法则下的经济伦理研究，王立新，吉林大学
15. 儒释伦理共同作用背景下的敦煌家庭关系研究，买小英，兰州大学
16. 资本空间的伦理研究，曹琳琳，南京师范大学
17. 价值哲学视域中生态正义实践研究，张建辉，山西大学
18. 绿色消费伦理的理论及其实践，刘飏，陕西师范大学
19. 志愿服务的伦理研究，孙宁华，苏州大学
20. 农村留守儿童孝道态度及其相关因素研究，颜雅琴，武汉大学
21. 儒家“亲亲相隐”伦理观念辨正，彭婷，武汉大学
22. 道德自觉及其实现，范纯琍，武汉大学
23. 孟子与保罗生死伦理比较研究，王治军，中共中央党校
24. 实践哲学语境下的生态伦理研究，于川，中国科学技术大学
25. 走向荒野的伦理之争：罗尔斯顿环境伦理思想研究，李颖超，中国人民大学
26. 波斯纳的正义观研究，吴益芳，中国人民大学

27. 马尔库塞政治哲学研究，王奕琳，中国人民大学
28. 我国私营企业家道德责任研究，李怡静，中国人民大学
29. 娱乐伦理研究，吕浩，中国人民大学

伦理学人*

* “伦理学人”部分除葛晨虹篇由袁和静、林杨撰写外，其他均由王国艳执笔。

唐凯麟

唐凯麟，1938 年出生，中共党员，著名伦理学家，全国高等学校国家级教学名师，湖南师范大学道德文化研究院教授，博士生导师，中国伦理学会会刊《伦理学研究》主编、马克思主义理论研究与建设工程重点教材编写课题组首席专家、国家基础教育专家工作委员会委员。曾任教育部人文社科重点研究基地湖南师范大学道德文化研究中心主任（湖南师范大学伦理学研究所所长）、中国伦理学会副会长、国务院学位委员会哲学学科评审组成员、国家社科基金项目评委等重要职务。

唐凯麟先生 1938 年 9 月生于湖南长沙，1957 年考入中国人民大学哲学系，1962 年 8 月毕业后被分配到湖南师范学院（今湖南师范大学）政治系，1979 年任讲师，1983 年任副教授，1986 年晋升为教授，1993 年任博士生导师。他长期从事伦理学原理、中国伦理思想史和应用伦理学的教学与研究，在伦理学的多个领域都有深厚的造诣和独到的见解，不断深化和扩展伦理学研究的范畴，荣获中国伦理学会终身成就奖等荣誉。

唐凯麟先生著作等身，他先后完成了《从旧道德到新道德》《中国伦理思想发展简史》《走向近代的先声——中国早期启蒙伦理思想研究》等个人著作，编著和主编了《西方伦理学名著提要》《中华民族爱国主义发展史》《伦理学》《简明马克思主义伦理学》《马克思主义伦理学原理》《伦理学原理》等高校伦理学教材，合著有《20 世界中国伦理思潮》《西方伦理学流派概论》《20 世纪中国伦理思潮问题》《契合与升华——传统儒商精神和现代中国市场理性的建构》《中国伦理思想史》《当代中国哲学问题》《思想政治系统工程学》《中国伦理大辞典》《个体道德论》《中国伦理学史》《六经责我开生面——王船山伦理思想研究》等。

唐凯麟先生在哲学伦理学领域有深厚的学术造诣，发表学术论文 300 余篇，在马克思主义伦理学研究上更是取得了创新性成果，形成了完整的理论体系。在《伦理学》一书中，他提出：“伦理学是一门使人类光荣的科学。马克思主义伦理学的产生在人类伦理思想发展史上实现了一场革命的变革，形成了真正科学的伦理学。”① 马克思主义伦理学的革命性和科学性主要体现在，它根本地改变了指导伦理学研究的哲学世界观基础，改变了伦理学阶级性质和服务方向，改变了伦理学和实践的关系，使伦理学实现了理论和实践的高度统一，改变了伦理学和精神文明之间的矛盾关系。马克思主义伦理学是人类精神文明发展到一个崭新阶段的重要标志，是始终推动人类精神文明发展的科学的伦理学。②唐凯麟先生将社会的实践着的人作为马克思主义伦理学的逻辑起点，把人的全面发展和精神完善化作为马克思主义伦理学的主题，从而把道德伦理学研究与当代社会主义精神文明建设紧密地联系了起来，在重整和优化中华民族精神的事业中发挥了现实作用。

20 世纪末，唐凯麟先生密切关注中国市场经济建构与发展，对此进行深入的伦理研究与分析，并提出具有前瞻性的宝贵建议。一方面，唐凯麟先生认为为人民服务是社会主义道德建设的核心。“为人民服务是道德中心问题的科学解决，是区分社会主义道德和一切非社会主义道德的分水岭。为人民服务又是社会主义道德体系的灵魂，是推动社会主义道德诸原则规范由‘应然’转化为‘实然’的价值动因”，“是实现社会主义和市场经济结合的价值中介和精神基础，为市场经济的发展提供动力源泉、价值规范和定向定位机制，保证和促进市场经济沿着社会主义正确方向有序健康地发展”。③ 另一方面，他也积极思考中国传统资源在中国市场经济建设中的转化与发展。在《契合与升华——传统儒商精神和现代中国市场理性的建构》一书中，唐凯麟先生致力于“从一个角度来探讨和揭示传统文化与商品经济的关系，从而为我们正确地认识传统文化的现代意义，利用传统文化为建立有中国特色的社会主义市场经济，特别是建构中国现代商人精神和市场理性提供一点启示。”④

进入 21 世纪，唐凯麟先生进行了世纪之交的伦理省思，并对 20 世纪中国三大伦理思潮进行了评析。他在《20 世纪中国伦理思潮问题》一书中分别对自由主义伦理思潮、现代新儒家伦理思潮以及马克思主义伦理学思潮进行了深刻、细致的分析。自由主义伦理思潮内在地存在崇拜科学精神与伦理文化上反科学态度、科学主义的出发点与非科学主义的伦理学结论之间的矛盾，这决定了自由主义伦理思潮的发展前景势必是暗淡而又凄婉的。而现代新儒家伦理思潮作为一种以继承儒家道统自居、执着于返本归宗于儒家伦理文化为己任的思潮，存在着很多理论上的困惑和严重缺陷。其提出的“返本开新”说并未脱离中学为体，西学为用的窠臼，反而充斥着浓

① 唐凯麟：《伦理学》，高等教育出版社 2001 年版，第 2 页。

② 唐凯麟：《伦理学》，高等教育出版社 2001 年版，第 23—25 页。

③ 唐凯麟：《伦理学》，高等教育出版社 2001 年版，第 303—307 页。

④ 唐凯麟、罗能生：《契合与升华——传统儒商精神和现代中国市场理性的建构》，湖南人民出版社 1998 年版，第 2 页。

厚的保守的伦理本位主义和伦理至上主义气息。① 与对待自由主义伦理思潮和现代新儒家伦理思潮的批判态度不同，唐凯麟先生对马克思主义伦理思潮作出了高度评价。中国马克思主义伦理思潮无论是对待西方近现代伦理文化还是对待中国传统伦理文化，都主张在进行科学的批判继承和系统的总结的基础上的超越创新，始终充满着与时俱新、日新不已的理论品格和蓬勃发展的生机活力。② 唐凯麟先生从自由主义西化派、现代新儒家、马克思主义伦理学的相互碰撞与冲突中，分析出了它们各自的理论得失及现实走势，厘清了跨世纪伦理学文化建设的思路与契机，从而为更好地发挥伦理学研究在当代中国的导向作用提供了理论指导。

进入21世纪以来，唐凯麟先生在深入研究、诠释马克思主义伦理学的同时，也积极对社会现实问题进行伦理思考和解读。唐凯麟先生在学习党的十九大报告后，就党的十九大报告中提出的“要引导人们树立正确的文化观”进行了深入的思考。他指出：“树立正确文化观首要的就是树立马克思主义的文化观，正确对待人类文化遗产就是一个十分重要的问题。而马克思主义是一个开放的思想体系。它认为重视人类的文化遗产乃是对文化发展的历史及其规律的应有尊重。它揭示了对待人类的文化遗产的客观依据，确立了对待人类文化遗产的科学态度和原则立场，从而为坚定文化自信，建设新时代中国特色社会主义文化、文明开辟了广阔的道路。”③

唐凯麟先生在伦理学原理、中国伦理思想史、应用伦理学和马克思主义伦理学等领域的开拓性研究为中国伦理学的系统发展和理论创新提供了重要的指导和借鉴。

---

① 唐凯麟、王泽应：《20世纪中国伦理思潮问题》，高等教育出版社1998年版，第427—429页。

② 唐凯麟、王泽应：《20世纪中国伦理思潮问题》，高等教育出版社1998年版，第433页。

③ 唐凯麟：《坚持马克思主义对待人类文化遗产的科学态度和原则立场——学习党的十九大报告引发的思考》，《伦理学研究》2018年第1期。

邱仁宗[*]

邱仁宗，1932年出生，著名生命伦理学家，中国社会科学院应用伦理研究中心名誉主任，国际哲学院院士，联合国教科文组织“阿维森纳科学伦理学奖”获得者。

邱仁宗先生毕业于清华大学文学院，历任北京协和医院哲学助教、讲师，中国社会科学院哲学研究所副研究员、研究员，博士生导师，华中科技大学人文学院特聘教授、生命伦理学研究中心主任，中国自然辩证法研究会副理事长及终身成就奖获奖人，科学哲学专业委员会理事长。2002年世界技术网络伦理学奖以及2012年美国 Henry Beecher 生命伦理学奖获奖人。

1952年，自清华大学毕业的邱仁宗先生被分配到北京协和医学院当助教。从未接触过医学的邱仁宗先生，从此步入了一个全新的领域，并且深耕至今，取得了卓越的建树。邱仁宗先生的主要著作有《生命伦理学》、《病人的权利》、《艾滋病性和伦理学》、《生殖健康与伦理学》、《生物医学研究伦理学》、《生命伦理学概论》、《生命伦理学导论》以及《公共卫生伦理学》等，并在中国、法国、德国、日本、罗马尼亚、西班牙、美国等国的杂志和书籍中发表有关生命伦理学和科学哲学的论文400余篇，其中英文论文70余篇。

邱仁宗先生是中国生命伦理学的拓荒者。1978年，邱仁宗先生被调往中国社会科学院哲学研究所，选择科学哲学和生命伦理学作为主要的研究方向，此后在生命伦理学这一领域耕耘了40余年，为推动生命伦理学这一新兴领域结合我国临床、研究和公共卫生实际以及体制化作出了不可磨灭的贡献。

1987年，邱仁宗先生出版了中国第一本关于生命伦理学的著作《生命伦理学》。1988年，生命伦理学研究领域出现了两个典型案例，一个是汉中市的安乐死案例，另一个是上海的人工授精案例。为了针对现实案例进行全面、深入的讨论和交流，邱仁宗先生与同事共同组织了上海的第一届全国安乐死学术会议和岳阳的第一届全国人类辅助生殖学术会议。在岳阳会议上邱仁宗先生和科学家卢光琇在研讨伦理问题基础上共同

---

* 本篇根据邱仁宗先生的《学术自述》（《中国医学伦理学》2010年第4期）改编。

起草了有关人工授精的管理建议，递交当时的国家计生委主任彭珮云和卫生部长陈敏章，开启了将生命伦理学研究与生命科学技术和医学的研究与实践密切结合的进路，并且确立了生命伦理学研究在对生命科学和医疗卫生中伦理问题研讨基础上向有关部门提出政策或立法建议，以保护病人、受试者和公众的权利和利益的使命和初心。

1992 年，邱仁宗先生开始研究艾滋病防治中的伦理问题。他主张，第一，要用例外办法而非常规的公共卫生办法防治艾滋病，提高对艾滋病高危群体的检测、咨询、教育、关怀和支持。第二，应该采取“降低伤害（或减少危害）”的应对战略，消除对艾滋病群体的歧视和偏见，采取安全接触、规范医疗等措施降低脆弱人群感染和传播艾滋病的可能性。第三，强调以权利为基础的进路，不是仅仅寄希望于通过发展科学技术彻底解决艾滋病防治问题的单一进路，而是尽可能保障艾滋病人和潜在既高危又脆弱的群体的权利，让他们自觉地接受检测和治疗。发展科学技术和保障基本人权，两手都要抓，两手都要硬。

邱仁宗先生在生命伦理学领域的另一研究重点是人类基因组基础上的新遗传学。1988 年，甘肃省人大通过《禁止痴呆傻人生育的规定》；1990 年，辽宁省人大通过《防止劣生条例》，限制甚至禁止智障人口繁衍后代。邱仁宗先生意识到了这些条例中存在定义模糊和因果错误的问题。通过分析和考察，他提出使遗传性智障人口避免生育能够获得一定的伦理辩护。尽管如此，制定禁止智障人口的强迫性法律法规仍然是对他们基本人权的侵犯。许多国家的遗传学家和遗传研究机构纷纷致电或致函给中国驻外使领馆、中国遗传学家和遗传研究机构，他们声称如中国人大通过“优生保护法”，便中断与中国的合作，并抵制 1998 年在北京举行的世界遗传学大会。面对这一重大情况，外交部和全国人大与有关部门举行专家会议进行了讨论，邱仁宗先生积极参与，从四个方面着手开展了工作。第一，向中宣部说明中国的优生优育概念与希特勒的“优生学政策”的区别，消除国际社会的误解；第二，与卫生部部长陈敏章讨论法律草案中部分规定不符合基本伦理价值；第三，应国际人类基因组组织（HUGO）伦理委员会邀请去加拿大多伦多全面介绍法案的内容、它的积极和消极方面，更加全面和深入地介绍中国的优生优育政策；第四，协助第 18 届世界遗传学大会组委会，在新闻发布会阐说有关遗传学的伦理问题、优生优育概念与纳粹优生学的区别，组织并参加世界遗传学大会专门讨论遗传学中的伦理、法律和社会问题以及优生学的科学和伦理学的专题会议。最后大会取得圆满成功，来自世界各国 2000 多位遗传学家参加大会。

除了不断推动生命伦理学理论研究的深入和创新，邱仁宗先生还积极从事生命伦理学的体制化，一方面积极促进伦理学研究转化为相应的法律、规定或条例，另一方面积极推动与科学家及监管部门的合作，以及推动国内的伦理能力建设。

1997 年，科学家在《自然》杂志发

表成功克隆羊的报告后，当时卫生部部长陈敏章召开专家会议，讨论这一划时代发明对中国医学科学发展的含义，邱仁宗先生应邀参加了会议，会议一致建议加强对医学科学伦理、法律和社会问题的研讨。1999 年，邱仁宗先生和刘次元、倪惠芳两位教授联合在昆明组织“21 世纪生命伦理学难题”香山科学会议，会议讨论形成的意见和成果引起了卫生部的重视。从 1999 年开始邱仁宗先生及翟晓梅教授协助卫生部和科技部起草了多项部门规章，如《人胚胎干细胞研究伦理指导原则（1999—2003）》《涉及人的生物医学研究伦理审查办法（2003—2007）》。1999—2000 年艾滋病蔓延形势严峻，邱仁宗先生应邀参加由曾毅院士牵头的专家组，在共同讨论基础上邱仁宗先生起草了《关于迅速遏制艾滋病在我国蔓延的呼吁》以及附件《评价艾滋病控制和预防的伦理框架》，由中国科学院递交中央领导机构，迅速获得肯定的答复，提高了全国防治艾滋病的认识。

为了推动学术研究的伦理能力建设，邱仁宗先生培养了一批博士研究生，这些博士研究生现已成为中国生命伦理学的骨干，如翟晓梅、雷瑞鹏、朱伟等教授。这是伦理能力建设的一个基础部分。此外在 2004 年至 2007 年，邱仁宗先生和翟晓梅教授不辞辛劳，奔走全国十余个城市举办研讨班，进行伦理学的教育和培训。为了及时了解国际生命伦理学研究的前沿问题和理论热点，提高国内的研究水平，自 1981 年起，邱仁宗先生陆续赴 30 多个国家和地区参加学术会议或进行学术访问，在国际交流活动中不断学习其他国家的优秀成果，提出自己的理论和见解，其学术成就获得了国际生命伦理学界的广泛认可。2006 年，邱仁宗先生作为大会主席，组织筹办了第 8 届国际生命伦理学大会，来自 49 个国家和中国港、澳、台地区以及大陆的参会代表达 601 人，为历届大会之最。2009 年 12 月 18 日，在巴黎联合国教科文组织总部，邱仁宗先生获得了 2009 年度“阿维森纳科学伦理奖”，成为获此殊荣的首位中国学者。授奖辞中这样写道：“邱仁宗先生是生命伦理学领域的一位先驱，他在科学伦理学方面的研究，以及与科学有关的伦理问题上，坚毅地维护公众权益，成为中国和世界学术界一位主要代表人物。”他的同行兼好友、国家人类基因组南方研究中心伦理学部副主任沈铭贤先生说：“在中国的生命伦理学领域，邱仁宗先生是一座绕不开的丰碑。”

邱仁宗先生还是中国生命伦理学的引路人，始终站在生命伦理学研究“最前线”。2016 年邱仁宗与北京协和医院人文学院的翟晓梅教授共同编著了《公共卫生伦理学》。在该书的序中邱仁宗先生指出，“公共卫生工作和事业不仅对人人健康，包括所有个体以及群体、人群的健康至关重要，而且是建立一个公正社会和实现社会正义的必备要素”；“我们的政府以及我们每个公民都有义务去建立、维护和加强它，而不去做一个‘免费搭车人’”；“公共卫生伦理学，与生命伦理学其他分支临床伦理学和研究伦理学一样，不是以伦理学理论而是以实践中的公共卫生伦理问题为其逻辑出发点”；“研究的目的是求得有利于社会的普遍性知识”。[①] 邱仁宗先生对公共卫生工作和公共卫生伦理问题的重视充分反映了他对社会公共利益和个体权益的观照，这也决定了其在进行学术研究和学术活动时具有鲜明的问题意识和深切的人文关怀。

近年来，尽管年事已高，但邱仁宗先生对生命伦理学研究的探索热情丝毫没有消减。他就人类基因编辑，干细胞研究和临床转化，神经技术，人工智能，其他新兴技术的哲学、伦理、治理等理论与实践的前沿问题都进行了及时深入的研究。他还在全国各地讲学、参加国际国内学术会议，并在国内和国际刊物上发表了论文几十余篇。尤其是在2019年5月8日，他与雷瑞鹏、翟晓梅和朱伟等教授一起在国际权威杂志《自然》发表了题为《重建中国伦理治理》的论文，这是中国人文社科学者第一次在《自然》杂志正刊发表论文，在国内外引起重大反响，而“伦理治理”这一概念也在中国得到广泛的关注，国家领导人和中央文件都使用了“科技伦理治理”这一概念。邱仁宗先生为国内生命伦理学的迅速发展以及参与国际对话，让国际学界听到中国学者的声音，持续贡献自己的力量。

① 翟晓梅、邱仁宗编著：《公共卫生伦理学》，中国社会科学出版社2016年版，第3页。

宋惠昌

宋惠昌，1937年出生，著名伦理学家，中共中央党校教授、博士生导师。曾任中央党校研究生部（现研究生院）主任。长期从事马克思主义哲学研究，主要研究领域有历史唯物主义、马克思主义伦理学、意识形态理论、社会发展理论、管理哲学、政治哲学及文化哲学。享受国务院政府特殊津贴，先后荣获中央直属机关优秀共产党员、中央党校先进工作者、优秀共产党员称号，以及优秀教学奖、优秀科研成果奖等奖项。

宋惠昌先生1937年12月4日出生于山东长岛。1964年8月毕业于辽宁大学哲学系。1964年9月至1969年6月，在原中央马列主义研究院任哲学专业研究人员；1969年7月至1973年4月下放劳动，先后在鞍山钢铁公司齐大山铁矿做采矿工人、在盘锦五七干校种地；1973年5月至1978年4月在冶金工业部办公厅调研室任编辑；1978年4月至1990年5月在中共中央党校哲学教研室任教员，副教授、副主任；1990年5月至1999年2月任中共中央党校理论部（研究生部）副主任、主任。曾任中共中央党校学位委员会委员（1987—1994），中共中央党校学术委员会委员（1994—1999），中国学位与研究生教育学会理事（1993—1999）。现任中共中央党校哲学教研部教授、博士生导师。兼任中国人民大学道德科学研究院客座研究员，中国管理科学研究院管理哲学研究所所长，中国伦理学会政治伦理学分会会长，北京伦理学会副会长。

1978年4月的中共中央党校，正在进行有历史意义的“实践是检验真理的唯一标准”大讨论。这个讨论，形成了新时期实事求是、解放思想的大环境，这是宋惠昌先生在党校教学生涯的良好开端。在此大环境下，宋惠昌先生发表了一篇名为《两种道德观的斗争——兼评林彪“四人帮”的反动道德观》的文章。在这篇文章中，宋惠昌先生对共产主义道德进行了全面而深刻的阐释。他指出，在阶级社会中，道德作为上层建筑也是具有阶级属性的。共产主义道德，是无产阶级的革命道德，是一种为巩固和完成共产主义事业而斗争，以实事求是为重要准则，以提高人们的道德觉悟和生产积极性作为教育目的，发掘人才、鼓励创作、推动进取的精神力量。①

1983年宋惠昌先生又发表了一篇名为《马克思恩格斯对资产阶级道德的批判》的文章。在这篇文章中，宋惠昌先生系统描述了马克思、恩格斯对资产阶级道德的反社会性、虚伪性、腐朽性的批判并且提供了进一步的论证。② 这一理论工作，不仅彰显了马克思主义理论的革命活力，而且对于当时全面认识中国社会中形形色色的资产阶级道德影响，也是一种锐利的思想武器，为中国有的放矢地进行共产主义道德教育提供了理论指导。

在研究马克思主义伦理学的同时，宋惠昌先生也关注社会现实，对现代科技问题进行了前瞻性的伦理学洞察。1987年宋惠昌先生出版了《现代科技与道德》一书，由此对现代科技中的伦理问题进行了思考与研究。在这部著作中宋惠昌先生就“科学与道德的‘二难推理’”进行讨论。他在序言中指出：“科学与道德之间的关系，如果用最简洁的语言来说，那就是真与善的关系。科技发展与道德进步在本质上是一致的，它们是互相促进、互相渗透、互相制约的。其中，科学对道德一直是一种革命性的推动力量。”③ 同时在该书中宋惠昌先生也就近代科学发展对道德观的促进作用进行了详细论述，他着重分析了进化论在伦理学发展中的革命意义，以及科学技术的发展在传统伦理道德观的变革中起着重大的推动作用。此外在该书中，宋惠昌先生也就试管婴儿、性医学、人体实验、器官移植、安乐死等生命伦理学的新课题以及应用伦理学中的环境伦理学、生态伦理学等新课题进行逐一深刻细致的分析与论述，指出对科学技术发展和从事科学研究的人员进行道德约束的必要性。④

回顾自己的学术研究与学术生涯，宋惠昌先生总结道，学术研究必须实事求是，从客观实际出发。⑤ 对马克思主义理论工作者和党校教师来说，扎扎实实进行本学科的科研工作，才能造就扎实的学术功底，这是提高教学水平的基础和基本功。⑥ 正是秉着原创性、务实性的学术研究品质，宋惠昌先生不仅在马克思主义伦理学的研究领域作出了重大贡献，而且在政治哲学、管理哲学、文化哲学领域也取得许多成绩。

---

① 宋惠昌：《两种道德观的斗争——兼评林彪“四人帮”的反动道德观》，《辽宁大学学报（哲学社会科学版）》1979年第4期。

② 宋惠昌：《马克思恩格斯对资产阶级道德的批判》，《哲学研究》1983年第3期。

③ 宋惠昌：《现代科技与道德》，中国青年出版社1987年版，第5页。

④ 宋惠昌：《现代科技与道德》，中国青年出版社1987年版，第215—216页。

⑤ 详见《思悟真实的哲学人生——宋惠昌同志访谈录》，《学习时报》2017年6月23日。

⑥ 详见《思悟真实的哲学人生——宋惠昌同志访谈录》，《学习时报》2017年6月23日。

金可溪

金可溪（1941—2008），著名伦理学家，北京大学哲学系伦理学教研室主任、教授，曾任北京市伦理学会副会长，被评为北京市爱国立功标兵。

金可溪先生 1941 年 3 月 23 日出生于浙江省温州市平阳县，1960 年毕业于平阳第一中学，同年进入北京大学哲学系学习，1965 年大学毕业后留校任教，1984 年被评为副教授，1987 年 9 月至 1988 年 9 月，赴苏联莫斯科大学进修一年，考察、进修苏联和东欧各国伦理学，1997 年被评为北京大学哲学系教授。

金可溪先生主要研究伦理学原理和苏联当代伦理学，代表著作有《苏俄伦理道德观演变》（独著）、《伦理学简明教程》（合著）、《婚姻道德观》（合著）、《职业道德·家庭道德·社会公德》（主编），并参与编写了《中国大百科全书·哲学》《人道主义与异化问题研究》《社会主义商业道德》《怎样进行社会主义职业道德教育》《当代外国伦理思想研究》等，发表学术论文 60 余篇。

1965 年，金可溪先生在北京大学率先提出开设伦理学课程和教授马克思列宁主义伦理学课程，并在国内率先开设《苏联伦理学研究》和《俄罗斯伦理学史》两门课程。自此金可溪先生便倾心于苏俄伦理学道德观的研究，认为中国的马克思主义伦理学与苏联的马克思主义伦理学是同质异体，深信苏联作为一个国家虽然已不存在，但他们的伦理学，作为一种文化遗产，仍有研究价值，并始终不渝地坚持研究。1997 年出版了《苏俄伦理道德观演变》一书，试图从道德文化，即伦理道德角度来揭示苏联演变历程。

在《苏俄伦理道德观演变》一书中，金可溪先生认为："苏联的马克思主义伦理学是苏联学者自觉运用马克思和恩格斯的道德学说，研究和解决苏联社会道德问题的理论创造和经验总结。"① 苏俄学者的伦理道德观的发展大体经历五个阶段：第一阶段，从 1917 年十月革命到 1920 年 10 月的伦理虚无主义、道德虚无主义时期；第二阶段，从 1920 年 10 月到 1955 年的苏联共产主义道德和道德教育理论时期；第三阶段，

① 金可溪：《苏俄伦理道德观演变》，中国文史出版社 1997 年版，第 1 页。

从1959年到1985年的苏联马克思主义伦理学的产生和发展时期；第四阶段，从1985年到1991年的伦理反思时期；第五阶段，是苏联解体以后的俄罗斯宗教伦理学时期。金可溪先生分别对这五个阶段进行了详细的阐述，清晰地展示了苏俄伦理道德观发展的历史脉络和重要成果。

金可溪先生认为认真研究苏俄伦理道德观的演变，特别是认真研究苏联伦理学界在改革时期开展马克思主义伦理学反思，不但对于中国马克思主义伦理学的理论建设，而且对于加强中国的社会主义精神文明建设，都有重要的价值与意义。“因为这里有一个基本的历史事实，即我国的马克思主义伦理学是在苏联的马克思主义伦理学的影响下发展起来的。尽管我们主观上并不是以苏联为师，而是力图走自己的路，创造出具有中国特色的马克思主义伦理学。但是客观上我们还是接受了许多苏联马克思主义伦理学的观点。”①

此外，金可溪先生以实事求是的态度做学问，认为伦理学应灵敏地反映社会生活中的变化、矛盾、冲突、发展趋势，不应是某种现实的辩护工具，而应是指导现实发展的有力武器。1990年，他通过深入研究，向党中央建议，推广河南省荥阳县创造的《争创十星级文明农户》的经验，得到党中央的高度肯定。1991年，他再度向党中央建议，在全国建立精神文明建设指导委员会，直属党中央。建议被党中央采纳。1992年，他在党中央纠风办召开的河北会议上作了题为《行政干部职业道德》的报告。1997年，他在家乡平阳应邀针对“卖官”现象，作了重振道德的报告。而这些建议与报告后来也形成文章并发表出来，如《一个值得重视的新事物——“道德评议委员会”》②、《传统官德与廉政建设》③、《加强廉政建设：从卖官鬻爵谈起》④ 等。金可溪先生将潜心研究的成果与中国的具体国情相结合，向党中央和政府提出的许多积极的建议，对中国决策机构制定政策起到有益作用。

---

① 金可溪：《苏俄伦理道德观演变》，北京文史出版社1997年版，第6页。
② 金可溪、赵正义：《一个值得重视的新事物——“道德评议委员会”》，《道德与文明》1985年第4期。
③ 金可溪：《传统官德与廉政建设》，《青海社会科学》1996年第6期。
④ 金可溪：《加强廉政建设：从卖官鬻爵谈起》，《青海社会科学》2000年第1期。

李春秋

李春秋，1937 年出生，著名伦理学家，北京师范大学教授，曾任北京师范大学哲学系伦理学教研室主任，现任国家职业技能鉴定委员会职业道德指导委员会委员、中国伦理学会理事、中国环境伦理研究会副理事长、中央教科所德育研究中心顾问、北京伦理学会副会长和中国人民大学道德科学研究院特聘研究员。

李春秋先生 1937 年出生于广西陆川，1956 年参加中国共产党，1957—1961 年就读于北京师范大学政教系，毕业后留校从事教学工作，1988 年被评为北京市高教系统先进工作者，1997 年被评为北京市优秀教师。多年来李春秋先生一直从事马克思主义哲学、伦理学原理、西方伦理思想史、中国传统道德、应用伦理学（科技伦理学、教育伦理学、生态伦理学等）以及思想道德修养、青少年思想品德教育的教学和研究工作，出版个人专著和合作著作达 30 余部，发表文章 300 多篇。主要著作有《通俗伦理学》《生态伦理学》《中国德育思想史》《当代生命科技的伦理审视》《传统伦理的价值审视》等。

1984 年，李春秋先生出版了《通俗伦理学》，在此书的序言中李春秋先生介绍了编写此书的意图和宗旨，即“通过对马克思主义伦理学基本原理的通俗介绍，使初学者特别是青年读者掌握共产主义道德的基本原则和规范，用以指导自己的行动，从而推动社会主义、共产主义事业的前进”①。在此书中李春秋先生以十分轻松、平实的语言对伦理学的基本概念，马克思主义伦理学的产生、发展及主要内容等进行了介绍。并在此基础上又进一步对马克思主义伦理学中的道德起源、作用、历史演变、基本原则、道德规范、道德范畴、道德内容、道德评价、道德教育、道德理想等概念进行了十分系统详细的阐述。此书适应了社会主义精神文明建设的时代需要，为广大读者提供了一本通俗的伦理学读物，也为伦理学研究人员、教学人员和思想政治工作者开展宣传马克思主义伦理学和共产主义道德教育任务提供了指导和借鉴。②

---

① 李春秋：《通俗伦理学》，吉林人民出版社 1984 年版，序言。

② 李春秋：《通俗伦理学》，吉林人民出版社 1984 年版。

1994年，李春秋先生与陈春花女士共同编著了《生态伦理学》一书，丰富和发展了中国生态伦理学的研究。在《生态伦理学》一书中，两位学者首先对生态伦理学的概念及其研究对象、内容、范围等方面进行了界定。李春秋先生认为："生态伦理学是一门从道德的角度研究人与自然关系的交叉学科，它根据生态学揭示的自然和人相互作用的规律性，以道德为手段从整体上协调人与自然环境的关系。"[①]此书的一大特色在于采用了马克思主义伦理学中的道德概念和研究方法，并在此基础上结合生态伦理学自身的学科特点、实际情况进行了进一步的论证与阐释。李春秋先生灵活运用马克思主义伦理学的研究成果与研究方法，对中国乃至国际环境问题进行了伦理反思与研究，为中国生态伦理学的研究与发展注入了新的思想，丰富发展了中国生态伦理学研究。

2002年，李春秋先生出版了《当代生命科技的伦理审视》一书。李春秋先生认为，生命伦理学是根据道德的价值和原则对生命科学和卫生保健领域内的人类行为进行系统研究的一门伦理学分支学科。[②]这一现代学科的兴起反映了人类新技术的使用要进行社会控制的客观要求。生殖技术、基因技术、克隆技术、安乐死和器官移植等现代生物医学的最新成果在运用的过程中都面临着重大的伦理难题，思考如何解决这些现实的伦理问题是生命伦理学的紧迫任务。[③]李春秋先生在此书中，对生命伦理学领域的重大问题、重要观点及其伦理辩护都进行了客观全面的阐述和分析，提出了自己关于解决这些问题的现实考量和政策建议，具有重要的理论和现实意义。[④]

2003年，李春秋先生与毛蔚兰女士合著并出版了《传统伦理的价值审视》一书。在此书中，李春秋先生首先就传统伦理的深厚根基、历史演变、优秀传统进行了详细、系统的介绍；其次，李春秋先生又对传统伦理的总体价值评价进行了分析与讨论，他认为传统伦理不仅在传统文化中占有重要地位，而且对社会主体的人有十分重要的影响。虽然传统伦理也存在一些心理弱点，但是传统伦理与现代化建设之间也存在着密切而又深厚的关系。

此外，近年来李春秋先生也对青少年思想教育、企业文化等进行了深入的研究，多次应邀到中小学作报告，并进行一系列的调研、考察与研究，为德育事业的蓬勃发展作出了持续的贡献。

---

① 李春秋、陈春花：《生态伦理学》，科学出版社1993年版，第3页。
② 李春秋：《当代生命科技的伦理审视》，江苏人民出版社2002年版，第166页。
③ 李春秋：《当代生命科技的伦理审视》，江苏人民出版社2002年版，第169页。
④ 李春秋：《当代生命科技的伦理审视》，江苏人民出版社2002年版，第162—164页。

姜法曾

姜法曾（1935—1981），著名伦理学家，中国人民大学哲学系伦理学教研室教师。姜法曾先生主要研究中国传统伦理学和马克思主义伦理学，出版《中国伦理学史略》一书，发表论文有《关于朱熹哲学思想的评价问题》《关于朱熹伦理思想评述》《王夫之伦理思想评述》《道德没有继承性吗?》《正确认识道德的作用》《关于统治阶级道德的性质和作用问题》等。

在20世纪六七十年代，我国的高等学校好多年没有开设中国伦理学史课程，大家对中国伦理学史都没有系统深入地研究过。粉碎“四人帮”以后，姜法曾先生率先在中国人民大学哲学系讲授这一课程，起到了开拓性的作用。姜法曾先生于1979—1980年在中国人民大学哲学系为研究生和进修教师讲授中国伦理学史，写下了一份讲稿，而这份讲稿则是1991出版的《中国伦理学史略》的初稿。但姜法曾先生生前没有来得及对此讲稿进行修改、加工，所以此稿后主要经陈金生先生整理之后由中华书局出版。

在《中国伦理学史略》一书的绪论中，姜法曾先生就道德的基本问题、特征，中国伦理学讨论的主要问题，中国伦理学史的主要阶段与变迁大势以及研究中国伦理学史的意义等几个主要方面进行了详细阐述。首先，道德的基本问题是个人利益和社会利益的关系问题。道德就是调整人们之间以及个人和社会之间的关系，处理个人利益和社会利益关系的行为准则、规范。① 其次，道德具有自觉性、利他性和理想性等特征。② 关于中国伦理学讨论的主要问题，姜法曾先生认为，自古以来，中国伦理学的讨论都是围绕道德起源、道德本质、道德理想、道德规范、道德评价等问题展开的。不同历史阶段的伦理思想具有鲜明的时代特征，是对社会实践的反映。最后，姜法曾先生认为研究中国伦理学史的意义在于，继承中华民族的优良传统，批判与清除封建道德毒素和编写科学的中国伦理思想史，③ 指出了这一研

① 姜法曾：《中国伦理学史略》，中华书局1991年版，第1页。
② 姜法曾：《中国伦理学史略》，中华书局1991年版，第6、8、9页。
③ 姜法曾：《中国伦理学史略》，中华书局1991年版，第29、30页。

究方向的学术旨趣和现实使命。

1980年，姜法曾先生发表了《道德没有继承吗?》一文，在该文章中就“道德是否具有继承性”这一问题进行了系统的分析与阐述。“六十年代在我国学术界曾经就道德继承问题展开过一次大讨论，当时，围绕着道德的阶级性和继承性的关系、继承什么和为什么可以继承、怎样继承等问题，在各种报刊上发表了许多文章，提出了不同的看法。这本来是一场正常的学术讨论。可是，到了一九六四年夏季，在林彪极‘左’路线的影响下，凡是主张剥削阶级道德论中有某种东西可以批判继承的意见，都被当作修正主义观点，同‘合二而一论’‘让步政策论’‘人性论’等等一起，被列为批判的重点。在当时，笔者也因为曾经在一九六三年十月六日、七日《光明日报》发表了《也谈道德的继承问题》（署名江峰）的文章，提出剥削阶级道德论中某些具有人民性、民主性、进步性的东西作为思想资料可以批判继承的看法，竟然也被列为重点批判对象。”① 姜法曾先生认为，道德的阶级性并不否定道德的继承性，而只是否定对旧道德遗产道德无批判的兼收并蓄。剥削阶级的道德论除了大量为剥削和压迫辩护的东西，也存在某些具有进步性、民主性和批评性的因素。人们应当正视这些积极的因素，从无产阶级的立场出发对其进行批判和改造。②

此外，姜法曾先生在1980年发表的《正确认识道德的作用》一文中讨论、分析了道德的重要性以及在社会经济发展中加强道德教育的必要性与紧迫性。他指出，正确认识道德在社会发展中的作用，并在此基础上加强共产主义道德教育，对于促进安定团结，调动各方面的积极性，促进四个现代化的建设，有着极为重要的意义。③

① 姜法曾：《道德没有继承性吗?》，《学术月刊》1980年第3期。
② 姜法曾：《道德没有继承性吗?》，《学术月刊》1980年第3期。
③ 姜法曾：《正确认识道德的作用》，《安徽大学学报》1980年第4期。

马博宣

马博宣，1939 年出生，著名伦理学家，曾任中国人民大学哲学院教授、首都经济贸易大学党委书记、教授，主要研究马克思主义伦理学，在爱国主义、职业道德研究方面颇有建树。

1983 年，马博宣先生发表了《经济责任制与职业道德》一文，旨在说明当时国家和社会在实行各种形式的社会主义责任制的同时，必须加强职业道德的教育。马博宣先生在该文章中对社会主义经济管理责任制的基本特点、加强对劳动者进行职业道德教育的原因和职业道德的内容进行了总结，他认为“我们各行各业都一定要抓紧时机，尽快地采用适当的方式，概括和阐述本行业的职业道德规范，特别是要把有关主人翁责任感、集体主义、忠于职守、诚实劳动等方面的职业道德规范首先搞出来，通过广泛深入的宣传和教育，使之成为社会舆论，成为人们的内心信念和行为习惯。……如此才能加快社会风气的好转，促进人民内部友好合作、团结互助的新型关系的进一步完善”①。

1984 年，马博宣先生发表了《论社会主义社会爱国主义的基础、特点和要求》一文。马博宣先生认为，一方面爱国主义作为调节个人利益和祖国整体利益的道德规范，已经有几千年的历史。另一方面，爱国主义是社会主义国家的公民应当遵循的道德规范之一。中华人民共和国成立以来，中国的社会制度发生了根本性的变革，作为国家存在的基础的共同利益也发生了根本性的变化。因此，社会主义制度下的爱国主义作为道德意识和道德规范，具有以下四个新特点。第一，它是祖国各族人民共同的道德义务。第二，它同社会主义社会的社会制度和以共产主义思想为核心的社会意识形态相联系。第三，它同无产阶级国际主义相统一。第四，它具有能广泛而持久地调动社会成员积极性的感召力。社会主义的爱国主义要求人们将个人的命运和祖国兴衰存亡的命运联系起来，将个人的命运和国家的社会主义制度的命运联系起来，将个人的命运同国家的共产主义前途联系起来。② 在此基础上，1994 年马博宣先生又发表了《论

① 马博宣：《经济责任制与职业道德》，《学习与研究》1983 年第 5 期。

② 马博宣：《论社会主义社会爱国主义的基础、特点和要求》，《学术论坛》1984 年第 2 期。

新时期爱国主义的主题》一文，对新时代如何确定爱国主义的主题、具体内涵和弘扬爱国主义精神的方法有进一步的探讨。①

另外，马博宣先生也对道德的社会本质进行了思考与研究。这些思想、观点主要体现在他1985年发表的《简论道德的社会本质——兼评抽象人性论的某些说法》一文。他认为："首先，道德并不是自然领域的自然现象；其次，道德也不是人对自然物本身的行为和关系。对于道德本质，我们只能把它看作人类生活中的社会现象，或人与人之间的社会关系。"② 然而对于马克思主义伦理学来说，仅仅确定道德是社会现象或社会关系是不够的。马博宣先生进一步指出："从根源性上来看，道德在本质上不是属于经济关系领域内的社会现象，不是属于物质的社会关系，而是属于上层建筑领域内的社会现象，属于思想的社会关系。"③ 通过批判回应抽象人性论的说法，最后马博宣先生对道德本质进行了界定，他指出："道德虽然十分广泛而又十分复杂，但从本质上看，它不过是由一定社会经济关系决定的，以其特殊方式表达与调节个人利益和社会整体利益矛盾的一类社会现象或社会关系。"④

① 马博宣：《论新时期爱国主义的主题》，《新视野》1994年第6期。
② 马博宣：《简论道德的社会本质——兼评抽象人性论的某些说法》，《东岳论丛》1985年第2期。
③ 马博宣：《简论道德的社会本质——兼评抽象人性论的某些说法》，《东岳论丛》1985年第2期。
④ 马博宣：《简论道德的社会本质——兼评抽象人性论的某些说法》，《东岳论丛》1985年第2期。

石毓彬

石毓彬（1934—1990），著名伦理学家，主要研究马克思主义伦理学和现代西方伦理学。

1979 年，石毓彬先生发表了《中国马克思主义伦理学的先驱李大钊》一文，对中国马克思主义先驱李大钊同志的马克思主义伦理学思想进行了十分系统、细致的研究与阐述。在该文中石毓彬先生指出，李大钊对封建道德的批判立足于对中国社会的分析，着重指出封建道德必然要被消灭的趋势，揭露了封建道德的本质是封建统治者对广大人民群众统治和压迫的工具,[①] 此外，李大钊还自觉地运用马克思主义的历史唯物主义基本原理，科学地论述了道德的发生、发展等根本问题，运用马克思主义关于经济基础与上层建筑关系的原理具体分析了中国近代社会的经济基础与中国的封建伦理道德的关系，并且科学地预见到伴随着新社会、新经济和新生活的出现，必然产生新的无产阶级道德及资产阶级道德。这些伦理思想在当时是极其难能可贵的。[②]

1980 年，石毓彬先生和郑祖泉先生共同发表了《现代西方伦理学观点简介》一文，对现代西方伦理学流派中的存在主义伦理学、新实证主义伦理学、自然主义伦理学、现象学的价值伦理学、神学伦理学进行了系统、详细的介绍。存在主义伦理学将不依赖于自然条件和社会条件的存在看作人的真实的存在，把道德与自由直接联系起来，用人的绝对自由取消了道德的客观性。新实证主义伦理学中的感情主义伦理学把所有的道德判断、道德概念都看作主观的情感表达；语言分析学派（语言伦理学）则从分析日常的道德语言着手，力图揭示道德语言本身的特点。二者都存在脱离现实的问题。自然主义伦理学以美国学者杜威的实用主义和新实在论哲学家 R. B. 培里的兴趣论为代表。杜威的实用主义认为价值判断的唯一依据就是对主观的兴趣、需要和愿望的满足。而培里的兴趣论将道德价值理解为由个人组成的某种集合体的共同兴趣，具有主观随意性。现象学的价值伦理学认为价值是客体具有的客观性质，只有通过特殊

---

① 石毓彬：《中国马克思主义伦理学的先驱李大钊》，《破与立》1979 年第 5 期。

② 石毓彬：《中国马克思主义伦理学的先驱李大钊》，《破与立》1979 年第 5 期。

的直觉才能发现客体中的道德价值。神学伦理学作为一种流行非常广泛的资产阶级伦理学，把道德的起源、本质和最终目的直接跟上帝的意旨和神的恩赐联系在一起。主要的流派有新正统派的伦理学和新托马斯主义伦理学。① 两位先生的悉心介绍不仅让国内学者、学生了解、学习了现代西方伦理学思想，更为中国伦理学研究注入了新鲜血液，提供了许多可供参考的研究思路。

1980 年和 1981 年，石毓彬先生发表了《目前学术界对道德继承性问题的一些看法》和《道德为什么有继承性》两篇文章。在《目前学术界对道德继承性问题的一些看法》一文中，石毓彬先生认为，当时国内学者的讨论主要围绕这一讨论有无现实意义、对历代剥削阶级道德能否批判继承、是否存在人类共同生活准则、对“批判继承”以及“决裂”与“继承”的关系的不同理解、评价道德遗产的标准五个方面展开。② 就这五个方面的问题，石毓彬先生在《道德为什么有继承性》一文中给出了系统、详细的回答与论述。他提出：“道德的继承性是不以人的意志为转移的，是有其客观规律性的。不管人们承认与否，也不管他们承认不承认无产阶级道德与以往统治阶级道德的联系和继承关系，实际上，道德上的这种联系和继承都是客观存在的。”③

1988 年，石毓彬先生发表了《世界伦理学发展的趋向》一文，在该文章中石毓彬先生通过分析西方伦理学和苏联伦理学的发展，进而窥视和把握出世界伦理学发展的趋向。在对西方伦理学和苏联伦理学的发展分别进行了梳理与论述的基础上，石毓彬先生给出了自己的三点分析和三点启示。分析的结论是，第一，现实生活迫切要求把社会的道德伦理标准作为国际政治的基础，是国际关系人性化、人道主义化的表现；第二，现代科学、技术的发展给伦理科学的发展提出了一系列的问题，要求伦理学必须给予重视和解决；第三，随着当今社会的进步和科学技术的发展，人的主体意识提高，主体活动的范围不断扩大，要求指导主体活动的道德、观念具体化和多维化，以适应人在整个实践领域活动中的需要。而就启示方面，石毓彬先生提出：第一，在伦理学研究中，既要反对教条主义和琐碎哲学，也要反对经验主义和急功近利的实用主义；第二，伦理学不仅要研究一般的道德现象，而且必须研究当今世界上人类生活的一切领域中的道德问题；第三，必须加强伦理学与各门科学和专门部门的联系，开展跨学科、跨部门的综合研究，积极地汲取各种现代科学的有关成果。④

① 石毓彬、郑祖泉：《现代西方伦理学观点简介》，《哲学译丛》1980 年第 1 期。
② 石毓彬：《目前学术界对道德继承性问题的一些看法》，《国内哲学动态》1980 年第 6 期。
③ 石毓彬：《道德为什么有继承性》，《齐鲁学刊》1981 年第 1 期。
④ 石毓彬：《世界伦理学发展的趋向》，《哲学动态》1988 年第 10 期。

葛晨虹*

葛晨虹（1958—2018），北京人，著名伦理学学者，中国人民大学哲学院教授、博士生导师，曾任教育部人文社会科学重点研究基地中国人民大学伦理学与道德建设研究中心主任、中国人民大学人文北京研究中心副主任、中国伦理学会副会长、中国家庭文化研究会常务理事、北京伦理学会会长、北京市妇女联合会常委、北京婚姻家庭研究会副会长、中宣部思想政治工作研究会研究员、马克思主义理论研究与建设工程《伦理学》课题组主要成员、中国人民大学复印报刊资料《伦理学》顾问、北京市邓小平理论研究中心特约研究员。曾任中国人民大学党委宣传部副部长，哲学院党委书记，劳动保障部就业培训司职业道德指导委员会副主任等职务。

葛晨虹教授坚定传承和发展恩师罗国杰先生开创的中国马克思主义伦理学事业，潜心伦理学和道德建设研究，在伦理学原理、社会道德建设、中外伦理文化比较等领域卓有建树，成果颇丰。独著、合著和主编的主要著作有：《德化的视野：儒家德性思想研究》（获2000年北京市哲学社会科学优秀成果二等奖）、《道德建设论》（合著，获1999年国家"五个一工程奖"）、《旗帜：社会主义核心价值漫谈》（获北京市第十五届哲学社会科学优秀成果二等奖）、《人性论》、《中国古代的风俗礼仪》、《中国礼仪文化》、《中国特色的伦理文化》、《新中国60年·学界回眸：伦理学与道德建设》、《中国社会道德发展研究报告》（2011—2015）、《魅力永存：女性形象设计》、《北京奥委会窗口行业员工读本》；参与编著《伦理学》（马克思主义理论研究和建设工程重点教材）、《与社会主义市场经济相适应的道德体系研究》、《思想道德修养》、《和谐社会的伦理审视与道德建构》、《职业道德国家职业资格培训教程》、《领导干部从政道德启示录》、《中华传统美德教育读本》等。在《人民日报》《光明日报》《求是》《新华文摘》《道德与文明》《中国高教研究》《伦理学研究》等报刊发表论文200多篇。

葛晨虹教授担任中国人民大学伦理学教研室主任、伦理学与道德建设研究

---

* 在本书编写过程中，《中国伦理学年鉴》前主编、主任委员葛晨虹教授不幸去世。为表达我们的缅怀和敬意，特在2017年卷对其生平及成就加以介绍。

中心主任，兼任中国伦理学会副会长、北京伦理学会会长等职务期间，团结伦理学界专家学者，积极开展重大项目、学术会议、国际交流等工作，为推动伦理学学科建设、培养学术梯队作出了显著成绩和突出贡献。葛晨虹教授先后主持国家社科基金重大项目“公民思想道德素质与现代社会文明发展程度研究”、国家社科基金项目“市场经济中的道德理性”、教育部社科基金项目“中国特色的道德文明”、教育部人文社会科学重点研究基地重大项目“伦理视阈下中西政治文明比较研究”与“中国当代伦理思潮研究”、北京市社科规划项目“人文奥运与北京市民文明礼仪素质”与“学界回眸——新中国伦理学与道德建设60年”、中国人民大学研究报告系列“社会道德发展研究年度报告”、首都精神文明办系列课题等。

葛晨虹教授在学术研究领域的贡献主要在以下五个方面。

第一，关注中外伦理文化及其比较研究，特别是中国传统文化的现代传承与发展。

以《德化的视野：儒家德性思想研究》一书为主体，葛晨虹教授发表了中外伦理文化比较研究方面的诸多代表性成果。葛晨虹教授在著作中系统论述了德性思想体现在自然领域天人合德的天道观、实践理性的思维模式，以及天合于人的价值关系范畴；体现在人自身领域的德化人性观，德性人格的理想模式，以及情合于性的价值关系范畴；体现在社会领域的德化人伦观、人伦践履的社会实践模式，以及利合于义的价值关系范畴。葛晨虹教授还从后现代主义思潮出发，审视社会价值观问题。她指出对后现代理论范式及价值思潮的辩证把握和反思，对中国社会主义核心价值体系的建构以及文化价值导向，对坚守中国的“道路自信、理论自信和制度自信”，对文化生态和共同价值观、公民思想道德素质与国家精神培育等都具重要意义。

第二，重视伦理学基础理论问题研究，对于道德概念、人性论、道德原则等基础问题有深刻独特认识。

葛晨虹教授认为伦理学作为一门实践的学科，什么是好人、好生活、好社会，是伦理研究要关心的问题，也是伦理学要关心的重要问题。她特别提出应该在真、善、美视界中来审视伦理学，伦理学有广义和狭义之分，广义上讲，伦理学这门善的学问或善的理念维度覆盖人类社会政治、经济、法律等领域，甚至覆盖整个世界，伦理学不仅关系成就人性品德，也成就社会和国家的善治，不仅关系社会秩序，甚至直接就是人类社会政治与法治的“应然”善的本体。与此同时，葛晨虹教授于2001年出版个人著作《人性论》，对于人的自然属性、人的能动理性、人的道德本质、人本质的异化、人的社会本质、如何把握人性、人性与人道主义、人性回归与人的解放八个问题做了深刻阐释与重新解读。此外，葛晨虹教授于2009年出版著作《新中国60年·学界回眸：伦理学与道德建设》，该著作通过学界回眸视角，对伦理学研究与道德建设发展历程60年进行系统总结和审视。

第三，礼仪文化与文明礼仪研究。

葛晨虹教授对于文明礼仪规范和教育有长期研究，倡导成功与魅力、德性素质教育、人际交往要从文明礼仪开始，文明社交礼仪深刻体现国民素养和文明素质。她的著作《中国礼仪文化》一书对人们比较系统地了解古代礼仪文化，探讨这些东方礼仪文化产生的历史原因和理论元点，都会有很大启示与帮助。葛晨虹教授不仅是礼仪文化理论研究方面的专家，而且也是公共文明礼仪教育的倡导者，更是亲身践行中华传统礼仪的示范者。特别是在北京承办2008年奥运会前后，葛晨虹教授率先提出“形象奥运”，认为奥运成功从市民礼仪开始，要强化奥运志愿者礼仪素质，并撰写了很多奥运礼仪与文明习惯养成的理论文章。此外，葛晨虹教授还热心各种相关公益活动，积极参与编写了由北京奥组委、北京文明委组编的多项宣传、教育读物，长期承担相关讲师团任务，做了大量关于北京人文奥运和社会文明建设的宣讲工作，借助各种媒体在北京人文奥运、精神文明建设方面做了大量宣教工作，在参与奥运、奉献奥运、提高市民文明素质、促进精神文明建设等方面做出了突出成绩，为成功举办奥运提供了重要的学术支持和理论保障。

第四，公民道德素质、公民道德环境与教育问题研究。

葛晨虹教授作为一名伦理学学者长期对公民道德建设问题深切观照。首先，在公民道德素质方面，她指出在诸种道德中，爱国是最基本的德性，也是最基本的公民责任和义务。其次，国“无信不立”，民“无信不立”，诚信是立身处事之本，是人伦交往的基本准则，是作为一种对公民的普遍的、基本的要求。最后，在新时期应弘扬以“仁义礼智信”为内容的中华民族传统美德文化，对于加强公民道德建设，构筑民族精神家园，增强民族凝聚力，使中华民族持久屹立于世界民族之林，具有重要现实意义和深远历史意义。

对于公民道德建设环境问题，葛晨虹教授认为主要从三个层面展开，首先是通过法律支持和政策导向可以为人们提供一个更好的道德环境，使道德建设取得事半功倍的效果。其次，要建立道德奉献与道德回报机制，社会切实奖励德行义举和奉献者，对人的德行施以精神和物质的奖励，凭借这些道德的外在机制，可以强化人们的道德动机，激发人们的道德行为，在全社会弘扬正气，抑制邪气。最后，协调好道德环境的微观系统与宏观系统。同时要搞好道德环境建设，提高公民的道德素质，还要先提高领导干部的素质，尤其是道德素质。此外，葛晨虹教授还特别重视未成年人道德环境建设与教育问题，认为注重营造有利于未成年人健康成长的良好舆论氛围和社会环境，才能使广大未成年人的综合素质不断提高。

第五，现实道德问题关注与研究。

葛晨虹教授不仅重视伦理学理论问题，还特别重视现实道德问题思考。

首先，关注市场经济社会与道德理性。葛晨虹教授从社会价值理性的角度，对市场经济秩序以及市场经济社会的客观存在和发展，进行本质的把握。她指出市场经济及其社会发展在本质上应受经济规律和社会价值理性共同支配，道德理性是表达社会应然价值理性的一种重要视角。在本质意义上，无论是人们的生产活动、交易活动和分配制度，还是社会经济体制和形态的发展问题，都是人们“理性化”的认知活动和实践活动。它一方面是人类主体对客观的市场经济规律的积极遵从，恪守着利益、效用的原则，体现着人类主体对市场经济规律把握的“认知理性”，另一方面，人类主体对市场经济规律的自觉把握，又必须体现合乎人道、正义、善目的的“价值理性”。而道德价值理性是一切合理有序的市场经济活动，以及市场社会发展的价值标的和理性基础。

其次，关注政治伦理与核心价值观。葛晨虹教授在法治与德治问题、意识形态与国家社会的文化治理、全面从严治党、先进文化与社会合理发展、民族精神的社会功能、中国道路与中国理论软实力等问题上有其研究与思考。她认为“以德治国”思想具有成熟而丰富的内涵。德治作为一种治国方略，道德体系作为一个社会的价值取向表达，它们规定着社会目标，为这一社会目标的实现发挥着一种独特的力量。德治还是一个国家治理中的系统工程，无论是在法治领域，还是政治、经济等社会领域，都发挥着无法取代的作用。人们应当在大力加强法制建设的同时，也大力加强道德建设，建立起法治和德治共同发挥调控作用的社会治理模式。此外，葛晨虹教授在其2017年编著的《旗帜：社会主义核心价值漫谈》一书中提出，一个国家和社会，想要秩序，要发展，要有国家综合竞争实力，必须建构起相应的表达国家意识、核心价值理念的理论体系和文化体系。核心价值、共同理想以及“中国梦”，是社会、国家、政党的精神力量，一个国家若没有自己的精神信仰和梦想追求就等于没有国魂，就会失去凝聚力和生命力，失去长远发展的根基和能量。因此要以中国特色社会主义核心价值与共同理想来塑造中国梦之魂，支撑国家，整合社会，构筑共同价值观，从而在中国特色社会主义发展进程中，获得更多的道路自信、制度自信和理论自信。

最后，关注社会伦理与社会治理。葛晨虹教授在伦理关怀与社区治理、离婚自由的相对性、学术共同体、乡村治理、政府公信力、孝文化、家庭建设、权力制衡与行为监督、学术道德建设、网络秩序、克隆人等社会问题上都有深入研究。如在《学术共同体的理论责任与价值自觉》一文中，葛晨虹教授认为高校学术共同体作为集理论构建、理论研究和理论教育任务于一身的群体，在文化强国以及理论建设和理论教育方面，具有独特的理论责任地位，也应当在理论研究和理论教育中，更多一分中国理论的价值自觉。在中国特色的乡村治理问题中，葛晨虹教授特别提出新时代“枫桥经验”的乡村治理模式，体现了以“为民”为核心的理念，是一种自治、法治、德治“三治融合”、体现情理法治理传统的创新管理模式，是一种适合中国国情的治理模式，也是一种中国特色的乡村发展模式。在家庭建设的研究中，葛晨虹教授指出家庭建设要注重家庭、注重家教、注重家风。

葛晨虹教授的研究回应时代要求，把握时代脉搏，推动理论研究与创新的代表。对于中国特色社会主义发展道路与中国社会的道德建设，葛晨虹教授给予了长期的理论关注和深刻思索，时刻与时代发展同频共振，得到学界和社会的普遍认可，向世人彰显了伦理学的理论温度和学者魅力。

索引/关键字

F

G

H

J

K

L

Q

R

S

T

W

X

Y